普通高等教育“十二五”规划教材

# 高分子化学与物理基础

第二版

魏无际　俞　强　崔益华　主编

化学工业出版社

·北京·

本教材是在第一版的基础上进行了修改完善。全书共分为11章，第1章绪论；第2章缩聚及其他逐步聚合反应；第3章自由基聚合反应；第4章离子型聚合和配位聚合；第5章共聚合反应；第6章高分子的化学反应；第7章高分子的结构；第8章高分子的分子运动、力学状态及其转变；第9章高分子固体的基本力学性质；第10章高分子溶液的基本性质；第11章高分子电学、热学和光学的基本性质。各章独立性相对较强，各专业在讲授时可根据需要进行增减。

根据大多数读者的意见，编者在第二版的编写中主要作了下述努力：首先，在保留第一版特色的基础上对篇幅略作了进一步的减少；其次，在调整了第一版许多不足之处的基础上进一步地加强了章节之间的衔接性；第三，编写了《高分子化学与物理基础学习指导及习题解》，作为本教材的配套参考教材。

本书适合作为各类非高分子专业学生的专业必修课或选修课教材，也可作为高分子材料科学与工程专业本科生的专业基础教科书，还适合于作为非高分子专业的广大工程技术人员自学入门教材或参考书。

**图书在版编目（CIP）数据**

高分子化学与物理基础/魏无际，俞强，崔益华主编．—2版．—北京：化学工业出版社，2011.10（2024.2重印）
普通高等教育“十二五”规划教材
中国石油和化学工业优秀教材一等奖
ISBN 978-7-122-12419-7

Ⅰ.①高… Ⅱ.①魏…②俞…③崔… Ⅲ.①高分子化学-高等学校-教材②高分子物理学-高等学校-教材 Ⅳ.①O63

中国版本图书馆CIP数据核字（2011）第196716号

责任编辑：杨　菁　　文字编辑：李　玥
责任校对：蒋　宇　　装帧设计：韩　飞

出版发行：化学工业出版社（北京市东城区青年湖南街13号　邮政编码100011）
印　　装：大厂聚鑫印刷有限责任公司
787mm×1092mm　1/16　印张 $18\frac{3}{4}$　字数482千字　2024年2月北京第2版第19次印刷

购书咨询：010-64518888　　售后服务：010-64518899
网　　址：http://www.cip.com.cn
凡购买本书，如有缺损质量问题，本社销售中心负责调换。

**定　　价：58.00元**

**主　编**　魏无际　教　授　南京工业大学
俞　强　教　授　常州大学
崔益华　教　授　南京航空航天大学
**参　编**　关建宁　教　授　南京工业大学
李　坚　副教授　常州大学
潘力佳　副教授　南京大学
鲁　钢　副教授　南京工业大学
江国栋　讲　师　南京工业大学

# 第一版前言

20世纪20～30年代，H. Staudinger发表了划时代的“论聚合”，并建立了高分子学说，70多年来，以W. H. Carothers、K. Zigler、G. Natta、P. J. Flory等为代表的科学家在高分子化学与物理上做出了杰出的贡献，广大科技工作者也做出了不懈的努力。到目前为止，高分子学科已发展成比较完整的科学体系——高分子科学与工程。它既是一门新兴的基础学科，也是直接面向国民经济、科学与技术相结合的近代型科学学科。它已渗透到各个工业部门和科技领域，与国民经济的发展密切相关，成为影响一个国家经济水平的重要因素之一。高分子工程（包括聚合反应工程、高分子加工成型工艺）是高分子科学和高分子生产与应用之间的衔接点，高分子化学与物理则是它的理论基础。

20世纪末，特别是进入21世纪以来，我国的理、工科的本科教学的发展有两个趋势，一方面，大学教育为了适应新世纪培养高素质人才的需要，大多数院校都强化了计算机、外语和大学体育的教学，增加了人文、美学、经济、环境以及法律方面的课程，这就需要学生在较短的学时内掌握日益增多的专业基础或专业知识课内容。因此，为了保证和提高专业基础或专业课的教学质量，除了不断地提高有关教师的教学水平和调动学生的学习积极性外，对教材进行改革是必不可少的举措；另一方面，由于高分子科学对各个工业部门和科技领域的渗透作用已成为不争的事实，所以在我国现行的本科专业中，如“化学”、“应用化学”、“材料化学”、“材料物理”、“复合材料”、“化学工程与工艺”、“林产化工”、“轻化工程”、“包装工程”、“纺织工程”、“生物工程”、“制药工程”以及“生物科学”、“生物技术”等许多非高分子专业的必修课和选修课的教学中已经安排了或将要安排一些有关高分子科学方面的课程，授课学时从32～96学时不等，侧重点也有所不同。因此，根据这样的教学发展趋势和南京工业大学、南京航空航天大学、江苏工业学院、盐城工学院等院校多年来对于各种专业教授高分子化学与高分子物理的教学讲义和积累的经验编写了这本教材。教材的编写中，注意突出了以下几点。

① 在高分子化学和高分子物理内容上力求均衡、贯穿及糅合。

② 注重系统阐述现代高分子科学中已成熟的基本概念、基本知识、基本原理和基本规律。

③ 对于涉及高分子科学的研究前沿和新成果、有争议的概念、理论、现代测试方法、聚合物的品种介绍等内容只作了浅显介绍，用以激发学生的学习兴趣，不做太多的讨论。希望学生能够在聚合反应工程、高分子加工成型工艺、现代测试方法等后继课程或研究生课程或通过自学而学习到这些内容。

④ 凡是涉及诸如高分子的合成原理、高分子链结构、分子运动、聚集态等基本内容的章节，确保其系统性和相互间的衔接性。其他章节皆具有相对独立性，以便不同专业进行取舍。

本书共分11章，“第1章绪论”由南京工业大学魏无际教授编写；“第2章缩聚及其他逐步聚合反应”和“第6章聚合物的化学反应”由南京工业大学关建宁副教授编写；“第3章自由基聚合反应”和“第4章离子型聚合和配位聚合”由江苏工业学院李坚教授编写；“第5章共聚合反应”由南京航空航天大学崔益华教授编写；“第7章高分子的结构”和“第8章大分子的热运动、力学状态及其转变”由江苏工业学院俞强教授编写；“第9章高分子固体的力学性质”由南京航空航天大学潘力佳老师编写；“第10章高分子溶液性质”由南京工业大学魏无际教授和盐城工学院陆荣老师编写；“第11章高分子的电性能、热性能以及光学性质”由南京工业大学鲁钢老师编写，鲁钢老师并对全书进行了校对和整理。魏无际教授和俞强教授分别对前6章和后5章进行了统稿，并由魏无际教授对全书进行了定稿。

本书是在参考了国内外众多优秀的高分子教科书和著作的基础上编写而成的，对这些作者深表敬意并感谢。

纵观高分子学科发展的历史以及从高分子理论在科学研究和生产实践中的实际运用的思维过程来看，可以说，高分子化学和高分子物理不是截然分开的。作为一种尝试，本教材企图对“高分子化学”、“高分子物理”的内容进行均衡、贯穿、糅合、精简。但在编写中，由于水平有限，作者却深深地感觉到这是一件非常困难的事情，终抱许多缺憾。除此以外，本教材一定还存在着许多其他不妥之处，敬请读者一并指正。

**编者于2005年3月**

# 第二版前言

20 世纪 30 年代，H. Staudinger 发表了划时代的“论聚合”，建立了高分子学说，70 多年来，以 W. H. Carothers、K. Zigler、G. Natta、P. J. Flory 等为代表的科学家们在高分子科学方面做出了杰出的贡献，与此同时，广大科技工作者为高分子科学的发展起到了积极的推动作用。迄今为止，高分子学科已发展成比较完整的科学体系，即“高分子科学与工程”。它既是一门新兴的基础学科，也是直接面向国民经济、科学与技术相结合的近代学科，且已渗透到各个工业部门和科技领域，成为影响一个国家经济水平和科学技术水平的重要因素之一。高分子化学与物理则是高分子科学与工程的理论基础，而高分子工程，包括聚合反应工程、高分子加工成型工艺，是高分子科学与生产、应用之间的桥梁。

进入 21 世纪以来，中国理工科的本科教学有两个发展趋势。一方面，大学教育为了适应培养大量高素质人才的需要，强化了计算机、外语和大学体育的教学，同时增加了人文、美学、经济、环境以及法律方面的课程。这就需要学生在有限的学时内掌握更多的知识，往往以缩短专业基础或专业课学时来缓解学生的学习压力，所以为了保证专业基础课或专业课的教学质量，除了不断地提高相关教师的教学水平和调动学生的学习积极性外，对教材进行改革是必不可少的举措；另一方面，由于高分子对各个工业部门和科技领域的渗透作用已成为不争的事实，所以在中国现行的本科专业中，如“化学”、“应用化学”、“材料化学”、“材料物理”、“复合材料”、“化学工程与工艺”、“林产化工”、“轻化工程”、“包装工程”、“纺织工程”、“生物工程”、“制药工程”、“环境工程”以及“生物科学”、“生物技术”、“水质科学与技术”等许多非高分子专业的必修课和选修课的教学中已经安排了或将要安排一些有关高分子方面的课程，授课学时一般从 32～96 学时不等，侧重点也有所不同。根据这样的发展趋势和南京工业大学、南京航空航天大学、常州大学、盐城工学院等院校多年来对于各种专业教授高分子化学与物理相关课程的教学讲义和积累的经验，编写了这本教材。教材的编写中，注意突出以下几点。

① 精简了《高分子化学》和《高分子物理》中的重复部分，并在高分子化学和高分子物理内容上力求均衡和贯穿。

② 注重系统地阐述现代高分子科学已成熟的基本概念、基本知识、基本原理和基本测试方法。对涉及高分子科学的研究前沿的理论、测试方法以及高分子的新品种介绍等内容只是点到为止，用以激发学生的学习兴趣，不作太多的讨论和介绍。期望学生能够在聚合反应工程、高分子加工成型工艺、现代测试方法等后继专业课程及研究生课程中或通过自学而学习到这些内容，本教材只是为其奠定基础。

③ 凡是涉及诸如高分子的合成原理、链结构、分子运动、聚集态及高分子性质等基础内容的章节确保其完整性和系统性，便于不同专业的教师授课时进行取舍，与此同时更注意前后章节之间的衔接性及逻辑关系，便于记忆和温习。

纵观高分子学科的发展历史，再从高分子的基础理论用于科学研究和生产实践的思维过程来看，“高分子化学”和“高分子物理”从来就不是截然分开的。作为一种尝试，本教材试图对“高分子化学”和“高分子物理”的基础内容进行糅合和精简，成为一体。但是在实际的编写过程中深深地感觉到这是一件非常困难的事情。令人欣慰的是本教材自 2005 年出版以来深受各个层次（博士、硕士及各类本科专业）师生们的厚爱和其他读者的欢迎，已有

6 次印刷。另从收集的各方面信息来看，广大读者也是褒远大于贬，给编者以极大的鼓励和鞭策，为此而再版。

根据大多数读者的意见，编者在第二版的编写中主要作了下述努力：首先，在保留第一版特色的基础上对篇幅略作删减；其次，在调整了第一版许多不足之处的基础上进一步加强了章节之间的衔接性；第三，编写了《高分子化学与物理基础学习指导及习题解》，作为本教材的配套参考教材。

本书共分 11 章。第 1 章绪论和第 10 章高分子溶液基本性质由魏无际教授编写，并对全书进行了统稿和定稿。第 2 章缩聚及其他逐步聚合反应由关建宁教授编写。第 3 章自由基聚合反应由李坚教授编写。第 4 章离子型聚合和配位聚合和第 6 章高分子的化学反应由江国栋老师编写，并由江国栋老师对全书进行了校对和整理。第 5 章共聚合反应由崔益华教授编写，并对第 1～6 章进行了统稿。第 9 章高分子固体的基本力学性质由潘力佳老师编写。第 11 章高分子的电学、热学和光学基本性质由鲁钢老师编写。第 7 章高分子的结构和第 8 章高分子的分子运动、力学状态及其转变由俞强教授编写，并对第 7～11 章进行了统稿。

本书是在参考了国内外众多优秀的高分子教科书和著作的基础上编写而成的，对这些作者深表敬意和感谢。

在第二版的编写中，尽管编者作出了努力，但是由于水平有限，仍可能有不足之处，敬请读者及时指正。

**编者**

**2011 年 6 月**

# 目　录

# 第1章　绪　　论

## 1.1　高分子科学的建立和发展

### 1.1.1　高分子科学的发展历史

人类文明的建立和发展与高分子材料的使用密切相关，蛋白质、淀粉、棉、麻、丝、毛、漆、皮革、木材等天然高分子对于人类早期的生活和生产活动有着巨大的影响。随着人类认识自然、改造自然能力的提高，出现了使用化学改性的天然高分子，如天然橡胶的硫化、丝光处理的棉麻以及由天然纤维制造人造丝等，这些改性的天然高分子具有更好的性能。但直到19世纪以前，人们对这些材料的化学组成和结构仍然所知甚少，他们并没有认识到这类材料属于高分子化合物的范畴。

19世纪有机化学和物理化学等学科得到了迅速的发展。化学家们一方面开始研究羊毛、蚕丝、纤维素、淀粉和橡胶等天然高分子的化学组成、结构和形态；另一方面有意或无意地合成出了某些通常以黏稠的液体或无定形粉末形态的高分子化合物。但是当化学家用经典的有机化学和物理化学的方法来分析和表征这些物质的组成和结构时遇到了困难，因为这些化合物没有一定的熔点和沸点，既不能升华也不能结晶，所以不能用已知的方法对它们进行提纯和分析，甚至连表征化合物最基本的参数——分子量也无法测定出来。因此化学家们倾向于认为这类物质不是纯粹的化合物，而是由小分子在一定条件下缔合形成的胶体。胶体缔合体论成为当时化学界对这类物质的广泛认同。

19世纪末有两位科学家对这类物质的结构提出了新的想法。1877年，F. A. Kekule指出，绝大多数与生命有关的天然有机物如蛋白质、淀粉、纤维素等是由很长的链组成的，这种特殊的结构决定了它们的特殊性质。1893年，E. Fischer提出设想：纤维素是一种由葡萄糖单元连接而成的长链分子，而蛋白质可能是由氨基酸单元组成的链状物。他做了一个有意义的实验，将氨基酸通过酰胺键逐个连接得到了聚合度为30（相对分子质量超过1000）的单分散性多肽，由此证明了蛋白质是由许多氨基酸单元通过酰胺化学键连接而成的线型长链大分子。但是他们的设想和工作在当时胶体缔合论占统治地位的化学界没有得到足够的重视。

尽管存在着对高分子化合物的错误认识，但是到20世纪初期，人们还是合成出了一些新的高分子化合物，并且形成了规模化的生产和应用。这些工作标志着高分子合成材料的问世，并且也孕育了高分子科学的萌芽。

1920年，德国科学家H. Staudinger发表了著名的论文“论聚合”，首次给出了“大分子”概念。他认为：天然橡胶、聚苯乙烯、聚甲醛这些物质是具有长链结构的大分子，这些长链大分子由小分子化合物相互之间以共价键重复连接而成。这种通过共价键将小分子相互连接形成长链大分子的过程称为“聚合”。由于这些聚合物分子链的长度不完全相同，存在着分布的概念，所以不能用有机化学中“纯粹化合物”的概念来理解这类物质。这一光辉的思想开始拨开人们眼前的迷雾。

Staudinger的大分子学说提出后在化学界掀起了一场轩然大波并且受到了胶体缔合论者的强烈反对，在随后的十年间两种观点进行了多次激烈的交锋。最初，由于高分子的降解和当时实验方法的粗糙，使分子量的测定结果不能重复，这给胶体缔合论者找到了反对大分子学说的借口。他们认为用溶液的依数性所测得的不是溶质的分子量，只是胶粒的质量，因胶粒不稳定，所以结果不能重复。此后，人们改进了实验方法，通过渗透压和端基分析法测定高分子化合物的分子量，所得结果一致。用超离心机把所含有蛋白质的胶体溶液在不同的温度和不同的盐溶液中进行超离心分析时，证明分子量是均一的。电泳法研究结果表明，对于一定的蛋白质，单位质量所带的电荷数总是相等的。另外，也成功地获得了尿素酶的结晶。这许多发现都是用胶体缔合的观点不能解释的。1932 年，Staudinger 又提出了溶液黏度与分子量的关系式。从此，人们又多了一种观测大分子的有力工具。1929 年，美国 DuPont 公司的 Carothers 开始从特定结构的低分子化合物进行合成高分子化合物的系统研究，他的研究成果验证并发展了大分子学说。随着越来越多的实验结果对大分子学说的支持，大分子学说开始得到人们的普遍承认。至 20 世纪 30 年代末期，大分子学说取代了胶体缔合论。

可以说，大分子学说的建立是 20 世纪最伟大的科学进展之一。正是由于大分子概念的提出，才开创了高分子科学的研究领域。Staudinger 本人在 1953 年以“链状大分子物质的发现”获得了诺贝尔化学奖。

高分子科学的建立有力地促进了高分子合成工业的发展。在高分子科学发展的早期，有关高分子合成的研究非常活跃，各种聚合理论被提出，各种新的聚合方法被发现。各种新型的高分子化合物被合成出来并得到广泛的应用。例如，1931 年出现了聚甲基丙烯酸甲酯，1936 年出现聚醋酸乙烯酯，1937 年德国开始工业生产聚苯乙烯，1938 年美国 DuPont 公司开始生产尼龙 66，1939 年开发出脲醛树脂、聚硫橡胶和氯丁橡胶。1942 年高压聚乙烯问世等。大批合成材料的出现为理论研究提供了大量的实验材料，并且积累了丰富的数据。在此期间，有关高分子化合物的合成、聚合反应的机理以及动力学理论逐步建立。

20 世纪 30～40 年代，高分子合成工业的迅猛发展又促使化学家们开展了大量的高分子化合物结构和性能的研究。比较有代表性的是：将热力学统计理论用于高分子研究，建立了高分子链的构象统计理论和橡胶弹性统计理论；建立了各种测定高分子分子量和分子量分布的方法；通过对高分子溶液热力学的研究建立了高分子溶液理论；使用 X 射线衍射法研究高分子聚集态结构；对聚合物力学性能和黏弹性的研究等。

20 世纪 50 年代德国化学家 Ziegler 和意大利化学家 Natta 发明了配位定向聚合技术，获得了具有立构规整性的高分子。不仅生产出极有工业意义的高分子材料，也促进了链结构、聚合机理和结构与性能关系研究。1965 年这两位科学家以“关于有机金属化合物及聚烯烃的催化聚合的研究”获得了诺贝尔化学奖。另一位高分子科学奠基人，美国的 P. J. Flory 由于其在聚合反应原理、高分子结构、高分子物理化学等方面所作出的杰出贡献，在 1974 年以“高分子物理化学的理论与实验方面的基础研究”获得诺贝尔化学奖。

20 世纪 60 年代是聚烯烃、合成橡胶、工程塑料，以及溶液聚合、配位聚合、离子聚合大发展的时代，与以前开发成功的聚合物品种、聚合方法结合在一起，形成了合成高分子全面繁荣的局面，这种全面发展的繁荣时代一直持续到现在。目前，高分子化合物从通用高分子到工程塑料和特种高分子，新品种层出不穷。高分子合成材料的应用范围不仅向传统材料的领域渗透，产量全面超越传统材料，在高新技术领域也开始发挥不可替代的作用。目前世界上塑料的产量以体积计已经远远超过了金属，合成纤维在民用纤维中占 50%以上，工业用纤维几乎 100%取代了天然纤维，合成橡胶的产量远远超过了天然橡胶，天然橡胶只占总用胶量的 1/3。随着世界经济的发展，合成高分子材料取代其他传统材料的趋势还在继续，充分显示出高分子材料在国民经济发展过程中发挥着越来越重要的作用。

### 1.1.2　高分子科学体系及发展趋势

不到 100 年的时间内，高分子合成工业从无到有，发展成为对国民经济起举足轻重作用的现代化工业，高分子科学也成为现代科学的一门重要学科。高分子工业得到蓬勃发展的主要原因可以归为资源丰富、种类繁多、性能优良、成型简便、成本低廉以及用途广泛等。石油和天然气是高分子的重要资源，石油化工的最终产品很大一部分是高分子化合物。煤化学加工也为高分子提供了原料。此外，大分子的特殊结构赋予了高分子众多优良的性能，如质轻、比强度大、高弹性能好、透明、电绝缘、耐腐蚀、耐辐射、耐烧蚀等。这些优良的综合性能几乎可以使高分子材料应用到任何科学技术和工业领域中。

工业生产促进了科学发展，科学基础理论的建立反过来推动技术革命。高分子科学是在有机化学、物理化学、物理、力学等学科基础上发展起来的一门综合性学科。它涉及高分子化合物的合成、高分子的结构、高分子的分子运动、分子结构、运动与性能的关系、高分子的成型加工以及改性等内容。因此，高分子科学是由高分子化学、高分子物理、高分子工程三个分支研究领域组成的互相交融、互相促进的整体学科。其中，高分子化学与物理是高分子科学的基础，其化学部分涉及高分子的合成方法和反应规律的内容，其物理部分涉及高分子的结构、性能、大分子运动及其相互关系的内容。高分子工程包括聚合反应、高分子成型工艺及高分子作为塑料、纤维、橡胶、薄膜、涂料等材料使用时加工成型过程中的物理、化学变化以及以此为基础而形成的高分子成型理论、成型新方法等内容。

但是，随着高分子科学发展到一定阶段以后，原先形成的“高分子化学”、“高分子物理”、“高分子工程”三个学科分支内容的相对独立的概念已经不利于高分子科学的发展。从高分子合成的角度，“高分子化学”需要用高分子物理的有关理论来指导分子设计，指导合成路线的选择，并需要从高分子工程的研究中发现新课题；“高分子物理”的研究需要了解高分子的合成过程，以更好地了解高分子各种结构现象的形成，同样也需要从高分子工程研究中的各种“动态问题”来深化自己的研究领域；“高分子工程”更需要了解高分子的合成过程、高分子可参与的化学反应、高分子聚集态形成的规律，以此来指导工程研究和发展新理论、新方法。

时至今日，作为高分子科学基础的高分子化学与物理已成为和物理学、数学、生物学、医药学以及有机化学、物理化学、分析化学、无机化学等多种远缘和近缘学科相互渗透、共促发展的学科。因此，在有关的学科分类中往往将高分子化学与物理放在化学学科下面，与无机化学、有机化学、物理化学并列作为平行的二级学科。高分子工程则是建立在高分子化学与物理基础上的工程学，主要与化学工程和机械工程有关。

进入 21 世纪后，在高分子科学的发展上出现了两个新的动向，其一是向生命现象靠拢，其二是更加精细化。对高分子空间结构、超级结构和高分子电解质的研究发展使得生物高分子与合成高分子的距离缩小。高分子已不仅用作以力学特性为主的结构材料，而且试图用作各种功能材料。与这种动向相对应，详细研究高分子对电、光、热、化学变化等各种刺激的响应，以及开拓能合成具备这些特性且结构奇妙的高分子的特殊反应则成为一个重要的研究方向。这种发展方向将会给高分子科学的发展带来新的动力。

## 1.2　高分子化合物的基本概念

### 1.2.1　高分子、大分子、聚合物和高聚物

高分子化合物简称为高分子（polymer 或 macromolecule）。高分子、大分子、聚合物

和高聚物在大多数情况下具有相同的含义。它们之间没有本质区别，可以相互混用。但是，从严格的意义上讲，大分子是分子量比较高的一类化合物的总称，而聚合物指的是由结构单元通过共价键重复连接而成的大分子。在塑料成型加工中常称高分子为高聚物。

高分子通常由小分子单体键合而成，例如，聚氯乙烯由氯乙烯单体聚合得到：

$$\text{—CH}_2\text{—}\underset{\text{Cl}}{\underset{|}{\text{CH}}}\text{—} \longrightarrow \sim\sim\text{CH}_2\text{—}\underset{\text{Cl}}{\underset{|}{\text{CH}}}\text{—CH}_2\text{—}\underset{\text{Cl}}{\underset{|}{\text{CH}}}\text{—CH}_2\text{—}\underset{\text{Cl}}{\underset{|}{\text{CH}}}\sim\sim \quad (1\text{-}1a)$$

或写成：

$$\left[\text{CH}_2\text{—}\underset{\text{Cl}}{\underset{|}{\text{CH}}}\right]_n \quad (1\text{-}1b)$$

己内酰胺开环聚合得到聚己内酰胺或称尼龙 6：

$$\text{NH(CH}_2\text{)}_5\text{CO} \longrightarrow \left[\text{NH}\left(\text{CH}_2\right)_5\overset{\text{O}}{\overset{\|}{\text{C}}}\right]_n \quad (1\text{-}2)$$

癸二酸与己二胺聚合可得到聚癸二酰己二胺或称尼龙 610：

$$n\text{HOOC(CH}_2\text{)}_8\text{COOH}+n\text{H}_2\text{N(CH}_2\text{)}_6\text{NH}_2 = \text{HO}\left[\text{OC(CH}_2\text{)}_8\text{CO—HN(CH}_2\text{)}_6\text{NH}\right]_n\text{H}+(2n-1)\text{H}_2\text{O} \quad (1\text{-}3)$$

|←结构单元→|←结构单元→|
|←重复结构单元→|

聚氯乙烯［式(1-1b)］主链上的方括号（或写成圆括号）内的原子组合是构成聚氯乙烯链结构的基本单元，称为结构单元（构成高分子主链，并决定主链结构的最小的原子组合）。对于由一种烯烃类单体的均聚物来说既是结构单元，也是单体单元（与单体具有相同的化学组成，只是电子结构不同的原子组合），还是重复结构单元（主链上化学组成相同的最小原子组合，有时简称为重复单元或链节）。聚己内酰胺［式(1-2)］是由一个单体合成的均缩聚物，括号内的原子组合既是结构单元也是重复单元，但此高分子没有单体单元，合成过程中消除小分子水而失去了一些原子，这种结构单元不宜再称单体单元。聚癸二酰己二胺［式(1-3)］是由两种单体合成的高分子混缩聚物，其中重复单元是由两种结构单元组成，其主链上也不存在单体单元。

式(1-1b)～式(1-3) 中主链上的括弧右下方的 $n$ 称为重复单元数。对于由一种单体聚合而成的像聚氯乙烯［式(1-1b)］和聚己内酰胺［式(1-2)］之类的高分子，表达式中的 $n$ 既是重复单元，也是结构单元数。一般将结构单元数 $n$ 定义为高分子的聚合度 $X$，此类高分子的相对分子质量 $M$ 就是结构单元的相对分子质量 $M_0$ 与 $X$ 或 $n$ 的乘积，可表示为：

$$M=XM_0=nM_0 \quad (1\text{-}4)$$

对于像聚癸二酰己二胺的高分子，重复单元由—NH$(CH_2)_8$NH—和 CO$(CH_2)_4$CO—两种结构单元组成，聚合度 $\overline{X}_n$ 是结构单元数 $n$ 的两倍，即 $\overline{X}_n=2n$。高分子的相对分子质量应表示为：

$$M=n(M_1+M_2)=X_n\times(M_1+M_2)/2=X_n\overline{M}_0 \quad (1\text{-}5)$$

其中 $\overline{M}_0$ 是重复单元中 $M_1$ 和 $M_2$ 两个结构单元的平均相对分子质量。涤纶聚酯［式(1-6)］、聚氨酯［式(1-7)］等高分子与聚癸二酰己二胺的情况相同。

$$\left[\text{OCH}_2\text{CH}_2\text{O—CO}\text{—C}_6\text{H}_4\text{—CO}\right]_n \quad (1\text{-}6)$$

$$n\,\text{OCN—C}_6\text{H}_3(\text{CH}_3)\text{—NCO}+(n+1)\text{HO(CH}_2\text{)}_4\text{OH} = \text{HO(CH}_2\text{)}_4\text{O}\left[\text{OCHN—C}_6\text{H}_3(\text{CH}_3)\text{—NHCO—O(CH}_2\text{)}_4\text{O}\right]_n\text{H} \quad (1\text{-}7)$$

### 1.2.2 高分子的分子量及其多分散性

一般来说，高分子相对分子质量为 $10^4\sim10^6$，分子量超过此范围称为超高分子量高分子。分子量比较小的高分子则称为齐聚物。表 1-1 列出了一些常见高分子的相对分子质量范围。但是，在高分子化合物与低分子化合物之间并不存在明显的界线。随着分子量从低到高变化，物质的性质逐渐发生改变，是一种由量变到质变的过程，逐渐表现出高分子材料的性能。

**表 1-1　常见高分子相对分子质量的范围**

| 塑料 | 相对分子质量/$10^4$ | 纤维 | 相对分子质量/$10^4$ | 橡胶 | 相对分子质量/$10^4$ |
|---|---|---|---|---|---|
| 低压聚乙烯 | 6～30 | 涤纶 | 1.8～2.3 | 天然橡胶 | 20～40 |
| 聚氯乙烯 | 5～15 | 尼龙 66 | 1.2～1.8 | 丁苯橡胶 | 15～20 |
| 聚苯乙烯 | 10～30 | 维纶 | 6～7.5 | 顺丁橡胶 | 25～30 |
| 聚碳酸酯 | 2～6 | 纤维素 | 50～100 | 氯丁橡胶 | 10～12 |

高分子的分子量与许多性能有着密切联系。图 1-1 给出了高分子分子量与力学强度之间的关系曲线。当分子量比较低时，材料几乎不具有任何强度；只有当分子量增加到某个临界值后（图中 $A$ 点），材料才显示出一定的强度。其后材料的力学强度随分子量增加而迅速增大；而当分子量到达 $B$ 点后，强度增大的趋势放缓。对不同的高分子，$A$ 点和 $B$ 点所对应的分子量并不相同。

高分子化合物与低分子化合物的基本区别除了它们的分子量相差甚大，另一重要特征是绝大多数高分子化合物的分子量都是不均一的，具有不同程度的多分散性，即在同一试样中分子量大小不相等，分子链的长短参差不齐，短的分子链只有数百个主链原子，而长的分子链可达数千甚至数万个主链原子。所以，高分子实际上是由分子量大小不同的同系物组成的混合物。

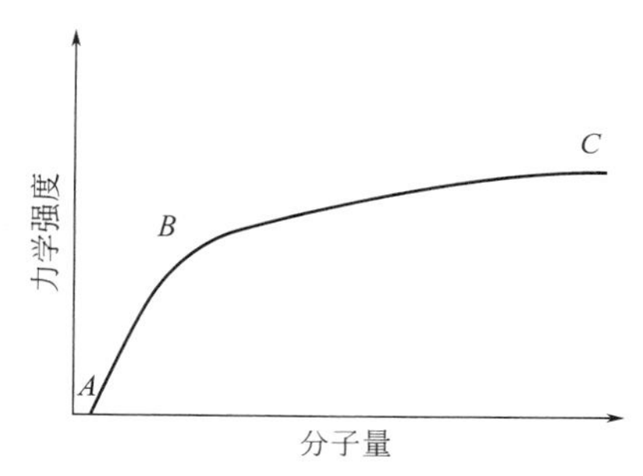

图 1-1　分子量与力学强度的关系

由于高分子的分子量存在多分散性，高分子的分子量是通过统计平均的方法获得的平均分子量。通常所说的聚合度和分子量都是其统计平均值。平均聚合度 $\overline{X}$ 指的是平均每一个大分子链上所具有的结构单元数。平均分子量则是平均聚合度与结构单元分子量的乘积。对同一种高分子试样采用不同的统计平均方法得到的平均分子量并不相同，最常见的有数均分子量和重均分子量两种。其定义如下：假设在某种高分子样品中，分子量为 $M_i$ 的分子数有 $N_i$ 个，则质量为 $W_i=M_iN_i$，则整个高分子的质量为 $W=\sum_{i=1}^{n}M_iN_i$。

（1）数均分子量

$$\overline{M}_n=\frac{M_1N_1+M_2N_2+\cdots+M_iN_i+\cdots M_nN_n}{N_1+N_2+\cdots+N_i+\cdots N_n}=\frac{\sum_{i=1}^{n}M_iN_i}{\sum_{i=1}^{n}N_i}=\sum_{i=1}^{n}\frac{N_i}{\sum_{i=1}^{n}N}M_i \tag{1-8}$$

（2）重均分子量

$$\overline{M}_w=\frac{M_1^2N_1+M_2^2N_2+\cdots+M_i^2N_i+\cdots M_n^2N_n}{M_1N_1+M_2N_2+\cdots+M_iN_i+\cdots M_nN_n}=\frac{\sum_{i=1}^{n}M_i^2N_i}{\sum_{i=1}^{n}M_iN_i}=\sum_{i=1}^{n}\frac{W_i}{\sum_{i=1}^{n}W_i}M_i \tag{1-9}$$

如果高分子的分子量是均一的（单分散性的），有 $\overline{M}_n=\overline{M}_w$；如果高分子的分子量是不均一的（多分散性），有 $\overline{M}_n < \overline{M}_w$ 。

由于高分子的分子量具有多分散性，高分子内部存在着分子量高低不同的部分，这些分子量高低不同的部分会对高分子的性能产生不同的影响。例如分子量高的部分使得高分子的流动性下降，而分子量较低的部分则会使高分子的强度变差。因此，平均分子量相同的两个高分子试样可能会表现出完全不同的性能。为了全面地表征高分子的分子量，除了使用平均分子量之外，还需要增加反映分子量分布宽窄的参数。一般将重均分子量与数均分子量的比值定义为多分散性系数 $D$，它可以表示高分子分子量分布的情况：

$$D = \overline{M}_w / \overline{M}_n \tag{1-10}$$

$D$ 值愈大，表明分子量分布愈宽、分子量分散性愈大；$D$ 值愈小，分子量分布就愈窄、分子量愈集中。高分子的 $D$ 值常在 1.5～4.0，有时高达 20～50。对低分子化合物或单分散性高分子来说，$D=1$。

## 1.3 高分子的分类与命名

由于目前已有的高分子品种达成千上万，而且每年还有各种新型高分子化合物问世，它们具有不同的结构和用途。因此需要有一个合理的分类和命名体系。

### 1.3.1 高分子的分类

通常人们从单体的来源、合成方法、用途、结构特征等各种角度，对高分子进行分类。

#### 1.3.1.1 按高分子的性质和用途分类

根据高分子材料的性质和用途不同，可以将高分子分为合成树脂和塑料、橡胶、纤维等几大类。

橡胶包括天然橡胶和合成橡胶，它们具有分子量非常高、分子链柔性很好、弹性模量小的特点，因此受到外力作用后可以产生大形变，外力撤除后又可以回复到原来的形状，表现出应有的弹性。纤维也包括天然纤维和合成纤维，相对于橡胶，纤维材料的分子量较低，但弹性模量很大，受力后表现出很高的力学强度，形变能力很小。塑料的分子量以及弹性模量一般介于橡胶和纤维之间。根据塑料受热后的行为，还可将塑料分成热塑性和热固性两大类。

#### 1.3.1.2 按高分子的组成和结构分类

绝大多数高分子具有链状的分子结构，不同高分子分子链的化学组成和结构是不一样的。根据分子链上的化学组成和结构情况，可以将高分子分成碳链、杂链和元素有机高分子三大类。

(1) 碳链高分子　大分子主链完全由碳原子组成，例如聚苯乙烯、聚乙烯、聚氯乙烯、聚甲基丙烯酸甲酯等，见表 1-2。

(2) 杂链高分子　大分子主链上除了具有碳原子外，还有氧、氮、硫等原子。例如聚酯、聚酰胺、聚甲醛等，见表 1-3。

以上两类高分子又称为有机高分子。它们的共同特点是化学性质比较稳定，但是耐热性一般、易燃烧、易老化降解。

(3) 元素有机高分子　大分子主链上没有碳原子，主要由硅、氧、硼、钛、铝等原子组成；大分子的侧基是有机基团。最典型的元素有机高分子是聚二甲基硅氧烷（硅橡胶），见表 1-3。元素有机高分子除了保持了有机高分子良好的成型加工性、弹性和电绝缘性外，还兼有无机物的耐热性。

**表 1-2　碳链高分子**

| 聚合物 | 符号 | 重复单元 | 单体 |
|---|---|---|---|
| 聚乙烯 | PE | $—CH_2—CH_2—$ | $CH_2=CH_2$ |
| 聚丙烯 | PP | $—CH_2—CH(CH_3)—$ | $CH_2=CH(CH_3)$ |
| 聚异丁烯 | PIB | $—CH_2—C(CH_3)(CH_3)—$ | $CH_2=C(CH_3)(CH_3)$ |
| 聚苯乙烯 | PS | $—CH_2—CH(C_6H_5)—$ | $CH_2=CH(C_6H_5)$ |
| 聚氯乙烯 | PVC | $—CH_2—CH(Cl)—$ | $CH_2=CH(Cl)$ |
| 聚偏二氯乙烯 | PVDC | $—CH_2—C(Cl)(Cl)—$ | $CH_2=C(Cl)(Cl)$ |
| 聚氟乙烯 | PVF | $—CH_2—CH(F)—$ | $CH_2=CH(F)$ |
| 聚四氟乙烯 | PTFE | $—CF_2—CF_2—$ | $CF_2=CF_2$ |
| 聚三氟氯乙烯 | PCTFE | $—CF_2—CF(Cl)—$ | $CF_2=CF(Cl)$ |
| 聚丙烯酸 | PAA | $—CH_2—CH(COOH)—$ | $CH_2=CH(COOH)$ |
| 聚丙烯酰胺 | PAM | $—CH_2—CH(CONH_2)—$ | $CH_2=CH(CONH_2)$ |
| 聚丙烯酸甲酯 | PMA | $—CH_2—CH(COOCH_3)—$ | $CH_2=CH(COOCH_3)$ |
| 聚甲基丙烯酸甲酯 | PMMA | $—CH_2—C(CH_3)(COOCH_3)—$ | $CH_2=CH(CH_3)(COOCH_3)$ |
| 聚丙烯腈 | PAN | $—CH_2—CH(CN)—$ | $CH_2=CH(CN)$ |
| 聚醋酸乙烯酯 | PVAc | $—CH_2—CH(COOCH_3)—$ | $CH_2=CH(COOCH_3)$ |
| 聚乙烯醇 | PVA | $—CH_2—CH(OH)—$ | $CH_2=CH(OH)$ |
| 聚乙烯基烷基醚 | | $—CH_2—CH(OR)$ | $CH_2=CH(OR)$ |
| 聚丁二烯 | PB | $—CH_2—CH=CH—CH_2—$ | $CH_2=CH—CH=CH_2$ |
| 聚异戊二烯 | PIP | $—CH_2—C(CH_3)=CH—CH_2—$ | $CH_2=C(CH_2)—CH=CH_2$ |
| 聚氯丁二烯 | PCP | $—CH_2—C(Cl)=CH—CH_2—$ | $CH_2=C(Cl)—CH=CH_2$ |

**表 1-3　杂链和元素有机高分子**

| 类　型 | 聚合物 | 结构单元 | 原　　料 |
|---|---|---|---|
| 聚醚<br>—O— | 聚甲醛<br>聚环氧乙烷 | $-O-CH_2-$<br>$-O-CH_2CH_2-$ | HCHO 或 $(CH_2O)_3$<br>$\begin{array}{c} CH_2-CH_2 \\ \diagdown \ \diagup \\ O \end{array}$ |
| | 聚双(氯甲基)丁氧环 | $-O-CH_2-\underset{CH_2Cl}{\overset{CH_2Cl}{C}}-CH_2-$ | $\begin{array}{l} \qquad\qquad\ \ CH_2Cl \\ \qquad\qquad\quad\ \ | \\ Cl-CH_2-C-CH_2 \\ \qquad\qquad\quad\ \ |\qquad | \\ \qquad\qquad\ \ CH_2-O \end{array}$ |
| | 聚二甲基苯基醚氧 | $-O-\underset{CH_3}{\overset{CH_3}{C_6H_2}}-$ | $HO-\underset{CH_3}{\overset{CH_3}{C_6H_3}}$ |
| | 环氧树脂 | $-O-C_6H_4-\underset{CH_3}{\overset{CH_3}{C}}-C_6H_4-O-CH_2\underset{OH}{\underset{\vert}{C}H}CH_2-$ | $HO-C_6H_4-\underset{CH_3}{\overset{CH_3}{C}}-C_6H_4-OH$ +<br>$\begin{array}{c} CH_2CHCH_2Cl \\ \diagdown \diagup \quad\ \ \\ O \quad\quad \end{array}$ |
| 聚酯<br>—OCO— | 涤纶 | $-OCH_2CH_2O-\overset{O}{\overset{\Vert}{C}}-C_6H_4-\overset{O}{\overset{\Vert}{C}}-$ | $HOCH_2CH_2OH + HOOC-C_6H_4-COOH$ |
| | 聚碳酸酯 | $-O-C_6H_4-\underset{CH_3}{\overset{CH_3}{C}}-C_6H_4-O-\underset{O}{\underset{\Vert}{C}}-$ | $HO-C_6H_4-\underset{CH_3}{\overset{CH_3}{C}}-C_6H_4-OH + COCl_2$ |
| | 不饱和聚酯 | $-OCH_2CH_2OCOCH=CHOC-$ | $HOCH_2CH_2OH+\begin{array}{ccccc} & CH & = & CH & \\ & \vert & & \vert & \\ & C & & C & \\ O^{\diagup} & & {}^{\diagdown}O^{\diagup} & & {}^{\diagdown}O \end{array}$ |
| | 醇酸树脂 | $-OCH_2\underset{\underset{\vert}{O}}{\underset{\vert}{C}H}CH_2O-CO-C_6H_4-CO$ | $CH_2OHCHOHCH_2OH + C_6H_4(CO)_2O$ |
| 聚酰胺<br>—NHCO— | 尼龙 66<br>尼龙 6 | $-NH(CH_2)_6NH-CO(CH_2)_4CO-$<br>$-NH(CH_2)_5CO-$ | $NH_2(CH_2)_6NH_2 +$ HOOC<br>$(CH_2)_4COOH$<br>$\underbrace{NH(CH_2)_5CO}$ |
| 聚氨酯<br>—NHOCO— | | $O(CH_2)_2O-\underset{O}{\underset{\Vert}{C}}NH(CH_2)_6NH\underset{O}{\underset{\Vert}{C}}-$ | $HO(CH_2)_2OH + OCN(CH_2)_6NCO$ |
| 聚脲<br>—NHCONH— | | $-NH(CH_2)_8NH-\underset{O}{\underset{\Vert}{C}}NH(CH_2)_6-NH\underset{O}{\underset{\Vert}{C}}-$ | $NH_2(CH_2)_6NH_2 + OCN(CH_2)_6NCO$ |
| 聚砜<br>$-SO_2-$ | | $-O-C_6H_4-\underset{CH_3}{\overset{CH_3}{C}}-C_6H_4-O-$<br>$-C_6H_4-\underset{O}{\underset{\Vert}{\overset{O}{\overset{\Vert}{S}}}}-C_6H_4-$ | $HO-C_6H_4-\underset{CH_3}{\overset{CH_3}{C}}-C_6H_4-OH$<br>$Cl-C_6H_4-\underset{O}{\underset{\Vert}{\overset{O}{\overset{\Vert}{S}}}}-C_6H_4-Cl$ |

续表

| 类　型 | 聚合物 | 结构单元 | 原　　料 |
|---|---|---|---|
| 酚醛 | 酚醛 | 苯环(邻位 OH)—$CH_2$— | $C_6H_5OH$ + HCHO |
| 脲醛 | 脲醛 | —NHCNH—$CH_2$— (C=O) | $CO(NH_2)_2$ + HCHO |
| 聚硫 | 聚硫橡胶 | —$CH_2CH_2$—S—S— (S=S) | $ClCH_2CH_2Cl$ + $Na_2S_4$ |
| 有机硅 O—Si— | 硅橡胶 | O—Si($CH_3$)($CH_3$)— | Cl—Si($CH_3$)($CH_3$)—Cl |

### 1.3.2　高分子的命名

高分子的用途广泛，种类繁多。然而由于不同行业的人在不同场合下使用不同的命名方法，使得高分子的名称比较混乱。一种高分子往往有多个名称，有根据作为商品流通所得的俗名，有按照单体或高分子结构特征得到的名称，也有按照既能表明其结构特征又能反映高分子与原料单体关系的原则进行命名所得到的名称。为了避免不同高分子名称所带来的混乱，有必要了解高分子的各种命名方法和原则。

#### 1.3.2.1　习惯命名法

（1）前缀法　此法以单体（或假想单体名）为基础。烯类高分子以烯类单体名前冠以“聚”字命名，例如乙烯、氯乙烯、苯乙烯的高分子分别称为聚乙烯、聚氯乙烯、聚苯乙烯等，这种前缀法包括对部分多单体合成的混缩聚物，见表 1-2 和表 1-3。

（2）后缀法　某些由两种单体合成的缩聚物，其产物形态类似天然树脂，常取两单体的简名，后缀“树脂”两字来命名，例如苯酚和甲醛、尿素和甲醛、甘油和邻苯二甲酸酐的缩聚物分别称为酚醛树脂、脲醛树脂、醇酸树脂等。有时将未加有助剂的高分子粉料和粒料也称为树脂，见表 1-2 和表 1-3。

#### 1.3.2.2　根据商品命名

有机化合物的命名就很复杂，高分子就更复杂了。因此在商业生产和流通中，人们仍习惯用简单明了的称呼，并能与应用联系在一起。

将应用为橡胶类的高分子加上后缀“橡胶”。例如丁二烯和苯乙烯共聚物称为丁苯橡胶，丁二烯和丙烯腈共聚物称为丁腈橡胶，乙烯和丙烯共聚物称为乙丙橡胶等。

用作纤维类的，在我国是用“纶”作后缀的。例如，聚对苯二甲酸乙二酯的商品名称叫涤纶，聚 $\omega$-己内酰胺又称锦纶，聚乙烯醇缩醛又称维纶，聚氯乙烯纺织成纤维又称氯纶，聚丙烯腈纤维称腈纶，聚丙烯纤维称丙纶。

还有直接引用的国外商品名称音译，聚己二酰己二胺称尼龙 66，聚癸二酰癸二胺称尼龙 1010，第一个数表示二元胺的碳原子数目，第二个数为二元酸的，因此尼龙 610 则是己二胺和癸二酸的混缩聚产物。

#### 1.3.2.3　根据高分子的结构特征来命名

根据高分子大分子链所带的结构特征（化学键或官能团）对高分子进行命名。例如分子链上带有酰胺键的高分子称为聚酰胺，分子链上带有酯键的高分子称为聚酯，带有碳酸酯键的高分子为聚碳酸酯。这些名称都代表一类高分子，具体品种另有专名。

#### 1.3.2.4　IUPAC 的系统命名法

系统命名法是国际纯化学与应用化学联合会（international union of pure and applied chemistry，IUPAC）对线型高分子所提出的一种比较严谨、科学的命名方法。其主要原则为：①确定高分子的最小重复单元；②排好重复单元中次级单元的次序；③按小分子有机化合物的 IUPAC 命名法则来命名这个重复单元；④在此重复单元命名前冠以“聚”字。

对于聚环氧乙烷、聚乙二醇、聚氧化乙烯，它们的重复单元都为$\left[ CH_2-CH_2-O \right]_n$。按照原则 2 所排的次级单元顺序为$\left[ O-CH_2-CH_2 \right]_n$，然后按原则 3 命名为氧化乙烯。聚丁二烯正确的重复单元应称为聚（1-亚丁烯基）；聚氯乙烯则称为聚（1-氯代乙烯）；而聚对苯二甲酸乙二醇酯的重复单元应为：

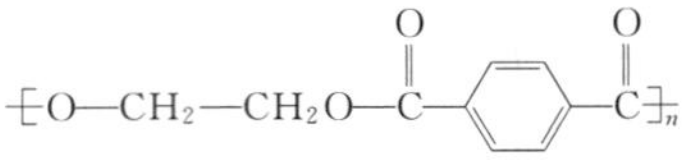

$$\left[ O-CH_2-CH_2O-\overset{\overset{O}{\|}}{C}-C_6H_4-\overset{\overset{O}{\|}}{C} \right]_n$$

称为聚（氧化乙烯氧化对苯二甲酰）。

按 IUPAC 命名比较严谨，但太繁琐。在学术性比较强的论文中，虽然并不反对采用能够反映单体结构的习惯名称，但鼓励尽量使用系统命名，不希望采用商品名。

### 1.3.3　高分子结构式的书写及英文缩写

#### 1.3.3.1　高分子的结构式

由于高分子科学是在有机化学的基础上建立和发展起来的，同时合成高分子化合物的单体大多数是低分子有机化合物，所以高分子分子结构式的书写规范与有机化合物基本相同。不过由于高分子的分子量很大，而且几乎所有的合成高分子化合物都是由一到两种并不复杂的结构单元组成的重复单元通过共价键连接而成的，所以无须将整个大分子的结构式全部写出，只需按照特定的规范写出这种重复单元，同时注明一个大分子含有重复单元的数目即可。但是要注意以下几点：

① 将线型大分子主链上重复单元写在方括号或圆括号内，括号右下角写出字母“$n$”或“$m$”等表示一个大分子所含重复单元的数目，最后写出高分子的端基基团或者加上表示分子链的线条符号“ ~~~~ ”或“—”。

② 结构单元和重复单元的确定必须遵守相应的有机化学规则，结构单元内部的碳、氧、氢原子的价态要正确，这些原子组成的基团可以是基本形式，也可以是结构式或者简写形式。例如：

| 基团名称 | 基本形式 | 简写形式 | 结构式 |
|---|---|---|---|
| 甲基 | $-CH_3$ | —Me | |
| 乙基 | $-C_2H_5$，$-CH_2CH_3$ | —Et | |
| 亚乙基 | $-CH_2CH_2-$ | $\left( CH_2 \right)_2$ | |
| 羰基 | —CO— | |  $-\overset{\overset{O}{\|}}{C}-$ |
| 酯基 | —COO—或—OCO— | | 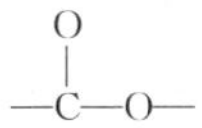 $-\overset{\overset{O}{\|}}{C}-O-$ |
| 苯基 | $-C_6H_5$或—⟨苯环⟩ 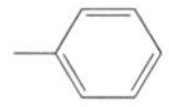 | Ph | |

③ 具有三维网状结构的交联高分子由于失去了分子量和聚合度的意义，所以通常只需写出能够代表高分子结构的最小部分，而不必写出代表重复结构单元的括号、脚标和端基，用代表分子链线条符号“ ~~~~ ”表示高分子分子结构的其余部分。例如具有体型结构的酚醛

树脂：

OH

$-CH_2\sim\sim$

$CH_2\sim\sim$

④ 对于聚合反应方程式，一般加聚反应只需将单体物质的量 $n$ 与大分子重复单元的脚标 $n$ 对应即可；而对于缩聚反应，除了单体物质的量要与重复单元的脚标对应外，由一种单体进行的均缩聚反应生成的小分子物质的量通常应为 $(n-1)$，由两种单体进行的混缩聚反应生成的小分子物质的量通常应为 $(2n-1)$。一些具有特殊端基的高分子（如环氧化合物）的聚合反应生成物的物质的量需要根据具体情况而定。通常情况下，如果反应式和生成物比较简单，在聚合反应方程式的反应物和生成物之间使用等号；如果聚合反应较为复杂，可不要求将方程式配平，在反应物和生成物之间使用箭头即可。

### 1.3.3.2　高分子名称的英文缩写

一些重要高分子英文名称的缩写在口头和文字交流、甚至在商品流通中越来越多使用。例如聚氯乙烯的英文全称为 polyvinyl chloride，聚甲基丙烯酸甲酯的英文全名为 poly (methyl methacrylate)，它们的英文缩写分别为 PVC 和 PMMA，缩写时每个字母均用大写字母。一些重要高分子的中英文名称、英文缩写及商品名列于表 1-4。

**表 1-4　重要高分子化合物的中英文名称、英文缩写及商品名**

| 中文名称 | 英文名称 | 英文缩写 | 我国商品名称 |
|---|---|---|---|
| 聚烯烃 | polyolefine | PO | |
| 聚乙烯 | polyethylene | PE | 乙纶(纤) |
| 高密度聚乙烯 | high density polyethylene | HDPE | |
| 低密度聚乙烯 | low density polyethylene | LDPE | |
| 聚丙烯 | polypropylene | PP | 丙纶(纤) |
| 聚氯乙烯 | polyvinyl chloride | PVC | 氯纶(纤) |
| 聚苯乙烯 | polystyrene | PS | |
| 耐冲击聚苯乙烯 | high impact polystyrene | HIPS | |
| 聚甲基丙烯酸甲酯 | polymethyl methacrylate | PMMA | 有机玻璃 |
| 聚醋酸乙烯酯 | polyvinyl acetate | PVAc | |
| 聚四氟乙烯 | polytetrafluoroethylene | PTFE | 四氟(塑),氟纶(纤) |
| 聚三氟氯乙烯 | polychlorotrifluoroethylene | PCTFE | |
| 聚偏氯乙烯 | polyvinylidene chloride | PVDC | |
| 聚偏氟乙烯 | polyvinylidene fluoride | PVDF | |
| 聚乙烯醇 | polyvinyl alcohol | PVA | |
| 聚乙烯醇缩甲醛 | polyvinyl formal | PVFM | 维纶、维尼龙(纤) |
| 聚乙烯醇缩丁醛 | polyvinyl butyral | PVB | |
| 聚乙烯吡咯烷酮 | polyvinyl pyrrolidone | PVP | |
| 聚丙烯腈 | polyacrylonitrile | PAN | 腈纶 |
| 聚丙烯酸 | polyacrylic acid | PAA | |
| 聚丙烯酰胺 | polyacrylamide | PAA | |
| 丙烯腈-苯乙烯共聚物 | acrylonitrile-styrene copolymer | AS(A/S) | |
| 丙烯腈-甲基丙烯酸甲酯共聚物 | acrylonitrile-methylmethacrylate copolymer | A/MMA | |
| 乙烯-醋酸乙烯共聚物 | ethylene-vinyl acetate copolymer | EVA | |
| 乙烯-丙烯共聚物(乙丙橡胶) | ethylene-propylene copolymer | EPR | |
| 丁苯橡胶 | styrene-butadiene rubber | SBR | |
| 丙烯腈-丁二烯-苯乙烯共聚物 | acrylonitrile-butadiene-styrene copolymer | ABS | |

续表

| 中文名称 | 英文名称 | 英文缩写 | 我国商品名称 |
|---|---|---|---|
| 三元乙丙橡胶 | ethylene-propylene-diene monomer | EPDM | |
| 苯乙烯-丁二烯-苯乙烯共聚物 | styrene-butadene-styrene copolymer | SBS | |
| 天然橡胶 | natural rubber | NR | |
| 丁基橡胶 | isobutylene-isoprene rubber | IIR | |
| 异戊二烯橡胶 | isoprene rubber | IR | |
| 氯丁橡胶 | chloroprene rubber | CR | |
| 丁腈橡胶 | nitrile-butadiene rubber | NBR | |
| 丁二烯橡胶 | butadiene rubber | BR | |
| 聚酰胺 | polyamide | PA | 锦纶(纤),尼龙(塑) |
| 聚碳酸酯 | polycarbonate | PC | |
| 聚对苯二甲酸乙二醇酯 | polyethylene terephthalate | PET | 涤纶(纤) |
| 聚对苯二甲酸丁二醇酯 | polybutylene terephthalate | PBT | |
| 聚酰亚胺 | polyimide | PI | |
| 聚氧化甲烯(聚甲醛) | polyoxy methylene | POM | |
| 聚氧化乙烯(聚环氧乙烷) | polyethylene oxide | PEO | |
| 聚氧化丙烯(聚环氧丙烷) | poly(propylene oxide) | | |
| 聚亚苯基氧(聚苯醚) | polyphenylene oxide | PPO | |
| 聚砜 | polysulfone | PSU | |
| 聚苯砜 | poly(phenylene sulfone) | PPSU | |
| 聚氨酯 | polyurethane | PU | 氨纶(纤) |
| 聚硅氧烷 | polysiloxane | | |
| 不饱和聚酯树脂 | unsaturated polyester resin | UPR | |
| 酚醛树脂 | phenol-formaldehyde resin | PF | 电木、胶木(塑) |
| 脲醛树脂 | urea-formaldehyde resin | UF | 电玉(塑) |
| 环氧树脂 | epoxy resin | ER | |
| 硝酸纤维素 | cellulose nitrate | CN | (赛璐珞) |
| 醋酸纤维素 | cellulose acetate | CA | |

## 1.4 高分子合成反应的分类

由低分子单体合成高分子的反应称为聚合反应。聚合反应有许多类型，可以从不同角度进行分类。

### 1.4.1 按元素组成和结构变化关系分类

根据高分子和单体元素组成和结构的变化，将聚合反应分成加聚反应和缩聚反应两大类。单体加成而聚合起来的反应称为加聚反应，氯乙烯聚合成聚氯乙烯：

$$n\underset{\displaystyle Cl}{\overset{}{CH=\underset{|}{CH}}} \longrightarrow \left[ CH_2-\underset{\underset{\displaystyle Cl}{|}}{CH} \right]_n \tag{1-11}$$

加聚反应后的产物称为加聚物。加聚物的元素组成与原料单体相同，仅仅是电子结构有所改变。加聚物的分子量是单体分子量的整数倍，碳链高分子大多是烯类单体通过加聚反应合成的。

聚合反应过程中，除形成高分子外，同时还有低分子副产物产生的反应，称为缩聚反应。己二胺和己二酸反应生成尼龙是缩聚反应的典型例子。缩聚反应的主产物称为缩聚物，根据单体中官能团的不同，低分子副产物可能是水、醇、氨和氯化氢等。由于低分子副产物的析出，缩聚物结构单元要比单体少若干原子，缩聚物的分子量就不是单体分子量的整数倍。

$$nH_2N(CH_2)_6NH_2 + nHOOC(CH_2)_4COOH \longrightarrow H\text{-}[NH(CH_2)_6NHOO(CH_2)_4CO]_n\text{-}OH + (2n-1)H_2O \quad (1\text{-}12)$$

缩聚反应兼有缩合出低分子和聚合成高分子的双重含义，是缩合反应的发展。

缩聚反应一般是官能团的反应，缩聚产物中留有官能团的结构特征，如酰胺键—NHCO—、酯键—OCO—、醚键—O—等。因此大部分缩聚物是杂链高分子，容易被水、醇和酸等化学药品降解。

随着高分子化学的发展，陆续出现了许多新的合成反应，如二元醇和二异氰酸酯合成聚氨酯的反应。

$$nHO(CH_2)_6OH + nOCN(CH_2)_4NCO \longrightarrow H\text{-}[O(CH_2)_6OCONH(CH_2)_4NHCO]_n\text{-}OH \quad (1\text{-}13)$$

从元素组成变化上看，这属于加聚反应。但其产物结构具有官能团结构特征，属于杂链高分子，其反应规律与缩聚反应相近。这一反应虽一度称为氢原子转移反应，但并不能反映出反应的实质。又如己内酰胺开环聚合成尼龙 6 的反应为：

$$n\underbrace{NH(CH_2)_5CO} \longrightarrow [NH(CH_2)_5CO]_n \quad (1\text{-}14)$$

从元素组成变化上看，应属于加聚反应，但其产物却似典型的缩聚物。反应机理随所用催化剂的不同有很大差异。要将这一反应归入加聚反应或缩聚反应都不甚妥。

加聚反应和缩聚反应的划分是以分子的元素组成和结构形式变化为基础的。这一传统的分类法曾经沿用了很长一段时间，现在还在广泛采用。

### 1.4.2 按反应机理分类

根据反应机理，将聚合反应另外分成连锁聚合反应和逐步聚合反应两大类。

烯类单体的加聚反应大部分属于连锁聚合反应。其特征是整个反应过程可以划分成相继的几步基元反应，如链引发、链增长和链终止。各步的反应速率和活化能差别很大。连锁聚合反应中的自由基聚合，链引发缓慢，而链增长和链终止极快。结果是转化率随聚合时间的延长而不断增加，反应开始到终了所产生的高分子平均分子量差别不大，体系中始终由单体和高聚物两部分组成，很少有从低分子量到高分子量的中间产物。

绝大多数缩聚反应和合成聚氨酯的反应都属于逐步聚合反应。其特征是在低分子转变成高分子的过程中，反应是逐步进行的，即每一步的反应速率和活化能大致相同。反应早期，大部分单体很快聚合成二聚体、三聚体和四聚体等低聚物，短期内转化得很快，转化率很高。随后，低聚物相互间继续反应，分子虽不断增大，而转化率的增加则变缓慢。

己内酰胺开环聚合成尼龙 6，以酸作催化剂时，属于逐步聚合反应；以碱作催化剂时，则属于连锁聚合反应。

按机理将聚合反应分成上述两类反应颇为重要，因为涉及反应的本质，不像加聚和缩聚的划分停留在形式上。根据两类反应的机理特征，就有可能按照共同的规律来控制聚合速率和分子量等重要指标。

## 1.5 高分子的结构、物理状态及其性能特点

### 1.5.1 高分子的结构特点

高分子化合物的结构与低分子化合物相比有很大不同，其主要特点如下。

(1) 分子的链结构类型　绝大多数高分子是由结构单元通过共价键重复连接而成，高分子的分子链可以呈线型或支化型结构，也可以呈交联网状结构。

(2) 结构的不均匀性　高分子结构的不均匀性表现为分子量的不均匀性、结构单元键按顺序的不均匀性、空间构型分布的不均匀性，对于共聚物来说，还存在共聚组成的不均匀性和序列组成分布的不均匀性。

(3) 分子链的柔性　大部分高分子的主链具有一定的内旋转自由度，使大分子链通常呈卷曲状态。由于分子热运动，分子链的形状也在不断地变化，从而表现出一定的柔性。但是如果大分子主链不能发生内旋转，大分子链则成为刚性链。

(4) 高分子的凝聚态　当许多大分子链进行排列和堆积形成凝聚态时，根据分子链排列的有序程度可以形成晶态或非晶态。但与低分子化合物的晶态和非晶态有明显不同，高分子晶态的有序程度要比小分子晶态差很多，存在很多缺陷。但高分子的非晶态却比小分子液态的有序程度高。

由于高分子结构上的这些特点，高分子材料可以表现出许多小分子材料不具备的独特性能，例如高分子具有良好的可塑性、成纤性、成膜性，高弹性和黏弹性等。

### 1.5.2　高分子的物理状态

大分子链之间通过分子间力的作用相互堆砌形成凝聚态。由于高分子的分子量非常大，使得高分子分子间作用力远大于小分子化合物分子间作用力，也远远超过了分子链中化学键的键能。因此，当高分子受热后，其能量还不足以克服分子间力时，分子链中的化学键就已经断裂，所以高分子不能以气态存在。在通常的温度下，高分子可以以固态存在，将其加热到一定温度后，热塑性高分子会转变为黏稠的流体。

固态高分子又可分为两类，一类是晶态高分子，另一类是非晶态（无定形）高分子。对于结晶高分子，在其内部大分子链相互之间的排列非常规整，形成了三维有序的晶体结构。像聚乙烯、聚丙烯、聚酰胺等高分子都属于此类。非晶高分子内部分子链之间相互排列杂乱无章，分子链像无规线团状堆砌缠结在一起。像聚氯乙烯、无规聚苯乙烯和聚甲基丙烯酸甲酯都属于非晶高分子。

对无定形高分子施加一定的外力，然后以一定的升温速度对其进行加热。随着温度升高，高分子的形变会不断发展。通过测定温度与形变量之间的关系，可以得到如图 1-2 所示的温度-形变曲线。

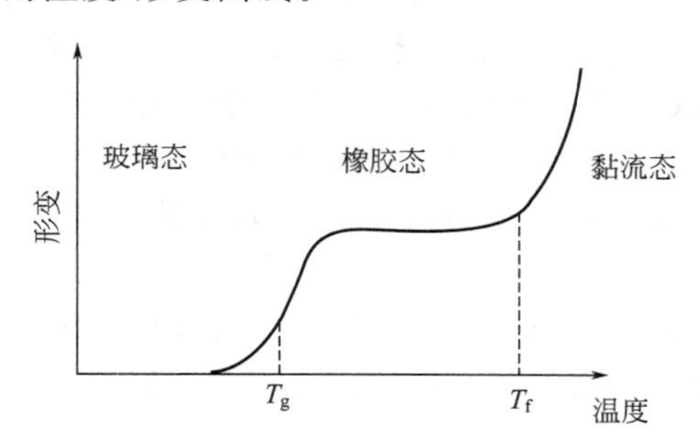


图 1-2　无定形高分子的温度-形变曲线

由该曲线可以看出，当温度比较低时，高分子在外力作用下只发生非常小的形变，表现出很高的弹性模量。在该状态下高分子的力学行为与一般刚性固体物质相似，所以将这种力学状态称为玻璃态。当高分子被加热到一定温度后，形变能力明显增大，而且在外力去除后形变还可以恢复。这种力学行为与橡胶弹性体相同，因此被称为高弹态。温度进一步升高后，高分子转变为黏性流体，形变随时间的发展而发展，表现为不可逆的黏性流动，该力学状态称为黏流态。玻璃态和高弹态之间的转变称为玻璃化转变，相应的转变温度称为玻璃化转变温度，用 $T_g$ 表示。高弹态向黏流态的转变称为黏流转变，相应的转变温度称为黏流温度，用 $T_f$ 表示。

对结晶高分子进行同样的实验，也可以得到结晶高分子的温度-形变曲线。当温度升高到结晶熔点时，晶格被破坏，晶区消失，高分子才会发生明显的形变，直接进入黏流态。

由此可见，高分子处于不同温度时会呈现出不同的力学状态，从而表现出不同的力学行为。这些力学行为就决定了高分子的用途。如果在常温下高分子处于玻璃态，它就可以作为塑料使用，玻璃化转变温度是其使用上限温度。若高分子在室温范围处于高弹态，则可以作为橡胶使用，此时玻璃化转变温度成为其使用下限温度。由于结晶高分子的力学性能与玻璃态高分子的性能相差不大，所以结晶高分子也可以作为塑料使用，而且其使用温度上限是结晶熔点。另外，结晶高分子还广泛用做纤维材料。因为纤维材料要求形变能力很小，在纤维方向上分子链还要形成一定的取向排列，结晶高分子比较容易满足这些要求。

## 习　　题

1. 解释单体、结构单元、重复单元、高分子、聚合物和聚合度的含义。

2. 写出聚氯乙烯、聚苯乙烯、涤纶、尼龙 66、聚丁二烯和天然橡胶的分子式。根据表 1-1 所列分子量，计算聚合度。根据这 6 种高分子的分子量和聚合度，试认识塑料、纤维和橡胶的差别。

3. 写出下列单体的聚合反应式，以及单体、高分子的名称。

(1) $CH_2{=}CHF$；　(2) $CH_2{=}C(CH_3)_2$；　(3) $HO(CH_2)_5COOH$；　(4) $CH_2CHCHO$；(5) $NH_2(CH_2)_6NH+HOOC(CH_2)_4COOH$

4. 写出高分子名称、单体名称和聚合反应式。指明属于加聚还是缩聚，连锁聚合还是逐步聚合。

(1) $\text{⁅}CH_2{-}CH(CH_3)\text{⁆}_nCOOCH_3$；　(2) $\text{⁅}NH(CH_2)_6NHCO(CH_2)_4CO\text{⁆}_n$

(3) $\text{⁅}NH(CH_2)_5CO\text{⁆}_n$；　(4) $\text{⁅}CH_2C(CH_3){=}CHCH_2\text{⁆}_n$

5. 写出下列高分子的单体分子式和合成反应式：聚丙烯腈、天然橡胶、丁苯橡胶、聚甲醛、聚苯醚、聚四氟乙烯、聚二甲基硅氧烷、聚氨酯。

6. 求下列混合物的数均聚合度、重均聚合度和分子量分布指数。

(1) 组分 1：质量分数＝0.5，相对分子质量＝$1\times10^4$

(2) 组分 2：质量分数＝0.4，相对分子质量＝$1\times10^5$

(3) 组分 3：质量分数＝0.1，相对分子质量＝$1\times10^6$

7. 写出由下列单体得到的链状高分子的重复单元的化学结构式：

(1) $\alpha$-甲基苯乙烯；(2) 偏二氰基乙烯；(3) $\alpha$-氰基丙烯酸甲酯；(4) 1,4-丁二烯；(5) 对苯二甲酸＋乙二醇；(6) $\alpha$-氨基十一酸。

8. 举例说明和区别线型和体型结构，热塑性和热固性高分子，无定形和结晶高分子。

9. 举例说明橡胶、纤维、塑料间结构-性能的主要差别和联系。

10. 讨论大分子平均分子量、热转变温度是表征聚合物的重要指标。

# 第2章　缩聚及其他逐步聚合反应

聚合反应从机理上可分为逐步聚合反应和连锁聚合反应两大类型。在高分子化学和高分子合成工业中，逐步聚合反应占有重要地位。其中包括人们熟知的涤纶、尼龙、酚醛树脂及脲醛树脂等高分子材料。近年来，逐步聚合反应的研究在理论上和实际应用上都有了新的发展，一些高强度、高模量、耐老化及抗高温等综合性能优异的高分子材料不断问世。逐步聚合反应中最重要是缩合聚合，简称缩聚。本章着重讨论缩聚反应，并介绍其他常用的逐步聚合反应。

## 2.1　聚合反应类型及特点

逐步聚合反应包括缩聚反应、逐步加成聚合，一些环状化合物的开环聚合、Diels-Alder加成反应等。其最大特点是在聚合反应中低分子通过自身所携带的官能团（又称为功能基）之间的化学反应逐步形成大分子，聚合物的分子量随着反应时间的增长而逐渐增大。

逐步聚合反应通常是由单体所带的两种不同的官能团之间发生化学反应而进行的，两种官能团可在不同的单体上，也可在同一单体内。如：

$$n\mathrm{HOOC{-}R{-}COOH} + n\mathrm{H_2N{-}R'{-}NH_2} \longrightarrow \mathrm{H{-}(OC{-}R{-}CONH{-}R'{-}NH)_n{-}H} + (2n-1)\mathrm{H_2O}$$

$$n\mathrm{H_2N{-}R{-}COOH} \longrightarrow \mathrm{H{-}(HN{-}R{-}CO)_n{-}OH} + (n-1)\mathrm{H_2O}$$

由此可见，聚酰胺的合成与酰胺化合物合成类似，都是利用氨基和羧基之间的脱水反应形成酰胺键。不同的是，对于聚合物，只有其分子量足够大时才具有实用意义。一个聚酰胺分子要经过许多次缩合反应才能完成。因此只有当官能团反应得非常充分时，才能得到具有使用价值的高分子量的聚合物。

表2-1列出了主要的逐步聚合物。

**表2-1　主要的逐步聚合物**

| 聚合物类型 | 聚合物 | 单　体 | 重复结构单元 |
|---|---|---|---|
| 聚酰胺 | 尼龙6 | 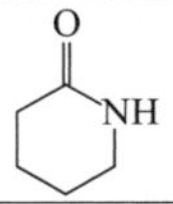 己内酰胺（环状结构式：O, NH） | —NH$(CH_2)_5$CO— |
| | 尼龙66 | $NH_2(CH_2)_6NH_2$，$HOOC(CH_2)_4COOH$ | —NH$(CH_2)_5$CO—<br>—NH$(CH_2)_6$NH—CO$(CH_2)_4$CO— |
| 聚酯 | 涤纶 |  HOOC—$C_6H_4$—COOH，$HOCH_2CH_2OH$ |  —OC—$C_6H_4$—$COOCH_2CH_2O$— |
| | 不饱和树脂 | 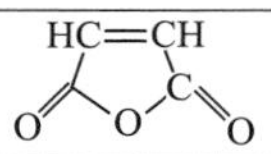 HC═CH（马来酸酐环状结构式），$HOCH_2CH_2OH$ | —C(═O)—CH═CH—C(═O)—$OCH_2CH_2O$— |
| | 醇酸树脂 | $CH_2OH$—CHOH—$CH_2OH$，（邻苯二甲酸酐结构式） 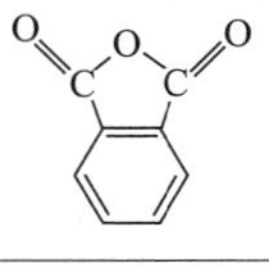 | 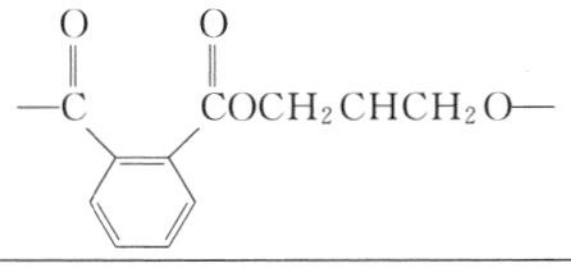 —C(═O)—$C_6H_4$—C(═O)$OCH_2CHCH_2O$— |
| | 聚碳酸酯 | 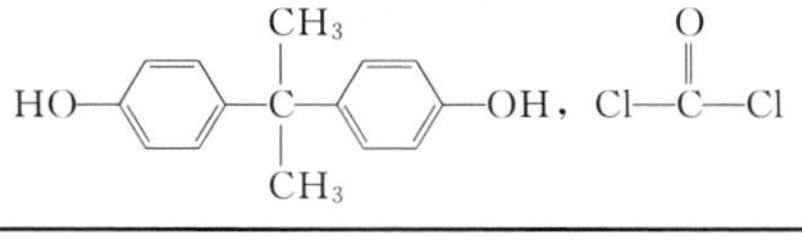 HO—$C_6H_4$—C$(CH_3)_2$—$C_6H_4$—OH，Cl—C(═O)—Cl | 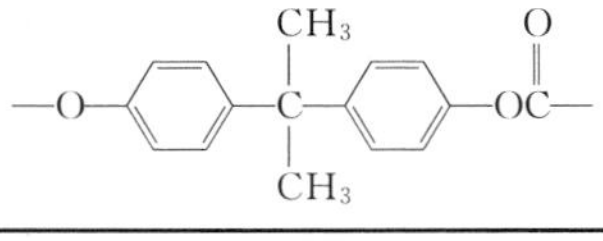 —O—$C_6H_4$—C$(CH_3)_2$—$C_6H_4$—OC(═O)— |

续表

| 聚合物类型 | 聚合物 | 单体 | 重复结构单元 |
| --- | --- | --- | --- |
| 聚氨酯 | 聚氨酯 | HOROH，OCNR′NCO | $-\overset{O}{\overset{\|}{C}}-NHRNH-\overset{O}{\overset{\|}{C}}-OR'O-$ |
| 酚醛 | 酚醛 | 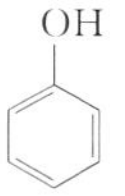 苯酚（OH），$CH_2O$ | 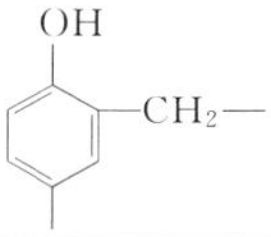 OH 苯环 $-CH_2-$ |
| 脲醛 | 脲醛 | $NH_2-\overset{O}{\overset{\|}{C}}-NH_2$，$CH_2O$ | $-HN-\overset{O}{\overset{\|}{C}}-NHCH_2-$ |
| 聚醚 | 环氧树脂 | 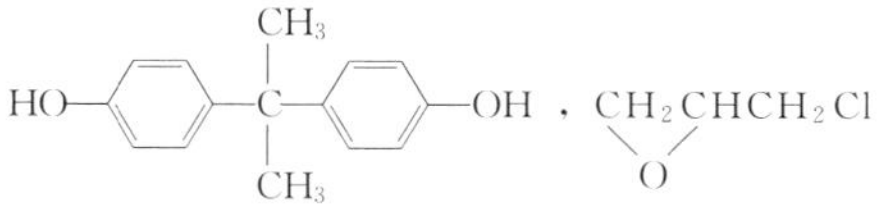 $HO-C_6H_4-C(CH_3)_2-C_6H_4-OH$，$CH_2CHCH_2Cl$（环氧，O） | 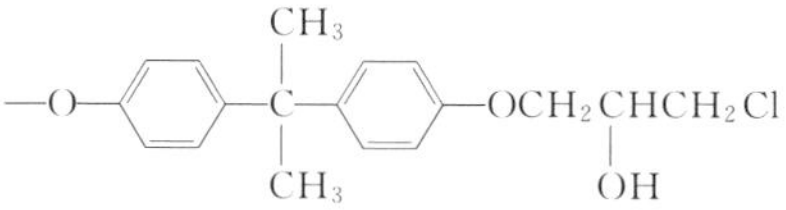 $-O-C_6H_4-C(CH_3)_2-C_6H_4-OCH_2CH(OH)CH_2Cl$ |
| 有机硅 | 硅橡胶 | 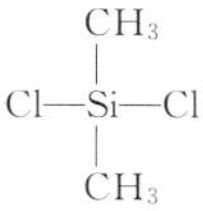 $Cl-Si(CH_3)_2-Cl$ | 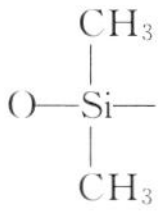 $O-Si(CH_3)_2-$ |
| 聚酸酐 |  | $H_3C-\overset{O}{\overset{\|}{C}}-O-\overset{O}{\overset{\|}{C}}-CH_3$，HOOCRCOOH | $-\overset{O}{\overset{\|}{C}}-R-\overset{O}{\overset{\|}{C}}-O-$ |
| 聚酰亚胺 |  | 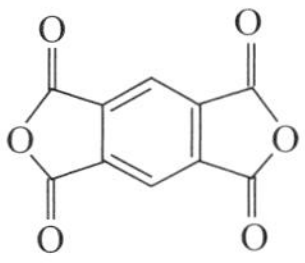  均苯四甲酸二酐（O，O，O，O，O，O），$H_2N-C_6H_4-NH_2$ | 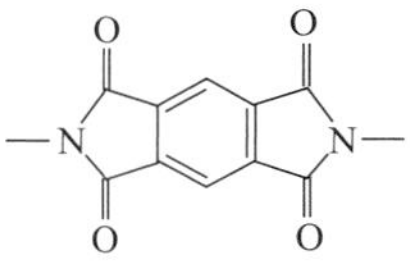 $-N$（O，O）苯环（O，O）$N-$ |
| Diels-Alder聚合产物 |  | 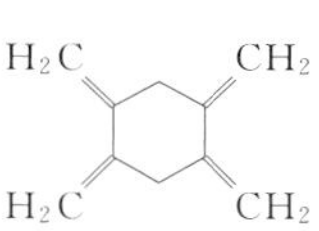 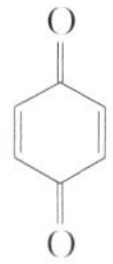 $H_2C$，$CH_2$，$H_2C$，$CH_2$（四亚甲基环己烷），对苯醌（O，O） | 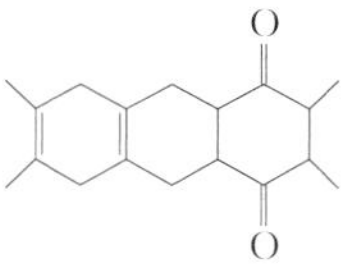 （O，O）稠环结构 |

## 2.2　缩聚反应

### 2.2.1　缩聚反应的单体和类型

缩聚反应是缩合聚合反应的简称，是指带有官能团的单体经许多次的重复缩合反应，并且伴有小分子放出，而逐步形成聚合物的过程，在机理上属于逐步聚合。

#### 2.2.1.1　单体分类

用于合成线型缩聚物的单体必须带有两个官能团，按照它们之间相互作用的情况，可把缩聚单体分为下列几种类型。

（1）带有同一类型的官能团（aRa）并可互相反应的单体。这类单体进行聚合时，反应是在同类分子之间进行。例如：

$$n\text{HOROH} \xrightleftharpoons{-H_2O} \text{+R-O+}_n$$

（2）带有相同的官能团（aRa），其本身不能进行缩聚反应，只有同另一类型（bRb）的单体进行反应的单体。例如：

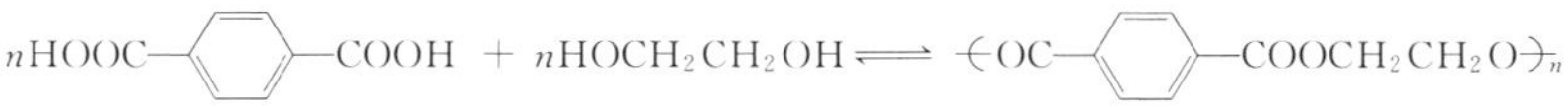

$$n\text{HOOC}-C_6H_4-\text{COOH} + n\text{HOCH}_2\text{CH}_2\text{OH} \rightleftharpoons \text{+OC}-C_6H_4-\text{COOCH}_2\text{CH}_2\text{O+}_n$$

（3）带有不同类型的官能团（aRb），它们内部官能团之间可以进行反应生成聚合物的单体。例如：

$$n\mathrm{H_2NRCOOH} \rightleftharpoons \mathrm{+HNRCO+_{\it n}}$$
$$n\mathrm{HORCOOH} \rightleftharpoons \mathrm{+ORCO+_{\it n}}$$

（4）带有不同的官能团（aRb），但它们之间不能相互进行反应，只能同其他类型的单体进行共缩聚反应的单体。如氨基醇（$H_2NROH$）等。

应用于缩聚反应过程的单体，也可按照单体的其他特点进行分类，如按官能团的数目分为：二官能团单体，有二元醇、二元羧酸等；三官能团单体，有甘油、偏苯三酸等。

表 2-2 列出了缩聚反应和其他逐步聚合反应常用单体。

**表 2-2 缩聚反应和其他逐步聚合反应常用单体**

| 官能团 | 二元分子 | 多元分子 |
| --- | --- | --- |
| 醇—OH | 乙二醇 $HOCH_2CH_2OH$<br>1,2 丙二醇 $HOCH_2$—$HOCH$—$CH_3$ | 丙三醇 $HOCH_2$—$HOCH$—$HOCH_2$<br>季戊四醇 $C(CH_2OH)_4$ |
| 酚—OH | 双酚 A 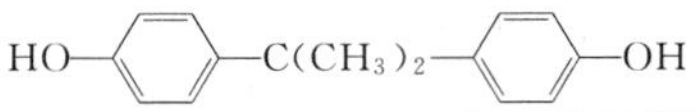<br>HO—⟨苯环⟩—$C(CH_3)_2$—⟨苯环⟩—OH |  |
| 酸—COOH | 对苯二甲酸  HOOC—⟨苯环⟩—COOH<br>己二酸 $HOOC(CH_2)_4COOH$ | 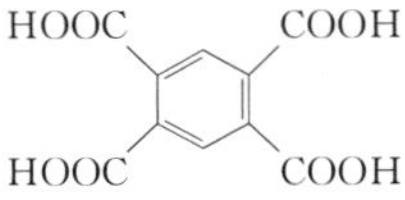 HOOC、COOH、HOOC、COOH（均苯四甲酸） |
| 酸酐 | 马来酸酐 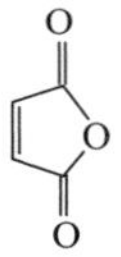 | 均苯四甲酸酐 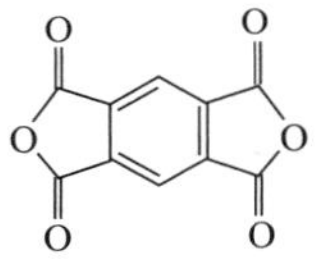 |

### 2.2.1.2 缩聚反应的类型

缩聚反应可根据不同的原则进行分类，常见的有以下几种分类方法。

（1）按反应热力学的特征分类

① 平衡缩聚：通常指反应平衡常数小于 $10^3$ 的缩聚反应。如对苯二甲酸乙二酯（涤纶）的生成反应等。

② 不平衡缩聚：通常指平衡常数大于 $10^3$ 的缩聚反应。这种方法一般是使用高活性的单体。如二元酰氯同二元胺生成聚酰胺的反应。

（2）按生成聚合物的结构分类

① 线型缩聚：参加反应的单体都含有两个官能团，反应中形成的大分子向两个方向发展，得到线型聚合物，如二元酸和二元醇生成聚酯的反应或二元酸和二元胺生成聚酰胺的反应等。

② 体型缩聚：参加反应的单体中至少有一种单体含有两个以上的官能团。大分子的生成反应可以向三个或三个以上方向增长，得到体型结构的聚合物，如丙三醇和邻苯二甲酸酐的反应等。

（3）按参加反应的单体种类分类

① 均缩聚：只有一种单体进行的缩聚反应，如：

$$nH_2N(CH_2)_4COOH \rightleftharpoons \text{-[}HN(CH_2)_4CO\text{]-}_n + nH_2O$$

② 混缩聚：两种分别带有相同官能团的单体进行的缩聚反应，其中任何一种单体都不能进行均缩聚。如：

$$H_2N(CH_2)_{10}NH_2 + HOOC(CH_2)_8COOH \longrightarrow H\text{-[}HN(CH_2)_{10}NHOC(CH_2)_8CO\text{]-}OH$$

③ 共缩聚：在均缩聚中加入第二种单体，或者在混缩聚反应中加入第三甚至是第四种单体进行的缩聚反应。如：

$$\begin{matrix} HOCH_2CH_2OH \\ HOCH_2\underset{\substack{|\\OH}}{CH}CH_3 \end{matrix} + HOOCRCOOH \longrightarrow \text{共缩聚产物}$$

$$H_2N(CH_2)_5COOH + H_2N(CH_2)_9COOH \longrightarrow \text{共缩聚产物}$$

### 2.2.2　官能度、官能度体系及等活性理论

在单体分子中，把含有能参加反应的原子团叫做官能团，其中参加化学反应的部分叫做活性官能团。

（1）官能度和官能度体系　单体的官能度是指单体在聚合反应中形成新键的数目，也就是指在聚合反应中单体实际参加反应的官能团数目。单体的官能度与官能团数目可以一致，也可以不一致。例如，己二胺与羧酸的酰化反应，己二胺的官能团数和官能度均为2，而己二胺与—NCO合成聚氨酯时，随着反应的深入，己二胺的官能度最大可达到4。

缩聚反应的单体是有两种或两种以上带有可相互反应官能团的单体所组成，并形成官能团体系，通常可分为：①1-1官能度体系的反应，例如，一元酸与一元醇的反应，由于产物中不含有可继续反应的官能团，因此反应不能继续进行，只能得到低分子化合物。②2-2官能度体系的反应，例如，由二元酸与二元醇进行的缩聚反应，可得到线型缩聚物-聚酯。③2-3官能度体系的反应，例如，二元酸与三元醇进行的缩聚反应，苯酚与甲醛合成酚醛树脂的缩聚反应，所制得的高分子都具有体型结构。

（2）官能团等活性概念　聚合反应动力学的研究是高分子合成反应研究的重要内容之一。其意义有两点：一是合成高分子需要聚合反应动力学方面的知识，二是逐步聚合与连锁聚合反应的动力学特征具有显著的区别。官能团等活性概念是建立聚合反应动力学的重要基础。逐步聚合是从单体开始，通过官能团之间的反应，分子量一步步增大，生成大分子量聚合物的过程。以聚酯为例，第一步聚合是二元醇与二元酸单体反应生成二聚体，即：

$$HOROH + HOOCR'COOH \longrightarrow HOROOCR'COOH + H_2O$$

二聚体与二元醇反应生成三聚体：

$$HOROOCR'COOH + HOROH \longrightarrow HOROOCR'COOROH + H_2O$$

二聚体也可与二元酸反应生成三聚体：

$$HOROOCR'COOH + HOOCR'COOH \longrightarrow HOOCR'COOROOCR'COOH + H_2O$$

二聚体之间反应形成四聚体：

$$2HOROOCR'COOH \longrightarrow HOROOCR'COOROOCR'COOH + H_2O$$

……

即多聚体与之间反应或与单体的反应将生成分子量更大的多聚体。

由此可见，各种大小不同的聚合物之间都可以发生缩合反应，分子链逐步增长。在反应初期，聚合物远未达到实用要求的高分子量（＞5000～10000）时，单体就已经消失了。这是区别于连锁聚合反应的一个特征。

一般认为，一方面，随着多聚体聚合度增大，分子活动减慢，碰撞频率降低；另一方面，随着多聚体分子量的增大，体系黏度增大，官能团被屏蔽在卷曲的分子链中，反应难以进行。所以，官能团的反应能力随着分子链增大而减小。然而，Flory 等学者通过进一步研究表明，逐步聚合反应的速率常数与聚合反应时间或聚合物分子量是无关的。以化学反应为例：

$$C_2H_5OH + H(CH_2)_xCOOH \longrightarrow H(CH_2)_xCOOC_2H_5 + H_2O$$

通过表 2-3 列出羧酸分子的大小与官能团活性之间的关系研究具有不同分子量的同系物的反应速率可知，官能团的反应活性确实与分子大小无关。

**表 2-3 羧酸大小与酯化反应速率**

| 羧酸大小($x$) | $K\times10^4$ $n$H$(CH_2)_x$COOH | 羧酸大小($x$) | $K\times10^4$ $n$H$(CH_2)_x$COOH |
|---|---|---|---|
| 1 | 22.1 | 5 | 7.4 |
| 2 | 15.3 | 8 | 7.5 |
| 3 | 7.5 | 9 | 7.4 |
| 4 | 7.5 | 11 | 7.6 |

表中第二列是羧酸同系物酯化反应的速率常数。很显然，当 $x=1\sim3$ 时，随着分子量的增大，反应活性明显下降。但当 $x>3$ 后，反应速率常数很快趋向于定值，说明官能团的活性与链长无关。此外，官能团的反应活性与基团的碰撞频率有关，而与整个大分子的扩散速率关系不大，端基的活动能力要比整个大分子的运动能力大得多。在聚合后期，体系黏度很高时，聚合速率变成扩散控制，此时反应的活性和速率才有所减小。

逐步聚合反应的速率是不同大小分子间反应速率的总和。这种反应体系包含有很多步反应，为方便动力学分析研究，作如下假设：假定在各个反应阶段，其链两端的官能团的反应能力不依赖于分子链的大小，即不论是单体、二聚体、三聚体、多聚体或高分子，反应物的两个官能团的反应活性是相等的，它与分子链的大小无关，即在一定温度下，每一步缩聚反应的平衡常数及速率常数保持不变，也就是不同链长的官能团活性基本相同。这就是官能团等反应活性概念。采用这一假设大大简化了动力学研究。

### 2.2.3 缩聚反应的逐步性和可逆性

缩聚的单体必须带有两个或两个以上官能团，缩聚大分子的生长是由于官能团相互反应的结果。如以 aXa 代表二元醇，以 bYb 代表二元酸，它们相互作用生成聚酯的反应过程如下：

$$aXa + bYb \longrightarrow aXYb + ab$$

继而

$$aXYb + aXa \longrightarrow aXYXa + ab$$

或

$$aXYb + bYb \longrightarrow bYXYb + ab$$

以后反应就更为复杂，由二聚体、三聚体等进一步缩合形成四聚体等多聚体，分子量迅速上升，总的缩聚反应通式可表示为：

$$a(XY)_m b + a(XY)_n b \longrightarrow a(XY)_{m+n} b + ab$$

由此可见，缩聚反应是由含有两个或两个以上官能团的可发生缩合化学反应的单体经过多步相同的缩合反应，逐步形成大分子的过程。通过对缩聚大分子生长过程的分析可知，不同长度的大分子端基都带有可继续反应的官能团，即使到反应后期亦是如此。那么是否可以无限地反应下去呢？实践证明是不可以的，主要原因是热力学因素的限制。如前面已提到的那样，缩聚反应通常是热力学的平衡可逆反应。以两种单体的混缩聚为例：

$$aXa+bYb \underset{V_2}{\overset{V_1}{\rightleftharpoons}} aXYb+ab$$

在缩聚反应初期，反应物的浓度很大，所以正反应的速率 $V_1=k_1[X][Y]$，比逆反应的速率 $V_2=k_2[aXYb][ab]$要大得多，这时体系里以正反应为主，而逆反应的速率很小，可以忽略。随着反应的进行，体系里反应物的浓度不断减小，而产物，特别是副产物 [ab] 的浓度逐渐增加，使得逆反应的速率越来越明显。直至正逆反应速率相等，即达到热力学的平衡：

$$K=\frac{[aXYb]\ [ab]}{[aXa]\ [bYb]} \tag{2-1}$$

式中，$K$ 为平衡常数。

除了缩聚反应可能达到反应平衡外，在缩聚过程中由于催化剂的消耗，或由于体系里的黏度增加得太大，分子的运动受到阻碍，再加上在聚合反应过程中大量的官能团已成键而被消耗，剩余的官能团的浓度减小，使得分子之间的碰撞概率降低，到了缩聚过程后期，由于体系的黏度很大，使变得稀少的反应基团运动能力降低而无法接近，因此无法反应下去。并且在后期由于黏度过大，生成的小分子 ab 不易除去，也是大分子链停止增长的原因之一。通过上述对缩聚基本过程的讨论可知，缩聚反应一般是平衡可逆过程，降解反应可视为缩聚反应的逆反应。当然，如果聚合正反应的速率很大，而逆反应的速率很小，甚至可以忽略，则把这种反应称之为不可逆缩聚反应。

## 2.3　线型缩聚反应

### 2.3.1　线型缩聚物的形成条件

参加缩聚反应的单体都只含有两个官能团，大分子向两个方向增长，形成线型高分子。线型高分子可以由一种单体聚合生成，如氨基酸、羟基酸等，也可以由两种或两种以上单体聚合而成，如二元酸与二元醇生成聚酯，二元酸与二元胺生成聚酰胺。

### 2.3.2　反应程度和聚合度

对于一般的化学反应，常用反应物的转化率来表示反应的深度。聚合反应的转化率可用已转化为聚合物的单体量占起始单体量的百分数来表示：

$$c=\frac{[M]_0-[M]}{[M]_0} \tag{2-2}$$

缩聚反应具有明显的逐步反应特征，在反应初期，单体即很快消耗，当单体转化率达90%时，体系内大多为低聚物，并无高分子生成（图 2-1）。所以，缩聚反应中单体转化率的意义不大。为了得到高分子量的缩聚物，单体转化率往往接近 100%。实际上常常将缩聚产物都视为聚合物，因此，常用官能团的反应程度这一参数来表示聚合反应的深度。

在缩聚反应中，由于官能团的相互作用，使得体系里活性官能团的数目不断减少，生成物的分子量逐渐增加，以 aRb 体系或等量的 aRa 与 bRb 体系为例来说明反应程度的含义以及与聚合度的关系。

对 aRb 缩聚体系，假设起始时（$t=0$）有 $N_0$ 个 aRb 单体分子，则 a 官能团数为 $N_0$；反应时间为 $t$ 时，体系内还有余 $N$ 个分子，则反应掉的“a”及“b”数各为（$N_0-N$）。对

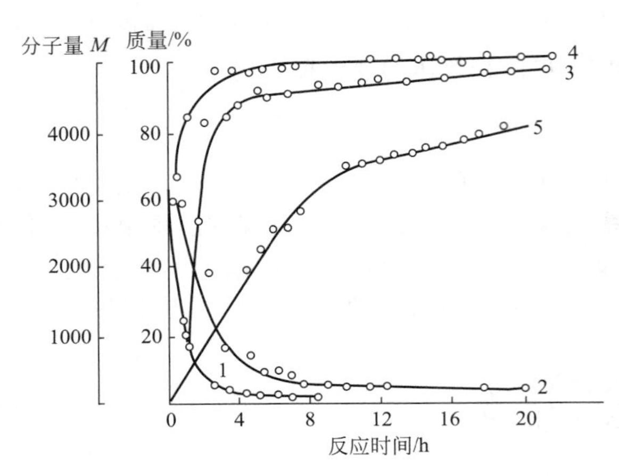


图 2-1　癸二酸与乙二醇的缩聚反应

1—癸二酸含量；2—低分子量聚酯的含量；3—高分子量聚酯的含量；4—体系中聚酯的总含量；5—聚酯分子量的增长（黏度法）

前一段：前 10h，200℃，在氮气下反应

后一段：后 10h，200℃，在真空下反应

于等摩尔比的 aRa 和 bR′b 体系，若起始“a”及“b”数各为 $N_0$，结构单元总数亦为 $N_0$；反应时间 $t$ 时，残留的“a”及“b”数各为 $N$。把在缩聚反应中参加反应的官能团数目与起始官能团数目的比值称作反应程度，以 $P$ 表示，则：

$$P=P_a=P_b=\frac{N_0-N}{N_0}=1-\frac{N}{N_0} \tag{2-3}$$

同时把已平均地进入每个大分子链的单体数目称为平均聚合度，用 $\overline{X}_n$ 表示，则：

$$\overline{X}_n=\frac{N_0}{N} \tag{2-4}$$

根据上述反应程度和平均聚合度之间存在的关系，则有：

$$\overline{X}_n=\frac{1}{1-P} \tag{2-5}$$

在反应进行中随着反应程度 $P$ 的增加，平均聚合度 $\overline{X}_n$ 也增大，通过表 2-4 可反映出缩聚反应转化率与聚合度之间的关系。

**表 2-4　反应程度与聚合度关系**

| $P$ | 0 | 0.5 | 0.8 | 0.9 | 0.95 | 0.98 | 0.99 | 0.995 | 0.999 |
|---|---|---|---|---|---|---|---|---|---|
| $\overline{X}_n$ | 1 | 2 | 5 | 10 | 20 | 50 | 100 | 200 | 1000 |

由表 2-5 和图 2-2 可见当反应程度达到 0.9 时，聚合反应的聚合度仅达到 10，一般的高分子聚合度要求达到 100～200，这样聚合反应的反应程度 $P$ 就要达到 0.99 以上才能满足要求。

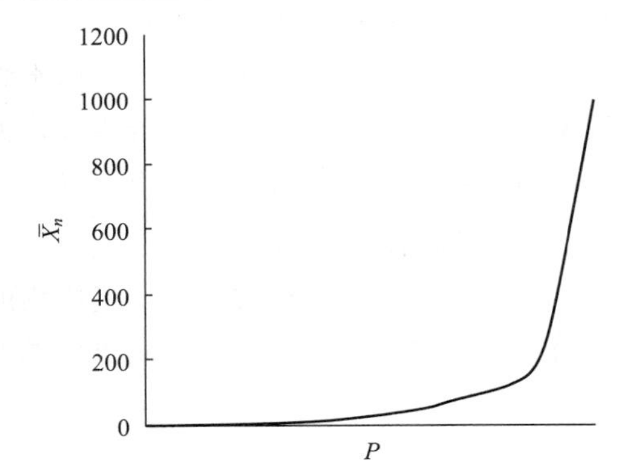


图 2-2　反应程度与聚合度关系

## 2.3.3　线型缩聚反应动力学

确定一个化学反应的机理要运用各种方法进行具体分析研究，以求得反应级数、反应速率常数和活化能等。根据对缩聚反应的研究，按反应机理，缩聚反应可分为如表 2-5 所示的几种主要类型。

**表 2-5　缩聚反应对应反应机理的分类**

| 反应类型 | 对应机理 |
|---|---|
| 羰基加成消除反应 | 聚酯、聚酰胺 |
| 羰基加成取代反应 | 酚醛树脂、缩醛、脲醛树脂等 |
| 亲核取代反应 | 环氧树脂、聚醚等 |

酯化和聚酯化反应的机理和动力学的研究已有近百年的历史。根据 Flory 的等活性理论，已确认酯化反应与聚酯化反应有相似的机理和动力学方程。下面即以聚酯反应动力学为

例进行讨论，聚酯反应主要过程是：

$$\sim\sim\text{COH}(=\text{O}) + \text{HA} \underset{k_2}{\overset{k_1}{\rightleftharpoons}} \sim\sim\overset{+}{\text{C}}(\text{OH})\text{—OH(A)}^- \quad \text{I}$$

$$\sim\sim\overset{+}{\text{C}}(\text{OH})\text{—OH(A)}^- + \sim\sim\text{OH} \underset{k_4}{\overset{k_3}{\rightleftharpoons}} \sim\sim\text{C}(\text{OH})(\sim\sim\overset{+}{\text{O}}\text{H(A)}^-)\text{—OH} \quad \text{II}$$

$$\sim\sim\text{C}(\text{OH})(\sim\sim\overset{+}{\text{O}}\text{H(A)}^-)\text{—OH} \overset{k_5}{\rightleftharpoons} \sim\sim\text{CO}(=\text{O})\sim\sim + \text{H}_2\text{O} + \text{HA}$$

在上述方程式中，~~~COOH 和 ~~~OH 分别表示反应混合物中所有的羧酸分子和羟基分子（即单体、二聚体、……、多聚体）。聚合反应往往是在低极性的有机介质中进行，反应式中由酸 HA 产生抗衡离子。聚酯化反应是一个平衡反应。要获得高分子量的聚合物，就必须不断地除去生成的水，以利于反应向生成聚合物的方向移动。在这种情况下，聚酯缩合反应当作不可逆反应来处理。

逐步聚合反应速率通常以官能团消失速率来表示。对于聚酯化反应来说，聚合速率为 $R_P$，用羧基消失速率 d[COOH]/d$t$ 来表示，也可以用活性物种的生成速率来表示。若反应在非平衡条件下进行，$k_4$ 可以忽略，$k_1$、$k_2$ 和 $k_5$ 都比 $k_3$ 大，因此，聚酯化反应速率取决于 $k_3$，可以表示为：

$$R_p = \frac{-d[\text{COOH}]}{dt} = k_3[\text{C}^+(\text{OH})_2][\text{OH}] \tag{2-6}$$

式中，[COOH]、[OH] 和 [$\text{C}^+(\text{OH})_2$] 分别表示羧基、羟基和质子化羧基的浓度，根据化学方程 I 的质子化反应平衡，则有表达式为：

$$K = \frac{[\text{C}^+(\text{OH})_2]}{[\text{COOH}][\text{HA}]} \tag{2-7}$$

可得：

$$R_p = \frac{-d[\text{COOH}]}{dt} = k_3 K[\text{COOH}][\text{OH}][\text{HA}] \tag{2-8}$$

若使用外加酸时，构成外加酸催化体系；没有外加酸时，反应由单体二元酸本身催化完成，构成了自催化体系，形成两个不相同的动力学体系。

(1) 自催化体系　没有外加强酸时，单体二元酸本身就可作为酯化反应的催化剂。在这种情况下，用 [COOH] 代替 [HA] 后，式(2-8) 就可以写成：

$$R_p = \frac{-d[\text{COOH}]}{dt} = k[\text{COOH}]^2[\text{OH}] \tag{2-9}$$

对于大多数聚合反应来说，两种官能团的浓度非常接近，$k$ 值是速率常数，可由实验测得。因此，式(2-9) 表明了自催化聚合反应的一个重要特征，即该反应为三级反应。

设聚合反应开始时羧酸或醇的浓度为 $c_0$，聚合反应过程中的浓率为 $c$，则反应速率方程式可表示为：

$$\frac{-dc}{dt} = kc^3 \tag{2-10}$$

经分离变量，积分可得：

$$\frac{1}{c^2}-\frac{1}{c_0^2}=2kt \tag{2-11}$$

式中，$c_0$ 和 $c$ 分别是羧基或羟基的反应开始和 $t$ 时刻的浓度。由于 $c=c_0(1-P)$，$\overline{X}_n=1/(1-P)$，将此关系式代入式(2-11) 得：

$$\overline{X}_n^2=\frac{1}{(1-P)^2}=2c_0^2Kt+1 \tag{2-12}$$

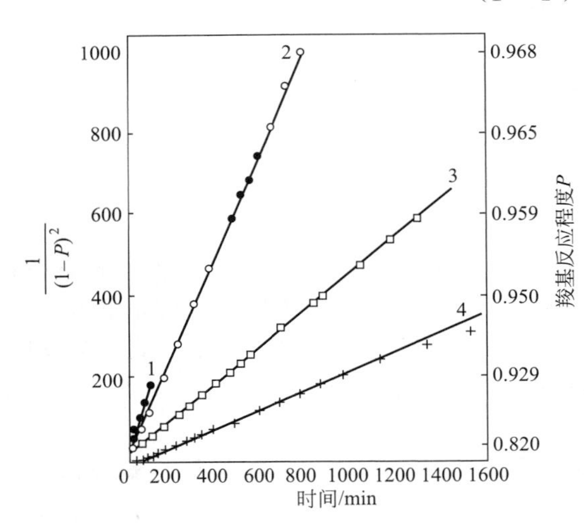


图 2-3 己二酸自催聚酯化动力学曲线

1—癸二醇（202℃）；2—癸二醇（191℃）；3—癸二醇（161℃）；4—缩二乙二醇（166℃）

图 2-3 是在自催化条件下己二酸聚酯化的动力学曲线。当反应程度 $P>0.80$ 时，$1/(1-P)^2$ 与 $t$ 呈直线关系，积分动力学表达式(2-12) 与实验值符合得很好，而当 $P<0.8$ 时不成直线关系。反应程度低于 0.8 所产生的偏差，是酯化反应的普遍现象。当用一元酸代替二元酸的单纯酯化反应也如此，并不是聚酯反应所特有的。偏离三级反应方程式的可能原因是：

① 催化机理的变化，在低转化率时为质子（$H^+$）催化，高转化率时为未电离羧酸催化反应。当处在低转化率时，反应介质极性大，质子的浓度相对较高，它的催化能力比未电离的羧酸更有效。

② 反应体系的极性变化。反应体系从开始的羧酸和醇的混合物变成了酯，极性大大降低，极性的改变导致了体系反应速率常数或反应级数的变化，当反应程度超过 0.8 以后，体系的介质基本不变，速率常数趋于恒定，此时才遵循三级反应动力学行为的线性规律。

③ 反应官能团实际浓度降低。在低转化率时，二元酸和二元醇大量缔合，使反应官能团的浓度显著下降，从而导致反应速率降低。

④ 反应物的浓度应由活度代替。小分子的动力学研究在低浓度和中等浓度下可以用浓度代替活度，但在高浓度下则不成立。逐步聚合反应在低转化率时，反应物浓度很高，方程中的反应物浓度应由活度代替。因此在高浓度的条件下进行的计算，必然导致偏差的出现。

（2）外加酸催化体系　为了缩短聚合时间，可以加少量的强酸，如用硫酸或对甲苯磺酸作为聚酯反应的催化剂。

在外加酸催化条件下，因为催化剂的浓度在反应过程中保持不变，式(2-9) 中的 [OH] 就是催化剂的浓度。所以式(2-9) 可写成：

$$R_p=\frac{-d[COOH]}{dt}=k'[COOH]^2 \tag{2-13}$$

式中，$k'$ 是实验测得的反应速率常数。它包含了式(2-9) 中的各种常数。式(2-13) 适用于等物质的量的二元醇和二元酸之间的反应，将式(2-13) 积分后可以得到：

$$k't=\frac{1}{[COOH]}-\frac{1}{[COOH]_0} \tag{2-14}$$

就可以得到聚合度与反应时间之间关系式：

$$\overline{X}_n=1+[COOH]_0k't \tag{2-15}$$

即聚合度随反应时间线性增大。外加催化剂的聚酯反应中，$\overline{X}_n$ 随反应时间的增长速率比自催化聚酯化反应要大得多，从实际反应看，外加酸催化聚酯化反应更加经济可行。

### 2.3.4　影响缩聚平衡的因素、平衡常数与聚合度

已知聚酯化反应是由一系列的相继进行的平衡反应构成，与一般化学反应平衡一样，也是一定条件下的动态平衡。根据等活性理论的概念，各步反应都可用同一个平衡常数 $K$ 来表示。该反应可分为封闭体系（聚合反应中生成的小分子水不排出）和非封闭体系（聚合反应中生成的小分子水排出体系）。设反应开始时（$t=0$），[COOH] 和 [OH] 的浓度为 $c_0$，聚合反应进行到 $t$ 时的浓度为 $c$，则酯基的浓度为 $c_0-c$。在水未排出（封闭体系）的情况下，水的浓度也为 $c_0-c$，若有一部分水排出（非封闭体系），令其残留浓度为 $n_w$，则该聚酯化反应：

$$\text{—COOH} + \text{HO—} \underset{k_{-1}}{\overset{k_1}{\rightleftharpoons}} \text{—OCO—} + H_2O$$

| | | | | | |
|---|---|---|---|---|---|
| $t=0$ | | $c_0$ | $c_0$ | 0 | 0 |
| $t=t$ | 封闭体系 | $c$ | $c$ | $c_0-c$ | $c_0-c$ |
| | 非封闭体系 | $c$ | $c$ | $c_0-c$ | $n_w$ |

（1）封闭体系　设在 $t$ 时刻官能团的反应程度为 $P$，并且假设整个反应体系的总体积保持不变，反应过程中因为 $c=c_0(1-P)$，所以 $c_0-c=c_0-c_0(1-P)=c_0P$。

则有：

$$K=\frac{[\text{—OCO—}][H_2O]}{[\text{—COOH}][\text{—OH}]}=\frac{(c_0-c)^2}{c^2}=\frac{P^2}{(1-P)^2} \tag{2-16}$$

$$P=\frac{\sqrt{K}}{\sqrt{K}+1} \tag{2-17}$$

根据计算得：

$$\overline{X}_n=\sqrt{K}+1 \tag{2-18}$$

对于聚酯反应：$K\approx 4$，平衡时 $P=2/3$，$\overline{X}_n=3$。

对于聚酰胺反应：$K\approx 400$，平衡时 $P=0.95$，$\overline{X}_n=21$。

可见，在封闭体系中，对于平衡常数不大的体系，难以得到平均分子量较高的缩聚物。

（2）非封闭体系　在缩聚反应体系中采用加热、减压或通入惰性气体等方法排出产生的小分子副产物，有利于提高聚合反应的分子量，非封闭体系下聚合反应平衡公式为：

$$K=\frac{[\text{—OCO—}][H_2O]}{[\text{—COOH}][\text{—OH}]}=\frac{(c_0-c)n_w}{(1-P)^2c_0^2}=\frac{c_0Pn_w}{(1-P)^2c_0^2}=\overline{X}_n^2\times\frac{Pn_w}{c_0} \tag{2-19}$$

当 $P$ 倾向于趋向于 1 时，式(2-19) 可以表示为：

$$\overline{X}_n=\sqrt{\frac{c_0K}{n_w}} \tag{2-20}$$

该式称作缩聚平衡（薛尔兹）方程。它近似地表示在缩聚反应中平均聚合度、平衡常数和副产物小分子含量三者之间的定量关系。以上公式可以看出：缩聚物的平均聚合度与平衡常数的平方根成正比，与反应体系中小分子产物的浓度平方根成反比。

对于 $K$ 很小的聚酯反应（如涤纶），欲得 $\overline{X}_n$ 超过 100 的缩聚物，要求 $n_w<4\times10^{-4}$ mol/L，这需要在高真空下才能达到。对聚酰胺反应，由于 $K=400$，可允许在稍高的水含量（和稍低的真空度下）得到大分子。至于 $K$ 值大且对 $\overline{X}_n$ 要求不高的缩聚体系（如可溶性

酚醛预聚物生产时)，则可以在水介质中进行反应。

## 2.4 线型缩聚的分子量的控制及分子量分布

### 2.4.1 缩聚分子量的控制

在生产上对缩聚物产品的分子量有严格的要求，不同品种的聚合物在不同用途时均有各自合适的分子量范围，例如涤纶用作纤维时的相对分子质量要达到15000以上才有较好的可纺性和强度，低分子量的环氧树脂适宜做黏结剂，而高分子量的环氧树脂则是固体，用于制备粉末涂层。

反应程度和平衡条件是控制线型缩聚物相对分子量的重要参数。当达到指定的反应程度时即停止反应（如快速降温)，可得到所要求的分子量，但这种方法并不能达到预期的效果，因为采用该法制得的缩聚物中还有许多可继续反应的端基官能团，在进一步加热下（如成型加工时)，可继续相互反应，引起分子量的变化，从而严重地影响了聚合物的加工性能和使用性能。有效的分子量控制方法是使端基官能团失去再反应的条件，必须采用分子量稳定化的方法控制分子量。

具体而言，常用如下两法：使某种官能团过量，或加入少量单官能团物质进行端基封锁。

(1) 单体的官能团非等摩尔比　在aAa和bBb型的反应体系中，若bBb单体过量（即官能团b过量)，则反应进行到一定程度，体系里形成大分子的端基均为Bb，由于aAa型单体的不足，于是就失去了继续反应的能力。

设 $N_a$、$N_b$ 分别为aAa和bBb分子的初始官能团a、b的数目，并且定义 $r$ 为这两个官能团的比，称为摩尔系数：

$$r=N_a/N_b \quad (r<1) \tag{2-21}$$

| | aAa | bBb |
|---|---|---|
| $t=0$ | 官能团a总数 $N_a$ | 官能团b总数 $N_b$ |
| | aAa分子数为 $N_a/2$ | bBb分子数为 $N_b/2$ |

形成聚合物的结构单元总数为 $(N_a+N_b)/2$。

当聚合反应进行到 $t$ 时间时，设官能团a的反应程度为 $P_a$，则有：

| | aAa | bBb |
|---|---|---|
| $t=t$ | 起反应的a为 $N_a\times P_a$ | 起反应的b为 $N_a\times P_a$ |
| | 剩余的a为 $N_a\times(1-P_a)$ | 剩余的b为 $N_b\times(1-P_a)$ |

体系中形成大分子的数目为 $(N_a+N_b-2N_a\times P_a)/2$，剩余的a、b官能团数目为 $N_a+N_b-2N_a\times P_a$：

$$\overline{X}_n=\frac{\frac{1}{2}(N_a+N_b)}{\frac{1}{2}(N_a+N_b-2N_a\times P_a)}=\frac{N_a+N_b}{N_a+N_b-2N_a\times P_a} \tag{2-22}$$

将 $r=N_a/N_b$ 代入得：

$$\overline{X}_n=\frac{1+r}{1+r-2rP_a} \tag{2-23}$$

该式表示出平均聚合度与摩尔系数 $r$ 及反应程度 $P$ 之间的定量关系。此式十分重要，是配方设计中的理论基础。

当两种官能团等物质的量时（即 $r=1$），式(2-23）可简化为式(2-5)，即

$$\overline{X}_n=\frac{1}{1-P}$$

而当 $P_a=1$ 时（即 a 官能团消耗完全）：

$$\overline{X}_n=\frac{1+r}{1-r} \tag{2-24}$$

除官能团摩尔系数 $r$ 外，还常用 bBb 分子的过量百分数 $q$ 这一参数，即 bBb 中过量 b 部分占 aAa 量的百分数，$q$ 表达式及与 $r$ 的关系为：

$$q=\frac{N_b-N_a}{N_a}=\frac{1-r}{r} \tag{2-25}$$

$$r=\frac{1}{1+q} \tag{2-26}$$

（2）添加单官能团物质 Bb 封端基团　通过在聚合反应体系中加入可与大分子上 a 官能团进行反应的单官能团物质 Bb 进行封端反应，使得聚合反应停止，用来控制高分子的大小，大分子的分子量可由 Bb 添加的比例来进行调节。这种方法既适用于 aAa＋bBb 型缩聚反应，也适用于 aXb 型自聚合反应高分子体系。

对于等摩尔比的 aAa 和 bBb 体系，加入的 Bb 的量为 $N_c$，$N_c$ 为 bBb 量的 $q$ 个摩尔分数，则：

$$q=\frac{2N_c}{N_a}=\frac{2N_c}{N_b} \tag{2-27}$$

$$r=\frac{N_a}{N_a+2N_c}=\frac{1}{1+q}$$

对于 aXb 型均聚合反应，加入 $q$ 个摩尔分数单官能团物质 Bb，根据定义：

$$q=\frac{N_c}{N_a}=\frac{N_c}{N_b} \tag{2-28}$$

$$r=\frac{N_a}{N_a+N_c}=\frac{1}{1+q}$$

从以上计算公式可看出，可计算出在不同的反应程度、不同的 $r$ 配比情况下聚合物的平均聚合度；也按照人们所设定的预期的平均聚合度，通过聚合反应程度的控制或聚合原料配比的控制以及单官能团比例的控制，合成需要的高分子。

### 2.4.2　线型缩聚高分子分子量分布

聚合物分子量具有分子量大、多分散性两个突出特点。因此除了需要用平均分子量值来描述聚合物的大小，还需要了解分子量的分布。聚合物的分子量分布，就是指聚合物中各不同分子量的组分所占的分量。从分子量分布不但可知道平均分子量的大小，而且可以知道分子量的分散程度。所以分子量分布是聚合物分子量较为全面的表征。

下面以 aXb 型单体聚合反应为例，采用概率统计法对聚合物分子量的分布进行讨论。

这种方法的基本原则是含 $x$ 个结构单元的聚合物分子的生成概率等于带有（$x-1$）个已反应的 a 官能团和一个未反应的 a 官能团的聚合物的生成概率。在反应时间 $t$ 时，我们定义一个 a 官能团的反应概率为反应程度 $P$，那么，（$x-1$）个已反应的 a 官能团的概率为 $P^{x-1}$。由于未反应的官能团 a 的概率是（$1-P$），所以含有 $x$ 个结构单元的分子的生成概率就是：

$$P(x) = P^{x-1}(1-P) \tag{2-29}$$

若此时体系中共有 $N$ 个分子，$x$ 聚体的数目为 $N$，则上式概率就等于 $x$ 聚体数目占整个大分子总数的百分数。

$$N_x = NP^{x-1}(1-P) \tag{2-30}$$

由于在体系中存在的结构单元总数等于起始加入的单体数，反应产生的小分子被驱除，根据前面公式有 $N=N_0(1-P)$，代入式(2-30) 得：

$$N_x = N_0 P^{x-1}(1-P)^2 \tag{2-31}$$

这就是 Flory 分子量数量分布函数，根据上式可知，在聚合反应的不同反应程度 $P$ 时单体都有最大的存在概率。随着反应程度的不断提高，聚合物的平均分子量逐渐增大，分子分布也逐渐变宽。

与大分子比较，可以忽略端基的质量，则聚合物的分子量与 $x$ 成正比，得到 $M_x = xM_0$，$M_0$ 为聚合物结构单元的分子量，因此可得聚合物的数均分子量为：

$$\overline{M}_n = \sum_{x=1}^{\infty} xM_0(1-P)P^{x-1} = M_0(1-P)\sum_{x=1}^{\infty} xP^{x-1} \tag{2-32}$$

因为 $$\sum_{x=1}^{\infty} xP^{x-1} = 1+2P+3P^2+4P^3+\cdots+nP^{n-1}+\cdots = \frac{1}{(1-P)^2} \tag{2-33}$$

得到聚合物的数均分子量为 $$\overline{M}_n = \frac{M_0}{1-P_0} \tag{2-34}$$

对于 $x$ 聚合体，它的质量分数 $W_x$ 为含有 $x$ 个结构单元的分子质量除以聚合物的总质量。

$$W_x = \frac{N_x M_x}{\sum_{x=1}^{\infty} N_x M_x} = \frac{M_0 x N_x}{M_0 \sum_{x=1}^{\infty} x N_x} = \frac{x(1-P)^2 P^{x-1}}{\sum_{x=1}^{\infty} x(1-P)^2 P^{x-1}} \tag{2-35}$$

因为 $\sum_{x=1}^{\infty} xP^{x-1} = \left(\frac{1}{1-P}\right)^2$，可以得到：

$$W_x = x(1-P)^2 P^{x-1} \tag{2-36}$$

这就是聚合体的质量分布函数，根据公式可看出随着反应程度的增加，它的分布变宽。

根据重均分子量的定义得到：

$$\overline{M}_w = \sum_{x=1}^{\infty} W_x M_x = M_0 \sum_{x=1}^{\infty} xW_x \tag{2-37}$$

把式(2-36) 代入式(2-37) 得到：

$$\overline{M}_w = (1-P)^2 M_0 \sum_{x=1}^{\infty} x^2 P^{x-1}$$

并且由于 $\sum_{x=1}^{\infty} x^2 P^{x-1} = 1 + 4P + 9P^2 + 16P^3 + \cdots + n^2 P^{n-1} + \cdots = \frac{1+P}{(1-P)^3}$

得到：

$$\overline{M}_w = M_0\left(\frac{1+P}{1-P}\right) \tag{2-38}$$

根据式(2-34) 和式(2-38) 可以得到聚合物的分散系数 $D$ 为：

$$D=\frac{\overline{M}_w}{\overline{M}_n}=1+P \tag{2-39}$$

由上述公式可看出，聚合反应程度越高（$P$—1），$D$ 的值越接近于 2，分子量的分布越宽。

## 2.5　体型缩聚反应

### 2.5.1　体型缩聚反应的历程和特点

通过前面双官能单体缩聚反应，由于单体上仅有两个官能团，生成的大分子只能是线型分子，其差别只在于分子的长度。如果有多官能单体参加反应，则能生成非线型的大分子，这些大分子除了聚合度的差别外还会出现链的多少和长短的不同等多种结构情况。多官能单体的存在使得产物的分子量分布与线型缩聚的情况大不相同。

有多官能团单体（官能度 $f>2$）存在时，生成非线型的多支链产物，这种情况也称为支化。支化的大分子有可能进一步交联成体型结构的产物。凡能形成体型结构缩聚物的缩聚反应，称为体型缩聚。多官能团单体的存在一定产生非线型的产物，但未必会产生体型结构，因此，多官能单体的存在是产生体型产物的必要条件而非充分条件。即使参加反应的单体具备生成体型产物的能力，但是否形成体型产物还要看外界条件（配料比、反应程度等）如何。

一般而言，体型缩聚反应根据反应程度的不同，经过甲阶段、乙阶段和丙阶段逐步转变为体型结构产物的过程。

甲阶段：$P<P_c$ 得线型或支化分子，可溶可熔；

乙阶段：$P\to P_c$ 支化分子，溶解性能变差，但仍可熔；

丙阶段：$P>P_c$ 体型结构，不溶不熔。

体型结构的聚合物不熔融不溶解，尺寸稳定性好，耐腐蚀，耐热性好，是很重要的结构材料。习惯上把可溶可熔的线型聚合物称为热塑性聚合物，把不溶不熔的体型聚合物称为热固性聚合物。

体型高分子在加工时一般采取两阶段过程，首先将聚合物预聚到甲阶段或乙阶段聚合物，加工成型时转化为丙阶段。

体型缩聚反应在聚合过程中一般表现为反应体系的黏度在聚合初期逐渐增大，而当反应进行到一定程度后，黏度突然急剧增加，体系转变为具有弹性的凝胶状物质，这一现象称为凝胶化或凝胶现象。出现凝胶现象时的反应程度（临界反应程度）称为凝胶点，以 $P_c$ 表示。它是高度支化的缩聚物分子过渡到体型缩聚物的转折点，$P_c$ 的预测与控制是体型缩聚的最重要问题。

体型缩聚反应到一定程度，体系黏度急剧上升，难以流动，造成物料中气泡也无法上升，这时就定为实测的凝胶点。取样分析残留的官能团，测定此时的聚合反应程度，即为 $P_c$ 实测值。

$P_c$ 的理论预测可从反应程度概念出发进行理论计算，也可采用统计法进行推导。

### 2.5.2　凝胶点及其预测

（1）Carother 凝胶点方程　Carother 从聚合反应程度基本概念出发，根据反应体系的平均官能度，推导出凝胶点方程。

单体混合物的平均官能度 $\overline{f}$ 是每一个分子所含有的官能团数目的加和平均：

$$\overline{f}=\frac{\sum N_i f_i}{\sum N_i} \tag{2-40}$$

式中，$N_i$ 是单体 $i$ 的分子数；$f_i$ 为单体 $i$ 的官能度。

假定 A 和 B 两种官能团等物质的量反应，例如 2mol 丙三醇（$f=3$）和 3mol 邻苯二甲酸酐（$f=2$）体系，总 A 官能团数为 6，总 B 官能团数为 6，两官能团是等物质的量的，其平均官能度为(2×3+3×2)/(2+3)=2.4。

设体系中起始时混合单体总分子数为 $N_0$，则起始官能团总数为 $N_0\overline{f}$。反应程度达到 $P$ 时，体系中的分子总数为 $N$，则已起反应的官能团总数为 2（$N_0-N$），系数 2 表示在聚合阶段，减少一个分子就有两个官能团进行反应。则反应程度 $P$=已经反应的官能团总数/起始官能团总数，即

$$P=\frac{2(N_0-N)}{N_0\overline{f}}=\frac{2}{\overline{f}}\left(1-\frac{N}{N_0}\right)$$

由于$\overline{X}_n=N_0/N$，可以得到：

$$P_c=\frac{2}{\overline{f}}\left(1-\frac{1}{\overline{X}_n}\right) \tag{2-41}$$

Carother 认为当聚合度 $\overline{X}_n=\infty$时，聚合体系可以产生凝胶。这样：

$$P_c=\frac{2}{\overline{f}} \tag{2-42}$$

这就是 Carother 凝胶点方程。

上述 2mol 的丙三醇和 3mol 的邻苯二甲酸酐缩聚体系，根据计算，当 $P_c=2/2.4=0.833$ 时，就产生凝胶。

可以按照上述公式计算出不同聚合度时的转化率：

| $\overline{X}_n$ | $P$ | $\overline{X}_n$ | $P$ |
|---|---|---|---|
| 1 | 0 | 24 | 0.799 |
| 5 | 0.667 | 50 | 0.817 |
| 10 | 0.750 | 100 | 0.825 |
| 20 | 0.792 | 200 | 0.829 |

在实际实验中测得的 $P_c$ 要小于 0.833，这是因为分子量并不需要无限大就可以产生凝胶化作用，并且凝胶点时还有很多溶胶存在，使得实际测量中的凝胶点往往比 Carother 凝胶点方程计算的低。

如果聚合单体的两种官能团的物质的量不相等，则用式(2-40）计算平均官能度$\overline{f}$不合适。例如 1mol 丙三醇与 5mol 对苯二甲酸酐进行缩聚，利用上式计算的$\overline{f}=13/6=2.17$，计算得到的凝胶点 $P_c=2/2.17=0.992$，好像能产生凝胶。但实际上并不能生成聚合物，更不能产生凝胶。原因是苯酐过量太多，如果单体全部反应后，端基都被羧基全部封锁住，留下的苯酐基团由于没有羟基就不能再反应了。因此，在官能团物质的量不等时，平均官能度的计算应为非过量组分官能团总数的两倍除以体系中的分子总数。反应程度及是否交联只决定于含量少的反应组分，反应物过量部分不起作用，只能使平均官能度降低。上例的平均官能度应等于 2×3/(1+5)=1，这样低的平均官能度只能生成低聚物，不会产生凝胶。

(2）统计法计算凝胶点　Flory 统计法计算凝胶点的基本观念认为，聚合物要产生凝胶，在单体聚合过程中必须有多官能团的支化单元，是否出现凝胶就要计算由一个支化单元

的一个臂开始，产生另一个支化单元的概率大小，当反应程度接近凝胶点时，则每个连上去的支化单元应至少有一个臂再连接上另一个支化单元，如此下去才能形成分子量无限大的分子。

## 2.6　其他逐步聚合反应简介

### 2.6.1　逐步加成聚合——聚氨酯的制备

聚氨酯主要工艺是二异氰酸酯与二元醇的聚合反应。

$$n\mathrm{OCNRNCO} + n\mathrm{HOR'OH} \longrightarrow \mathrm{\leftarrow\!\!\!\!\!\!\;\; CONHRNHCOOR'O \rightarrow\!\!\!\!\!\!\;\;}_{n}$$

生成的聚合物中含有—NHCOO—基团（氨基甲酸酯），称为聚氨酯。该反应的特点是无小分子副产物产生，反应中醇的活泼氢转移加成到—NCO 基的氮原子上，因此也被称为聚加成反应，如果要合成泡沫聚氨酯，还需要加入适量的水。水与异氰酸酯基反应后，生成脲键结构并释放出 $CO_2$。二异氰酸酯路线中的二元醇可以是低分子二元醇（如 1，4-丁二元醇等），也可为相对分子质量为 2000～4000 的聚醚二元醇或聚酯二元醇。聚醚二元醇常由环氧乙烷、环氧丙烷、四氢呋喃等开环聚合而成，聚酯二元醇常由稍过量的乙二元醇、丙二元醇等和己二元酸缩合而成。常用的二异氰酸酯有甲苯二异氰酸酯、二苯基甲烷二异氰酸酯等。由等物质的量的六亚甲基二异氰酸酯 1,4-丁二元醇可合成聚氨酯纤维。

聚氨酯具有多种性能和多种用途，可做纤维（弹性纤维）、弹性体、涂料、黏合剂、人造革、泡沫塑料等，在应用中对大多数聚氨酯而言，常把适当过量的二异氰酸酯与聚酯二元醇先反应生成的含异氰酸酯端基化合物作为预聚体。

当选用带有端羧基和异氰酸酯基的预聚物进行反应时，就可以获得聚氨酯的嵌段共聚物。例如用低分子量的聚酯（或聚醚）与低分子量的聚氨酯反应，生成聚酯-聚氨酯嵌段共聚物，如对聚氨酯分子量有较高要求时，还可用肼、二元胺等使预聚的分子链进一步增长（称为扩链反应），长链中间形成脲基团，这样生成的嵌段共聚物由聚醚或聚酯的软链段和异氰酸酯的硬链段组成。扩链反应式示意如下：

$$n\mathrm{OCN{-}R'{-}NHCOO{\sim\sim}OOCNHR'NCO} + (n-1)\ \mathrm{H_2NRNH_2} \longrightarrow$$
$$\mathrm{[\!-O{\sim\sim}OOCNH{-}R'NH{-}CO(NH{-}R{-}NHCO{-}NH{-}R{-}NHC)-\!]}_{n}$$

经过扩链反应生成的长链大分子中由于仍含有活泼的氢原子（如氨基酸酯基及脲基中—NH—上的氢原子）。它们可以进一步与二异氰酸酯反应，即可生成交联，制得体型结构得聚氨酯。该交联反应的主要过程是：

```
                                                         ~~~OOC—N~~~OOC—N~~~
                                                                |        |
                                                               C=O      C=O
                                                                |        |
                                  NCO      NCO                 NH       NH
                                   |        |                   |        |
2 ~~~OOC—NH~~~OOC—NH~~~    +       R    +   R      ——→          R        R
                                   |        |                   |        |
                                  NCO      NCO                 NH       NH
                                                                |        |
                                                               C=O      C=O
                                                                |        |
                                                         ~~~OOC—N~~~OOC—N~~~
```

### 2.6.2　Diels-Alder 聚合

Diels-Alder 聚合反应是由一个共轭二烯单体与另一个烯类化合物发生 1,4-加成（或由共轭二烯单体自身反复进行 1,4-加成）可以形成多种环状结构化合物的反应，主要的 Diels-Alder 聚合反应的单体往往需要在自己的结构中分别含有四个和两个双键，典型的是苯醌和四烯化合物间的加成反应，利用此反应在高分子合成领域制备梯形聚合物和稠环化结构的聚合物。

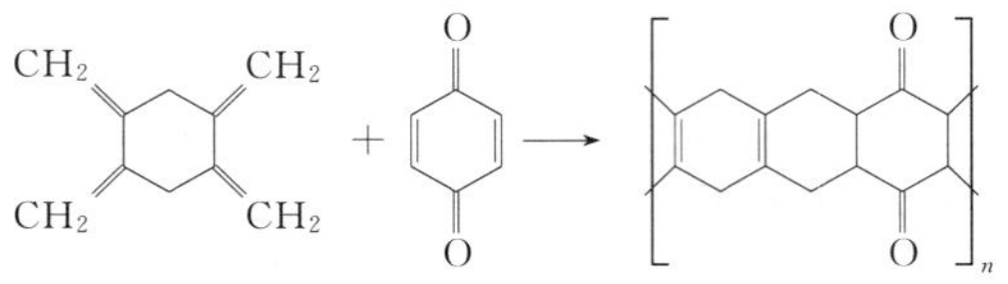

### 2.6.3 氧化偶合聚合

较为典型的氧化偶合聚合是在亚铜盐-三级胺类催化剂的作用下，将氧气通入溶解有2，6-二甲基苯酚的有机溶液中，经氧化偶合反应，即可制得聚苯醚（PPO）：

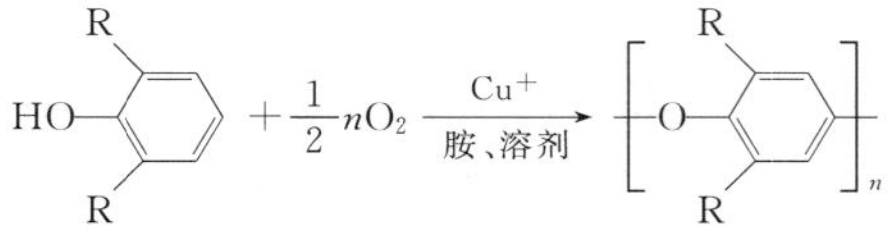

胺可以是二乙胺、吗啉、吡啶及 $N,N,N',N'$-四甲基乙二胺等。它与铜盐络合物可用作催化剂。向反应体系中通入 $N_2$ 就能终止聚合反应。上述反应中虽然有自由基在聚合反应过程产生，但属于逐步聚合机理。对于取代基较小的苯酚，聚合反应在25～50℃就能很快地进行，如果取代基较大时，如异丙基或叔丁基，只能二聚，不能聚合。如果取代基是甲氧基时，也主要发生二聚反应：

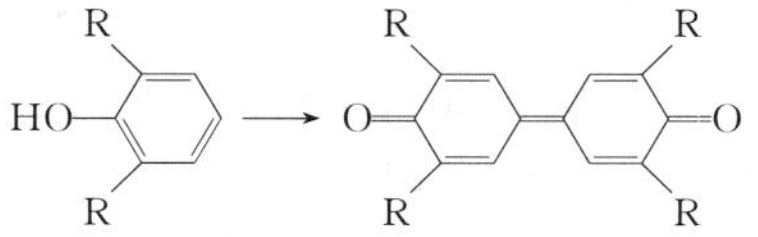

2，6-二甲基苯酚的聚合物已投入工业化生产，它的熔点 $T_m$ 为262～267℃，$T_g$ 为205～210℃。该聚合物由于熔融黏度太大，经常与高抗冲强度的聚苯乙烯等共混后作为工程塑料使用。它的吸水性在工程塑料中较低的，使用温度80～110℃，是耐高温的工程塑料。主要作为电气、机械、汽车及办公设备的零部件的结构材料。

## 2.7 缩聚的实施方法

常用的缩聚实施方法有：熔融缩聚、溶液缩聚、界面缩聚及固相缩聚等。根据不同聚合方法的特征和对合成聚合物性能的要求可以进行选择。

### 2.7.1 熔融缩聚

无论是在实验室还是在工业生产上，熔融缩聚都是一种被广泛应用的最简单的聚合方法。此反应体系通常由单体、少量的催化剂及分子量调节剂组成。反应常在熔融状态下进行(通常聚合温度比单体和聚合物熔点高10～25℃)，故称熔融缩聚。这种聚合方法比较简单。因为反应体系中只加入单体和少量催化剂，反应物浓度高，有利于线型聚合，而且产物纯度高。对于平衡反应，聚合中需要减压脱除小分子副产物。由于反应的逐步性，在聚合反应的大部分时间内，分子量不高，体系黏度低，搅拌并不困难，物料混合不困难，只是在反应程度在97%以上的反应后期体系的黏度增加，散热困难，此时对设备有特殊的要求。因此，聚合反应通常分阶段在两台不同要求的反应釜中进行。同时，由于熔融缩聚反应温度较高(通常为200～300℃)，易发生复杂的链裂解交换、官能团的脱除等副反应及逆反应。常在惰性气体($N_2$ 或 $CO_2$)保护下进行，以避免或减少这些副反应的发生。根据平衡常数的大小及所需反应程度的高低，确定是否用减压方法来排除副产物小分子。

当聚合物熔融温度不超过 300℃时都可用此法生产，但是，对于熔融温度较高的聚合物以及在高温下易分解的单体，不适宜用此法。

熔融缩聚物可直接进行纺丝、成片、拉幅或切粒，再经洗涤、干燥后得到产品。工业上，涤纶、聚酰胺、聚碳酸酯等都用此法生产。

### 2.7.2　溶液缩聚

在溶剂中进行的缩聚反应称为溶液缩聚，是当前工业生产缩聚物的重要方法，其应用规模仅次于熔融缩聚法。随着耐高温缩聚物的发展，溶液缩聚法的重要性日益增加。

单体加适当的催化剂加溶剂构成了溶液缩聚。由于溶剂的存在，在生产工艺上也带来一些特点。与熔融缩聚法相比，溶液缩聚法缓和且平稳，有利于热量交换，避免了局部过热现象且反应温度低，副反应较少。此外，在聚合反应后期不需要高真空。溶液缩聚制得的聚合物溶液或直接作为涂料成膜，亦可制成纺丝液体，在这种情况下便可省去缩聚产物的提纯过程。

溶液缩聚法的主要缺点是由于使用溶剂，设备利用率较低，因而成本较高。此外，还需增加缩聚产物的分离、精制及溶剂回收等工序，比熔融缩聚法工艺过程复杂一些，因此，凡能用熔融缩聚法生产的缩聚物，一般都不采用溶液缩聚法。

随着耐高温聚合物的发展，此法的重要性将日益增加，聚苯醚、聚砜、聚酰亚胺等都用此法生产。

### 2.7.3　界面缩聚

参加聚合反应的两种单体分别溶于互不相溶的两个溶剂中，在两相界面处单体进行的缩聚反应称为界面缩聚。界面聚合属多相体系，常常需要使用高活性单体，速率快，一般为不可逆聚合。聚合速率取决于两单体在相界面处的扩散速率，因此常在适当搅拌下进行反应。工业上以溶解有双酚 A 钠盐的水溶液为水相，以溶有光气的 $CH_2Cl_2$ 为油相，在常温常压下快速搅拌反应可制得高分子量的聚碳酸酯：

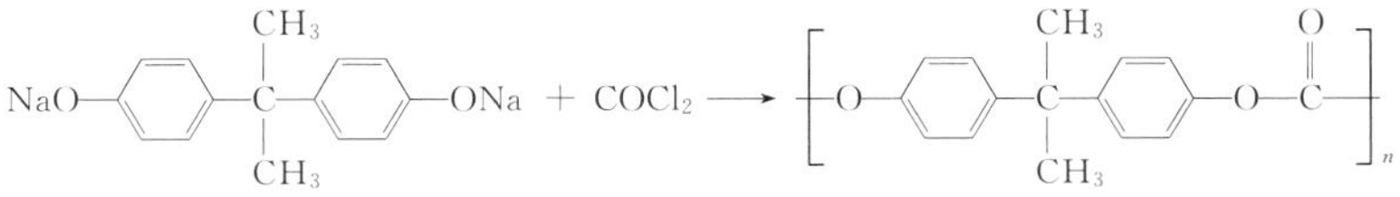

$$NaO-C_6H_4-C(CH_3)_2-C_6H_4-ONa + COCl_2 \longrightarrow \left[ O-C_6H_4-C(CH_3)_2-C_6H_4-O-\overset{\overset{O}{\|}}{C} \right]_n$$

实验室中进行时，分别把二酰氯溶于氯仿中，把己二胺溶于水中并加适量碱以中和副产物 HCl。在两相界面处很易形成聚酰胺膜。若不断将膜拉出，新聚合物会在界面处不断生成，此实验常用于演示实验：

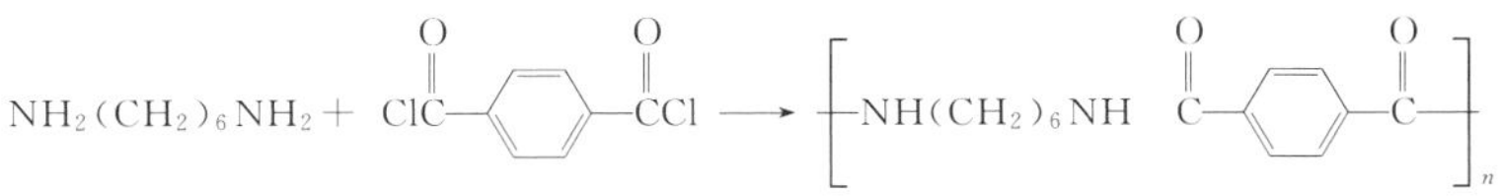

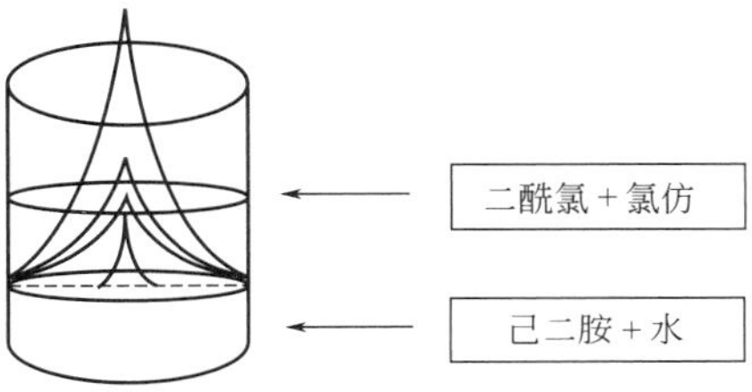

$$NH_2(CH_2)_6NH_2 + Cl\overset{\overset{O}{\|}}{C}-C_6H_4-\overset{\overset{O}{\|}}{C}Cl \longrightarrow \left[ NH(CH_2)_6NH\ \overset{\overset{O}{\|}}{C}-C_6H_4-\overset{\overset{O}{\|}}{C} \right]_n$$

二酰氯＋氯仿

己二胺＋水

界面缩聚具有低温、高速、产物分子量高、设备简单、操作方便和对单体纯度和配比要求不高等特点。但需要反应的单体活性较高，因此单体的价格较贵，并且使用的溶剂用量多，后处理回收麻烦等。限制了它在工业上的广泛应用。

采用界面缩聚法合成的产品有聚碳酸酯、聚芳酯、聚酰胺等。

### 2.7.4 固相缩聚

固相缩聚是指单体或预聚体在固态条件下的缩聚反应。固相缩聚的反应温度范围窄，一般比单体或预聚体的熔点低 15～30℃。

固相缩聚主要应用于两种情况。①结晶性单体进行固相缩聚：由于要求的反应温度过高，所得聚合物难溶或由于单体的空间位阻难以反应以及易于发生环化反应的单体，通过固相缩聚可以得到分子结构高度规整的聚合物而其他缩聚方法达不到。有些缩聚物虽可用熔融缩聚法生产，但易产生支链或分子链会产生某些缺陷，这时也可采用固相缩聚法进行制备，因为其反应温度低，可以避免一些副反应。②由某些预聚物进行固相缩聚：半结晶预聚物为起始原料，在其熔点以下进行固相缩聚从而提高其分子量的方法已得到工业实际应用。主要用来生产分子量非常高和高质量的 PET（涤纶）树脂、PBT 等。表 2-6 列出了部分固相缩聚高分子。

表 2-6 部分固相缩聚高分子

| 聚合物 | 单体 | $T_{反}$/℃ | $T_{单体熔点}$/℃ | $T_{产物熔点}$/℃ |
| --- | --- | --- | --- | --- |
| 聚酰胺 | 二元羧酸的二元胺盐 | 150～235 | 170～280 | 250～350 |
| 聚酰胺 | 己二酸-己二胺盐 | 183～250 | 190 | — |
| 聚酯 | 对苯二甲酸-乙二醇预聚物 | 180～250 | 195 | 265 |
| 聚苯并咪唑 | 芳香族四元胺和二元羧酸苯酯 | 280～400 | 315 | — |

## 习 题

1. 名词解释

（1）逐步聚合；（2）缩合聚合；（3）官能团等活性；（4）线型缩聚；（5）体型缩聚；（6）凝胶点；（7）转化率；（8）反应程度；（9）界面缩聚。

2. 写出下列单体的缩聚反应

（1）$H_2N(CH_2)_5COOH$；　（2）$HOCH_2CH_2OH+HOOC(CH_2)_4COOH$；

（3）$OCN(CH_2)_6CNO+HO(CH_2)_4OH$；　（4）$HO(CH_2)_5COOH$。

3. 由己二元酸和己二胺等物质的量合成尼龙 66。已知聚合反应的平衡常数 $K=432$，如果要合成聚合度在 200 的缩聚物，计算反应体系中的水含量应控制为多少？

4. 计算等物质的量的对苯二甲酸与乙二醇反应，在下列反应程度时的平均聚合度和相对分子质量：（1）0.500；（2）0.800；（3）0.900；（4）0.950；（5）0.995。

5. 对苯二甲酸与乙二元醇在等物质的量情况下进行聚酯反应，已知平衡常数 $K=4.9$。如果要求平均聚合度达到 50，此时体系中残存的小分子分数为多少？

6. 在 $\omega$-氨基己酸进行缩聚反应时，如在体系中加入 0.2%（摩尔分数）的醋酸，求当反应程度 $P$ 分别达到 0.950，0.980 和 0.990 时的平均聚合度和平均分子量。

7. 用 Carothers 法计算下列聚合反应的凝胶点：

（1）邻苯二甲酸酐＋甘油，摩尔比 3∶2。

（2）邻苯二甲酸酐＋甘油，摩尔比 3.00∶1.95。

（3）邻苯二甲酸酐＋甘油＋乙二醇，摩尔比 3.00∶1.95∶0.002。

8. 举例说明形成线型缩聚聚合物的条件。

9. 举例说明如何形成体型聚合物，归纳说明产生凝胶的条件。

10. 为什么缩聚高分子产物的分子量一般都不大，在实践中通过哪些手段可提高缩聚产物的分子量？

11. 指出形成下列高分子的单体。

(1) $\left[ O-C_6H_4-C(CH_3)_2-C_6H_4-O-\overset{O}{\overset{\|}{C}} \right]_n$

(2) $\left[ C_6H_3(OH)-CH_2 \right]_n$

(3) $\left[ NH(CH_2)_6NH-CO(CH_2)_4CO \right]_n$

# 第 3 章　自由基聚合反应

自由基聚合是高分子化学中极其重要的反应。由自由基聚合得到的高分子占高分子总量的 60%以上，约占热塑性树脂的 80%。许多大品种的通用塑料、合成橡胶、纤维等都是通过自由基聚合生产的。如聚氯乙烯、低密度聚乙烯、聚甲基丙烯酸甲酯、丁苯橡胶、氯丁橡胶等。自由基聚合在理论上也相对较为完善，有关自由基聚合的反应机理、反应动力学、聚合反应热力学、自由基的产生及性质等理论都较为成熟。

## 3.1　自由基聚合单体

自由基聚合是以自由基为活性中心进行的连锁聚合反应。而自由基是带有独电子的原子或原子团。能进行自由基聚合的单体大多是含有双键的烯类单体。因而，能使生成的自由基活性中心相对较稳定的一些烯类单体能进行自由基聚合。影响烯类单体自由基的活性，主要是烯类单体双键上取代基的电子效应和位阻效应，而电子效应又可分为共轭效应和诱导效应。若取代基团的电子效应有利于双键上电子云的密度分散，则有利于该自由基的稳定，有利于自由基聚合。一般来说，具有共轭效应或具有吸电子作用取代基的烯类单体能进行自由基聚合。体积较大的取代基会妨碍单体的靠近，将使反应活性降低，不利于自由基聚合。具体可简单讨论如下：

(1) 乙烯　结构式为 $H_2C{=}CH_2$。乙烯分子结构对称，无取代基，因而也没有诱导效应和共轭效应。所以很难进行自由基聚合，只能在较剧烈的条件下进行自由基聚合。目前只有两种方法可以得到聚乙烯，一种是在高温高压下，以氧气为引发剂进行自由基聚合，得到的是所谓的高压聚乙烯（又称低密度聚乙烯）；另一种是在配位引发剂作用下，在低压或中压下，进行配位聚合，得到的是所谓的低压聚乙烯（又称高密度聚乙烯）。

(2) 单取代乙烯类单体　结构式可表示为 $H_2C{=}\underset{\displaystyle Y}{\underset{|}{CH}}$。根据取代基 Y 性质的不同，又有以下几种情况。

① Y 为弱的吸电子基团。如：—Cl、—$COOCH_3$、—CN、—$COCH_3$、—COOR。这一类烯类单体能进行自由基聚合，得到相应的高分子。但当 Y 的吸电子基团性太强时，如硝基乙烯，则这类单体只能进行阴离子聚合。

② Y 为具有共轭作用的取代基。如：乙烯基—$HC{=}CH_2$、苯基—⟨苯环⟩、相应的单体丁二烯、苯乙烯都能进行自由基聚合。

③ Y 为供电子基团。如：烷氧基。这类单体只能进行阳离子聚合。

在单取代乙烯基类单体中，有两个单体较为特殊，一个是氯乙烯。由于氯原子既具有相对较弱的供电子的共轭效应，又具有相对较弱的吸电子的诱导效应，两种作用效果相反，且都较弱，因而只能进行自由基聚合。同样的原因，单体醋酸乙烯酯也只能进行自由基聚合。

(3) 双取代乙烯及多取代乙烯类单体　对于双取代及多取代乙烯基单体来说，除了要考虑取代基的电子效应外，空间位阻效应的影响也变得明显了。双取代乙烯又可分为 1，1-双取代和 1,2-双取代乙烯类单体。对于 1,1-双取代乙烯类单体，假如取代基都具有弱的吸电子性，则双取代的单体比相应的单取代的单体更易进行自由基聚合。如：偏氯乙烯。如取代基一个具有吸电子效应，另一个具有供电子效应，则这类单体也易进行自由基聚合，如甲基丙烯酸甲酯。但如取代基的吸电子性较强，如氰基—CN，则双取代乙烯基单体不能进行自由基，只能进行阴离子聚合。对于 1,1-二苯基乙烯，则由于苯基的共轭稳定性和较大的体积，使得该单体也不能进行自由基聚合。1,2-双取代乙烯类单体，由于空间位阻效应和对称双取代，使得该类单体不能进行自由基聚合。其他的多取代乙烯类单体，同样由于空间位阻效应，使得这一类单体不能进行自由基聚合。但氟代乙烯类单体是个例外，即氟代乙烯，由于氟原子体积较小，不论取代氟原子的数量和位置如何，都可聚合。一些常见烯类单体对聚合机理的选择性可见表 3-1。

**表 3-1　常见烯类单体对聚合机理的选择性**

| 单　体 | 聚合机理 | | | |
|---|---|---|---|---|
| | 自由基聚合 | 阴离子聚合 | 阳离子聚合 | 配位聚合 |
| $CH_2=CH_2$ | (+) | | | (+) |
| $CH_2=CHCH_3$ | | | | (+) |
| $CH_2=CHCH_2CH_3$ | | | | (+) |
| $CH_2=C(CH_3)_2$ | | | (+) | + |
| $CH_2=CH-CH=CH_2$ | (+) | (+) | + | (+) |
| $CH_2=CCl-CH=CH_2$ | (+) | | | |
| $CH_2=CHC_6H_5$ | (+) | (+) | + | + |
| $CH_2=CHCl$ | (+) | | | + |
| $CH_2=CCl_2$ | (+) | + | | |
| $CH_2=CHF$ | (+) | | | |
| $CF_2=CF_2$ | (+) | | | |
| $CF_2=CFCF_3$ | (+) | | | |
| $CH_2=CH-OR$ | | | (+) | + |
| $CH_2=CHOCOCH_3$ | (+) | | | |
| $CH_2=CHCOOCH_3$ | (+) | + | | + |
| $CH_2=C(CH_3)COOCH_3$ | (+) | + | | + |
| $CH_2=CHCN$ | (+) | + | | + |
| $CH_2=C(CH_3)-CH=CH_2$ | + | (+) | + | (+) |
| 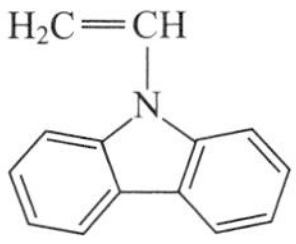 | (+) | (+) | | |
| 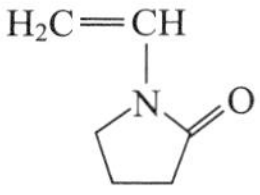 | (+) | | | |
| 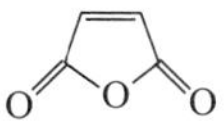 | (+) | | | (+) |

注：+表示可以聚合；(+) 表示已工业化。

## 3.2　自由基聚合机理

### 3.2.1　自由基的化学反应

自由基是一种带有未成对电子、呈电中性的物质。由于它具有未成对的电子，非常活泼，可进行如下多种反应。

（1）自由基加成反应　活泼的自由基可与含有双键的物质发生加成反应，生成自由基仍可进一步与含有双键的物质进行加成反应。

$$R\cdot + H_2C{=}\underset{\displaystyle Y}{\underset{|}{CH}} \longrightarrow R{-}CH_2{-}\underset{\displaystyle Y}{\underset{|}{CH}}\cdot$$

$$R{-}CH_2{-}\underset{\displaystyle Y}{\underset{|}{CH}}\cdot + H_2C{=}\underset{\displaystyle Y}{\underset{|}{CH}} \longrightarrow R{-}CH_2{-}\underset{\displaystyle Y}{\underset{|}{CH}}{-}CH_2{-}\underset{\displaystyle Y}{\underset{|}{CH}}\cdot$$

（2）自由基偶合反应　这是两个自由基间发生的反应，生成一种物质，是自由基终止反应之一。

$$R\cdot + R'\cdot \longrightarrow R'{-}R$$

（3）自由基歧化反应　这是两个自由基间发生的反应，其中一个自由基夺取另一个自由基上的氢，形成饱和端基而被终止；另一个自由基形成不饱和端基而被终止。这也是自由基的终止反应之一。

$$R{-}CH_2{-}\underset{\displaystyle Y}{\underset{|}{CH}}\cdot + R'{-}GCH_2{-}\underset{\displaystyle Y}{\underset{|}{CH}}\cdot \longrightarrow R{-}CH_2{-}\underset{\displaystyle Y}{\underset{|}{CH_2}} + R'{-}CH{=}\underset{\displaystyle Y}{\underset{|}{CH}}$$

（4）自由基的转移反应　自由基可与含有活泼基团的物质发生反应，它夺取其他分子上的活泼基团，例如氢原子，本身被终止。而其他的物质则形成了自由基，相当于把自由基转移给了其他物质。

$$R\cdot + R'{-}H \longrightarrow R{-}H + R'\cdot$$

### 3.2.2　自由基聚合的基元反应

自由基聚合是连锁聚合的一种，至少由三个基元反应组成。它们是链引发反应、链增长反应和链终止反应。此外，还可能伴有链转移等反应。

（1）链引发反应　链引发反应是形成单体自由基的反应。引发剂Ⅰ发生均裂分解产生初级自由基，然后与单体发生加成反应生成单体自由基。用引发剂引发时，链引发反应由下面两步反应组成：

$$I \xrightarrow[\triangle]{} 2R\cdot$$

$$R\cdot + M \longrightarrow RM\cdot$$

式中，Ⅰ为引发剂，R·为初级自由基；M为单体，RM·为单体自由基。其中2表示1个引发剂分子分解产生2个自由基。引发剂分解为吸热反应，吸收的能量相当于引发剂分子中弱键的键能，此反应的活化能较高，为100～170kJ/mol，反应速率较慢，分解速率常数一般为$10^{-4}$～$10^{-6}s^{-1}$。初级自由基与单体加成，生成单体自由基，这是放热反应。反应活化能较低，为20～34kJ/mol，反应速率常数很大，与链增长速率常数相似。因此总的链引发反应速率是由引发剂的分解反应速率所控制。但是链引发反应应包括初级自由基与单体反应生成单体自由基的反应，因为引发剂分解产生的初级自由基，除了可与单体加成生成初级自由基外，也可发生其他副反应，如氧气，阻聚杂质等可与初级自由基作用而使活性消失，导致引发剂效率下降，因此链引发反应只有生成了单体自由基才算完成。初级自由基的产生，除了引发剂热分解产生外，也可由其他方法产生，如热直接引发、光引发等。

（2）链增长反应　链引发反应形成的单体自由基，能与烯类单体分子发生加成反应，形成新的链自由基，这链自由基的活性并不随链长的增加而衰减，可继续和其余单体分子加成，得到结构单元更多的链自由基。该过程即为链增长反应。

$$RM\cdot + M \longrightarrow RM_2\cdot$$

$$RM_2\cdot + M \longrightarrow RM_3\cdot$$

… … … …

$$RM_{n-1}\cdot + M \longrightarrow RM_n\cdot$$

链增长反应有两个特征，一是反应放热，烯类单体的聚合热为55～95kJ/mol；二是活化能低，为20～34kJ/mol，增长速率极高，在0.01s至几秒内，单体能接上成千上万个小分子，生成一个大分子。因此单体自由基一旦形成，在极短的时间内与非常多的单体分子快速加成，生成长链自由基，然后经过终止而生成稳定的大分子。所以聚合体系中存在的只有未反应的单体和已生成的大分子，不存在聚合度递增的一系列中间产物。这与逐步聚合反应存在着显著的差异。单体与链自由基加成时，由于加成的方向不同，结构单元在高分子链中的排列方式也不同，结果产生了不同的序列结构。实验证明，结构单元在高分子中主要以头-尾相连接。

$$\sim\sim CH_2-\underset{Y}{\underset{|}{CH}}\cdot + H_2C=\underset{Y}{\underset{|}{CH}} \longrightarrow \begin{cases} \sim\sim CH_2-\underset{Y}{\underset{|}{CH}}-CH_2-\underset{Y}{\underset{|}{CH}}\cdot & \text{头-尾结构} \\ \sim\sim CH_2-\underset{Y}{\underset{|}{CH}}-\underset{Y}{\underset{|}{CH}}-CH_2\cdot & \text{头-头结构} \end{cases}$$

(3) 链终止反应 链自由基失去活性，生成高分子的反应即为链终止反应。最常见的是两个大分子自由基之间相互反应，失去活性而终止。这一过程由于消耗了两个大分子自由基，因而被称为双基终止。其中又有偶合终止和歧化终止两种形式。

两个大分子自由基相互结合生成一个大分子的终止方式，称为偶合终止。偶合终止生成的大分子的聚合度为两个链自由基结构单元数之和。若用引发剂引发，则生成的大分子的两端都有引发剂的残基。

$$\sim\sim CH_2-\underset{Y}{\underset{|}{CH}}\cdot + \cdot\underset{Y}{\underset{|}{HC}}-CH_2\sim\sim \xrightarrow{\text{偶合终止}} \sim\sim CH_2-\overset{H}{\underset{Y}{\underset{|}{C}}}-\overset{H}{\underset{Y}{\underset{|}{C}}}-CH_2\sim\sim$$

两个大分子自由基相互间反应，生成二个大分子的终止方式，称为歧化终止。歧化终止生成的大分子的聚合度分别等于原两个链自由基结构单元数。若用引发剂引发，则生成的大分子的一端带有引发剂的残基，另一端或为饱和端基或为不饱和端基。

$$\sim\sim CH_2-\underset{Y}{\underset{|}{CH}}\cdot + \cdot\underset{Y}{\underset{|}{HC}}-CH_2\sim\sim \xrightarrow{\text{歧化终止}} \sim\sim CH=\underset{Y}{\underset{|}{CH}} + H_2\underset{Y}{\underset{|}{C}}-CH_2\sim\sim$$

自由基聚合中，这两种终止方式也可能同时存在，单体结构与聚合条件决定了以何种终止方式为主。

链终止的活化能很低。只有8～20kJ/mol，甚至等于零，终止速率常数约为$10^6$～$10^8$L/(mol·s)，比增长速率常数大得多。但这并不意味着终止速率比增长速率快，因为反应速率还与反应物浓度成正比，而单体的浓度（1～10mol/L）比自由基浓度（$10^{-7}$～$10^{-9}$mol/L）大得多，结果是链增长速率比终止速率大3～5个数量级，足以生成聚合度很大的链自由基和大分子。

任何自由基聚合反应都包含了上述链引发、链增长、链终止这三步基元反应，其中链引发速率最小，成为控制整个聚合速率的关键。

(4) 链转移反应 大多数的自由基聚合除了以上的链引发、链增长和链终止反应外，常常还存在的链转移反应。所谓链转移反应是指在聚合过程中，链自由基有可能从单体、引发剂、溶剂或大分子上夺取一个原子（大多数为氢原子）而终止，而失去一个原子的分子则成为新的自由基，并能继续进行反应形成新的活性自由基链，使聚合反应继续进行。这类反应统称为链转移反应。

$$\sim\sim CH_2-\underset{\displaystyle X}{\underset{|}{CH}}\cdot + Y-S \xrightarrow{\text{链转移反应}} \sim\sim CH_2-\underset{\displaystyle X}{\underset{|}{CHY}} + S\cdot$$

链转移反应对分子量的影响以及对聚合速率的影响，将在以后章节中进一步讨论。

### 3.2.3 自由基聚合反应特征

综上所述，自由基聚合反应具有以下特征。

（1）链引发活化能高，引发速率低，是控制总聚合速率的关键；链增长活化能低，增长速率快，增长过程瞬时完成，所得分子量高；链终止的活化能更低，反应速率常数更大。因此，自由基聚合可概括为：慢引发、快增长、速终止。

（2）在整个自由基聚合过程中，反应体系仅由单体与高分子组成，没有中间产物存在，单体浓度逐步减少，高分子浓度逐步增加；延长反应时间主要是提高单体的转化率，对分子量的影响很小，聚合度变化很小。见图 3-1 和图 3-2。这也是连锁聚合的特征。

（3）少量的阻聚剂（0.01%～0.1%）足以使自由基聚合终止。

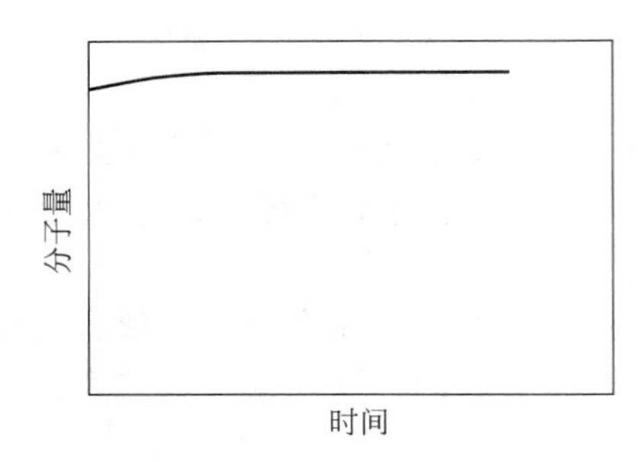


图 3-1 自由基聚合时间与分子量的关系

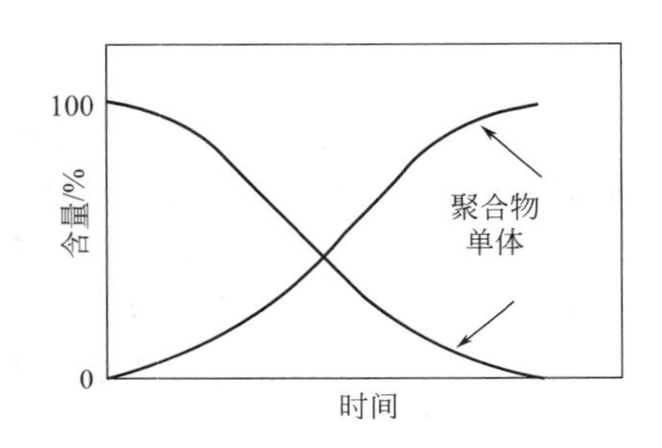


图 3-2 自由基聚合时间单体与转化率的关系

## 3.3 自由基引发剂及引发作用

自由基聚合的活性中心是自由基，它的产生通常是由引发剂在热或光的作用下分解产生的。所谓自由基引发剂是指分子中含有弱键，容易分解产生自由基，并能引发单体聚合的化合物。

### 3.3.1 自由基引发剂的种类

引发剂是容易分解产生自由基的化合物，它的分子结构中具有弱键，在通常的聚合温度下（40～100℃）能分解产生自由基。从结构上看，引发剂主要可分为偶氮类化合物和过氧化合物。

（1）偶氮类引发剂　偶氮类引发剂是指分子中含有偶氮结构的物质，R—N═N—R，其中 R—N 为弱键，在热或光的作用下可分解产生自由基和氮气。偶氮二异丁腈（AIBN）是偶氮类引发剂中最常用的。热分解时放出氮气，并生成两个异丁腈自由基。由于它的分解温度较低，常在 45～65℃下使用。它在分解的同时放出氮气，可从氮气量的测定计算生成的初级自由基量，进行动力学研究。

$$H_3C-\underset{CN}{\overset{CH_3}{\underset{|}{\overset{|}{C}}}}-N=N-\underset{CN}{\overset{CH_3}{\underset{|}{\overset{|}{C}}}}-CH_3 \xrightarrow{\triangle} 2H_3C-\underset{CN}{\overset{CH_3}{\underset{|}{\overset{|}{C}}}}\cdot + N_2\uparrow$$

（2）有机过氧化物类引发剂　有机过氧化物的母体为 $H_2O_2$，它分解产生两个氢氧自由基。但其分解活化能高达 220kJ/mol，活性低，很少单独使用。$H_2O_2$ 中的一个氢被有机基团取代后，即 ROOH，称为有机过氧化氢；两个氢被取代后，即 ROOR，称为有机过氧化物。这两类过氧化物的品种较多，都是常用的引发剂。

过氧化二酰是一类过氧化物引发剂，通式为 $R-\overset{O}{\overset{\|}{C}}-O-O-\overset{O}{\overset{\|}{C}}-R$。其中过氧化二苯甲酰（BPO）是最常用的过氧类引发剂。热分解时，能形成苯甲酰氧自由基，该初级自由基能引发单体聚合，同时也会有部分苯甲酰氧自由基进一步分解，生成二氧化碳和苯自由基，仍能引发单体聚合。其合适的使用温度范围为 60～80℃。

$$C_6H_5-\overset{O}{\overset{\|}{C}}-O-O-\overset{O}{\overset{\|}{C}}-C_6H_5 \longrightarrow 2\,C_6H_5-\overset{O}{\overset{\|}{C}}-O\cdot \longrightarrow 2\,C_6H_5\cdot + CO_2\uparrow$$

二烷基过氧化物，通式为 R—O—O—R。它们在热分解时，能生成烷氧自由基。它主要用高温引发（>100℃）。常见的是二叔丁基过氧化物（DTBP）和异丙苯基过氧化物（DCP）。例如，二叔丁基过氧化物，可分解生成叔丁氧自由基，能引发单体聚合；叔丁氧自由基也可进一步分解产生甲基自由基和丙酮，甲基自由基能与单体反应完成链引发过程。其使用的聚合温度范围在 100～120℃。

$$(H_3C)_3C-O-O-C(CH_3)_3 \longrightarrow 2\,(CH_3)_3CO\cdot \longrightarrow CH_3\cdot + CH_3COCH_3$$

有机过氧化氢，通式为 RO—OH，也是热分解型引发剂。其中较常用的是异丙苯过氧化氢（CHP）、叔丁基过氧化氢（TBH）。例如异丙苯过氧化氢，在热分解时生成异丙苯自由基和氢氧自由基，都能引发单体聚合。使用温度范围在 100℃以上。

$$C_6H_5-\underset{CH_3}{\overset{CH_3}{\overset{|}{\underset{|}{C}}}}-O-OH \longrightarrow C_6H_5-\underset{CH_3}{\overset{CH_3}{\overset{|}{\underset{|}{C}}}}-O\cdot + HO\cdot$$

过氧化二碳酸酯类是发展很快的高活性引发剂。例如过氧化二碳酸二异丙酯（IPP），过氧化二碳酸二环己酯（DCPD）等。能在较低的温度下（30～50℃）引发单体聚合。还有一类过氧化物引发剂，它们是过硫酸盐，是水溶性的过氧化物。例如过硫酸钾 $K_2S_2O_8$，或过硫酸铵 $(NH_4)_2S_2O_8$，多用于水溶液和乳液聚合的场合。

$$K^{+-}O-\underset{\underset{O}{\downarrow}}{\overset{\overset{O}{\uparrow}}{S}}-O-O-\underset{\underset{O}{\downarrow}}{\overset{\overset{O}{\uparrow}}{S}}-O^{-+}K \longrightarrow 2\,K^{+-}O-\underset{\underset{O}{\downarrow}}{\overset{\overset{O}{\uparrow}}{S}}-O\cdot$$

过硫酸钾分解所得到的是 $SO_4^{-}$，它既带有阴离子电荷，又是自由基，故被称为离子自由基。它可溶于水，并能引发单体进行自由基聚合。

（3）氧化还原体系　通常含弱键的引发剂其弱键分解活化能在 100～170kJ/mol 的范围，聚合温度在 40℃以上才能产生适量浓度的初级自由基。但聚合若需在 0～50℃的较低温度下进行，其分解活化能还需降低。通过氧化还原反应，可使生成自由基的活化能降低到 40～60kJ/mol，在较低温度下具有较快的分解速率，可使单体在较低的温度下进行自由基聚合。过氧化物可通过氧化还原反应产生初级自由基引发单体聚合，即构成氧化还原引发体系，其产生初级自由基的活化能大大低于热分解型过氧化物，实现在较低温度下聚合。氧化还原引发体系的组分可以是无机的，也可以是有机的，因而有油溶性和水溶性氧化还原引发剂之分。在水溶性氧化还原体系中，常用无机还原剂。例如亚铁盐或硫代硫酸盐，氧化剂可使用过氧化氢、异丙苯过氧化氢、过硫酸盐等，它们的分解活化能从热分解的 200kJ/mol，125kJ/mol，140kJ/mol，分别降低到 40kJ/mol，50kJ/mol，50kJ/mol。例如：

$$S_2O_8^{2-} \longrightarrow 2SO_4^{-}\cdot \qquad E_a=140.03\text{kJ/mol}$$

$$S_2O_8^{2-}+Fe^{2+} \longrightarrow SO_4^{2-}+SO_4^{-}\cdot+Fe^{3+} \qquad E_a=50.16\text{kJ/mol}$$

$$C_6H_5-C(CH_3)_2-O-O-H + Fe^{2+} \longrightarrow C_6H_5-C(CH_3)_2-O\cdot + HO^{-} + Fe^{3+}$$

$$S_2O_8^{2-}+S_2O_3^{2-} \longrightarrow SO_4^{-}\cdot+S_2O_3^{-}\cdot+SO_4^{2-}$$

四价铈盐和醇类也可组成氧化还原体系，使本来不是引发剂的醇，也能产生自由基引发单体聚合。

$$Ce^{4+}+RCH_2-OH \longrightarrow Ce^{3+}+H^{+}+R-\dot{C}H-OH$$

在油溶性氧化还原体系中，常用的还原剂有叔胺、环烷酸盐、硫醇、有机金属化合物等。例如过氧化二苯甲酰与 $N,N$-二甲基苯胺氧化还原引发体系：

$$C_6H_5-\ddot{N}(CH_3)_2 + C_6H_5-\overset{O}{\overset{\|}{C}}-O-O-\overset{O}{\overset{\|}{C}}-C_6H_5 \longrightarrow \left[C_6H_5-N(CH_3)_2\rightarrow O-\overset{O}{\overset{\|}{C}}-C_6H_5\right]^{+} C_6H_5-\overset{O}{\overset{\|}{C}}-O^{-}$$

$$\longrightarrow C_6H_5-N^{+}\cdot(CH_3)_2 + C_6H_5-\overset{O}{\overset{\|}{C}}-O^{-} + C_6H_5-\overset{O}{\overset{\|}{C}}-O\cdot$$

BPO 在苯乙烯中于 90℃下的一级分解速率常数 $k_d$ 为 $1.33\times10^{-4}\text{s}^{-1}$。而该氧化还原体系在 30℃和 60℃时的二级反应速率常数 $k_d$ 分别可达 $2.29\times10^{-3}$ L/(mol·s) 和 $1.25\times10^{-2}$ L/(mol·s)。

### 3.3.2 自由基引发剂分解动力学

在自由基聚合的各主要基元反应中，引发反应活化能较高，反应速率最小，因而自由基聚合反应的总的反应速率主要是由引发剂分解速率所控制。因此有必要研究引发剂分解动力学，了解自由基产生的速率与引发剂的浓度、温度和时间的定量关系。

#### 3.3.2.1 引发剂热分解速率

引发剂热分解一般是一级反应，其速率方程式为：

$$I \xrightarrow{k_d} 2R\cdot$$

式中，I 代表引发剂，R· 代表引发剂分解形成的初级自由基，系数 2 表示一个引发剂分子均裂成两个初级自由基。若 $R_d$ 为引发剂分解速率，则按一级分解反应，引发剂分解速率 $R_d$ 与引发剂浓度 [I] 的一次方成正比。

$$R_d=-\frac{d[I]}{dt}=k_d[I]$$

式中，$k_d$ 为分解速率常数，单位 $s^{-1}$；[I] 为引发剂浓度，单位为 mol/L。将上式积分得：

$$\ln\frac{[I]}{[I]_0}=-k_dt \tag{3-1}$$

式中，$[I]_0$ 和 [I] 分别表示引发剂起始 ($t=0$) 浓度和 $t$ 时刻的浓度，$[I]/[I]_0$ 代表 $t$ 时刻尚未分解的引发剂残留分率。在一定温度下，测定不同时间 $t$ 下的引发剂浓度变化，得到相应的 [I] 值，以 $\ln[I]/[I]_0$ 对 $t$ 作图，得一直线，由其斜率可求得 $k_d$ 值。

对于一级反应，还常用半衰期来表征反应速率大小。所谓半衰期，是指引发剂分解至起始浓度一半时所需的时间，用 $t_{1/2}$ 表示。因此，引发剂分解一半时所需时间为：

$$[I]_{1/2}=\frac{1}{2}[I]_0$$

$$t_{1/2}=\frac{\ln 2}{k_d}=\frac{0.693}{k_d} \tag{3-2}$$

因此，引发剂的活性大小可以用分解速率常数 $k_d$ 或半衰期 $t_{1/2}$ 来表示。分解速率常数 $k_d$ 越大，或半衰期 $t_{1/2}$ 越短，则引发剂的活性越高。引发剂分解速率常数与温度的关系遵循 Arrhenius公式：

$$k_d=A_d e^{-E_d/RT}$$

$$\ln k_d=\ln A_d-E_d/RT$$

在不同温度下，测定某种引发剂的分解速率常数，作 $\ln k_d$ 与 $1/T$ 图，应得一直线，由截距可求得频率因子 $A_d$，由斜率求出分解活化能 $E_d$。常用引发剂的 $k_d$ 在 $10^{-4}\sim10^{-6}s^{-1}$，$E_d$ 在 100～170kJ/mol，单分子反应的 $A_d$ 一般在 $10^{13}\sim10^{14}$。几种典型的引发剂的动力学参数列在表 3-2 中。

另一个表示引发剂活性大小的方法是，在一定的时间内，引发剂分解达到一半所需要的反应温度。它是以温度来表示的。温度越高表示引发剂的活性越低。选择引发剂时，要选用 $t_{1/2}$ 与聚合反应时间在同一数量级，大致采用 $t_{1/2}$ 在 5～10h 的温度，这就是某一引发剂的使用温度范围。

**表 3-2 常用引发剂的分解速率常数和分解活化能**

| 引发剂 | 溶剂 | 温度/℃ | $k_d/\times10^5s^{-1}$ | $t_{1/2}$/h | $E_d$/(kJ/mol) |
|---|---|---|---|---|---|
| 偶氮二异丁腈 | | 50 | 0.264 | 73 | 128.4 |
| | | 60.5 | 1.16 | 16.6 | |
| | | 69.5 | 3.78 | 5.1 | |
| 偶氮二异庚腈 | 甲苯 | 59.7 | 8.05 | 2.4 | 121.3 |
| | | 69.8 | 19.8 | 0.97 | |
| | | 80.2 | 71 | 0.27 | |
| 过氧化二苯甲酰 | 苯 | 60 | 0.2 | 96 | 124.3 |
| | | 80 | 2.5 | 7.7 | |
| 过氧化十二酰 | 苯 | 50 | 0.219 | 88 | 127.2 |
| | | 60 | 0.917 | 21 | |
| | | 70 | 2.86 | 6.7 | |
| 过氧化新戊酸叔丁酯 | 苯 | 50 | 0.977 | 20 | |
| | | 70 | 12.4 | 1.6 | |
| 过氧化二碳酸二异丙酯 | 甲苯 | 50 | 3.03 | 6.4 | |
| 过氧化二碳酸二环已酯 | 苯 | 50 | 3.03 | 3.6 | |
| | | 60 | 4.4 | 1 | |
| 异丙苯过氧化氢 | 甲苯 | 125 | 0.9 | 21.4 | |
| | | 139 | 3 | 6.4 | |
| 过硫酸钾 | 0.1mol/L KOH | 50 | 0.095 | 212 | 140.2 |
| | | 60 | 0.316 | 61 | |
| | | 70 | 2.33 | 8.3 | |

### 3.3.2.2 引发剂效率

引发剂分解产生的初级自由基，只有一部分用来引发单体聚合，还有一部分引发剂由于诱导分解和笼蔽效应伴随的副反应而损耗，使引发剂的使用效率降低。因此，引发剂效率可定义为：用于引发聚合的引发剂量占引发剂分解总量的百分率，以 $f$ 表示。

(1) 引发剂的诱导分解　诱导分解实际上是自由基（包括初级自由基、单体自由基、链自由基等）向引发剂分子的链转移反应，如下式所示：

$$R\cdot + C_6H_5-\overset{O}{\overset{\|}{C}}-O-O-\overset{O}{\overset{\|}{C}}-C_6H_5 \longrightarrow C_6H_5-\overset{O}{\overset{\|}{C}}-OR + C_6H_5-\overset{O}{\overset{\|}{C}}-O\cdot$$

链转移的结果是，原来的自由基活性消失，形成稳定的分子，同时产生一个新自由基。因此自由基浓度并没有增加，却消耗了一个引发剂分子，使引发剂效率降低。

诱导分解与引发剂的结构有关。引发剂种类不同，引发剂效率也大不相同，AIBN 诱导分解很少；而氢过氧化物特别容易诱导分解，使引发剂效率低于 0.5。诱导分解还与单体的活性有关。单体种类不同，也会影响引发效率。当单体活性较高时，例如苯乙烯、丙烯腈单体能迅速与自由基反应，减少了自由基与引发剂的转移反应。相反，醋酸乙烯酯一类单体，对自由基的捕捉能力较弱，给诱导分解创造了条件，因此 $f$ 值较低。

（2）笼蔽效应　聚合体系中引发剂浓度很低，引发剂分解出的初级自由基常被溶剂分子所形成的“笼子”包围着，必须扩散出笼子，才有机会引发单体聚合。如来不及扩散出去，初级自由基之间有可能发生反应而终止或形成较为稳定的自由基而不易引发单体聚合，这样就消耗引发剂分子而不能引发聚合，使得引发剂效率 $f$ 减小。亦即引发剂分解产生的初级自由基在与单体反应生成单体自由基之前，发生了副反应而失活，这种效应称为笼蔽效应。自由基在笼子内的平均寿命约为 $10^{-11}\sim10^{-9}$s。例如偶氮二异丁腈在笼蔽效应下的副反应：

$$H_3C-\underset{CN}{\overset{CH_3}{C}}-N=N-\underset{CN}{\overset{CH_3}{C}}-CH_3 \longrightarrow \left[2H_3C-\underset{CN}{\overset{CH_3}{C}}\cdot + N_2\right] \longrightarrow$$

$$\left[H_3C-\underset{CN}{\overset{CH_3}{C}}-\underset{CN}{\overset{CH_3}{C}}-CH_3 \quad 或 \quad H_3C-\overset{CH_3}{C}=C=N-\underset{CN}{\overset{CH_3}{C}}-CH_3\right]$$

其中，方括号表示单体、溶剂分子等所形成的笼子。

#### 3.3.2.3　引发剂的选择

① 按聚合方法选择引发剂类型。本体、溶液、悬浮聚合时，选用油溶性引发剂。如偶氮类或过氧化合物类；而乳液聚合则选用水溶性引发剂。如过硫酸盐类引发剂或水溶性氧化还原引发剂。

② 根据聚合温度选择活化能或 $t_{1/2}$ 适当的引发剂，使自由基形成速率和聚合速率适中。一般应选择半衰期与聚合时间同数量级或相当的引发剂。常见引发剂的使用温度范围如表 3-3 所示。

**表 3-3　引发剂的使用温度范围**

| 引发剂使用温度范围/℃ | $E_d$/(kJ/mol) | 引　发　剂 |
|---|---|---|
| 高温＞100 | 138～188 | 异丙苯过氧化氢、叔丁基过氧化氢、过氧化二异丙苯、过氧化二叔丁基 |
| 中温＞30～100 | 110～138 | 过氧化二苯甲酰、过氧化十二酰、偶氮二异丁腈、过硫酸盐 |
| 低温＞－10～30 | 63～110 | 氧化还原体系：过氧化氢-亚铁盐、过硫酸盐-亚硫酸氢钠盐、异丙苯过氧化氢-亚铁盐、过氧化二苯甲酰-二甲基苯胺 |
| 极低温＜－10 | ＜63 | 过氧化物-烷基金属(三乙基铝、三乙基硼、二乙基铅)、氧-烷基金属 |

③ 选择适当的引发剂量。引发剂浓度［I］不仅影响聚合速率，还影响产物的分子量，且效应相反。通常需通过大量实验才能决定合适的引发剂浓度。

④ 引发剂的价格、来源、毒性、稳定性以及对高分子色泽的影响等。

## 3.4　自由基聚合反应动力学

### 3.4.1　本体聚合的反应特征

聚合速率和分子量是聚合动力学的主要研究内容，即聚合反应动力学是研究聚合体系中单体浓度、引发剂浓度、聚合温度等条件对聚合反应速率、高分子的分子量的影响。通过对聚合动力学的研究，在理论上有利于探明聚合机理，在实践上能为高分子的生产、控制及聚合工程设计提供依据。

聚合过程中的速率变化常用转化率-时间曲线来表示。单体转化率可用式(3-3)表示：

$$转化率\ c\% = \frac{[M]_0 - [M]_t}{[M]_0} \times 100\% \tag{3-3}$$

式中，$[M]_0$ 为单体的起始浓度；$[M]_t$ 为 $t$ 时刻的单体浓度。

所谓聚合速率（$R_p$），是指单位时间内单体转化为高分子的量。它可用单体浓度随反应时间的减少（$-d[M]/dt$），或高分子浓度随反应时间的增加 $d[P]/dt$ 来表示，单位为 mol/(L・s)。

$$聚合速率\ R_p = -\frac{d[M]}{dt} = \frac{d[P]}{dt}$$

苯乙烯、甲基丙烯酸甲酯等单体的本体聚合时的转化率-时间曲线一般呈现 S 形。如图 3-3 所示。因而整个聚合过程一般可分为诱导期、聚合初期、聚合中期和聚合后期等几个阶段。

（1）诱导期　引发剂分解产生的初级自由基被阻聚物质（如氧气、阻聚剂等杂质）所消耗而终止，不能引发单体聚合，无高分子形成，转化率、聚合速率为零（阻聚杂质活性＞单体活性）。如除尽阻聚杂质，则诱导期时间可为零。

（2）聚合初期　诱导期过后，聚合反应开始。当在转化率为 0～10%时，被称为聚合初期。动力学及聚合机理研究常在此阶段进行。

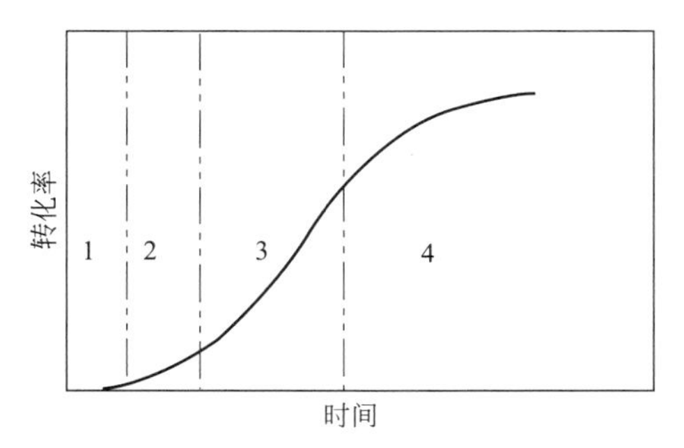


图 3-3　自由基聚合转化率与时间曲线
1—诱导期；2—聚合初期；
3—聚合中期；4—聚合后期

（3）聚合中期　单体转化率一般达到 10%～80%，反应速率迅速增大，出现了所谓的聚合反应自加速现象。即聚合反应速率随着反应的进行而逐渐加快。在聚合中期，聚合速率偏离聚合动力学方程。

（4）聚合后期　单体的转化率在 80%以后，被称为聚合后期。在此阶段的聚合速率由于单体浓度的下降而逐渐变慢，最后接近于零。此时可通过升高温度来提高单体的转化率。

转化率随聚合时间变化的测定，可分为直接法和间接法两类。常用的直接法为沉淀法。在单体中加入引发剂，在一定温度下聚合，随反应进行，定时取样，加沉淀剂使高分子沉淀，再经分离、精制、干燥至恒重，即可求得不同反应时间的聚合物量。也可通过分析单体的浓度而求得某时刻的转化率。用间接方法测定单体转化率，即测定聚合体系的比容、黏度、折射率、吸收光谱等物理化学性质的变化，间接推算出反应体系中单体浓度的减少，或聚合物量的增加。最常用的是利用聚合过程中体积的变化——膨胀计法。

膨胀计法的原理是利用聚合过程中，反应体系的体积收缩与转化率成线性关系。单体的密度低，比容 $\nu_m$ 大；高分子的密度高，比容 $\nu_p$ 小。单体转化为高分子时反应体系的体积会收缩。转化率为 100%时，单体全部转化成高分子，其体积变化率为 $K$，则：

$$K=\frac{\nu_m-\nu_p}{\nu_m} \tag{3-4}$$

在反应时间为 $t$ 时，体积的收缩率为 $\Delta V/V_0$，它与转化率（$c\%$）成线性关系：

$$c\%=\frac{1}{K}\times\frac{\Delta V}{V_0}\times100\% \tag{3-5}$$

式中，$V_0$ 为单体的起始体积，$\Delta V$ 为体积的收缩值。只要测定出单体和高分子的密度，就能得到该聚合体系的 $K$ 值。用膨胀计可测定不同反应时刻聚合体系的体积收缩值，就可得到转化率随时间的变化，进而可得到聚合速率。

### 3.4.2 自由基聚合动力学方程

#### 3.4.2.1 各基元反应的速率方程

自由基聚合动力学主要研究聚合速率、分子量与引发剂浓度、单体浓度、聚合温度等因素的关系。根据反应机理，自由基聚合主要由链引发、链增长、链终止等基元反应组成，各步反应对聚合速率都有影响（链转移一般不影响聚合速率或者即使有影响也暂不考虑）。下面分别讨论各基元反应的速率方程。

反应速率可用反应物质的消失速率表示，如引发剂的消失速率 $-d[I]/dt$、单体消失速率 $-d[M]/dt$、自由基消失速率 $-d[M\cdot]/dt$ 等。也可以用生成物速率表示，如初级自由基的生成速率 $d[R\cdot]/dt$，链自由基生成速率 $d[M\cdot]/dt$，高分子生成速率 $d[P]/dt$。因此可以写出各基元反应的速率方程。

（1）链引发反应速率方程　链引发反应由引发剂分解生成初级自由基和初级自由基与单体加成生成单体自由基两步组成。

第一步：引发剂分解产生初级自由基，即 $I\xrightarrow{k_d}2R\cdot$

引发剂分解速率：　$-\frac{d[I]}{dt}=k_d[I]$

初级自由基生成速率：　$\frac{d[R\cdot]}{dt}=2k_d[I]$

第二步：初级自由基与单体加成生成单体自由基。

$$R\cdot+M\xrightarrow{k_i}RM\cdot$$

在上述两步反应中，第二步形成单体自由基的速率远大于引发剂的分解速率。因此引发速率一般与单体浓度无关，仅取决于初级自由基的生成速率。因为一个引发剂分解出两个初级自由基，所以，引发速率等于初级自由基生成速率，即

$$R_i=\frac{d[M\cdot]}{dt}=\frac{d[R\cdot]}{dt}=2k_d[I]$$

但是由于诱导分解及笼蔽效应等副反应，生成的初级自由基只有一部分参加了引发单体，形成单体自由基的反应。因此，必须引入引发剂效率 $f$。因此链引发速率方程可用下式表示：

$$R_i=\frac{d[M\cdot]}{dt}=2fk_d[I] \tag{3-6}$$

$$引发剂效率\ f=\frac{单体自由基生成速率}{初级自由基生成速率}\times100\%$$

式中，I、M、R·、$k$、M·分别代表引发剂、单体、初级自由基、速率常数和单体自由基，中括号、下标 d 和 i 分别代表浓度、分解和引发。引发剂分解速率常数一般为 $10^{-4}$～

$10^{-6}\ s^{-1}$，引发效率为0.6～0.8，引发速率为$10^{-8}$～$10^{-10}$ mol/(L·s)。

（2）链增长速率方程　由链引发阶段产生的单体自由基RM·能继续与单体发生加成反应，形成大分子。可用如下方程式表示：

$$RM_1 \cdot \xrightarrow[k_{p_1}]{M} RM_2 \cdot \xrightarrow[k_{p_2}]{M} RM_3 \cdot \longrightarrow \cdots \xrightarrow[k_{p_n}]{M} RM_n \cdot$$

虽然链增长过程中产生的链自由基，它的链长不尽相同。但根据等活性理论假定，链自由基的活性与链长无关，各步增长反应的速率常数都相等，即

$$k_{p_1}=k_{p_2}=k_{p_3}=\cdots=k_{p_n}=k_p$$

因此，自由基链增长速率方程可表示为：

$$R_p=-\left(\frac{d[M]}{dt}\right)=k_p[M]\sum[RM_i\cdot]=k_p[M][M\cdot] \tag{3-7}$$

式中，[M·]代表自由基浓度的总和。$k_p$为$10^2$～$10^4$ L/(mol·s)，[M]为$10^{-7}$～$10^{-9}$ mol/L。链增长速率为$10^{-4}$～$10^{-6}$ mol/(L·s)。

（3）链终止反应速率方程　链终止速率是以自由基消失的速率表示的。自由基链终止反应有歧化终止与偶合终止两种方式。

偶合终止　$$M_x\cdot+M_y\cdot\xrightarrow{k_{t_c}}M_{x+y}$$

歧化终止　$$M_x\cdot+M_y\cdot\xrightarrow{k_{t_d}}M_x+M_y$$

终止反应耗了两个自由基。因此，其总速率方程可表示为：

$$R_t=-\frac{d[M\cdot]}{dt}=2k_t\ [M\cdot]^2 \tag{3-8}$$

式中，$k_t$表示链终止速率常数；$k_{t_c}$、$k_{t_d}$分别表示偶合终止和歧化终止速率常数；系数2表示终止反应同时消失两个自由基。

#### 3.4.2.2　自由基聚合速率方程

自由基聚合由上述各基元反应组成，为简化动力学方程的处理，在总速率方程的推导时作如下假定：

① 聚合速率是由链引发、链增长和链终止三种基元反应所决定，假定链转移不影响聚合速率，链终止反应为双基终止。

② 链自由基的活性与链长无关，生成高分子化合物的无数个连续的增长反应只用一个速率常数$k_p$表征。

③ 假定单体消耗速率就是高分子生成速率。形成高分子时，链增长反应消耗的单体远远大于链引发反应，因此聚合总速率可以用链增长速率表示：

$$R=-\frac{d\ [M]}{dt}=R_i+R_p\approx R_p=k_p\ [M]\ [M\cdot] \tag{3-9}$$

④ 聚合开始经很短一段时间后，假定体系中自由基浓度不变，即进入“稳定状态”。聚合是在稳态下进行。因此链自由基的生成速率等于链自由基的消失速率，即$R_i=R_t$，构成动态平衡。则：

$$R_i=R_t=2kt\ [M\cdot]^2$$

$$[M\cdot]\ =\left(\frac{R_i}{2k_t}\right)^{\frac{1}{2}}$$

所以，自由基聚合的聚合速率方程为：

$$R_p=k_p\ [M]\ \left(\frac{R_i}{2k_t}\right)^{\frac{1}{2}} \tag{3-10}$$

当自由基聚合用引发剂引发时，其引发速率有：

$$R_i = 2fk_d[I]$$

因此，引发剂引发的自由基聚合的聚合速率为：

$$R_p = k_p\left(\frac{fk_d}{k_t}\right)^{\frac{1}{2}}[M][I]^{\frac{1}{2}} \tag{3-11}$$

式(3-11)表明，聚合速率与单体浓度的一次方成正比，与引发剂浓度的平方根成正比，这已得到许多实验的证明。

单体在低转化率（≤5%～10%）下进行自由基聚合，稳态假定成立，各速率常数恒定，假如采用低活性引发剂，则在低转化率下引发剂浓度变化不大，可视为常数；若引发剂效率与单体浓度无关，将式(3-11)积分，可得：

$$\ln\frac{[M]_0}{[M]} = k_p\left(\frac{fk_d}{k_t}\right)^{\frac{1}{2}}[I]^{\frac{1}{2}}t \tag{3-12}$$

如由实验得 $\ln([M]_0/[M])$-$t$ 为直线，则表明聚合速率与单体浓度呈一级关系。

上述聚合速率方程是在等活性理论、聚合度很大、稳态条件及双基终止等假定下推导出来的。许多实验结果符合上述动力学关系，说明所假定的自由基聚合机理基本正确。下面对这几个假定作以下讨论。

（1）等活性假定　化学基团的反应活性取决于其自身的电子结构和相互碰撞的概率。对长链自由基来说，显然链的长短对自由基的电子结构的影响（如超共轭、诱导等）是很小的。从碰撞的概率来看，链的增长使体系黏度增大，大分子链的运动能力受到限制。但由于单键的旋转，链段的运动基本不受分子链长短的影响，因此在分子链端基上的自由基仍然具有足够的活动能力，能与小分子单体进行碰撞，并且碰撞持续时间相对较长，从而可能提高有效碰撞率，因此等活性假定成立。但是如果转化率较高或者出现凝胶化时，端基自由基的活动能力受到严重限制时，等活性假定就不再成立，同样对完全刚性链的体系也不能适用。

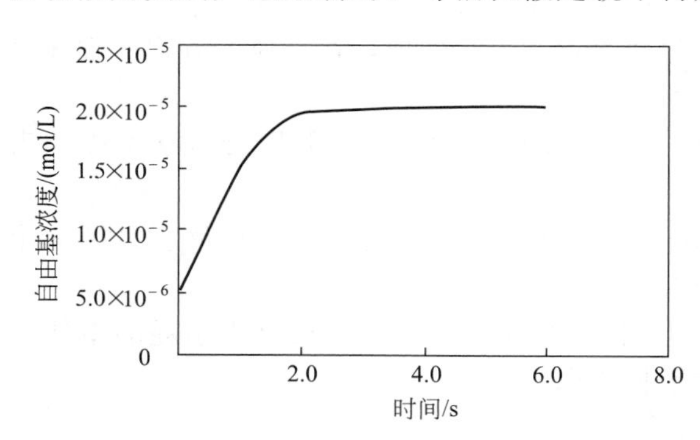


图 3-4　60℃时苯乙烯在苯中聚合的自由基浓度与时间的关系

（2）稳态假定　图 3-4 是苯乙烯在苯溶液中聚合时自由基随时间的变化曲线。聚合开始 2s 以后，自由基就达到恒定值，表明自由基的“稳态”确实存在。但这种“稳态”一般只在低转化率（5%～10%）的反应中存在。当转化率提高，体系黏度增大，端基自由基的活动能力下降，两自由基之间进行终止反应的机会降低，而引发剂的分解仍然照常进行，从而使自由基浓度增大，特别是在凝胶化、沉淀聚合等的情况下，偏离稳态假设就特别明显。因此在有些情况下，会偏离上述动力学关系。例如聚合速率与引发剂浓度的 1/2 次方成正比是双基终止的结果，若单基终止则成一级反应。在凝胶效应，尤其是在沉淀聚合中，链自由基活性末端受到包埋，难以双基终止，往往是单基终止和双基终止并存，聚合速率对引发剂浓度的反应级数介于0.5～1.0。0.5 级和 1.0 级是双基终止和单基终止的两种极端情况。

聚合速率对单体浓度呈一次方关系是引发反应速率与单体浓度无关的结果。但若初级自由基与单体反应生成单体自由基的过程较慢，则引发速率不能只由引发剂分解速率所决定，还要加上第二步单体浓度的影响，则引发速率为：

$$R_i=2fk_d[I][M]$$

由此推导出的聚合速率将与单体浓度呈 1.5 次方关系：

$$R_p=k_p\left(\frac{fk_d}{k_t}\right)^{\frac{1}{2}}[I]^{\frac{1}{2}}[M]^{\frac{3}{2}} \tag{3-13}$$

综合各种情况，聚合速率通式为：

$$R_p=K[I]^n[M]^m \tag{3-14}$$

一般情况下，式中指数 $n=0.5\sim1.0$，$m=1.0\sim1.5$。

上述的聚合速率方程是有引发剂存在下的速率方程。由于引发方式不同，引发速率和聚合速率方程的表达式也不相同。

### 3.4.3　温度对聚合速率的影响

温度对聚合速率的影响主要是温度对聚合速率常数的影响，同样聚合速率常数与温度的关系遵循 Arrhenius 方程。

$$k=Ae^{-E/RT}$$

若引发剂引发时，则由聚合速率方程式(3-11) 可写出综合的速率常数 $k$ 为：

$$k=k_p\left(\frac{k_d}{k_t}\right)^{\frac{1}{2}} \tag{3-15}$$

因而有：

$$k=Ae^{-\frac{E}{RT}}=A_p\left(\frac{A_d}{A_t}\right)\frac{1}{2}\exp\left\{-\frac{E_p-\frac{1}{2}E_t+\frac{1}{2}E_d}{RT}\right\} \tag{3-16}$$

总活化能 $E=E_p-\frac{1}{2}E_t+\frac{1}{2}E_d$。通常，引发剂分解活化能 $E_d$ 约为 125kJ/mol，增长反应活化能 $E_p$ 约为 29kJ/mol，链终止反应活化能 $E_t$ 约为 17kJ/mol，则总的聚合反应活化能约为 83kJ/mol。总活化能为正值，表明随温度升高，速率常数增大，总的聚合速率也提高。$E$ 值愈大，温度对聚合速率影响愈显著。当 $E=83$kJ/mol 时，聚合温度从 50℃ 升高到 60℃ 时，聚合速率常数将增为 2.5 倍。

在聚合总活化能中，引发剂分解活化能 $E_d$ 占主要地位。选择 $E_d$ 较低的引发剂，则可显著地加速聚合，比升高聚合温度的效果还要明显。氧化还原引发体系用于低温聚合仍能保持较高的速率，就是这个原因。因此，引发剂种类和用量的选择是控制聚合速率的主要手段。

热引发聚合活化能为 80～96kJ/mol，与引发剂引发相当，温度对聚合速率的影响很大。而光和辐射引发体系的活化能却很低，为 20kJ/mol，温度对聚合速率的影响较小，在较低的温度下（0℃）也能聚合。

### 3.4.4　各基元反应速率常数及聚合主要参数

表 3-4 列出了几种常见单体的增长和终止速率常数和活化能。从表中可以看出，$k_p$ 为 $10^2\sim10^4$，$k_t$ 为 $10^6\sim10^8$，远大于 $k_d$($10^{-4}\sim10^{-6}$)，$E_p$ 为 16～40kJ/mol，$E_t$ 为 8～21kJ/mol，甚至为零，远小于 $E_d$(105～150kJ/mol)。因此，引发剂引发反应对聚合总速率影响很大。

自由基聚合有关动力学参数列在表 3-5 中。虽然终止速率常数比增长速率常数大 3～5 个数量级，但比较这两步速率时，还须比较单体浓度［M］和自由基浓度［M·］的大小，因为［M·］极低（$10^{-7}\sim10^{-9}$mol/L），远小于［M］（$10\sim10^{-1}$mol/L），所以增长速率（$10^{-4}\sim10^{-6}$）要比终止速率（$10^{-8}\sim10^{-9}$）大 3～5 个数量级。这样，才能形成聚合度为

$10^3 \sim 10^5$ 的聚合物。

**表 3-4 常见单体的增长速率常数和终止速率常数**

| 单体 | $k_p$ | | $E_p$ /(kJ/mol) | $A_p$ /($\times 10^{-7}$) | $k_t$/($\times 10^{-7}$) | | $E_t$ /(kJ/mol) | $A_t$ /($\times 10^{-9}$) |
|---|---|---|---|---|---|---|---|---|
| | 30℃ | 60℃ | | | 30℃ | 60℃ | | |
| 氯乙烯 | | 12300 | 15.5 | 0.33 | | 2300 | 17.6 | 600 |
| 醋酸乙烯酯 | 1240 | 3700 | 30.5 | 24 | 3.1 | 7.4 | 21.8 | 210 |
| 丙烯腈 | | 1960 | 16.3 | | | 78.2 | 15.5 | |
| 丙烯酸甲酯 | 720 | 2090 | 约 30 | 约 10 | 0.22 | 0.47 | 约 20.9 | 约 15 |
| 甲基丙烯酸甲酯 | 143 | 367 | 26.4 | 0.51 | 0.61 | 0.93 | 11.7 | 0.7 |
| 苯乙烯 | 55 | 176 | 32.6 | 2.2 | 2.5 | 3.6 | 10.0 | 1.3 |
| 苯乙烯 | | 145 | 30.5 | 0.45 | | 2.9 | 7.9 | 0.058 |
| 丁二烯 | | 100 | 38.9 | 12 | | | | |
| 异戊二烯 | | 50 | 41.0 | 12 | | | | |

**表 3-5 自由基聚合的参数**

| 参数 | 数值范围 | 甲基丙烯酰胺光聚合 | 参数 | 数值范围 | 甲基丙烯酰胺光聚合 |
|---|---|---|---|---|---|
| $R_i$/[mol/(L·s)] | $10^{-8} \sim 10^{-10}$ | $8.75 \times 10^{-9}$ | $k_p$/[L/(mol·s)] | $10^2 \sim 10^4$ | $7.69 \times 10^2$ |
| $k_d/s^{-1}$ | $10^{-4} \sim 10^{-6}$ | | $R_t$/[mol/(L·s)] | $10^{-8} \sim 10^{-10}$ | $8.73 \times 10^{-9}$ |
| [I]/(mol/L) | $10^{-2} \sim 10^{-4}$ | $3.97 \times 10^{-2}$ | $k_t$/[L/(mol·s)] | $10^6 \sim 10^8$ | $8.25 \times 10^6$ |
| [M·]s/(mol/L) | $10^{-7} \sim 10^{-9}$ | $2.30 \times 10^{-8}$ | $\tau$/s | $10 \sim 10^{-1}$ | 2.62 |
| $R_{ps}$/[mol/(L·s)] | $10^{-4} \sim 10^{-6}$ | $3.65 \times 10^{-6}$ | $k_p/k_t$ | $10^{-4} \sim 10^{-6}$ | $9.64 \times 10^{-5}$ |
| [M]/(mol/L) | $10 \sim 10^{-1}$ | 0.2 | $k_p/k_t^{1/2}$/[L/(mol·s)]$^{1/2}$ | $1 \sim 10^{-2}$ | $2.77 \times 10^{-1}$ |

## 3.5 自动加速现象

上面所讨论的是在聚合反应初期，转化率在 5%～10%的自由基聚合的动力学，聚合速率符合稳态速率方程［式(3-11）等］。但随转化率提高，单体和引发剂浓度下降，聚合反应速率理应降低。但对不少自由基聚合体系，当达到一定转化率，如 15%～20%后，却常出现自动加速现象。直到后期，聚合速率又渐减慢，使自由基聚合的转化率对时间曲线呈 S 形，如图 3-5 所示。这种在聚合过程中聚合速率自动加快的现象，称为自动加速现象。由于自加速现象主要是体系黏度增加所引起的，因此又称凝胶效应。

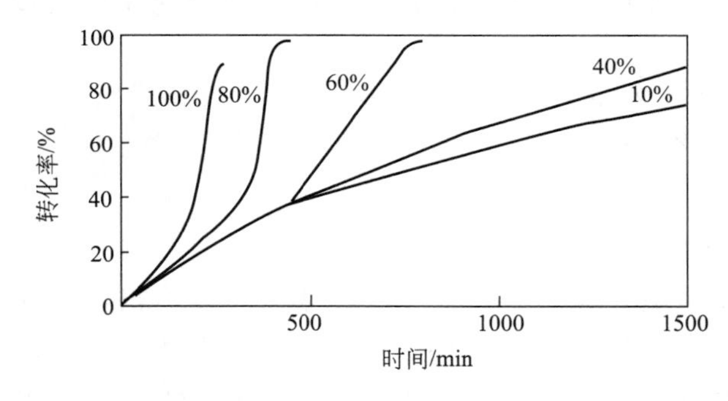

图 3-5 不同浓度聚甲基丙烯酸甲酯转化率-时间曲线
引发剂为过氧化二苯甲酰；溶剂为苯；温度为 50℃

自加速现象在自由基聚合中是一种较为普遍的现象，只是出现的程度不同而已。可在溶液聚合中出现，如不同浓度的甲基丙烯酸甲酯在苯溶液的聚合，其转化率与时间的关系如图 3-5 所示。从图中可见，单体浓度在 40%以下无加速现象，而浓度在 60%以上加速现象逐渐明显。自动加速现象在本体聚合中，出现得更明显。本体聚合转化率在 10%时，体系开始变黏稠，出现自加速现象；当转化率升到 15%就明显加速，在几十分钟内就可达到 70%～80%的转化率。以后速率变慢，到 80%转化率以后，聚合速率几乎慢到停止的状态。

从表观现象分析，自动加速的出现与随着聚合反应进行，体系黏度的增加是紧密相连的。实验证明，凡影响黏度的因素如温度、高分子聚合度，对自动加速现象都有作用。甚至事先在单体中加入高分子，再引发聚合，由于体系黏稠，结果自动加速在聚合反应一开始就出现了。对这种因体系黏度增加而引起聚合速率自动加速的现象，称为凝胶效应（gel effect，它与逐步聚合中因交联而出现凝胶的概念不同），也称为 trommsdorf 效应。

出现自动加速的根本原因是链自由基的终止速率受到抑制、降低。链自由基的双基终止过程可分为三步。①链自由基的平移；②链段重排，使活性中心靠近；③双基相互反应而使链终止。其中链段重排是控制过程，受体系黏度影响极大。随聚合转化率提高，体系变黏后，体系黏度的增加妨碍了链自由基的扩散运动，链段重排受到阻碍，降低了两个链自由基相遇的概率，活性末端甚至可能被包埋，双基终止困难，结果链终止速率常数 $k_t$ 不再是恒定的常数，而是随着转化率的增加而显著下降，转化率达 40%～50%时，$k_t$ 降低可达上百倍。但在此转化率下，链自由基运动受黏度影响，而小分子单体扩散不受影响，因此黏度增加对链增长反应的影响比链终止反应小得多，体系黏度还不足以妨碍单体扩散，增长速率常数 $k_p$ 变动不大，因此使 $k_p/k_t^{1/2}$ 增加了 7～8 倍，链自由基寿命延长了十多倍，因此聚合速率加速显著，分子量也同时迅速增加。表 3-6 所列的实验结果是很好的证明。

**表 3-6　转化率对甲基丙烯酸甲酯聚合的影响**

| 转化率/% | 速率/(%/h) | 自由基寿命 $\tau$/s | $k_p$ | $k_t$/(×10⁻³) | $(k_p/k_t)^{1/2}$/(×10) |
|---|---|---|---|---|---|
| 0 | 3.5 | 0.89 | 384 | 442 | 5.78 |
| 10 | 2.7 | 1.14 | 234 | 273 | 4.48 |
| 20 | 6.0 | 2.21 | 267 | 72.6 | 9.91 |
| 30 | 15.4 | 5.0 | 303 | 14.2 | 25.5 |
| 40 | 23.4 | 6.3 | 368 | 8.93 | 38.9 |
| 50 | 24.5 | 9.4 | 258 | 4.03 | 40.6 |
| 60 | 20.0 | 26.7 | 74 | 0.498 | 33.2 |
| 70 | 13.1 | 79.3 | 16 | 0.0564 | 21.3 |
| 80 | 2.8 | 216 | 1 | 0.0076 | 3.59 |

从表 3-6 中所列数据可知，$k_t$ 在转化率达 10%以后减小很多，并随转化率增加不断降低。而 $k_p$ 在转化率达 50%后才明显减小。由于链终止速率降低，自由基平均寿命增加了，在转化率达 10%以后 $\tau$ 值有显著增加。所以凝胶效应的结果是 $R_p$ 大大增加，且分子量也有很大增加。

妨碍两个链自由基终止反应还有一个因素是链自由基的形态。与大分子类似，链自由基具有卷曲的线团形态，使得其活性端基很容易被包裹在线团里面。只有通过链段的运动，使活性端基移到表面，才能发生终止反应。对甲基丙烯酸甲酯，单体不是其 PMMA 的最良溶剂，活性端基被包裹在里面对链终止影响严重。相对来说苯乙烯是聚苯乙烯的极良溶剂，链自由基线团舒张，活性端基被包裹的程度较浅，对终止的影响不如甲基丙烯酸甲酯那样严重。醋酸乙烯酯情况类似，加上其聚合过程中，向单体链转移容易发生，聚合度及相应的体系黏度要低些。这些使得它们聚合时的凝胶效应表现略有不同。

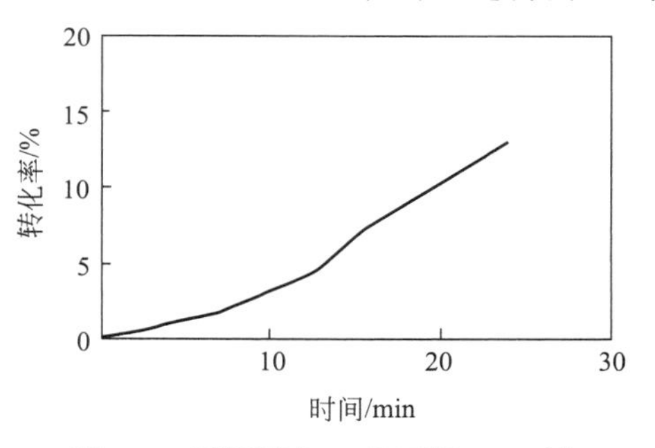

图 3-6　丙烯腈在 60℃下用 0.27%（摩尔分数）的 BPO 引发的聚合反应

所谓沉淀聚合是生成的高分子在单体中不溶，在聚合一开始就从体系中沉淀出来的聚合反应。常见的沉淀聚合有丙烯腈、氯乙烯、偏氯乙烯、三氟氯乙烯等单体的聚合反应，由于高分子不溶于各自的单体，聚合一开始就出现沉淀，整个聚合反应是在非均相体系中进行的。因而自动加速现象在聚合一开始就出现。如图 3-6 所示的丙烯腈聚合反应。这些单体聚合时出现自动加速的原因实质上是因为高分子被沉淀出来，链自由基端被埋在长链形成的无规线团内部，阻碍了双基终止，以至于在低温下，链自由基活性可以保留相当长的时间，甚至形成活性的高分子。

# 3.6 自由基聚合的聚合度

高分子的分子量是表征高分子性能的重要指标，也是高分子化学所要研究的主要内容之一。影响自由基聚合速率的各个因素，如引发剂浓度、用量、聚合温度、聚合方式等，往往同样也是影响产物分子量的主要因素。

## 3.6.1 动力学链长与聚合度

### 3.6.1.1 动力学链长 $\nu$

动力学链长 $\nu$ 的定义为：每个活性中心（自由基）从引发到终止所消耗的单体数。无链转移时，动力学链长可以由增长速率和引发速率之比求得。稳态时，引发速率等于终止速率，由此动力学链长为：

$$\nu=\frac{R_p}{R_i}=\frac{R_p}{R_t}=\frac{k_p[M]}{2k_t[M\cdot]} \tag{3-17}$$

由于上式中含有自由基浓度 $[M\cdot]$，可用不同的关系式将它求出。

由增长速率方程式(3-9) 可得 $[M\cdot]=\frac{R_p}{k_p[M]}$，将它代入式(3-17) 可得：

$$\nu=\frac{k_p^2}{2k_t}\times\frac{[M]^2}{R_p} \tag{3-18}$$

式(3-18) 说明，动力学链长与聚合速率成反比，聚合速率越快，动力学链长越短，亦即分子量越小。

将自由基浓度与引发速率的关系式 $[M\cdot]=\left(\frac{R_i}{2k_t}\right)^{\frac{1}{2}}$ 代入式(3-17)，则得动力学链长与引发速率的关系式：

$$\nu=\frac{k_p}{(2k_t)^{1/2}}\times\frac{[M]}{R_i^{1/2}} \tag{3-19}$$

式(3-19) 说明，动力学链长与引发速率的平方根成反比。引发速率越快，动力学链长越短，亦即分子量越小。

引发剂引发时，有 $R_i=2fk_d[I]$，代入式(3-19) 得：

$$\nu=\frac{k_p}{2(fk_dk_t)^{1/2}}\times\frac{[M]}{[I]^{1/2}} \tag{3-20}$$

这表明，动力学链长与引发剂浓度的平方根成反比。引发剂浓度越高，动力学链长越短，亦即分子量越小。许多实验证明，在低转化率时符合这一结论。

### 3.6.1.2 数均聚合度 $\overline{X}_n$

自由基聚合的高分子的数均聚合度可由单体的消耗速率与大分子的生成速率之比得到，因而有：

$$\overline{X}_n=\frac{\text{单体消耗速率}}{\text{大分子生成速率}}=\frac{R_p}{R_i+R_{tr}} \tag{3-21}$$

式中，$R_{tr}$ 代表各种链转移速率。

无链转移时，动力学链长与数均聚合度间有一简单的关系。由于自由基的终止机理有偶合与歧化两种：当终止机理为偶合终止时，$\overline{X}_n=2\nu$；当终止机理为歧化终止时，$\overline{X}_n=\nu$；当终止机理既有偶合终止又有歧化终止时，$\nu<\overline{X}_n<2\nu$，并可按比例计算：

$$\overline{X}_n=\frac{\nu}{\frac{C}{2}+D}$$

式中，$C$、$D$ 分别代表偶合终止与歧化终止的百分数。

### 3.6.2　温度对聚合度的影响

引发剂引发时，动力学链长的关系式有式(3-20)，令 $k=k_p/(k_tk_d)^{\frac{1}{2}}$，$k$ 为表征动力学链长或数均聚合度的综合常数。因而 $k$ 与温度的关系有：

$$k=Ae^{-\frac{E}{RT}}=\frac{A_p}{(A_dA_t)^{\frac{1}{2}}}\exp\left[-\frac{E_p-\frac{1}{2}E_d-\frac{1}{2}E_t}{RT}\right] \tag{3-22}$$

$$E=E_p-\frac{1}{2}E_t-\frac{1}{2}E_d$$

$E$ 是影响聚合度的综合活化能。引发剂引发时，若取 $E_d=125$kJ/mol、$E_p=30$kJ/mol、$E_t=17$kJ/mol，则可得 $E=-41$kJ/mol。这表明，温度升高时，$k$ 值变小，亦即动力学链长或聚合度下降。光引发或辐射引发时，$E=E_p-E_t/2$ 是很小的正值，这表明温度对聚合度的影响较小。

### 3.6.3　链转移反应

#### 3.6.3.1　概述

在自由基聚合中，除了链引发、链增长、链终止这三步基元反应以外，往往还伴有向溶剂、向单体、向引发剂、向大分子等的转移反应。可用下面的通式表示：

$$M_x\cdot+YS\xrightarrow{k_{tr}}M_xY+S\cdot$$

式中，$M_x\cdot$ 为链自由基；YS 为链转移剂，它可以是小分子也可以是大分子，往往含有容易被夺取的 Y 原子，如氢、氯等。链转移的结果是，原来的链自由基 $M_x\cdot$ 被终止，聚合度因而减小，另形成一个新自由基 S·。新自由基 S· 如有足够的活性，可以引发其他单体继续增长。

$$S\cdot+M\xrightarrow{k_a}SM\cdot\xrightarrow{k_p}\cdots\longrightarrow SM_n\cdot$$

上面两式中 $k_{tr}$、$k_a$ 分别代表转移速率常数和再引发速率常数。链转移结果是自由基数目不变。如新自由基活性与原自由基相同，则再引发增长速率不变；如新自由基活性减弱，则再引发增长速率相应减慢，会出现缓聚现象，YS 起缓聚作用；如新自由基不活泼（稳定），就难以继续增长，YS 起阻聚作用。表 3-7 列出了链转移反应对聚合速率和聚合度的影响。

**表 3-7　链转移反应对聚合速率和聚合度的影响**

| 情况 | 链转移、链增长、再引发相对速率常数 | 作用名称 | 聚合速率 | 聚合度 |
|---|---|---|---|---|
| 1 | $k_p\gg k_{tr}$，$k_a\approx k_p$ | 正常链转移 | 不变 | 减小 |
| 2 | $k_p\ll k_{tr}$，$k_a\approx k_p$ | 调节聚合 | 不变 | 减小很多 |
| 3 | $k_p\gg k_{tr}$，$k_a<k_p$ | 缓聚 | 减小 | 减小 |
| 4 | $k_p\ll k_{tr}$，$k_a<k_p$ | 衰减链转移 | 减小很多 | 减小很多 |
| 5 | $k_p\ll k_{tr}$，$k_a=0$ | 高效阻聚 | 零 | 零 |

聚合反应中经常出现的是在链转移后，聚合速率并不显著衰减的情况，即正常链转移。下面着重讨论正常链转移反应对分子量的影响。

在实际生产中，应用链转移的原理来控制分子量是很普通的。例如，聚氯乙烯分子量主要由温度来控制；丁苯橡胶分子量由硫醇来调节；乙烯和四氯化碳经调节聚合和进一步反应，制各种氨基酸；溶液聚合产物一般分子量较低等。这些都是利用了链转移反应。

**3.6.3.2 链转移反应对聚合度的影响**

（1）各种链转移反应及速率方程式　在通常情况下，能使聚合度下降的链转移反应主要有三类：向单体链转移、向引发剂链转移和向溶剂或链转移剂链转移，它们的反应方程式和速率方程式可表示如下。

① 向单体链转移：

$$M_x\cdot + M \xrightarrow{k_{tr,M}} M_x + M\cdot \quad R_{rt,M}=k_{tr,M}[M_x\cdot][M]$$

② 向引发剂链转移：

$$M_x\cdot + I \xrightarrow{k_{tr,I}} M_xR + R\cdot \quad R_{tr,I}=k_{tr,I}[M_x\cdot][I]$$

③ 向溶剂或链转移剂转移：

$$M_x\cdot + YS \xrightarrow{k_{tr,S}} M_xY + S\cdot \quad R_{tr,S}=k_{tr,S}[M_x\cdot][YS]$$

以上各式中，$R_{tr,M}$、$R_{tr,I}$、$R_{tr,S}$分别为向单体、引发剂和溶剂或链转移剂的链转移速率；相应的$k_{tr,M}$、$k_{tr,I}$和$k_{tr,S}$分别为向单体、引发剂和溶剂链或链转移剂转移的速率常数。

（2）链转移时的动力学链长和数均聚合度　根据定义，动力学链长是每个活性中心自引发到终止所消耗的单体数。这在无链转移的情况下是很明确的。但有链转移反应时，应该明确，转移后动力学链尚未终止，因此动力学链长应该是每个初级自由基自链引发开始到活性中心真正死亡为止（双基终止或是单基终止，属于真正死亡，不包括链转移终止）所消耗的单体数。由此，动力学链长可用下式表示。

$$\nu=\frac{\text{单体消耗速率}}{\text{自由基消失速率}}=\frac{R_p}{R_t}$$

在研究聚合度时，聚合物分子的产生是由真正终止（自由基消失）和链转移终止两部分产生的。数均聚合度就是增长速率与形成大分子的所有终止（包括转移终止）速率之比。假定自由基的双基终止是以歧化终止机理进行的，则有：

$$\overline{X}_n=\frac{\text{单体消耗速率}}{\text{大分子生成速率}}=\frac{R_p}{R_t+\sum R_{tr}}=\frac{R_p}{R_t+(R_{tr,M}+R_{tr,I}+R_{tr,S})} \tag{3-23}$$

将相应的速率方程式代入式(3-23)，转换成倒数可得：

$$\frac{1}{\overline{X}_n}=\frac{R_t+R_{tr,M}+R_{tr,I}+R_{tr,S}}{R_p}=\frac{R_t}{R_p}+\frac{k_{tr,M}}{k_p}+\frac{k_{tr,I}}{k_p}\times\frac{[I]}{[M]}+\frac{k_{tr,S}}{k_p}\times\frac{[S]}{[M]}$$

令 $k_{tr}/k_p=C$，定义为链转移常数，它是链转移速率常数和增长速率之比，代表了两种反应的竞争能力。因此向单体、引发剂、溶剂或链转移剂转移的链转移常数分别为：

$$C_M=\frac{k_{tr,M}}{k_p},\ C_I=\frac{k_{tr,I}}{k_p},\ C_S=\frac{k_{tr,S}}{k_p} \tag{3-24}$$

将各个链转移常数代入式(3-24)，可得：

$$\frac{1}{\overline{X}_n}=\frac{1}{\nu}+C_M+C_I\frac{[I]}{[M]}+C_S\frac{[S]}{[M]} \tag{3-25}$$

式(3-25) 是链转移反应对数均聚合度影响的定量关系式，右边后三项分别代表正常聚合时，向链自由基单体转移、向引发剂转移、向溶剂转移的反应对数均聚合度的影响，影响的大小决定于各链转移常数值。对于某一特定体系并不包括全部转移反应，应用时要根据具体情况而定。

(3) 向单体链转移　采用偶氮二异丁腈一类无链转移反应的引发剂进行本体聚合时，只保留向单体的转移反应，则数均聚合度有：

$$\frac{1}{\overline{X}_n}=\frac{1}{\nu}+C_M \tag{3-26}$$

向单体链转移的能力与单体的结构、温度等因素有关。键合力较小的原子，如叔氢原子、氯原子等，容易被链自由基夺取而发生链转移反应。表 3-8 列出了各种单体的链转移常数。

**表 3-8　几种单体在不同温度下的链转移常数**（$C_M \times 10^4$）

| 单　体 | 30℃ | 50℃ | 60℃ | 70℃ | 80℃ |
|---|---|---|---|---|---|
| 甲基丙烯酸甲酯 | 0.12 | 0.15 | 0.18 | 0.3 | 0.4 |
| 丙烯腈 | 0.15 | 0.27 | 0.30 | — | — |
| 苯乙烯 | 0.32 | 0.62 | 0.85 | 1.16 | — |
| 乙酸乙烯酯 | 0.94① | 1.29 | 1.91 | — | — |
| 氯乙烯 | 6.25 | 13.5 | 20.2 | 23.8 | — |

① 40℃。

苯乙烯、甲基丙烯酸甲酯等单体的链转移常数较小，约为 $10^{-4}\sim10^{-5}$，对分子量并无严重影响。醋酸乙烯酯的链转移常数稍大，主要向乙酰氧的甲基上夺取氢。氯乙烯单体的链转移常数是单体中最高的一种，约为 $10^{-3}$，其转移速率远远超过了正常的终止速率，即 $R_{tr,M} \gg R_t$，结果，聚氯乙烯的数均聚合度主要决定于向氯乙烯链转移的速率常数。

$$\overline{X}_n=\frac{R_p}{R_t+R_{tr,M}}\approx\frac{R_p}{R_{tr,M}}=\frac{R_p}{k_{tr,M}}=\frac{1}{C_M} \tag{3-27}$$

实践证明，聚氯乙烯的聚合度与引发剂用量基本无关，仅取决于聚合温度。这是因为，温度升高，$C_M$ 增加，因而分子量降低。这是由于向氯乙烯单体链转移显著的结果。对于氯乙烯聚合这个特例来说，聚合度由温度来控制，聚合速率由引发剂用量来控制。

(4) 向溶剂或链转移剂转移　在溶液聚合中，必须考虑向溶剂链转移对高分子的分子量的影响。将式(3-25) 中右边前三项合并成 $1/(\overline{X}_n)_0$ 表示无溶剂时（本体聚合）的聚合度的倒数，则有：

$$\frac{1}{\overline{X}_n}=\left(\frac{1}{\overline{X}_n}\right)_0+C_S\frac{[S]}{[M]} \tag{3-28}$$

不同自由基对不同溶剂的链转移常数列在表 3-9 中。表中数据说明链转移常数与自由基种类、溶剂种类、温度等因素有关。由表中横行的数据可见，活性较大的单体（如苯乙烯），其自由基活性较小，对同一溶剂来说，对活性小的自由基的链转移常数小；对活性高的自由基（如醋酸乙烯酯）的转移常数大。因为链增长和链转移是一对竞争反应，自由基对高活性单体反应快，链转移相对减弱，故 $C_S$ 值较小。

对于具有较活泼氢原子或卤原子的溶剂，链转移常数一般较大，例如异丙苯＞乙苯＞甲苯＞苯；四氯化碳和四溴化碳的 $C_S$ 值更大，表明 C—Cl、C—Br 键较弱。四氯化碳常用作调节聚合的溶剂。提高温度一般可使链转移常数增加，因为 $C_S=k_{tr,S}/k_p$，链转移活化能比增长活化能一般要大 17～63kJ/mol，升高温度，$k_{tr,S}$的增加比 $k_p$ 要大得多。

表 3-9 一些溶剂和链转移剂的链转移常数（$C_S \times 10^4$）

| 溶剂或链转移剂 | 苯乙烯 | | 甲基丙烯酸甲酯 | 乙酸乙烯酯 |
|---|---|---|---|---|
| | 60℃ | 80℃ | 80℃ | 60℃ |
| 苯 | 0.023 | 0.059 | 0.075 | 1.2 |
| 环己烷 | 0.031 | 0.066 | 0.10 | 7.0 |
| 庚烷 | 0.42 | | | 17.0(50℃) |
| 甲苯 | 0.125 | 0.31 | 0.52 | 21.6 |
| 乙苯 | 0.67 | 1.08 | 1.35 | 55.2 |
| 异丙苯 | 0.82 | 1.30 | 1.90 | 89.9 |
| 叔丁苯 | 0.06 | | | 3.6 |
| 氯正丁烷 | 0.04 | | | 10 |
| 溴正丁烷 | 0.06 | | | 50 |
| 丙酮 | | 0.40 | | 11.7 |
| 醋酸 | | 0.20 | | 1.1,10 |
| 正丁醇 | | 0.40 | | 20 |
| 氯仿 | 0.5 | 0.9 | 1.40 | 150 |
| 碘正丁烷 | 1.85 | | | 800 |
| 丁胺 | 0.5 | | | |
| 三乙胺 | 7.1 | | | 370 |
| 叔丁基二硫化物 | 24 | | | 10000 |
| 四氯化碳 | 90 | 130 | 2.39 | 9600 |
| 四溴化碳 | 22000 | 23000 | 3300 | 28700(70℃) |
| 叔丁硫醇 | 37000 | | | — |
| 正丁硫醇 | 210000 | | | 480000 |

根据 $1/\overline{X}_n=(1/\overline{X}_n)_0+C_S[S]/[M]$，可选择适当的化合物作为链转移剂来调节高分子的分子量。例如用十二碳硫醇控制丁苯橡胶的分子量，用氢来调节乙烯或丙烯高分子的分子量等。为了在整个聚合过程中都能较好地调节聚合度，可选用 $C_S$ 接近 1 的链转移剂，使链转移速率常数与链增长速率常数接近，在反应中可以保持[S]/[M]比值大致不变。若 $C_S$ 值过小，则链转移剂用量过大；若 $C_S$ 值过大，则聚合早期这种调节剂就可耗尽。脂肪族硫醇是多种常用单体的链转移剂。

（5）向大分子链转移　链自由基除了向上述低分子物质转移外，还可能向大分子转移。向大分子转移的结果，在主链上形成自由基，单体在该大分子上加成增长，即形成支链。例如：

$$M_n\cdot + -CH_2-\underset{H}{\overset{Y}{\underset{|}{\overset{|}{C}}}}- \longrightarrow M_nH + -CH_2-\underset{\cdot}{\overset{Y}{\overset{|}{C}}}H-$$

$$-CH_2-\underset{\cdot}{\overset{Y}{\overset{|}{C}}}H- \xrightarrow{M} -CH_2-\underset{M_m}{\overset{Y}{\underset{|}{\overset{|}{C}}}}-$$

链转移结果并不一定降低高分子的平均动力学链长（或聚合度）。因此研究向高分子链转移，主要是阐明产物的结构，而不是推算链转移常数。

利用向大分子链转移可制备接枝共聚物。即在高分子侧链上引入与主链的重复单元结构不同的另一种高分子。例如把已预聚好的聚丁二烯加到一个正在反应的单体如苯乙烯中，就会产生向聚丁二烯的链转移，结果产生支化反应，如下式所示：

$$—CH_2—CH{=}CH—CH_2— + —CH_2—\dot{C}H(C_6H_5) \longrightarrow —\dot{C}H—CH{=}CH—CH_2— + —CH_2—CH_2(C_6H_5)$$

$$—\dot{C}H—CH{=}CH—CH_2— + H_2C{=}CH(C_6H_5) \longrightarrow —CH(—\!\!\!\!\left[CH_2—CH(C_6H_5)\right]\!\!\!\!—)—CH{=}CH—CH_2—$$

又如，在高压聚乙烯的产物中有许多支链，主要是乙基和丁基侧链。在高转化率时，平均主链中每 15 个重复单元就有一个这种短支链，这种短支链的形成是因为链自由基与本身链中的亚甲基上的氢发生了链转移反应。如下式所示，一次链转移产生丁基支链，二次转移产生乙基支链。

$$—CH(H)—CH_2—CH_2—CH_2—\dot{C}H_2 \xrightarrow{转移} —\dot{C}H—CH_2—CH_2—CH_2—CH_3 \xrightarrow{CH_2{=}CH_2} —CH(CH_2—\dot{C}H_2)—CH_2—CH_2—CH(H)—CH_3 \xrightarrow{转移}$$

丁基支链

$$—CH(CH_2—CH_3)—CH_2—\dot{C}H—CH_2—CH_3 \xrightarrow{CH_2{=}CH_2} —CH(CH_2—CH_3)—CH_2—CH(CH_2—CH_2—\dot{C}H_2)—CH_2—CH_3$$

乙基支链

（6）分子量分布　除了聚合速率及平均分子量外，分子量分布是聚合动力学要研究的第三个重要问题。分子量分布可由实验测定，过去一般使用沉淀或溶解分级方法来测定，这些方法费时较多，也较繁杂。现多用凝胶渗透色谱（GPC）法，此法能较快地测定分子量分布。分子量分布也可作理论推导。推导方法有统计法和动力学法两种，但理论推导结论只适合低转化率下稳态条件的分子量分布，在高转化时，特别有凝胶效应时则不适合。聚合产物的分子量分布还宜用 GPC 法测定，可得到实际的分布曲线，并计算出重均分子量和数均分子量。对分布曲线的宽度常用分子量分布指数来表征，即用重均分子量和数均分子量的比值来定义分布指数，分子量均一的活性聚合高分子，该比值接近 1，凝胶效应显著的高分子，比值可达到 10，支链较多的高分子，其分布指数可高达 20～50。表 3-10 列出了各类型合成高分子的分布指数范围。

**表 3-10　合成高分子的 $\overline{X}_w/\overline{X}_n$ 典型范围**

| 高分子的形式 | $\overline{X}_w/\overline{X}_n$ | 高分子的形式 | $\overline{X}_w/\overline{X}_n$ |
|---|---|---|---|
| 理想均一高分子 | 1.00 | 高转化时乙烯基高分子 | 2～5 |
| 实际单分散活性高分子 | 1.01～1.05 | 自加速显著的加聚物 | 5～10 |
| 偶合终止加聚物 | 1.5 | 络合催化高分子 | 8～30 |
| 歧化终止加聚物、缩聚物 | 2.0 | 支链高分子 | 20～50 |

## 3.7 阻聚原理及阻聚剂作用

许多杂质对聚合有抑制作用，因此聚合级单体的纯度要求很高，杂质量必须控制在一定量以下。另一方面，在单体分离、精制及储运过程中，也需加入一定量的阻聚物质以防止聚合，聚合前再行除去。在动力学研究或工业生产时，当达到一定转化率时，也常用加入阻聚物质的方法以使反应快速终止。

### 3.7.1 阻聚和缓聚作用

某些物质与初级自由基或链自由基作用，形成非自由基物质或不能再引发聚合的低活性自由基，致使聚合终止，这类物质即为阻聚剂，而这种阻止单体聚合的作用称为阻聚作用。聚合反应要在阻聚剂耗尽以后才开始正常进行，此段不聚合的时期称为诱导期。只消灭部分自由基或使自由基活性衰减导致聚合速率减慢的物质，称为缓聚剂。有时阻聚剂和缓聚剂难以严格区分，往往只是程度上的不同，并无本质的差别。

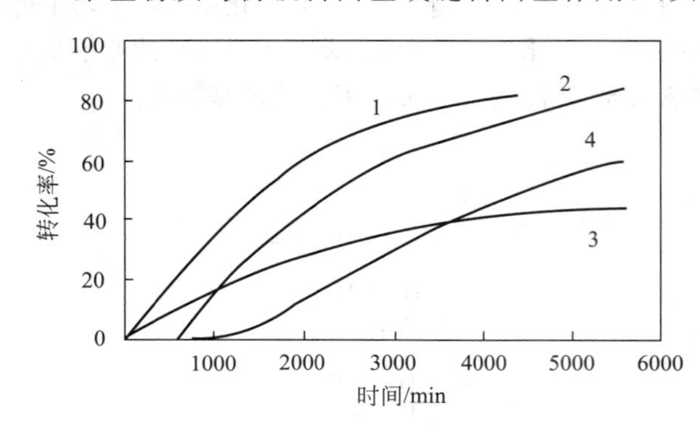


图 3-7 苯乙烯在 100℃时热聚合的阻聚作用
1—无阻聚剂；2—0.1%苯醌；
3—0.5%硝基苯；
4—0.2%亚硝基苯

阻聚和缓聚的实例见图 3-7。图中曲线 1 为纯苯乙烯的热聚合转化率曲线，无诱导期，为正常聚合情况。曲线 2 为苯乙烯中加入少量（0.1%）苯醌时的聚合情况，具有明显的诱导期，诱导期间聚合完全停止。诱导期的长短与苯醌的量成正比。诱导期后恢复正常聚合，且速率不衰减，曲线平行向右移动，曲线 2 为典型的阻聚作用。曲线 3 为典型的缓聚作用，是在苯乙烯中加入少量硝基苯的热聚合曲线，无诱导期，聚合并不完全被抑制，但聚合速率降低。曲线 4 是在苯乙烯中加入少量亚硝基苯的热聚合曲线。既有诱导期，诱导期后速率又降低，有阻聚和缓聚两种作用，情况较复杂。

### 3.7.2 阻聚剂和阻聚反应

阻聚剂的种类很多，有分子型的阻聚剂，例如苯醌、硝基化合物、芳胺、酚类、含硫化合物等。也有稳定自由基型的，例如 1,1-二苯基-2-三硝基苯肼（DPPH）等。也有像氯化铁、氯化铜等电荷转移型阻聚剂。

苯醌是最重要的阻聚剂，是分子型阻聚剂。工业上多用分子型阻聚剂，如苯醌、硝基苯类、芳香胺类等。用量约 0.001%～0.1%就能达到阻聚效果。此外氧、亚硝基化合物、酚类、醛类都可用作阻聚剂。常用的分子型阻聚剂如下：

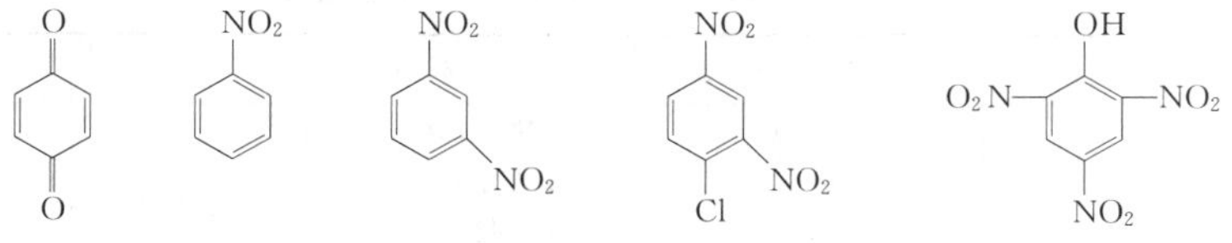

苯醌　硝基苯　间二硝基苯　间二硝基氯苯　苦味酸

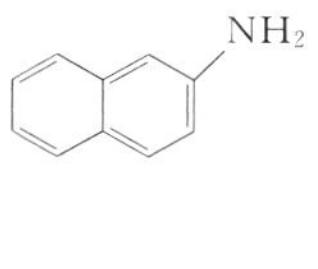

萘胺 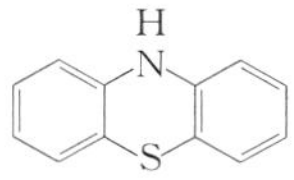　　硫代二苯基胺 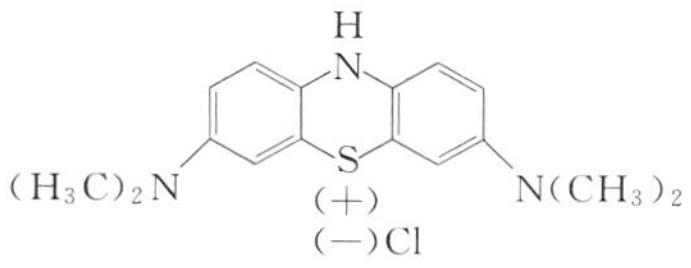　　亚甲基蓝

氧有显著的阻聚作用，因此大部分聚合反应都在排除氧的条件下进行。自由基与氧加成生成的过氧自由基较稳定，只能本身或与其他自由基经歧化或偶合终止，如：

$$M_x\cdot + O_2 \longrightarrow M_xOO\cdot \xrightarrow{M_y\cdot} M_xOOM_y$$

高分子过氧化物低温时较稳定，高温时却能分解成活泼自由基，起引发作用。乙烯的高压高温聚合就是利用氧作引发剂的。

DPPH 即 1,1-二苯基-2-三硝基苯肼是自由基型高效阻聚剂。在 $10^{-4}$ mol/L 的低浓度下，就足以对醋酸乙烯酯或苯乙烯完全阻聚。一个 DPPH 自由基能化学计量地消灭一个自由基，是理想的自由基捕捉剂。它还可用来测定引发速率。DPPH 自由基呈深紫色，反应后变成无色，可用比色法定量测定引发反应速率。

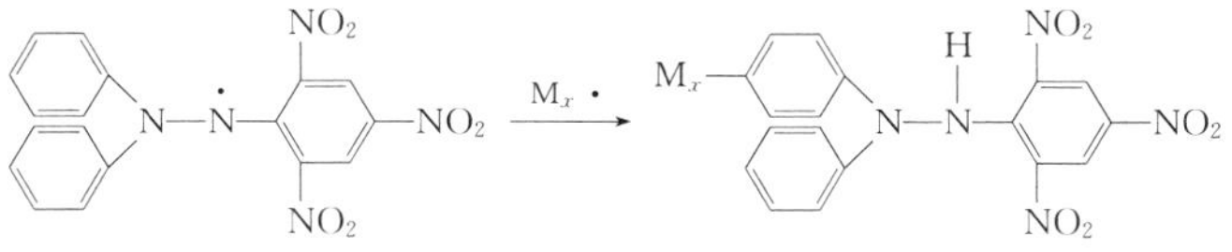

紫色(DPPH) $\xrightarrow{M_x\cdot}$ 无色

电荷转移型阻聚剂有氯化铁、氯化铜等。氯化铁阻聚效率高，并能 1 对 1 按化学计量消灭自由基，也可用来测定引发速率。

$$M_x\cdot + FeCl_3 \longrightarrow M_xCl + FeCl_2$$

烯丙基单体（$CH_2{=}CH{-}CH_2X$）的聚合速率很低，聚合度也很低。这是因为烯丙基类单体容易通过向单体链转移反应，形成具有共振稳定的烯丙基自由基。这种共振作用使自由基稳定，反应活性很低，不能再引发单体聚合，只能与自由基双基终止，因此发生了自阻聚作用。

$$R\cdot + CH_2{=}CH{-}CH_2X \longrightarrow RH + CH_2{=}CH{-}\dot{C}HX \rightleftharpoons H_2\dot{C}{-}CH{=}CH_2X$$

共振稳定的烯丙基自由基

烯丙基化合物如丙烯、异丁烯对自由基聚合活性很低就是这个原因。丁二烯聚合中所形成的烯丙基自由基的活性虽然也较低，但丁二烯单体的活性较大，这种烯丙基自由基还可继续引发丁二烯聚合，自阻聚作用不明显而能均聚。然而这种烯丙基自由基已不能引发像氯乙烯、乙酸乙烯酯等不活泼单体聚合，显示出对不活泼单体有阻聚作用。

## 3.8　光及其他方式引发的自由基聚合

### 3.8.1　热引发聚合

不加引发剂，单体在热的作用下也能聚合，称为热引发聚合，或简称热聚合。苯乙烯的热聚合已工业化。甲基丙烯酸甲酯等单体也有一定的热聚合倾向。因此烯类单体在储运过程中，为防止其热聚合，常常加入适量的阻聚剂，在使用前再除去。

### 3.8.2　光引发聚合

光引发聚合是指在紫外线作用下引起单体的聚合反应。普通汞灯产生的紫外线波长范围在 200～400nm，主要是 254nm、297nm、303nm、334nm 及 365nm。与波长相对应的能量是：200nm 为 599kJ，300nm 为 399kJ，400nm 为 299kJ。所以紫外线的能量有可能使 C—C (356kJ/mol)、C—H 键以及其他键断裂，产生自由基，引起聚合反应。然而，实际上由于能量耗散的结果，C—C 键并不易断裂，所以光引发聚合往往不是直接断裂 C—C 键的结果。

在高分子工业中，光引发聚合远比不上引发剂引发聚合那样重要，但在某些工业部门，光引发聚合有一定的用处，如涂料工业中的光敏涂料，印刷工业中的感光树脂等。

在科学研究中，光引发聚合有许多优点，如光引发聚合总活化能低，可在低温下聚合。聚合体系见光时立刻引发，不受光照时引发立刻停止，自由基的产生和消失极为迅速，所以聚合反应容易控制。此外光聚合产物纯，实验结果容易重复。正因为如此，在用旋转光屏法测定自由基平均寿命时用光引发聚合。

许多烯类单体在光的作用下，能够形成自由基而聚合，这就称作光引发聚合。光引发聚合有直接光引发聚合和光敏聚合两种。光直接引发的速率并不太高，但如有光敏引发剂存在，它能吸收光能而被激发，接着分解成自由基而引发单体聚合，速率就会快得多，这就是光敏聚合。光敏聚合有光敏引发剂直接引发聚合和光敏引发剂间接引发聚合两种。

（1）直接光引发聚合　用适当波长的光照射单体，单体分子吸取光量子以后，先形成激发态，然后分解成自由基，引发单体聚合。

$$M \xrightarrow{\text{光}} M^{*}$$

$$M^{*} \longrightarrow R\cdot + R' \xrightarrow{M} \text{聚合}$$

（2）光敏聚合　光分解单体在紫外线作用下可以直接引发聚合，但聚合速率较慢。如果加入适当的光引发剂，聚合就容易进行了。应用最广泛的光引发剂是安息香及其脂肪醚。在光照下，它们发生光分解，产生两个自由基，如安息香的光分解。

$$C_6H_5-\overset{O}{\overset{\|}{C}}-\overset{OH}{\overset{|}{C}H}-C_6H_5 \xrightarrow{h\nu} C_6H_5-\overset{O}{\overset{\|}{C}}\cdot + C_6H_5-\overset{OH}{\overset{\|}{C}H}\cdot$$

安息香醚也有类似的光分解反应：

$$C_6H_5-\overset{O}{\overset{\|}{C}}-\overset{OR}{\overset{|}{C}H}-C_6H_5 \xrightarrow{h\nu} C_6H_5-\overset{O}{\overset{\|}{C}}\cdot + C_6H_5-\overset{OR}{\overset{\|}{C}H}\cdot$$

二苯甲酮是另一类重要的光引发剂，但它往往需要与其他含有活泼氢化合物如醇、醚或胺配合使用，产生初级自由基。

$$C_6H_5-\overset{O}{\overset{\|}{C}}-C_6H_5 + (CH_3)_2CHOH \xrightarrow{h\nu} C_6H_5-\overset{OH}{\overset{|}{\underset{C_6H_5}{\underset{|}{C}}}}\cdot + (CH_3)_2\overset{OH}{\overset{|}{C}}\cdot$$

$$C_6H_5-\overset{O}{\overset{\|}{C}}-C_6H_5 + CH_3-\overset{H}{\overset{|}{C}}HN(C_2H_5)_2 \xrightarrow{h\nu} C_6H_5-\overset{OH}{\overset{|}{\underset{C_6H_5}{\underset{|}{C}}}}\cdot + CH_3-\dot{C}HN(C_2H_5)_2$$

光引发速率可用下式表示：

$$R_i = d[M\cdot]/dt = 2\Phi I_a \tag{3-29}$$

式中，$I_a$ 是体系吸收的光强；$\Phi$ 是量子效率，是指一个光量子产生的自由基对数。若一个光量能产生两个自由基，则 $\Phi=1$；若体系吸收多个光量子才能产生两个自由基，则

$\Phi<1$。一般有：$0.001\leqslant\Phi\leqslant1$。

吸收光强的表达式为：

$$I_a=\varepsilon I_0[M]b$$

式中，$I_0$ 为入射光强；$\varepsilon$ 为单体的摩尔消光系数；$b$ 为体系的厚度。则有：

$$R_i=2\Phi\varepsilon I_0[M]b \tag{3-30}$$

式(3-30) 假定入射光强在通过厚度为 $b$ 的反应体系时，不发生明显的变化，这只适合于吸收光线小或很薄的体系。对大多数光引发聚合体系，光线通过单体层时，一部分被吸收，因而有 Lambert-Beer 定律，$I=I_0e^{-\varepsilon[M]b}$，$I$ 为透过光的强度。因此，吸收光强为：

$$I_a=I_0-I=I_0(1-e^{-\varepsilon[M]b})$$

所以，光引发速率为：

$$R_i=2\Phi I_0(1-e^{-\varepsilon[M]b}) \tag{3-31}$$

## 3.9 自由基聚合实施方法

自由基聚合的实施方法主要有本体聚合、溶液聚合、悬浮聚合及乳液聚合四种。

### 3.9.1 本体聚合

本体聚合是不加其他介质，只有单体本身在引发剂或光、热、辐射能等作用下进行的聚合反应。有时可能还加入少量颜料、增塑剂、润滑剂、分子量调节剂等助剂。

因此本体聚合的优点是产品杂质少、纯度高、透明性好，尤其适于制板材、型材等透明制品。气态、液态及固态单体均可进行本体聚合，其中液态单体的本体聚合最为重要。

本体聚合很适合实验室研究。例如单体聚合能力的初步鉴定、高分子的试制、动力学研究及共聚竞聚率的测定等。

该法生产中的关键问题是反应热的排除。烯类单体聚合热约为 55～95kJ/mol。聚合初期，转化率不高，体系黏度不太大，散热尚不困难。但当转化率提高，体系黏度增大后，散热困难，加上自加速效应，放热速率提高。如散热不良，轻则造成局部过热，使分子量分布变宽；重则温度失控，引起爆聚。由于此缺点，本法的工业应用受到一定的限制，不如悬浮及乳液聚合应用广泛。改进的方法是采用两段聚合：第一阶段（预聚）保持较低转化率(10%～40%不等)，此时体系黏度不太高，散热尚不困难，可在较大的釜中进行；第二阶段，聚合常以较慢速率进行，或进行薄层（如板状）聚合。

不同单体的本体聚合工艺差别较大，有关单体本体聚合的过程要点列于表 3-11 中。

**表 3-11　本体高分子工业生产举例**

| 高分子种类 | 聚合过程要点 |
|---|---|
| 聚甲基丙烯酸甲酯(有机玻璃板) | 第一阶段预聚至转化率为10%左右的黏稠浆液，然后浇模分段升温聚合，最后脱模成板材 |
| 聚苯乙烯 | 第一阶段于80～85 ℃预聚至转化率为33%～35%，然后流入聚合塔，温度从100℃递增至220℃聚合，最后熔体挤出造粒 |
| 聚氯乙烯 | 第一阶段预聚至转化率为7%～11%，形成颗粒骨架；第二阶段继续沉淀聚合，最后以粉状出料 |
| 聚乙烯(高压) | 选用管式或釜式反应器，连续聚合，控制单程转化率为15%～30%，最后熔体挤出造粒 |

### 3.9.2 溶液聚合

溶液聚合是将单体和引发剂溶于适当的溶剂中进行聚合的方法。生成的高分子能溶于溶剂中时，构成均相溶液聚合体系，如丙烯腈在 DMF 中的聚合；高分子不溶于溶剂而析出时，则构成非均相体系，如丙烯腈的水溶液聚合。

与本体聚合法相比，溶液聚合体系的黏度较低，混合和传热较容易，温度易控制，较少自加速效应，可避免局部过热。在实验室常用此法进行聚合机理及动力学的研究。

另一方面，溶液聚合也有缺点。溶液聚合体系由于使用溶剂，起始单体浓度较低，聚合速率相对较慢，设备生产能力和利用率较低。单体浓度低和向溶剂链转移的结果，使高分子的分子量相对较低。要获得固体产物，须除去溶剂，溶剂分离回收费用高，除去高分子中残留溶剂困难。因此，工业上溶液聚合多用于高分子溶液直接使用的场合，如涂料、黏合剂、合成纤维纺丝液、浸渍剂、继续化学反应等。

溶液聚合时，不同溶剂及其用量将直接影响聚合速率、高分子结构（如支化程度），分子量大小及分布。因此溶剂的选择极为重要，应注意如下几个问题。

（1）溶剂的链转移常数 $C_s$　当溶剂的 $C_s$ 值较大时，链自由基较易发生向溶剂的链转移而导致产物平均分子量下降。并对引发剂有诱导分解作用，会影响引发效率及聚合速率。因此，除了为调节产物分子量，而在一定范围内而选择 $C_s$ 值较大的溶剂兼作分子量调节剂的特殊情况外，一般应选用 $C_s$ 较小的溶剂。

过氧类引发剂在各类溶剂中的分解速率依次递增如下：芳烃、烷烃、醇类、醚类、胺类。偶氮二异丁氰在许多溶剂中都具有相同的分解速率，较少诱导分解。

（2）溶剂对高分子的溶解性能和对自加速效应的影响　选用良溶剂时，构成均相体系，若单体浓度不大，有可能消除自加速效应；选用非溶剂（沉淀剂）时，构成非均相体系，高分子链将会边形成边沉淀析出，自加速现象显著，产物平均分子量较高；不良溶剂的影响介于上述两者之间。另一方面，假若高分子溶液直接使用时，宜选用良溶剂。当希望高分子析出以便分离得固体产物时，可选用高分子的非溶剂。

溶液聚合的工业生产实例可见表 3-12。

**表 3-12　自由基溶液聚合工业生产举例**

| 单　体 | 溶　剂 | 引发剂 | 聚合条件 | 产品形态及用途 |
|---|---|---|---|---|
| 丙烯腈加少量第二、第三单体（丙烯酸甲酯、衣康酸） | 硫氰化钠水溶液（51%～52%）水 | AIBN 水溶性氧化还原体系 | pH:5±0.2<br>T:75～80℃<br>转化率:70%～75%<br>T:30～50℃<br>转化率:80%左右 | 高分子溶液为纺丝原液，供直接纺丝（一步法）共聚物从水中析出，经洗涤、分离、干燥，再用适当溶剂配成纺丝液（两步法） |
| 醋酸乙烯酯 | 甲醇 | AIBN | 回流温度下聚合（60～65℃）<br>转化率:80%左右 | 聚醋酸乙烯酯的甲醇溶液，可进一步醇解为聚乙烯醇 |
| 丙烯酸酯类-苯乙烯类共聚 | 醋酸丁酯、甲苯混合溶剂 | BPO | 回流温度下反应 | 高分子溶液，可作为涂料、黏合剂使用 |
| 丙烯酰胺 | 水 | 过硫酸铵 | 回流温度下反应 | 絮凝剂 |

### 3.9.3　悬浮聚合

#### 3.9.3.1　概述

悬浮聚合是指溶解有引发剂的单体在强烈搅拌下，以小液滴状态悬浮于水中进行聚合的方法。单体液滴在聚合过程中逐渐转化为高分子固体粒子。单体与高分子共存时，高分子—单体粒子有黏性，为了防止粒子相互黏结，体系中常加有分散剂，使粒子表面形成保护膜。因此，悬浮聚合体系一般由单体、油溶性引发剂、水及分散剂四个基本成分组成。悬浮聚合的机理与本体聚合相似，一个小液滴相当于本体聚合的一个单元。

悬浮聚合产物的粒径在 0.01～5mm（一般为 0.05～2mm），粒径在 1mm 左右的也称珠状聚合，在 0.01mm 以下的又称分散聚合。粒径的大小与搅拌强度、分散剂的性质与用量等因素有关。悬浮聚合结束后，回收未反应的单体，高分子经洗涤、分离、干燥后，即得珠状或粉末状树脂产品。

悬浮聚合的优点有：体系黏度较低，且在反应过程中黏度变化不大，操作简单安全；聚合热易除去，温度较易控制，产物分子量及其分布较稳定；产物分子量一般比溶液法高，杂质含量较乳液法低；后处理工序比溶液法及乳液法简单，生产成本较低，粒状树脂可用于直接加工。该法的缺点是产品中附有少量的分散剂残留物，如要生产透明和绝缘性能高的产品，需将其除尽。

综合比较该法的优缺点，它具有本体和溶液聚合的优点而缺点较少，因此在工业上获得广泛应用。

悬浮聚合主要用来生产聚氯乙烯、聚苯乙烯、聚甲基丙烯酸甲酯树脂及有关共聚物、聚四氟乙烯、聚三氟氯乙烯及聚乙酸乙烯酯树脂等。80%～85%的聚氯乙烯，全部苯乙烯型离子交换树脂母体，很大一部分的聚苯乙烯、聚甲基丙烯酸甲酯都采用悬浮法生产。悬浮聚合一般采用间歇分批生产。若高分子溶于单体（例如苯乙烯的悬浮聚合），得到的产物是透明的圆形粒子，形如珠子，所以又称珠状聚合。如高分子不溶于单体，悬浮聚合得到的产物是不透明的粉状物或粒状物（如氯乙烯的悬浮聚合）。

#### 3.9.3.2　悬浮聚合的成粒机理及影响因素

悬浮聚合的机理和动力学与本体法相似，下面就成粒机理及分散剂和搅拌对成粒的影响作一简单的讨论。

氯乙烯、苯乙烯、甲基丙烯酸甲酯等许多烯类单体在水中的溶解度很小，可看作不溶于水。搅拌时，剪切力使单体液层分散成液滴。搅拌强度越大，生成的液珠越小。然而，单体和水之间存在界面张力，使生成的单体液滴成珠状，并能使相互接触的小液滴凝聚成大液滴。搅拌剪切力和界面张力对液滴的生成起着相反的作用，所以在一定的搅拌强度和分散剂浓度下，大小不等的液滴通过一系列的分散和结合过程，构成一定的动平衡，最后得到大小较均匀的粒子。由于反应器中各部分的剪切力不同，所以粒子大小仍有一定的分布。若停止搅拌，液滴将聚集变大，最后仍与水分层，因此单靠搅拌形成的液-液分散是不稳定的。加之聚合到一定程度后（如转化率达20%），单体液滴中溶有或溶胀有一定量的高分子，就变得发黏起来。此时，两液滴碰撞时，往往会黏结在一起。为此，必须加入适量的分散剂，以便在液滴表面形成一层保护膜，以防黏结（图3-8）。因此在悬浮聚合中，分散剂和搅拌是两个关键因素。

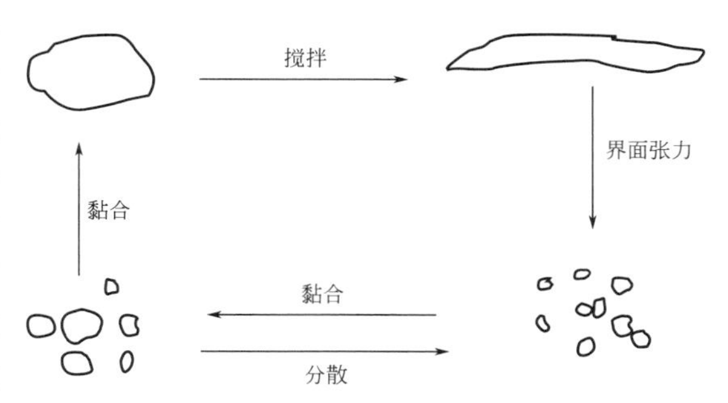

图3-8　悬浮聚合单体液滴分散-黏合

悬浮稳定剂有两类。一类是水溶性的有机高分子，包括明胶、甲基纤维素、羧甲基纤维素、聚乙烯醇、聚丙烯酸和聚甲基丙烯酸的盐类和马来酸酐-苯乙烯共聚物等天然的和合成的高分子。这种悬浮稳定剂的作用机理主要是吸附在液滴表面，形成一层保护层，同时使介质黏度增加，妨碍液滴间的黏合，并且还使表面张力或界面张力降低，使液滴变小。另一类是不溶于水的无机盐粉末，如碳酸镁、碳酸钙、磷酸钙和滑石粉等。它们的作用机理是细粉末吸附在液滴表面，起着机械隔离作用，防止液滴的黏合。反应结束后，可通过酸洗及水洗，除去这类无机盐。

除了上述搅拌强度、分散剂的性质与用量两个主要因素外，水和单体的比例、反应温度、引发剂用量和种类、聚合速率等因素对树脂颗粒大小和形态都有不同程度的影响。

聚氯乙烯是由氯乙烯聚合而成的高分子化合物，它的产量高，是最通用的塑料品种之一。目前氯乙烯的聚合方法主要是悬浮聚合，约占聚氯乙烯树脂总产量的80%左右。

悬浮聚合的工艺过程是：先将定量的、经过滤合格的水，用泵打入已清理的聚合釜中，然后从人孔将明胶（或聚乙烯醇）、硫化钠、硫酸钠加入釜中。加毕后盖紧人孔，进行试压，当20min后压力降低不大于0.01MPa时，即认为合格。用氮气置换釜中的空气，单体由计量槽加入釜内。开动搅拌器，用高压水加入引发剂——过氧化二碳酸二异丙酯。随后升温，在规定温度（51～60℃）和压力（0.69～0.83MPa）下，使单体聚合成聚氯乙烯。聚合完毕后，将釜内残余气体经泡沫捕集器排入气柜。对于釜中的氯乙烯悬浮液，打入沉析槽，用液碱进行处理（在75～80℃下搅拌1.5～2h），碱处理的目的是破坏低分子物和残余的引发剂、分散剂，以提高产品的质量。最后脱水、干燥，得产品。

由于聚合过程容易发生向单体的链转移，高分子的分子量决定于反应温度，所以氯乙烯聚合时，温度控制极为严格。

### 3.9.4 乳液聚合

#### 3.9.4.1 概述

在乳化剂的作用及机械搅拌下，单体在水中分散成乳状液进行聚合的方法，称为乳液聚合。乳液聚合的粒径为0.05～1μm，比悬浮高分子要小得多。乳液聚合的主要组分有单体、水、水溶性引发剂及乳化剂。

乳液聚合的主要优点有：第一，以水为分散介质，价廉安全。乳液的黏度低，且与高分子的分子量及高分子的含量无关，这有利于搅拌、传热及输送，便于连续生产。也特别适宜于制备黏性较大的高分子，如合成橡胶等。第二，聚合速率快，产物分子量高，并可在较低温度下聚合。第三，直接使用乳液的场合如水乳漆、黏合剂、纸张、皮革及织物处理剂等更适宜用本法生产。在本体、溶液及悬浮聚合中，能使聚合速率提高的一些因素，如增加引发剂用量、提高聚合温度等，往往使产物分子量降低。但在乳液聚合中，因该聚合方法具有特殊的反应机理，速率和分子量可同时较高。

但当需要固体高分子时，乳液须经破乳（凝聚）、洗涤、脱水、干燥等工序，生产成本较高。产品中乳化剂等杂质不易除尽，影响电性能等，则是乳液聚合的缺点。

乳液聚合多用于生产丁苯、丁腈及氯丁等合成橡胶，也广泛用于制造涂料、黏合剂及纸张和织物处理剂等，如聚醋酸乙烯酯乳液、丙烯酸酯类涂料和黏合剂等都用本法生产。其他如糊状聚氯乙烯树脂、苯乙烯、甲基丙烯酸甲酯、偏二氯乙烯等单体都可用此法聚合。

#### 3.9.4.2 乳液聚合的主要组分及其作用

乳液聚合体系的主要组分有单体、分散介质（通常为水）、引发剂和乳化剂。单体一般不溶或微溶于水，水与单体的质量比通常为（70∶30）～(40∶60)。

乳液聚合的单体一般不溶于水或微溶于水。常用引发剂是过硫酸铵、过硫酸钾等过硫酸盐类等水溶性引发剂和水溶性氧化还原引发剂体系。聚合温度为40～80℃，主要由引发剂的分解温度所决定。

乳化剂是乳液聚合体系的重要组分。它可以使互不相溶的油（单体）-水转变为相当稳定、难以分层的乳液，该过程称为乳化。乳化剂的分子是由亲水的极性基团和疏水的（亲油）非极性基团（一般为烃基）构成的。根据亲水基团的性质，乳化剂可分为阴离子型、阳离子型、两性型及非离子型四类。乳液聚合使用最广泛的是水包油型乳化剂。常用的乳化剂有，阴离子型：脂肪酸钠RCOONa，（R为$C_{11}$～$C_{17}$）、十二烷基硫酸钠$C_{12}H_{25}SO_4Na$、烷基磺酸钠

$RSO_3Na$（R为$C_{11}$～$C_{16}$）、烷基芳基磺酸钠，如二丁基萘磺酸钠［$(C_4H_9)_2C_{10}H_5SO_3Na$，即拉开粉］、松香皂等。阴离子乳化剂在碱性溶液中较为稳定，若遇酸、金属盐、硬水等会形成不溶于水的酸或金属皂，使乳化剂失效。非离子型乳化剂有烷基酚聚醚醇类，其中最常用的是乳化剂OP，它是壬基酚聚氧乙烯基醚，结构式为：

$$C_9H_{19}-C_6H_4-O(C_2H_4O)_nH$$

其他常用的非离子型乳化剂还有：脱水山梨醇脂肪酸酯、聚氧乙烯脱水山梨醇脂肪酸酯、聚氧乙烯脂肪酸和聚氧乙烯脂肪酸醚等。非离子型乳化剂对酸、碱都相对较稳定，但乳化能力稍弱。因而在乳液聚合中通常不单独使用，主要是配合阴离子型乳化剂一起使用，以增加乳液的稳定性。

在水中加入乳化剂后，水的表面张力急剧下降。当乳化剂的浓度达一定值后，水的表面张力下降趋于平稳，此时乳化剂分子也开始由50～150个分子聚集在一起，形成胶束。乳化剂开始形成胶束时的浓度称为临界胶束浓度，简称CMC（数值为0.01%～0.03%）。在胶束中乳化剂分子的疏水基团伸向胶束内部，亲水基团伸向水层。大多数乳液聚合体系的乳化剂浓度为2%～3%，超过CMC值有1～3个数量级，因此大部分乳化剂处于胶束状态，胶束的数目和大小则取决于乳化剂的用量。

在含有乳化剂的水中加入单体，由于单体在水中的溶解度很小，如苯乙烯、丁二烯、氯乙烯、甲基丙烯酸甲酯及醋酸乙烯酯，室温时在水中的溶解度分别为0.07g/L、0.8g/L、7g/L、16g/L和25g/L，因而溶解在水中的单体很少。小部分单体可进入胶束的疏水层内，此过程称为增溶，相当于增加了单体在水中的溶解度。例如，在有乳化剂的水中，苯乙烯可增溶到1%～2%。胶束中含有了单体后，体积增大，例如球形胶束直径从原来的4～5nm增大到6～10nm，大部分单体则经搅拌而分散成细小液滴，其尺寸取决于搅拌强度和乳化剂的用量，一般不小于1000nm。单体液滴表面吸附有一层乳化剂分子，乳化剂分子的亲油端吸附在液滴表面，亲水端伸向水层，形成带电荷保护层，使乳液稳定。

通过上面的简单分析，我们可以看到，乳化剂在乳液聚合中的作用是很关键的，具体主要有以下三方面的作用。

① 分散作用：乳化剂溶于水后，降低了水的表面张力，有利于使亲油性的单体在水中分散成细小液滴。

② 稳定作用：单体液滴表面吸了乳化剂分子后，乳化剂分子能防止液滴间合并、凝聚，并在液滴表面形成保护膜，使乳液得以稳定。

③ 增溶作用：使部分单体溶于胶束。

**3.9.4.3　乳液聚合机理**

（1）定性描述

① 聚合发生前单体及乳化剂在乳液中的分布　当不溶或难溶于水的单体（如苯乙烯）加入到乳化剂水溶液中后，95%的单体以细小的液滴形式存在，液滴体积大小取决于搅拌速度，少量单体增溶在胶束中，微量单体以分子形式溶解在水中。在液滴、胶束和水中的单体通过扩散处于动态平衡中。

② 乳化剂方面　少量的乳化剂以分子形式溶解在水中，一部分被液滴吸附，成了液滴的保护层，其余则形成胶束。大部分胶束中溶解有单体，成为增溶胶束，体积也因而膨胀。

在数量上，单体液滴颗粒大，直径不小于1μm，数量少，约为$10^{10}$个/mL；胶束颗粒小，直径为4～6nm；增溶胶束颗粒略大，直径为6～10nm，数量多，约为$10^{18}$个/mL，因而表面积很大。

（2）聚合场所 乳液聚合使用的是水溶性引发剂，在水中分解产生自由基。将在何种场所引发单体聚合，这是乳液聚合机理首先要解决的一个重要问题。

溶于水中的引发剂分解产生的自由基无疑可引发溶于水中的单体聚合，但由于溶于水中的单体量极少，且增长链在分子量很小时即会从水相中沉淀出来，停止增长。因此，水相溶解的单体对聚合贡献很小，不是聚合的主要场所。聚合的场所也不在单体液滴中，因为常用水溶性引发剂，单体液滴中并无引发剂存在，这与悬浮聚合有很大的区别。同时，由于单体液滴的总比表面积较胶束的总比表面积小得多，引发剂在水相中分解产生的自由基扩散进入单体液滴的概率比进入胶束的概率要小得多。实验已证实，单体液滴中形成的高分子量极少（0.1%），由此说明单体液滴也不是主要聚合场所。因此，聚合几乎总发生在增溶胶束内。增溶胶束是油溶性单体和水溶性引发剂相遇的场所，加上胶束内单体浓度较高（相当于本体单体浓度），以及它比单体液滴具有高得多的比表面积而有利于捕捉来自水相的自由基，引发胶束内的单体聚合。

随聚合的进行，水相单体进入胶束以补充聚合消耗掉的单体，单体液滴中的单体渐渐溶解到水中。此时体系中含有三种粒子：单体液滴、发生聚合的胶束及未发生聚合的胶束。胶束进行聚合后逐渐长大，形成高分子乳胶粒。生成高分子乳胶粒的过程称为成核。图 3-9 是乳液聚合体系的简单示意图。

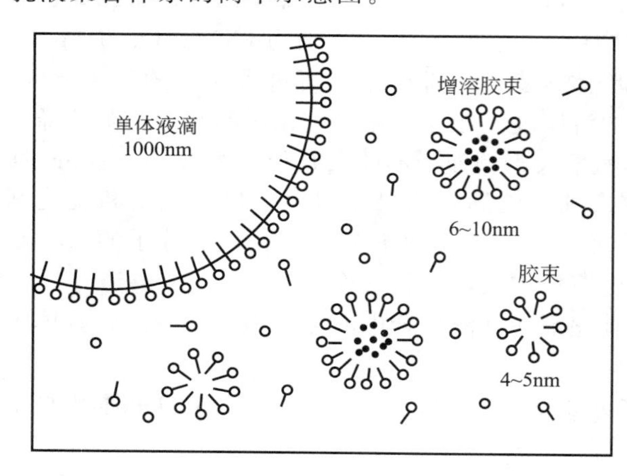


图 3-9 乳液聚合体系示意图
—o乳化剂分子；●单体分子

（3）成核机理 乳液聚合的成核过程，可能有两种途径：其一是水相中的初级自由基或形成的短链自由基由水相扩散进入胶束，进行引发、增长，形成乳胶粒，这被称为胶束成核；其二是水相中形成的短链自由基从水相中沉淀出来，它从水相和单体液滴上吸附了乳化剂而稳定，形成乳胶粒，单体向其扩散进行增长，这个过程被称为均相成核。上述两种成核过程的相对重要性，取决于单体在水中的溶解性和乳化剂的浓度。单体水溶性大及乳化剂浓度低时，有利于均相成核，反之则有利于胶束成核。均相成核的例子是醋酸乙烯酯的乳液聚合，胶束成核的例子为苯乙烯的乳液聚合。

（4）聚合过程 根据乳胶粒的数目和单体液滴是否存在，可把乳液聚合的整个过程可分为三个阶段。

① 第Ⅰ阶段：成核期，亦即为乳胶粒生成期。

从乳胶粒的形成到胶束消失，为成核期。该阶段聚合速率逐渐增大，体系中经由胶束成核或均相成核不断形成乳胶粒，乳胶粒数目不断增加。随聚合的进行，乳胶粒内的单体不断消耗，液滴内单体溶入水相，不断向乳胶粒扩散补充，以保持乳胶粒内单体浓度的恒定，所以单体液滴起着供应单体的仓库作用，单体液滴不断变小。随反应的进行，乳胶粒体积不断增大。为保持稳定，不断地从水相中吸附更多的乳化剂分子，当水相中乳化剂浓度低于 CMC 值时，未成核的胶束呈不稳定状态，将重新溶解并分散到水中，导致未成核胶束逐渐减少直至消失，从此不再形成新的乳胶粒，乳胶粒数目恒定。典型的乳液聚合配方中，聚合开始时的胶束浓度为$10^{17}$～$10^{18}$个/mL，反应结束时，高分子乳胶粒为$10^{13}$～$10^{15}$个/mL，可见只有约千分之一的胶束形成乳胶粒。

综上所述，该阶段体系中含有单体液滴、胶束和乳胶粒三种粒子。乳胶粒数不断增加，聚合速率也不断增大；单体液滴数不变，但体积不断缩小；未成核胶束数逐渐减少直至消失。胶束全部消失是该阶段结束的标志。该段时间较短，转化率一般可达2%～15%。

② 第Ⅱ阶段：恒速期。

自胶束消失开始到单体液滴消失为止，为恒速期。胶束消失后，乳胶粒数恒定，单体液滴仍起仓库作用，不断向乳胶粒提供单体。自由基的链引发、增长、终止不断地在乳胶粒内进行，乳胶粒体积继续增大，最后可达50～100nm。由于乳胶粒数恒定，乳胶粒内单体浓度恒定，因此聚合速率也恒定，直到单体液滴消失为止。在此阶段，体系中有乳胶粒和单体液滴两种粒子。该阶段结束时的转化率与单体种类有关，单体水溶性大，或单体溶胀高分子程度大，则该阶段结束时的转化率低些，因为在这种情况下单体液滴消失较早。如醋酸乙烯酯为15%，苯乙烯、丁二烯为40%～50%，氯乙烯则可达70%～80%。

③ 第Ⅲ阶段：降速期。

自单体液滴消失，直至单体反应完，为降速期。由于聚合反应在乳胶粒内继续进行，但单体不再有补充，因而速率逐渐减少。在此阶段中，体系中只有乳胶粒一种粒子，数目不变，最后粒径可达0.05～0.2μm（处于胶束和单体液滴尺寸之间）。

乳液聚合过程中，转化率与时间的关系可见图3-10。

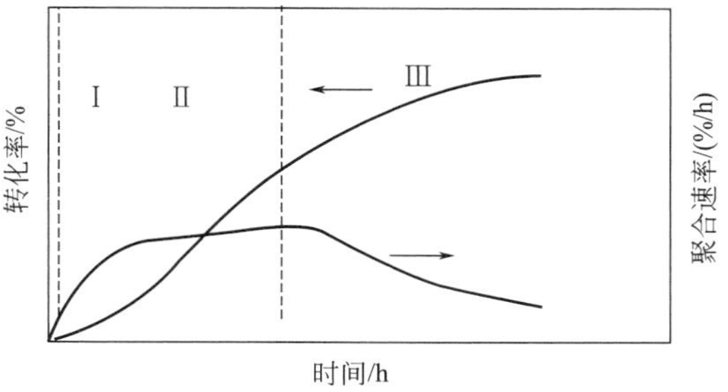

图3-10　乳液聚合动力学曲线示意图

#### 3.9.4.4　乳液聚合动力学

乳液聚合的聚合速率和聚合度与单体浓度[M]、引发剂浓度[I]、乳化剂浓度[E]的关系式有：

$$R_p \propto [M][I]^{\frac{2}{5}}[E]^{\frac{3}{5}} \tag{3-32}$$

$$\overline{X}_n \propto [M][I]^{-\frac{3}{5}}[E]^{\frac{3}{5}} \tag{3-33}$$

式(3-32)和式(3-33)说明了聚合速率和聚合度与乳化剂浓度都有0.6次方的关系，这表明，聚合速率和聚合度两者都可随乳化剂浓度的增加而增加。这正是乳液聚合与其他聚合方法的不同之处。

由于乳液聚合独特的优点，世界各国竞相对乳液聚合技术进行研究开发。乳液聚合技术已有许多创新，产生了不少乳液聚合的新分支和新方法，如反相乳液聚合、无皂乳液聚合、乳液定向聚合、微乳液聚合、非水介质中的乳液聚合、分散聚合、乳液缩聚及辐射乳液聚合等。这大大地丰富了乳液聚合的内容，也为乳液聚合理论研究提出了新的课题。

### 3.9.5　各种聚合实施方法的比较

本体聚合、溶液聚合、悬浮聚合和乳液聚合是四种最常见的自由基聚合方法。它们在配方的主要成分、引发剂、反应场所、聚合机理及生产特征与产品应用等诸方面都具有各自的特点，现归纳于表3-13中。

表 3-13 各种聚合方法的比较

| 项　目 | 本体聚合 | 溶液聚合 | 悬浮聚合 | 乳液聚合 |
| --- | --- | --- | --- | --- |
| 配方主要成分 | 单体、引发剂 | 单体、引发剂、溶剂 | 单体、引发剂、水、分散剂 | 单体、引发剂、水、乳化剂 |
| 引发剂 | 油溶性引发剂 | 油溶性引发剂 | 油溶性引发剂 | 水溶性引发剂 |
| 聚合场所 | 本体内 | 溶液内 | 单体液滴内 | 乳胶粒内 |
| 温度控制 | 难 | 较易，溶剂为传热介质 | 易，水为传热介质 | 易，水为传热介质 |
| 聚合机理 | 遵循自由基聚合的一般机理，提高速率的因素往往使分子量降低，分子量控制较难，分子量分布较宽 | 遵循自由基聚合的一般机理。伴有向溶剂的链转移。聚合速率较小，分子量较低，分子量较易控制，分子量分布较窄 | 与本体聚合相同 | 能同时提高聚合速率和分子量 |
| 生产特征 | 传热不易，间歇生产（有些也可连续生产），设备简单，宜制板材和型材 | 散热容易，可连续生产，不宜制成干燥粉状或粒状树脂 | 散热容易，间歇生产，须有分离、洗涤、干燥等工序 | 散热容易，可连续生产。制固体树脂时，须经凝聚、洗涤、干燥等工序 |
| 产品特征 | 产品纯净，可直接成型，宜生产透明、浅色制品 | 高分子溶液一般直接使用 | 直接制得粒（或粉）状产品。产物比较纯净，可能留有少量分散剂 | 高分子乳可直接使用。制成固体树脂时，留有少量的乳化剂和其他助剂 |
| 主要工业品种 | 合成树脂：<br>LDPE（颗粒状）<br>HDPE（粉或颗粒）<br>PS（颗粒）<br>PVC（粉状）<br>PMMA（板、棒、管等）<br>PP（颗粒） | 合成树脂：<br>PAN（溶液或颗粒）<br>PVAc（溶液）<br>HDPE（粉状或颗粒）<br>PP（颗粒）<br>合成橡胶：<br>顺丁橡胶（胶粒或胶片）<br>异戊橡胶（胶粒或胶片）<br>乙丙橡胶（胶粒或胶片）<br>丁基橡胶（胶粒或胶片） | 合成树脂：<br>PVC（粉状）<br>PS（珠状）<br>PMMA（珠状） | 合成树脂：<br>PVC（粉状）<br>合成橡胶：<br>丁苯橡胶（胶粒或乳液）<br>丁腈橡胶（胶粒或乳液）<br>氯丁橡胶（胶粒或乳液）<br>涂料或黏合剂：<br>PVAc 及其共聚物（乳液）<br>聚丙烯酸酯及其共聚物（乳液） |

# 习　　题

1. 判断下列单体能否进行自由基聚合？并说明理由。

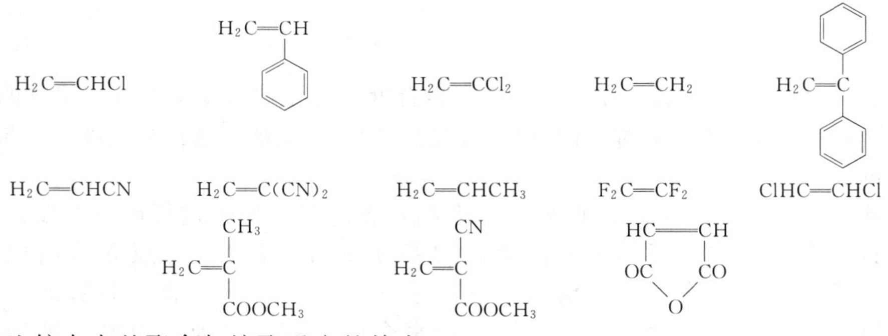


2. 试比较自由基聚合与缩聚反应的特点。

3. 解释下列概念：歧化终止，偶合终止，引发剂效率，笼蔽效应，诱导效应，自动加速现象，诱导期，聚合上限温度，悬浮聚合，乳液聚合，增溶作用，临界胶束浓度，胶束，种子乳液聚合。

4. 写出下列常用引发剂的分子式和分解反应式。

偶氮二异丁腈，偶氮二异庚腈，过氧化二苯甲酰，异丙苯过氧化氢，过硫酸铵，过硫酸钾-亚硫酸盐体系，过氧化二苯甲酰-$N$,$N$-二甲基苯胺体系。

5. 以偶氮二异丁腈为例，写出氯乙烯自由基聚合的各基元反应。

6. 自由基聚合常用的引发方式有几种？如何判断自由基引发剂的活性？在选择引发剂时应注意哪些问题？

7. 于 60℃下，用碘量法测定过氧化碳酸二环己酯 DCPD 的分解速率，数据如下：

| 时间/h | 0 | 0.2 | 0.7 | 1.2 | 1.7 |
|---|---|---|---|---|---|
| DCPD 浓度/(mol/L) | 0.0754 | 0.0660 | 0.0484 | 0.0334 | 0.0288 |

试计算分解速率常数和半衰期。

8. 推导自由基动力学方程时，做了哪些假定？聚合速率与引发剂浓度平方根成正比，是哪一机理造成的？试分析在什么情况下，自由基聚合速率与引发剂的级数分别为 1 级、0 级、0.5～1 级以及 0.5～0 级。

9. 对于双基终止的自由基聚合，若每一个大分子含有 1.3 个引发剂残基，假定无链转移反应，试计算歧化终止和偶合终止的相对量。

10. 单体溶液浓度 0.20mol/L，过氧类引发剂浓度为 $4.0\times10^{-3}$ mol/L，在 60℃下加热聚合。如引发剂的半衰期为 44h，引发剂效率 $f=0.8$，$k_p=145$L/(mol·s)，$k_t=7.0\times10^7$ L/mol，欲达到 5%转化率，需多长时间？

11. 什么叫链转移反应？有几种形式？对聚合速率和分子量有何影响？什么叫链转移常数？与链转移速率常数的关系如何？

12. 聚氯乙烯的分子量为什么与引发剂的浓度基本无关而仅决定于温度？氯乙烯单体链转移常数与温度的关系为 $C_M=12.5\exp(-30543/RT)$，试求 45℃、50℃、55℃及 60℃下的聚合度。

13. 以过氧化苯甲酰作引发剂，在 60℃进行动力学研究，数据如下：

(1) 60℃苯乙烯的密度为 0.887g/L；

(2) 引发剂用量为单体质量的 0.109%；

(3) $R_p=0.255\times10^{-4}$ mol/(L·s)；

(4) 聚合度=2460；

(5) $f=0.80$；

(6) 自由基寿命 $\tau=0.82$s。

试求 $k_d$、$k_p$ 和 $k_t$ 值，并比较 [M·] 和 [M] 的大小以及 $R_i$，$R_p$ 和 $R_t$ 的大小。

14. 用 BPO 作引发剂，苯乙烯聚合时各基元反应的活化能为 $E_d=125.6$kJ/mol，$E_p=32.6$kJ/mol，$E_t=10$kJ/mol。试比较从 50℃增到 60℃以及从 80℃增到 90℃，总反应速率常数和聚合度的变化情况如何？

15. 苯乙烯在过氧化叔丁基的引发下聚合，聚合温度 60℃，用苯作溶剂。引发剂浓度为 0.01mol/L，苯乙烯浓度为 1.0mol/L，初始引发速率和聚合速率分别为 $4.0\times10^{-11}$ mol/(L·s) 和 $1.5\times10^{-7}$ mol/(L·s)，试计算 $fk_d$、初期动力学链长和初期聚合度。计算采用如下数据：

$C_M=8.0\times10^{-5}$，$C_I=3.2\times10^{-4}$，$C_P=1.9\times10^{-4}$，$C_S=2.3\times10^{-6}$，60℃下苯乙烯的密度为 0.887g/mL，苯的密度为 0.839g/mL。

16. 按上题制得的化合物分子量很高，常加入正丁硫醇（$C_S=21$）调节分子量。若要得到相对分子质量为 85000 的聚苯乙烯，该如何操作？

17. 阻聚作用与缓聚作用有何不同？常见阻聚剂有哪几种类型？为什么会产生诱导期？

18. 试计算丁二烯在27℃、77℃、127℃时的平衡单体浓度。已知丁二烯的$-\Delta H^{\ominus}=73\text{kJ/mol}$，$\Delta S^{\ominus}=89\text{kJ/(mol·K)}$。

19. 什么是自动加速现象？产生的原因是什么？对聚合反应及高分子会产生什么影响？

20. 试比较本体、溶液、悬浮及乳液聚合四种聚合方法的基本特征及优缺点。

21. 本体聚合的关键问题是反应热的及时排除，在工业上常采用什么方法？请举例说明。

22. 溶液聚合时，溶剂对聚合反应有何影响？选择溶剂时要注意哪些问题？

23. 悬浮聚合时，常需不断搅拌，并加入分散剂。试分析它们对体系稳定性的贡献。分散剂有哪几类？它们的作用机理有何不同？

24. 简述乳液聚合机理，单体、乳化剂和引发剂所在场所，链引发、链增长和链终止的情况和场所，胶束、乳胶粒、单体液滴的变化。

25. 乳液聚合过程可分为哪三个阶段？各阶段的标志及特征是什么？

26. 定量比较苯乙烯在60℃下本体聚合和乳液聚合的速率和聚合度。乳液体系乳胶粒数为$1.0\times10^{15}$个/mL，[M]$=5.0\text{mol/L}$，$\rho=5.0\times10^{12}$个/(mL·s)。两个体系的速率常数相同。[$k_p=176\ \text{L/(mol·s)}$，$k_t=3.6\times10^{7}\ \text{L/(mol·s)}$]。

27. 为什么乳液聚合既具有较高的聚合速率，又可获得高分子量的产物？

# 第 4 章　离子型聚合和配位聚合

离子聚合与自由聚合同属于连锁聚合的范畴。离子聚合的活性中心是离子，根据活性中心离子电荷的不同，可分为阳离子聚合与阴离子聚合。离子聚合除了能与烯类单体聚合外，还能进行杂环类单体的开环反应以及羰基化合物的聚合等。配位聚合以独特的立构化学控制机理进行的，能得到立体结构非常规整的高分子，所以又称为定向聚合。本章中主要介绍烯类单体的离子聚合和配位聚合。

通常大多数烯类单体都可进行自由基聚合反应，但对于离子聚合，单体具有较高的选择性，而且离子聚合的反应条件较为苛刻，离子型聚合的反应动力学和反应机理比较复杂，影响因素较多。因此离子型聚合无论是理论研究还是实际生产都较自由基聚合难度大得多。但离子型聚合反应在高分子合成中有着非常重要的作用，一些重要的高分子品种，例如丁基橡胶、异戊橡胶、聚甲醛等只能用离子型聚合制备。另一些单体，如乙烯、丙烯、丁二烯、苯乙烯等，用离子型或配位离子得到的高分子与用自由基聚合得到的在结构和性能上有很大的不同，具有独特的优点，所以离子型聚合和配位聚合在工业生产中具有重要的意义。

## 4.1　阳离子聚合

阳离子聚合反应通式可表示如下：

$$A^+B^- + M \longrightarrow AM^+B^- \cdots \xrightarrow{M} -M_n-$$

式中，$A^+$ 表示阳离子活性中心，它可以是碳阳离子，也可以是氧𬭩离子；$B^-$ 为反离子或抗衡离子。

### 4.1.1　阳离子聚合单体

能进行阳离子聚合的单体可分为以下几类。

（1）带有给电子取代基的烯类单体，如：

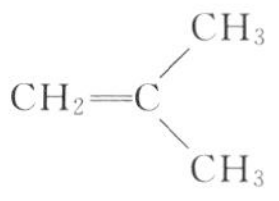

$CH_2=C(CH_3)_2$　　$CH_2=CH-OR$

异丁烯　　烷基乙烯基醚

（2）带有共轭取代基的烯类单体，如：

$H_2C=CH-CH=CH_2$　　$H_2C=CH-C_6H_5$　　$H_2C=C(CH_3)-CH=CH_2$

丁二烯　　苯乙烯 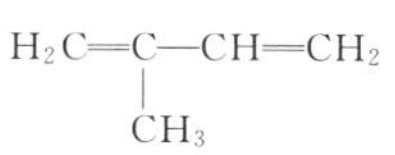　　异戊二烯

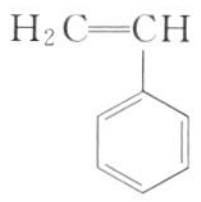

（3）部分环氧化合物及环硫化合物，如：

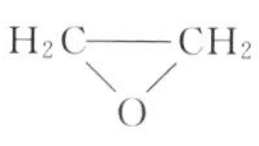

环氧乙烷（$H_2C-CH_2$ 以 O 成环）　　环氧丙烷（$H_2C-CH-CH_3$ 以 O 成环）　　环硫乙烷（$H_2C-CH_2$ 以 S 成环）　　四氢呋喃

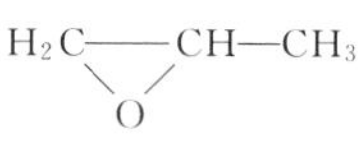

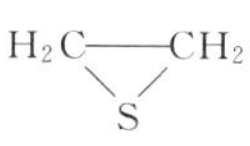

（4）羰基化合物，如甲醛。

### 4.1.2 阳离子聚合引发体系

能与上述单体反应生成阳离子活性中心的物质可作为阳离子聚合引发剂。常见的阳离子引发剂可分为两大类，一类是强质子酸；另一类是路易斯酸。其主要代表化合物可见表 4-1。

表 4-1 阳离子聚合引发剂举例

| 引发剂类型 | 主要化合物 |
| --- | --- |
| 强质子酸 | $H_2SO_4$、$HClO_4$、$H_3PO_4$、$Cl_3CCOOH$ |
| 路易斯酸 | $BF_3$、$AlCl_3$、$SnCl_4$、$ZnCl_2$、$TlCl_4$ |

绝大部分的路易斯酸需要与共引发剂（如水、卤代烷烃）作为质子或碳阳离子的供给体，才能引发阳离子聚合。以生成碳阳离子为例：

$$SnCl_4 + RCl \longrightarrow R^+(SnCl_5)^-$$

除此之外，一些碳阳离子盐和电荷转移络合物也可作为阳离子聚合引发剂。

### 4.1.3 阳离子聚合的特征

阳离子聚合也是以连锁聚合机理进行的，同样由链引发、链增长、链终止、链转移等基元反应组成，但各步反应速率与自由基聚合中有所不同。

(1) 链引发 阳离子聚合引发体系离解出的阳离子活性中心引发单体 M 反应，生成碳阳离子。例如，以 $BF_3$ 与 $H_2O$ 组成的共引发体系引发异丁烯的过程可表示为：

$$BF_3 + H_2O \longrightarrow F_3B{:}OH_2 \longrightarrow H^+(BF_3OH)^-$$

$$H^+(BF_3OH)^- + M \xrightarrow{k_i} HM^+(BF_3OH)^-$$

$$H^+(BF_3OH)^- + CH_2{=}C(CH_3)_2 \longrightarrow H_3C{-}C^+(CH_3)_2(BF_3OH)^-$$

阳离子聚合引发速率很快。曾测得引发活化能 $E_i=8.4\sim21kJ/mol$，与自由基聚合慢引发（$E_d=105\sim125kJ/mol$）截然不同。

(2) 链增长 引发反应中生成的碳阳离子活性中心，和反离子形成离子对，单体分子不断插到碳阳离子和反离子中间而进行链增长。

$$HM^+(BF_3OH)^- + M \xrightarrow{k_p} HM_2^+(BF_3OH)^- \longrightarrow \cdots \longrightarrow HM_n^+(BF_3OH)^-$$

$$-H_2C{-}C^+(CH_3)_2(BF_3OH)^- + CH_2{=}C(CH_3)_2 \longrightarrow -H_2C{-}C(CH_3)_2{-}H_2C{-}C^+(CH_3)_2(BF_3OH)^-$$

阳离子聚合的增长反应有如下几个特点。

① 增长反应是离子与分子间反应，速度快，活化能低，大多数 $E_p=8.4\sim21kJ/mol$，与自由基聚合增长活化能属同一数量级。

② 增长过程中来自引发剂的反离子，始终处于中心阳离子近旁，形成离子对。离子对的紧密程度与溶剂、反离子性质、温度等有关，并影响聚合速率和分子量。单体按头-尾结构插入离子对中，对链节构型有一定的控制能力。

③ 增长过程中有的伴有分子内重排反应。由于碳阳离子的稳定性不同，在增长过程中，碳阳离子会异构成更稳定的结构，发生异构化反应。若异构化反应比链增长反应快，则可进行所谓的异构化聚合。通常叔碳阳离子比仲碳阳离子稳定性高，伯碳阳离子稳定性最低。因此聚合过程中容易发生仲碳阳离子异构化为叔碳阳离子，形成异构化聚合反应。例如，3-甲

基-1-丁烯的阳离子聚合产物含有两种重复单元，就是发生异构化反应的结果。

$$\underset{\text{正常产物}}{-CH_2-\underset{\underset{H_3C\ \ CH_3}{|}}{\underset{|}{CH}}\ \ \underset{}{CH}\cdots}\qquad \underset{\text{异构化产物}}{-CH_2-CH_2-\overset{CH_3}{\underset{CH_3}{C}}-}$$

(3) 链终止　阳离子聚合的增长活性中心带有相同电荷，不能双分子终止，往往通过链转移终止或单基终止。

① 与反离子结合发生终止反应，如：

$$-CH_2-\underset{C_6H_5}{CH^+}(OCOCF_3)^- \longrightarrow -CH_2-\underset{C_6H_5}{CH}-OCOCF_3 \quad \text{与反离子结合终止}$$

$$-H_2C-\overset{CH_3}{\underset{CH_3}{C^+}}(BF_3OH)^- \longrightarrow -H_2C-\overset{CH_3}{\underset{CH_3}{C}}-OH + BF_3 \quad \text{与反离子一部分结合终止}$$

② 与终止剂发生终止反应。通常加入水、醇、胺等质子化试剂来终止阳离子聚合反应，如：

$$-H_2C-\overset{CH_3}{\underset{CH_3}{C^+}}(BF_3OH)^- + H_2O \longrightarrow -H_2C-\overset{CH_3}{\underset{CH_3}{C}}-OH + H^+(BF_3OH)^-$$

(4) 链转移　当聚合温度较高时，会出现明显的链转移。可以是向单体链转移，也可以是向反离子进行链转移。向单体链转移是阳离子聚合中最主要的链终止方式之一。向单体的链转移常数 $C_M(=k_{tr,M}/k_p)$ 是 $10^{-2}\sim10^{-4}$，比自由基聚合的 $C_M$ ($10^{-4}\sim10^{-5}$) 大得多。因此阳离子聚合中的链转移反应更容易发生，是控制分子量的主要因素。为了得到高分子量的高分子，阳离子聚合须在很低的温度下进行就是这个道理。

$$-H_2C-\overset{CH_3}{\underset{CH_3}{C^+}}(BF_3OH)^- + CH_2{=}\overset{CH_3}{\underset{CH_3}{C}} \longrightarrow -H_2C-\overset{CH_2}{\overset{\|}{\underset{CH_3}{C}}} + CH_3-\overset{CH_3}{\underset{CH_3}{C^+}}(BF_3OH)^- \quad \text{向单体链转移}$$

$$-H_2C-\overset{CH_3}{\underset{CH_3}{C^+}}(BF_3OH)^- \longrightarrow -H_2C-\overset{CH_2}{\overset{\|}{\underset{CH_3}{C}}} + H^+(BF_3OH)^- \quad \text{向反离子链转移}$$

因此阳离子聚合机理的特点可以总结为：快引发、快增长、易转移、难终止。

### 4.1.4　阳离子聚合动力学

(1) 聚合动力学方程　阳离子聚合动力学的研究是很困难的。但在某些聚合体系中，仍可得到出聚合动力学方程，只是应用范围有很大的局限性。

假定用低活性引发剂引发，链终止反应是向反离子转移，且稳态假定成立。则可得到如下的动力学方程。

$$R_p=\left(\frac{k_p}{k_t}\right)[M]R_i \tag{4-1}$$

式中，$R_p$ 为聚合速率；$k_p$ 为链增长速率常数；$k_t$ 为链终止速率常数；$R_i$ 为链引发速率；[M] 为单体浓度。

假定是用低活性路易斯酸作为引发剂，则有：

$$R_i=Kk_i[C][RH][M] \tag{4-2}$$

$$R_p=\frac{Kk_pk_i}{k_t}[C][RH][M]^2 \tag{4-3}$$

式中，$K$ 为路易斯酸与共引发剂的络合平衡常数；[C] 为引发剂浓度；[RH] 为共引发剂浓度。上式表明，聚合速率对引发剂和共引发剂浓度均呈一级反应；而对单体浓度呈二级反应。

（2）聚合度　与自由基聚合反应类似，数均聚合度等于单体消耗速率与高分子生成速率之比。高分子的生成包括链终止生成和链转移生成。因而有：

$$\overline{X}_n=\frac{R_p}{R_t+R_{tr,M}+R_{tr,S}} \tag{4-4}$$

$$R_{tr,M}=k_{tr,M}[M][M^+(CR)^-] \tag{4-5}$$

$$R_{tr,S}=k_{tr,S}[S][M^+(CR)^-] \tag{4-6}$$

取倒数形式，并设向单体链转移常数为 $C_M$，向溶剂链转移常数为 $C_S$，则有：

$$C_M=\frac{k_{tr,M}}{k_p},\ C_S=\frac{k_{tr,S}}{k_p}$$

$$\frac{1}{\overline{X}_n}=\frac{k_t}{k_p[M]}+C_M+C_S\frac{[S]}{[M]} \tag{4-7}$$

式中，右边各项分别是单基终止、向单体链转移、向溶剂（或链转移剂）转移对聚合度倒数的贡献。

在阳离子聚合中，高分子的生成反应主要是链转移反应，而不是链终止反应。这和自由基聚合正好相反。

### 4.1.5　影响阳离子聚合的因素

（1）反应介质和反离子的影响　在阳离子聚合中，活性中心离子附近存在着反离子，随着反离子和反应介质性质的不同，活性中心离子与反离子之间的结合，可以是共价键、离子对、乃至自由离子。大多数离子聚合的活性种是处于平衡的离子对和自由离子。

$$\underset{\text{共价键结合}}{A{-}B} \rightleftharpoons \underset{\text{离子紧对}}{A^+B^-} \rightleftharpoons \underset{\substack{\text{离子松对}\\ \text{溶剂分隔}}}{A^+/\!/B^-} \rightleftharpoons \underset{\text{自由离子}}{A^++B^-}$$

共价键结合一般无活性。实验测得的 $k_p$，是表观增长速率常数，它是离子对和自由离子的增长速率常数的综合。

$$k_p=\alpha k_{(+)}+(1-\alpha)k_{(\pm)} \tag{4-8}$$

式中，$\alpha$ 为离子对离解成自由离子的离解度。

自由离子的增长速率常数 $k_{(+)}$ 要比离子对的增长速率常数 $k_{(\pm)}$ 大 1～6 个数量级，即使自由离子只占活性种的一小部分，但对总的聚合速率的贡献还是比离子对大得多。

溶剂性质（极性或溶剂化能力）不同，离子间的结合状态会不同，因此改变了离子对和自由离子的相对浓度。溶剂的极性和溶剂化能力大的，自由离子和离子对中松散离子对的比例都增加，结果会使聚合速率和聚合度都增大。表 4-2 列举了溶剂的介电常数 $\varepsilon$ 对苯乙烯阳离子聚合表观增长速率常数 $k_p$ 的影响。

虽然高极性溶剂有利于链增长，使聚合速率加快，但作为聚合溶剂，还要求不与中心离子反应，在低温下能溶解高分子，保持流动性，因此常选取低极性溶剂如卤代烷，而不用含氧的化合物，如四氢呋喃等。

表 4-2　溶剂对苯乙烯阳离子聚合的影响（$HClO_4$）

| 溶剂 | 介电常数 | $k_p(25℃)/[L/(mol \cdot s)]$ |
| --- | --- | --- |
| $CCl_4$ | 2.3 | 0.0012 |
| $CCl_4$：$(CH_2Cl)_2$＝40：60 | 5.16 | 0.40 |
| $CCl_4$：$(CH_2Cl)_2$＝20：80 | 7.0 | 3.2 |
| $(CH_2Cl)_2$ | 9.23 | 17.0 |

反离子的亲核性对聚合反应也有很大影响，亲核性过强，能与正离子结合而使链终止。反离子体积大小对聚合速率也有很大影响，反离子的体积大，离子对就较松散，聚合速率就大。

（2）温度的影响　阳离子聚合的聚合速率和聚合度的综合活化能分别如下。

聚合速率综合活化能：

$$E_R = E_i + E_p - E_t \tag{4-9}$$

聚合度综合活化能：

$$E_{\overline{X}_n} = E_p - E_t，或，E_{\overline{X}_n} = E_p - E_{tr} \tag{4-10}$$

阳离子引发活化能一般较小，多数情况下，$E_i$ 和 $E_t$ 都大于 $E_p$，聚合速率综合活化能为－2～－41.8kJ/mol。因此，往往出现聚合速率随温度降低而加快的现象。但聚合速率的综合活化能，它的绝对值较小，因而温度对其的影响要比对自由基聚合的影响小得多。

阳离子聚合的聚合度综合活化能常为负值，为－12.5～－29kJ/mol。因而出现聚合度随温度降低而增大。这是阳离子聚合常在低温下进行的原因。温度低还可减少异构化等副反应。

## 4.2　阴离子聚合

阴离子聚合反应通式可表示如下：

$$B^- A^+ + M \longrightarrow BM^- A^+ \cdots \xrightarrow{M} -M_n-$$

式中，$B^-$ 表示阴离子活性中心，一般由亲核试剂提供。活性中心可以是自由离子、离子对或处于缔合状态的阴离子活性种。$A^+$ 为反离子，一般为金属离子。

### 4.2.1　阴离子聚合单体

能进行阴离子聚合的单体可分为四类。

（1）带吸电子基团取代基的烯类单体，如：

$H_2C{=}CHCN$　氰基乙烯

$H_2C{=}C(CN){-}COOC_2H_5$　2-氰基丙烯酸乙酯

$H_2C{=}C(CH_3){-}COOCH_3$　甲基丙烯酸甲酯

$H_2C{=}CH{-}COOCH_3$　丙烯酸甲酯

（2）带有共轭取代基的烯类单体，如：

$H_2C{=}CH{-}CH{=}CH_2$　丁二烯

$H_2C{=}CH{-}C_6H_5$　苯乙烯

$H_2C{=}C(CH_3){-}CH{-}CH_2$　异戊二烯

（3）部分环氧化合物及环硫化合物，如：

$H_2C—CH_2$（O 桥）　$H_2C—CH—CH_3$（O 桥）　$H_2C—CH_2$（S 桥）

环氧乙烷　环氧丙烷　环硫乙烷

（4）羰基化合物，如甲醛。

### 4.2.2　阴离子聚合引发剂

阴离子聚合引发剂是电子给予体，亲核试剂，属于碱类。常用的引发剂可见表 4-3。

**表 4-3　阴离子聚合常用引发剂**

| 引发剂类型 | 举　例 | 引发剂类型 | 举　例 |
|---|---|---|---|
| 碱金属 | 金属钠于四氢呋喃或液氨中 | 烷基铝 | $AlR_3$ |
| 烷基或芳基锂试剂 | 正丁基锂（$n$-$C_4H_9Li$） | 有机自由负离子 | 萘钠引发剂 |
| 格氏试剂 | RMgX（R 为烷基或芳基） | | |

### 4.2.3　阴离子聚合的特征

阴离子聚合也是以连锁聚合机理进行的，同样由链引发、链增长、链终止、链转移等基元反应组成，但各步反应速率与自由基聚合、阳离子聚合有所不同，有其特殊之处。

（1）链引发　引发剂与单体反应生成单体阴离子活性中心的反应，就是引发反应。例如用正丁基锂或萘钠引发苯乙烯阴离子聚合。

$$H_2C{=}CH(C_6H_5) + n\text{-}C_4H_9Li \longrightarrow n\text{-}C_4H_9—CH_2—CH^-(C_6H_5)\ Li^+$$

用萘钠引发，则形成双阴离子聚合。

$$Na + C_{10}H_8 \xrightarrow{THF} [C_{10}H_8\cdot]^-\ Na^+$$

$$[C_{10}H_8\cdot]^-\ Na^+ + H_2C{=}CH(C_6H_5) \longrightarrow \cdot HC—CH^-(C_6H_5)\ Na^+ + C_{10}H_8$$

$$2\ \cdot HC—CH^-(C_6H_5)\ Na^+ \longrightarrow {}^+Na^-\ HC(C_6H_5)—CH_2—CH_2—CH^-(C_6H_5)\ Na^+$$

（2）链增长　单体连续地插入离子对中间，与链末端的阴离子加成，使分子量增加，这就是链增长反应，如：

$$—CH_2—CH^-(C_6H_5)\ Li^+ + H_2C{=}CH(C_6H_5) \longrightarrow —H_2C—HC(C_6H_5)—CH_2—CH^-(C_6H_5)\ Li^+$$

（3）链终止　阴离子聚合的终止反应通常是与杂质或外加含质子试剂反应，发生终止。如：

$$—H_2C—HC(C_6H_5)—CH_2—CH^-(C_6H_5)\ Li^+ + CH_3OH \longrightarrow —H_2C—CH(C_6H_5)—CH_2—CH_2(C_6H_5) + CH_3OLi$$

$$—H_2C—CH(C_6H_5)—CH_2—CH^-(C_6H_5)\ Li^+ + H_2O \longrightarrow —H_2C—HC(C_6H_5)—CH_2—CH_2(C_6H_5) + LiOH$$

$$-H_2C-\underset{\substack{| \\ C_6H_5}}{CH}-CH_2-\underset{\substack{| \\ C_6H_5}}{CH^-}\ Li^+ + CO_2 \longrightarrow -H_2C-\underset{\substack{| \\ C_6H_5}}{CH}CH_2-\underset{\substack{| \\ C_6H_5}}{CH}-COO^-\ Li^+$$

### 4.2.4　活性聚合

在阴离子聚合中，即使单体消耗完毕，活性中心也不会发生失活，形成所谓的活性高分子。这里因为阴离子聚合难以发生链终止，其主要原因有：

① 阴离子活性增长链带有的同性电荷相互排斥，不能发生类似自由基聚合的双基终止。

② 阴离子聚合离子对自身终止一般不可能发生。当反离子为碱金属时，碳-金属键的离解程度大，碱金属与碳原子之间不可能生成稳定键合形式。若从活性碳阴离子前末端单元脱氢与反离子结合终止则需要较大的能量，一般不能发生。

③ 阴离子聚合一般要求反应体系与试剂绝对纯净，不含任何杂质（如 $H_2O$、$O_2$、ROH 等）。因此活性增长链没有向杂质转移的可能。

④ 在惰性溶剂中，或非极性单体聚合时，溶剂与单体的亲核性及向单体提供质子的能力弱，不能发生活性链向单体或溶剂的链转移。

由于活性聚合，在单体消耗完毕后，活性中心也不失活。因而如果加入新的单体，则可继续发生聚合，分子量继续增大。若加入另一种单体，则会形成嵌段共聚物。

$$\sim\sim M_1^-\ A^+ + M_2 \longrightarrow \sim\sim M_1M_2-M_2^-\ A^+$$

工业上已用此法合成苯乙烯-丁二烯（SB）和苯乙烯-丁二烯-苯乙烯（SBS）嵌段共聚物。

阴离子活性聚合的另一个特征是形成的高分子的分子量分布非常窄。原因是引发反应很快，当引发剂加入单体中时立刻全部参加引发反应，然后以相同的速率进行增长，直到单体消耗完全，生成大分子的分子量非常均一。因此利用阴离子活性聚合可以获得单分散性高分子。利用阴离子活性聚合还可制备星形、梳状高分子以及带有可反应基团的遥爪高分子。

因此，阴离子聚合的特点可归纳为：快引发、慢增长、无终止。所谓慢增长是较引发而言的。实际上，阴离子聚合的增长较自由基聚合要快得多。

### 4.2.5　阴离子聚合动力学

（1）活性阴离子聚合速率　与自由基聚合类似，活性阴离子聚合的聚合速率可用链增长速率来表示：

$$R_p=\frac{d[M]}{dt}=k_p[M^-][M]$$

式中，$[M^-]$ 为活性中心浓度。在引发剂引发，形成单阴离子活性中心时，有$[M^-]=[C]$，形成双活性中心时有$[M^-]=2[C]$，$[C]$ 为引发剂浓度。因而有：

$$R_p=k_p[C][M] \tag{4-11}$$

或

$$R_p=2k_p[C][M] \tag{4-12}$$

（2）数均聚合度　阴离子聚合的数均聚合度为平均每个活性链上连接的单体量。因活性中心的浓度不随时间而变化，因而数均聚合度可用消耗掉的单体浓度与活性中心的浓度之比来表示。

当体系反应到某一程度时，有：

$$\overline{X}_n=\frac{[M]_0-[M]}{[C]/n} \tag{4-13}$$

式中，$[M]_0$ 为单体的起始浓度；$[M]$ 为此时的单体浓度；$[C]$ 为引发剂浓度；对单活性中心，$n=1$，对双活性中心，$n=2$。

（3）分子量分布　对于活性高分子的分子量分布指数为：

$$\frac{\overline{X}_w}{\overline{X}_n} \approx 1+\frac{1}{\overline{X}_n} \tag{4-14}$$

通常活性聚合的 $\overline{X}_n$ 很大，因而分子量分布指数趋于 1。

从以上可以看出，阴离子活性聚合活性中心同时产生，又以相同的增长速率增长，增长过程中无解聚、链转移及链终止。则可得到分子量几乎均一的单分散高分子。例如，在四氢呋喃中，由萘钠引发苯乙烯阴离子活性聚合，得到聚苯乙烯的分子量分布指数为 1.06～1.12，接近单分散。该聚苯乙烯可作为分子量及其分布测定的标准标品。

### 4.2.6 影响阴离子聚合的因素

（1）反应介质和反应离子性质对聚合速率的影响　与阳离子聚合一样，溶剂和反离子性质对阴离子聚合速率常数有明显的影响。溶剂和反离子性质的不同，增长活性中心可以处于共价键、离子对（紧对和松对）、自由离子等状态。在大多数情况下，阴离子聚合是离子对和自由离子共同增长的结果，而离子对与自由阴离子之间处于平衡状态。

$$\sim\sim M^- \ Na^+ \ + M \xrightarrow[\text{离子对增长}]{k_{(\mp)}} \sim\sim MM^- \ Na^+$$

$$\sim\sim M^- + Na^+ + M \xrightarrow[\text{自由离子增长}]{k_{(-)}} \sim\sim MM^- + Na^+$$

$$\sim\sim M^- \ Na^+ \xrightleftharpoons{K} \sim\sim M^- + Na^+$$

因此，聚合速率是离子对与自由离子增长聚合速率之和。

$$R_p = k_{(\mp)}[P^- \ Na^+][M] + k_{(-)}[P^-][M] \tag{4-15}$$

一般而言，$k_{(-)} \gg k_{(\mp)}$，亦即自由离子增长速率比离子对的增长速率要快得多。$k_{(-)}$ 受溶剂、反离子的影响小；而 $k_{(\mp)}$ 受它们的影响大。因此，溶剂和反离子对聚合速率的影响主要是影响了自由离子与离子对的相对比例及离子对的松紧程度。

溶剂对离子结合状态的作用主要取决于溶剂的极性与给电子能力。溶剂的极性一般用介电常数 $\varepsilon$ 来衡量，$\varepsilon$ 值越高，溶剂的极性越大，越有利于形成疏松离子对或自由离子，聚合速率越大。溶剂的给电子能力用电子给予指数来表示，电子给予指数越大，溶剂对反离子的溶剂化能力越强，离子对的结合越疏松，聚合速率越快。溶剂对苯乙烯阴离子聚合速率的影响可见表 4-4。

**表 4-4　溶剂对苯乙烯阴离子聚合 $k_p$ 的影响**（萘钠引发剂，25℃）

| 溶剂 | 介电常数 | $k_p$/[L/(mol · s)] | 溶剂 | 介电常数 | $k_p$/[L/(mol · s)] |
|---|---|---|---|---|---|
| 苯 | 2.2 | 2 | 四氢呋喃 | 7.6 | 550 |
| 1,4-二氧六环 | 2.2 | 5 | 1,2-二甲氧基乙烷 | 5.5 | 3800 |

但实际过程中，一般不采用强极性溶剂。因为强极性溶剂常可分解成强亲电基团或强亲核基团，它们易与异性电荷的增长离子形成稳定的共价键，而使反应终止。因此，离子型聚合常采用极性较低或中等极性的溶剂。阴离子聚合常采用的溶剂有烷烃、芳烃和醚类化合物；碱性溶剂如 THF、DMF、液氨等，电子给予指数大，有利于反离子的溶剂化，也可用于阴离子聚合。

反离子的性质和被溶剂化能力也影响着离子对的松紧程度，因而也影响着离子对增长速率常数。影响结果可见表 4-5。

**表 4-5　反离子对苯乙烯阴离子聚合速率的影响**

| 反离子 | 四氢呋喃 | | 二氧六环 | |
|---|---|---|---|---|
| | $k_{(\mp)}$ | $K/(\times 10^7)$ | $k_{(-)}$ | $k_{(\mp)}$ |
| $Li^+$ | 160 | 2.2 | $6.5\times 10^4$ | 0.94 |
| $Na^+$ | 80 | 1.5 | | 3.4 |
| $K^+$ | 60～80 | 0.8 | | 19.8 |
| $Rb^+$ | 50～80 | 1.1 | | 21.5 |
| $Cs^+$ | 22 | 0.02 | | 24.5 |

由表 4-5 中可见，在极性不大，而溶剂化能力较大（即电子给予指数较大）的四氢呋喃中聚合，以自由离子增长速率常数 $k_{(-)}$ 与反离子种类无关，比以离子对增长速率常数 $k_{(\mp)}$ 大 $10^2\sim 10^3$ 倍。但由锂到铯，$k_{(\mp)}$ 随反离子半径增加而减小。这是由于反离子的溶剂化能力与反离子半径有关。反离子体积小，溶剂化程度大，离子对离解程度增加，易成松对。但当用极性很小、电子给予指数也不大的二氧六环为溶剂时，溶剂化能力弱，没有自由离子，离子对结合较紧密，因而 $k_{(\mp)}$ 较小。同时由于反离子半径增大，离子对间距离增大，结果 $k_{(\mp)}$ 随反离子半径增加而增加。

（2）温度的影响　温度的影响对不同溶剂、不同聚合体系有不同的结果。一般而言，由于阴离子聚合的链增长活化能很低，聚合速率随温度本身变化不大。但温度会影响离子对的离解平衡，影响溶剂化能力，甚至影响副反应的进行，情况比较复杂。如果没有链转移和链终止反应发生时，高分子的分子量是不易受温度影响的。

## 4.3　配位聚合

配位聚合与自由基、离子聚合等聚合方式不同。它首先由烯烃单体的碳碳双键在过渡金属催化剂形成的活性中心上进行配位活化，然后在过渡金属-碳键上插入而实现链增长的聚合方式。例如，乙烯在钛系催化剂活性中心上的链增长反应可表示如下：

$$\text{—Ti(R)—}\square + H_2C{=}CH_2 \longrightarrow \text{—Ti(R)—}\square \longleftarrow \begin{matrix} CH_2 \\ \Vert \\ CH_2 \end{matrix} \longrightarrow \text{—Ti(R)}\cdots\begin{matrix} CH \\ \Vert \\ CH \end{matrix} \longrightarrow \text{—Ti(}\square\text{)—}CH_2\text{—}CH_2\text{—R}$$

配位　　　过渡态　　　单体插入

式中，□表示配位空位；Ti—R 为过渡金属-碳键。由于这类聚合首先是单体在催化剂上配位，然后进行链增长，因而被称为配位聚合。又由于在链增长的过程中，单体插入过渡金属-碳键中，所以这类聚合又称为插入聚合。

配位聚合反应开始于 20 世纪 50 年代初 Ziegler-Natta 催化剂的发现。这是一类由过渡金属化合物和有机铝化合物组成的络合催化剂。该催化剂可以使乙烯在接近于常压下进行聚合。而乙烯的自由基聚合反应需要在 150～300MPa 的高压和温度约为 200℃ 的条件下进行。采用 Ziegler-Natta 催化剂，乙烯聚合反应一般在压力 0.2～1.5MPa，60～90℃ 的温度下进行。特别要指出的是，即使在高温高压下丙烯的自由基聚合也只能得到液状低分子量高分子。通过配位聚合反应，与乙烯聚合条件相类似，得到高分子量的机械性能优越的聚丙烯树脂。其他一些单体诸如 1-丁烯、4-甲基-1-戊烯、苯乙烯、丁二烯和异戊二烯等都可以用配位聚合的方法制造出具有特殊性能的塑料和橡胶。20 世纪 60 年代又出现了环戊烯开环聚合橡胶。可以说，配位聚合反应开拓出了高分子生产和应用的广阔新领域。

配位聚合反应的一个显著特点是，$\alpha$-烯烃和二烯烃可以生成高度立体规整性的聚合物，即链节的立体构型沿分子链具有规整的排列，所以过去曾称这类聚合为“定向聚合”。配位聚合生产的聚乙烯与自由基聚合的产物结构也是不同的。配位聚合的聚乙烯分子所含支链极少（每500个重复单元一般只有1～3个支链，而自由基聚合的低密度聚乙烯则有10～20个支链），因此产物结晶度大，密度和熔融温度也高。这种聚乙烯称为低压高密度聚乙烯。与低密度聚乙烯相比它的强度大，耐溶剂和耐化学药品的腐蚀性能也较好。

20世纪50年代以来，Ziegler-Natta催化剂和配位聚合反应吸引了世界高分子科学界的注意，激励着各国科学家对该催化剂的结构和催化机理，对配位聚合的聚合过程，高分子立构规整结构的表征以及高分子的性能和应用进行了大量的研究，大大地促进了高分子化学和高分子物理学的发展。关于催化剂活性中心的本质及配位聚合机理也提出了许多模型。鉴于催化剂本身的复杂性及反应条件的限制，这些问题还没有彻底搞清楚。20世纪70年代末还有人提出新的聚合机理。所以说，配位聚合的理论与自由基聚合和离子聚合相比较还不成熟，仍在不断进行研究中。

### 4.3.1 高分子的立构规整性

高分子的立体异构体是指高分子的化学组成相同，链结构也相同，但是原子或原子团在空间的排列不同，即立体构型不同。立体异构体可分为两类：一是由手性中心产生的光学异构体；另一个是由分子中双键产生的几何异构体，即顺式和反式构型。

#### 4.3.1.1 光学异构体

带有四个不同取代基的碳原子称为不对称碳（或手性碳），它具有两种互为镜像、对偏振光旋转的方向相反的构型，除非键的断裂，两种构型不能相互转换，通常称这两种构型为光学异构体或对映体异构体，以R（右）型和S（左）型来表示。凡在组成骨架大分子的原子中含有不对称碳原子，就形成了不同的光学异构体的高分子。有三种可能的立体异构体：全同立构、间规立构和无规立构。

丙烯是最简单的也是最典型的$\alpha$-烯烃，它具有上述三种光学异构体。全同（或等规）立构、间同（或间规）立构和无规立构聚丙烯。

（1）全同聚丙烯　它是在主链中的手性碳原子都具有相同构型，全为R型或全为S型。

—RRRRRRRRRR—或—SSSSSSSSS—

（2）间同聚丙烯　它是在主链中相邻两个手性碳原子的构型相反。

—RSRSRSRSRSR—

（3）无规聚丙烯　它是在主链中的手性碳原子无规排列。

—RRSRSSRRRSSSSRSRRRS—

还可用两种图式来表示高分子立体异构体，平面锯齿图式和Fisher投影式。如图4-1所示。

图中骨架碳链被拉成锯齿型链，假定锯齿链放在平面上，若取代基甲基都在平面同侧，则为全同立构；若取代基甲基交替出现在平面的两侧，则为间同立构；若取代基甲基无规则地出现在平面两侧，则为无规立构。

#### 4.3.1.2 几何异构体

当双键或环上的取代基在空间的排列不同时，可形成几何异构体。例如，丁二烯的1,4-

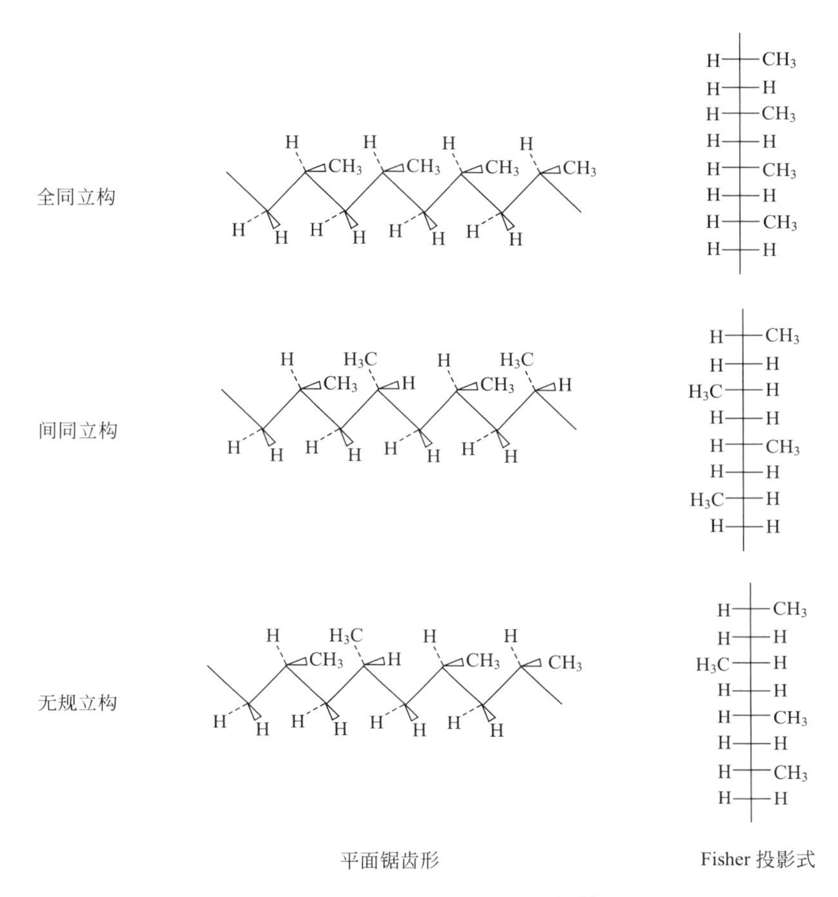


图 4-1　聚丙烯的几种立构异构体

加成可形成顺式异构体和反式异构体。

$$H_2C{=}CH{-}CH{=}CH_2 \xrightarrow{1,4\text{-加成}} \left[\begin{array}{c} H_2C \quad\quad H \\ C{=}C \\ H \quad\quad CH_2 \end{array}\right]_n \text{反式 1,4-聚丁二烯}$$

$$\left[\begin{array}{c} H_2C \quad\quad CH_2 \\ C{=}C \\ H \quad\quad H \end{array}\right]_n \text{顺式 1,4-聚丁二烯}$$

丁二烯的 1,2-加成可形成全同或间同的高分子。

$$H_2C{=}CH{-}CH{=}CH_2 \xrightarrow{1,2\text{-加成}} \left[\begin{array}{c} H_2C{-}CH \\ \quad\quad | \\ \quad\quad CH \\ \quad\quad \| \\ \quad\quad CH_2 \end{array}\right]_n \text{全同或间同 1,2-聚丁二烯}$$

因此，丁二烯在理论上应有四种立构规整高分子，即顺式 1,4、反式 1,4、全同 1,2、间同 1,2。目前这四种立构规整高分子都已制得。

**4.3.1.3　立构规整高分子的性能**

高分子的立构规整性首先影响的是高分子的结晶能力。例如无规聚丙烯是无定形而且用途不大的高分子。而全同或间同聚丙烯则是高度结晶的材料。特别是全同聚丙烯，由于结晶导致它具有高强度、高耐溶剂性和耐化学腐蚀性，较高熔点（175℃），强度-质量比很大，它作为塑料和纤维得到了广泛的应用。

对于二烯烃的产构规整性高分子，其全同和间同1,2高分子的熔点较高（全同1,2-聚丁二烯的熔点为128℃，间同1,2-丁二烯的熔点为156℃），可作塑料。相应于顺式高分子，反式高分子其有更高的熔点和玻璃化转变温度，它也容易结晶，因而是硬的、弹性低的材料。而顺式高分子不论是顺式1,4-聚丁二烯还是顺式1,4-聚异戊二烯，都是性能优异的橡胶。

**4.3.1.4 立体规整度的表征**

所谓立构规整度，是指立构规整高分子占总高分子的分数。立构规整度一般根据高分子的物理性质，如结晶、密度、熔点、溶解行为或化学键的特征吸收来测量。聚丙烯的立构规整度（也称全同指数或等规度），常用沸腾正庚烷的萃取剩余物所占的百分数来表示。

$$\text{聚丙烯的全同指数(IIP)}=\frac{\text{沸腾正庚烷萃取剩余物重}}{\text{未萃取时的聚合物总重}}\times 100\% \qquad (4\text{-}16)$$

对于二烯烃类高分子，其立构规整度常用某种立构的百分含量表示。一般认为当高分子链中大部分结构单元（大于75%）是同一种立体构型时，称该高分子为有规立构高分子。否则称为无规立构高分子。

**4.3.2 丙烯的配位聚合**

Ziegler-Natta催化剂是一大类催化剂体系的统称。它通常由主催化剂和共催化剂两个组分构成，有时加入第三组分以提高催化剂的活性和高分子的规整度，成为高效催化剂体系。

（1）主催化剂　Ziegler-Natta催化剂中的主催化剂组分是由周期表中Ⅳ～Ⅷ族过渡金属构成的化合物。这些金属原子的电子结构中具有d电子轨道，能接受电子给体的配位。构成化合物可以是卤化物、氧卤化物、乙酰丙酮（acac）或环戊二烯化合物。其相应的通式可写成：

$$MtX_n\text{；}MtOX_m\text{；}Mt(acac)_n\text{；}Cp_2TiX_2$$

式中，Mt=Ti(Ⅳ)、V(Ⅴ)、Mo、W、Cr(Ⅵ)等。X=Cl、Br、I；Cp为环戊二烯。

（2）共催化剂　Ziegler-Natta催化剂中的共催化剂组分是由周期表中的Ⅰ～Ⅲ族的金属有机化合物组成的。例如RLi、$R_2Mg$、$R_2Zn$、$AlR_3$等。

式中，R=$CH_3$～$C_{11}H_{23}$的烷基或环烷基，其中有机铝化合物用得最多，其通式可写成$AlX_nR_{3-n}$，X=F，Cl，Br，I。

因此，两组分Ziegler-Natta催化剂具有如下的通式：

$$M_{Ⅳ\sim Ⅷ}X+M_{Ⅰ\sim Ⅲ}R \qquad (4\text{-}17)$$

最常用的体系是由$TiCl_4$或$TiCl_3$与烷基铝构成的体系。催化剂体系可以是均相的，也可以是非均相的。

真正起作用的催化剂并不是两组分的简单混合，而是要经过两组分间相互反应，才能产生高活性催化剂。两组分间的反应是非常复杂的烷基化还原反应，其重要特征是过渡态金属由高氧化态被还原成低氧化态。该低过渡金属具有未充满的配位价态，是真正的催化活性中心。

（3）第三组分　上述两组分Ziegler-Natta催化剂中常称为常规或第一代Ziegler-Natta催化剂。而在两组分催化剂中加入第三组分，通常是具有给电子能力的路易斯碱，如含N、O和P等化合物后，可以提高催化剂的定向性和引发活性。这一类催化剂常被称作为高效催化剂或第三代催化剂。

用于生产聚丙烯的催化剂，$TiCl_3$-$Al(C_2H_5)_2Cl$是最常用的。使用这一催化剂体系，所得聚丙烯全同立构含量高达80%～90%，无规立构含量为10%～20%。

### 4.3.3　丙烯配位聚合机理

#### 4.3.3.1　丙烯聚合反应机理

丙烯的配位聚合过程仍可看成是连锁聚合，它也包括链引发、链增长、链终止、链转移等基元反应。可表示如下。

链引发反应：

$$[Cat]^+—R^- + H_2C{=}\underset{\displaystyle CH_3}{\underset{|}{CH}} \xrightarrow{k_i} [Cat]^+—^-CH_2—\underset{\displaystyle CH_3}{\underset{|}{CH}}—R$$

链增长反应：

$$[Cat]^+—^-CH_2—\underset{\displaystyle CH_3}{\underset{|}{CH}}—R + nH_2C{=}\underset{\displaystyle CH_3}{\underset{|}{CH}} \xrightarrow{k_p} [Cat]^+—^-CH_2—\underset{\displaystyle CH_3}{\underset{|}{CH}}\!\!\left[CH_2—\underset{\displaystyle CH_3}{\underset{|}{CH}}\right]_n$$

链终止或转移反应：

自终止

$$[Cat]^+—^-CH_2—\underset{\displaystyle CH_3}{\underset{|}{CH}}\sim\sim \xrightarrow{k_s} [Cat]^+H + H_2C{=}\underset{\displaystyle CH_3}{\underset{|}{C}}\sim\sim$$

向单体转移终止：

$$[Cat]^+—^-CH_2—\underset{\displaystyle CH_3}{\underset{|}{CH}}\sim\sim + H_2C{=}\underset{\displaystyle CH_3}{\underset{|}{CH}} \xrightarrow{k_{tr,M}} [Cat]^+—^-CH_2—\underset{\displaystyle CH_3}{\underset{|}{CH_2}} + H_2C{=}\underset{\displaystyle CH_3}{\underset{|}{C}}\sim\sim$$

向共催化剂转移终止：

$$[Cat]^+—^-CH_2—\underset{\displaystyle CH_3}{\underset{|}{CH}}\sim\sim + AlR_3 \xrightarrow{k_{tr,A}} [Cat]^+R + R_2Al—H_2C—\overset{\displaystyle H}{\overset{|}{\underset{\displaystyle CH_3}{\underset{|}{C}}}}\sim\sim$$

向氢气，分子量调节剂链转移：

$$[Cat]^+—^-CH_2—\underset{\displaystyle CH_3}{\underset{|}{CH}}\sim\sim + H_2 \xrightarrow{k_{tr,H}} [Cat]^+H + H_3C—\overset{\displaystyle H}{\overset{|}{\underset{\displaystyle CH_3}{\underset{|}{C}}}}\sim\sim$$

对于非均相的 Ziegler-Natta 催化剂的聚合反应，吸附现象明显。按 Langmuir-Hinshelwood 表面吸附模型处理，可得丙烯的聚合速率方程：

$$R_P = \frac{k_p K_M K_A[M][A][S]}{\{1+K_M[M]+K_A[A]\}^2} \qquad (4\text{-}18)$$

式中，$k_p$ 为链增长速率常数；[M]、[A]、[S] 分别为溶液中的单体浓度，溶液中烷基金属组分浓度和催化剂固体表面吸附点的总浓度。$K_A$、$K_M$ 分别为烷基金属组分和单体的吸附平衡常数。

聚合度可由链增长速率除以所有链转移速率和链终止速率得到。对 Langmuir-Hinshelwood 表面吸附模型有：

$$\frac{1}{\overline{X}_n} = \frac{k_{tr,M}}{k_p} + \frac{k_s}{k_p K_M[M]} + \frac{k_{tr,A}K_A[A]}{k_p K_M[M]} + \frac{k_{tr,H}[H_2]}{k_p K_M[M]} \qquad (4\text{-}19)$$

#### 4.3.3.2　丙烯配位聚合定向机理

丙烯使用 Ziegler-Natta 催化剂进行配位聚合的机理，特别是如何形成立构规整性高分子这一点，一直是配位聚合的研究热点。尽管有不少理论被提出来了，但由于催化剂体系过于复杂，至今没有一个理论能解释所有现象。

（1）配位阴离子聚合　在配位聚合研究早期，由于 Ziegler-Natta 催化剂的两组分分别为阳离子聚合的引发剂和阴离子聚合的引发剂，曾有人提出过典型的离子聚合机理。但由于或是与实验事实不符或是不能解释如何形成立构规整性的高分子，而未被大家所接受。

后来，Natta 提出了配位阴离子聚合机理。认为烯烃首先是在金属-碳键上配位，然后插入增长。增长链与金属连接，这种金属-碳键是极化的，在末端的碳原子上是带阴离子性质的。因而称为配位阴离子聚合。这一理论最直接的证据是用含标记元素的终止剂$^{14}CH_3OH$和 $CH_3OH^3$ 分别终止增长链，所得到高分子链端含 $H^3$ 而不是 $C^{14}$，证明活性中心是阴离子性质的。

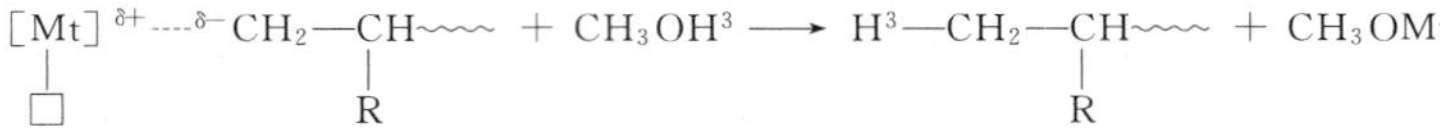

$$\underset{\square}{\underset{|}{[Mt]}}{}^{\delta+}\cdots{}^{\delta-}CH_2-\underset{R}{\underset{|}{CH}}\sim\sim + CH_3OH^3 \longrightarrow H^3-CH_2-\underset{R}{\underset{|}{CH}}\sim\sim + CH_3OMt$$

配位阴离子聚合机理得到了大家的认可。

下一个问题是在活性中心的什么部位增长及如何形成立构规整高分子的。关于这方面的理论较多，并且都有一定的实验支持，但又都有一定的不足。下面介绍两种典型的机理。

（2）Natta 的双金属活性中心机理　该机理于 1959 年由 Natta 首先提出的，他提出催化剂两组分反应形成了含有两种金属的桥形络合物活性种，丙烯在这种活性种上引发、增长。桥式络合物模型为：

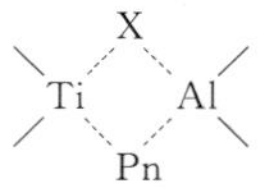

X

Ti　Al

Pn

式中，X 为卤原子，Pn 为增长链。

Natta 双金属中心配位聚合的机理为，首先是富电子的丙烯在 Ti 上配位，Al-Et 键断裂，Et 接到单体的 $\beta$ 位上。双金属机理这种在 Ti 上引发，Al 上增长的特点可用方程式表示。

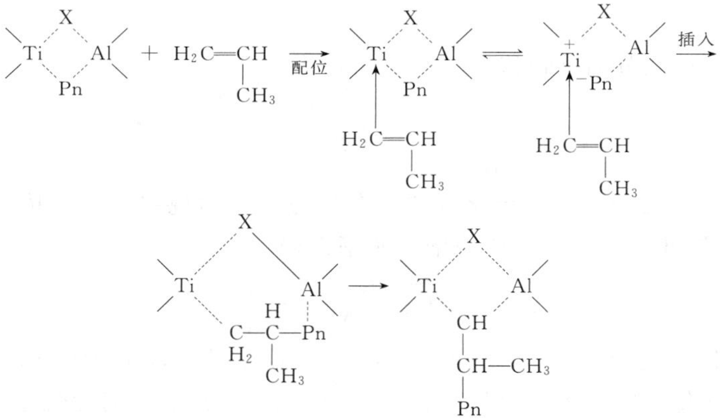

$$Ti(X)(Pn)Al + H_2C{=}\underset{CH_3}{\underset{|}{CH}} \xrightarrow{配位} Ti(\leftarrow H_2C{=}CH(CH_3))(X)(Pn)Al \rightleftharpoons \overset{+}{Ti}(\leftarrow H_2C{=}CH(CH_3))(X)(^{-}Pn)Al \xrightarrow{插入}$$

$$Ti\cdots X-Al,\ Ti\cdots \underset{H_2}{C}-\overset{H}{C}(CH_3)-Pn\cdots Al \longrightarrow Ti(X)Al\ \text{with}\ CH-CH(CH_3)-Pn$$

Natta 的双金属机理尽管可以解许多实验事实，但仍有不少缺陷。其最大的不足是在铝上增长。现在越来越多的证据表明，链增长是发生在过渡金属-碳的 $\sigma$ 键上，而不是在铝-碳键上。双金属机理的另一个明显不足是只对链引发、增长进行了解释，没有涉及立构规整的成因。

（3）Cossee-Arlman 的单金属活性中心机理　Cossee-Arlman 的单金属活性中心机理的活性中心模型是一个以 $Ti^{3+}$ 为中心、Ti 上带有一个烷基（或增长链）、一个空位和四个氯的五配位正八面体结构：

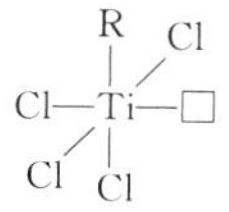

$$\mathrm{R,\ Cl,\ Cl{-}Ti{-}\square,\ Cl,\ Cl}$$

式中，R—Ti 为过渡金属-碳键，□是 $TiCl_3$ 表面（主要在边、棱上）的空位，它可给丙烯络合配位。由于活性中心只有一种过渡金属，因而被称为单金属活性中心。

① 活性中心的形成：含有 Cl 空位的五配位 Ti 络合物与烷基铝进行烷基-氯交换形成活性中心。

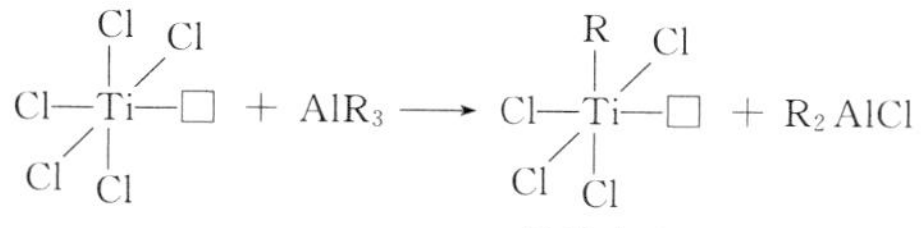

$$\mathrm{Cl_4Ti{-}\square} + \mathrm{AlR_3} \longrightarrow \mathrm{R(Cl_3)Ti{-}\square} + \mathrm{R_2AlCl}$$

活性中心

② 链增长：丙烯在正八面体络合物的空位上配位，然后在 Ti—C 键上插入。

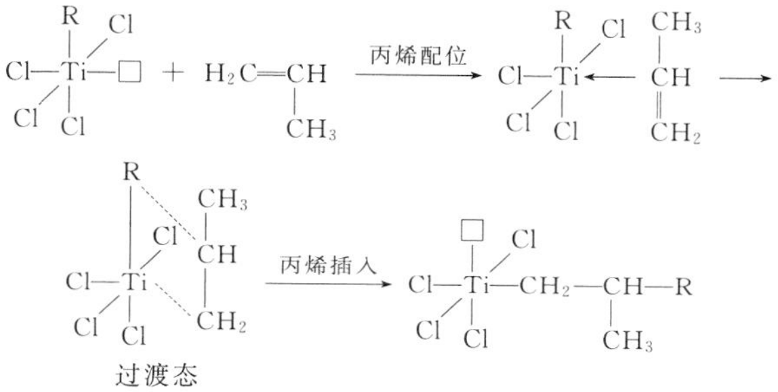

$$\mathrm{R(Cl_4)Ti{-}\square} + \mathrm{H_2C{=}CH(CH_3)} \xrightarrow{\text{丙烯配位}} \mathrm{R(Cl_4)Ti{\leftarrow}CH_2{=}CH(CH_3)} \longrightarrow$$

$$\text{过渡态} \xrightarrow{\text{丙烯插入}} \mathrm{\square(Cl_4)Ti{-}CH_2{-}CH(CH_3){-}R}$$

过渡态

③ 空位复原：单体插入后空位的位置发生了改变。如果单体按同样的方式继续配位插入，将形成间规立构高分子。如要生成等规立构高分子，则单体每插入一次，空位与增长链必须进行一次换位，使模型复原。

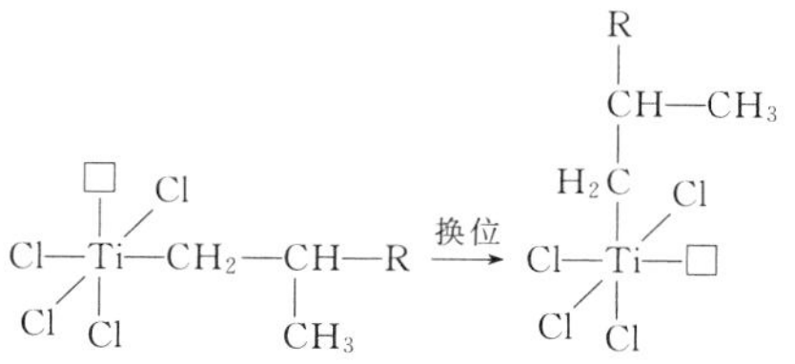

$$\mathrm{\square(Cl_4)Ti{-}CH_2{-}CH(CH_3){-}R} \xrightarrow{\text{换位}} \mathrm{R{-}CH(CH_3){-}CH_2(Cl_4)Ti{-}\square}$$

Cossee-Arlman 的单金属活性中心机理的单体在过渡金属-碳键上进行增长，而不是在碱金属-碳键上增长的，最直接、最有说服力的证据是发现了许多不含有机金属的烯烃催化剂。在这种情况下，显然过渡金属-碳键是增长中心。至今尚未发现只用有机金属化合物而不用过渡金属卤化物能使丙烯聚合的实例。

尽管 Cossee-Arlman 的单金属活性中心机理有很多的实验证据，目前已为大多数人所接受，但仍有一些地方值得探讨。如丙烯每增长一次，高分子的分子链与空位互换一次，这在热力学上不够合理。又如对共催化剂的作用重视不够。同一种 $TiCl_3$，配以不同的烷基铝，对丙烯聚合的催化效率和聚丙烯的等规度影响很大等。

## 4.4　不同连锁聚合的比较

自由基聚合、阳离子聚合、阴离子聚合以及配位阴离子聚合都是连锁聚合，它们之间既有相同点又有不同点。现将这些聚合方法的特点归纳成表 4-6。

**表 4-6 不同连锁聚合的比较**

| 项目 | 自由基聚合 | 阳离子聚合 | 阴离子聚合 | 配位聚合 |
| --- | --- | --- | --- | --- |
| 活性中心 | 自由基 | 自由阳离子，离子对 | 自由阴离子、离子对 | 单金属或双金属活性中心 |
| 单体 | 弱吸电子取代基的烯类单体、具有共轭结构的烯类单体等 | 供吸电子取代基的烯类单体、具有共轭结构的烯类单体、部分环氧和环硫化合物、羰基化合物等 | 吸电子取代基的烯类单体、具有共轭结构的烯类单体、部分环氧和环硫化合物、羰基化合物等 | $\alpha$-烯烃、共轭二烯烃、吸电子取代基的极性烯类单体、环烯烃等 |
| 引发剂 | 过氧化物、偶氮类化合物、氧化还原引发剂 | 亲电试剂，路易斯酸 | 亲核试剂，碱金属及其有机化合物 | Ⅳ～Ⅷ族过渡金属构成的化合物和Ⅰ～Ⅲ族的金属有机化合物组成 |
| 基元反应及其特点 | 慢引发、快增长、速终止、有转移 | 快引发、快增长、易转移、难终止 | 快引发、慢增长、无终止 | 引发、增长、转移、终止 |
| 分子量及分子量分布 | 分子量主要由单体、引发剂浓度及各基元反应的速率常数所决定<br>分子量分布较宽 | 分子量主要由单体与引发剂的起始配比决定<br>分子量分布较窄 | 分子量主要由单体与引发剂的起始配比决定<br>分子量分布较窄 | 由单体、引发剂配比及速率常数决定，分子量分布宽 |
| 聚合温度 | 中、高温聚合 | 低温聚合 | 低温聚合 | 中、低温聚合 |
| 溶剂的影响 | 参与链转移并影响引发剂效率 | 溶剂的极性与溶剂化能力影响活性中心的形态，进而影响聚合速率、聚合度 | 溶剂的极性与溶剂化能力影响活性中心的形态，进而影响聚合速率、聚合度 | 非极性溶剂，极性杂质对催化剂的活性及效率有很大影响 |
| 阻聚剂类型 | 氧气、苯醌及稳定自由基等物质 | 水、醇等极性物质，亲核试剂 | 水、醇等极性物质，亲电试剂 | 水、醇等极性物质，亲电试剂 |
| 产物立构规整性 | 无规 | 无规 | 无规或有规 | 有规或无规 |

# 习　题

1. 分析下列引发体系与单体，并判断何种引发体系可引发何种单体？按哪种机理进行聚合？写出反应式。

| 引发体系 | 单体 | |
| --- | --- | --- |
| $(C_6H_5COO)_2$ | $H_2C{=}CHC_6H_5$ | $H_2C{=}CH{-}CH{=}CH_2$ |
| Na + 萘 | $H_2C{=}CHCl$ | |
| $BF_3+H_2O$ | $H_2C{=}C(CN)_2$ | $H_2C{=}C(CH_3)COOCH_3$ |
| $(CH_3)_3COOH+Fe^{2+}$ | $H_2C{=}C(CH_3)_2$ | $H_2C{=}CH{-}OC_4H_9$ |
| $H_2SO_4$ | | |
| $n$-$C_4H_9Li$ | | |
| $(NH_4)_2S_2O_8$ | | |

2. 解释下列概念：

（1）离子对；（2）异构化聚合；（3）活性聚合；（4）全同立构；（5）间同立构；（6）无规立构；（7）等规度；（8）配位聚合；（9）Ziegler-Natta 催化剂；（10）单金属机理；（11）双金属机理

3. 从以下几方面分析离子聚合与自由基聚合的异同：

（1）活性中心；（2）反应温度；（3）反应速率；（4）聚合实施方法；（5）聚合机理；（6）引发剂；（7）溶剂对反应的影响

4. 用萘钠引发 α-甲基苯乙烯聚合，获得相对分子质量为354000的高分子1.77kg，计算反应初始加入的萘钠为多少克？

5. 以丁基锂和少量的单体反应得一活性高分子种子 $S^*$，用 $10^{-2}$mol/L 的 $S^*$ 和 2mol/L 的新鲜单体混合，50min 内单体的一半转化为高分子，计算聚合反应速率及聚合度。

6. 假定在异丁烯的聚合反应中向单体链转移是主要终止方式，聚合末端是不饱和端基。现有4.0g的高分子使6.0mL的0.01mol/L的 $Br_2/CCl_4$ 溶液正好褪色，计算高分子数均分子量。

7. 增加溶剂极性对下列各项有何影响？

（1）活性种的状态；（2）高分子的立体规整性；（3）阴离子聚合 $k_{p(\pm)}$，$k_{p(-)}$；（4）用萘钠引发聚合的产物聚合速率；（5）用 $n$-$C_4H_9Li$ 引发聚合的产物单分散性。

8. 用萘钠、THF制备聚 α-甲基苯乙烯样品时，发现如下现象：

$$\left(\text{萘} + \text{Na} + \text{THF}\right)\text{溶液} \xrightarrow[\text{室温}]{\text{单体}} \text{橙红色溶液(黏度变化不大)}$$

$$\xrightarrow{\text{缓慢降温至}-40\sim-70℃} \underset{\text{(黏度变大)}}{\text{橙红色溶液}} \xrightarrow{\text{升温至}70℃} \text{橙红色溶液(黏度又变小)}$$

试解释上述实验现象。

9. 说明阴离子聚合与配位阴离子聚合中链增长反应的不同。

10. 解释下列现象：

（1）在配位负离子聚合中氢降低聚乙烯或聚丙烯的分子量；

（2）由配位聚合而得的高分子中有时含有高分子-金属键。

11. 在丙烯的本体气相聚合中，得聚丙烯98g，产物用沸腾正庚烷萃取后得不溶物90g，试求该聚丙烯的全同指数。这种鉴定方法可否用于其他立构规整高分子的鉴定中？

12. 甲基丙烯酸甲酯分别在四氢呋喃、苯、硝基苯中以萘钠引发聚合，试问在哪一种溶液中聚合速率最大？为什么？

13. 某一引发体系引发聚合时有如下特征：

（1）加水有阻聚作用；（2）溶剂极性增加，聚合速率加快；（3）分子量随温度升高而下降；（4）聚合速率随温度升高而下降；（5）引发 St($M_1$)-MMA($M_2$) 共聚时，$r_1<1$、$r_2>1$。

判断这一聚合是按自由基、阳离子还是阴离子聚合机理进行的？理由是什么？

14. 在某一温度下，苯乙烯在四氢呋喃中用正丁基锂引发进行阴离子聚合，正丁基锂浓度为 $1\times10^{-3}$mol/L，苯乙烯浓度为1.0mol/L，假定正丁基锂瞬间完全离解，反应体系内无杂质，$R_i \approx R_p$。

（1）写出 $\overline{X}_n$ 与反应时间的函数关系式；

（2）分别计算转化率达50%及100%时产物的 $\overline{X}_n$。

15. 比较逐步聚合、自由基聚合、阴离子聚合的如下关系：

（1）转化率与时间关系；（2）高分子的分子量与时间的关系。

16. 制备甲基丙烯酸甲酯-苯乙烯嵌段共聚物应选择下列何种加料方式？说出理由。

（1）先加苯乙烯，再加甲基丙烯酸甲酯；（2）先加甲基丙烯酸甲酯，再加苯乙烯；（3）甲基丙烯酸甲酯与苯乙烯同时加。

17. 2.0mol/L 的苯乙烯-二氯乙烷溶液在25℃下，用 $4.0\times10^{-4}$mol/L 的硫酸引发聚

合，已知：$k_{tr,M}=1.2\times10^{-1}$ L/(mol·s)，$k_{t_1}=6.7\times10^{-3}\text{s}^{-1}$（与反离子结合终止），$k_{t_2}=4.9\times10^{-2}\ \text{s}^{-1}$（自发终止），$C_s=0$，$K_p=7.6$L/(mol·s)。

（1）写出链终止反应方程式，并计算产物的平均聚合度。

（2）在上述体系中再加入 $8.0\times10^{-5}$mol/L 异丙苯，写出链终止反应方程式，并求平均聚合度；$C_s=4.5\times10^{-2}$ L/(mol·s)。

（3）比较上述两种情况的 $\overline{X}_n$，解释原因。

# 第5章　共聚合反应

由一种单体所进行的聚合反应叫做均聚合反应，由两种或两种以上的单体共同进行的聚合反应叫一般做共聚合反应（copolymerization）。均聚合反应的反应机理既有连锁聚合机理（如聚乙烯、聚丙烯、聚氯乙烯等），也有逐步聚合机理［如尼龙6（以水或酸为催化剂）］。共聚合反应的反应机理也一样，既有连锁聚合，也有逐步共聚合。对于由两种单体所参与的二元共聚反应，其反应理论比较成熟，本章着重讨论自由基二元共聚，并介绍了离子二元共聚。对于三元共聚反应，由于其反应机理、动力学和产物相当复杂，一般只限于实际应用，理论上尚不够完善。

## 5.1　共聚合反应与共聚物

### 5.1.1　共聚合反应

在共聚合反应中，根据单体与高分子原子种类和数目的变化可分为共加聚反应和共缩聚反应。对于共加聚反应，单体和高分子的原子种类和数目没有变化，而共缩聚反应中，随着高分子的生成往往有小分子产生。自由基共聚合和离子共聚合一般属于共加聚反应，而逐步共聚合中既有共加聚反应（如聚氨酯的合成），也有共缩聚反应（如聚酯、聚酰胺的合成等）。

### 5.1.2　共聚物

均聚合反应的产物叫做均聚物，其重复单元往往既是结构单元也是单体单元，如聚氯乙烯、聚丙烯等。共聚合反应的产物叫做共聚物。共聚物与不同均聚物组成的混合物不同，利用共聚合反应可以对均聚物进行性能的改进。这里主要介绍二元共聚物的分类和命名。

#### 5.1.2.1　共聚物的分类

对于二元共聚物，根据大分子的微结构，可以分成如下四种类型。

（1）无规共聚物（random copolymer）　有时也称为一般共聚物。大分子链上两种单元的排列没有规律，其中某一单元连续排列的数目一般少于十个。在自由基连锁共聚物中极易出现无规共聚物，如丁苯橡胶、丁腈橡胶、氯乙烯-醋酸乙烯酯共聚物等。

$$\sim\sim\sim M_1M_2M_2M_1M_1M_1M_2M_1M_1M_2M_2M_2M_1M_2M_1M_1M_2\sim\sim\sim$$

（2）交替共聚物（alternative copolymer）　大分子链上的两种单元严格交替排列，例如苯乙烯-顺丁二烯二酸酐共聚物。

$$\sim\sim\sim M_1M_2M_1M_2M_1M_2M_1M_2M_1M_2M_1M_2M_1M_2M_1M_2M_1\sim\sim\sim$$

（3）嵌段共聚物（block copolymer）　是由较长的 $M_1$ 链段和另一较长的 $M_2$ 链段组成的大分子（AB型），或者由两段较长的 $M_1$ 链段与另一段较长的 $M_2$ 链段组成的大分子，$M_2$ 链段位于两段 $M_1$ 链段之间（ABA型）。无论 $M_1$ 链段还是 $M_2$ 链段，应是由数百至几千个结构单元组成的较长链段。嵌段共聚物可分AB型嵌段共聚物［如苯乙烯-丁二烯（SB)］和ABA型三嵌段共聚物［如苯乙烯-丁二烯-苯乙烯（SBS)］，另外还有 $(AB)_n$ 型嵌段共聚物，可以看做是一种“长片段”交替共聚物。

$$\sim\sim\sim M_1M_2M_1M_2M_1M_2M_1M_2M_1M_2M_1M_2M_1M_2M_1M_2M_1\sim\sim\sim \qquad \text{(AB型)}$$

$$M_1M_1M_1\sim\sim M_1M_1M_2M_2\sim\sim M_2M_2M_1M_1\sim\sim M_1M_1M_1 \quad (ABA 型)$$

$$\sim\sim M_1M_2\sim\sim M_2M_1\sim\sim M_1M_2\sim\sim M_2M_1\sim\sim M_1M_2\sim\sim M_2M_1\sim\sim \quad ((AB)_n 型)$$

(4) 接枝共聚物 (graft copolymer) 是一种树枝型共聚物，主链是由一种结构单元组成的，支链是由另一种单元组成的。

```
        M2M2~~~M2M2
         |
~~~M1M1M1~~~M1M1M1~~~M1M1M1~~~M1M1M1~~~
             |                  |
           M2M2~~~M2M2        M2M2~~~M2M2
```

与无规共聚物和交替共聚物的合成不同，大多数嵌段共聚物和接枝共聚物不是由两种单体同时进行聚合反应来合成的，一般要利用高分子的化学反应或者离子型聚合等方法来实现。

#### 5.1.2.2 共聚物的命名

共聚物命名时是在两种单体之间以短划线相连，在前面冠以“聚”字。如聚苯乙烯-丁二烯等。无规共聚物命名时将主单体放在前面，次单体放在后面；嵌段共聚物是根据单体聚合的先后次序进行命名的；接枝共聚物命名时则将主链单体放在前面，支链单体置于其后；交替共聚物命名时两种单体的顺序不分先后。常见的二元共聚物见表 5-1。

**表 5-1 常见的二元共聚物**

| 主单体 | 第二单体 | 改进的性能及常见用途 |
|---|---|---|
| 乙烯 | 醋酸乙烯酯 | 增加柔性，可用作聚氯乙烯的共混料 |
| 乙烯 | 丙烯 | 破坏结晶性能，增加柔性和弹性，例如乙丙橡胶 |
| 异丁烯 | 异戊二烯 | 引入双键，用于交联，例如丁基橡胶 |
| 丁二烯 | 苯乙烯 | 提高强度，例如通用丁苯橡胶 |
| 丁二烯 | 丙烯腈 | 增加耐油性，如丁腈橡胶 |
| 苯乙烯 | 丙烯腈 | 增加抗冲强度，用作增韧塑料 |
| 氯乙烯 | 醋酸乙烯酯 | 增加塑性和溶解性能，用作塑料和涂料 |
| 四氟乙烯 | 全氟丙烯 | 破坏结构完整性能，增加柔性，用作特种橡胶 |
| 甲基丙烯酸甲酯 | 苯乙烯 | 改善流动性和加工性能，用作塑料 |
| 丙烯腈 | 丙烯酸甲酯衣康酸 | 改善柔软性和染色性能，用作合成纤维 |
| 马来酸酐 | 醋酸乙烯酯或苯乙烯 | 改善聚合性能，用作分散剂和织物处理剂 |

## 5.2 共聚合方程

### 5.2.1 共聚合反应特点

两种单体进行共聚时，由于其反应活性的差异，聚合过程中进入高分子的能力不等，因而高分子中两单体单元的含量（共聚物组成）与反应前原料中的单体配比（单体组成）不等。例如纺丝用的氯乙烯-丙烯腈共聚物中两单体单元之比 VC∶AN 为 60∶40，投料时两种单体之比却为 88∶12。此外，聚合过程中每种单体进入高分子的速度也是随着时间而变化的，因此共聚物组成存在着组成分布和平均分布的问题。

两种容易均聚的单体有时反而很难共聚（例如苯乙烯和乙酸乙烯酯）；两种难以均聚的单体却可以进行共聚反应（例如本身不能进行均聚的烯类化合物——顺丁烯二酸酐可以很好地与另外的单体进行共聚反应）。

所有这些都需要对共聚反应中的反应机理、共聚物组成与原料组成间的基本关系进行探讨，而共聚物组成中最为核心的是瞬时组成、平均组成和序列分布。

### 5.2.2　自由基共聚合反应机理

自由基二元共聚时存在2种引发、4种增长、3种终止反应。以$M_1$、$M_2$代表两种单体，以$\sim\sim M_1^{\bullet}$、$\sim\sim M_2^{\bullet}$代表两种链自由基，各基元反应方程式如下。

（1）链引发

$$R^{\bullet}+M_1 \xrightarrow{k_{i_1}} RM_1^{\bullet}（或 M_1^{\bullet}）$$

$$R^{\bullet}+M_2 \xrightarrow{k_{i_2}} RM_2^{\bullet}（或 M_2^{\bullet}）$$

式中，$k_{i_1}$和$k_{i_2}$分别代表初级自由基引发单体$M_1$和$M_2$的速率常数。

（2）链增长

$$\sim\sim M_1^{\bullet}+M_1 \xrightarrow{k_{11}} \sim\sim M_1^{\bullet} \qquad R_{11}=k_{11}[M_1^{\bullet}][M_1] \tag{5-1}$$

$$\sim\sim M_1^{\bullet}+M_2 \xrightarrow{k_{12}} \sim\sim M_2^{\bullet} \qquad R_{12}=k_{12}[M_1^{\bullet}][M_2] \tag{5-2}$$

$$\sim\sim M_2^{\bullet}+M_1 \xrightarrow{k_{21}} \sim\sim M_1^{\bullet} \qquad R_{21}=k_{21}[M_2^{\bullet}][M_1] \tag{5-3}$$

$$\sim\sim M_2^{\bullet}+M_2 \xrightarrow{k_{22}} \sim\sim M_2^{\bullet} \qquad R_{22}=k_{22}[M_2^{\bullet}][M_2] \tag{5-4}$$

式中，$R_{ij}$和$k_{ij}$分别代表自由基$M_i^{\bullet}$和单体$M_j$反应的增长速率和增长速率常数。$[M_i^{\bullet}]$和$[M_j]$分别代表自由基$M_i^{\bullet}$和单体$M_j$的浓度。

（3）链终止

$$\sim\sim M_1^{\bullet}+{}^{\bullet}M_1\sim\sim \xrightarrow{k_{t_{11}}} 死大分子$$

$$\sim\sim M_1^{\bullet}+{}^{\bullet}M_2\sim\sim \xrightarrow{k_{t_{12}}} 死大分子$$

$$\sim\sim M_2^{\bullet}+{}^{\bullet}M_2\sim\sim \xrightarrow{k_{t_{22}}} 死大分子$$

式中，$k_{t_{ij}}$代表自由基$M_i^{\bullet}$与自由基$M_j^{\bullet}$的终止速率常数。

### 5.2.3　自由基共聚合方程

#### 5.2.3.1　二元共聚组成方程

共聚物组成方程是描述共聚物组成与单体混合物（原料）组成间的定量关系，可以通过共聚动力学或者由链增长的概率加以推导。从动力学的角度进行推导时需要作如下基本假设：

① 自由基的活性与其链长无关，即研究均聚动力学时所作的等活性假设。

② 自由基的活性仅取决于末端单元的结构，前末端（倒数第二）单元结构对自由基活性无影响。

③ 无解聚反应发生，即反应是不可逆的。

④ 共聚物的聚合度很大，引发和终止反应对共聚物的组成影响可以忽略不计。

⑤ 反应体系状态稳定即稳态处理。其等价条件是反应体系中两种自由基的浓度保持不变，一方面每种自由基的引发速率和终止速率相等，另一方面两种自由基相互转变的速率相等。

根据以上假设④，用于引发的单体远远少于增长反应，可以忽略不计。单体的消耗速率或进入共聚物的速率仅取决于链增长反应，见式(5-5)和式(5-6)。

$$-\frac{d[M_1]}{dt}=R_{11}+R_{21}=k_{11}[M_1^{\bullet}][M_1]+k_{21}[M_2^{\bullet}][M_1] \tag{5-5}$$

$$-\frac{d[M_2]}{dt}=R_{12}+R_{22}=k_{12}[M_1^{\cdot}][M_2]+k_{22}[M_2^{\cdot}][M_2] \tag{5-6}$$

两种单体进入共聚物的速率比就是两种单体的消耗速率之比，如式(5-7)。

$$\frac{d[M_1]}{d[M_2]}=\frac{k_{11}[M_1^{\cdot}][M_1]+k_{21}[M_2^{\cdot}][M_1]}{k_{12}[M_1^{\cdot}][M_2]+k_{22}[M_2^{\cdot}][M_2]} \tag{5-7}$$

根据假设⑤，反应体系中每种自由基的浓度不变，因此其产生速率和消耗速率相等，总变化速率为0。故有：

$$\frac{d[M_1^{\cdot}]}{dt}=R_{i_1}+k_{21}[M_2^{\cdot}][M_1]-k_{12}[M_1^{\cdot}][M_2]-k_{t_{12}}[M_1^{\cdot}][M_2^{\cdot}]-2k_{t_{11}}[M_1^{\cdot}]^2=0 \tag{5-8}$$

$$\frac{d[M_2^{\cdot}]}{dt}=R_{i_2}+k_{12}[M_1^{\cdot}][M_2]-k_{21}[M_2^{\cdot}][M_1]-k_{t_{12}}[M_2^{\cdot}][M_1^{\cdot}]-2k_{t_{22}}[M_2^{\cdot}]^2=0 \tag{5-9}$$

满足稳态假设的另一条件是两种自由基相互转化速率相等，即

$$k_{12}[M_1^{\cdot}][M_2]=k_{21}[M_2^{\cdot}][M_1] \tag{5-10}$$

将式(5-10) 代入式(5-7) 消去自由基浓度项，令 $r_1=k_{11}/k_{12}$，$r_2=k_{22}/k_{21}$，经化简可以得到共聚物组成的摩尔比或浓度比的微分方程，即式(5-11)。

$$\frac{d[M_1]}{d[M_2]}=\frac{M_1}{M_2}\times\frac{r_1[M_1]+[M_2]}{r_2[M_2]+[M_1]} \tag{5-11}$$

式(5-11) 用单体的摩尔比或浓度比表示了共聚物的瞬时组成与单体组成间的定量关系。如果令 $f_1$ 代表反应过程中单体混合物中单体 $M_1$ 的摩尔分数，$F_1$ 代表此时共聚物中单元 $M_1$ 的摩尔分数，则有：

$$f_1=1-f_2=\frac{[M_1]}{[M_1]+[M_2]}$$

$$F_1=1-F_2=\frac{d[M_1]}{d[M_1]+d[M_2]}$$

这样，式(5-11) 就可以转换成以摩尔分数表示的共聚物组成微分方程，即式(5-12)。

$$F_1=\frac{r_1f_1^2+f_1f_2}{r_1f_1^2+2f_1f_2+r_2f_2^2} \tag{5-12}$$

共聚物组成微分方程式(5-11) 和式(5-12) 均有其方便的地方，可根据实际情况灵活选用，还可以将它们转换成以质量分数表示的方程式。

设 $[W_1]$、$[W_2]$ 为某瞬间原料单体混合物中两种单体的质量浓度（单位体积），$M_1'$、$M_2'$分别表示两种单体的分子量，将$[M_1]=[W_1]/M_1'$，$[M_2]=[W_2]/M_2'$代入式(5-11)，化简可得：

$$\frac{d[W_1]}{d[W_2]}=\frac{[W_1]}{[W_2]}\times\frac{r_1[W_1]\frac{M_2'}{M_1'}+[W_2]}{r_2[W_2]+[W_1]\frac{M_2'}{M_1'}} \tag{5-13}$$

令 $k=M_2'/M_1'$，则有：

$$\frac{d[W_1]}{d[W_2]}=\frac{[W_1]}{[W_2]}\times\frac{r_1k[W_1]+[W_2]}{r_2[W_2]+k[W_1]} \tag{5-14}$$

如果用 $w_1$ 表示该瞬间所形成的共聚物中单体单元 $M_1$ 所占的质量分数，即

$$w_1=\frac{d[W_1]}{d[W_1]+d[W_2]}\times100\%$$

将其代入式(5-14) 即可以得到以质量分数表示的共聚物组成微分方程式(5-15)。

$$w_1=\frac{r_1 k\dfrac{[W_1]}{[W_2]}+1}{1+k+r_1 k\dfrac{[W_1]}{[W_2]}+r_2\dfrac{[W_2]}{[W_1]}}\times 100\% \tag{5-15}$$

#### 5.2.3.2　三元共聚组成方程

三元共聚物组成的微分方程式同样可以通过动力学方程进行推导。三元共聚时存在 3 种引发、9 种增长、6 种终止反应以及 9 个竞聚率。

(1) 链引发

$$R^{\cdot}+M_1\xrightarrow{k_{i1}}RM_1^{\cdot}(\text{或 }M_1^{\cdot})$$

$$R^{\cdot}+M_2\xrightarrow{k_{i2}}RM_2^{\cdot}(\text{或 }M_2^{\cdot})$$

$$R^{\cdot}+M_3\xrightarrow{k_{i3}}RM_3^{\cdot}(\text{或 }M_3^{\cdot})$$

(2) 链增长

$$\begin{array}{ll}
\sim\sim M_1^{\cdot}+M_1\xrightarrow{k_{11}}\sim\sim M_1^{\cdot} & R_{11}=k_{11}[M_1^{\cdot}][M_1] \\
\sim\sim M_1^{\cdot}+M_2\xrightarrow{k_{12}}\sim\sim M_2^{\cdot} & R_{12}=k_{12}[M_1^{\cdot}][M_2] \\
\sim\sim M_1^{\cdot}+M_3\xrightarrow{k_{23}}\sim\sim M_3^{\cdot} & R_{13}=k_{13}[M_1^{\cdot}][M_3] \\
\sim\sim M_2^{\cdot}+M_1\xrightarrow{k_{21}}\sim\sim M_1^{\cdot} & R_{21}=k_{21}[M_2^{\cdot}][M_1] \\
\sim\sim M_2^{\cdot}+M_2\xrightarrow{k_{22}}\sim\sim M_2^{\cdot} & R_{22}=k_{22}[M_2^{\cdot}][M_2] \\
\sim\sim M_2^{\cdot}+M_3\xrightarrow{k_{23}}\sim\sim M_3^{\cdot} & R_{23}=k_{23}[M_2^{\cdot}][M_3] \\
\sim\sim M_3^{\cdot}+M_1\xrightarrow{k_{31}}\sim\sim M_1^{\cdot} & R_{31}=k_{31}[M_3^{\cdot}][M_1] \\
\sim\sim M_3^{\cdot}+M_2\xrightarrow{k_{32}}\sim\sim M_2^{\cdot} & R_{32}=k_{32}[M_3^{\cdot}][M_2] \\
\sim\sim M_3^{\cdot}+M_3\xrightarrow{k_{33}}\sim\sim M_3^{\cdot} & R_{33}=k_{33}[M_3^{\cdot}][M_3]
\end{array} \tag{5-16}$$

(3) 链终止

$$\sim\sim M_1^{\cdot}+{}^{\cdot}M_1\sim\sim\xrightarrow{k_{t11}}\text{死大分子}$$

$$\sim\sim M_1^{\cdot}+{}^{\cdot}M_2\sim\sim\xrightarrow{k_{t12}}\text{死大分子}$$

$$\sim\sim M_1^{\cdot}+{}^{\cdot}M_3\sim\sim\xrightarrow{k_{t13}}\text{死大分子}$$

$$\sim\sim M_2^{\cdot}+{}^{\cdot}M_2\sim\sim\xrightarrow{k_{t22}}\text{死大分子}$$

$$\sim\sim M_2^{\cdot}+{}^{\cdot}M_3\sim\sim\xrightarrow{k_{t23}}\text{死大分子}$$

$$\sim\sim M_3^{\cdot}+{}^{\cdot}M_3\sim\sim\xrightarrow{k_{t33}}\text{死大分子}$$

6 个竞聚率为：

$r_{12}=k_{11}/k_{12}$，$r_{13}=k_{11}/k_{13}$，$r_{21}=k_{22}/k_{21}$，$r_{23}=k_{22}/k_{23}$，$r_{31}=k_{33}/k_{31}$，$r_{32}=k_{33}/k_{32}$

三种单体的消失速率为：

$$-\frac{d[M_1]}{dt}=R_{11}+R_{21}+R_{31}$$

$$-\frac{d[M_2]}{dt}=R_{12}+R_{22}+R_{32}$$

$$-\frac{d[M_3]}{dt}=R_{13}+R_{23}+R_{33}$$

关于三种自由基稳态假设的处理方式很多，最常见的是 Alfrey Goldfinger 和 Valvassori Sartori 两种处理方法，较为简单的是后者，具体处理时利用如下关系：

$$R_{12}=R_{21},\ R_{23}=R_{32},\ R_{31}=R_{13}$$

所得到的三元共聚物组成微分方程为：

$$\mathrm{d}[\mathrm{M}_1]:\mathrm{d}[\mathrm{M}_2]:\mathrm{d}[\mathrm{M}_3]=\left\{[\mathrm{M}_1]\left([\mathrm{M}_1]+\frac{[\mathrm{M}_2]}{r_{12}}+\frac{[\mathrm{M}_3]}{r_{13}}\right)\right\}$$
$$:\left\{[\mathrm{M}_2]\left(\frac{[\mathrm{M}_1]}{r_{12}}+\frac{r_{21}[\mathrm{M}_2]}{r_{12}}+\frac{r_{21}[\mathrm{M}_3]}{r_{12}r_{23}}\right)\right\}:\left\{[\mathrm{M}_3]\left(\frac{[\mathrm{M}_1]}{r_{13}}+\frac{r_{31}[\mathrm{M}_2]}{r_{13}r_{32}}+\frac{r_{31}[\mathrm{M}_3]}{r_{13}}\right)\right\} \tag{5-17}$$

# 5.3 竞聚率、共聚曲线及共聚物组分的控制

## 5.3.1 竞聚率

竞聚率 $r_1$、$r_2$ 是表征单体 $\mathrm{M}_1$、$\mathrm{M}_2$ 进入共聚物中的能力大小，是均聚增长与共聚增长速率常数的比值。

$r_1=0$ 表示 $k_{11}=0$，说明活性端基只能加上异种单体。

$r_1=1$ 表示 $k_{11}=k_{12}$，活性端基加上两种单体的能力相同或者两种概率相同。

$r_1=\infty$ 表示只能均聚，不能共聚，这种情况较少出现。

$r>1$ 表示链自由基偏向与同种单体加成聚合。

$r<1$ 表示链自由基偏向与异种自由基加成。

### 5.3.1.1 竞聚率的测定

由共聚物组成微分方程可以看出，竞聚率是计算共聚物组成的重要参数。要获得竞聚率，一般要测定多组单体配比下的共聚物组成或由残留的单体组成进行计算。常见单体的竞聚率可以从手册中查找，也可以通过实验的方法进行测定。

（1）曲线拟合法　将多组不同组成 $f_1$ 的单体混合物进行共聚，控制较低的转化率，将所得的共聚物进行分离、精制后测定其组成 $F_1$。作 $F_1$-$f_1$ 图，采用示差法预先选取 $r_1$、$r_2$，将 $f_1$ 代入共聚物组成微分方程，计算对应的 $F_1$，比较是否与实测的曲线吻合。这种方法比较烦琐，而且 $r_1$、$r_2$ 的变化有时对组成曲线不敏感，误差比较大，因此这种方法很少采用。

（2）直线交点法　将式(5-11）进行重排，变为：

$$r_2=\frac{[\mathrm{M}_1]}{[\mathrm{M}_2]}\left\{\frac{\mathrm{d}[\mathrm{M}_1]}{\mathrm{d}[\mathrm{M}_2]}\left(1+\frac{[\mathrm{M}_1]}{[\mathrm{M}_2]}\times r_1\right)-1\right\} \tag{5-18}$$

将几组单体组成配比 $[\mathrm{M}_1]/[\mathrm{M}_2]$ 以及对应的共聚物组成 $\mathrm{d}[\mathrm{M}_1]/\mathrm{d}[\mathrm{M}_2]$ 代入式(5-18)，就可以得到若干条 $r_2$-$r_1$ 直线，见图 5-1。这些直线的交点或交叉区域的重心对应的坐标即为 $r_1$、$r_2$ 值。直线交叉区域的大小与实验精度有关，选择最佳点时可以使其至各直线的垂直距离的平方和最小。

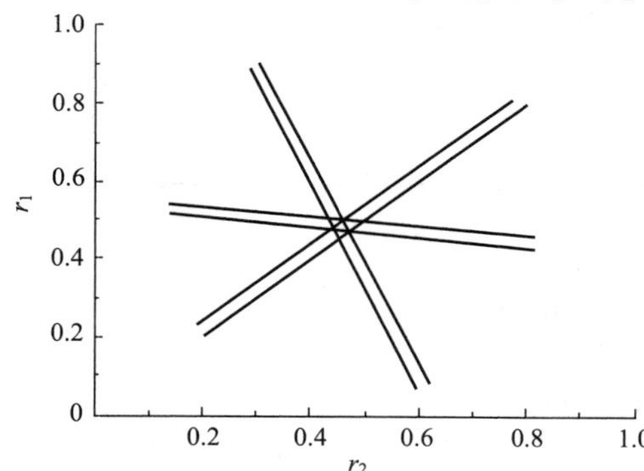

图 5-1　直线交点法求 $r_1$、$r_2$ 值

（3）截距斜率法　令 $\rho=\mathrm{d}[\mathrm{M}_1]/\mathrm{d}[\mathrm{M}_2]$，$R=[\mathrm{M}_1]/[\mathrm{M}_2]$，则式(5-18）可以化简为：

$$\frac{\rho-1}{R}=r_1-r_2\times\frac{\rho}{R^2} \tag{5-19}$$

如果作$(\rho-1)/R$-$\rho/R^2$ 关系曲线，则可以得

到一条直线（图 5-2），此直线的斜率为 $-r_2$，截距为 $r_1$。

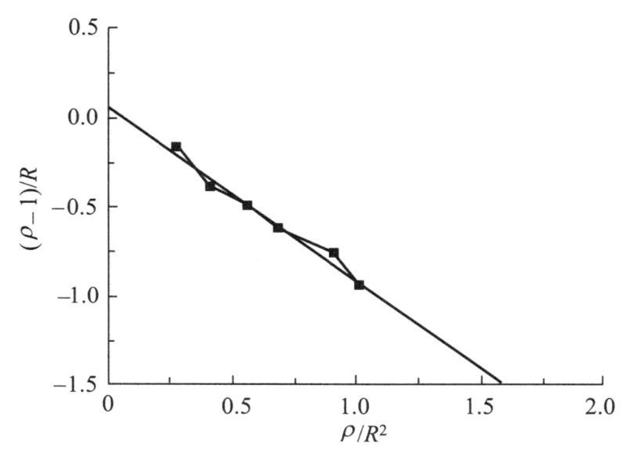

图 5-2　截距斜率法求 $r_1$、$r_2$ 值

（4）积分法　前面三种方法一般只适用于低转化率阶段，当转化率大于 10% 或更高时需要采用积分法才能获得比较精确的结果。将式(5-18) 进行重排，可得：

$$r_2=\frac{\lg\dfrac{[M_2]_0}{[M_2]}-\dfrac{1}{P}\lg\dfrac{\left(1-P\dfrac{[M_1]}{[M_2]}\right)}{\left(1-P\dfrac{[M_1]_0}{[M_2]_0}\right)}}{\lg\dfrac{[M_1]_0}{[M_1]}+\lg\dfrac{\left(1-P\dfrac{[M_1]}{[M_2]}\right)}{\left(1-P\dfrac{[M_1]_0}{[M_2]_0}\right)}} \tag{5-20}$$

式中

$$P=\frac{1-r_1}{1-r_2} \tag{5-21}$$

将一组实验的 $[M_1]_0$、$[M_2]_0$ 以及测得的 $[M_1]$、$[M_2]$ 代入式(5-20)，从而得到 $r_2$-$r_1$ 的关系式。采用示差法，首先拟定一个 $P$ 值代入式(5-20)、式(5-21) 求出相应的 $r_1$、$r_2$ 值，选取 2～3 个 $P$ 值可以得到 2～3 组关于 $r_1$、$r_2$ 的关系直线，这些直线的交点对应的就是 $r_1$、$r_2$ 值。

不论采用什么方法测定竞聚率均会存在一定的误差，因此不同方法得到的竞聚率会有些差异。

#### 5.3.1.2　影响竞聚率的因素

竞聚率是链增长速率常数的比值，因此它必然与反应条件和单体的种类有关。这里首先介绍反应条件对竞聚率的影响。

（1）温度　温度会影响反应速率常数，将温度对反应速率常数的关系代入竞聚率的定义式，有：

$$\frac{\mathrm{d}\ln r_1}{\mathrm{d}T}=\frac{E_{11}-E_{12}}{RT^2} \tag{5-22}$$

式中，$E_{11}$、$E_{12}$ 分别为自增长和共增长的活化能。链增长的活化能一般比较小（21～34kJ/mol），两种增长反应的活化能差值更小，因此温度对竞聚率的影响也很小（表 5-2）。

**表 5-2　温度对竞聚率的影响**

| $M_1$ | $M_2$ | $T$/℃ | $r_1$ | $r_2$ |
|---|---|---|---|---|
| 苯乙烯 | 甲基丙烯酸甲酯 | 30 | 0.52 | 0.44 |
| | | 60 | 0.52 | 0.46 |
| | | 131 | 0.59 | 0.54 |
| 苯乙烯 | 丙烯腈 | 60 | 0.40 | 0.04 |
| | | 75 | 0.41 | 0.03 |
| | | 99 | 0.39 | 0.06 |
| 苯乙烯 | 丁二烯 | 5 | 0.44 | 1.40 |
| | | 50 | 0.58 | 1.35 |
| | | 60 | 0.78 | 1.39 |

链增长反应是自由基与烯类单体间的反应，反应类型相同，频率因子为同一数量级，因此反应速率常数的大小主要取决于活化能。若竞聚率 $r_1<1$，说明 $k_{11}<k_{12}$，$E_{11}>E_{12}$，温度升高会使活化能较大的增长速率常数 $k_{11}$ 增加得更快，而 $k_{12}$ 增加得较慢，这样 $r_1$ 将逐渐上升并逐渐趋近于1。相反当 $r_1>1$ 时，$r_1$ 将随着温度的升高而降低，最后也趋近于1。也就是说温度升高将使共聚反应向理想共聚的方向变化（见5.4节）。

（2）压力　与温度的影响相似，压力对竞聚率的影响也不太显著（表5-3)。升高温度也是使共聚反应向理想共聚反应变化。例如甲基丙烯酸甲酯-丙烯腈在1个大气压、100个大气压、1000个大气压下共聚，其 $r_1r_2$ 值分别为0.16、0.54、0.91。

**表5-3　压力对竞聚率的影响**

| 单体1 | 单体2 | 压力/MPa | $r_1$ | $r_2$ | 温度/℃ |
|---|---|---|---|---|---|
| 苯乙烯 | 丙烯腈 | 0.1 | 0.37 | 0.07 | 70 |
| | | 10 | 0.43 | 0.13 | |
| | | 100 | 0.55 | 0.14 | |
| 乙烯 | 乙酸乙烯酯 | 15 | 0.47 | 0.95 | 80～90 |
| | | 25 | 0.67 | 0.95 | |
| | | 40 | 0.77 | 1.02 | |
| | | 100 | 1.07 | 1.04 | |

（3）溶剂　早期的研究发现溶剂的极性对自由基共聚的竞聚率几乎没有什么影响，近年来由于测定竞聚率的精度提高了，发现溶剂的极性对自由基共聚竞聚率还是有一定的影响，但影响的幅度非常有限（表5-4)。

值得注意的是溶剂的极性对离子共聚的竞聚率以及增长速率影响很大是因为溶剂的极性对将影响离子对的性质。

**表5-4　苯乙烯（$M_1$)-甲基丙烯酸甲酯（$M_2$）在不同溶剂中的竞聚率**

| 溶剂 | $r_1$ | $r_2$ | 溶剂 | $r_1$ | $r_2$ |
|---|---|---|---|---|---|
| 苯 | 0.57±0.032 | 0.46±0.032 | 苯甲醇 | 0.44±0.054 | 0.39±0.054 |
| 苯甲腈 | 0.48±0.045 | 0.49±0.045 | 苯酚 | 0.35±0.024 | 0.35±0.024 |

（4）其他因素　对于某些共聚体系，反应介质的pH值以及一些盐类的存在将引起竞聚率的变化。

有些单体本身就是一种酸，如果反应介质的pH值改变了，酸的离解度也会随之改变，从而引起竞聚率的变化。例如，甲基丙烯酸甲酯（$M_1$）$N$-二氨基乙酯（$M_2$）共聚，当pH=1时，$r_1=0.98$，$r_2=0.9$；pH=7.2时，$r_1=0.08$，$r_2=0.65$，影响十分显著。

某些盐类的存在能使共聚反应趋于交替共聚。例如苯乙烯-甲基丙烯酸甲酯用偶氮二异丁腈引发进行共聚，50℃时的 $r_1r_2$ 值为0.212，在不同浓度的氯化锌存在的条件下，$r_1r_2$ 值逐渐降低到0.014，趋向于交替共聚。此外，三氯化铝、二氯乙基铝、四氯化锡等也有类似的影响。

### 5.3.2　共聚曲线

共聚物组成微分方程表征了共聚物组成 $F_1$ 与单体组成 $f_1$ 的函数关系，可以将这种函数相应的 $F_1$-$f_1$ 组成曲线表示。影响该曲线形状的是竞聚率 $r_1$ 和 $r_2$ 的取值。由于竞聚率的取值范围很广，因此各种共聚物组成曲线的差异较大。

#### 5.3.2.1　理想共聚（$r_1r_2=1$）

（1）理想恒比共聚　理想共聚的极端情况是 $r_1=r_2=1$，两种自由基均聚和共聚的增长概率完全相同。代入共聚物组成微分方程，可以得出 $F_1=f_1$，表明不论原料单体的配比和转化率如何，共聚物组成和单体组成完全相同，共聚物组成曲线是一对角线，这种条件下的共聚叫做理想恒比共聚。甲基丙烯酸甲酯-偏二氯乙烯、四氟乙烯-三氟氯乙烯等共聚体系就是这种情况。

（2）一般理想共聚　对于一般理想共聚，$r_1r_2=1$，可将共聚物组成微分方程式(5-11)化简为：

$$\frac{d[M_1]}{d[M_2]}=r_1\frac{[M_1]}{[M_2]} \tag{5-23}$$

式(5-23) 表明共聚物中两单体单元的摩尔比是原料中两单体单元的 $r_1$ 倍，其组成曲线位于理想恒比对角线的两侧，与另一对角线对称（图 5-3)。60℃下丁二烯（$r_1=1.39$)-苯乙烯（$r_2=0.78$)、偏二氯乙烯（$r_1=3.2$)-氯乙烯（$r_2=0.3$）的共聚均可以视为理想共聚。离子共聚往往具有理想共聚的特征。

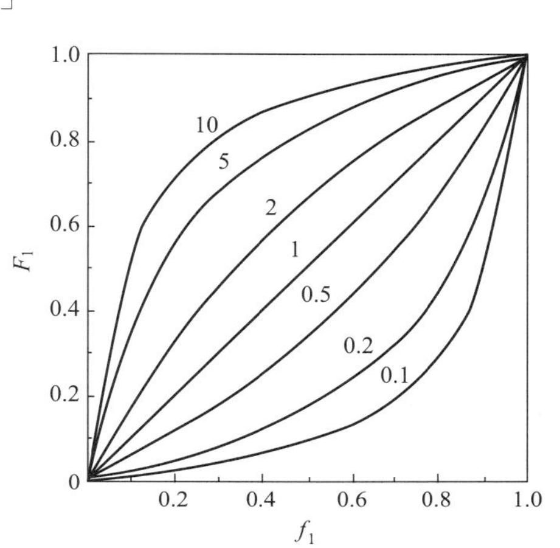


图 5-3　理想共聚曲线

（曲线上对应数值为 $r_1$）

#### 5.3.2.2　交替共聚（$r_1=r_2=0$）

（1）$r_1=r_2=0$ 或 $r_1\to0$，$r_2\to0$　此时两种链自由基均不能与同种单体聚合，只能与异种单体进行共聚，所以共聚物中两种单元严格交替，不论单体组成如何，均有：

$$\frac{d[M_1]}{d[M_2]}=1，F_1=0.5$$

上式所对应的共聚物组成曲线是一条水平直线，与单体组成 $f_1$ 无关。这种情况下当含量少的单体消耗完毕后共聚反应就自动结束，剩余的另一单体可以继续进行均聚，直至完全耗尽为止。

当两种单体形成电荷转移络合物时，例如马来酸酐和醋酸-2-氯烯丙基酯即属于交替共聚的情形。

（2）$r_1=0$（或 $r_2=0$）　此时式(5-11) 可以简化为：

$$\frac{d[M_1]}{d[M_2]}=1+r_1\frac{[M_1]}{[M_2]} \tag{5-24}$$

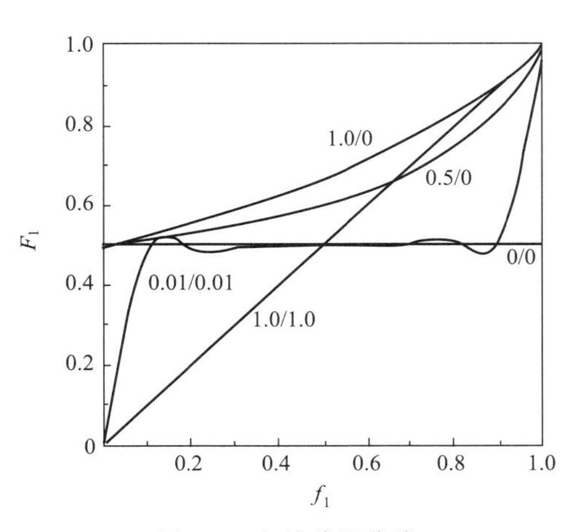


图 5-4　交替共聚曲线

（曲线上的数值为 $r_1/r_2$）

当单体 2 过量很多时$\{r_1[M_1]/[M_2]<<1\}$，才能形成 1∶1 的共聚物。一旦单体 1 耗尽，共聚反应也就自动停止。如果两种单体的浓度不相上下，则共聚物中 $F_1>50\%$。图 5-4 给出了几种交替共聚曲线的例子。

#### 5.3.2.3　$r_1r_2<1$ 时的非理想共聚

（1）$r_1>1$、$r_2<1$，$r_1r_2<1$ 无恒比点的非理想共聚　此时的共聚曲线不与恒比对角线相交，所以不存在恒比点，而是位于恒比对角线的上方，但不像理想共聚曲线那样对称，见图 5-5。最常见的共聚体系是氯乙烯（$r_1=1.68$)-醋酸乙烯（$r_2=0.23$)、甲基丙烯酸甲酯（$r_1=1.91$)-丙烯酸甲酯（$r_2=0.5$）等。

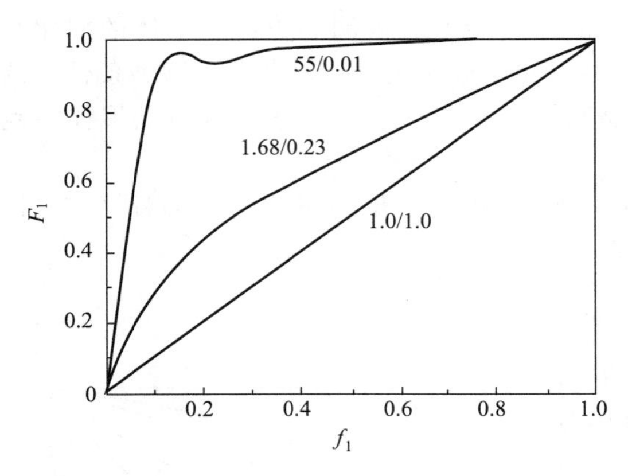


图 5-5 非理想非恒比共聚曲线

(2) $r_1<1$，$r_2<1$ 有恒比点的非理想共聚

这种共聚曲线与恒比对角线有一交点，该点的共聚物组成与单体组成相同，称为恒比点。

恒比点处满足 $d[M_1]/d[M_2]=[M_1]/[M_2]$，将其代入式(5-11)，可以得出恒比点的浓度条件，见式(5-25)、式(5-26)。

$$\frac{[M_1]}{[M_2]}=\frac{1-r_2}{1-r_1} \tag{5-25}$$

$$F_1=f_1=\frac{1-r_2}{2-r_1-r_2} \tag{5-26}$$

可以看出，如果 $r_1=r_2<1$，则恒比点坐标为 $F_1=f_1=0.5$，共聚物组成曲线相对于该恒比点成中心对称。例如丙烯腈（$r_1=0.84$）-丙烯酸甲酯（$r_2=0.84$）的共聚就是这种特点。大多数情况下 $r_1\neq r_2$，因此不存在这种对称关系（图 5-6）。

由图 5-6 还可以看出，$r_1r_2$ 愈接近于 0，则交替倾向愈明显，共聚曲线接近于 $F_1=0.5$ 水平直线；$r_1r_2$ 愈接近于 1，则愈接近理想共聚，共聚曲线接近恒比对角线。一般有恒比点的非理想共聚介于交替曲线和恒比对角线之间。

#### 5.3.2.4 $r_1>1$，$r_2>1$ 嵌段共聚

这种情况下的共聚，链自由基总是易于加上同种单体，从而形成嵌段共聚物。需要说明的是，这种条件下得到的嵌段共聚物的链段一般很短，很难得到真正的嵌段共聚物。此类体系的共聚物组成曲线见图 5-7，同样存在恒比点，但曲线形状和位置与有恒比点的非理想共聚相反。

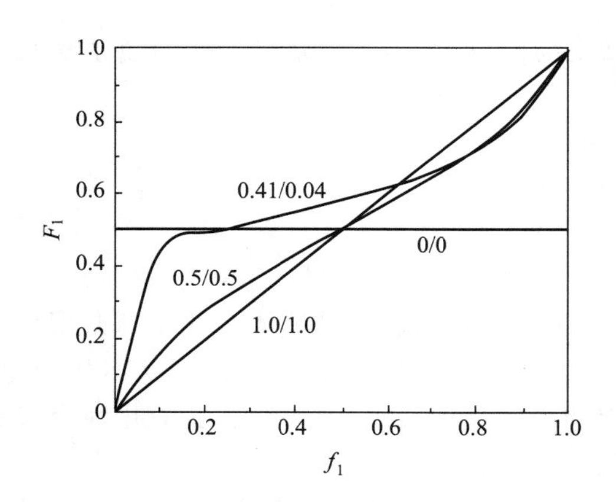


图 5-6 有恒比点的非理想共聚

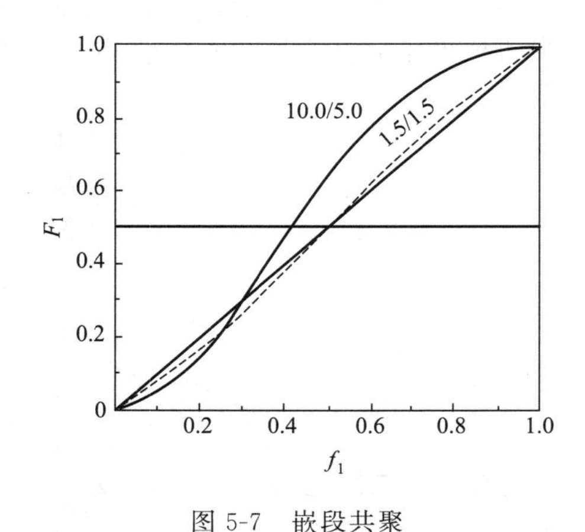


图 5-7 嵌段共聚

### 5.3.3 共聚物组分的控制

#### 5.3.3.1 共聚物组成与转化率的关系

二元共聚时，由于两种单体的活性或竞聚率不等，除了恒比共聚外，共聚物的组成与单体组成不等并且随着转化率的变化而变化。

当 $r_1>1$，$r_2<1$ 时，共聚物的瞬时组成如图 5-8 中的曲线 1。假设起始单体组成为 $f_1^0$，此时对应的共聚物组成 $F_1^0>f_1^0$，表明共聚时将消耗更多的单体 $M_1$，因此残留的单体 $M_1$ 将

越来越少，沿曲线1的箭头方向递减，这样所得到的高分子组成也随之降低，结果单体 $M_1$ 将首先耗尽。所剩余的单体 $M_2$ 只能发生均聚，结果共聚物中既有共聚物也有均聚物，而且不同时刻所生成的共聚物组成也不等，所以存在着共聚物组成分布和平均组成 $\overline{F_1}$ 的问题。

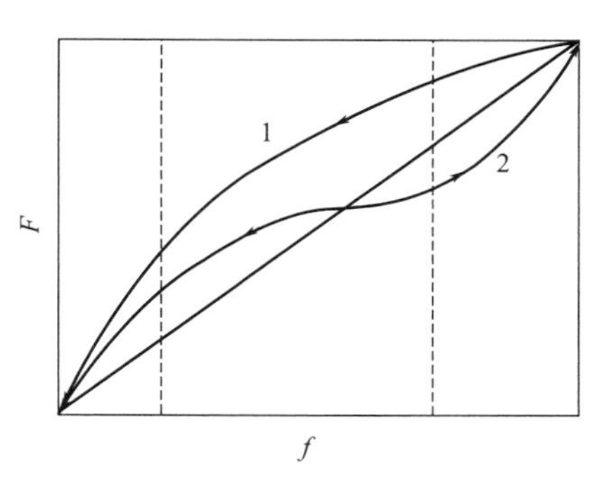

图5-8　共聚物组成的瞬时变化情况
$1-r_1>1,\ r_2<1,\ 2-r_1<1,\ r_2<1$

当 $r_1<1$，$r_2<1$ 而单体组成 $f_1$ 低于恒比组成时，共聚曲线位于恒比对角线的上方，共聚物的组成变化规律与上述情况相同。而当单体组成 $f_1$ 大于恒比组成时，共聚曲线位于恒比对角线的下方，所生成的共聚物组成将小于单体组成 $f_1$，也就是说，单体 $M_1$ 的消耗较少，单体组成 $f_1$ 反而增加，结果单体组成和共聚物均同时增加。

**5.3.3.2　共聚物组成与转化率关系曲线**

由上述分析可知，原料中的单体组成 $f_1$、共聚物的瞬时组成 $F_1$ 以及平均组成 $\overline{F_1}$ 均与单体的起始组成 $\overline{f_1^0}$ 和转化率 $C$ 有关，要获得它们之间的定量关系，可以对共聚物组成微分方程进行积分。

假设二元共聚体系中两单体的总物质的量为 $M$，所形成的共聚物的组成大于原料中的单体组成，即 $F_1>f_1$。如果有 d$M$mol 的单体进行了共聚，则共聚物中含有 $F_1\mathrm{d}M$ 的单体 $M_1$，残留的单体中剩余 $(M-\mathrm{d}M)(f_1-\mathrm{d}f_1)$ 的单体 $M_1$，其物质的量间的平衡关系为：

$$Mf_1-(M-\mathrm{d}M)(f_1-\mathrm{d}f_1)=F_1\mathrm{d}M \tag{5-27}$$

其中 $\mathrm{d}M\times\mathrm{d}f_1$ 很小，忽略不计，将上式重排成积分的形式，见式(5-28)：

$$\int_{M_0}^{M}\frac{\mathrm{d}M}{M}=\ln\frac{M}{M_0}=\int_{f_1^0}^{f_1}\frac{\mathrm{d}f_1}{F_1-f_1} \tag{5-28}$$

单体的转化率 $C$ 为共聚的单体部分 $(M_0-M)$ 占起始单体数 $M_0$ 的百分比，即

$$C=\frac{M_0-M}{M_0}=1-\frac{M}{M_0} \tag{5-29}$$

Meyer 等将共聚物组成微分方程式(5-11) 代入式(5-28)，直接进行积分，得到了式(5-30)。

$$C=1-\frac{M}{M_0}=1-\left(\frac{f_1}{f_1^0}\right)^{\alpha}\left(\frac{f_2}{f_2^0}\right)^{\beta}\left(\frac{f_1^0-\delta}{f_1-\delta}\right)^{\gamma} \tag{5-30}$$

式中，4个常数的定义如下：

$$\alpha=\frac{r_2}{1-r_2},\ \beta=\frac{r_1}{1-r_1},\ \gamma=\frac{1-r_1r_2}{(1-r_1)(1-r_2)}\delta=\frac{1-r_2}{2-r_1-r_2} \tag{5-31}$$

Kruse 将式(5-10) 进行积分并重排后得到了同样的结果。将上述得到的 $f_1$-$C$ 关系代入共聚物组成微分方程式(5-11) 就可以得出 $F_1$-$C$ 的关系。

通常共聚产物的组成采用平均组成表示。假设两种单体的起始物质的量 $M_0$ 为 1mol，则 $f_1^0=M_1^0/M_0=M_1^0$，运用式(5-28) 可以求得共聚物中单体单元 $M_1$ 的平均组成 $\overline{F_1}$。

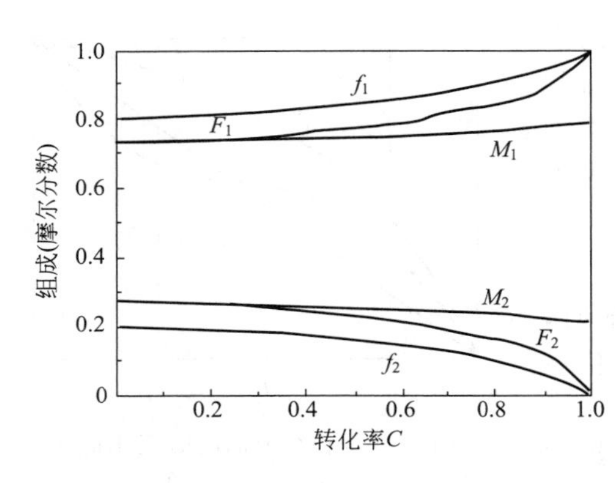


图 5-9 苯乙烯-甲基丙烯酸甲酯共聚物的组成随转化率的变化关系

$$\overline{F_1}=\frac{M_1^0-M_1}{M_0-M}=\frac{f_1^0-(1-C)f_1}{C} \tag{5-32}$$

式(5-32)表示了共聚物平均组成$\overline{F_1}$与起始原料组成$f_1^0$、瞬时单体组成$f_1$、转化率$C$的关系。由式(5-11)、式(5-30)、式(5-32)可以作出$f_1$、$\overline{F_1}$、$F_1$与$C$间的关系曲线。图5-9表示苯乙烯-甲基丙烯酸甲酯共聚时共聚物的组成随转化率的变化关系。

#### 5.3.3.3 共聚物组成的控制

工业上应用的共聚物，最理想的就是能够获得组成分布尽量窄的共聚物。利用共聚物的组成曲线以及共聚物组成随转化率的变化关系，可以采用一些工艺措施进行控制。

(1) 在恒比点附近投料　由于恒比点的共聚物组成与单体组成相同，因此在恒比点投料，两种单体将以固定的比例进入共聚物中，未反应的两种单体的百分比仍然保持不变，所以共聚物组成在很大范围内不会变化，而且比较均匀。如果所需的共聚物组成正好在恒比点，可以考虑在恒比点投料。

(2) 控制转化率　对于共聚物组成与转化率的关系曲线比较平坦的体系，例如苯乙烯-丙烯腈、苯乙烯-丁二烯等共聚体系，可以选择一个合适的配比，在共聚反应进行到某一转化程度时，使聚合反应停止。若苯乙烯-丁二烯的投料比为28∶72（质量比）时，共聚物中的苯乙烯含量与转化率的关系见表5-5。

**表 5-5　苯乙烯-丁二烯共聚物中的苯乙烯含量（质量比）与转化率的关系（50℃）**

| 转化率/% | 0 | 20 | 40 | 60 | 80 | 90 | 100 |
|---|---|---|---|---|---|---|---|
| 苯乙烯含量 | 22.2 | 22.3 | 22.5 | 22.8 | 23.9 | 25.3 | 28.0 |

可以看出，当共聚反应的转化率在60%以下时，共聚物组成的变化很小，而当转化率高于60%时，共聚物组成的变化比较显著。因此在共聚反应进行到某一转化率时立即加入终止剂使反应停止，从而获得组成均匀的产物。

(3) 补加活性单体法　对于共聚物组成随转化率变化较大的体系，为了保持原料单体中的浓度不变，可以在反应体系中不断补加反应快的单体。例如制备氯乙烯（VC）与丙烯腈（AN）之比为60∶40的共聚物时，$r_1=0.02$，$r_2=3.28$（60℃），因此单体AN反应较快，根据共聚组成曲线，其投料比VC∶AN应为88∶12，而不是60∶40。这时就要在共聚过程中分期补加AN单体，使原料单体的配比保持88∶12，从而获得组成相同的共聚物。

## 5.4 单体和自由基的活性、*Q-e* 概念

了解单体和自由基的活性对研究聚合反应的动力学十分重要，在自由基均聚反应中，由于链自由基是与本身的单体加成聚合，通过链增长速率常数不能比较单体或自由基的活性。例如苯乙烯的$k_p=145$L/(mol·s)，醋酸乙烯酯的$k_p=2300$L/(mol·s)，显然前者的均聚速率要高于后者，然而苯乙烯单体的活性要大于醋酸乙烯酯，而两者自由基的活性又刚好相反。比较单体或自由基的相对活性必须通过共聚反应，将其与同种自由基或单体进行比较。通常可以通过竞聚率判断单体或自由基活性的大小（表5-6）。

表 5-6 常见单体间的竞聚率

| $M_1$ | $M_2$ | $T$/℃ | $r_1$ | $r_2$ |
|---|---|---|---|---|
| 丁二烯(B) | 异戊二烯 | 5 | 0.75 | 0.85 |
| | 苯乙烯 | 50 | 1.35 | 0.58 |
| | 苯乙烯 | 60 | 1.39 | 0.78 |
| | 丙烯腈 | 40 | 0.3 | 0.02 |
| | 甲基丙烯酸甲酯 | 90 | 0.75 | 0.25 |
| | 丙烯酸甲酯 | 5 | 0.76 | 0.05 |
| | 氯乙烯 | 50 | 8.8 | 0.035 |
| 苯乙烯(S) | 异戊二烯 | 50 | 0.80 | 1.68 |
| | 丙烯腈 | 60 | 0.40 | 0.04 |
| | 甲基丙烯酸甲酯 | 60 | 0.52 | 0.46 |
| | 丙烯酸甲酯 | 60 | 0.75 | 0.20 |
| | 偏二氯乙烯 | 60 | 1.85 | 0.085 |
| | 氯乙烯 | 60 | 17 | 0.02 |
| | 醋酸乙烯酯 | 60 | 55 | 0.01 |
| 丙烯腈(AN) | 甲基丙烯酸甲酯 | 80 | 0.15 | 1.224 |
| | 丙烯酸甲酯 | 50 | 1.5 | 0.84 |
| | 偏二氯乙烯 | 60 | 0.91 | 0.37 |
| | 氯乙烯 | 60 | 2.7 | 0.04 |
| | 醋酸乙烯酯 | 50 | 4.2 | 0.05 |
| 甲基丙烯酸甲酯(MMA) | 丙烯酸甲酯 | 130 | 1.91 | 0.504 |
| | 偏二氯乙烯 | 60 | 2.35 | 0.24 |
| | 氯乙烯 | 68 | 10 | 0.1 |
| | 醋酸乙烯酯 | 60 | 20 | 0.015 |
| 丙烯酸甲酯(MA) | 氯乙烯 | 45 | 4 | 0.06 |
| | 醋酸乙烯酯 | 60 | 9 | 0.1 |
| 氯乙烯(VC) | 醋酸乙烯酯 | 60 | 1.68 | 0.23 |
| | 偏二氯乙烯 | 68 | 0.1 | 6 |
| 醋酸乙烯酯(VAc) | 乙烯 | 130 | 1.02 | 0.97 |
| 马来酸酐 | 苯乙烯 | 50 | 0.04 | 0.015 |
| | $\alpha$-甲基苯乙烯 | 60 | 0.08 | 0.038 |
| | 反二苯基乙烯 | 60 | 0.03 | 0.03 |
| | 丙烯腈 | 60 | 0 | 6 |
| | 甲基丙烯酸甲酯 | 75 | 0.02 | 6.7 |
| | 丙烯酸甲酯 | 75 | 0.02 | 2.8 |
| | 醋酸乙烯酯 | 75 | 0.055 | 0.003 |
| 四氟乙烯 | 三氟氯乙烯 | 60 | 1.0 | 1.0 |
| | 乙烯 | 80 | 0.85 | 0.15 |
| | 异丁烯 | 80 | 0.3 | 0.0 |

### 5.4.1 单体的活性

竞聚率的倒数 $1/r_1=k_{12}/k_{11}$，表示某自由基与另一单体反应的增长速率常数与该自由基与其本身单体反应的增长速率常数之比，因此可以用来比较两种单体的相对活性。表 5-7 列出了乙烯基单体对各种链自由基的相对活性大小（$1/r_1$），表中每一列代表不同自由基对同一单体反应的相对活性，例如第一列表示各单体对丁二烯自由基反应的相对活性。由表中可以看出，除了少数单体由于交替效应引起偏离外，几种单体的活性从上而下逐渐减弱，可以归纳如下。

$C_6H_5—，CH_2═CH—>—CN，—COR>—COOH，—COOR>—Cl>—OCOR，—R>—OR，—H$

值得注意的是，表 5-7 中的数值进行横向比较没有意义。

表 5-7 乙烯基单体对各种链自由基的相对活性（$1/r_1$）

| 单体 | 链自由基 | | | | | | |
|---|---|---|---|---|---|---|---|
| | B· | S· | VAc· | VC· | MMA· | MA· | AN· |
| B | — | 1.7 | | 29 | 4 | 20 | 50 |
| S | 0.4 | — | 100 | 50 | 2.2 | 6.7 | 25 |
| MMA | 1.3 | 1.9 | 67 | 10 | — | 2 | 6.7 |
| 甲基乙烯酮 | | 3.4 | 20 | 10 | 0.82 | 1.2 | 1.7 |
| AN | 3.3 | 2.5 | 20 | 25 | 0.52 | | — |
| MA | 1.3 | 1.4 | 10 | 17 | 0.39 | — | 0.67 |
| VDC | | 0.54 | 10 | | 0.10 | | 1.1 |
| VC | 0.11 | 0.059 | 4.4 | — | 0.050 | 0.25 | 0.37 |
| VAc | | 0.019 | | 0.59 | | 0.11 | 0.24 |

### 5.4.2 自由基的活性

表 5-8 列出了几种自由基与单体反应的增长速率常数。表中每列数据代表同一自由基与不同单体间的反应能力，因而可以比较单体的相对活性，由上而下逐渐下降；表中每行数据代表不同的自由基与同一单体间的反应速率常数，因此可以比较自由基的相对活性大小，由左向右逐渐增加。

通过比较可以看出，取代基对单体的活性和自由基活性的影响恰好相反，并且影响的幅度大小不等，取代基对于自由基的影响更大。例如苯乙烯单体的活性是醋酸乙烯酯的 50～100 倍，但醋酸乙烯酯自由基的活性却是苯乙烯自由基的 100～1000 倍。

表 5-8 链自由基-单体反应的增长速率常数

| 单体 | 链自由基 | | | | | | |
|---|---|---|---|---|---|---|---|
| | B· | S· | MMA· | AN· | MA· | VAc· | VC· |
| B | 100 | 246 | 2820 | 98000 | 41800 | | 357000 |
| S | 40 | 145 | 1550 | 49000 | 14000 | 230000 | 615000 |
| MMA | 130 | 276 | 705 | 13100 | 4180 | 154000 | 123000 |
| AN | 330 | 435 | 578 | 1960 | 2510 | 46000 | 178000 |
| MA | 130 | 203 | 367 | 1310 | 2090 | 23000 | 209000 |
| VC | 11 | 8.7 | 71 | 720 | 520 | 10100 | 12300 |
| VAc | | 2.9 | 35 | 230 | 230 | 2300 | 7760 |

### 5.4.3 取代基对单体和自由基活性的影响

取代基的共轭效应、极性效应、位阻效应对单体和自由基的活性均有一定的影响。

#### 5.4.3.1 共轭效应

由表 5-8 可以看出，凡是与乙烯基双键有共轭作用的取代基均能提高其单体的反应活性，但会降低其自由基的反应活性，例如苯乙烯、丁二烯等。这是由于自由基在与单体加成反应时获得或失去共轭稳定能的缘故。—CN、—COOH、—COOR 等基团对自由基也有共轭效应，因此丙烯腈、丙烯酸及其酯类的自由基活性也不高。相反，卤素、乙酰基、醚等基团只有卤、氧上的未键合电子对自由基稍有作用，因此氯乙烯、醋酸乙烯酯、乙烯基醚类等自由基就很活泼。

能使单体反应活性增加的取代基，它能使相应的自由基稳定，使自由基的反应活性降低，因此取代基与单体或与其自由基形成共轭结构的能力是决定其反应活性的重要因素。

有共轭稳定和无共轭稳定作用的单体与自由基之间存在四种反应：

$$R\cdot + M \longrightarrow R\cdot$$

$$R\cdot + M_S \longrightarrow R_S\cdot$$

$$R_S\cdot + M_S \longrightarrow R_S\cdot$$
$$R_S\cdot + M \longrightarrow R\cdot$$

式中的下标 S 代表有共轭效应。醋酸乙烯酯和苯乙烯分别是典型的 M 和 $M_S$，它们对应的自由基分别是 R· 和 $R_S$· 的例子。

图 5-10 表示自由基-单体反应的势能变化与新键中原子间距离的函数关系。图中有两组势能曲线，一组是 4 条斥力线，表示自由基与单体靠近时势能与距离之间的变化，距离越短，势能越高。另一组是表示键的稳定性的两条 Morse 曲线。两组曲线的交点代表单体-自由基反应的过渡态，交点表示键合与未键合状态的势能相同。带箭头的垂直曲线中实线代表活化能，虚线代表反应热。

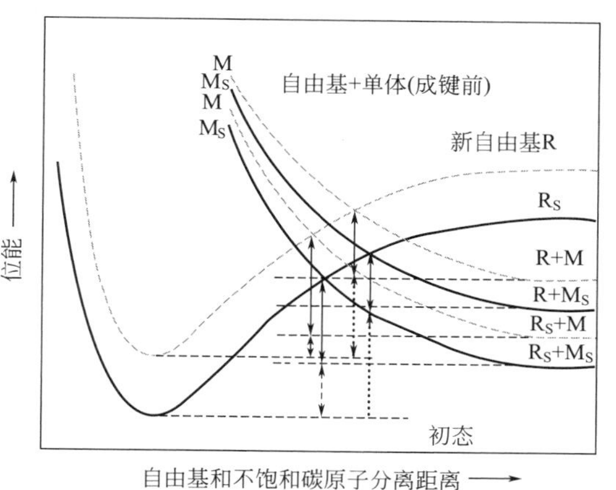

图 5-10　链自由基与单体作用的势能-距离关系

如前所述，取代基对自由基活性的降低比对单体活性的降低要大，因此两条 Morse 曲线间的距离比斥力间的距离要大。根据图 5-10 中反应活化能的大小（带箭头的实线长短），可以得出几种反应的速率常数大小为：

$$R_S\cdot + M < R_S\cdot + M_S < R\cdot + M < R\cdot + M_S$$

上式表明，不论单体是否具有稳定作用的取代基，有稳定作用的自由基（如苯乙烯自由基）总是比无稳定作用的自由基（如醋酸乙烯酯自由基）难以进行反应；对于同类自由基（同时具有稳定作用或没有稳定作用），总是容易与具有稳定作用的单体进行共聚。其中有稳定作用的自由基与无稳定作用的单体间（$R_S$· + M）很难进行共聚。

#### 5.4.3.2　极性效应

由表 5-7 和表 5-8 中可以看出，某些极性单体如丙烯腈，在单体和自由基的活性次序中往往处于反常状况。推电子的取代基会使烯类单体带负电性，吸电子的取代基则使之带正电，因此这两类单体容易进行共聚，存在交替倾向，这种效应称为极性效应。

按照双键的极性可以排成表 5-9 中的顺序。带推电子取代基的单体处于左上方，带吸电子取代基的单体则处于右下方。表中两个单体的距离越远，则极性相差越大，$r_1r_2$ 值越趋近于 0，交替倾向增大，这就是为什么某些难以均聚的单体（如顺丁烯二酸酐、反丁烯二酸二乙酯）反而能与极性相差相反的单体（如苯乙烯、乙烯基醚类）进行共聚。

**表 5-9　自由基共聚中的 $r_1r_2$ 值**[1]

| 乙烯基[2]醚类(−1.3)[3] | | | | | | | | | | |
|---|---|---|---|---|---|---|---|---|---|---|
| | 丁二烯(−1.05) | | | | | | | | | |
| | 0.98 | 苯乙烯(−0.80) | | | | | | | | |
| | 0.31 | 0.55 | 醋酸乙烯酯(−0.22) | | | | | | | |
| | 0.19 | 0.34 | 0.39 | 氯乙烯(0.20) | | | | | | |
| | <0.1 | 0.24 | 0.30 | 1.0 | 甲基丙烯酸甲酯(0.40) | | | | | |
| | | 0.16 | 0.6 | 0.96 | 0.61 | 偏二氯乙烯(0.36) | | | | |
| | 0.006 | 0.10 | 0.35 | 0.83 | | 0.99 | 甲基乙烯基酮(0.68) | | | |
| 0.0004 | | 0.016 | 0.21 | 0.11 | 0.18 | 0.34 | 1.1 | 丙烯腈(1.20) | | |
| 约 0 | | 0.021 | 0.0049 | 0.056 | | 0.56 | | | 反丁烯二酸二乙酯(1.25) | |
| 约 0.002 | | 0.006 | 0.00017 | 0.0024 | 0.11 | | | | | 马来酸酐(2.25) |

① $r_1r_2$ 值的计算来自表 5-7；②乙基、异丁基或十二烷基乙烯基醚；③括号内为 $e$ 值。

极性效应并不能完全反映交替倾向的次序。例如，同样与丙烯腈共聚，醋酸乙烯酯的交替倾向比苯乙烯的要小；与反丁烯二酸二乙酯共聚，醋酸乙烯酯的交替倾向则比苯乙烯要大。产生这种现象的原因可能是由于位阻效应造成交替效应与单体极性之间关系的偏差。

极性效应使自由基反应活性增加的原因是因为电子受体自由基或单体与电子给体单体或自由基之间的相互作用使自由基-单体反应的活化能降低。

#### 5.4.3.3 空间位阻效应

空间位阻效应也会影响链自由基与单体间的反应速率。表 5-10 列出了各种氯代乙烯与几种自由基反应的 $k_{12}$ 值。

**表 5-10 氯代乙烯单体与自由基的反应速率常数 $k_{12}$**

| 单体 | 大分子自由基 | | | 单体 | 大分子自由基 | | |
|---|---|---|---|---|---|---|---|
| | 醋酸乙烯 | 苯乙烯 | 丙烯腈 | | 醋酸乙烯 | 苯乙烯 | 丙烯腈 |
| 氯乙烯 | 10100 | 8.7 | 720 | 反-1,2-二氯乙烯 | 2300 | 3.9 | |
| 偏二氯乙烯 | 23000 | 78 | 2200 | 三氯乙烯 | 3450 | 8.6 | 29 |
| 顺-1,2-二氯乙烯 | 370 | 0.60 | | 四氯乙烯 | 460 | 0.70 | 4.1 |

对于双取代的乙烯基单体，如果两个取代基处于同一碳原子上，位阻效应并不显著，反而由于取代基电子效应的叠加而使单体的活性增强；如果两个取代基位于不同的碳原子上，则由于位阻效应而使单体的活性减弱。例如与氯乙烯比较，偏二氯乙烯活性增加 2～10 倍，而 1,2-二氯乙烯的活性则降低 2～20 倍。

反 1,2-二氯乙烯的活性比顺 1,2-二氯乙烯要高 6 倍，这是因为顺式异构体由于取代基的空间位阻，在过渡状态中不能形成完全的共平面构象，不利于通过取代基获得共轭稳定作用，从而使其活性减弱。

从表 5-10 中还可以看出，三氯乙烯比两种 1,2-二氯乙烯的异构体的活性都要高，但比偏二氯乙烯要低，四氯乙烯的活性不如三氯乙烯。

氟原子的体积较小，没有位阻效应，因此四氟乙烯和三氟氯乙烯既易均聚也能共聚。

### 5.4.4 *Q-e* 概念

单体结构中的共轭效应和极性效应是决定单体和相应自由基反应活性的两个重要因素。在 5.3.1.1 节中我们知道，竞聚率的实验测定比较复杂，并且必须成对地测定。因为一对单体就有一对竞聚率，100 种单体就构成 4950 对共聚体系，要全面测定竞聚率将十分费时。因此人们一直在探讨自由基-单体的结构与反应活性的定量关系，以便解决复杂的竞聚率的实验测定过程。Price 和 Alfrey 在 1947 年提出了 *Q-e* 概念，将自由基和单体的反应速率常数与共轭效应和极性效应联系起来。Price 和 Alfrey 假设自由基 1 和单体 2 的增长速率常数可以表示为：

$$k_{12}=P_1Q_2\exp[-e_1e_2] \tag{5-33}$$

式中，$P_1$、$Q_2$ 为从共轭效应来衡量自由基 $M_1\cdot$ 和单体 $M_2$ 的活性，$e_1$、$e_2$ 为从极性效应来衡量自由基 $M_1\cdot$ 和单体 $M_2$ 的活性。假设单体与对应的自由基的 $e$ 值相同，则可以写出另外三个增长速率常数的表达式，见式(5-34) ～式(5-36)。

$$k_{11}=P_1Q_1\exp[-e_1^2] \tag{5-34}$$

$$k_{21}=P_2Q_1\exp[-e_2e_1] \tag{5-35}$$

$$k_{22}=P_2Q_2\exp[-e_2e_2] \tag{5-36}$$

由以上四个表达式可以得到竞聚率的计算式(5-37) 和式(5-38)，将两式相乘得到式(5-39)。

$$r_1=\frac{Q_1}{Q_2}\exp\left[-e_1\left(e_1-e_2\right)\right] \tag{5-37}$$

$$r_2=\frac{Q_2}{Q_1}\exp\left[-e_2\left(e_2-e_1\right)\right] \tag{5-38}$$

$$r_1r_2=\exp\left[-\left(e_1-e_2\right)^2\right] \tag{5-39}$$

式中，$r_1$、$r_2$ 可以通过实验测定，但是 $e_1$、$e_2$ 是未知数，无法知道。通常规定苯乙烯的 $Q=1.0$，$e=-0.8$，以此为基准，代入式(5-38) 和式(5-39) 可以求出各单体的 $Q$，$e$ 值，常用单体的 $Q$，$e$ 值见表 5-11。

**表 5-11　常用单体的 $Q$，$e$ 值**

| 单体 | $e$ | $Q$ | 单体 | $e$ | $Q$ |
|---|---|---|---|---|---|
| 叔丁基乙烯基醚 | −1.53 | 0.15 | 甲基丙烯酸甲酯 | 0.40 | 0.74 |
| 乙基乙烯基醚 | −1.17 | 0.032 | 丙烯酸甲酯 | 0.60 | 0.42 |
| 丁二烯 | −1.05 | 2.39 | 甲基乙烯基酮 | 0.68 | 0.69 |
| 苯乙烯 | −0.80 | 1.00 | 丙烯腈 | 1.20 | 0.60 |
| 醋酸乙烯酯 | −0.22 | 0.026 | 反丁烯二酸二乙酯 | 1.25 | 0.61 |
| 氯乙烯 | 0.20 | 0.044 | 顺丁烯二酸酐 | 2.25 | 0.23 |
| 偏氯乙烯 | 0.36 | 0.22 | | | |

$Q$ 值的大小表示共轭效应，也就是单体转变为自由基的难易程度。例如丁二烯（$Q=2.39$）和苯乙烯（$Q=1.0$）的 $Q$ 值相差较大，所以容易形成自由基。$e$ 值代表极性效应，吸电子基团使双键带正电性，因此 $e$ 值为正。例如丙烯腈的 $e$ 值为 1.20，丙烯酸甲酯的 $e$ 值为 0.6。推电子的基团使烯类单体带负电，所以 $e$ 值为负值。例如丁二烯的 $e$ 值为−1.05。

由式(5-39) 可以看出，若单体 $M_1$、$M_2$ 的极性相差越大，$r_1r_2$ 的乘积将越小，越有利于交替共聚物的生成。

表 5-12 列出了几种单体与其他单体共聚时通过实验所得到的 $Q$ 值和 $e$ 值，可以看出每种单体的 $Q$、$e$ 值基本固定，但存在一定的偏差。这是因为 $e$ 值是通过指数项计算得到的，当 $r_1$、$r_2$ 的实验值相差较大时，$e$ 值对竞聚率的变化特别敏感，这一点在引用文献数据时需加以注意。

**表 5-12　几种单体在实验中得到的 $Q$ 值和 $e$ 值**

| 单体 1 | 单体 2 | $r_1$ | $r_2$ | $Q_1$ | $e_1$ |
|---|---|---|---|---|---|
| 对甲氧基苯乙烯 | 苯乙烯 | 0.82 | 1.16 | 1.0 | −1.0 |
| | 甲基丙烯酸甲酯 | 0.32 | 0.29 | 1.22 | −1.1 |
| | 对氯苯乙烯 | 0.58 | 0.86 | 1.23 | −1.1 |
| 醋酸乙烯酯 | 偏氯乙烯 | 0.1 | 6 | 0.022 | −0.1 |
| | 丙烯酸甲酯 | 0.05 | 9 | 0.028 | −0.3 |
| | 甲基丙烯酸甲酯 | 0.015 | 20 | 0.022 | −0.7 |
| | 氯乙烯 | 0.23 | 1.68 | 0.015 | −0.8 |
| 丙烯腈 | 偏氯乙烯 | 0.91 | 0.37 | 0.9 | 1.6 |
| | 氯乙烯 | 2.7 | 0.04 | 0.37 | 1.3 |
| | 苯乙烯 | 0.04 | 0.40 | 0.41 | 1.2 |
| 氯乙烯 | 苯乙烯 | 0.02 | 17 | 0.024 | 0.2 |
| | 甲基丙烯酸甲酯 | 0.1 | 10 | 0.074 | 0.4 |

例题：实验中测得 $N$-乙烯基苯邻二酰亚胺（$M_1$）-苯乙烯（$M_2$）的竞聚率为 $r_1=0.075$、$r_2=8.3$，试计算 $N$-乙烯基苯邻二酰亚胺的 $Q$，$e$ 值，并计算它与醋酸乙烯酯共聚时的 $r_1$、$r_2$ 值。

**解**　因为苯乙烯是基准单体，$Q_2=1$，$e_2=-0.80$，将已知的 $r_1$、$r_2$ 和 $e_2$ 值代入式(5-39) 得：

$$r_1r_2=\exp[-(e_1-e_2)^2]$$

$$0.075\times 8.3=\exp\{-[e_1-(-0.80)]^2\}$$

$$0.0623=\exp[-(e_1+0.80)^2]$$

$$\therefore e_1+0.8=\pm 0.688$$

因为苯邻二酰亚胺取代基的电负性比苯环强，因此 $e$ 取负值：

$$e_1=-0.688-0.8=-1.49$$

代入式(5-37)：

$$r_1=\frac{Q_1}{Q_2}\exp[-e_1(e_1-e_2)]$$

$$0.075=\frac{Q_1}{1.0}\exp\{-(-1.49)[-1.49-(-0.80)]\}$$

$$Q_1=0.21$$

将醋酸乙烯酯看作单体2，由表5-11可以查得它的 $Q_2=0.026$，$e_2=-0.22$，结合上述求出的 $Q_1$、$e_1$ 值，代入式(5-37)和式(5-38)可得：

$$r_1=\frac{Q_1}{Q_2}\exp[-e_1(e_1-e_2)]$$

$$r_1=\frac{0.21}{0.026}\exp\{-(-1.49)[-1.49-(0.22)]\}=1.22$$

$$r_2=\frac{Q_2}{Q_1}\exp[-e_2(e_2-e_1)]$$

$$r_2=\frac{0.026}{0.21}\exp\{-(-0.22)[(-0.22)-(-1.49)]\}=0.16$$

实验中测得的 $r_1=2.4$，$r_2=0.07$，将其代入式(5-37)和式(5-38)可以求得 $N$-乙烯基苯邻二酰亚胺的 $Q_1=0.50$，$e_1=-1.56$。

上述例子表明，$Q$、$e$ 值并不是一个常数，除了因为实验过程中竞聚率的测定不准确外，$Q$-$e$ 概念并未考虑空间位阻效应，对于那些位阻效应比较显著的单体，采用 $Q$、$e$ 值来确定竞聚率时需要加以注意。

## 5.5 离子共聚合

两种或两种以上的单体通过离子型活性中心进行聚合，生成共聚物的反应称为离子型共聚。离子型共聚与自由基共聚有很大的区别，主要表现在以下方面。

① 离子型共聚时两种单体的相对活性在很大程度上取决于取代基对双键的极化程度的影响，此时诱导效应的影响大于所生成离子的共轭稳定性的影响。如果采用 $Q$、$e$ 值来衡量单体的共聚合能力，则具有推电子取代基的烯类单体其 $e$ 值为负，它们容易进行阳离子型共聚合，难以进行阴离子型共聚合；反之带有吸电子取代基的烯类单体难以进行阳离子型共聚。对于结构相似、极性相近的两单体，单体和碳离子的反应能力相似，通常发生 $r_1r_2\approx 1$ 的“理想共聚”的现象。然而对于极性相差较大的两单体，难以进行离子型共聚合，只有少数能够得到嵌段共聚物，因此能够进行离子型共聚的单体对很少。这一点与前面讨论的自由基共聚合不同，因为在自由基共聚中，即使极性相差较大的单体也能进行共聚合。

此外，有许多1,2-二取代的单体，由于空间位阻的影响，难以进行自由基共聚合，却能够进行离子型共聚合。

② 同一单体对按自由基共聚和按离子型共聚时，共聚物的组成有很大差异。图5-11是

苯乙烯与甲基丙烯酸甲酯在不同的引发条件下发生自由基共聚、阳离子共聚、阴离子共聚时共聚物组成曲线。三条曲线不同的原因是由于 $r_1$、$r_2$ 不同引起的，有时人们也可以利用某单体对的共聚曲线的特点，从共聚物组成曲线较直观地判断不同机理的共聚反应类型。

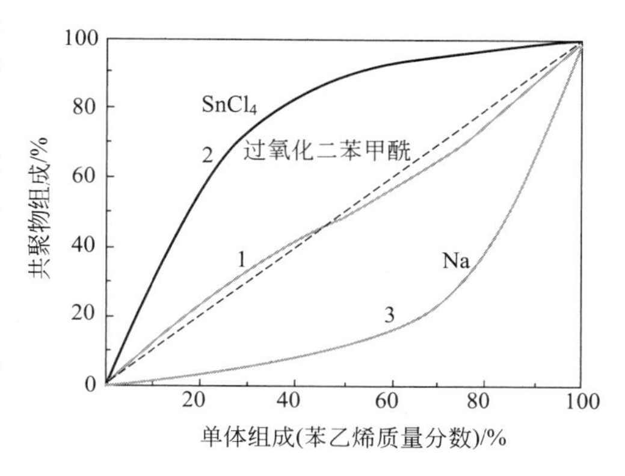


图 5-11　苯乙烯-甲基丙烯酸甲酯的共聚组成曲线

1—自由基共聚，引发剂为过氧化二苯甲酰，$r_1=0.52$，$r_2=0.46$；

2—阳离子共聚，催化剂为 $SnCl_4$，$r_1=10.5$，$r_2=0.1$；

3—阴离子共聚，催化剂为 Na，$r_1=0.12$，$r_2=6.4$

③ 在离子型共聚中，反应条件对竞聚率的影响比在自由基共聚中更复杂。竞聚率往往随引发剂、溶剂和温度等条件的变化而大幅度地改变。所以可以通过这些因素改变竞聚率，从而达到调整共聚物组成的目的。

另外，在阴离子共聚中，往往缺乏链终止反应，有时体系中还会同时存在几种活性基团。阳离子共聚也相似，由于链引发速率大于链终止速率，很难达到稳态。因此按自由基共聚所推导得到的共聚物组成微分方程，在离子型共聚中多数情况下不适用。

因为离子型共聚比自由基共聚要复杂得多，共聚反应机理尚不完全清楚，实验数据还很不充分，有时还出现矛盾，因此这里只能对离子型共聚机理进行简单的介绍。

### 5.5.1　阳离子型共聚

考虑二元阳离子型共聚，假设活性链的端基只有一种活性基团存在，则体系中有以下四种链增长反应。

$$\sim\sim M_1^+ + M_1 \xrightarrow{k_{11}} \sim\sim M_1M_1^+$$

$$\sim\sim M_1^+ + M_2 \xrightarrow{k_{12}} \sim\sim M_1M_2^+$$

$$\sim\sim M_2^+ + M_1 \xrightarrow{k_{21}} \sim\sim M_2M_1^+$$

$$\sim\sim M_2^+ + M_2 \xrightarrow{k_{22}} \sim\sim M_2M_2^+$$

如果稳态假设仍然适用，则同样可以得到与自由基共聚相同形式的共聚物组成方程式。

$$\frac{d[M_1]}{d[M_2]}=\frac{[M_1]}{[M_2]}\times\frac{r_1[M_1]+[M_2]}{r_2[M_2]+[M_1]}$$

式中，$r_1$、$r_2$ 同样表示两种单体的竞聚率。表 5-13 列出了某些单体进行阳离子共聚时的竞聚率常数，实际上满足上述条件的阳离子共聚合反应是很少的。

**表 5-13　某些单体在阳离子共聚时的竞聚率**

| $M_1$ | $M_2$ | $r_1$ | $r_1$ | $r_1r_2$ | 引发剂 | 溶剂 | 温度/℃ |
|---|---|---|---|---|---|---|---|
| 苯乙烯 | 异丁烯 | 0.16 | 1.60 | 0.25 | $SnCl_4$ | 氯乙烯 | 0 |
| 苯乙烯 | 异丁烯 | 0.23 | 3.50 | 1.15 | γ 射线 | 氯乙烯 | −78 |
| 苯乙烯 | α-甲基苯乙烯 | 0.05 | 2.90 | 0.15 | $SnCl_4$ | 氯乙烯 | 0 |
| 苯乙烯 | α-甲基苯乙烯 | 0.54 | 3.60 | 1.90 | $TiCl_4$ | 甲苯 | 0 |
| 苯乙烯 | α-甲基苯乙烯 | 0.55 | 1.18 | 0.65 | $TiCl_4$ | 甲苯 | −78 |
| 苯乙烯 | 对氯苯乙烯 | 2.20 | 0.35 | 0.77 | $SnCl_4$ | $CCl_4$ | 0 |
| 苯乙烯 | 对氯苯乙烯 | 2.10 | 0.35 | 0.73 | $SnCl_4$ | 硝基苯 | 0 |
| 苯乙烯 | 对甲氧基苯乙烯 | 0.34 | 11 | 3.90 | $AlCl_3$ | 硝基苯：$CCl_4$(1∶1) | 0 |
| 苯乙烯 | 对甲氧基苯乙烯 | 0.12 | 14 | 1.70 | $TiCl_4$ | 硝基苯：$CCl_4$(1∶1) | 0 |

### 5.5.2 阴离子型共聚

丁二烯与苯乙烯在金属钠的引发下进行的共聚反应是最早报道的阴离子共聚反应。当丁二烯与苯乙烯起始原料配比为 75∶25（质量比）时，得到的共聚物中两种单体单元比也为 75∶25，同时这一共聚物组成在转化率 25%～100%、聚合温度为 30～50℃范围内没有变化。这就表明该反应不属于自由基型共聚，因为按上述配比进行自由基共聚所得到的共聚物组成中苯乙烯的组分含量应为 18%（质量比）。

在研究其他碱金属及其有机化合物引发的丁二烯与苯乙烯的共聚反应时同样发现，碱金属的性质与溶剂的类型均对共聚反应的进行有很大的影响。例如，用丁基锂为引发剂，在苯中共聚，丁二烯活性较高；用异丙基锂做引发剂，在苯中共聚，苯乙烯活性较高。当苯乙烯与异戊二烯用锂、钠或正丁基锂为引发剂时，在不同溶剂中共聚时，溶剂效应非常明显（表 5-14）。这些现象均表明阴离子共聚过程中单体的竞聚率会受到溶剂和引发剂类型的影响。表 5-15 列出了某些单体对在阴离子共聚反应时的数据。

**表 5-14 苯乙烯与异戊二烯共聚时的共聚物组成**

（单体中苯乙烯质量分数为 60%）

| 溶剂 | 起始共聚物中苯乙烯的质量分数/% | | |
|---|---|---|---|
| | 锂 | 正丁基锂 | 钠 |
| 无 | 15 | 17 | 66 |
| 苯 | 15 | 18 | 66 |
| 三乙胺 | 59 | 60 | 77 |
| 乙醚 | 68 | 68 | 75 |
| 四氢呋喃 | 80 | 80 | 80 |

**表 5-15 阴离子共聚反应时某些单体对的竞聚率**

| 单体 1 | 单体 2 | 引发剂 | 溶剂 | $r_1$ | $r_2$ |
|---|---|---|---|---|---|
| 苯乙烯 | 甲基丙烯酸甲酯 | Na | 氨 | 0.12±0.05 | 5.4±0.05 |
| | | 烷基 Li(Na,Be,Mg) | 无 | 0.2 | 12.5 |
| | 丙烯腈 | 正丁基锂 | 苯 | 0.035 | 10.0 |
| | | | | 0.05 | 20 |
| | 丁二烯 | 乙基钠 | 乙醚 | 0.95 | 1.6 |
| | | 乙基锂 | | 0.11 | 1.78 |
| | | 正丁基锂 | 正戊烷 | 约 0 | 7 |
| | | 乙基锂 | 甲苯 | 0.1 | 12.5 |
| | | | 三乙胺(40%) | 0.3 | 5.5 |
| | | | 四氢呋喃 | 8±1 | 0.2±0.1 |
| | 异戊二烯 | 乙基锂 | 苯 | 0.08～0.41 | 4.5 |
| | | | 甲苯 | 0.25 | 9.5 |
| | | | 三乙胺 | 0.8 | 1.0 |
| | | | 四氢呋喃(27℃) | 约 9 | 0.1 |
| | | | 四氢呋喃(－35℃) | 40 | 0 |

阴离子共聚的特点是没有链终止反应，所以不存在稳态假设。这样，在自由基共聚时推导出的共聚物组成微分方程就不再适用。

## 习 题

1. 无规、交替、嵌段和接枝共聚物的结构有何差异？命名时单体前后的位置有什么规定？

2. 画出下列各对竞聚率的共聚物组成曲线。当 $f_1=0.5$ 时，在低转化率阶段的 $F_2$ 是多少？

| 项目 | 1 | 2 | 3 | 4 | 5 | 6 | 7 | 8 | 9 |
|---|---|---|---|---|---|---|---|---|---|
| $r_1$ | 0.1 | 0.1 | 0.1 | 0.5 | 0.2 | 0.8 | 0.2 | 0.2 | 0.2 |
| $r_2$ | 0.1 | 1 | 10 | 0.5 | 0.2 | 0.8 | 0.8 | 5 | 10 |

3. 相对分子质量为 72、53 的两种单体进行共聚，实验数据如下。

| 单体组成($M_1$)/% | 共聚物组成($M_1$)/% | 单体组成($M_1$)/% | 共聚物组成($M_1$)/% |
|---|---|---|---|
| 20 | 25.5 | 60 | 69.5 |
| 25 | 30.5 | 70 | 78.6 |
| 50 | 59.3 | 80 | 86.4 |

试用斜截法求两种单体的竞聚率。

4. 苯乙烯（$M_1$）与丁二烯（$M_2$）在 5℃下进行自由基共聚合，$r_1=0.64$，$r_2=1.38$。已知苯乙烯和丁二烯均聚时的链增长速率常数分别为 49L/(mol·s)、251L/(mol·s)。试求：

(1) 共聚时的反应速率常数；

(2) 比较两种单体和链自由基的相对活性；

(3) 作出该共聚反应的 $F_1$-$f_1$ 曲线；

(4) 要制备组成均一的共聚物需要采取什么措施？

5. 在自由基共聚合反应中，苯乙烯的相对活性大于乙酸乙烯酯。当乙酸乙烯酯均聚时，如果加入少量苯乙烯，则乙酸乙烯酯难以聚合，试解释这一现象。

6. 已知丙烯腈（$M_1$）与偏二氯乙烯共聚合时，$r_1=0.91$，$r_2=0.37$。试求：

(1) 作出 $F_1$-$f_1$ 共聚物组成曲线；

(2) 由上述曲线确定恒比点的坐标；

(3) 根据公式，计算恒比点的坐标；

(4) 原料单体中丙烯腈的质量分数为 20%，给出瞬时共聚物中丙烯腈的质量比。

7. 甲基丙烯酸甲酯（$M_1$）和丁二烯（$M_2$）在 60℃进行自由基共聚，若起始配料比是 35∶65（质量比），问是否可以得到组成基本均匀的共聚物？若不能，应以何种配料比才能得到？并计算该共聚物的组成（摩尔比）。$r_1=0.25$，$r_2=0.91$。

8. 根据表 5-11 中的 $Q$、$e$ 值，试计算苯乙烯-丁二烯和苯乙烯-甲基丙烯酸甲酯的竞聚率，并与表 5-6 中的数据进行比较。

9. 甲基丙烯酸甲酯、丙烯酸甲酯、苯乙烯、马来酸酐、醋酸乙烯酯、丙烯腈等单体与丁二烯共聚，试排列交替倾向的顺序并说明理由。

# 第6章 高分子的化学反应

本章介绍的是高分子的化学反应，包括高分子分子链上官能团的化学反应和高分子在外界某些物理和化学因素作用下进行的化学反应。其目的在于：对现有的高分子进行改性，以提高高分子材料的性能，并扩大其应用范围，得到新的高分子材料。还可通过研究高分子材料在各种外界条件下发生的老化行为（交联、降解及官能团反应等化学变化），寻找延缓高分子性质恶化的措施，达到减缓高分子材料老化的目的。

高分子的化学反应一般是按照聚合度和基团的变化（侧基或端基）而不按反应机理来分类的，通常把高分子的化学反应大致分为三类。

① 聚合度基本不变，高分子的侧基和（或）端基发生变化的反应，成为高分子的相似转变。这种反应主要发生在由某种官能团转变为新的官能团，继而生成新高分子的反应。

② 聚合度变大的反应，主要的反应如交联、嵌段、接枝和扩链等反应。

③ 聚合度变小的反应，如高分子发生解聚、降解等反应，使得分子量变小。

本章就高分子化学反应的基本特征及各类反应作简要论述。

## 6.1 高分子化学反应的特征及影响因素

### 6.1.1 高分子化学反应特征

一般来说，高分子与其低分子同系物在结构上有类似的地方，因而可进行相同的化学反应，包括氧化、还原、取代、加成、消去、环化、配位等反应。例如纤维素羟基的乙酰化反应与乙醇的乙酰化反应、聚乙烯的氯化反应与乙烷的氯化反应等基本相同。但由于高分子分子量很高而且具有多分散性、结构的多层次性，以及高分子的聚集态结构及溶液行为与小分子物的差异很大，使高分子的化学反应具有与小分子化合物不同的特征。

（1）高分子的化学反应不完全　当高分子链上的官能团相互反应，或与小分子反应时，由于化学反应的概率原因，邻近基团的影响和高分子溶液的黏度以及高分子长链的自身包裹等因素，反映了的官能团之间残留有未反应的单个官能团，通常进行的化学反应不能够完全进行，并且大多数产物也无法分离。例如聚丙烯腈水解制聚丙烯酸的反应。水解过程中，大分子链上会同时含有未反应的腈基和其他如酰氨基、羧基、环亚胺等处于不同反应阶段的基团。

$$\sim\sim CH_2-\underset{CN}{\underset{|}{CH}}-CH_2-\underset{CN}{\underset{|}{CH}}-CH_2-\underset{CN}{\underset{|}{CH}}-CH_2-\underset{CN}{\underset{|}{CH}}\sim\sim \xrightarrow{H_2O} \sim\sim CH_2-\underset{CN}{\underset{|}{CH}}-CH_2-\underset{CONH_2}{\underset{|}{CH}}-CH_2-\underset{COOH}{\underset{|}{CH}}-CH_2-CH\sim\sim$$

在许多情况下，为了调节高分子使它达到合适的性能，只希望高分子中的一部分基团发生反应，使得高分子的化学反应存在着转化率的问题。例如，聚乙烯醇的缩醛化反应，在已反应的羟基之间残留的未反应的羟基就难以再继续反应了。对于这类反应，通过概率计算，羟基反应最大的转化率为86%。

$$\sim\sim CH_2-\underset{OH}{\underset{|}{CH}}-CH_2-\underset{OH}{\underset{|}{CH}}-CH_2-\underset{OH}{\underset{|}{CH}}-CH_2-\underset{OH}{\underset{|}{CH}}-CH_2-\underset{OH}{\underset{|}{CH}}\sim\sim \xrightarrow{CH_2O} \sim\sim\underset{O\diagdown_{CH_2}\diagup O}{CH\quad CH_2\quad CH}-CH_2-\underset{OH}{\underset{|}{CH}}-CH_2-\underset{O\diagdown_{CH_2}\diagup O}{CH\quad CH_2\quad CH}\sim\sim$$

其他的如聚氯乙烯在锌粉存在下的脱氯反应、实验测得脱氯最大的转化率与上述理论计算结果很相近。

高分子官能团发生化学变化的反应程度一般用转化率来表示，而不用产率表示。转化率与产率的含义是不同的，转化率指反应官能团经化学反应转变为产物官能团的程度，而产率则是指生成产物的量。对小分子反应有时这两个数值很接近，例如，丙酸甲酯水解的转化率为80%，经适当办法分离后，可以得到产率接近80%的纯丙酸。但是聚丙烯酸甲酯的水解，转化率为80%时，并不能得到80%的纯聚丙烯酸和20%的未反应的聚丙烯酸甲酯，产物却是由80%丙烯酸结构单元和20%丙烯酸甲酯结构单元组成的共聚物。

通过高分子的化学反应与低分子的化学反应产物比较可发现，低分子产物由于可被分离和提纯，转化率和产率在数值上往往是一致的。

(2) 高分子的化学反应复杂　高分子发生化学反应中，除主反应外，往往还伴有许多副反应。如相似转变时，高分子在不同程度上会伴随有聚合度的变化，有可能发生交联或降解反应。并且有些高分子体系随着反应的进行，高分子的理化性质有可能发生很大改变，从而影响高分子的化学反应。如体系的溶解性能会随着化学反应的进行发生复杂变化，生成的反应产物不再溶解于反应介质，从体系中析出或者随着反应的进行，体系的黏度大大上升。有的化学反应如聚乙烯的氯化反应体系，随着氯化反应的进行，氯化产物溶解度也增加，直到氯化高分子含氯量增加到30%。产物氯含量再增加，则溶解度降低，直到氯化高分子含氯量达50%～60%，溶解度再度增加。这种溶解性变化往往给高分子化学反应带来一些影响，如反应产物的析出，将使小分子试剂不能扩散到高分子内，从而限制了反应的进一步进行。

### 6.1.2　影响大分子链上官能团反应能力的物理因素

化学反应需要反应物质相互接触，因此影响大分子链上官能团反应能力的物理因素主要有反应物质的扩散速率和反应物的局部浓度。对于高分子来说，结晶和无定形高分子，线型、支链型及交联高分子，不同的链构象，反应是否呈均相等，对小分子物质的扩散都有着不同的影响，从而影响到基团的化学反应能力。对于部分结晶的高分子，在非均相反应中分子链上基团的反应主要发生在无定形区。因为在结晶区内分子链间排列整齐并且作用力大，小分子试剂难以扩散到晶区内。即使在非晶区，在玻璃态时链段被冻结，不利于小分子向大分子链的内部扩散，使得反应也难进行。因此，大分子的化学反应最好在玻璃化转变温度以上或处于适当溶胀状态时进行。如聚乙烯的氯化反应，纤维素的乙酰化反应和聚对苯二甲酸乙二酯的氨解反应，如果反应温度不提高至它们的熔点以上，也不使用适当的溶剂使其溶解为均相的溶液，反应试剂难以靠近晶区内的官能团，则反应仅在非晶区中进行。

对于晶态或玻璃态的化学惰性，也可对产品进行改性。如聚乙烯粉粒悬浮于惰性溶剂中进行氯化反应时，反应只在非晶区进行，即使生成物中氯含量高达55%，产物仍具高度结晶性，玻璃化转变温度高，硬度大。但若进行均相氯化反应，当氯含量达35%时，产物即失去结晶能力，玻璃化转变温度 $T_g$ 下降，硬度降低。有些反应可先在高分子结晶表面进行，然后逐步向晶区浸透，经过相当长的时间后能在整个晶区完成反应。另外，链的构象对化学反应也有一定的影响。高分子链呈紧密线团、疏松线团或螺旋线团时，链上官能团与小分子反应的活性不完全相同。

### 6.1.3　影响高分子反应的化学因素

影响高分子反应活性的化学因素主要是概率效应、位阻效应、静电效应和邻近基团效应等。

(1) 概率效应　高分子相邻官能团作无规则的成双反应时，中间往往会有孤立的单个基团，这些孤立的基团不能够再参加化学反应，使最高转化程度受到限制。聚氯乙烯用锌粉共热脱氯可形成环状结构。由概率计算，氯残留量为14%，与实验结果相符。对于这类反应，不宜过分延长时间，否则分子间可产生交联而使产品性能发生变化。此外，聚乙烯醇的缩醛化的情况也相似，链上羟基残留率降到10%。

（2）空间位阻效应　当参与反应的高分子链的侧基具有较大的位阻，或者小分子试剂含有较大的刚性基团时，高分子反应的活性将受到空间位阻的影响。

（3）静电效应　在高分子化学反应中，若高分子的官能团从不带电荷转变为带电荷的官能团，其反应活性随转化率的增加而降低，例如，聚4-乙烯基吡啶的季胺化反应，随转化率的增大，高分子链上电荷密度增加，反应速率明显变慢。对于夹在相邻的两个均已季胺化的吡啶基中间的未反应的吡啶基团，其反应活性降低$10^3$数量级。

（4）邻近基团效应　高分子分子链上官能团的反应活性直接受邻近基团的影响。邻近基团间作用可改变官能团的反应活性。例如在碱性介质中聚甲基丙烯酰胺的水解反应。反应前期，酰氨基水解成羧基的活性雷同于二甲基乙酰胺；随水解进行，分子链上负离子浓度渐增，排斥了同性电荷羟基负离子的进攻，使剩余酰胺不能继续水解，使得这类水解反应只有70%的转化率。

与上例相反，有些相邻基团具有催化作用。如聚甲基丙烯酸甲酯高分子发生水解反应时，出现自动加速现象，当部分羧基形成后，酯基的继续水解已非羟基直接作用，而是在相邻羧基负离子的影响下，经环酐中间体而快速水解。这是因为羧基负离子的亲核性使得酯基活化，从而加速了反应。

$$\sim CH_2-\underset{\underset{O^-}{|}}{\overset{CH_3}{\overset{|}{\underset{\underset{C=O}{|}}{C}}}}-CH_2-\underset{\underset{OCH_3}{|}}{\overset{CH_3}{\overset{|}{\underset{\underset{C=O}{|}}{C}}}}\sim \xrightarrow{-OCH_3} \sim CH_3-\overset{CH_3}{C}\overset{H_2}{\frown C \frown}\overset{CH_3}{C}\sim \;(\text{环酐：}O=C-O-C=O) \xrightarrow{-OH^-} \sim CH_2-\underset{\underset{^-O}{|}}{\overset{CH_3}{\overset{|}{\underset{\underset{C=O}{|}}{C}}}}-CH_2-\underset{\underset{O^-}{|}}{\overset{CH_3}{\overset{|}{\underset{\underset{C=O}{|}}{C}}}}\sim$$

邻近基团效应不仅取决于官能团的性质及反应类型，还与立体化学有关。例如全同立构聚甲基丙烯酸甲酯水解反应比间同和无规异构体要快。因为在全同立构体高分子中，相邻基团的排布有利于环酐的形成而促进了反应。在高分子化学反应中，这种立体化学因素的影响可称为立体异构效应。

## 6.2 高分子的官能团反应

高分子的侧基或端基发生改变，而聚合度基本不变的反应，称为高分子的官能团反应，又称为相似转变。这类反应在工业上有很多的应用，例如天然或合成高分子的官能团反应如酯化、醚化、卤化、磺化、硝化、酰胺化、缩醛化、水解、醇解等，以及大分子链中的环化反应，含不饱和链高分子的加氢反应等。

### 6.2.1 纤维素的反应

纤维素是资源丰富的天然高分子化合物，主要来源于棉花和木材，除了棉花中的长纤维可以直接纺织成织物外，棉花短纤维和木材中纤维素必须经过适当的化学反应后才能形成有用的产物。纤维素是由葡萄糖单元组成，每一环上有三个羟基，可与许多试剂反应，形成许多重要的纤维素衍生物。例如硝化纤维、醋酸纤维、铜铵纤维和黏胶纤维等酯类衍生物；甲基纤维素、羟丙基甲基纤维素、氰乙基纤维素等醚类衍生物。纤维素的结构如下：

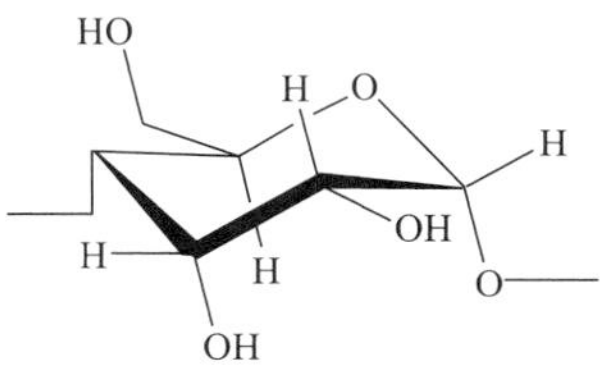

纤维素的每个结构单元含有 3 个羟基，因此纤维素有很强的氢键，结晶度也很高，使得天然纤维素加热直至分解也不熔融，难以加工。但可以利用这些羟基的化学反应进行酯化、醚化等，破坏氢键，改变纤维素的性能，使之成为具有多种优良特性的人造材料。

以 Cell—OH 代表纤维素，Cell 为纤维素的骨架。

(1) 纤维素的酯化反应

$$\text{Cell—OH} + HNO_3 \xrightleftharpoons{H_2SO_4} \text{Cell—ONO}_2 + H_2O$$

并非所有的羟基都被酯化。工业上常以 N% 表示硝化程度。N% 为 12.5%～13.6% 时为高氮硝化纤维，一般作无烟火药；N% 为 10.0%～12.5% 时称低氮硝化纤维，N% 为 11% 的用以制赛璐珞塑料，N% 为 12% 时用作涂料及照相底片。

醋酸纤维素由醋酸与醋酸酐混合液在浓硫酸存在下与纤维素反应制取。

$$\text{Cell—OH} + CH_3COOH \xrightleftharpoons{H_2SO_4} \text{Cell—OCOCH}_3 + H_2O$$

完全乙酰化（三醋酸纤维素）和部分乙酰化纤维素（后者经前者部分水解制得）都有工业用途。醋酸纤维素可以作为热塑性塑料，强度大、透明，能用模压、挤出等方法加工，可用作电影胶片、录音带、涂料、电器部件、眼镜架等塑料制品。二醋酸纤维素的丙酮溶液可纺丝制人造丝，也可作塑料和绝缘漆等。

(2) 纤维素的溶解（黏胶纤维）　天然纤维素如棉短绒、木浆等通过化学反应变成可溶性黄原酸衍生物，具有一定黏度的黄原酸衍生物溶液成为易于凝固的黏胶液，将该黏胶液纺丝或成膜，于酸浴中，部分黄原酸酯基团水解成羟基，再生出纤维素。其化学反应过程如下：

$$\text{Cell—OH} + NaOH + CS_2 \longrightarrow \text{Cell—O—}\overset{\overset{\displaystyle S}{\|}}{C}\text{—SNa} + H_2O \xrightarrow[\text{水解}]{H^+,\text{酸化}} \text{Cell—OH} + CS_2 + Na^+$$

(3) 纤维素的醚化　纤维素可以用 NaOH 处理，再与卤代烷反应，可制得纤维素的甲基和乙基醚化物。

$$\text{Cell—OH} + NaOH + RCl \longrightarrow \text{Cell—OR} + NaCl + H_2O$$

羟丙基甲基纤维素是氯乙烯悬浮聚合重要的分散剂。乙基纤维素具有耐化学试剂、耐寒、不易燃，对光与热较稳定以及能溶于廉价溶剂等优点，故可广泛地用作涂料、清漆、乳化剂、上浆剂、上光剂和黏合剂等。

(4) 氰乙基纤维素　由纤维素与丙烯腈在碱存在下进行醚化反应制取氰乙基纤维素。

$$\text{Cell—OH} + CH_2\text{═CH—CN} \longrightarrow \text{Cell—OCH}_2CH_2CN$$

引入适量的氰乙基可提高纤维的耐磨性、耐腐蚀性及抗微生物作用的能力。

### 6.2.2 芳环取代反应

聚苯乙烯侧基苯环和苯相似，可以进行一系列的亲电取代反应。广泛使用的离子交换树脂多用苯乙烯-二乙烯基苯（少量）共聚树脂为母体。引入少量的二乙烯基苯的目的是形成适度交联，防止溶解，但可溶胀。

$$\sim CH_2-CH(C_6H_5)-CH_2-CH(C_6H_4-CH-CH_2\sim)-CH_2-CH(C_6H_5)\sim$$

该树脂的苯环可进行各种芳环取代反应。

聚苯乙烯先用适量的溶剂使这种树脂溶胀，以便于反应试剂的扩散，然后磺化生成强酸型正离子交换树脂。

$$\sim CH_2-CH(C_6H_5)\sim \longrightarrow \sim CH_2-CH(C_6H_4SO_3H)\sim$$

聚苯乙烯氯甲基化反应：

$$\sim CH_2-CH(C_6H_5)\sim \xrightarrow{ClCH_2OCH_3} \sim CH_2-CH(C_6H_4CH_2Cl)\sim \xrightarrow{NR_3} \sim CH_2-CH(C_6H_4CH_2\overset{+}{N}R_3Cl^-)\sim$$

聚苯乙烯经过上述反应分别得到阴离子和阳离子交换树脂，这是一类重要的功能高分子材料，可在水的纯化、混合体系的分离及化学反应的催化剂等许多场合使用。

### 6.2.3 聚醋酸乙烯酯的反应

聚醋酸乙烯酯经甲醇醇解来制取乙烯醇。酸和碱都可催化此反应，碱催化因其催化效率高，且少副反应而经常使用。纤维用聚乙烯醇要求醇解度在98%以上，用作悬浮聚合的分散剂时，则要求醇解度在80%左右且能溶于水。

聚乙烯醇可与醛类反应，生成聚乙烯醇缩醛，可用作胶黏剂、电绝缘膜及涂料等。常用的醛类为甲醛和丁醛，即 R 为 H 或—$C_3H_7$。

聚乙烯醇配成热水溶液，经纺丝、拉伸，即成结晶性纤维。晶区虽不溶于沸水，但无定形区可溶胀，经缩甲醛化后则不溶于水。因此，维纶纤维的生产常由聚醋酸乙烯酯的醇解、聚乙烯醇的纺丝、热拉伸及缩醛化等工序。

### 6.2.4 氯化反应

天然橡胶的氯化和氢氯化已有工业化规模生产。一般的过程是将未经交联的橡胶用氯代烃或芳烃为溶剂进行均相反应。

天然橡胶的氯化是用氯气在氯仿或四氯化碳溶液中于80～100℃下进行的，氯化橡胶约含氯65%。氯可加成在双键上，也能在烯丙基位置上取代。单纯加成的最高氯含量可达51%，最终产物中也有一些环状结构。

氢氯化可在苯溶液中于10℃下反应5～6h，属亲电加成反应。按 Markownikoff 规则，氯加在含氢少的碳原子上。反应程度随反应条件而不同，也可能产生某些环化和交联。氢氯化产物称为橡胶氢氯化物，可用作食品、精密机器、零件等的包装薄膜，其水汽透过率很低，能耐除了碱和氧化性酸外的多种水溶液的侵蚀。

氯化橡胶能耐大部分的化学试剂，可用作防腐蚀的涂料和黏合剂。

## 6.3　高分子的交联和接枝

高分子的交联是指大分子在热、光、辐射或在交联剂作用下，分子链间通过化学键联结起来构成三维网状或体型结构的反应。经交联后的高分子，强度、弹性、硬度、形变稳定性、耐化学物质等性能得到了提高。因此被广泛应用于高分子的改性。

高分子形成体型交联主要通过三种方式：① 交联反应与聚合反应同时进行；② 线型高分子与小分子交联剂（称硫化剂或固化剂）进行交联反应；③ 含有活性官能团的预聚体与小分子化合物反应，如常见的热塑性酚醛树脂、不饱和聚酯树脂和环氧树脂等的固化过程。

### 6.3.1　橡胶的硫化

橡胶的交联常称为硫化。未经硫化的天然或合成橡胶（顺丁橡胶、异戊二烯橡胶、氯丁橡胶、丁苯橡胶等），其拉伸强度低，容易发生蠕变和永久形变。橡胶的硫化从 Goodyear（固特异）开始有百余年的历史，硫化的最早含义（狭义硫化）是指用元素硫（热法硫化）或用 $SCl_2$（冷法硫化）使橡胶转变为适量交联的网状高分子的化学过程。后来拓展到利用过氧化物、重氮化合物、硒及其他金属氧化物使橡胶交联。

硫化过程极其复杂性，早期曾被认为是自由基反应机理，后来大量研究并没有发现自由基的存在，并且硫化反应也不受自由基捕捉剂影响，而某些有机酸或碱却可以改变反应速率，据此人们初步确定，硫化属于离子型连锁反应机理。

硫化过程一般是在生胶中加入 0.3%～5%的硫黄和硫化促进剂，进行捏合和造型，然后在 150℃附近加热一定时间，可得硫化橡胶。

橡胶硫化的化学过程主要有以下几种。

（1）单质硫生成极化或硫离子对，与高分子反应生成阳离子活性种。

$$S_8 \xrightarrow[\triangle]{} S_m^{\delta^+} \cdots S_n^{\delta^-} \quad 或 \quad S_8 \xrightarrow[\triangle]{} S_m^+ + S_n^-$$

（2）硫阳离子活性种与高分子反应，通过双键邻位碳上的活泼 H 的转移，生成阳离子的高分子。

$$S_m^+ + \sim\sim CH_2CH{=}CHCH_2\sim\sim \longrightarrow \sim\sim H_2C{-}\underset{\underset{S_m^+}{\diagdown\ \diagup}}{HC{-}CH}{-}CH_2\sim\sim$$

$$\xrightarrow[\text{氢转移}]{\sim\sim CH_2CH{=}CHCH_2\sim\sim} \sim\sim CH_2\underset{\underset{S_m}{|}}{C}HCH_2CH_2\sim\sim \quad + \quad \sim\sim CH_2CH{=}CH\overset{+}{C}H\sim\sim$$

（3）阳离子高分子与单质硫反应，生成了带支链的硫阳离子，接着与另外的高分子反应生成交联的阳离子高分子。

$$\sim\sim CH_2CH{=}CH\overset{+}{C}H\sim\sim + S_8 \longrightarrow \sim\sim CH_2CH{=}CH\underset{\underset{S_m^+}{|}}{C}H\sim\sim$$

$$\sim\sim CH_2CH{=}CH\underset{\underset{S_m^+}{|}}{C}H\sim\sim \xrightarrow{\sim\sim CH_2CH{=}CHCH_2\sim\sim} \begin{array}{c}\sim\sim CH_2CH{=}CHCH\sim\sim \\ | \\ S_m \\ | \\ \sim\sim CH_2\overset{+}{C}H{-}CHCH_2\sim\sim\end{array}$$

（4）阳离子高分子再通过 H 离子的转移生成交联高分子。

$$\begin{array}{c}\sim\sim CH_2CH{=}CHCH\sim\sim \\ | \\ S_m \\ | \\ \sim\sim CH_2\overset{+}{C}H{-}CHCH_2\sim\sim\end{array} + \sim\sim CH_2CH{=}CHCH_2\sim\sim \longrightarrow$$

$$\begin{array}{l}\sim\sim CH_2CH{=}CHCH\sim\sim \\ \qquad\qquad\quad |\\ \qquad\qquad\quad S_m \\ \qquad\qquad\quad | \\ \sim\sim CH_2CH_2{-}CHCH_2\sim\sim \end{array} \quad + \quad \sim\sim CH_2CH{=}CH\overset{+}{C}H\sim\sim$$

上述反应重复进行形成了橡胶的交联反应。如果只用单质硫进行硫化，反应速率慢，硫的利用率低。为提高硫化的速率和效率，常常在硫化过程中添加硫化促进剂和活化剂，较为广泛使用的是含 S 和含 N 的化合物，如：

$$\overset{O}{\overset{\|}{(CH_3)_2NC}}—S—S—\overset{O}{\overset{\|}{C}}N(CH_3)_2 \qquad [(CH_3)_2N—\overset{S}{\overset{\|}{S}}—S]_2Zn$$

同时，ZnO、硬脂酸等经常作为硫化活化剂使用，可加速硫化过程的进行，但目前加速硫化的机理还不十分清楚。

### 6.3.2 聚烯烃交联

对于主链饱和的高分子，如聚乙烯、聚丙烯等，可以通过使用过氧化合物进行引发，形成交联结构。其过程如下：

$$ROOR \xrightarrow{加热} RO\cdot$$

$$RO\cdot + \sim\sim CH_2CH_2\sim\sim \longrightarrow \sim\sim CH_2\dot{C}H\sim\sim$$

$$2\ \sim\sim CH_2\dot{C}H\sim\sim \xrightarrow{偶合} \begin{array}{l}\sim\sim CH_2CH\sim\sim \\ \qquad\quad | \\ \sim\sim CH_2CH\sim\sim\end{array}$$

过氧化物如过氧化二叔丁基，过氧化二异丙苯热分解产生自由基，夺取大分子上的氢，形成大分子自由基，而后经偶合交联。饱和主链高分子的交联效率取决于初级自由基的活性和高分子主链 H 被夺取的难易程度。由于此类高分子扩散能力小，聚合体之间难以靠近，所以交联度较低，为提高交联程度往往在聚合体中加入少量的二烯烃等使得主链有一定的不饱和性，提高交联效果。

聚合体如聚乙烯交联后，可提高使用温度和强度，并可大大地提高其抗应力开裂的能力，广泛应用于电线绝缘器件。

### 6.3.3 辐射交联

聚合体在高能辐射情况下可发生复杂的化学反应引起链的交联或断裂，有时还有脱除侧基的反应发生。高能辐射使得聚合体形成自由基。与用过氧化物交联时的情况相类似，主要过程为：

$$\sim\sim CH_2\underset{R}{\underset{|}{C}H}CH_2\underset{R}{\underset{|}{C}H}\sim\sim \longrightarrow \sim\sim CH_2\underset{R}{\underset{|}{\dot{C}}}CH_2\underset{R}{\underset{|}{C}H}\sim\sim$$

$$\sim\sim CH_2\underset{R}{\underset{|}{\dot{C}}}CH_2\underset{R}{\underset{|}{C}H}\sim\sim \xrightarrow{交联} \begin{array}{l}\qquad\quad R\\ \qquad\quad | \\ \sim\sim CH_2CCH_2CH\sim\sim \\ \qquad\quad |\qquad\ \ | \\ \qquad\quad |\qquad\ \ R \\ \sim\sim CH_2CCH_2CH\sim\sim \\ \qquad\quad |\qquad\ \ | \\ \qquad\quad R\qquad\ R\end{array}$$

$$\sim\sim CH_2\underset{R}{\underset{|}{\dot{C}}}CH_2\underset{R}{\underset{|}{C}H}\sim\sim \xrightarrow{断裂} \sim\sim CH_2\underset{R}{\underset{|}{C}}{=}CH_2 + \underset{R}{\underset{|}{\dot{C}H}}\sim\sim$$

发生交联和断裂的倾向与高分子的链结构有密切关系，如主链上有季碳原子，容易发生断裂反应。主链上不含季碳，则高分子倾向于发生交联反应。

### 6.3.4　低聚物树脂的交联固化

醇酸树脂、酚醛树脂等可生成体型缩聚产物的树脂，在成型前一般加工成小于或接近于凝胶点 $P_C$ 值的预聚体，在加工成型时再进行加热或加入固化剂，把他们转变成交联密度高的体型结构高分子。

（1）不饱和树脂的固化　在树脂主链中引入不饱和双键的树脂，如由不饱和马来酸酐和二元醇（乙二醇、丙二醇、一缩二乙二醇等）经熔融缩聚制得的聚酯低聚体。不饱和聚酯在使用自由基聚合引发剂（如过氧化物、环烷酸盐类等），加入乙烯基单体（如苯乙烯、甲基丙烯酸甲酯等）下进行自由基加成反应固化反应。

$$\text{+OCH}_2\text{CH}_2\text{O—CO—CH=CH—CO+}_n$$

以～代表不饱和聚酯，St 代表苯乙烯，固化反应为：

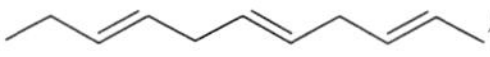

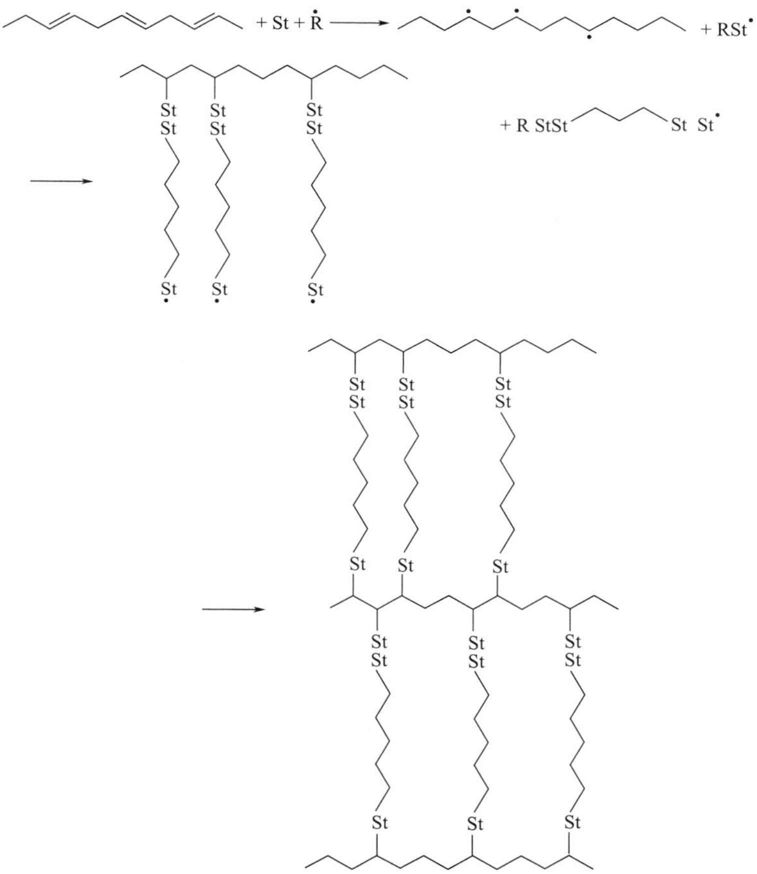

+ St + R· ⟶ + RSt·

+ R StSt　St St·

通过改变不饱和二元酸及二元醇的种类和二元酸的比例（调节交联密度），改变乙烯基单体的种类及用量可调节固化产物的组成与结构，以获取固化产物的不同性能，适用于不同的使用要求。

（2）遥爪型液体橡胶的固化　遥爪型液体橡胶是通过官能团反应来实现固化的，对不同官能团的高分子，采用不同的固化剂。例如链两端有羧基的丁腈低聚物（CTBN），其反应可用下式表示：

$$\sim\sim COOH + \left( \begin{matrix} CH_3 \\ | \\ HC \\ \quad \diagdown \\ \quad N \\ \quad \diagup \\ H_2C \end{matrix} \right)_3 \!\!\!-P{=}O \longrightarrow \sim\sim COO-\underset{}{\overset{CH_3}{\overset{|}{C}H}}-CH_2NH-\overset{O}{\overset{\|}{P}}(-NHCH_2\overset{CH_3}{\overset{|}{C}H}OCO\sim\sim)-NHCH_2\underset{CH_3}{\underset{|}{C}H}OCO\sim\sim$$

### 6.3.5 接枝反应

高分子可通过在其主链上接上一些侧链，这样的高分子反应称为接枝反应。接枝反应也是高分子改性的重要方法。如在主链上增加有特殊性质的侧链可改善高分子诸如表面性质、染色性能、阻燃性能等。接枝共聚物一般可用两种方法制备，即聚合法和偶联法。聚合法是高分子主链形成后再在新活性点上使第二单体形成支链的方法。包括链转移法、辐射聚合法、光聚合法及机械法等。偶联法是利用主链大分子的侧基官能团与带端基官能团高分子反应的方法，下面择要介绍几种方法。

（1）链转移法　利用反应体系中的自由基转移到高分子链节中形成链自由基，继而引发体系中的单体进行接枝聚合。

$$R\cdot + \sim A \sim A \sim A \sim \longrightarrow \sim A \sim \dot{A} \sim A \sim$$

$$\sim A \sim \dot{A} \sim A \sim + nB \longrightarrow \sim A \sim \underset{}{\overset{B-B-B\sim}{\overset{|}{A}}} \sim A \sim$$

如将聚丙烯酸酯溶入苯乙烯单体中，再加入自由基引发剂 BPO 进行接枝共聚。

$$C_6H_5COOOCC_6H_5 \longrightarrow 2\, C_6H_5COO\cdot$$

$$C_6H_5COO\cdot + \sim CH_2-\underset{COOR}{\underset{|}{C}H}-CH_2-\underset{COOR}{\underset{|}{C}H}\sim \longrightarrow \sim CH_2-\underset{COOR}{\underset{|}{\dot{C}}}-CH_2-\underset{COOR}{\underset{|}{C}H}\sim$$

$$\sim CH_2-\underset{COOR}{\underset{|}{\dot{C}}}-CH_2-\underset{COOR}{\underset{|}{C}H}\sim + n\, C_6H_5CH{=}CH_2 \longrightarrow \sim CH_2-\underset{COOR}{\underset{|}{\overset{\overset{\left(CH(C_6H_5)-CH_2\right)_n}{|}}{C}}}-CH_2-\underset{COOR}{\underset{|}{C}H}\sim$$

这类反应取决于高分子自由基链转移的难易程度。链转移程度大有利于生成接枝高分子，如果转移程度小则会形成少量接枝高分子和大量均聚物的混合物。

（2）偶联法　利用主链大分子的侧基官能团与带端基官能团高分子反应形成接枝高分子：

$$\sim\sim\overset{A}{|}\sim\sim + B\sim\sim \longrightarrow \sim\sim\overset{AB\sim\sim}{|}\sim\sim$$

如将甲基丙烯酸甲酯和甲基丙烯酸 $\beta$-异氰酸乙酯的共聚物与末端为氨基的聚苯乙烯反应，得到接枝共聚物。

$$\left( \underset{COOCH_3}{\underset{|}{\overset{CH_3}{\overset{|}{C}}}}-CH_2 \right)_x \left( \underset{COOCH_2CH_2NCO}{\underset{|}{\overset{CH_3}{\overset{|}{C}}}}-CH_2 \right)_y + H_2N\left( CH_2-\underset{C_6H_5}{\underset{|}{C}H} \right)_z \longrightarrow$$

$$\left[\begin{array}{c}CH_3\\|\\-C-CH_2-\\|\\COOCH_3\end{array}\right]_x\left[\begin{array}{c}CH_3\\|\\-C-CH_2-\\|\\COOCH_2CH_2NCONH\!\left[CH_2-CH(C_6H_5)\right]_z\end{array}\right]_y$$

这类反应是高分子与高分子的反应，故接枝效率很高，并且可以进行高分子结构的设计，合成出需要的高分子。

## 6.4　高分子的扩链反应

高分子的扩链是指通过高分子的端基与其他分子上的官能团（一般带有两个官能团）进行化学反应，把大分子链连接起来的过程。自由基聚合、阳离子聚合、阴离子聚合以及逐步聚合等方法都可以得到端基高分子。大分子链端基主要有羧基、羟基、环氧、异氰酸酯、巯基等。

### 6.4.1　环氧类端基高分子

环氧类高分子可以与胺、酰胺、羧酸和醇类进行扩链反应，如：

$$\sim\sim HC\underset{O}{\diagdown\!\!\diagup}CH_2 + HO\overset{O}{\overset{\|}{C}}\sim\sim\overset{O}{\overset{\|}{C}}OH \longrightarrow \sim\sim\overset{HO}{\overset{|}{C}H}-CH_2-O-\overset{O}{\overset{\|}{C}}\sim\sim\overset{O}{\overset{\|}{C}}-O-CH_2-\overset{OH}{\overset{|}{C}H}\sim\sim$$

此类扩链反应可用于环氧高分子的交联和固化。

### 6.4.2　异氰酸酯类端基高分子

异氰酸酯类高分子可以与水、二元醇、二元酸等带有活泼氢的化合物进行扩链反应，如：

$$2\ \sim\sim NCO + H_2O \longrightarrow \sim\sim NHCONH\sim\sim + CO_2$$

此类高分子如果与多元化合物进行反应，可以形成体型高分子。

### 6.4.3　羧基类端基高分子

羧基高分子可以与羟基、异氰酸酯、环氧和氨基类化合物进行扩链反应，如：

$$2\sim\sim COOH + HO\sim\sim OH \longrightarrow \sim\sim CO\sim\sim OC\sim\sim + H_2O$$

### 6.4.4　羟基类端基高分子

羟基类端基高分子可以与羧基、环氧基、异氰酸酯类化合物起扩链反应，如：

$$2\sim\sim OH + CH_3C_6H_3(NCO)_2 \longrightarrow CH_3C_6H_3(NHCOO\sim\sim)_2$$

## 6.5　高分子的降解

高分子在储存、加工和使用过程中，由于受到外界各种因素作用，会使高分子的链段断裂，分子量变小，这个过程称为降解。高分子的性能常常与其分子量有关，降解往往使得高分子变脆，发黏，强度性能变坏，失去使用价值，因而这一过程又称为“老化”。研究高分子降解的意义有：① 了解了高分子的降解过程，人们可以研究高分子结构，采取措施延长高分子的使用寿命。② 利用降解反应回收有价值的单体。③ 有利于环境保护，防止白色污染。

降解反应一般是多种因素同时作用的结果，如热、光、机械力、超声波、化学药品及微生物等。高分子链的组成及结构不同对外界条件的敏感程度有差异。杂链高分子容易在化学因素作用下进行化学降解。而碳链高分子一般对化学试剂是稳定的，但容易受物理因素及氧的影响而发生降解反应。

高分子的降解过程十分复杂，按降解的引发方式的不同，主要分为热降解、机械降解、氧化降解、化学降解及光降解等。

### 6.5.1 热降解

大分子的热降解包括主链的断链和侧基的消除反应，主链降解又分无规降解和链式降解两种。可以通过热重分析、差热分析和恒温加热法对大分子的耐热性能进行研究。

对于无规热降解是指大分子链受热后主链随机断裂，没有固定点，高分子的分子量迅速下降，生成低分子量的高分子。聚乙烯、聚丙烯等主要呈现这种断裂形式：

$$\sim\sim CH_2-CH_2\sim\sim \xrightarrow[\triangle]{} \sim\sim CH=CH_2 + CH_3-CH_2\sim\sim$$

链式降解反应又称解聚反应。其过程为在热的作用下，高分子分子链断裂形成链自由基。然后按链式机理，从链端迅速逐一脱除出单体而降解。解聚反应可以看做是自由基链式聚合增长反应的逆反应。聚甲基丙烯酸甲酯的热降解是典型的链式降解反应。

$$\sim\sim \underset{COOCH_3}{\overset{CH_3}{C}}-CH_2-\underset{COOCH_3}{\overset{CH_3}{C}}\cdot \xrightarrow[\triangle]{} \sim\sim CH_2-\underset{COOCH_3}{\overset{CH_3}{C}}\cdot + CH_2=\underset{COOCH_3}{\overset{CH_3}{C}}$$

此类降解反应的特点是裂解反应往往发生在链的末端，单体从大分子链上逐一迅速脱除，生成新的链自由基和单体分子，高分子的分子量下降速率较慢。

对含有活泼侧基的高分子，如聚氯乙烯、聚醋酸乙烯酯、聚乙烯醇和聚甲基丙烯酸叔丁酯等的作用下发生侧基的消除反应，并引起主链结构的变化。

聚氯乙烯（PVC）在100℃以上开始热降解反应，生成HCl和具有共轭双键的聚多烯烃，降解反应机理有自由基型和离子型两种解释，主要的反应为：

$$\sim\sim CH_2-\underset{Cl}{CH}-CH_2-\underset{Cl}{CH}\sim\sim \longrightarrow \sim\sim CH=CH-CH=CH\sim\sim + HCl$$

游离出的HCl对PVC上的HCl的脱除有催化作用，因此在PVC加工时常常加入酸吸收剂（有机锡、硬脂酸盐等），以提高其热稳定性。

表6-1列出了常见高分子热降解数据。

### 6.5.2 机械降解

大分子在受到机械力（如撞击、挤拉、强烈搅拌）作用下会造成分子链断裂而产生降解。大分子在机械降解时，分子量往往随着机械力作用时间的延长而降低，但在降低到一定数目后趋于稳定。天然橡胶的塑炼是典型的机械降解的例子。天然橡胶经过塑炼加工后，分子量降低，塑性增加，加工性能变好。

### 6.5.3 氧化降解

大分子高分子暴露在空气中会发生氧化作用，在分子链形成过氧基团或含氧基团，从而引起大分子的降解。高分子的氧化反应通常分为两类：直接氧化和自动氧化。直接氧化是指高分子与某些化合物在发生氧化反应，如聚烯烃与强氧化剂发生的氧化反应等。自动氧化则是指高分子材料在使用或加工时与氧的反应。分子链在氧化过程中形成的氢过氧化物对反应有自催化作用，常使大分子的分子量降低，性能变劣，老化加速。

**表 6-1　常见高分子热降解数据**

| 高分子结构 | $T_h$/℃ | 活化能/(kJ/mol) | 单体收率/% | 降解类型 |
| --- | --- | --- | --- | --- |
| $-[CH_2CH_2]_n-$ | 414 | 300 | <0.1% | 无规降解 |
| $-[CH_2-CH=CH-CH_2]_n-$ | 407 | 260 | 约 2% | |
| $-[CH_2\cdots CH_2]_n-$ 支链 | 404 | 263 | <0.03% | |
| $-[CH_2-CH(CH_3)]_n-$ | 387 | 243 | <0.2% | |
| 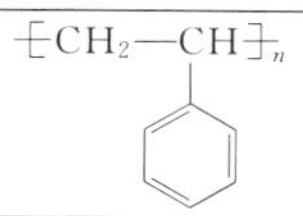 $-[CH_2-CH(C_6H_5)]_n-$ | 364 | 230 | 约 65% | |
| $-[CH_2-C(CH_3)_2]_n-$ | 348 | 202 | 约 20% | |
| $-[CH_2-CH(COOCH_3)]_n-$ | 328 | 142 | 0 | |
| $-[CF_2CF_2]_n-$ | 509 | 333 | >95% | 解聚反应 |
| $-[CH_2-C(CH_3)(COOCH_3)]_n-$ | 327 | 125 | >95% | |
| 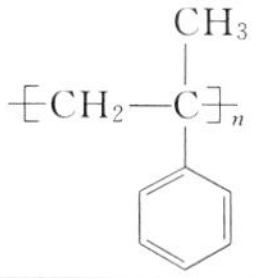 $-[CH_2-C(CH_3)(C_6H_5)]_n-$ | 286 | 230 | >95% | |
| $-[CH_2-CH(OCOCH_3)]_n-$ | 269 | 171 | 0,醋酸>95% | 侧基消除 |
| $-[CH_2-CH(OH)]_n-$ | 268 | — | 0,水析出 | |
| $-[CH_2-CH(Cl)]_n-$ | 260 | 134 | 0,HCl>95% | |

聚烯烃的氧化过程属于自由基链式反应，聚合体系中残留的自由基引发剂、热、光、机械力等多种方式可诱导体系产生自由基。自动氧化过程主要如下（以 PH 代表高分子）。

（1）引发

$$RH+O_2 \longrightarrow R-O-O-H \longrightarrow R\cdot + \cdot O-O-H$$

$$R\cdot + O_2 \longrightarrow ROO\cdot$$

（2）增长

$$ROO\cdot + PH \longrightarrow ROOH + P\cdot$$

$$P\cdot + O_2 \longrightarrow POO\cdot$$

$$POO\cdot + PH \longrightarrow POOH + P\cdot$$

（3）终止

$$R\cdot + R\cdot \longrightarrow \text{终止产物}$$

$$R\cdot + P\cdot \longrightarrow \text{终止产物}$$

$$P\cdot + P\cdot \longrightarrow \text{终止产物}$$

初级自由基 R· 可与氧反应形成过氧自由基 ROO·，P· 也可与氧形成过氧自由基 POO·。ROO· 和 POO· 又可夺取大分子上的氢形成氢过氧化物，体系中微量的金属离子通过氧化还原反应分解氢过氧化物生成自由基，对高分子的氧化起催化作用，氢过氧化物还可能分解产生两个自由基而加速氧化。如此反复多次形成链式反应。

为防止大分子的氧化，必须抑制上述反应的发生，可采用选择耐氧化好的饱和高分子，线型分子链，结晶度高的和交联的高分子，也可采用抗氧剂的方法提高高分子的氧化稳定性。

抗氧剂大体分为如下几种。

（1）氢原子授体

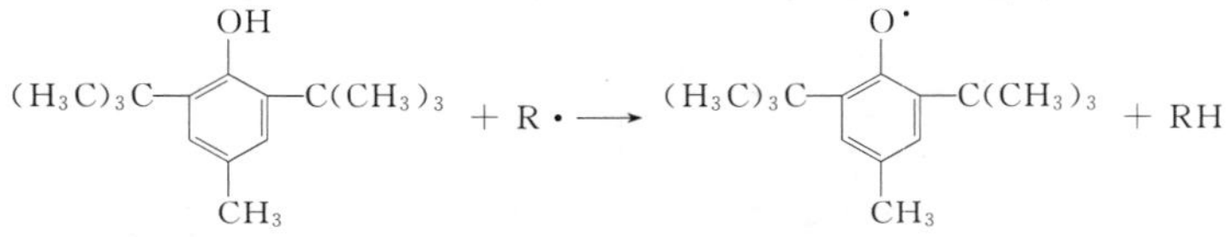

OH, $(H_3C)_3C$, $C(CH_3)_3$, $CH_3$ + R· ⟶ O·, $(H_3C)_3C$, $C(CH_3)_3$, $CH_3$ + RH

阻碍酚

H, N, NH + ROO· ⟶ Ṅ, NH + ROOH

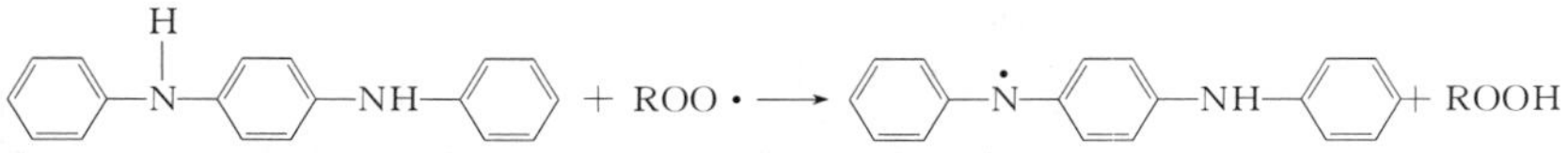

芳仲胺

（2）自由基捕捉剂　阻碍酚、芳胺、苯醌、多环烃等能与自由基反应生成稳定自由基，但不能夺取高分子分子链上的氢，形成大分子自由基，有效地捕捉活泼的自由基。

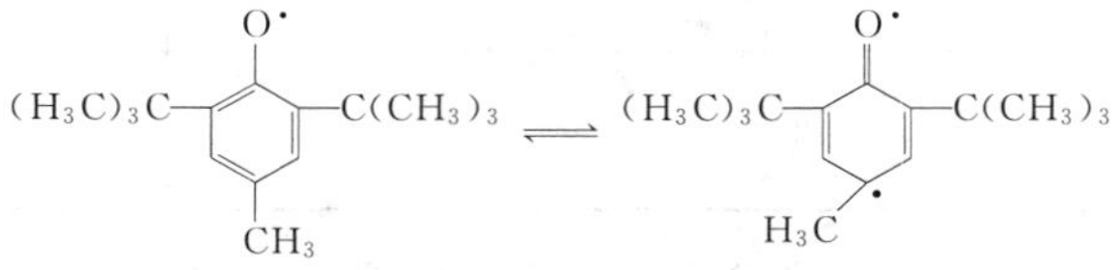

O·, $(H_3C)_3C$, $C(CH_3)_3$, $CH_3$ ⇌ O·, $(H_3C)_3C$, $C(CH_3)_3$, $H_3C$·

（3）电子授体　芳香叔胺与自由基发生电子转移反应，使得自由基变为负离子，芳香叔胺变成稳定的正离子自由基。

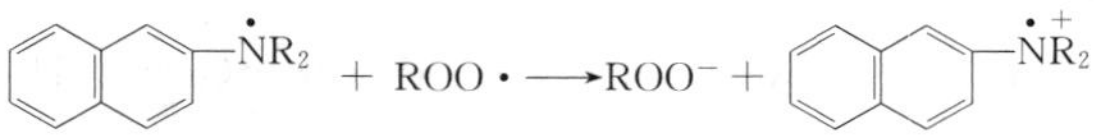

$\dot{N}R_2$ + ROO· ⟶ $ROO^-$ + $\dot{N}^+R_2$

## 6.5.4　化学和生物降解

高分子在化学品作用下发生的分子链断裂的过程称为化学降解。烃类高分子对一般化学物质比较稳定。而杂链高分子对化学品不稳定，化学降解是否发生，以及进行的速度和程度，决定于高分子的结构及化学品的性质。

水解反应是最重要的一类化学降解反应。许多杂链高分子如聚酯、聚酰胺、聚缩醛、多糖和纤维素等，当温度较高且相对湿度较大时，它们对水就敏感，易发生水解使聚合度降低。该过程一般是无规裂解过程。天然聚缩醛一淀粉的酸性水解，可制得葡萄糖。

$$\underset{\text{淀粉}}{(C_6H_{10}O_5)_n} \longrightarrow \frac{n}{2}\underset{\text{麦芽糖}}{C_{12}H_{22}O_{11}} \longrightarrow n\underset{\text{葡萄糖}}{C_6H_{12}O_6}$$

化学降解也可加以利用。例如使杂链高分子转变为单体或低聚物，涤纶树脂加入过量的乙二醇可被醇解，生成对苯二甲酸二乙二醇酯。固化了的酚醛树脂可用苯酚分解为可熔可溶低聚物，这样就可以对高分子进行回收利用。

聚乳酸纤维用于外科手术的缝合，因为能被水解，伤口愈合后不需要拆线，在人体内被降解为乳酸等无害物。

### 6.5.5 光降解

高分子在受到日光照射时高分子发生降解与交联反应，其中发生的降解反应称为光降解。在阳光作用下，到达地面的阳光包括波长为 300～400nm 的近紫外线和波长为 400nm 以上的可见光部分。太阳光中近紫外线的光量子所具有的能量足以打断大部分有机物的化学键。但实际上，高分子在太阳光的作用下发生降解的速率并不明显，有些还比较稳定。这是因为有些物质在吸收了足够的光能之后，不一定产生光化学反应，而将这部分能量以热能、荧光或磷光的形式释放出来。到底何种高分子在吸收光能后会发生光化学反应，这与分子的结构有关。实验表明，分子链中含有醛与酮的羰基、过氧化氢基或含有双键的高分子容易吸收紫外线的能量，并引起光化学反应。

当大分子链有氧存在时，受到紫外线作用易发生被氧化，生成氢过氧化物，然后按照氧化机理降解。表 6-2 为高分子光降解最敏感波长。

**表 6-2 高分子光降解最敏感波长**

| 高分子 | 波长/nm | 高分子 | 波长/nm |
|---|---|---|---|
| 聚乙烯 | 300 | 不饱和聚酯 | 325 |
| 聚丙烯 | 310 | 聚酯 | 290～320 |
| 聚苯乙烯 | 318 | 聚乙烯醇缩醛 | 300～320 |
| 聚氯乙烯 | 310 | 有机玻璃 | 290～315 |
| 聚碳酸酯 | 295 | 氯乙烯-醋酸乙烯酯共聚物 | 322～364 |

在实际上常采用在高分子中加入光稳定剂的方法，防止高分子的光降解。光稳定剂分为三类。

（1）光屏蔽剂　光屏蔽剂主要是一些颜料，能反射紫外线，阻止其透入高分子内部，减少光激发反应。例如炭黑、氧化钛、氧化锌和氧化铁细粉等。

（2）紫外线吸收剂　这类物质能吸收紫外线而被激发，然后经过本身能量的转移，放出强度较弱的荧光，或将能量转为热，或将能量转移给其他分子而自身回复到基态，起能量转移的作用。紫外线吸收剂有水杨酸酯类、二苯酮类、苯并三唑取代丙烯腈等。例如 2-羟基苯基苄酮受光照后吸收光能而激发，激发态异构成烯醇或醌，然后放出热量而恢复到基态。

（3）猝灭剂　受激发后的分子，将能量转移给猝灭剂，通过分子间作用转移激发能量。激发态的猝灭剂（主要是二价镍的有机螯合剂）以光或热的形式释放能量而恢复原状。

表 6-3 列出了常用的光稳定剂。

表 6-3 常用的光稳定剂

| 光稳定剂品种 | 化合物 | 特征 |
| --- | --- | --- |
| 颜料 | 炭黑、氧化锌、硫酸钡 | 光屏蔽 |
| α-羟基二苯甲酮 | 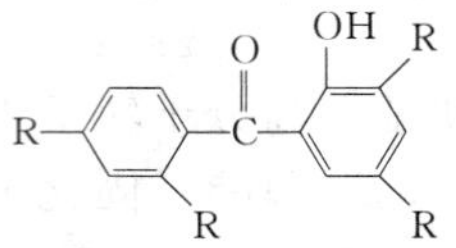 | |
| 水杨酸 | 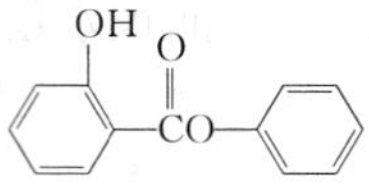 | 紫外线吸收 |
| 苯并三唑 | 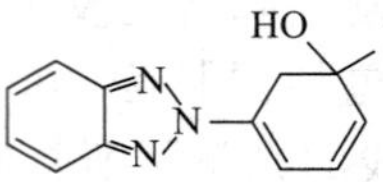 | |
| 镍螯合剂 | 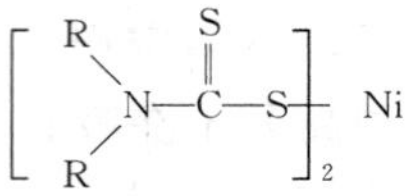 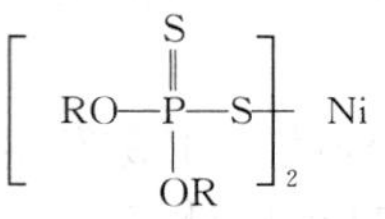 $[R_2N-C(=S)-S]_2Ni$<br>$[(RO)_2P(=S)-S]_2Ni$ | 猝灭剂 |

# 习　题

1. 高分子的化学反应有哪些特点？与低分子化学反应有什么区别？

2. 写出下列反应方程式：

(1) 聚乙烯的氯化；(2) 顺式 1,4- 聚丁二烯的氯化；(3) 醋酸纤维素；(4) 硝基纤维素；(5) 甲基纤维素；(6) 乙烯的氯磺化。

3. 试举例说明什么是高分子的相似转变。

4. 解释下列名词：

(1) 交联；(2) 扩链；(3) 降解；(4) 老化。

5. 大分子的降解有哪些类型？

6. 高分子的老化原因主要有哪些？

7. 高分子的热降解有几种类型？与大分子链有何关系，试判断下列高分子的热降解类型和产物。

(1) PMMA；(2) PE；(3) $\text{-}\!\!\!\left[CH_2-CH(OH)\right]_n\!\!\!\text{-}$

8. 分析比较下列高分子的交联目的的交联剂：

(1) 顺丁烯二酸酐与乙二醇合成的聚酯；(2) 环氧树脂；(3) 线型酚醛树脂（酸催化）。

# 第7章　高分子的结构

高分子的结构决定了其物理性能。通过对高分子的结构以及分子运动的研究，发现高分子结构与性能之间的内在联系，就能够从性能的角度指导高分子的合成和高分子材料的成型加工，使高分子材料更好地满足实际应用的要求。因此，研究高分子结构是高分子设计和材料设计的重要基础。

高分子的结构可以划分成几个不同的结构层次，表7-1给出了高分子结构的各个层次以及所涉及的结构内容。高分子结构首先可分为链结构和聚集态结构两部分。链结构是指单个高分子链的结构与形态，它又分为近程结构和远程结构。而高分子的聚集态结构指的是由众多大分子链排列堆砌而形成的材料结构。

表7-1　高分子的结构层次

| 链结构 | | 聚集态结构 | |
|---|---|---|---|
| 近程结构(一级结构) | 远程结构(二级结构) | 三级结构 | 高级结构 |
| 化学组成;结构单元的键接方式和键接序列;分子的构造;分子链的构型 | 分子链的大小(分子量、均方末端距、均方半径);分子链在空间的形态(构象、柔顺性) | 晶态结构;非晶态结构;液晶态结构;取向结构 | 多组分高分子体系;高分子生物体结构 |

高分子结构中各个结构层次不是孤立的，低结构层次对高结构层次的形成具有较大影响。近程结构决定了高分子的基本性能，而聚集态结构则直接影响高分子的使用性能。例如，天然橡胶和古塔胶的基本化学结构一样，然而，天然橡胶是异戊二烯的顺式高分子结构，古塔胶是异戊二烯的反式高分子结构。常温下，天然橡胶是一种柔软的弹性体，古塔胶却是硬而似革的树脂状的物质。

## 7.1　高分子的近程结构

高分子近程结构属于结构层次中的第一级，又称为化学结构，主要涉及分子链化学组成、构型和构造。近程结构对高分子的基本性能具有决定性的影响，高分子的近程结构一旦确定，其基本物性也就随之确定。

### 7.1.1　高分子的化学组成

高分子通常为长链状大分子，分子链的化学组成可以用其重复单元的化学组成来代表。根据组成大分子链的元素类型以及它们在分子链上的排列情况，可以把高分子分成四类。

#### 7.1.1.1　碳链高分子

该类高分子的主链全部由碳原子以共价键相互连接而成。它们大多由乙烯基单体通过连锁聚合得到，例如聚苯乙烯、聚乙烯、聚氯乙烯和聚甲基丙烯酸甲酯等。这类高分子的共同特点是可塑性较好，化学性质比较稳定，不易水解，但是力学强度一般，而且由于碳氢键和碳碳键的键能较低，高分子的耐热性较差。

#### 7.1.1.2　杂链高分子

分子主链上除了具有碳原子外还有氧、氮、硫等原子，碳原子与这些杂原子之间以共价键相连。例如聚酯、聚酰胺、聚碳酸酯、聚砜和聚氨酯等。该类高分子一般由逐步聚合反应或者开环聚合得到。相对于碳链高分子，它们的耐热性和强度明显提高，但是由于主链上含有官能团，容易发生水解、醇解和酸解等副反应，化学稳定性较差。芳香族杂链高分子通常作为工程塑料使用。

#### 7.1.1.3 元素有机高分子

分子主链上不含碳原子，而主要是由硅、硼、磷、铝、钛、砷、锑等元素与氧组成，但是侧基为有机取代基，例如有机硅树脂，主链为硅氧键，而侧基为甲基。元素有机高分子一方面保持了有机高分子的可塑性和弹性，另一方面还具有无机物的优良热稳定性，因此可以在一些特殊的场合使用。缺点是强度较低。

#### 7.1.1.4 无机高分子

分子链（包括主链和侧基）完全由无机元素组成，不含碳原子。例如聚硫、聚硅等。这类高分子的耐高温性能优异，但同样存在强度较低的问题。

### 7.1.2 结构单元的键接方式

高分子链一般由结构单元通过共价键重复连接而成。在缩聚和开环聚合中，结构单元的键接方式是一定的，但是在连锁聚合中单体的键接方式有不确定性，例如 α-烯烃（$CH_2=CH-R$）在聚合过程中结构单元的键接方式存在着头-头（或尾-尾）相连和头-尾相连两种可能性：

```
—CH2—CH—CH—CH2—CH2—CH—CH—CH2—    头-头加成
      |   |            |   |
      R   R            R   R
—CH2—CH—CH2—CH—CH2—CH—CH2—CH—    头-尾加成
      |       |        |      |
      R       R        R      R
```

结构单元的键接结构可以通过化学和仪器分析的方法（红外光谱、核磁共振等）来测定。实验证明，α-烯烃单体自由基聚合时由于取代基的电子效应和空间位阻效应，结构单元主要以头-尾顺序相连，但也会混杂有一定比例的头-头键接，有时头-头键接的比例会相当大。例如在聚偏氟乙烯中头-头键接比例可达10%～12%，这与氟原子的空间位阻效应较小有关。一般当取代基位阻效应很小以及活性链端的共轭稳定性较差时，会形成较大比例的头-头或尾-尾结构。但是在离子型聚合或配位聚合时，单体的极性决定了键接方式，因此得到的几乎是100%的头-尾键接结构。

双烯类单体聚合时结构单元的键接方式会更加复杂，如2-氯丁二烯的自由基聚合有三种加成方式。

```
        Cl
        |
—CH2—C—        1,2-加成      —CH2—CH—      3,4-加成      —CH2—C=CH—CH2—  1,4-加成
        |                              |                            |
        CH=CH2                      Cl—C=CH2                        Cl
```

在以上各种加成方式中都可能存在头-尾、头-头的键接方式，而且对于1,4-加成还存在有顺式和反式等各种构型。实验测定表明，自由基聚合的聚氯丁二烯中1,4-加成产物主要是头-尾键接，但头-头键接结构的比例有时可高达30%。

分子链中结构单元的键接方式对高分子的结晶性能具有明显影响。如果分子链中结构单元键接方式整齐，对高分子的结晶有利；混杂的键接结构会影响分子链的规整性，从而使高分子结晶能力下降。此外，结构单元的键接方式对高分子的化学反应能力也会产生较大的影响。例如当使用聚乙烯醇与甲醛缩合制备聚乙烯醇缩甲醛（维纶）时，如果聚乙烯醇分子链上具有较多的头-头键接结构，缩醛化反应进行得就不完全，在产物中有较多的羟基被保留下来，这会使维纶纤维的缩水性变大，湿态强度降低。

### 7.1.3　高分子链的构造——线型、支化和交联

分子链的构造指的是不考虑化学键内旋转的情况下大分子链的各种形状。高分子链由许多结构单元通过共价键相互连接而成，一般情况下分子链呈线型构造，线型分子链根据分子链的柔顺性和外界条件可以卷曲成无规线团，也可能伸展成直线。如果连锁聚合反应中活性中心向高分子链转移或者在逐步聚合反应中有多官能团单体存在，就有可能在分子链上产生支链，形成支化大分子。图 7-1 所示为高分子链的支化与交联结构。

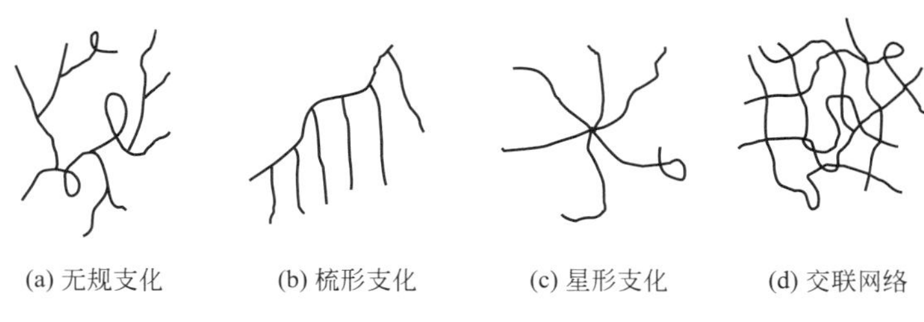


图 7-1　高分子链的支化与交联结构

对于线型大分子和支化大分子，分子链之间没有化学键连接，加入适当的溶剂可以使其溶解，在受热和外力作用下，分子链之间可以发生相互滑移即流动，可将其称为热塑性高分子。热塑性高分子具有成型加工方便的特点。

根据支链的长度可以将支化大分子分为短支链支化和长支链支化两种类型。短支链的长度一般处于齐聚物分子水平，而长支链的长度达高分子的分子水平。依据支化方式又可将支化大分子分为无规支化、星形支化和梳形支化。支化程度则可以由单位体积内支化点的数量（支化点密度）或者相邻支化点之间的平均分子量来表示。

尽管支化大分子的化学性质与线型大分子相似，但是支化对高分子的物理机械性能和加工流动性能有影响，而且影响程度与支化类型和支化程度有关。短支链对分子链结构的规整性破坏较大，会降低高分子的结晶能力，而长支链则会增加高分子的流动黏度。例如在乙烯高压聚合过程中由于链转移比较严重，形成了无规支化聚乙烯，其结晶度只有 60%～70%、密度为 0.91～0.94g/cm$^3$，熔点为 105～110℃，称为低密度聚乙烯（LDPE）。采用 Ziegler-Natta 催化剂在低压下进行的乙烯配位聚合则得到几乎没有支链的线型聚乙烯，其结晶度高达 95%，密度为 0.95～0.97g/cm$^3$，熔点是 135℃，称为高密度聚乙烯（HDPE）。两种聚乙烯具有不同的性能和用途，LDPE 适合生产软塑料制品和薄膜，HDPE 则适于制造硬塑料制品、管、板材和包装容器。另外，在乙烯配位聚合过程中加入少量的丁烯、戊烯或辛烯进行共聚，则可以制得分子链上带有短而规整支链的线型低密度聚乙烯（LLDPE），通过控制共聚单体的加入量，可以调整 LLDPE 的支化度，进而控制其结晶度和密度。LLDPE 在抗拉强度和抗撕裂强度上要比 LDPE 优越得多。

对于具有三维网状结构的交联高分子，可以采用下面的方法得到：①对线型高分子进行硫化或过氧化物交联，如硫化橡胶；②使用多官能团单体直接进行交联聚合，如酚醛树脂；③将具有一定分子量的齐聚物进行端基交联，如不饱和聚酯制备的玻璃钢。

三维网状结构使得交联高分子受热后不能熔融，加入溶剂也不能溶解，只能溶胀。因此，交联高分子属于热固性材料。交联结构的高分子不能像热塑性高分子那样直接进行成型加工，必须在交联网络形成之前完成高分子的合成和成型过程，否则一旦形成交联结构就无法通过加热的方法改变材料的形状。但是另一方面，交联赋予了高分子材料许多优良的性能，例如机械强度增加，耐热性和尺寸稳定性明显提高，耐溶剂性能得到改善。

交联高分子的典型应用包括橡胶硫化、不饱和树脂固化和聚乙烯的交联。未经硫化的橡

胶是线型大分子，受力后分子链之间容易发生相对滑移，使制品产生永久变形，因此不具有实际应用价值。橡胶经过硫化后形成的三维交联网络阻止了分子链之间的相对滑移，从而成为具有实用意义的橡胶。聚乙烯可以用作电线电缆的绝缘和包覆层，但聚乙烯的耐热性不够高，在线路过载或者短路的情况下容易被损坏。通过对聚乙烯进行化学交联，可以大幅度地提高其耐热性，更好地满足电线电缆对使用温度的要求。

交联程度不同，高分子的性能也不相同。交联度低的橡胶（含硫量低于5%）比较柔软，具有可逆高弹性；交联度高的橡胶（含硫量20%～30%）硬度增加，弹性变差；交联度的进一步增加则会使硫化制品弹性丧失，成为硬而脆的非橡胶物质。交联程度可以用凝胶含量和交联密度来表征。前者表示进入交联网络的结构单元占总结构单元的质量分数。后者表示交联网络中交联点的密度，通常用相邻两个交联点之间的平均分子量来表示，平均分子量越小，交联密度越高。

高分子的构造还包括一种特殊的类型——梯型高分子。所谓梯型高分子，是指分子主链由两条链平行排列而成，而两条链之间有一系列的化学键相连接，呈现“梯子”形状。例如聚丙烯腈纤维受热后发生芳构化形成梯型结构大分子，均苯四甲酸二酐与四氨基苯缩聚得到全梯型吡咙。梯型高分子的显著特点是其优异的耐热性。即使分子链上有几个键发生断裂，只要不是发生在同一个梯格，分子链都不会断开。只有当同一个梯格里的两个键同时断开，分子量才会下降，而这样的机会非常小，所以梯型高分子具有优异的热稳定性，同时还兼有高强度和高模量。

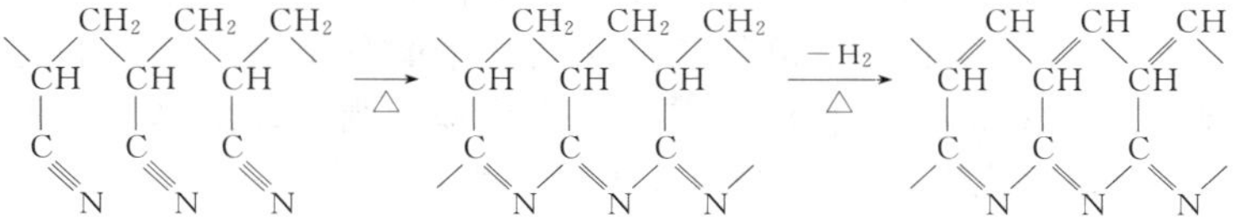

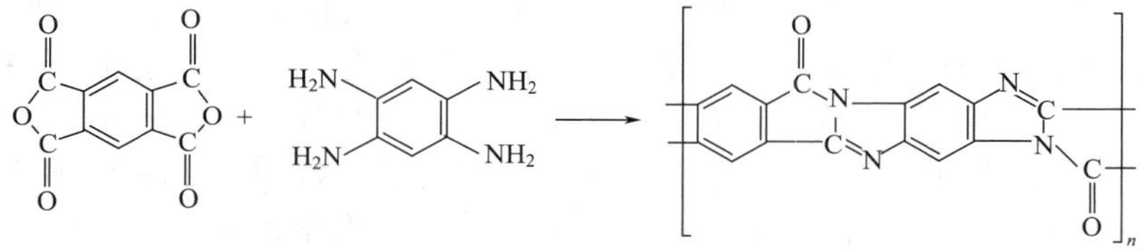

### 7.1.4 共聚高分子的组成与结构

共聚物由两种或两种以上单体通过共聚合反应得到。对于由A、B两种单体单元组成的二元共聚物，根据两种单体单元在共聚物分子链上的排列方式，可将共聚物分成无规共聚、交替共聚、嵌段共聚和接枝共聚四种类型。

…A—B—A—A—A—B—B—A—B—B—B—A—A—B—… 无规共聚物

…A—B—A—B—A—B—A—B—A—B—A—B—A—B—… 交替共聚物

…A—A—A…A—A—B—B…B—A—A—A…A—… 嵌段共聚物

…A—A—A—A—A—A—A—A—A—A—A—A—A—A—… 接枝共聚物
(支链：B—B—B—B…；B—B—B…)

在无规共聚物中两种单体单元完全无规排列，而在交替共聚物中两种单体单元严格交替排列。将由A单体单元组成的链段与由B单体单元组成的链段通过共价键连接起来，就形成了嵌段共聚物。接枝共聚物是以一种单体单元组成的链段为主链，另一种单体单元组成的链段为支链所形成的大分子。

共聚物的链结构对高分子性能具有很大影响，共聚合反应本身已经被广泛用来对高分子进行改性。共聚物的性能主要取决于三方面：①共聚单体的性质；②共聚单体的相对比例；③共聚单体单元在分子链上的排列方式。在共聚单体种类和比例一定的情况下，共聚单体单元在分子链上的排列方式不同会导致共聚物性能发生很大的变化。对于无规共聚物和交替共聚物，由于结构单元之间的相互作用以及分子链之间的相互作用发生了很大的变化，使得共聚物在结晶性能、溶液性质和力学性能等方面与相应的均聚物有较大的改变。例如，聚四氟乙烯是不能熔融流动的高分子，而四氟乙烯与六氟丙烯的无规共聚物却具有很好的流动性。

嵌段和接枝共聚物的结构特点是它们同时保持了两组分均聚物的链结构而不同链段之间又以化学键相连成为同一大分子，这样就赋予了接枝或嵌段共聚物一些独特的性能。一方面嵌段和接枝共聚物可以用于高分子共混的相容剂；另一方面，利用嵌段和接枝共聚物的聚集态中两种链段各自聚集形成微相分离结构的特点，可以进行结构设计，得到一些特殊的高分子材料。例如苯乙烯-丁二烯-苯乙烯三嵌段共聚物（SBS），在室温下聚苯乙烯链段聚集成簇分散在聚丁二烯链段所形成的连续相中，成为聚丁二烯链段的物理交联点，而在高温下，SBS是线型大分子，可以熔融流动。因此SBS在高温下可以加工成型，在室温具有硫化橡胶特性，成为一种热塑性弹性体。

### 7.1.5 高分子链的构型

分子链中通过化学键相连接的原子和原子团在空间的排列方式叫构型。这种排列是由化学键所固定的，只有经过化学键的断裂和重组才能使构型改变。高分子链的构型包括几何异构和旋光异构。

#### 7.1.5.1 几何异构

分子链上的双键不能内旋转，否则双键中的π键会发生破坏。因此当分子链上双键两侧的碳原子所连接的原子或基团在空间的排列方向不同时就会形成顺式构型和反式构型，这种方式称为几何异构。以聚1,4-丁二烯为例，两个亚甲基在双键的一侧为顺式构型，在双键的两侧为反式构型。

$$\diagdown CH_2 \diagup CH{=}CH \diagdown CH_2 \diagup CH_2 \diagdown CH{=}CH \diagup CH_2 \diagdown \quad \text{顺式}$$

$$\diagdown CH_2 \diagup CH {\diagdown\!\!\diagdown} CH \diagup CH_2 \diagdown CH_2 \diagup CH {\diagdown\!\!\diagdown} CH \diagup CH_2 \diagdown \quad \text{反式}$$

共轭二烯烃发生1,4-加成后形成的高分子有顺式、反式两种构型的可能性，具体取决于催化体系。顺、反构型不同的高分子在性能可能会有很大的差异，例如聚1,4-丁二烯的顺式结构周期性比反式结构的周期性长，使其相互排列时分子链间的距离较大，在室温下呈现出橡胶特性；而反式结构的周期性短，规整性更高，更易结晶，所以在室温下只能作为塑料使用。

天然橡胶中含有98%以上的顺式1,4-聚异戊二烯和2%以下的3,4-聚异戊二烯，室温下柔软富有弹性；而被称为古塔波胶的反式1,4-聚异戊二烯在室温下为硬而韧的结晶物质。

#### 7.1.5.2 光学异构

饱和碳氢化合物分子中的碳原子以四个共价键与四个原子或基团相连，形成一个四面体。当四个基团都不相同时，该碳原子称为不对称碳原子，以$C^*$表示。化合物可以形成两种互为镜像的旋光异构体（D构型和L构型）。

对于α-烯烃高分子，其结构单元为$—CH_2{=}CHX—$，分子链上每个结构单元都有一个不对称碳原子$C^*$，因此每个结构单元可以有两种旋光异构体。它们在大分子链中可以有三种排列方式：①大分子链上所有的结构单元都按相同构型排列，称为全同立构；②大分子链由D构型和L构型两种旋光异构单元交替排列组成，称为间同立构；③大分子链上两种旋光异构单元无规排列，称为无规立构。这些立体构型排列方式见图7-2。

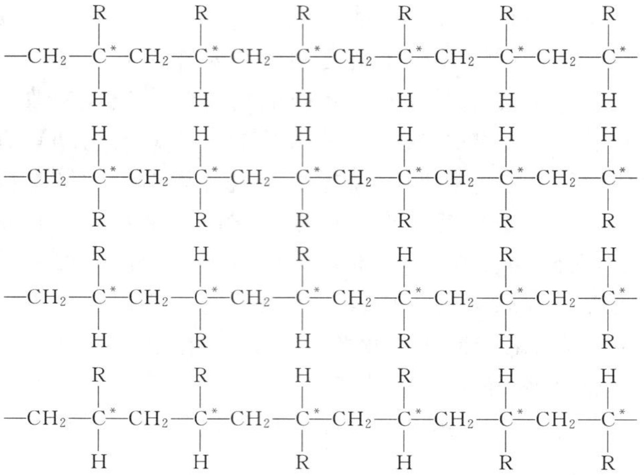

$$-CH_2-\overset{R}{\underset{H}{C^*}}-CH_2-\overset{R}{\underset{H}{C^*}}-CH_2-\overset{R}{\underset{H}{C^*}}-CH_2-\overset{R}{\underset{H}{C^*}}-CH_2-\overset{R}{\underset{H}{C^*}}-CH_2-\overset{R}{\underset{H}{C^*}}-$$ 全同立构

$$-CH_2-\overset{H}{\underset{R}{C^*}}-CH_2-\overset{H}{\underset{R}{C^*}}-CH_2-\overset{H}{\underset{R}{C^*}}-CH_2-\overset{H}{\underset{R}{C^*}}-CH_2-\overset{H}{\underset{R}{C^*}}-CH_2-\overset{H}{\underset{R}{C^*}}-$$

$$-CH_2-\overset{R}{\underset{H}{C^*}}-CH_2-\overset{H}{\underset{R}{C^*}}-CH_2-\overset{R}{\underset{H}{C^*}}-CH_2-\overset{H}{\underset{R}{C^*}}-CH_2-\overset{R}{\underset{H}{C^*}}-CH_2-\overset{H}{\underset{R}{C^*}}-$$ 间同立构

$$-CH_2-\overset{R}{\underset{H}{C^*}}-CH_2-\overset{R}{\underset{H}{C^*}}-CH_2-\overset{H}{\underset{R}{C^*}}-CH_2-\overset{R}{\underset{H}{C^*}}-CH_2-\overset{H}{\underset{R}{C^*}}-CH_2-\overset{H}{\underset{R}{C^*}}-$$ 无视立构

图 7-2 乙烯基高分子的立体构型

由于全同立构和间同立构高分子的分子链具有高度的立构规整性，它们被称为等规高分子或立构规整性高分子。由于它们的立构规整性好，容易满足晶体结构中分子链三维有序排列的要求，所以全同立构和间同立构高分子可以结晶。立构规整度越高，高分子结晶倾向越大，结晶度越高。结晶会导致高分子一系列的物理机械性能的改变，例如密度变大、热变形温度上升、机械强度增加、耐溶剂性能改善。无规立构高分子的规整性较差，一般不会结晶。

高分子的构型异构是由聚合方法决定的，而且主要取决于所使用的催化体系。使用自由基聚合只能得到无规立构高分子，而使用配位聚合催化剂进行定向聚合可以得到等规高分子。例如苯乙烯的自由基聚合得到的无规立构聚苯乙烯不能结晶，室温下是透明的通用塑料，玻璃化转变温度在 100℃。通过 Ziegler-Natta 催化剂进行配位聚合得到的全同立构聚苯乙烯，能够形成高度结晶，熔点为 240℃。而由茂金属催化剂聚合得到的间同立构的结晶聚苯乙烯，熔点则高达 270℃，可以作为工程塑料使用。

在此需要说明，小分子化合物由于空间构型不同会表现出旋光性。但是高分子与小分子不同，由于不对称碳原子上连接的两个高分子链差别不大，不是真正的不对称碳原子，因此立构规整性高分子通常不具有旋光性。只有一些生物大分子和药物大分子具有旋光性，例如像聚 $\alpha$-氨基酸和聚乙基醚等合成高分子，分子链中具有真正的不对称碳原子，链节之间无消旋作用，成为真正的旋光立构高分子。

## 7.2 高分子的远程结构

远程结构又称为二级结构，主要涉及分子链的大小以及它们在空间的几何形态。关于分子链的大小（即分子量大小和分布），本书将其放在第 10 章“高分子溶液和分子量”中加以介绍。在此主要讨论高分子链的空间几何形状（即构象）问题。

构象指的是由于单键的内旋转导致的分子链在空间的不同几何形态。大分子链上有许多 $\sigma$ 单键，由于电子云围绕键轴对称，因此这些单键可以发生内旋转。当分子链中的多个单键发生内旋转时，分子链就会呈现出各种不同的空间几何形态，即出现各种不同的构象。典型的构象状态包括伸直链构象、无规线团构象、折叠链构象和螺旋链构象。值得说明的是，由于分子的热运动，分子链的空间形状不断改变，即分子链的构象处于不断变化之中。构象与构型是两个完全不同的概念，构象可以通过单键的内旋转来改变，而构型是由化学键固定的，只有破坏和重组化学键才能够改变。

### 7.2.1 小分子的内旋转构象

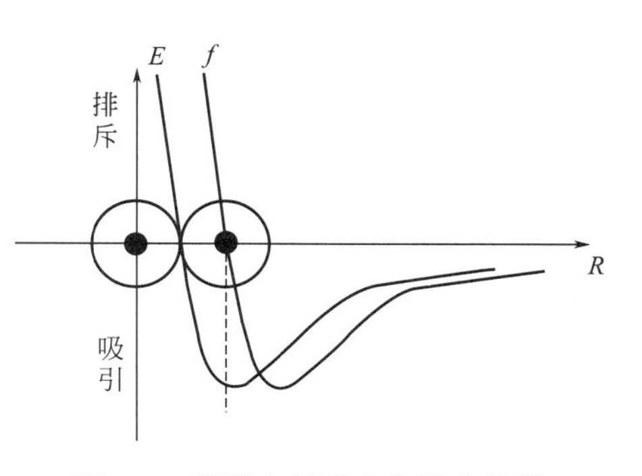

图 7-3 两质点间引力和斥力曲线
E—能量曲线；f—作用力曲线

为了更好地理解高分子链的内旋转构象，有必要先讨论一下小分子的内旋转构象。图 7-3 给出了两个质点相互接近时它们之间的引力和斥力变化曲线。两质点间距离较远时，它们之间的作用力为吸引力，而且随着质点之间距离的接近，吸引力不断增加，位能降低。但是两质点接近到一定程度时，吸引力开始减小。当两质点之间距离达到它们的范德华半径之和时，吸引力为零，此时的位能最低。两质点进一步接近会导致相互排斥，位能迅速增大。一些原子或基团的范德华半径列于表 7-2。

**表 7-2 原子或基团的范德华作用半径 *R***

| 基团 | $R$/nm | 基团 | $R$/nm |
|---|---|---|---|
| H | 0.12 | S | 0.185 |
| N | 0.15 | P | 0.19 |
| O | 0.14 | As | 0.20 |
| F | 0.135 | Se | 0.20 |
| Cl | 0.18 | $CH_2$ | 0.20 |
| B | 0.195 | $CH_3$ | 0.20 |
| I | 0.215 | 苯环 | 0.185 |

先来讨论结构最简单的乙烷分子的内旋转构象。乙烷分子中两个甲基上所属的氢原子之间的距离小于范德华半径，它们之间呈现相互排斥作用。因此要求两个甲基上的氢原子尽可能拉大距离，使排斥力减小，位能降低。通过 C—C 单键的内旋转，两个甲基上的氢原子处于如图 7-4 所示的交叉位置（反式）时，氢原子之间的距离最远，排斥力最小，位能最低，所以反式构象是乙烷的最稳定构象。当两个甲基上的氢原子处于图 7-4 所示的重叠（顺式）位置时，氢原子之间的距离最近，排斥力最大，位能最高，所以乙烷的顺式构象最不稳定。

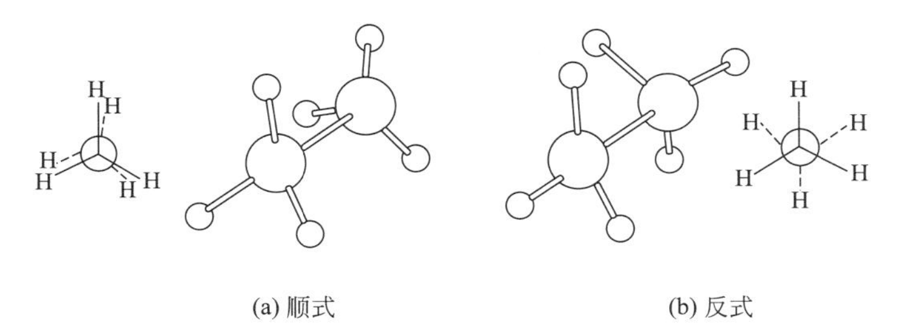

图 7-4 乙烷分子的内旋转构象

乙烷分子中 C—C 单键内旋转时，随着两个甲基上氢原子之间距离的变化，相互作用能也要发生变化，导致乙烷分子的位能发生变化。图 7-5 显示了乙烷的位能（$U$）与旋转角（$\varphi$）的关系。

将反式位置的旋转角设为 $\varphi=0$，当旋转一周后，对称地出现了三个位能最低的位置，即 0°、120°、240°，它们分别对应于三个反式构象；而当 $\varphi=60°$、180°、300°时，位能达最大值，它们对应于最不稳定的顺式构象。两种构象状态之间的位能差 $\Delta E$ 称为内旋转位垒。乙烷分子中碳碳单键旋转一周（360°）必须越过三个位垒，而且这三个位垒是完全相同的，

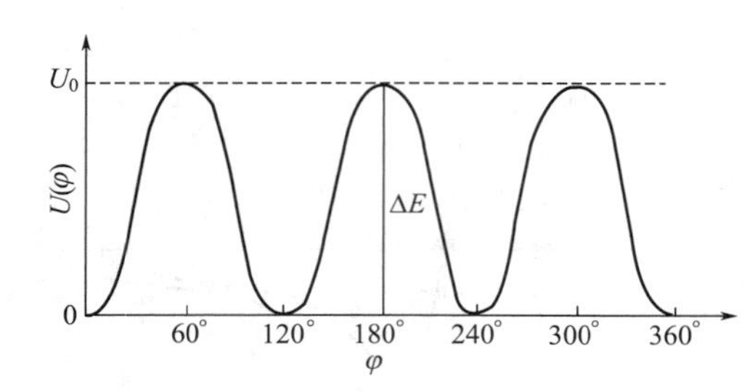

图 7-5 乙烷 C—C 单键内旋转位能曲线

大约为 11.7kJ/mol。这个数值不大，在常温下分子热运动的能量很容易达到，所以乙烷分子的构象是不断变化的。但是由于能量的原因，乙烷分子处于反式构象的概率大于处于顺式构象的概率。

将乙烷分子换成正丁烷分子，相当于乙烷分子两个甲基上各有一个氢原子被甲基取代。因此当正丁烷分子中 $C_2$—$C_3$ 键内旋转一周时，也必须越过三个位垒，但是位能曲线的情况比乙烷分子要复杂。图 7-6 是正丁烷的 $C_2$—$C_3$ 键内旋转位能随旋转角的变化曲线。

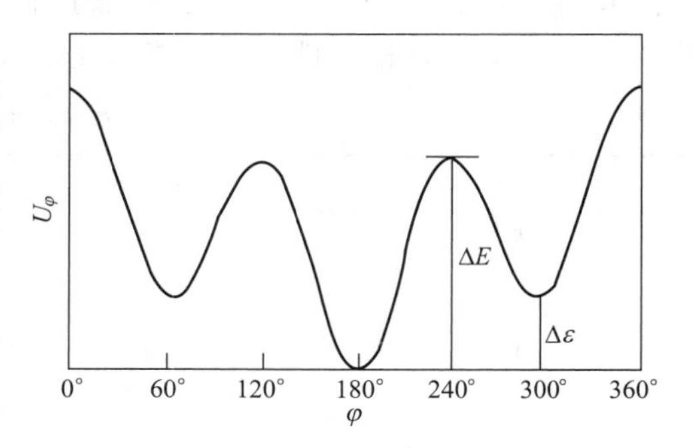

图 7-6 正丁烷分子的构象及内旋转位能曲线

图中，$\varphi=180°$时，$C_2$ 和 $C_3$ 上的两个 $CH_3$ 处于相反位置，距离最远，相互斥力最小，位能最低，为全反式构象（也称反式交错构象，用 T 表示）；$\varphi=60°$和 $\varphi=300°$时，$C_2$ 和 $C_3$ 上所键接的 H 和 $CH_3$ 相互交叉，位能较低，为左旁式构象和右旁式构象（也称旁式交错构象，用 G、G′ 表示）；当 $\varphi=120°$和 $\varphi=240°$时，$C_2$ 和 $C_3$ 上所键接 H 和 $CH_3$ 相互重叠，位能较高，为偏式交错构象；$\varphi=0°$时，两个 $CH_3$ 完全重叠，分子位能最高，对应于最不稳定的顺式重叠构象。其中，$\Delta E$ 为全反式构象与旁式构象之间的内旋转位垒，而 $\Delta\varepsilon$ 是全反式构象与旁式构象之间的位能差。$\Delta E$ 的大小决定了全反式构象与旁式构象之间转变（单键内旋转）的难易程度，而 $\Delta\varepsilon$ 的高低则决定了正丁烷分子处于全反式构象或者旁式构象的概率。

在低温下由于分子热运动能量比较低，单键内旋转不容易发生，丁烷主要以能量最低的全反式构象存在；而在气态和液态下，分子热运动能量增大，构象的转变可以发生，所以丁烷分子既呈现全反式构象也呈现旁式构象，成为反式构象和旁式构象的混合体。

### 7.2.2 高分子的内旋转构象

高分子链由许多结构单元连接而成，当分子链中某个单键内旋转时，不但要受到自身所在结构单元上的原子或基团的作用，也要受到相邻和近邻结构单元上的原子或基团的影响，所以高分子链的内旋转要比小分子复杂得多，但是它们之间具有一定的相似性。以结构最简单的聚乙烯为例。从聚乙烯分子链中任取一个单键，并且将其两端碳原子上所连接的链段等同于正丁烷分子中的两个端甲基。当该单键内旋转时，它的位能曲线与正丁烷分子中 $C_2$—$C_3$ 键内旋转位能曲线基本相同，即单键两端的两个链段处于反式交叉位置时，非键合原子和基团之间的距离最远，排斥力最小，位能最低；当两个链段处于完全叠合位置时，排斥力最大，位能最高；除此之外，两个链段和其他非键合原子还可处于旁式交错位置（左旁式和右旁式构象），它们的能量也比较低。

在较低温度范围，由于分子热运动能量比较低，单键的内旋转以及构象之间的转变不容易发生，聚合物分子链上的结构单元倾向于采取能量低、稳定的反式构象。而在较高温度范围，分子运动能力增大，单键可以发生内旋转，构象之间的转变比较容易发生；由于全反式构象与旁式构象之间的能量差 $\Delta\varepsilon$ 也不大，所以结构单元既可以处于全反式构象，也可以处于旁式构象。

如果每个单键内旋转时可以采取三种比较稳定的构象状态：全反式、左旁式、右旁式，随着烷烃分子中碳原子数增加，构象数目增多。丙烷只有一个稳定构象；正丁烷则有 3 个稳定构象，分别为全反式、左旁式和右旁式；戊烷则存在 9 种稳定构象。依此类推，对于一个聚合度为 1000 的大分子链，可能的稳定构象数目可以达到 $3^{2000}$ 个，这绝对是一个天文数字。由此可见，高分子链可以呈现出无穷多个构象。

### 7.2.3　高分子的平面锯齿构象和螺旋链构象

从热力学的角度，物质处于能量较低状态时更加稳定。因此分子链在排列堆砌形成聚集态时也希望能以能量较低的构象状态进行紧密堆砌，这就要求一方面分子链在排列堆砌时采取比较伸展的链构象，另一方面分子链中每个结构单元采取使大分子链能量降低的构象状态。

对于结构单元不带取代基的碳链状大分子，如果分子链中每个结构单元都采取能量最低的全反式构象，分子链的能量最低，热力学最稳定。所以该类高分子的分子链采取完全伸展的全反式构象——平面锯齿构象。例如聚乙烯、聚甲醛、脂肪族聚酯、聚酰胺等没有取代基或者取代基较小的碳链状高分子在结晶中均采取全反式的平面锯齿构象。如图 7-7 所示。

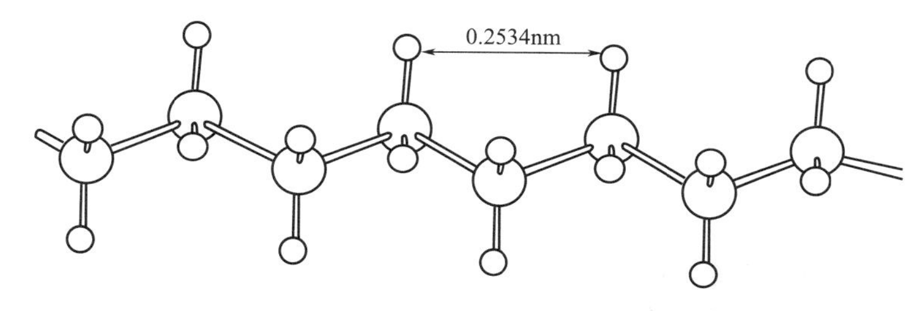


图 7-7　聚乙烯的平面锯齿构象

对于结构单元上带有取代基的高分子，分子链的构象情况则有所不同。以全同立构聚丙烯为例，如果分子链中每个结构单元都采取能量最低的全反式构象，整个分子链呈平面锯齿构象，那么相邻结构单元上甲基取代基之间的距离就太近了，甲基取代基之间的强烈排斥反而使得这种分子链构象状态的能量升高。所以全同立构聚丙烯的分子链不能采取平面锯齿构象。如果在第一个 C—C 键呈反式构象后，将第二个 C—C 键旋转 120°（即呈旁式构象），这样就可以使相邻结构单元上甲基取代基之间的距离加大，从而使分子链整体的位能最低。所以在晶态中全同立构聚丙烯分子链中的单键采取全反式构象和旁式构象交替出现的方式(TGTGTG)。这种全反式构象和旁式构象沿分子链的交替排列导致了整个分子链呈现螺旋结构（图 7-8），3 个结构单元旋转了 1 圈形成了 1 个螺旋，或者说 1 个螺旋周期包含了 3 个结构单元。该螺旋结构可以用 $H3_1$ 来表示，3 代表完成 1 个等同周期需要 3 个结构单元，而 1 代表每个等同周期中的螺旋圈数。

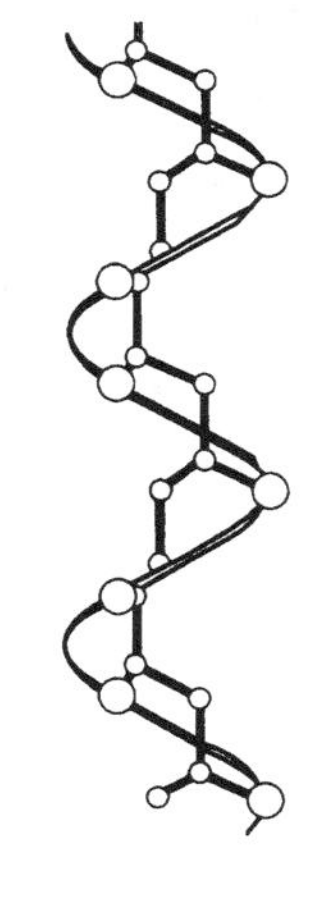

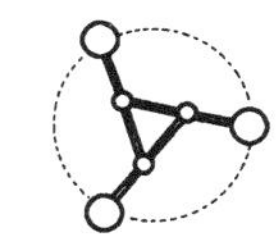

图 7-8　全同聚丙烯在晶态中的链构象

取代基的大小不同，高分子链所形成的螺旋构象也不一样。取代基位阻较小的聚 1-丁烯、聚甲基乙烯基醚、全同立构聚苯乙烯仍为 $H3_1$ 螺旋构象。随着取代基位阻增大，螺旋开始扩张，聚邻甲基苯乙烯、聚萘基乙烯就采取了 $H4_1$ 螺旋，而聚 4-甲基-1-戊烯则呈现 $H7_2$ 螺旋。对于聚四氟乙烯，由于氟原子的范德华半径很小（0.14nm），相互排斥作用较低，相邻的氟原子只需稍稍偏离全反式构象（16°）就能使分子链处于能量最低状态，所以它呈现 $H13_1$ 螺旋构象。

### 7.2.4 高分子在溶液或熔体中的构象

高分子溶解在溶剂中形成高分子溶液或者受热成为熔体后，分子运动和单键内旋转能力加大，容易越过全反式构象与旁式构象之间的位垒。此外，全反式构象与旁式构象之间的位能差 $\Delta\varepsilon$ 也不大。因此分子链中结构单元处于全反式、左旁式和右旁式构象的机会差不多。由此形成了 3 种构象状态在分子链上的无规排列分布。这种无规排列分布使得大分子链呈现为无规线团形状，所以柔性链高分子在溶液中或熔体中呈现无规线团构象。但是对于刚性链高分子，由于单键内旋转不易发生，它们在溶液或熔体中仍以伸展的棒状构象存在。

### 7.2.5 高分子的链柔性

高分子链能够呈现各种卷曲的无规线团状态的特性叫高分子的链柔性。各种卷曲状态实际上等同于各种构象状态，因此又将高分子链能够改变其构象状态的特性称为链柔性。如果高分子链不能改变其构象状态，则称为链刚性。

高分子链由成千上万的化学键组成，当这些单键发生内旋转时，高分子可以呈现出无穷多种空间几何形态（构象），而且由于分子热运动，这些几何形态（构象）处于不断变化之中。链柔性就来自于这些构象之间的相互转变。链柔性可以从静态柔性和动态柔性两方面加以理解。

#### 7.2.5.1 静态链柔性

静态链柔性指的是分子链处于热力学平衡状态时的卷曲程度。高分子链中每个结构单元都可以采取全反式、左旁式、右旁式这三种较为稳定的构象，静态柔性就取决于在热力学平衡状态下这三种构象在分子链中的相对含量和序列分布。如果全反式构象与旁式构象之间的位能差 $\Delta\varepsilon$ 较小，分子链中结构单元处于全反式、左旁式、右旁式构象的机会就差不多，这三种构象就可以在分子链中无规排列，导致分子链呈现无规线团形状。这表明分子链的静态柔性比较好。反之，如果 $\Delta\varepsilon$ 较大，位能最低的全反式构象在分子链中就会占优势，分子链的局部会出现锯齿形状排列，这种局部刚性链使得链柔性变差。若 $\Delta\varepsilon$ 足够大，分子链中所有结构单元都倾向于以全反式构象存在，整个大分子就成了平面锯齿构象的刚性棒状大分子，无柔性可言。因此，分子链在热力学平衡状态下卷曲程度越高，静态柔性就越好。

#### 7.2.5.2 动态链柔性

动态链柔性表示分子链从一种平衡构象状态转变到另一种平衡构象状态的难易程度。构象之间的相互转变越容易，转变速率越快，分子链的动态柔性就越好。构象的转变是通过单键的内旋转来实现的，而单键内旋转的难易程度取决于内旋转位垒 $\Delta E$。$\Delta E$ 越大，构象之间的转变就越困难，动态柔性就越差。

静态柔性和动态柔性相对于链柔性来说，有时是一致的，有时是不一致的。如果分子链在常温下处于卷曲的无规线团状，而且线团的形状也在不断地变化，则可以说这种高分子既有好的静态柔性又有好的动态柔性。但是对于一些带有大取代基的高分子，在平衡状态时分子链可能处于卷曲的无规线团状（即表现出一定的静态柔性），但是由于取代基的强烈相互作用使得单键的内旋转无法发生，很难发生构象间的相互转变，从而表现出很差的动态柔性。在这种情况下，这个大分子链的构象实际上被冻结了。从以上分析可以看出，只有当静态柔性和动态柔性都比较好时，高分子才会表现出较好的链柔性。

#### 7.2.5.3 链段

由于受到结构单元上非键合原子和基团的影响，加上分子链之间的作用力比较大，高分子链上单键内旋转的位垒一般比较高，有许多要高于常温下分子热运动的能量，所以在常温下许多分子链不能发生单键的内旋转。但是还是有一些分子链（如橡胶大分子）在常温下单键的内旋转照样可以发生。当分子链中某一个单键发生内旋转时，它的运动并不会是孤立的，一个键的转动会带动与其相邻的化学键一起运动，所以一个键不能成为一个独立的运动单元。但是如果分子链的长度足够大，相隔了一段距离后，第 $i+1$ 个键（$i$ 远小于聚合度）的运动就与第 1 个键的运动无关了，由此在分子链上形成了一些能够独立运动的单元，这些由若干个化学键组成的能够独立运动的单元称之为**链段**。链段是高分子物理中的一个重要概念，它是一种统计单元，随主链的结构不同以及高分子所处环境的不同而改变，小至 1 个结构单元，大至整个分子链。

有了链段的概念，就可以把高分子链具有柔性的原因归结于链段的运动。正是由于分子链上众多运动单元（链段）的运动，才使得高分子链的空间几何形态千变万化，表现出相当好的柔性。显然，在分子链长度相等的情况下，能够独立运动的链段数量越多，链段的长度就越短，链柔性就越好。对于高分子来说，理论上可以出现两种极端的情况：

① 如果单键的内旋转是完全自由的，不受非键合原子和基团的影响，分子链中每个单键都可以独立运动，成为链段，这种大分子链是一种理想柔性链。它呈现无规线团状，具有很好的链柔性。

② 如果单键的内旋转完全不能发生，分子链中没有链段的运动，整个大分子链成为一个独立运动的单元，这种大分子就称为理想刚性链。它呈现锯齿状或者卷曲状，但分子链的形状被冻结，不能改变。

### 7.2.6　影响高分子链柔性的因素

由于链柔性来自于构象之间的转变，而构象的转变又来自于单键的内旋转和链段的运动，所以影响链柔性的因素与影响链段运动的因素有关。

#### 7.2.6.1　主链结构的影响

对于主链全部由单键组成的高分子，由于单键的内旋转作用，分子链一般都具有较好的柔性，如聚乙烯、聚丙烯、聚甲醛、乙丙橡胶等。但是单键种类对链柔性有影响，由于链柔性大小取决于单键内旋转的难易程度，如果组成化学键的原子半径比较大，化学键的键长和键角就比较大，非键合原子间的距离会拉大，相互作用力变小，单键内旋转更容易发生，链柔性就好。如果主链原子所带有的非键合原子数量少，单键内旋转阻力下降，链柔性也会变好。因此，C—O、C—N、Si—O 等单键均比 C—C 单键更容易发生内旋转，脂肪族聚醚、聚酯、聚氨酯、聚酰胺、聚硅氧烷等杂链高分子也是柔性更好的高分子。特别是聚二甲基硅氧烷，其主链硅氧键长为 0.164nm，键角分别为 140° 和 110°，明显大于 C—C 单键（0.154nm，109°28′）。所以内旋转阻力很小，分子链柔性极好，可作为在低温下使用的特种橡胶。

$$\sim\sim O-\underset{\underset{CH_3}{|}}{\overset{\overset{CH_3}{|}}{Si}}-O-\underset{\underset{CH_3}{|}}{\overset{\overset{CH_3}{|}}{Si}}-O-\underset{\underset{CH_3}{|}}{\overset{\overset{CH_3}{|}}{Si}}-O-\underset{\underset{CH_3}{|}}{\overset{\overset{CH_3}{|}}{Si}}-O-\underset{\underset{CH_3}{|}}{\overset{\overset{CH_3}{|}}{Si}}-O-\underset{\underset{CH_3}{|}}{\overset{\overset{CH_3}{|}}{Si}}\sim\sim$$

相反，当主链上具有芳环或杂环结构时，由于环状结构不能发生内旋转，所以分子链柔性变差，刚性增大（如聚苯醚）。事实上芳香族高分子基本上都是强度很好、耐热性较高的工程塑料。由此可以推论：在分子主链上引进芳杂环结构可以提高高分子的刚性和耐热性。

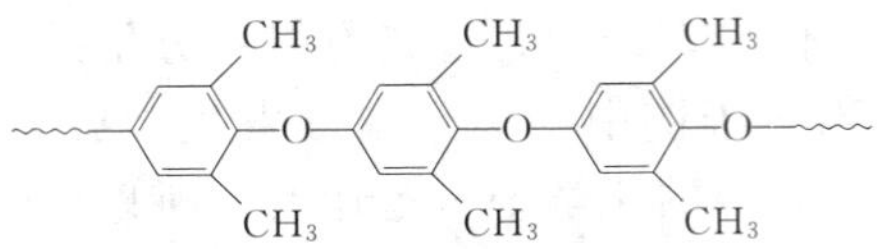

对主链上带有双键的情况应该分成两种情况考虑。当主链中含有孤立双键时，孤立双键本身不能内旋转，但是由于双键两端少了两个非键合原子，使得双键两侧与之相邻的单键的内旋转更容易发生。所以像聚 1,4-丁二烯、聚异戊二烯这些在分子链上含有许多孤立双键的橡胶大分子具有很好的链柔性。如果主链上具有共轭双键，意味着分子主链上形成了 $\pi$ 电子云自由流动的共轭结构。由于 $\pi$ 电子云不存在键轴对称性，而且 $\pi$ 电子云只有在最大程度重叠时能量最低，而内旋转会使 $\pi$ 电子云变形和破裂，因此，带有共轭双键的分子链内旋转能力完全消失，大分子不具有柔性。例如聚乙炔、聚苯都是典型的刚性高分子。

#### 7.2.6.2 取代基的影响

取代基的极性越大，分子间相互作用力就越大，单键的内旋转越困难，链柔性变差。例如聚丙烯、聚氯乙烯、聚丙烯腈三种高分子链柔性的比较：由于取代基极性高低的顺序为 $—CN > —Cl > —CH_3$，所以高分子链柔性的顺序为 PP>PVC>PAN。如果分子链之间形成了氢键，链柔性会变得很差。

取代基的数量越多，沿分子链排布的距离越小，分子链内旋转越困难，链柔性越差。例如，聚氯丁二烯的柔性大于聚氯乙烯，而聚氯乙烯的柔性又大于聚 1,2-二氯乙烯，聚丙烯酸甲酯柔性也大于聚甲基丙烯酸甲酯。但是，在讨论取代基数量对链柔性影响时还要考虑取代基对称性的问题。对称取代基一般会使分子链之间的距离增大，分子间相互作用力减少，单键的内旋转更容易发生，从而使链柔性变好。例如聚异丁烯比聚丙烯分子链更柔顺，聚偏氯乙烯的柔性也大于聚氯乙烯。

非极性取代基对链柔性的影响主要通过空间位阻效应体现出来。取代基体积越大，空间位阻效应就越强，越不利于单键内旋转，链柔性就越差。例如比较聚乙烯、聚丙烯、聚苯乙烯的链柔性：由于取代基体积大小顺序为 $—C_6H_5 > —CH_3 > —H$，三种高分子链柔性的大小顺序为 PE>PP>PS。但是也要注意取代基为柔性非极性取代基的特殊情况，此时随取代基体积的增大，分子间作用力反而减弱，链柔性会得到提高。例如聚甲基丙烯酸酯类高分子，随取代基中碳原子数量增加，链柔性依次增大。直至取代基中碳原子数大于 18，长支链的内旋转阻力起到主导作用，导致链柔性随取代基体积增大而减小。

#### 7.2.6.3 支化与交联的影响

支化对链柔性的影响与支链长短有关。尽管短支链的存在会影响到单键内旋转，但短支链使分子链之间距离加大，分子间作用力减弱的作用占优势，因此短链支化对链柔性有一定的改善作用。若支链很长，支链阻碍单键内旋转起到主导作用，导致链柔性下降。

交联对链柔性的影响取决于交联程度。轻度交联时，交联点之间的距离比较大，远大于原线型大分子中链段的长度，所以链段的运动不受到影响，链柔性没有明显改变。但是当重度交联时，交联点之间的距离小于原线型大分子中链段的长度，链段的运动被交联化学键冻结，链柔性大幅度下降。所以橡胶经适度交联后可以保持较好的弹性，而高度交联的橡胶则失去弹性变硬变脆。

#### 7.2.6.4 温度的影响

除了化学结构影响链柔性之外，外界因素对链柔性也有很大影响，其中温度是影响链柔性最重要的外因之一。温度升高导致分子热运动能量加大，单键内旋转更容易进行，这意味着分子链中链段数目增多，链段长度变小，链柔性变好。例如，聚甲基丙烯酸甲酯在室温下为刚性链，加热到高于 100℃后它会转变为柔性链；丁苯橡胶在室温下是柔性链，冷却到 −80℃后则成为刚性链。通常意义上的柔性链高分子或刚性链高分子，都是以高分子在常温下的表现为基础的。

另外还需要说明，分子链的柔顺性和高分子材料的柔顺性不能混为一谈，它们在大多数情况下一致，有时却不一致。比如聚乙烯和聚甲醛，就分子链而言，它们都具有很好的柔性。但是当分子链排列堆砌形成聚集态时，由于分子结构非常规整，形成了结晶。一旦形成结晶，链柔性就表现不出来，高分子表现出刚性。所以这两种高分子都是塑料，聚甲醛还是刚性较大的工程塑料。所以在判断高分子材料的刚柔性时，必须同时考虑分子链的柔性、分子链间的相互作用以及聚集态结构，否则容易得出错误的结论。

## 7.3　高分子链的均方末端距

高分子链由数量很大的结构单元相互连接而成，众多单键的内旋转使得分子链可呈现无穷多个构象，而且由于分子热运动，分子链的构象处于不断变化之中。因此只能借助统计平均的方法来研究高分子链的构象。

要研究高分子链的构象，首先必须找到一个表征高分子构象的参数。分子链通常呈无规线团构象，当无规线团呈高度卷曲状态时，线团尺寸变小；当无规线团呈松散卷曲时，线团尺寸变大。因此可以用表征线团尺寸的参数来描述高分子链的构象。最先定义的参数是“末端距”，其定义为线型大分子链的一个链端至另一链端的直线距离，用$\vec{h}$表示，见图 7-9。由于分子链中的链段是无规取向的，在任何方向取向的概率都相同，若直接对末端距进行统计平均，其结果可能为零，这就失去了其物理意义。所以又定义出另一个参数“均方末端距”，其值为末端距平方后的统计平均值，用 $\overline{h}^2$ 表示。此外，均方末端距的平方根称为“根均方末端距”，它也是表征高分子链构象尺寸的参数。

均方末端距可以用来表征线型分子链的构象尺寸，但对于支化大分子，随着支化类型和支化程度的不同，一个大分子链会出现多个端点，这样就无法用均方末端距来处理支化大分子的构象，所以必须引进表征支化分子构象尺寸的参数，称为“均方旋转半径”。

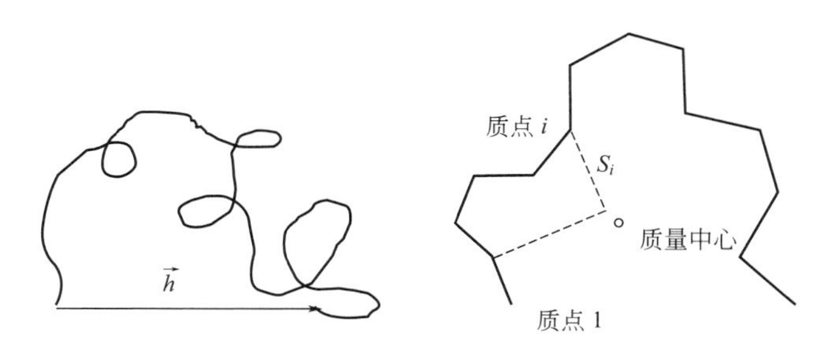


(a) 高分子链的末端距　　(b) 高分子链的旋转半径

图 7-9　高分子链末端距和旋转半径的示意

如图 7-9 所示，假设高分子链包含多个链单元，每个链单元的质量为 $m_i$，从分子链的质量中心到第 $i$ 个链单元的距离为 $S_i$，则分子链的质量中心到每个链单元质量中心距离平方后的平均值即为均方旋转半径：

$$\overline{S}^2=\frac{\sum_{i=1}^{n}m_iS_i^2}{\sum_{i=1}^{n}m_i} \tag{7-1}$$

均方旋转半径既可以表征支化大分子的尺寸，也可以表征线型大分子的尺寸。对于线型大分子而言，在无扰状态下，均方旋转半径与均方末端距的关系为：$\overline{h}_0^2=6\ \overline{S}_0^2$。

### 7.3.1 均方末端距的几何计算

由于真实高分子链中的化学键发生内旋转时要受到键角和内旋转位垒的限制，情况比较复杂，因此从一开始就直接对真实高分子链的构象尺寸进行统计计算比较困难。如果先从理想化的模型入手，在对简单模型处理的基础上再逐步对模型进行修正，最后过渡到真实高分子链的情况，将会简化构象尺寸的计算。

#### 7.3.1.1 自由结合链的均方末端距

自由结合链的模型是：①分子链由足够多的不占体积的化学键自由连接而成；②化学键内旋转时无键角和位垒的限制；③分子链中每个化学键向任何方向取向的概率相同。

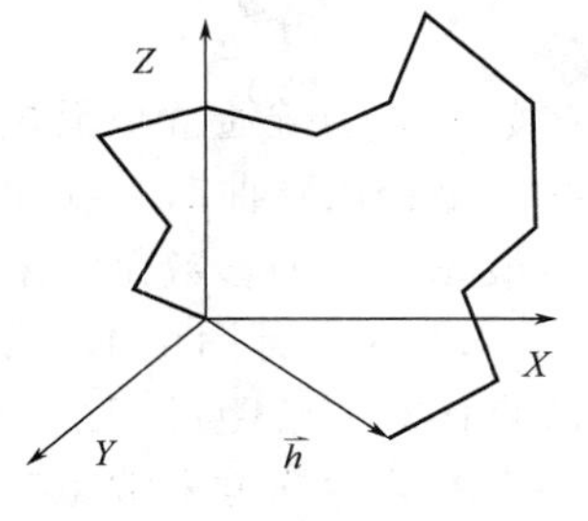

图 7-10　自由结合链的末端距

对于一个由 $n$ 个键长为 $L$ 的化学键组成的自由结合链，将其一端固定在坐标原点，另一端可落在空间的任一点（图 7-10）。在不同的时间，这个端点可处于空间的不同位置，即末端距在不停地改变。下面需要做的工作先是求出某一瞬间坐标原点到分子链另一端点的距离（末端距），对该末端距取平方后，再对一段时间内出现的末端距的平方值进行统计平均，则可得到自由结合链的均方末端距。

按照向量的计算方法，末端距应为各个化学键的向量之和：

$$\vec{h}=\vec{l}_1+\vec{l}_2+\vec{l}_3+\cdots+\vec{l}_n=\sum_{i=1}^{n}\vec{l}_i \tag{7-2}$$

$$(\vec{h})^2=\vec{h}\cdot\vec{h}=\sum_{i=1}^{n}\vec{l}_i\sum_{j=1}^{n}\vec{l}_j \tag{7-3}$$

令$\vec{e}$为单位向量，其模为 1，方向与$\vec{l}$一致，则有：

$$\vec{l}_i=l\vec{e}_i \tag{7-4}$$

代入式(7-3) 可得到：

$$(\vec{h})^2=\vec{h}\cdot\vec{h}=\sum_{i=1}^{n}\vec{l}_i\sum_{j=1}^{n}\vec{l}_j=nl^2+2l^2\sum_{i=1}^{n-1}\sum_{j=i+1}^{n}\vec{e}_i\vec{e}_i \tag{7-5}$$

对式(7-5) 取统计平均：

$$\overline{h}^2=nl^2+2l^2\sum_{i=1}^{n-1}\sum_{j=i+1}^{n}\vec{e}_i\vec{e}i \tag{7-6}$$

因为自由结合链中化学键在各方向的取向概率相等，所以后一项的统计平均值为零。由此，自由结合链的均方末端距为：

$$(\overline{h}^2)_{f,j}=nl^2 \tag{7-7}$$

#### 7.3.1.2 自由旋转链的均方末端距

真实高分子链中的化学键是共价键，而共价键是有方向性的。因此真实分子链中化学键的旋转和取向不可能是随意的，要受到键角的限制。对上述自由结合链模型进行修正，将化学键内旋转时完全自由改成内旋转时有键角的限制，但没有位垒的限制，这就形成了自由旋转链模型。

对于一个由 $n$ 个键长为 $L$ 的化学键所组成的自由旋转链，先按照与自由结合链相同的方式进行处理，可得到与式(7-3) 相同的表达式：

$$\vec{h}=\vec{l}_1+\vec{l}_2+\vec{l}_3+\cdots+\vec{l}_n=\sum_{i=1}^{n}\vec{l}_i$$

$$(\vec{h})^2=\vec{h}\cdot\vec{h}=\sum_{i=1}^{n}\vec{l}_i\sum_{j=1}^{n}\vec{l}_j$$

将上式展开，并取统计平均，可以得到式(7-8)。

$$\vec{h}^2_{f,r}=\left|\begin{matrix}\vec{l}_1\cdot\vec{l}_1+\vec{l}_1\cdot\vec{l}_2+\cdots\vec{l}_1\cdot\vec{l}_n\\+\vec{l}_2\cdot\vec{l}_1+\vec{l}_2\cdot\vec{l}_2+\cdots+\vec{l}_2\cdot\vec{l}_n\\\cdots\cdots\cdots\cdots\cdots\cdots\\+\vec{l}_n\cdot\vec{l}_1+\vec{l}_n\cdot\vec{l}_2+\cdots+\vec{l}_n\cdot\vec{l}_n\end{matrix}\right| \tag{7-8}$$

式中，位于对角线上各项共有 $n$ 项，每项为：$\vec{l}_i\cdot\vec{l}_i=l^2$；位于邻近对角线各项共有 2（$n-1$）项，每项为：$\vec{l}_i\cdot\vec{l}_{i\pm1}=l(-\cos\theta)l=l^2(-\cos\theta)$；对角线起第三项共有 2（$n-2$）项，每项为：$\vec{l}_i\cdot\vec{l}_{i\pm2}=l^2(-\cos\theta)^2=l^2\cos^2\theta$；依次类推，共有 2（$n-m$）项，每项为：$\vec{l}_i\cdot\vec{l}_{i\pm m}=l^2(-\cos\theta)^m$。

将各项代入式(7-8) 后可以得到：

$$\begin{aligned}\overline{h}^2_{f,r}&=l^2[n+2(n-1)(-\cos\theta)+2(n-2)(-\cos\theta)^2+\cdots+2(-\cos\theta)^{n-1}]\\&=nl^2\left\{\left(\frac{1-\cos\theta}{1+\cos\theta}\right)+\left(\frac{2\cos\theta}{n}\right)\left[\frac{1-(-\cos\theta)^n}{(1+\cos\theta)^2}\right]\right\}\end{aligned}$$

由于 $n$ 很大，上式中第二项可以忽略。由此得到了自由旋转链的均方末端距：

$$\overline{h}^2_{f,r}=nl^2\frac{1-\cos\theta}{1+\cos\theta}$$

对于碳链高分子，主链上键角为 109°28′，$\cos\theta=-1/3$；此时 $\overline{h}^2_{f,r}=2nl^2$。

自由旋转链的均方末端距大于自由结合链的均方末端距，显然这是由于键角限制了链段运动，使链柔性变差的结果。

**7.3.1.3　受阻旋转链的均方末端距**

真实高分子链不但化学键的取向要受到键角的限制，化学键的旋转也要受到内旋转位垒的限制，因此真实高分子链的均方末端距要比自由旋转链大得多。考虑到单键内旋转的位能函数 $U_{(\varphi)}$ 不等于常数，其值与内旋转的角度有关，并且假设内旋转位能函数为偶函数 [$U_{(+\varphi)}=U_{(-\varphi)}$]，即可推导出带有对称碳原子的碳-碳单键组成的碳链高分子（如聚乙烯）的均方末端距。

$$\overline{h}^2=nl^2\frac{1-\cos\theta}{1+\cos\theta}\times\frac{1+\overline{\cos\varphi}}{1-\overline{\cos\varphi}}$$

$$\overline{\cos\varphi}=\frac{\int_0^{2\pi}e^{-\mu(\varphi)/kT}\cos\varphi\,d\varphi}{\int_0^{2\pi}e^{-\mu(\varphi)/kT}\,d\varphi}$$

式中，$\varphi$ 为内旋转角；$\mu(\varphi)$ 为内旋转位垒函数；$k$ 为玻耳兹曼常数；$T$ 为热力学温度。

由于 $\mu(\varphi)$ 是一个非常复杂的函数，使上式的应用受到很大的限制。真实高分子链的均方末端距目前仍无法通过几何的观点计算得到。

### 7.3.2 均方末端距的统计计算

这里仍然处理自由结合链模型。将一个由 $n$ 个键长为 $L$ 的化学键所组成的自由结合链的一端固定在空间坐标的原点，另一端落在三维空间的某一点 $P(x, y, z)$。坐标原点至该点的直线距离即为末端距。在一段时间内，端点在空间的位置不断变化，即末端距在不断变化。

假设一段时间内分子链另一端点出现在距坐标原点距离为 $h_1$ 时（末端距为 $h_1$）的次数为 $N(h_1)$；出现在距坐标原点距离为 $h_2$（末端距为 $h_1$）时的次数为 $N(h_2)$；依次类推，出现在距坐标原点距离为 $h_i$ 时的次数为 $N(h_i)$。

对末端距进行一维算术平均：

$$h=\frac{[h_1N(h_1)+h_2N(h_2)+h_3N(h_3)+\cdots+h_nN(h_n)]}{[N(h_1)+N(h_2)+N(h_3)+\cdots+N(h_n)]}=\frac{\sum_{i=1}^{n}h_iN(h_i)}{\sum_{i=1}^{n}N(h_i)} \tag{7-9}$$

如果变化是连续的，则：

$$h=\frac{\int_0^{\infty}hN(h)\mathrm{d}h}{\int_0^{\infty}N(h)\mathrm{d}h} \tag{7-10}$$

对末端距进行二维算术平均：

$$\overline{h}^2=\frac{[h_1^2N(h_1)+h_2^2N(h_2)+h_3^2N(h_3)+\cdots+h_nN(h_n)]}{[N(h_1)+N(h_2)+N(h_3)+\cdots+N(h_n)]}=\frac{\sum_{i=1}^{n}h_i^2N(h_i)}{\sum_{i=1}^{n}N(h_i)} \tag{7-11}$$

同样如果是连续变化的，则：

$$\overline{h}^2=\frac{\int_0^{\infty}h^2N(h)\mathrm{d}h}{\int_0^{\infty}N(h)\mathrm{d}h} \tag{7-12}$$

引进“高斯链”的概念，末端距的分布符合高斯分布函数的分子链称为**高斯链**。

高斯分布函数为：

$$W(h)=\left(\frac{\beta}{\sqrt{\pi}}\right)^3\mathrm{e}^{-\beta^2h^2}4\pi h^2$$

式中，$\beta^2=\frac{3}{2nl^2}$。

根据高斯链的定义，高斯链的一端位于坐标原点，另一端落在空间某点 $P(x, y, z)$ 的概率为 $W(h)$。另外，该概率又可以被理解为高斯链的另一端出现在某点 $P(x, y, z)$ 的次数与它在空间出现的总次数之比，即

$$W(h)=N(h_i)/\sum N(h_i)$$

这样自由结合链末端距的二维算术平均为：

$$\overline{h}^2_{f,j}=\frac{\sum_{i=1}^{n}h_i^2N(h_i)}{\sum_{i=1}^{n}N(h_i)}=\int_0^{\infty}h^2W(h)\mathrm{d}h \tag{7-13}$$

将高斯函数 $W(h)$ 代入式(7-13) 积分，最后得到的结果为$\overline{h}^2_{f,j}=nl^2$，这与用几何计算方法得到的结果完全一致。

利用统计计算方法还可以得到自由结合链的另外两个末端距。

（1）平均末端距　末端距的一维统计平均值：

$$\overline{h}=\frac{\int_0^{\infty}hN(h)\mathrm{d}h}{\int_0^{\infty}N(h)\mathrm{d}h}=\int_0^{\infty}hW(h)\mathrm{d}h=\frac{2}{\sqrt{\pi}\beta} \tag{7-14}$$

（2）最可几末端距　出现概率最大的末端距。只需将高斯分布函数对 $h$ 求导，令此导数为零，求得极值点所对应的 $h$ 值，即可得到最可几末端距。

$$h^*=\frac{1}{\beta} \tag{7-15}$$

### 7.3.3 均方末端距的应用

真实大分子链的单键内旋转时有内旋转位垒和键角的限制，这与自由结合链或者自由旋转链的假定不相符合。所以尽管已经得到了均方末端距的表达式，但是将其用于真实大分子链构象尺寸的计算还相差很远。事实上，目前真实分子链的均方末端距仍是通过实验测定的。但这并不等于前面的工作没有意义，利用自由结合链或者自由旋转链均方末端距的概念，可以处理真实高分子链这一些问题。

#### 7.3.3.1 等效自由结合链

真实大分子链不是自由结合链，因为分子链中能够独立运动的单元不是单键，而是链段。链段作为分子链中能够独立运动的单元，相互之间是自由结合、无规取向的，符合自由结合链的条件。如果将真实分子链中的链段等同于自由结合链中的化学键，由众多链段组成的分子链就等同于自由结合链。利用“等效自由结合链”的概念来处理真实大分子链，可以得到真实分子链中的链段数目和链段长度。

对于一个由 $n$ 个键长为 $L$、键角 $\theta$ 固定、旋转不自由的化学键所组成的真实大分子链，可以将它看作是一个由 $n_e$ 个链段组成、每个链段的长度为 $l_e$ 的等效自由结合链。

大分子链的伸直长度为：$L_{max}=n_el_e$

大分子的均方末端距为：$\overline{h}^2=n_el_e^2$

对于同一根分子链，在链伸展长度 $L_{max}$ 相同的情况下，$l_e$ 比 $l$ 大若干倍，$n_e$ 比 $n$ 小若干倍，因此，等效自由结合链（真实大分子链）的均方末端距大于自由结合链的均方末端距。

将上述两式联立，可得：

$$n_e=L_{max}^2/\overline{h}^2 \tag{7-16}$$

$$l_e=\overline{h}^2/L_{max} \tag{7-17}$$

对于已知结构的高分子，用实验方法测定出高分子在无扰状态下的均方末端距$\overline{h}^2$ 和分子量，再由分子量和分子结构计算出主链上化学键的数目 $n$ 和链伸展长度 $L_{\max}$，即可由公式计算出分子链中链段的数目 $n_e$ 和长度 $l_e$。

例如，实验测得聚乙烯在无扰条件下的均方末端距为$\overline{h}_0^2=6.76nl^2$，其分子链伸直长度可根据 C—C 单键的键长、键角得到。

$$L_{\max}=nl\sin\frac{\theta}{2}=\left(\frac{2}{3}\right)^{1/2}nl$$

代入式(7-16) 和式(7-17)，则有：

$$n_e=n/10 \quad l_e=8.28l。$$

#### 7.3.3.2 高分子链柔性的表征

对于真实高分子链柔性的评价，可以将自由结合链或者自由旋转链的均方末端距作为一种理想的比较基准。因此得到了以下四种常用的评价参数。

（1）刚性因子 $\sigma$　在 $n$ 和 $l$ 一定的情况下，均方末端距越小，分子链的柔顺性就越好。因此可以用实测的无扰状态下的均方末端距与自由旋转链的均方末端距比值的平方根作为分子柔顺性的一种表征，定义为刚性因子 $\sigma$。

$$\sigma=\left(\frac{\overline{h}_0^2}{\overline{h}_{f,r}^2}\right)^{1/2} \tag{7-18}$$

$\sigma$ 值越大，分子柔性越差，刚性越大。由于分子链刚性的增加是由于内旋转受阻引起的，所以又可将其称为空间位阻参数。

（2）分子无扰尺寸 $A$　均方末端正距与分子量大小有关。为了消除分子量对高分子链柔性的影响，将无扰状态下测得的均方末端距与高分子分子量的比值的平方根作为衡量链柔性的参数，称为分子无扰尺寸。

$$A=(\overline{h}_0^2/M)^{1/2} \tag{7-19}$$

分子无扰尺寸与高分子分子量无关。$A$ 越小，链柔性越好。

（3）等效链段长度 $l_e$　$l_e$ 是等效自由结合链中链段的平均长度，$l_e$ 越小，表明链柔性越好。

（4）特征比 $C$　特征比 $C$ 的定义是无扰状态下的均方末端距与自由结合链的均方末端距之比。

$$C=\overline{h}_0^2/nl^2 \tag{7-20}$$

作为衡量高分子链柔性的一个参数，$C$ 值越小，链柔性就越好；当 $C=1$ 时，即达到链柔性最好的理想状态。

## 7.4 高分子的分子间作用力与聚集态

众多分子链相互排列堆砌即形成了高分子的聚集态结构。在高分子的结构层次中，聚集态结构位于高分子近程结构和远程结构之上，通常它是在高分子材料成型加工过程中形成的。

尽管链结构对高分子的基本性质起着决定作用，但是高分子材料的使用性能主要取决于高分子的聚集态结构。而且链结构对高分子材料性能的影响是间接的，聚集态结构对材料性能的影响是直接的，这一点从材料应用的角度考虑更为重要。实践证明，即使是链结构完全相同的同一种高分子，在不同的成型加工条件下得到的制品性能差异很大。例如，将熔融的聚对苯二甲酸乙二醇酯（PET）缓慢冷却，可以得到不透明且脆性较大的制品；如果迅速冷却并进行双轴拉伸处理，则可以得到坚韧、透明的聚酯薄膜。其原因是在不同的成型加工条件下，制品内部形成了不同的聚集态结构。

高分子究竟可以形成何种聚集态结构取决于两方面的因素：一是高分子的链结构，它从根本上决定了实现某种聚集状态的可能性；二是高分子材料的成型加工过程以及其他外界条件，它们会对聚集态结构的形成方式施加影响。例如，规整的分子链结构决定了高分子能够结晶；而成型加工方法和条件则决定了在特定的条件下结晶能否顺利进行，决定了晶型、结晶度和结晶形态各方面的情况。因此，研究高分子的聚集态结构特征、形成条件以及与材料性能之间的关系，对于控制成型加工条件以得到所需要的聚集态结构，满足材料的使用性能，具有十分重要的意义。

### 7.4.1　分子间作用力

与小分子一样，高分子的分子间作用力包括范德华力和氢键力。

#### 7.4.1.1　范德华力

范德华力是普遍存在于一切分子之间的相互作用力，其作用力范围小于1nm，作用能为0.8～21kJ/mol。包括静电力、诱导力和色散力三种类型。

（1）静电力　静电力存在于极性分子之间。极性分子都具有永久偶极，偶极距为极性分子带有的电核与正负电荷间距离的乘积，偶极之间所产生的相互作用力就称为静电力。静电相互作用的大小与分子偶极距成正比，与热力学温度以及分子间距离的6次方成反比。对于偶极距分别为$\mu_1$和$\mu_2$的两种极性分子，如果分子间距为$R$，静电相互作用能为：

$$E_k = -\frac{2\mu_1^2\mu_2^2}{3R^6 KT} \tag{7-21}$$

式中，$K$为玻耳兹曼常数；$T$为热力学温度；对同种分子，

$$\mu_1 = \mu_2 = \mu,\ E_k = -\frac{2\mu^4}{3R^6 KT}。$$

静电力随温度的升高而下降，随分子间距离增大而减少。一般静电作用能大小为13～21 kJ/mol。像聚氯乙烯、聚甲基丙烯酸甲酯、聚乙烯醇等的分子间作用力主要是静电力。

（2）诱导力　诱导力是极性分子的永久偶极与它在其他分子中形成的诱导偶极之间的相互作用力。由于极性分子周围存在分子电场，当其他分子（无论是极性分子还是非极性分子）靠近时，会受到分子电场作用而产生诱导偶极，然后在两个偶极间形成相互作用。所以诱导力不仅存在于极性分子和非极性分子之间，也存在于极性分子和极性分子之间。诱导力的作用能较静电力弱，约为6～13kJ/mol。

（3）色散力　色散力来自于分子瞬时偶极之间的相互作用。由于分子中原子和原子核处于不断运动中，在某一瞬间分子的正负电核中心不相重合而产生瞬时偶极。因此，色散力存在于一切分子之中，是范德华力中最普遍的一种。它的作用能也最小，一般在0.8～8kJ/mol。在非极性高分子中，色散力作用能占了分子间相互作用能的80%～100%，对于聚乙烯、聚苯乙烯、聚丙烯等非极性高分子，色散力是分子间作用力的主要成分。

范德华力既没有方向性也没有饱和性，但是具有加和性。所以高分子的分子间作用会随分子量的增加而增大。由于高分子的分子量非常大，范德华力加和的结果使得高分子的分子间作用力远超过了分子链中化学键的键能。因此，当高分子受热后，其能量还不足以克服分子间作用力时分子链中的化学键就已经断裂了。所以高分子只能以固态或液态存在，不能以气态存在。

#### 7.4.1.2　氢键

氢键是由电负性很大的原子（X）上的氢原子与另一个电负性很大的原子（Y）上的孤

对电子相互吸引而形成的一种“键”（X—H…Y）。与范德华力不同，氢键既具有饱和性，也具有方向性。从这一点看，氢键与化学键较为相似。但是氢键的键能远小于化学键能，一般在 10～30kJ/mol，比范德华力稍强，但仍在同一数量级上。而且氢键本质上是具有较强方向性的静电作用，所以可以把氢键看做是一种比较强的、有方向性的分子间力。

在一些极性较高的高分子中（如聚酰胺、蛋白质、纤维素等），分子链之间存在氢键。氢键的存在使这些高分子的分子间作用力大大增加。另外，氢键的存在会促使大分子链之间形成规则、紧密地排列，有利于形成结晶结构。

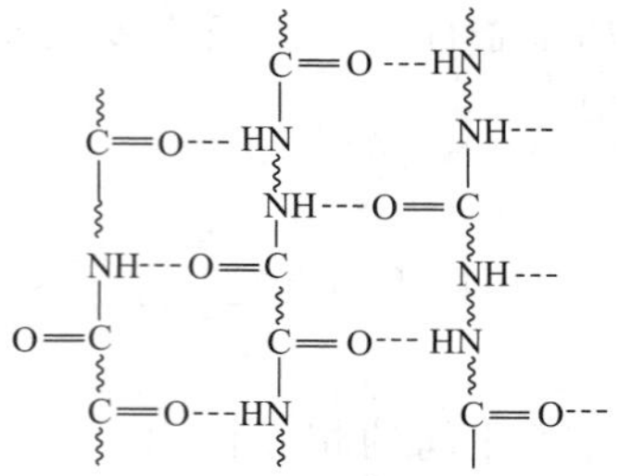

### 7.4.2　内聚能密度

高分子链相互排列堆砌形成聚集态后分子间作用力对高分子材料的许多性能产生影响，包括高分子的熔点、熔融热、溶解度、机械强度等。因此了解高分子的分子间作用力的大小，有助于理解高分子的聚集态结构和性能。

评价高分子的分子间作用力大小一般采用“内聚能”或者“内聚能密度”，内聚能（CE）的定义是克服分子间的作用力，将 1mol 的液体或固体分子气化（转移到其分子间引力范围以外）所需要的能量。

$$\Delta E = \Delta H_v - RT$$

式中，$\Delta H_v$ 为摩尔汽化热；$RT$ 为转化为气体时所做的膨胀功。

内聚能密度（CED）则是单位体积的内聚能，即

$$\mathrm{CED} = \Delta E / \overline{V}$$

式中，$\overline{V}$为摩尔体积。

不同种类的高分子其内聚能密度相差很大。表 7-3 列出了一些线型高分子的内聚能密度。从这些数据可以看出，CED 小于 300 J/cm$^3$ 的一般都是非极性高分子，由于它们分子链上不带极性基团，分子间作用力主要是色散力，比较弱。此外，这些高分子的分子链都具有较好的链柔性，因此大部分该类高分子受力后容易变形，富有弹性，适合于作为橡胶使用。但是聚乙烯除外，因为它容易结晶，只可作塑料应用。极性高分子的 CED 都大于 400J/cm$^3$。由于分子链上具有强极性基团，或者分子链之间可以形成氢键，使得分子链间存在很强的相互作用，因此这类高分子都表现出很好的耐热性能和机械强度，成为工程塑料的候选材料。此外，由于这类高分子的链结构比较规整，容易结晶和取向，它们也可作为优良的纤维材料。CED 介于 300～400 J/cm$^3$ 之间的高分子，分子间作用力比较适中，适合作为塑料使用。

**表 7-3　一些线型高分子的内聚能密度**

| 高分子种类 | CED/(J/cm$^3$) | 高分子种类 | CED/(J/cm$^3$) |
|---|---|---|---|
| 聚乙烯 | 259 | 聚甲基丙烯酸甲酯 | 347 |
| 聚异丁烯 | 272 | 聚醋酸乙烯 | 368 |
| 丁苯橡胶 | 276 | 聚氯乙烯 | 381 |
| 聚丁二烯 | 276 | 聚对苯二甲酸乙二酯 | 477 |
| 天然橡胶 | 280 | 尼龙 66 | 774 |
| 聚苯乙烯 | 305 | 聚丙烯腈 | 992 |

### 7.4.3　高分子的聚集态

随着实验方法和技术的改进，人们对高分子聚集态结构的认识在不断地深化。在高分子科学诞生后的初期，人们认为高分子的聚集态由众多的分子链以无规线团构象无规排列而成。其原因是：①高分子链的长径比非常之大而且长短不一；②绝大多数高分子具有较好的链柔性。这两点决定了分子链在形成聚集态时不可能进行规则有序的排列，只能以无规线团状态进行杂乱无章堆砌。但是当 X 射线衍射法被用来研究高分子的聚集态结构时，人们发现在一些高分子内部存在着三维有序的规整排列结构。图 7-11 给出了无规立构聚苯乙烯和等规立构聚苯乙烯的 X 射线衍射图像和衍射曲线（衍射强度与衍射角的关系曲线）。可以看出，无规立构聚苯乙烯的衍射图像只有与非晶态结构（无定形）相对应的弥散环；等规立构聚苯乙烯的衍射图像既有弥散环，又有与规整排列的结晶结构相对应的衍射环，同时它的衍射曲线上也出现了反映结晶结构的尖锐的衍射峰和反映非晶结构的平坦的衍射峰。表明等规聚苯乙烯的聚集态内部既有排列规整的结晶区域，又有无规排列、杂乱无章的非晶（无定形）区域。

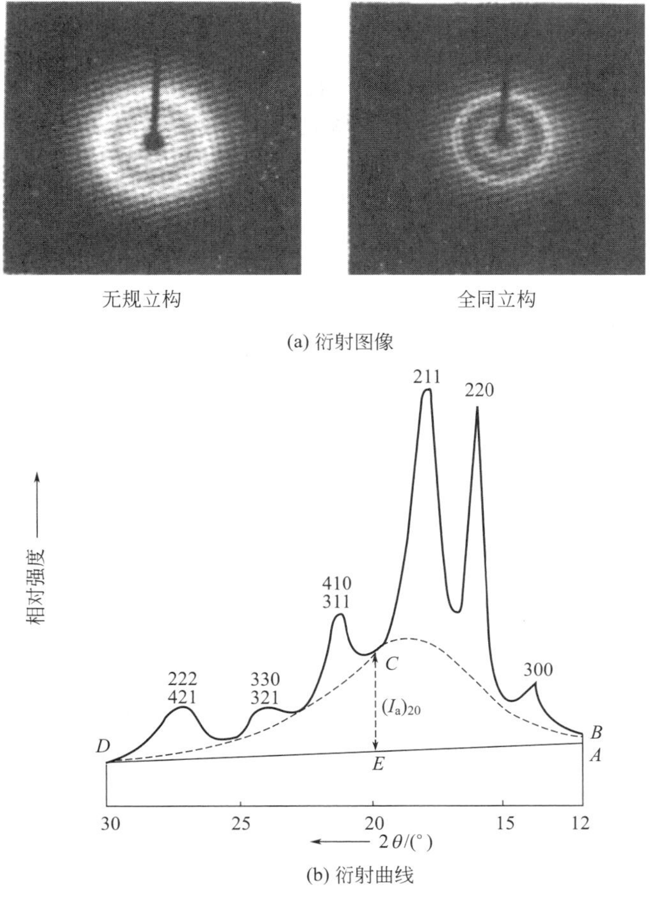


图 7-11　无规聚苯乙烯和等规聚苯乙烯的 X 射线衍射图像和衍射曲线

由此人们认识到，高分子聚集态结构不但包含了分子链无规排列堆砌的非晶结构，也包含了分子链规整排列的结晶结构。将电子显微镜应用于高分子聚集态结构的研究，进一步揭示了多种高分子的结晶形态，包括单晶、球晶、树枝状晶等。后来人们相继发现了高分子的聚集态结构还包括其他一些结构形态，如取向结构、液晶态结构、共混高分子的织态结构等。

尽管高分子的聚集态有晶态和非晶态之分，但是它们与小分子化合物的晶态结构和非晶态结构有明显的不同。由于高分子的长链结构，高分子的结晶不够完善，存在许多缺陷，导致高分子结晶的有序程度要低于小分子结晶。同样，由于高分子主链方向的有序程度高于垂直于主链方向的有序程度，高分子非晶态的有序性则要高于小分子非晶态。

## 7.5 高分子的晶态结构

### 7.5.1 晶体结构的基本概念

当物质内部的质点（原子、分子或离子）在三维空间呈周期性重复排列时，该物质称为晶体。晶体可分为单晶和多晶，单晶指的是短程有序和长程有序贯穿整个晶体，晶体具有规则的外形，表现出各向异性；而多晶则是由无数小单晶无规堆砌而成，有序程度为 10～100nm，而这些有序结构在整个晶体中呈无规分布，晶体外观没有规则的外形。

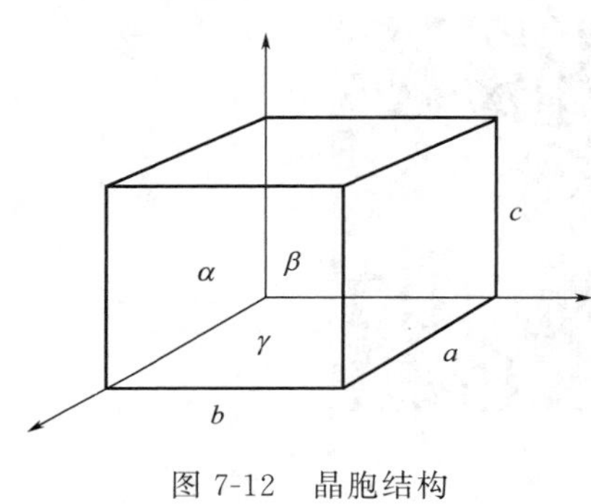

图 7-12 晶胞结构

代表晶体结构的最小重复单元称为晶胞，它是按照晶体内部结构的周期性划分出的大小和形状完全相同的平行六面体。由无数个完全相同的晶胞进行排列堆砌就形成了晶体。所以只要了解了晶胞结构，就可以知道晶体结构。

通常采用 6 个晶胞参数来描述晶胞结构。如图 7-12 所示，它们分别是平行六面体三边的长度（也称三晶轴的长度）$a$、$b$、$c$ 以及它们之间的夹角 $\alpha$、$\beta$、$\gamma$。一般 $a$ 轴由后向前，$b$ 轴由左向右，$c$ 轴由下向上。$\alpha$ 是 $b$ 与 $c$ 的夹角，$\beta$ 是 $c$ 与 $a$ 的夹角，$\gamma$ 是 $a$ 与 $b$ 的夹角。

晶胞的类型共有七种，即立方、四方、斜方（正交）、单斜、三斜、六方、三方，它们又称为晶系。不同晶系的晶胞参数如表 7-4 所示。

表 7-4 七个晶系的晶胞参数

| 晶系 | 晶胞参数 | 晶系 | 晶胞参数 |
|---|---|---|---|
| 立方 | $a=b=c;\alpha=\beta=\gamma=90°$ | 斜方 | $a\neq b\neq c;\alpha=\beta=\gamma=90°$ |
| 六方 | $a=b\neq c;\alpha=\beta=90°,\gamma=120°$ | 单斜 | $a\neq b\neq c;\alpha=\gamma=90°,\beta\neq 90°$ |
| 四方 | $a=b\neq c;\alpha=\beta=\gamma=90°$ | 三斜 | $a\neq b\neq c;\alpha\neq\beta\neq\gamma\neq 90°$ |
| 三方 | $a=b=c;\alpha=\beta=\gamma\neq 90°$ | | |

结晶高分子由晶区与非晶区组成，晶区内部具有三维有序结构。由于高分子的分子量的多分散性，在这种三维有序结构中呈周期性排列的质点一般是分子链中的结构单元，而不是原子或整个分子。但是天然高分子蛋白质晶体除外，对于蛋白质而言，所有分子的分子量完全相同，因此能够以蛋白质分子作为质点进行规则的三维有序排列，形成蛋白质晶体。

在有关高分子链内旋转构象的讨论中已经知道，高分子的分子链在晶态中要么采取平面锯齿构象，要么采取螺旋链构象。不论是采取何种构象，当分子链在晶区中规则排列时，都只能按照最紧密堆砌原理以分子链的链轴相互平行的方式进行排列。链轴方向就是晶胞的主轴，定义为 $c$ 轴。$c$ 轴方向上的原子是以化学键相连的，而在 $a$ 轴和 $b$ 轴方向上只存在分子链间相互作用力。所以，高分子晶体在 $c$ 轴方向上的行为就与其他两个方向上的行为不相同，具有各向异性。这决定了高分子晶体中不会出现立方晶系，而其他六种晶系均可以存在。至于具体形成何种晶系，取决于高分子的链结构以及结晶条件。

### 7.5.2　高分子的晶胞结构

高分子的晶胞结构实际上就代表了高分子晶体的结构，可以用六个晶胞参数来描述晶胞结构。迄今为止，高分子的晶胞参数都是利用多晶样品从 X 射线衍射实验测定的。在对多晶样品进行拉伸取向并做适当处理后，通过对 X 射线垂直于多晶样品拉伸方向所测得的衍射图形进行计算，即可得到晶胞的各个参数，一些结晶高分子的晶胞参数列于表 7-5。由于高分子的晶体结构比较复杂，这里仅对聚乙烯和聚丙烯的晶胞结构进行简单说明。

**表 7-5　高分子晶体的晶胞参数**

| 高分子种类 | 晶系 | 晶胞参数 | | | | | | 晶体密度 |
|---|---|---|---|---|---|---|---|---|
| | | $a/10^{-1}$nm | $b/10^{-1}$nm | $c/10^{-1}$nm | $\alpha$/(°) | $\beta$/(°) | $\gamma$/(°) | /(g/cm³) |
| 聚乙烯 | 正交 | 7.417 | 4.945 | 2.547 | | | | 1.00 |
| 聚丙烯(全同) | 单斜 | 6.65 | 20.96 | 6.50 | | 99.3 | | 0.936 |
| 聚丙烯(间同) | 正交 | 14.50 | 5.60 | 7.40 | | | | 0.93 |
| 聚 1-丁烯(全同) | 三方 | 17.70 | 17.70 | 6.50 | | | | 0.95 |
| 聚苯乙烯(全同) | 三方 | 21.90 | 21.90 | 6.65 | | | | 1.13 |
| 聚乙烯醇 | 单斜 | 7.81 | 2.25 | 5.51 | | 91.7 | | 1.35 |
| 聚甲醛 | 三方 | 4.47 | 4.47 | 17.39 | | | | 1.49 |
| 聚氧化乙烯 | 单斜 | 8.05 | 13.04 | 19.48 | | 125.4 | | 1.228 |
| 聚氧化丙烯 | 正交 | 10.46 | 4.66 | 7.03 | | | | 1.126 |
| 聚对苯二甲酸乙二酯 | 三斜 | 4.56 | 5.94 | 10.75 | 98.5 | 118 | 112 | 1.455 |
| 聚对苯二甲酸丁二酯 | 三斜 | 4.83 | 5.94 | 11.59 | 99.7 | 115.2 | 110.8 | 1.40 |
| 尼龙 6 | 单斜 | 9.56 | 17.20 | 8.01 | | 67.5 | | 1.23 |
| 尼龙 66 | 三斜 | 4.90 | 5.40 | 17.20 | 48.5 | 77 | 63.5 | 1.24 |
| 尼龙 610 | 三斜 | 4.95 | 5.40 | 22.40 | 49 | 76.5 | 63.5 | 1.157 |
| 聚四氟乙烯(>19℃) | 三方 | 5.66 | 5.66 | 19.50 | | | | 2.30 |
| 反式聚 1,4-丁二烯 | 单斜 | 8.63 | 9.11 | 4.83 | | 114 | | 1.04 |
| 聚碳酸酯 | 单斜 | 12.30 | 10.10 | 20.80 | | 84 | | 1.315 |

#### 7.5.2.1　聚乙烯的晶胞结构

聚乙烯分子链在结晶中呈现完全伸展的平面锯齿构象，再由这些伸展的平面锯齿链进行堆砌形成三维有序的晶体结构。X 射线衍射实验测定的 PE 晶胞中分子链轴方向上的等同周期尺寸 $c=0.2534$nm，而按照 C—C 键长为 0.154nm、键角为 109°28′计算的一个结构单元的长度为 0.252nm，二者非常吻合，说明聚乙烯晶胞中 $c$ 轴方向排列 1 个结构单元。另外，从衍射图还可以计算出其他几个晶胞参数为 $a=0.736$nm，$b=0.492$nm，$\alpha=\beta=\gamma=90°$，说明聚乙烯的结晶属斜方（正交）晶系。晶胞中分子链的排列方式如图 7-13 所示。

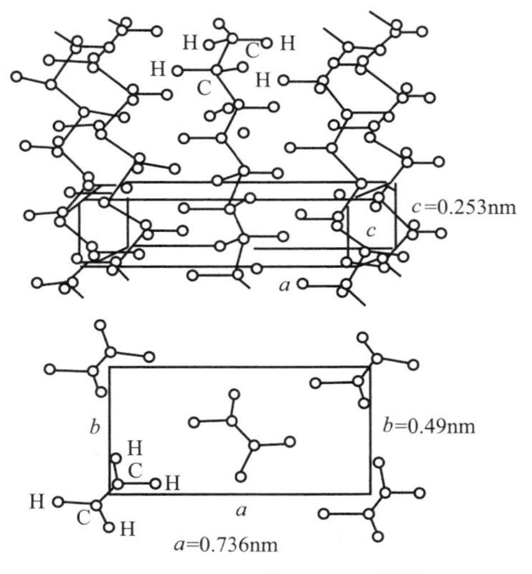

图 7-13　聚乙烯的晶胞结构

在聚乙烯的晶胞结构中，晶胞角上的锯齿形大分子链的主轴平面与 $bc$ 面呈 41°夹角，而晶胞中间的一根分子链主轴平面与角上的分子链主轴平面呈 82°夹角。晶胞的 8 个顶点上每个角上各占有 1/8 个结构单元，而晶胞中心有一个结构单元，1 个聚乙烯晶胞中含有 2 个结构单元。因此由式(7-22) 可以计算出晶胞密度：

$$\rho_c = \frac{MZ}{N_A V} \tag{7-22}$$

式中，$M$ 为结构单元分子量；$Z$ 为晶胞中结构单元数目；$N_A$ 为阿伏伽德罗常数；$V$ 为晶胞体积。

计算结果为 $\rho_c = 1.00\ g/cm^3$。聚乙烯实测的密度大约为 $0.96\ g/cm^3$，这可能与聚乙烯样品中还含有一些非晶部分有关。

#### 7.5.2.2 聚丙烯的晶胞结构

全同立构聚丙烯在晶态中分子链中的结构单元分别以反式和旁式构象交替排列，从而使整个分子链呈螺旋形构象。对于由这种螺旋链排列堆砌而成的聚丙烯晶体，实验测得晶胞中分子链方向上的等同周期尺寸 $c = 0.650nm$，相当于三个结构单元旋转了一周后形成的螺距长度。其他的晶胞参数依次为 $a = 0.665nm$，$b = 2.096nm$，$\alpha = \gamma = 90°$，$\beta = 99°20'$，所以全同立构聚丙烯的晶胞属于单斜晶系，如图 7-14 所示。

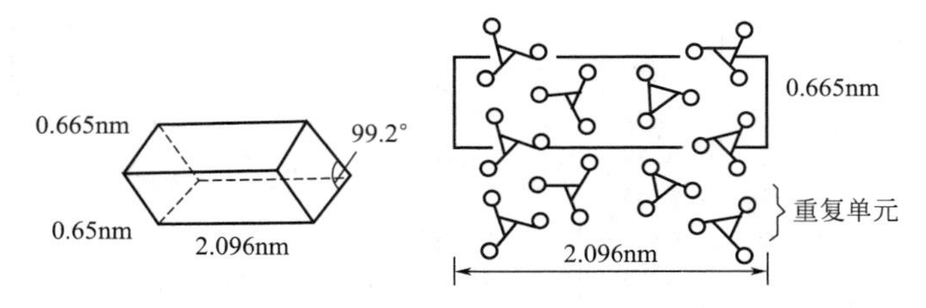


图 7-14 聚丙烯的晶胞结构

由于聚丙烯分子链为 $H3_1$ 螺旋，在 $c$ 轴方向上应该有三层单体单元。由图 7-14 可知，每层的单体单元数为 4，所以全同立构聚丙烯的晶胞中共有 12 个单体单元。由此也可以计算出全同聚丙烯的晶胞密度 $\rho_c$。

#### 7.5.2.3 同质多晶现象

实际上，高分子结晶时最终会形成何种晶系（晶胞）既取决于高分子的链结构，也与结晶条件有很大关系。因为结晶条件的变化会引起分子链构象的变化或者分子链排列堆砌方式的改变。同一种高分子在不同的条件下结晶，会得到不同晶型的晶体，这种情况称为同质多晶现象。

例如聚乙烯，其稳定的晶型是斜方（正交）晶系，但是在拉伸条件下进行结晶，则可以形成三斜或单斜晶系。对于全同聚丙烯，在不同的结晶条件下可以形成四种晶型，即 $\alpha$、$\beta$、$\gamma$、$\delta$ 晶型。聚丙烯的 $\alpha$ 晶型属单斜晶系，如上面介绍的一种，是聚丙烯结晶中最常见、热稳定性最好的晶型，熔点为 176℃，密度为 $0.936\ g/cm^3$。$\beta$ 晶型属六方晶系，晶胞参数依次为 $a = 1.908nm$，$b = 1.908nm$，$c = 0.649nm$；熔点为 147℃，密度为 $0.922\ g/cm^3$。将聚丙烯熔体快速冷却到 128℃以下结晶或者加入 $\beta$ 晶型成核剂则可以得到该晶型。$\gamma$ 晶型属于三斜晶系，其晶胞尺寸为 $a = 0.654nm$，$b = 2.14nm$，$c = 0.650nm$，$\alpha = 88°$，$\beta = 100°$，$\gamma = 99°$，熔点为 150℃，密度为 $0.946g/cm^3$，一般只能从低分子量聚丙烯结晶才可以得到。$\delta$ 晶型又称为拟六方晶型，它实际上是介于结晶和无定形之间的过渡状态，密度在 $0.88\ g/cm^3$ 左右。这种晶型在热力学上非常不稳定，很容易转变为其他结晶结构。一般在对聚丙烯熔体进行急冷结晶或者冷拉伸时可以获得这种晶型。

具有不同晶型的聚丙烯在性能上有较大差异。除了熔点各不相同外，$\alpha$ 晶型聚丙烯的硬度和刚性比 $\beta$ 晶型聚丙烯大，但是冲击强度和透明性比 $\beta$ 晶型差。

### 7.5.3 高分子的结晶形态

晶胞结构是组成高分子晶体的最小结构单元，晶胞的尺寸一般在在几个纳米以内。现在需要进一步了解由这些微观结晶结构排列堆砌而成的晶体的几何外形——结晶形态。由于结晶条件不同，高分子在结晶过程中可以形成形态相差极大的晶体，主要有单晶、球晶、纤维晶和串晶、树枝状晶、伸直链晶体等。

#### 7.5.3.1 单晶

高分子单晶一般只能从极稀高分子溶液（浓度为0.01%～0.1%）中缓慢结晶时才有可能生成。在电子显微镜下观察，发现它们是具有规范几何外形的薄片状晶体。图7-15是几种高分子单晶的电子显微镜照片。聚乙烯单晶是菱形的单层平面片晶，聚甲醛单晶则为平面正六边形片晶。对单晶的电子衍射分析表明，分子链是垂直于单晶片平面的，高分子单晶的大小可从几个微米到几十个微米，但其厚度一般都在10nm左右。由于高分子链的长度通常达数百纳米，因此可以认为，在单晶中高分子链呈规则的折叠排列，故称为“折叠链晶片”。

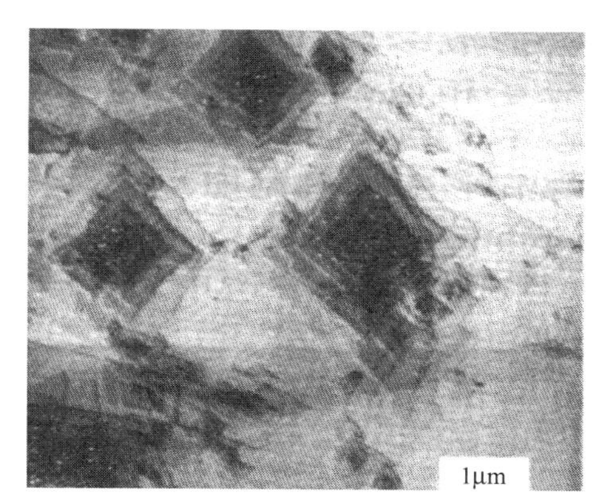

(a) 聚乙烯

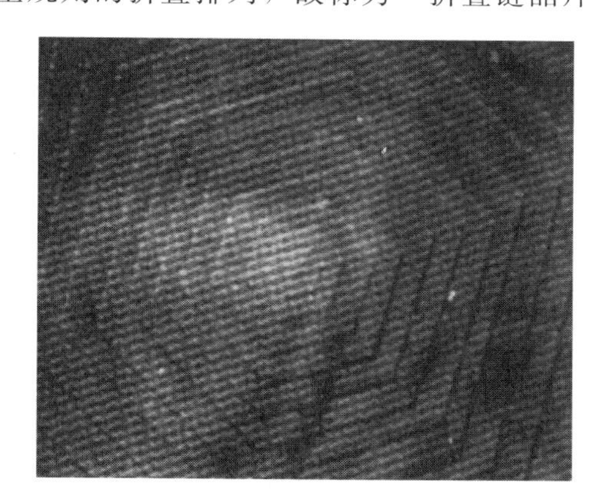
(b) 聚甲醛

图7-15 高分子单晶的电镜照片

高分子单晶片并不总是上下表面平行的，有时会出现具有屋顶状形态的单晶，类似于维吾尔族人的帽子。这与高分子单晶在生长时为了减小表面能而采取的生长方式有关。为了减少表面能，分子链的折叠采取了位错折叠方式，使得单晶在生长时沿着螺旋位错中心不断盘旋生长，最后形成了螺旋阶梯状的多层晶体。一般在极稀溶液中结晶得到的是单层片晶，而在稍浓溶液中结晶则可得到多层片晶。增加过冷程度（加快结晶速率）也会形成多层片晶。

#### 7.5.3.2 球晶

球晶是高分子结晶时最常见也是最重要的一种结晶形态。当高分子从浓溶液中析出或从熔体中冷却结晶时，在不存在应力或流动的情况下，往往形成外观为球体的结晶形态。

球晶实际上是一种比较复杂的多晶结构，它的基本结构单元仍是折叠链片晶，这些小片晶由于高分子熔体迅速冷却或者其他条件的限制，来不及进行规则的排列堆砌，因而不能按照最理想的排列方式生长成为单晶。但是为了减少表面能，这些小片晶以某些晶核为中心同时向四面八方进行扭转生长，最后形成球状的多晶聚集体——球晶（图7-16）。

球晶的生长过程如图7-17所示，包括了几下步骤。

① 成核　由一个多层片晶形成球晶的晶核。

② 片晶生长　片晶逐渐向外生长并不断分叉形成捆束状形态。

③ 形成球晶　捆束状形态进一步发展，最后填满空间形成球状晶体。

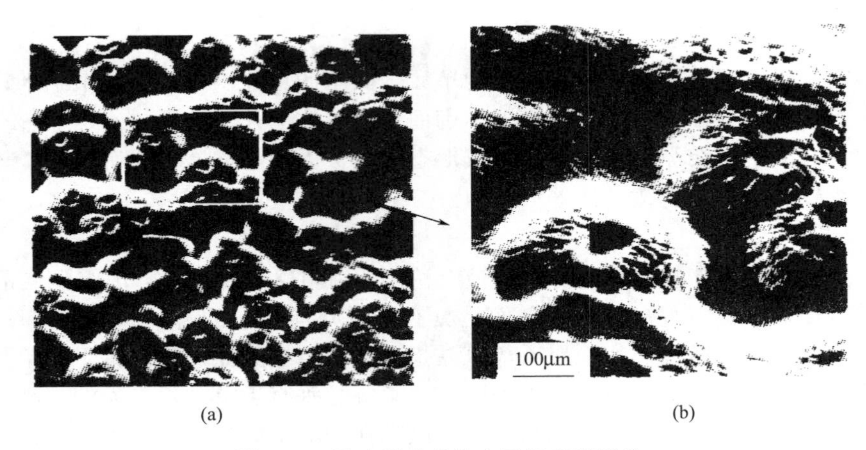


(a) (b)

图 7-16 聚乙烯球晶的电子显微镜照片

④ 球晶生长 球晶沿径向方向不断长大，直至与相邻的球晶相遇。

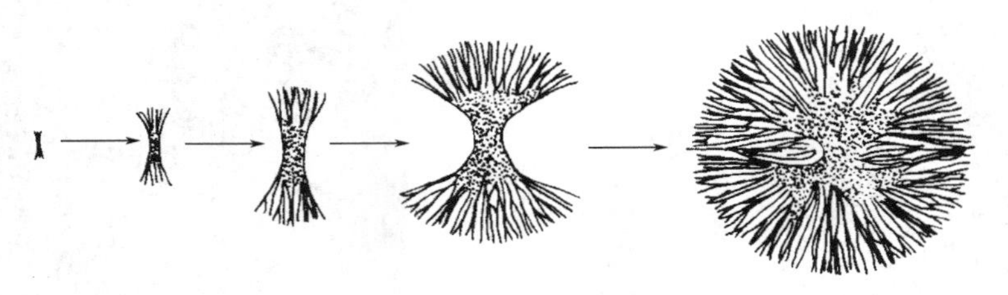

图 7-17 球晶生长过程

当晶核较少和球晶较小时，球晶呈球形；晶核较多而且球晶连续生长时，球晶生长时相遇则会长成不规则的多面体。

球晶的尺寸分布很宽，小至几个微米，大的可达几个厘米。对于直径在 5$\mu$m 以下的球晶可以使用小角激光散射或者电子显微镜方法进行观察，而对直径大于几个微米的球晶则可以通过光学显微镜进行观察。使用正交偏光显微镜观察球晶时，球晶会表现出特有的黑十字消光图案，有时还会出现围绕球晶中心的同心圆环（图 7-18）。

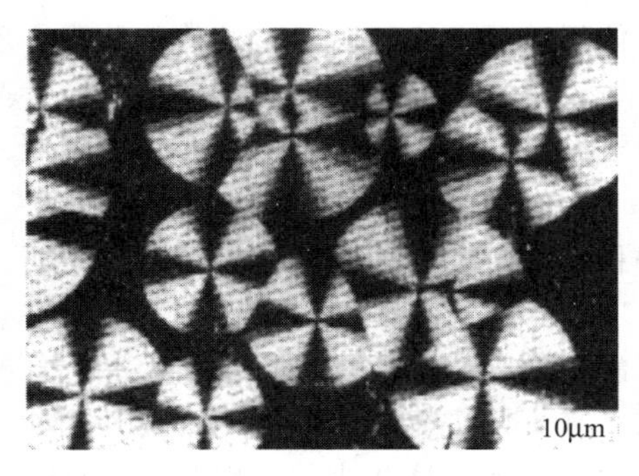


(a) 等规聚苯乙烯球晶

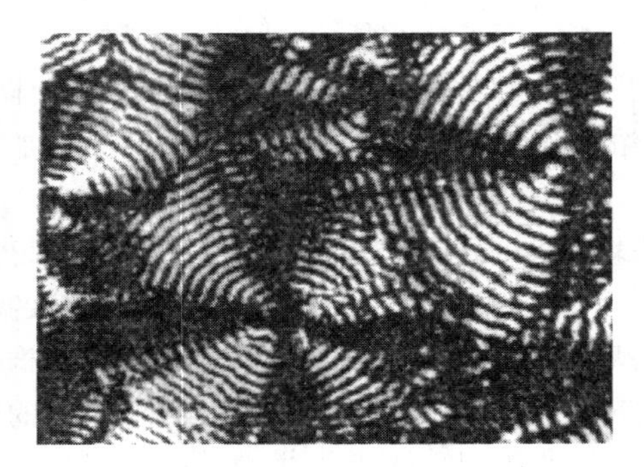

(b) 聚乙烯环带状球晶

图 7-18 球晶的偏光显微镜照片

球晶在正交偏光显微镜下的黑十字消光图像是高分子球晶的双折射性质和径向光学对称性的反映。球晶中高分子片晶由中心向外发散生长，其 $b$ 轴始终为半径方向，$a$ 轴和 $c$ 轴围绕着半径方向做周期性的扭转。当把球晶放入起偏振片和检偏振片相互垂直的正交偏光显微镜时，首先出现双折射效应，来自于起偏振片的偏振光分解成了两束电矢量振动相互垂直的偏振光，它们的偏振方向分别平行于或垂直于球晶的半径方向。根据零振幅效应，当球晶的晶轴平行于起偏振片和检偏振片的偏振方向时，呈现消光现象。由于球晶的球形对称排列结构，球晶中总有晶轴平行于起偏振片和检偏振片方向，因而在平行于起偏振片和检偏振片的方向上出现黑十字消光图。另外，由于球晶中的片晶沿径向做周期性的扭转取向，晶体的两个晶轴（$a$ 轴和 $c$ 轴）周期性的交替平行于显微镜轴，如果相邻两个片晶沿球晶径向周期性的扭转取向同步，则会产生黑色的同心圆环消光图案，称为环带球晶；如果相邻两个片晶沿球晶径向周期性的扭转取向不同步，则不能产生黑色同心圆环消光图案。

球晶的大小直接影响到高分子的力学性能和光学性能。球晶越大，材料的冲击强度就越差，越容易受到破坏。另外球晶太大对材料的透明性也不利，结晶高分子中晶区和非晶区是共存的，由于两相的折射率不同，当光线通过材料时在相界面上会发生折射和漫反射，漫反射导致材料呈现乳白色，变得不透明。球晶尺寸越大，透明性越差。但是，如果使球晶的尺寸小于可见光的波长，光线在相界面上就不会发生折射和反射，材料就变得透明了。所以在结晶过程中应该对球晶的大小进行控制。

#### 7.5.3.3　树枝状晶

从高分子溶液中结晶时，如果溶液浓度较大、结晶温度较低，或者高分子的分子量太大，高分子倾向于生成树枝形状的晶体——树枝状晶（图 7-19）。生成树枝状晶体的主要原因是扩散控制的生长。因为在这种结晶条件下，分子链的扩散成为晶体生长的控制因素，由于晶体突出的棱角部分要比晶体生长面的其他点更容易接受结晶分子，所以棱角处晶体的生长就比较优先，导致突出部位向前生长，不断变细、变尖。这种在特定方向上优先生长的特点，还会使结晶过程中不断发生分叉支化，最终形成树枝状晶体。

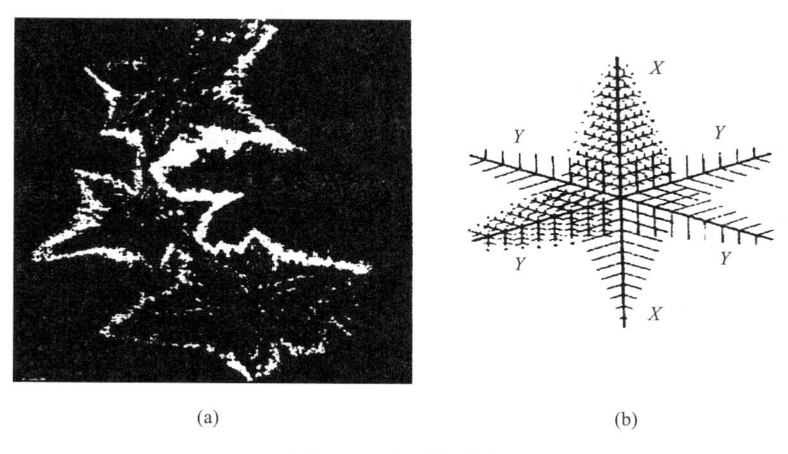


图 7-19　树枝状晶体

树枝状晶体也是多晶，内部包含结晶部分和非晶部分，结晶部分是由厚度规则的片晶组成。

#### 7.5.3.4　纤维状晶体和串晶

如果高分子在结晶过程中受到了搅拌、拉伸或者剪切作用，高分子链会沿着外力方向伸展并且平行排列，在适当的条件下形成纤维状晶体（图 7-20）。在纤维状晶体中分子链呈完全伸展状态，而且分子链的取向与纤维轴向平行。但是纤维晶的长度大大超过了分子链的长度，表明纤维状晶体中分子链的端点位置不一。纤维状晶体的形态决定了高分子具有较好的机械强度。

在较低温度下，纤维状晶的表面常会外延出许多片状附晶，形成一种类似于串珠式结构的特殊结晶形态——串晶，如图 7-21 所示。研究表明，串晶实际上是纤维状晶体和片晶的复合体，中间脊椎部分是具有伸直链结构的纤维晶，周围间隔地生长着折叠链的片晶，它们具有共同的链轴取向。一般作为脊纤维的纤维状晶的直径约为 30nm，片状附晶的尺寸不大于 1μm。结晶时受到的应力作用越大，串晶中伸直链部分所占的比重就越多。串晶的特殊形态为材料提供了高强度、抗溶剂、耐腐蚀等优良性能。

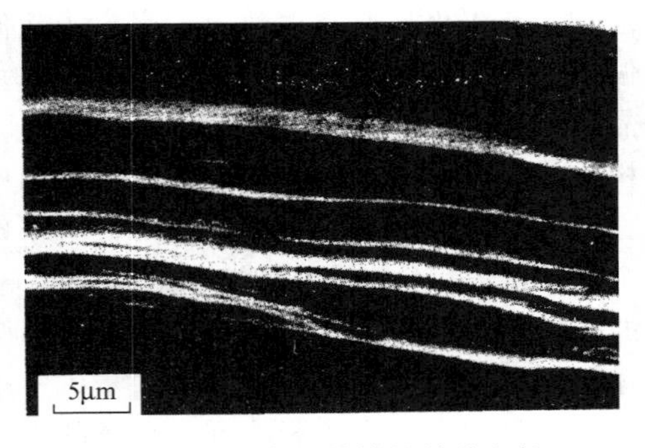


图 7-20　从靠近转轴的晶种生长的聚乙烯纤维晶

纤维状晶体和串晶的形成条件与实际生产过程中高分子的结晶过程较为接近，所以纤维状晶体和串晶是高分子制品中较常见的结晶形态。

#### 7.5.3.5　伸直链晶体

高分子在高温和高压条件下进行熔融结晶可以得到分子链完全伸展的晶体。例如聚乙烯在 226℃、500MPa 条件下结晶，生成了如图 7-22 所示的厚度达 3μm 的晶片，该厚度远远超过一般从溶液或熔体中结晶所获得的晶片厚度，与高分子链的伸直长度相当。这种晶体的熔点为 140℃，密度达到了 0.9938g/cm$^3$，与理想晶体的密度（1.00 g/cm$^3$）非常接近。

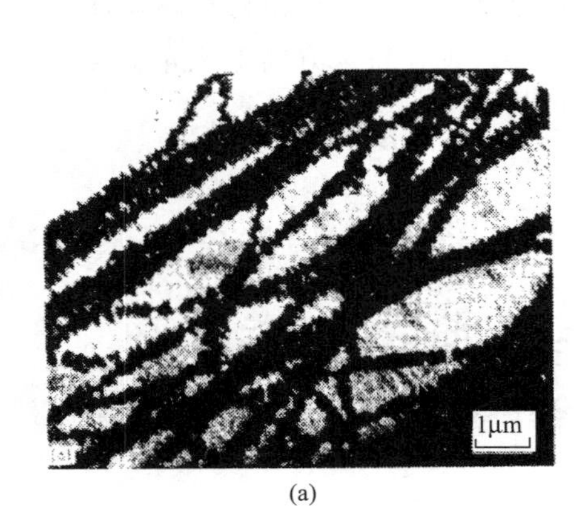


(a)

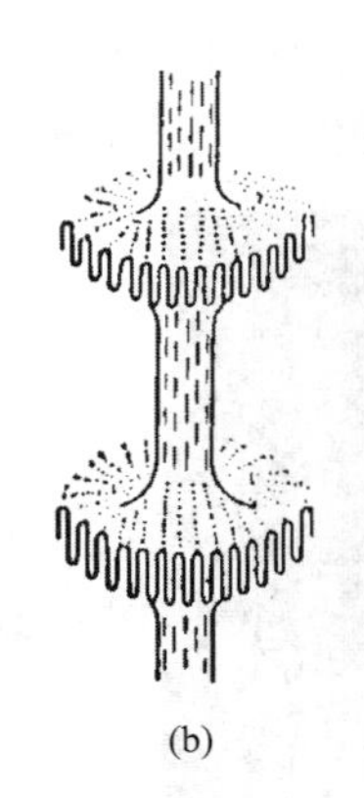

(b)

图 7-21　线型聚乙烯串晶的电镜照片

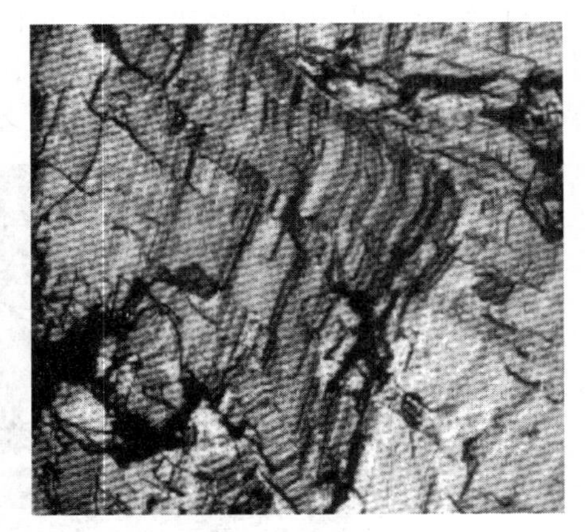

图 7-22　聚乙烯伸直链晶体的电镜照片

这种由完全伸展的分子链平行规整排列形成的晶片称为伸直链晶体。由于伸直链晶体的厚度与分子链的长度相当，而且分子量越高，晶片厚度越大，所以晶体的熔点非常高，接近于厚度趋于无穷大时的晶体熔点。伸直链晶体目前被认为是高分子中热力学上最稳定的聚集状结构。

除了聚乙烯之外，聚四氟乙烯、聚三氟氯乙烯和尼龙等在高温高压条件下结晶，或者在高速并快速淬火条件下纺丝，均能得到伸直链晶体。

### 7.5.4　高分子的晶态结构模型

对于高分子的晶态结构，人们已经提出了各种各样的模型，希望借此来解释所观察到的各种实验现象，并且探讨晶态结构与高分子性能之间的关系。

#### 7.5.4.1　两相结构模型

两相结构模型又称缨状微束模型，是在 20 世纪 40 年代提出的。其主要依据是 X 射线衍射方法对许多结晶高分子研究的结果：在结晶高分子的 X 射线衍射图上同时出现了与有序的晶体结构对应的衍射峰和与无序的非晶区对应的弥散环，而且晶区的尺寸远小于分子链的长度。根据这种观察结果，Bryant 等人提出了缨状微束模型——高分子在结晶时不能完全结晶，只能部分结晶；在结晶高分子中同时存在着晶区和非晶区，晶区内部分子链段相互平行、规则排列，形成规整结构，但是晶区在整个聚集态内部又呈无规取向；在非晶区，分子链呈线团状无序排列、相互缠结；晶区的尺寸很小，以至于一根分子链可以同时穿越几晶区和非晶区；晶区与非晶区相互无序堆砌形成了完整的聚集态结构（图 7-23）。

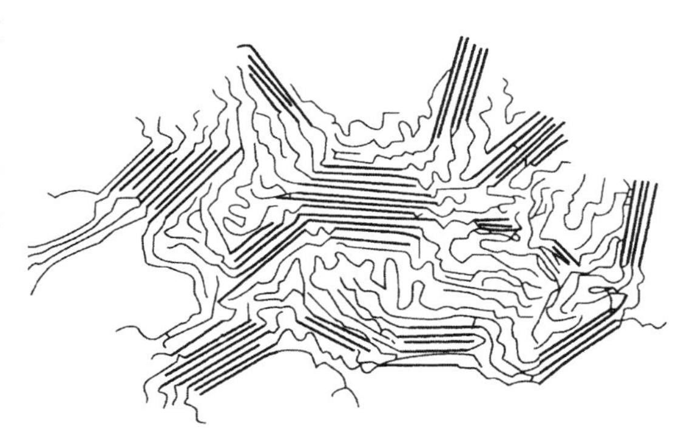

图 7-23　结晶高分子的缨状微束模型

两相结构模型可以解释以下实验事实：

① 按晶胞参数计算出来的高分子密度高于实测的高分子密度。这是因为实测高分子样品内部含有晶区和非晶区，而且非晶区的密度小于晶区，因此导致实测高分子样品的密度小于按照晶胞参数所计算出的理想晶体的密度。

② 结晶高分子熔融时存在一定的熔限。这是因为在结晶高分子中包含有尺寸大小不一的晶区，高分子受热后，小尺寸晶区由于稳定性差，先发生熔融；而大尺寸晶区的热力学稳定性较好，后发生熔融，由此导致了结晶高分子熔融时会出现一定的熔限。

③ 结晶高分子对化学和物理作用具有不均匀性。这是由于晶区和非晶区的渗透性不同引起的，一般晶区的渗透性差，不易发生变化，而非晶区的渗透性好，容易发生变化，因而表现出对外界作用的不均匀性。

但是两相结构模型不能很好地解释另外一些实验事实，例如，高分子单晶的存在以及球晶的结构特征。

#### 7.5.4.2　折叠链模型

用 X 射线衍射方法研究晶态结构的观察范围在 0.1nm 至几纳米之间，因此只能观察到局部高分子链在晶态中的排列情况，不可能反映完整晶体的结构和形态。20 世纪 50 年代后人们开始使用电子显微镜来研究高分子的聚集态结构，将观察范围扩大到几十个微米，从而为更加完整地了解高分子的晶体结构和形态创造了条件。

1957 年，Keller 等人从含量为 0.05 %左右的聚乙烯二甲苯溶液缓慢冷却结晶，得到了菱形片状的聚乙烯单晶。使用电子显微镜观察发现，单晶片的厚度约为 10nm，而且与聚乙烯分子量无关。电子衍射分析证明单晶片中分子链轴垂直于晶片平面。由于伸展的高分子链长度可达数百纳米，而单晶的厚度仅为 10nm，显然，高分子链从晶片中伸展出来以后只能再折回到晶片中去。根据这种推理，Keller 提出了折叠链结构模型。见图 7-24。

Kelle 认为，先由许多伸展分子链相互平行排列形成链束。排列时分子链的链端可以处于不同的位置，因此链束的长度比分子链长得多，其性质与分子量无关。由于链束细而长，表面能比较大，很不稳定，它们会自发地折叠形成可降低表面能的带状结构。虽然折叠部位的规整排列被破坏，但是带状结构具有较低的表面能，在热力学上仍是有利的。为了进一步减少表面能，结晶链束在已形成的晶核表面上折叠生长，最终形成规则的单层片晶。但是也有人认为链折叠是直接由单个分子链进行的。

Keller 最初提出“折叠链模型”时认为分子链是近邻规整折叠的，链的折叠部分所占比

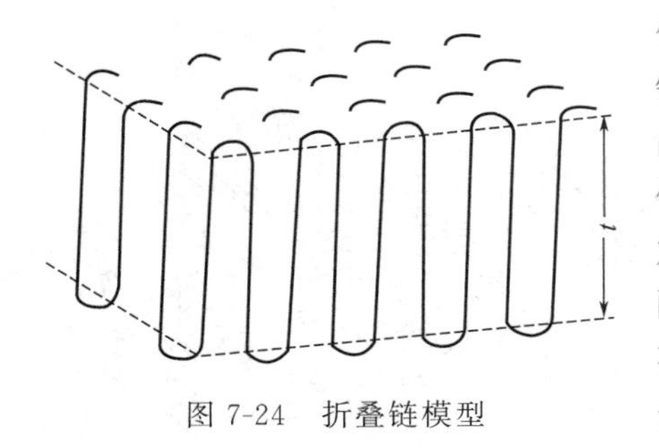


图 7-24　折叠链模型

例很小，而非晶区是以不规则的线团形状夹杂在折叠链晶片中（图 7-25）。但是实验发现，即使在高分子单晶中也存在结晶缺陷，而且单晶的表面结构非常松散，使得单晶密度远小于理想晶体的密度。X 射线衍射测定的单晶结晶度只有 75 %～80%，但是如果用发烟硝酸把单晶表面蚀刻后，其结晶度可达 100%。这说明在单晶表面层有很多无序成分，高分子链没有做到完全规整折叠。因此 Fisher 对 Keller 的近邻规整折叠链模型进行了修正，提出了近邻松散折叠链模型，即链折叠部分既松散又不规则，构成了单晶表面层的无序区域。对于多层晶片，则认为分子链应该跨层折叠，即分子链在一层晶片中折叠了几个来回后再进入另一个晶片中折叠，或者同时在几个晶片中进行折叠。这些修正都被实验所支持。

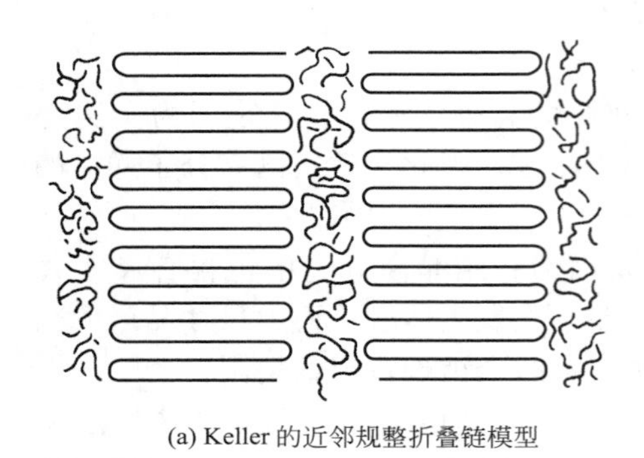

(a) Keller 的近邻规整折叠链模型

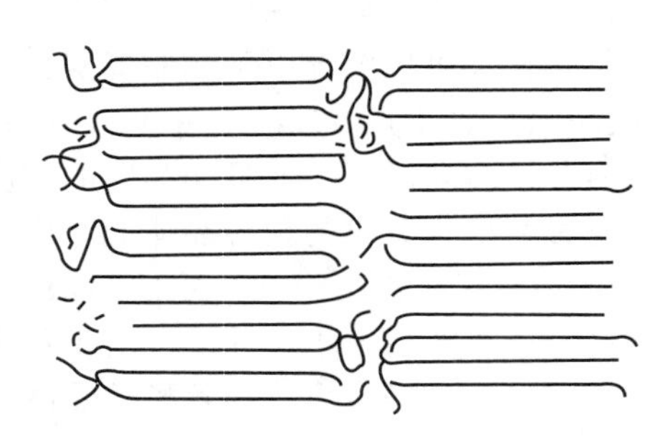

(b) Fisher 的近邻松散折叠链模型

图 7-25　近邻规整折叠和近邻松散折叠模型

#### 7.5.4.3　插线板模型

Flory 从高分子无规线团形态的概念出发，经过推算，认为高分子结晶时分子链作近邻规整折叠的可能性非常小。以聚乙烯从熔融状态冷却结晶为例，聚乙烯结晶的速度极快，即使将聚乙烯熔体直接投入液氮中照样可以形成结晶。而在这样的结晶条件下，聚乙烯分子运动的松弛时间很长，分子链根本来不及调整构象进行近邻规整折叠，只可能在某些局部作些调整，然后就近进入相邻的晶区。根据这一思路，Flory 提出了插线板模型，如图 7-26 所示。他认为分子链是完全无规进入晶区的，当分子链从晶片中穿出来后并不是从与其相邻的地方再折回去，而是有可能进入非晶区后再进入另一个晶片中，如果它返回原来的晶片也不是近邻的返回，相邻排列的两个链段是非邻接的链段，而且属于不同的分子链。

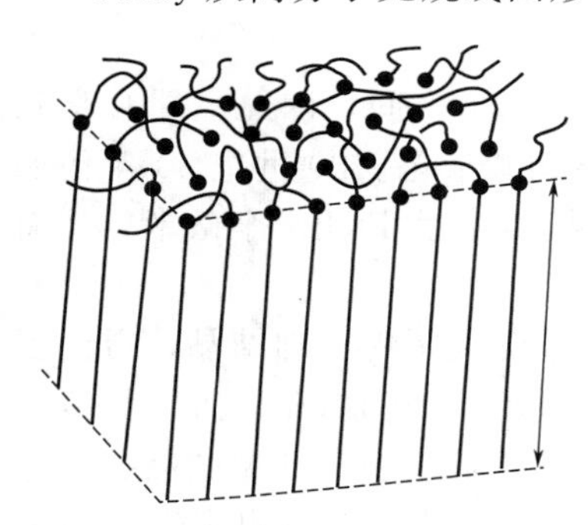

图 7-26　结晶高分子的插线板模型

这种分子链的排列方式与老式电话交换机的插线板非常相似，晶片内部相互平等规则排列的链段相当于插线板孔内的插杆，而晶片表面的分子链段就像插杆后电线一样，毫无规则，构成了非晶区。

用小角中子散射方法对晶态和熔融态高分子链构象进行测定后发现，晶态中分子链的均方末端距与熔体中分子链的均方末端距相同。这一实验结果支持插线板模型，说明在结晶过程中分子链并未做规整折叠，基本保持着原来的构象，只是将链段作了局部调整，然后排入晶格。

尽管以上各种晶态结构模型都是建立在一定实验基础上的，都能解释与高分子结晶相关的一些实验事实，但是没有一个模型能够对高分子在结晶过程中的行为进行全面的描述。事实上，结晶结构与结晶条件密切相关。因此在考虑模型的可适用性时，也需要结合具体的结晶方法和条件。例如，高分子从稀溶液中缓慢结晶时，由于具有充分的时间和空间让分子链进行重新排列，因此近邻规整折叠占优势；从熔体中冷却结晶时，则无规折叠占优势；对于那些在拉伸、剪切等应力条件下结晶的高分子，用缨状微束模型来描述比较合适。

## 7.6　高分子的结晶度与物理性能

### 7.6.1　结晶度的概念及测试方法

一般结晶高分子中同时存在晶区和非晶区两部分。把晶区部分所占的质量（或体积）分数称为结晶度，用 $f_c^W$（或 $f_c^V$）表示。

质量结晶度
$$f_c^W=\frac{W_c}{W_c+W_a}\times 100\% \tag{7-23}$$

体积结晶度
$$f_c^W=\frac{V_c}{V_c+V_a}\times 100\% \tag{7-24}$$

式中，$W$ 表示质量；$V$ 表示体积；下标 c 和 a 分别表示晶区和非晶区。

结晶度的概念缺乏严格的物理意义，因为在结晶高分子内部晶区和非晶区是混杂在一起的，它们之间并不存在明显且严格的界线。此外就晶区而言，一般指的是分子链规则有序排列的区域。但是高分子内部往往同时存在着有序排列程度不同的区域，究竟什么程度的有序排列可以被认为是晶区，并没有统一的规定，这就给准确地确定结晶区域（晶区）带来了困难。目前测定结晶度的方法很多，有 X 射线衍射法、红外光谱法、密度法、量热法等。但是不同的方法对于晶区和非晶区的理解不同，或者说不同的方法涉及测定不同的有序程度，这就使得同一种样品通过不同的方法测定时，得到的结晶度有很大差异，而且它们之间也没有可比性。由于这个原因，在提及高分子结晶度时必须注明所使用的测定方法。下面介绍几种较为常用的测量结晶度的方法。

#### 7.6.1.1　密度法

该方法的依据是分子链在晶区排列规则紧密，所以晶区的密度（$\rho_c$）大于非晶区的密度（$\rho_a$），晶区的比容（$\nu_c$）小于非晶区的比容（$\nu_a$）。部分结晶高分子的密度应该介于 $\rho_c$ 和 $\rho_a$ 之间。根据两相结构模型，部分结晶高分子试样的比容等于晶区比容和非晶区比容的线性加和。

$$\nu=f_c^W\nu_c+(1-f_c^W)\nu_a \tag{7-25}$$

那么就有

$$f_c^W=\frac{\nu_a-\nu}{\nu_a-\nu_c}=\frac{\frac{1}{\rho_a}-\frac{1}{\rho}}{\frac{1}{\rho_a}-\frac{1}{\rho_c}}=\frac{\rho_c(\rho-\rho_a)}{\rho(\rho_c-\rho_a)} \tag{7-26}$$

另外，试样的密度应该等于晶区和非晶区密度的线性加和。

$$\rho=f_c^V\rho_c+(1-f_c^V)\rho_a \tag{7-27}$$

则有

$$f_c^V=\frac{\rho-\rho_a}{\rho_c-\rho_a} \tag{7-28}$$

根据以上公式，要求出试样的结晶度，需要知道试样的密度 $\rho$、晶区的密度 $\rho_c$ 和非晶区的密度 $\rho_a$。试样的密度可以使用密度测量装置（如密度梯度管）进行实测，晶区和非晶区的密度可以分别认为是高分子完全结晶和完全非晶时的密度。完全结晶的密度通常可由晶胞参数计算，而完全非晶的密度则可从熔体的比容-温度曲线外推到测量温度得到。从手册或文献中也可查出常用高分子的这些数据。表 7-6 列出了一些结晶高分子的 $\rho_c$ 值和 $\rho_a$ 值。

**表 7-6 一些常见结晶高分子的密度**

| 高分子种类 | $\rho_c$/(g/cm³) | $\rho_a$/(g/cm³) | 高分子种类 | $\rho_c$/(g/cm³) | $\rho_a$/(g/cm³) |
|---|---|---|---|---|---|
| 聚乙烯 | 1.00 | 0.854 | 尼龙 6 | 1.23 | 1.08 |
| 聚丙烯(全同) | 0.936 | 0.854 | 尼龙 66 | 1.24 | 1.07 |
| 聚氯乙烯 | 1.42 | 1.39 | 尼龙 610 | 1.157 | 1.04 |
| 聚苯乙烯(全同) | 1.130 | 1.052 | 聚碳酸酯 | 1.315 | 1.20 |
| 聚甲醛 | 1.49 | 1.215 | 聚对苯二甲酸乙二酯 | 1.455 | 1.336 |
| 聚 1-丁烯 | 0.95 | 0.868 | 聚偏氯乙烯 | 1.95 | 1.66 |
| 聚丁二烯 | 1.01 | 0.89 | 聚偏氟乙烯 | 2.00 | 1.74 |
| 天然橡胶 | 1.00 | 0.91 | 聚氯丁二烯 | 1.35 | 1.24 |
| 聚四氟乙烯 | 2.35 | 2.00 | 聚甲基丙烯酸甲酯 | 1.26 | 1.17 |

#### 7.6.1.2 量热法

量热法测定结晶度的依据是结晶高分子熔融过程中的热效应。高分子试样中的结晶部分受热熔融时要吸收热量——熔融热，试样的熔融热与结晶度成正比，结晶度越高，熔融热越大。

$$f_c=\frac{\Delta H}{\Delta H_0}\times 100\% \tag{7-29}$$

式中，$\Delta H$ 和 $\Delta H_0$ 分别是高分子试样的熔融热和 100%结晶样品的熔融热。$\Delta H$ 可由示差扫描量热计（DSC）测定试样熔融峰的面积得到，$\Delta H_0$ 则可以从手册和文献上查出。

使用 DSC 方法测量高分子样品熔融热时，将试样和参比物分别放入 DSC 的两个坩埚内，等速升温。当试样熔融时，它与参比物之间产生了温差 $\Delta T$。为了消除这个温差，仪器自动地向试样补偿加热功率。因此，通过测量维持 $\Delta T\to 0$ 时输入试样和参比物的热功率差与温度的关系，即可得到试样的 DSC 结晶熔融曲线。典型的 DSC 结晶熔融曲线见图 7-27。

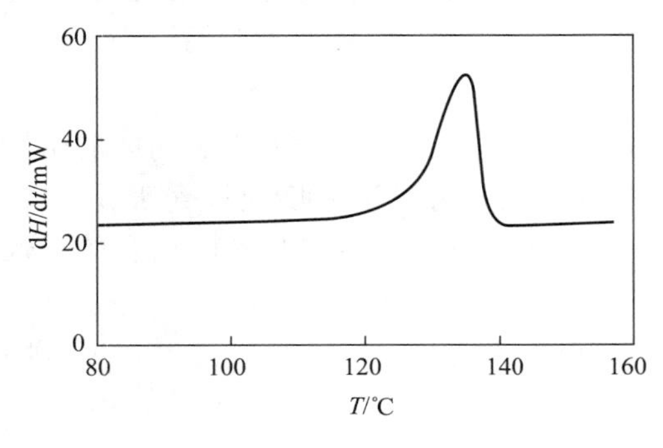


图 7-27 聚乙烯的 DSC 结晶熔融曲线

#### 7.6.1.3 X 射线衍射法

X 射线衍射法是测定结晶度的常用方法之一。该方法测量高分子结晶度的依据是总的相干散射强度等于晶区和非晶区相干散射强度之和。

$$f_c=\frac{A_c}{A_c+KA_a}\times 100\% \tag{7-30}$$

式中，$A_c$ 为衍射曲线下晶区衍射峰的面积；$A_a$ 为衍射曲线下非晶区散射峰的面积；$K$ 为校正因子。

如果测量仅是为了进行相对比较，可以假设 $K=1$。但是对于绝对测量，必须先经过绝对方法得到校正因子。

### 7.6.2　结晶度对高分子性能的影响

化学结构相同的高分子，由于结晶度不同，其物理机械性能往往表现出很大的差异，从而影响到最终高分子材料的使用。下面分成几个方面来讨论。

#### 7.6.2.1　力学性能

由于结晶高分子中晶区和非晶区共存，所以结晶度对高分子力学性能的影响要根据非晶区处于玻璃态和处于高弹态两种情况来讨论。当非晶区处于高弹态时，随结晶度的增加，高分子的弹性模量、硬度、拉伸强度等反映材料刚性的力学性能指标都增大，而反映材料韧性的断裂伸长率和冲击强度则下降。当非晶区处于玻璃态时，结晶度的增加对弹性模量的影响不大，因为晶态与非晶态的模量本来就十分接近；但是随结晶度的增加，高分子变得很脆，拉伸强度因而下降，断裂伸长率和冲击强度也表现出明显的下降趋势。

结晶对高分子力学性能的影响，还与球晶的大小有密切关系。大尺寸球晶往往使制品内部缺陷增多，脆性增大，力学性能变差。

#### 7.6.2.2　光学性能

晶区内分子链之间规整、紧密排列，密度大于非晶区。物质的折射率与密度有关。由于晶区和非晶区的密度不同，它们的折射率也不同。当光线通过结晶高分子时，一般不能直接穿过，而是在晶区和非晶区的界面上发生折射和反射，所以结晶高分子通常呈乳白色，不透明，例如聚乙烯、尼龙等。而完全非晶的高分子通常都是透明的，如聚苯乙烯、聚甲基丙烯酸甲酯等。

要改善结晶高分子的透明性，可以采取下列几种方法。

（1）减小高分子结晶度　通过减少高分子中晶区部分的含量，可以减轻光线在相界面上的折射和反射现象，从而增加透明性。但是这种透明性的改善以牺牲材料的力学性能和热性能为代价。

（2）晶区密度和非晶区密度尽可能接近　当晶区密度与非晶区密度非常接近时，两相的折射率基本相同，光线在相界面上几乎不发生折射和反射，从而得到透明的结晶高分子材料。例如聚 4-甲基-1-戊烯，它的分子链上有一个较大的侧基，使得结晶时分子链之间的排列不太紧密，晶区密度较小，与非晶区的密度相仿。在各种结晶高分子中，聚 4-甲基-1-戊烯是唯一的透明结晶高分子。

（3）减小晶区尺寸　当晶区的尺寸小于可见光波长（400～700nm）时，光线可以不进入晶区而直接从非晶区穿过，这样在相界面的折射和反射都不发生，材料可以表现出优良的透明性。所以对于许多结晶高分子，为了提高其透明性，采用在成型加工过程中加入成核剂的方法，降低球晶的尺寸，增加透明性和其他性能。

#### 7.6.2.3　热性能

非晶高分子作为塑料使用时其使用温度上限是玻璃化转变温度。对于结晶高分子，当结晶度达到 40%以上，晶区就成为贯穿整个材料的连续相。即使温度高于材料的玻璃化转变温度，链段仍然被晶格所束缚，不能运动。所以它的使用温度上限可以提高到结晶熔点，而且随结晶度增大，耐热性提高。

除了以上讨论的三个方面，结晶度的高低对高分子的耐溶剂性能、耐渗透性能（气体、液体）也有影响。随结晶度的增加，高分子耐溶剂性能提高，溶解性能下降；同时对气体和液体的渗透性下降。

## 7.7 高分子的结晶行为和结晶动力学

高分子按其是否具有结晶能力可以分为两类：结晶高分子与非晶高分子。非晶高分子在任何情况下都不能结晶；结晶高分子在一定的条件下可以快速结晶，在某些条件下也可以慢速结晶或者不结晶。高分子是否具有结晶能力关键在于其链结构，而结晶速度的快慢以及结晶度的高低则既取决于链结构，也与结晶条件有关。

### 7.7.1 链结构与结晶能力的关系

高分子的链结构对其结晶能力具有决定性的影响。这种影响主要表现在以下几个方面。

#### 7.7.1.1 分子链的对称性和规整性

高分子结晶的必要条件是链结构的对称性和规整性，分子链的对称性越高，规整性越好，越容易进行规则排列，进而形成高度有序的结晶结构。而对称性差、缺乏立构规整性的分子链不能结晶。这是因为晶体本身就是一种对称性的固体，对称、规整的链结构容易满足晶体中三维有序排列的要求。

例如，聚乙烯和聚四氟乙烯的链结构比较简单，对称规整，所以它们的结晶能力非常强烈，在任何情况下都可以结晶，以至于无法得到完全非晶的样品。它们的结晶度可高达95%。但是聚乙烯氯化后成为氯化聚乙烯，分子链的对称性和规整性受到破坏，使得高分子的结晶能力大大下降。

自由基聚合得到的聚氯乙烯，由于氯原子的引入，破坏了链的对称性，结构单元的键接方式以及构型异构的任意性，也使分子链的规整性下降。所以聚氯乙烯应属于非结晶高分子。但是，由于氯原子的电负性较大，分子链上相邻的氯原子相互排斥且彼此错开排列，使分子链近似于间同立构，所以聚氯乙烯具有微弱的结晶能力和较低的结晶度。聚偏二氯乙烯的对称性优于聚氯乙烯，所以它的结晶能力比聚氯乙烯有了较大的提高。类似的情况还有无规立构聚丙烯与聚异丁烯，无规立构聚丙烯完全不能结晶，但是聚异丁烯却属于结晶高分子，在拉伸条件下可以结晶。

配位聚合得到的等规立构聚丙烯、聚苯乙烯、聚甲基丙烯酸甲酯，其链具有化学和几何规整性。因此，相对于无规立构的自由基聚合产物，它们表现出较强的结晶能力，都属于结晶高分子。而且等规度高的结晶能力比等规度低的强。

自由基聚合的双烯类高分子既有1,2-加成和3,4-加成产物，又有顺式1,4-加成和反式1,4-加成产物，这种结构单元的无规排列和构型的无规排列使分子链规整性受到破坏，所以它们不能结晶。而定向聚合得到的全顺或全反结构高分子，由于结构规整，是属于结晶性的，其中尤以全反式结构的高分子结晶能力更强一些，因为全反式结构的高分子对称性也比较好。

#### 7.7.1.2 共聚结构

共聚物的结晶能力与共聚物组成、共聚物分子链的对称性和规整性都有关。对于无规共聚物，由于不同的结构单元在分子链中无规排列，破坏了分子链的对称性和规整性，从而使共聚物的结晶能力降低。如果两种共聚单体的均聚物具有不同的结晶结构，当一种组分占优势时，该共聚物仍可结晶。此时，含量低的组分在晶区作为结晶缺陷存在。但是当两组分配比接近时，结晶能力会大大下降，甚至消失。例如，聚乙烯和聚丙烯都是结晶高分子，将大量乙烯与极小量的丙烯（或者大量丙烯与极少量的乙烯）进行无规共聚得到的共聚乙烯（或共聚丙烯）仍可结晶；但是将丙烯含量提高到25%，此时的乙丙无规共聚物就不能结晶而成为乙丙橡胶。

如果两种共聚单体具有相似的化学结构，而且它们的均聚物也具有相同的结晶结构，那么由这两种共聚单体组成的无规共聚物在全部组成范围内都可以结晶。通常，晶胞参数要随共聚物组成而变化。

对于嵌段共聚物，由于嵌段长度较长，各个嵌段基本上保持着相对的独立性。所以嵌段共聚后不影响原来的结晶能力，能够结晶的嵌段将形成自己的晶区。

#### 7.7.1.3　链柔性

对于链柔性较好的高分子，结晶时链段更容易向结晶表面扩散，更快地进行有序排列的调整，所以链柔性好的结晶高分子有利于晶体的生长。例如聚乙烯的链柔性非常好，它的结晶能力极强。聚对苯二甲酸乙二酯和聚碳酸酯也都属于结晶高分子，但是它们的分子主链含有苯环，使得链柔性下降，阻碍了链段的运动，对链段在结晶时的扩散、迁移及规整排列都带有不利的影响，导致结晶能力减弱，结晶速度极慢，在较快的熔体冷却速度下不能有效地结晶。但是，链柔性太好的高分子，链段容易向结晶表面扩散，但也更容易从晶格中脱落，反而不能结晶，例如聚二甲基硅氧烷，它的链柔性最好，却不能结晶。

#### 7.7.1.4　取代基、支化和交联

取代基和支链的存在破坏了分子链的规整性、对称性，使结晶能力下降。对三种不同聚乙烯的比较可以清楚地看出支链对结晶的影响：HDPE的支化程度低，支链少，基本上属于线型大分子，它的结晶度最高；LDPE分子链上的支链增多，且为无规支化，导致结晶度大幅度下降；LLDPE的分子链上具有共聚单体引进的许多侧基，因此结晶度也比较低。

交联不但破坏分子链的规整性，对链段运动也产生阻碍，因而结晶能力降低。随交联度的提高，结晶度降低，达到高度交联时，高分子不能形成结晶。

### 7.7.2　结晶过程的跟踪

高分子结晶过程与小分子物质的结晶一样，包括晶核生成和晶体生长两个阶段。晶核生成又分为“异相成核”和“均相成核”两种方式。均相成核是指在高分子熔体冷却过程中时，部分分子链依靠热运动形成有序排列的链束，成为晶核。异相成核则是指以高分子熔体中的某些外来杂质、未完全熔融的残余结晶等为中心，吸附熔体中的高分子链有序排列形成晶核。晶核形成后，其他的分子链就以晶核为中心做有序排列，使结晶程度不断增加，最后达到该结晶条件下的最大结晶度。随着结晶的进行，高分子的一些物理性质（例如密度、比容、折射率等）会发生相应的变化，而且结晶过程有热效应。通过测量这些物理性质随结晶时间的变化，就可以跟踪高分子的结晶过程，进而研究高分子的结晶动力学。

#### 7.7.2.1　热台偏光显微镜方法

结晶高分子处于熔融状态时呈各向同性，一旦形成结晶后则表现出各向异性，在光学上会产生双折射现象。因此可以用偏光显微镜来直接观察晶体的生长过程。球晶在正交的偏光显微镜中会表现出特有的Maltese黑十字。将高分子样品置于热台偏光显微镜的控温载物台上，让高分子进行等温结晶，通过观察单位时间内单位体积样品中生成的球晶数目可以计算出晶核的生成速率；而通过测定球晶的半径随时间的变化可以得到球晶的径向生长速率，如图7-28所示。

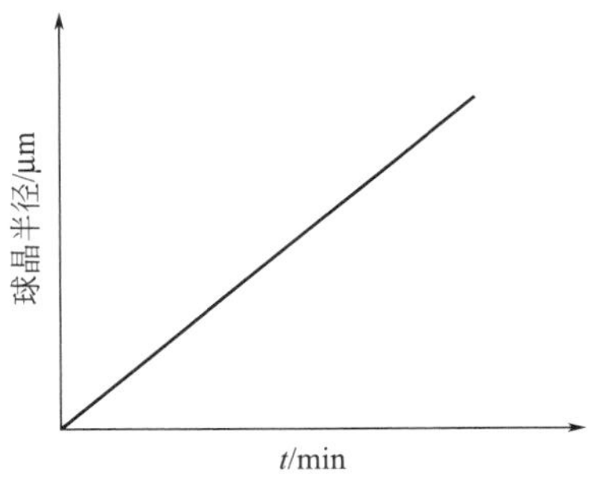

图7-28　聚丙烯球晶的半径与时间的关系

显然，在等温结晶时球晶的径向生长速率是常数，球晶的半径与时间成线性关系。

#### 7.7.2.2　膨胀计方法

高分子在结晶过程中，从无序的非晶态转变成高度有序的晶态，密度会变大，因此一定质量的高分子样品在结晶过程中，随结晶度的增加体积会发生收缩，通过测量体积随结晶时间的变化也可以对该结晶过程进行跟踪。具体方法是将高分子试样和惰性的跟踪液体（通常是水银）加入一膨胀计中，加热到高分子熔点以上，使其全部熔融。然后将膨胀计放入恒温装置内，让高分子在一定温度下进行等温结晶，观察膨胀计的毛细管内液柱的高度随时间的变化。如果以 $h_0$、$h_\infty$、和 $h_t$ 分别表示膨胀计液柱的起始、最终和 $t$ 时刻的高度，那么比值 $(h_t-h_\infty):(h_0-h_\infty)$ 反映了结晶过程中试样体积的变化情况，也反映了结晶程度的变化。将它对时间 $t$ 作图，则可得到图 7-29 所示的高分子等温结晶曲线。这个曲线呈反 S 形，表明高分子在等温结晶开始时体积变化比较慢，过了一段时间后结晶速度加快，之后又逐渐减慢，最后达到结晶平衡。将体积收缩进行到一半所需要的时间的倒数 $1/t_{1/2}$ 定义为该温度下的结晶速度，单位为 $s^{-1}$、$min^{-1}$ 或 $h^{-1}$。

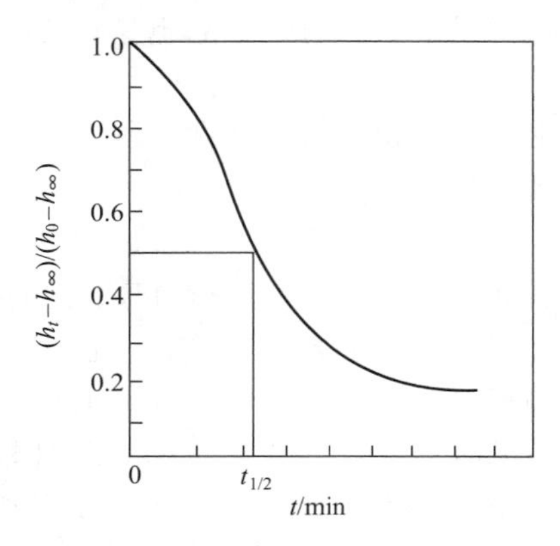

图 7-29 高分子在膨胀计中的等温结晶曲线

#### 7.7.2.3 示差扫描量热计法（DSC）

结晶过程是热力学相变过程，高分子结晶时要放出结晶潜热。随着结晶的进行，结晶度增大，放热量增多。此外，随结晶速率变化，放热速率也会发生变化。所以，通过测定结晶过程中放热速率随时间的变化就可以得到结晶速率和结晶度的变化情况。

使用 DSC 先将高分子样品以一定的升温速率加热到熔融态，恒温一定时间，以充分消除试样的热历史和受力历史。然后迅速将试样冷却到预定温度，进行等温结晶。在此过程中记录试样的热效应与时间的关系，可以得到高分子试样的 DSC 结晶曲线，如图 7-30 所示。

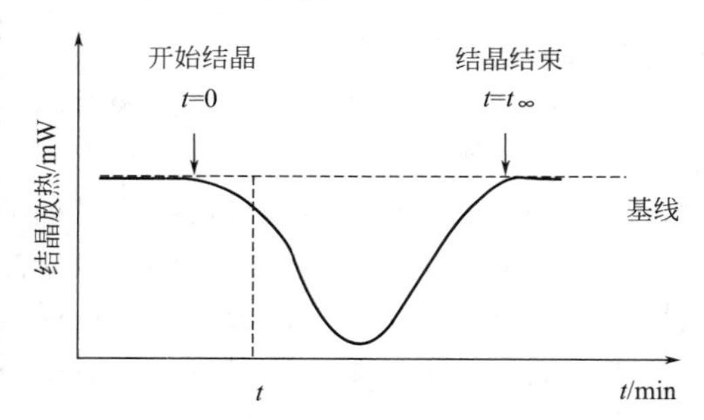

图 7-30 高分子的 DSC 结晶曲线

以曲线开始偏离基线的时间作为结晶开始时间（$t=0$），曲线重新回到基线的时间作为结晶结束时间（$t=t_\infty$）；$\Delta H_\infty$ 表示结晶开始到结晶完成的放热量，则结晶过程中任一时刻的结晶程度定义为：

$$x(t)=\frac{\int_0^t \frac{dH}{dt}dt}{\int_0^\infty \frac{dH}{dt}dt}=\frac{\Delta H_t}{\Delta H_\infty} \quad (7\text{-}31)$$

除了以上介绍的方法，还有其他一些研究结晶速率的方法，例如小角激光散射法、动态 X 射线衍射法、光学解偏振法等。

### 7.7.3 高分子的结晶动力学——Avrami 方程

以膨胀计方法研究高分子等温结晶动力学。令 $V_0$、$V_t$、$V_\infty$ 分别表示结晶开始、结晶进行到 $t$ 时刻、结晶终了时高分子的比容。则 $\Delta V_\infty=V_0-V_\infty$ 为结晶完全时的最大体积收缩；

$\Delta V_t = V_t - V_\infty$ 为 $t$ 时刻未收缩的体积；$\Delta V_t / \Delta V_\infty$ 为 $t$ 时刻未收缩的体积分数。

对于结晶过程而言，结晶速率与应该结晶但尚未完成结晶的部分成正比（在膨胀计方法中结晶速率与高分子尚未收缩的体积成正比），与结晶时间 $t$ 的 $L$ 次方成正比（这里 $L$ 是与成核机理和生长方式有关的参数），所以结晶速率可表示为：

$$\frac{d(\Delta V)}{dt} = k\Delta V t^L \tag{7-32}$$

对式(7-32) 积分，可以得到：

$$\int_{\Delta V_\infty}^{\Delta V_t} \frac{d(\Delta V)}{\Delta V} = -\int_0^t k t^L dt \tag{7-33}$$

$$\frac{V_t - V_\infty}{V_0 - V_\infty} = \exp(-Kt^n) \quad \text{(Avrami 方程)} \tag{7-34}$$

式中，$K$ 为结晶速率常数，$K = k/L+1$；$t$ 为结晶时间；$n$ 为 Avrami 指数。

Avrami 指数与成核机理和晶体生长方式有关，等于晶体生长的空间维数和成核过程的时间维数之和。表 7-7 给出了不同成核和生长方式下的 Avrami 指数值。因为均相成核是由熔体中的高分子链通过热运动排列成有序的链束作为晶核，它对时间有依赖性，其时间维数为 1；异相成核是由外来的杂质、未完全熔融的残余结晶、分散的固体小颗粒等吸附熔体中的高分子链作有序排列而形成晶核，一般是瞬时成核，与时间无关，因此其成核的时间维数为 0。

**表 7-7 不同成核和生长类型的 Avrami 指数**

| 生长方式 | 均相成核 | 异相成核 |
|---|---|---|
| 三维生长(球晶) | $n=3+1=4$ | $n=3+0=3$ |
| 二维生长(片晶) | $n=2+1=3$ | $n=2+0=2$ |
| 一维生长(针状晶体) | $n=1+1=2$ | $n=1+0=1$ |

对 Avrami 方程两次取对数可以得到：

$$\lg\left(-\lg\frac{V_t - V_\infty}{V_0 - V_\infty}\right) = n\lg t + \lg K \tag{7-35}$$

以等式左边对 lg $t$ 作图，可以得到一条直线（图 7-31），其斜率为 $n$、截距为 lg$K$。从测得的 $n$ 值和 $K$ 值，可以了解到结晶过程中成核机理、生长方式以及结晶速度方面的情况。

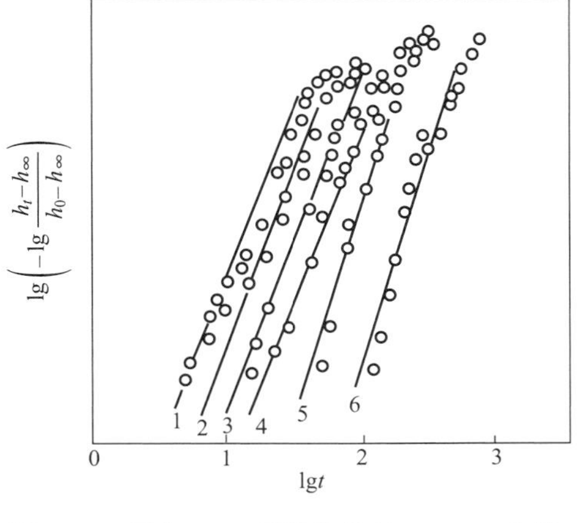

图 7-31 尼龙 1010 等温结晶的 Avrami 曲线

此外，当结晶过程完成了一半时，$(V_t - V_\infty)/(V_0 - V_\infty) = 1/2$。

可以计算出半结晶时间：

$$t_{1/2} = \left(\frac{\ln 2}{K}\right)^{1/n} \tag{7-36}$$

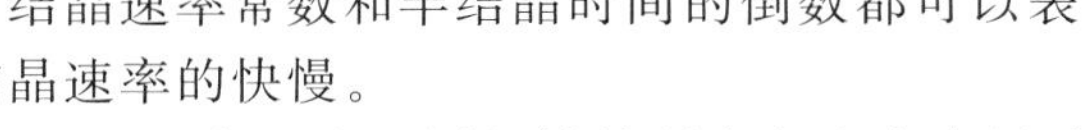

结晶速率常数为： $K = \dfrac{\ln 2}{t_{1/2}^n}$ (7-37)

结晶速率常数和半结晶时间的倒数都可以表示结晶速率的快慢。

Avrami 方程在不同的结晶研究方法中应用时，其表示形式有所不同：

在膨胀计方法中　$\dfrac{V_t-V_\infty}{V_0-V_\infty}\longrightarrow\dfrac{h_t-h_\infty}{h_0-h_\infty}$　(7-38)

在 DSC 方法中　$\dfrac{V_t-V_\infty}{V_0-V_\infty}\longrightarrow 1-\dfrac{\int_0^t \frac{\mathrm{d}H}{\mathrm{d}t}\mathrm{d}t}{\int_0^\infty \frac{\mathrm{d}H}{\mathrm{d}t}\mathrm{d}t}$　(7-39)

Avrami 方程最初是从金属材料的结晶过程中推导出来的，主要用于处理金属的结晶动力学。后来人们将它用来描述高分子的结晶过程。尽管目前 Avrami 方程在高分子结晶动力学研究中得到了广泛应用，但是由于实际高分子的结晶过程要比 Avrami 模型复杂得多，Avrami 方程在高分子体系中的应用暴露出以下一些问题。

（1）使用 Avrami 方程对许多高分子结晶过程的处理中发现，测定出的 $n$ 值往往不是整数，而是小数。这样的 Avrami 指数就失去了原有的物理意义。有人把 $n$ 为非整数的原因归因于存在对时间有依赖性的初期成核作用以及在结晶过程中均相成核和异相成核同时存在。

（2）用 Avrami 方程的双对数作图时，后期的实验点往往偏离线性关系。后期实验点的偏离是由于"二次结晶"造成的。即 Avrami 方程可以较好地描述高分子结晶的前期阶段——主期结晶阶段，但没有考虑结晶后期的二次结晶情况。

所谓二次结晶是指高分子主期结晶结束后仍在进行的结晶，但是这种结晶过程进行得相当缓慢，可以延续几个月，甚至更长。在这段时间内，材料的热力学状态以及各种性质一直随二次结晶的进行而变化，有时会导致制品出现变形、开裂等问题，所以二次结晶是实际生产中必须考虑的问题。一般可以采用"退火"的方法对高分子制品进行热处理，即在较高的温度下将制品放置一段时间，加快二次结晶，促使结晶尽早完成。

### 7.7.4　结晶速率与温度的关系

在玻璃化转变温度以下，分子链和链段的运动均被冻结，不可能发生结晶。在结晶熔点以上，热运动能量太大，以至于分子链和链段的热运动不能被晶格所束缚，结晶不能稳定存在。所以结晶一般只能发生在玻璃化转变温度与结晶熔点($T_g \sim T_m$)之间。

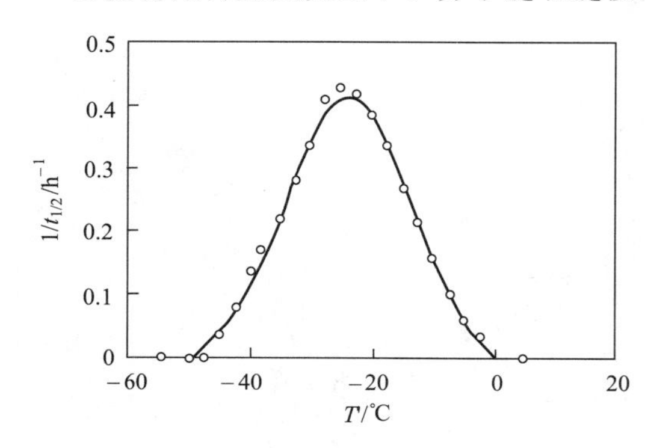

图 7-32　天然橡胶的结晶速率与温度关系曲线

在 $T_g \sim T_m$ 温度范围内选择一系列的温度，在每个温度下观察高分子的等温结晶过程。可以得到一组等温结晶速率（$1/t_{1/2}$），以 $1/t_{1/2}$ 对 $T$ 作图，可以得到类似于图 7-32 的结晶速率-结晶温度关系曲线。

各种高分子的结晶速率-结晶温度关系曲线均呈单峰形状。在玻璃化转变温度和结晶熔点附近，结晶速率为零；在 $T_g \sim T_m$ 中间的某个温度下，结晶速率出现极大值，这个极大值就是高分子的最大结晶速率，与最大结晶速率相对应的温度用 $T_{max}$ 表示。$T_{max}$ 与 $T_m$ 和 $T_g$ 有如下经验关系式：

$$T_{max}=0.63T_m+0.37T_g-18.5 \quad (7\text{-}40)$$

或者

$$T_{max}=(0.80+0.85)T_m \quad (7\text{-}41)$$

式中，$T_m$ 和 $T_g$ 均为热力学温度。

尽管这些经验式估算十分粗略，但是具有实用性。例如，聚丙烯的 $T_m=449$K，$T_{max}=$

393K，其 $T_{max}/T_m=0.88$；聚对苯二甲酸乙二酯的 $T_m=540K$，$T_{max}=453K$，其 $T_{max}/T_m=0.84$，与估算值都很接近。

结晶速率与结晶温度的单峰形关系是由于结晶过程中的晶核生成速率和晶体生长速率对温度的依赖性不同造成的。均相成核是分子链规整排列形成链束的过程，在较高温度下，由于分子热运动比较激烈，分子链不容易进行规则的有序排列，所以高温下晶核不容易形成，即将形成了也会迅速地被分子热运动破坏掉；随着温度降低，分子热运动能量下降，均相成核容易发生，成核速率逐渐增大；但是当温度降低到一定程度后，链段运动趋于被冻结，使均相成核速率迅速下降。异相成核对温度的依赖性没有这样强烈，所以异相成核在较高的温度下仍然可以发生。晶体的生长速率与均相成核的速率刚好相反，在高温下分子链容易向晶核表面扩散迁移，并在晶核表面进行规则排列，使晶体不断生长；随着温度降低，熔体黏度迅速增大，链段的运动能力也不断下降，导致向晶体表面的扩散、重排都受到影响，晶体的生长速率变慢。

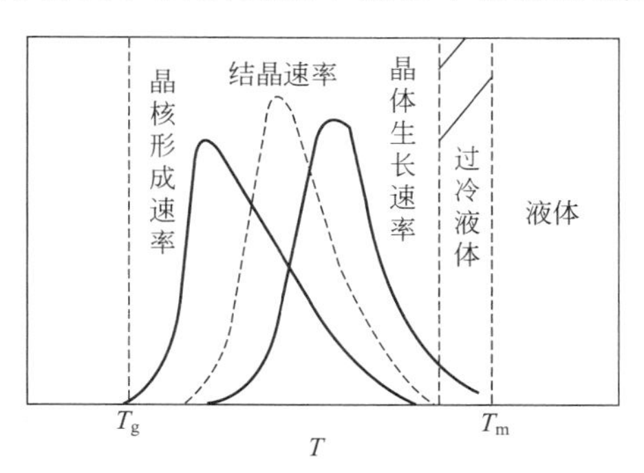


图 7-33　结晶成核速率与生长速率对温度的依赖性

图 7-33 形象地描述了成核速率和晶体生长速率对温度的依赖性，成核速率和晶体生长速率在不同的温度区间都呈现一极大值。当结晶在熔点 $T_m$ 和玻璃化转变温度 $T_g$ 附近区域进行时，或者由于无法稳定成核、或者由于晶粒无法生长，总的结晶速率接近于零。只有在两条曲线交叠的温度区间，结晶才可以正常进行；在其间的某个温度下，晶核生成和晶体生长的速率都比较快，结晶速率才会出现极大值。

### 7.7.5　影响结晶速率的其他因素

除了温度，还有其他因素会对结晶过程带来影响。

#### 7.7.5.1　分子链结构

不同高分子结晶速率的差别主要取决于它们的链结构，因为分子链结构不同，分子链和链段扩散迁移进入晶体结构所需要的活化能也不同。但是目前还不能定量地建立分子链结构与结晶速率的关系。从定性的角度可以说，链结构越简单、对称性越好、立构规整性越高、取代基的空间位阻越小、链柔性越好，高分子的结晶速率就越快。

#### 7.7.5.2　分子量

分子量对结晶速率有显著影响。在相同的结晶条件下，对同一种高分子，分子量越大，熔体黏度就越大，链段的运动阻力越大，由此限制了链段向晶核表面的扩散和规则排列，使得结晶速率下降。

#### 7.7.5.3　杂质

杂质的存在对高分子的结晶过程具有很大的影响。杂质可分为两类，惰性杂质和成核剂杂质。惰性杂质在高分子结晶过程中主要起着稀释剂的作用，通过降低结晶分子的浓度，导致结晶速率下降，所以惰性杂质是妨碍结晶的。成核剂杂质具有促进结晶的作用，在结晶过程中它们可以起到晶核的作用，从而使结晶速率大大加快，同时使球晶的尺寸变小。

不同的高分子所使用的成核剂种类不同，聚丙烯可以使用脂肪族羧酸盐、二亚苄山梨醇类衍生物、有机磷酸盐作为成核剂，PET 的成核剂包括芳香族羧酸盐（如苯甲酸盐）和聚酯低聚物的碱金属盐。而聚酰胺则使用高分散的二氧化硅、二硫化钼、二氧化钛等无机类成核剂。作为成核剂的物质一般应具有这些特征：在所应用的树脂中不溶或熔点高于树脂；能够以极细微的方式均匀分散于高分子熔体中；可以被树脂润湿或吸附；能降低树脂结晶成核的界面自由能。

#### 7.7.5.4 溶剂

溶剂有时可以诱导高分子结晶，尤其是对一些分子链刚性较大、结晶速率较慢的高分子。例如，将透明的聚对苯二甲酸乙二酯或者聚碳酸酯薄膜浸入适当的有机溶剂中，薄膜很快会因为结晶而变得不透明。这是因为当溶剂渗透到这些松散堆砌的高分子内部，使高分子发生溶胀，从而使高分子链运动能力加大，获得了向晶体表面扩散和排列的能力，促使高分子发生结晶。

#### 7.7.5.5 压力和应力

压力能够促进高分子的结晶，而且可以使结晶在高于熔点的条件下进行。例如聚乙烯的熔点为135℃，但是在150MPa压力下，160℃也能结晶。而且高压条件下生成的结晶高分子的密度高于通常条件下结晶高分子的密度。HDPE的密度在0.95～0.97g/cm$^3$。而聚乙烯在226℃、500MPa条件下结晶时，所得晶体的熔点达140℃，密度为0.994g/cm$^3$。这种高温、高压条件下得到的晶体是伸直链晶体，具有很好的热力学稳定性和强度。

根据结晶的热力学条件，只有当结晶过程的自由能变化$\Delta G=\Delta H-T\Delta S<0$时，结晶才可以进行。结晶过程是分子链排列的无序化向有序化转变的过程，$\Delta S<0$；另外结晶过程又是放热的，$\Delta H<0$；显然只有当$|\Delta H|>T|\Delta S|$，结晶才可以进行，即$|\Delta S|$越小越有利于结晶。

在结晶过程中对高分子试样施加一个拉伸应力，可以使原来无规排列状态转变为较为有序的取向状态，使混乱度减小。然后由取向态再进行结晶时，结晶过程的熵变化可大大减小，因此结晶更容易进行。例如，天然橡胶在室温下结晶非常缓慢，完成结晶需要很长时间，但是如果对它进行拉伸，可立即产生结晶，而外力一旦去除，结晶又立即熔融。PET在温度低于90～95℃时结晶速率非常慢，实际上不能结晶，但是在80～100℃对其进行拉伸，结晶速率可立即提高3～4倍左右。

### 7.7.6 结晶过程的控制

在高分子结晶过程中，有时需要对结晶速度、结晶度和晶粒大小进行控制。

除了链结构外，对高分子结晶过程影响最大的外部因素是结晶温度。通过控制结晶过程的温度变化速率和结晶进行的温度区间，可以对结晶速度、结晶度和晶粒尺寸大小施加影响。例如，对高分子材料进行淬火处理，即以较快的冷却速度将高分子从熔融状态冷却至玻璃化转变温度以下。由于冷却速度很快，对于结晶速度较慢的高分子，可能无法形成结晶；即使对于结晶较快的高分子，由于结晶时间很短，晶体生长不充分，得到的球晶尺寸很小，结晶度也很低。相反，若以较慢的冷却速度使高分子从熔融态冷却结晶（或者在较高温度下对高分子进行退火处理），由于高分子样品长时间停留在较高温度范围内，晶体生长速率较快，生成的球晶尺寸很大，结晶度也较高。

大晶粒尺寸在高分子材料的应用中不受欢迎，因为它会使制品内部缺陷增多，脆性增大，力学性能变差。一般希望获得的结晶形态是高结晶度、小晶粒尺寸，这种形态仅靠控制结晶温度区间的冷却速率难以实现。但是可以采用加入成核剂促进结晶的方法或者采用拉伸结晶的方法来实现。通过在高分子成型加工过程中加入成核剂，在高分子熔体冷却结晶过程中，这些外加的成核剂对结晶会起到异相成核作用，一方面可以大大地加快高分子的结晶速率，另一方面可以适当地增加结晶度。此外，晶核密度的增加也使得晶粒尺寸明显变小。在一些高分子的成型过程中，例如纤维纺丝、吹塑薄膜等，需要对高分子施加拉伸作用。拉伸应力一方面可以促进高分子结晶，使结晶速率加快，结晶度增加；另一方面由于高分子样品在结晶过程中受到不断的拉伸作用，不可能形成大尺寸的晶粒，因此也可以得到高结晶度、小晶粒的高分子材料。

## 7.8　高分子的非晶态结构

高分子的非晶态结构指的是分子链的排列呈无序状态的聚集态结构。高分子处于非晶态结构的情况很多，有的高分子链结构规整性太差，以至于没有结晶能力，如无规聚苯乙烯和无规聚甲基丙烯酸甲酯；有的高分子链结构呈规整性，具有结晶能力，但是由于结晶速度太慢以至于在通常条件下不能结晶，如聚碳酸酯和聚对苯二甲酸乙二酯；有些高分子在低温下可以结晶，但在常温下呈高弹态，如天然橡胶和顺丁橡胶。此外，即使是结晶性高分子，在聚集态结构中也包含有非晶区部分，而且将结晶高分子加热到熔点以上，它们也处于非晶态了。

非晶高分子的聚集态结构直接决定了材料的使用性能。而结晶高分子中非晶区结构与晶区结构有着密切的联系，同样会对高分子的性能产生重要影响。所以非晶态结构的研究也是高分子聚集态结构研究的一个重要内容。但是由于非晶态结构不具备三维长程有序，用一般的结构分析方法得不到多少信息，对非晶态结构缺乏必要的研究手段，所以有关高分子非晶态结构的研究相对于晶态结构的研究进展比较缓慢。从 20 世纪 50 年代以来，先后出现了两种对立的理论，其一是 Flory 提出的无规线团模型，其二是 Yeh 提出的两相球粒模型。近年来，许多科学工作者都在该研究领域努力地探索，试图在实验上和理论上找到非晶态分子链的聚集形式来阐明非晶态高分子结构的本质。

### 7.8.1　无规线团模型

在 20 世纪 50 年代初期，Flory 依据统计热力学方法，推导出了如下结论：对于柔性的分子链，无论处于玻璃态、高弹态或者熔融态，其大分子构象都与处于无扰状态下的高分子溶液中的分子链一样，呈无规线团状，且具有相同的构象尺寸。

20 世纪 70 年代，小角中子散射技术的出现及其在非晶态高分子结构研究中的应用证实了 Flory 的推论。图 7-34 是由不同溶剂和不同分子量的 PMMA 用中子散射及其他方法测得的均方回转半径与重均分子量的关系曲线。由图可见，在各种条件下均方回转半径与分子量都呈线性关系，而且曲线在本体状态和在 $\theta$ 溶剂（氯代正丁烷）中的斜率基本相同，测得的均方回转半径都非常接近。说明了在非晶态下大分子的构象状态与其在 $\theta$ 溶剂中是一样的。

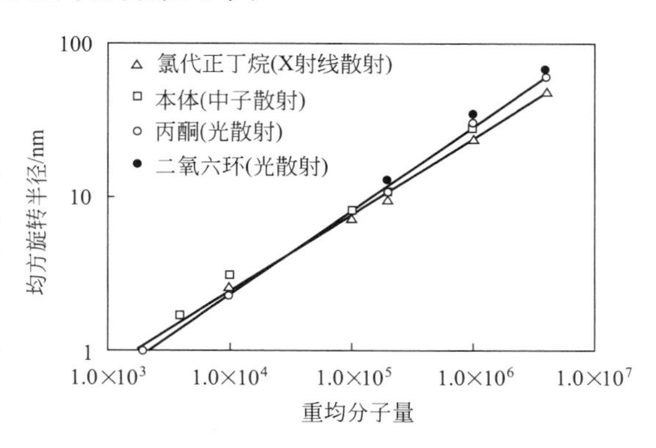


图 7-34　不同方法测定的 PMMA 的分子旋转半径与分子量的关系

据此实验事实，Flory 提出了“无规线团模型”来描述高分子的非晶态结构（图 7-35）。他认为，非晶态中的高分子链呈无规线团构象，各分子链之间可以相互贯穿和缠结，线团内的空间可被相邻的分子所占有，不存在任何局部有序结构，整个非晶聚集态是均相的，物理性能呈各向同性。

无规线团模型除了得到小角中子散射实验的强有力支持，也还有许多实验结果支持该模型的合理性。例如，橡胶的弹性理论是完全建立在无规线团模型基础上的，而且橡胶的弹性

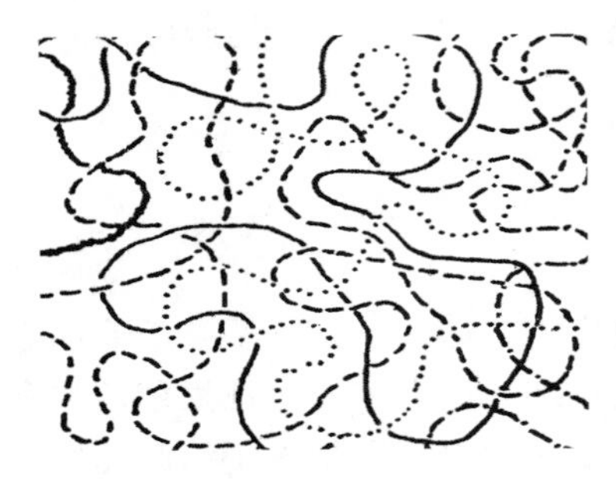

图 7-35　无规线团模型

模量和应力-温度系数关系与加入的稀释剂用量无关的实验事实，更加说明了在非晶态下分子链是完全无序排列的，不存在可被进一步溶解或拆散的局部有序结构。

### 7.8.2　两相球粒模型

用 X 射线衍射方法观察高分子的非晶态结构，发现其中存在有局部的有序性。根据这个实验事实，Yeh 在 1972 年提出了非晶态局部有序模型，即两相球粒模型（图 7-36）。他认为非晶态中存在着一定程度的局部有序，由具有折叠链构象的粒子相和无规线团构象的粒间相两部分组成。而粒子相又分为分子链段相互平等规则排列的有序区和由折叠链的弯曲部分、链端、连接链和缠结点构成的粒界区两部分。有序区内的有序程度与链结构、分子间力及热历史有关，其区域尺寸为 2～4nm。粒界区围绕着有序区形成，其尺寸为 1～2nm。粒间相则是由无规线团状高分子链、分子链末端和连接链组成，尺寸为 1～5nm。因此，一根分子链可以通过几个粒子相和粒间相。

两相球粒模型可以很好地解释以下实验事实：

① 许多高分子由熔融态结晶时速度很快。这是由于非晶态中已经存在一定程度的有序区，为结晶的发展提供了条件。

② 实测的许多非晶态高分子的密度大于由无规线团模型计算出的非晶高分子密度。这是因为非晶态中包含有序的粒子相，其密度接近晶态密度，导致非晶态高分子密度增大。

③ 未交联橡胶具有弹性回缩力。这是因为非晶态中的粒间相为弹性形变提供了必要的构象熵，而粒子相则起到交联点作用。

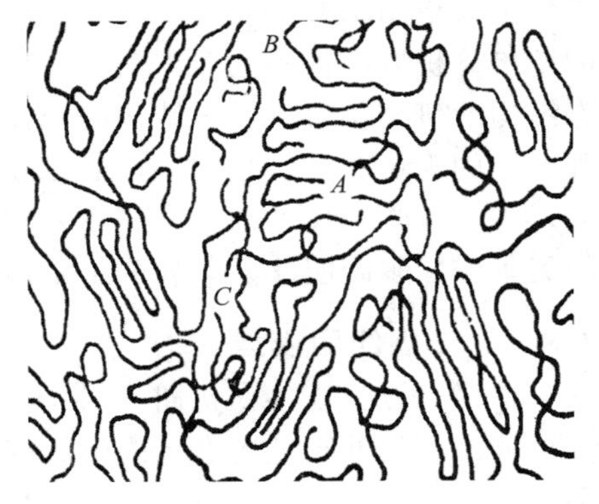


图 7-36　两相球粒模型

无规线团模型和两相球粒模型争论的焦点是非晶态结构是完全无序还是局部有序。由于两个模型各有实验事实支持，所以目前很难给出定论，有待于进一步深入细致的研究。

## 7.9　高分子的取向态结构

### 7.9.1　取向现象

高分子分子链的长径比非常大，在分子形态上表现出悬殊的不对称性，受到外力作用后，分子链和链段会沿外力作用方向择优排列，形成取向（图 7-37）。一般情况下，取向单元是分子链或者链段，对结晶高分子而言，除了分子链和链段的取向外，还存在晶片和晶带的取向。高分子材料取向后形成了一种新的聚集态结构——取向态结构。

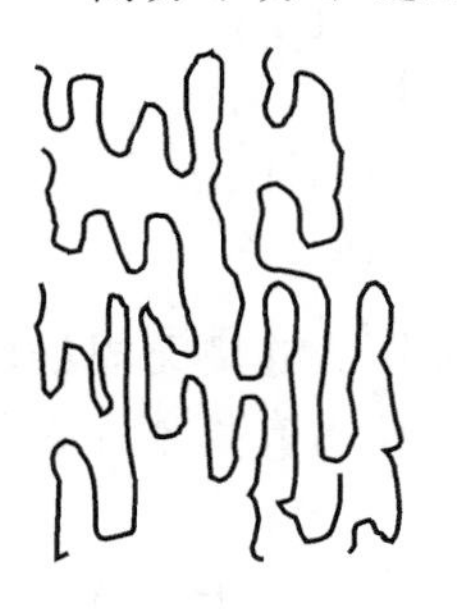

(a) 链段聚向

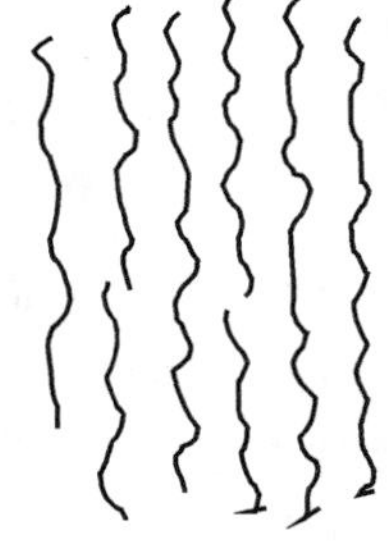

(b) 分子链取向

图 7-37　高分子取向

按照外力作用的方式，高分子的取向分为单轴取向和双轴取向两大类（图 7-38）。

（1）单轴取向　材料只在一维方向上受

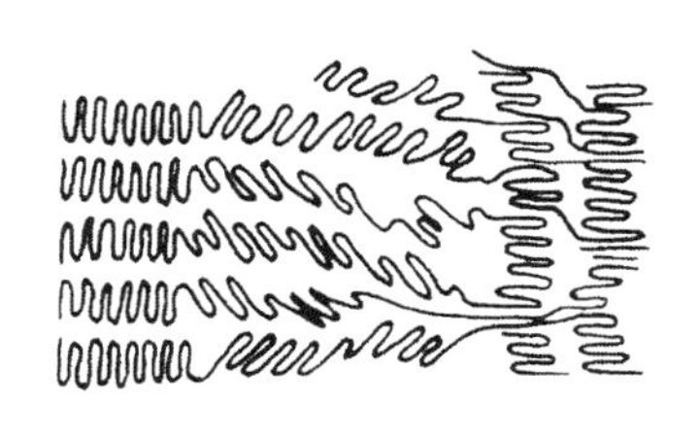

(a) 形成新的取向的折叠链片晶

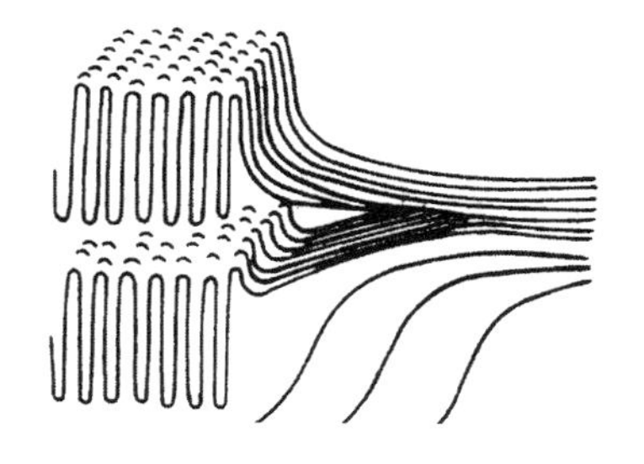

(b) 形成伸直链片晶

图 7-38　晶态高分子在拉伸取向时的结构变化

到拉伸，取向单元（分子链、链段、晶片等）在一维拉伸方向上择优排列。例如纤维纺丝过程中的牵伸就是单轴取向过程。

（2）双轴取向　材料受到两个相互垂直方向的拉伸，取向单元倾向于在二维方向上作择优排列，使得高分子链和链段与拉伸平面平行取向，但是在拉伸平面内分子的排列是无序的。双向拉伸薄膜、吹塑成型都属于双轴取向。

虽然在取向态中分子链呈有序排列（图 7-39），但取向态结构和晶态结构是有严格区别的，主要是它们之间的有序程度不同。单轴取向时分子链和链段在一维方向上表现出一定的有序程度，双轴取向时分子链和链段在二维方向上表现出一定程度的有序排列，而在结晶态中分子链规则排列形成三维有序的晶格结构。

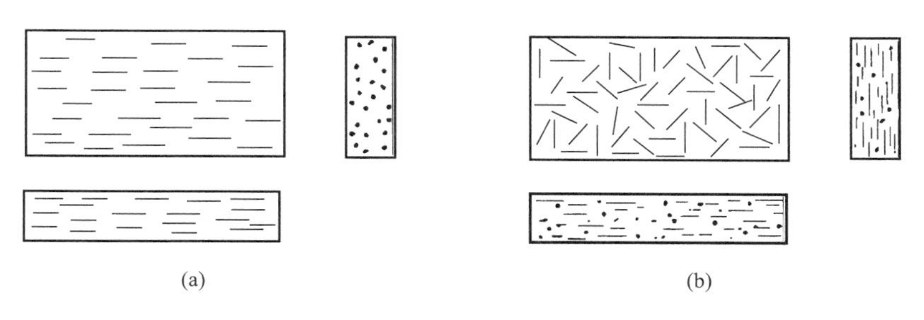

(a)　(b)

图 7-39　取向薄膜中的分子链排列

未取向高分子材料由于分子链和链段的排列是无序的，所以表现出各向同性。取向后分子链和链段沿某些方向择优排列，导致材料出现各向异性，尤其在取向方向和垂直于取向方向上的性能差别特别明显。一般情况下，材料的力学性能（拉伸强度、弯曲强度）在取向方向上显著增强，而在垂直于取向方向上则明显下降。在光学性能上，由于折射率在取向方向和垂直方向上有差别，取向材料会出现双折射现象。取向还会提高材料的玻璃化转变温度，对于结晶高分子，取向后材料的结晶度会增大，因此，取向材料的使用温度得到提高。

### 7.9.2　取向机理

高分子的取向过程实际上是分子链和链段通过运动去适应外力的过程。由于链段的运动是通过单键内旋转来实现的，所以链段的取向需要在玻璃化转变温度以上（即高弹态）即可进行；而整个分子链的取向需要分子链上的各链段进行协同运动才可以实现，因此分子链的取向需要更高的温度条件，一般需要在黏流态下才可进行。

由于取向过程是分子链和链段运动的过程，必须通过克服黏滞阻力才可完成，所以完成取向需要一定的时间，这个时间称为“松弛时间”。链段取向时，黏滞阻力小，松弛时间短，比较容易进行；而分子链的取向则由于黏滞阻力大，松弛时间长，不容易进行。所以在外力作用下，首先发生的是链段的取向，然后再发展到整个分子链的取向。

高分子的取向过程中实际上存在着两个方向相反的作用：一是沿一定方向对材料施加的外力，它使得链段和分子链沿外力方向运动并产生取向，该过程是分子链排列由无序化向有序化转变的熵减小过程，因此是非自发过程。二是分子的热运动，它促使分子链排列由有序化向无序化恢复，产生解取向，这个过程是一个熵增大的自发过程。

显然，高分子取向后所得到的取向态实际上是取向和解取向的动平衡状态，这是一种热力学不稳定状态，外力消除后，链段和分子链又会自发地发生解取向而恢复到原来的状态。只有阻断了解取向，取向态结构才能够稳定地存在。对于非晶态高分子，稳定取向态的方法是取向后立即将温度降低到玻璃化以下，将链段的运动冻结，使解取向不至于发生。所以，非晶态高分子的取向态结构在玻璃化转变温度以下才是稳定的。对于结晶高分子，除了非晶区可以发生链段和分子链的取向外，晶区内部的晶片也会在外力作用下发生倾斜、滑移，同时结晶结构也发生相应的变化，球晶被拉伸转变为微纤结构，折叠链片晶被破坏后沿取向方向重新排列，形成新的片晶。这种新的结晶结构在外力去除后起到了维持了取向态结构的作用，只要晶格不被破坏，解取向就无法发生。所以，结晶高分子的取向态比非晶高分子的取向态稳定。这种稳定性可以一直保持到结晶高分子的 $T_m$ 温度以下。

### 7.9.3 取向程度的表征

高分子的取向程度用取向度或者取向函数 $F$ 来表示。

$$F=\frac{1}{2}(3\,\overline{\cos^2\theta}-1) \tag{7-42}$$

式中，$\theta$ 是分子链主轴方向与取向方向的夹角。

对于理想单轴取向材料，取向角 $\theta=0$，$\overline{\cos^2\theta}=1$，则取向度 $F=1$；对于完全无规取向材料，$F=0$，$\overline{\cos^2\theta}=1/3$，平均取向角 $\theta=54°44'$；实际取向材料的取向度在零与 1 之间，它们的平均取向角为：

$$\bar{\theta}=\arccos\sqrt{1/3(2F+1)} \tag{7-43}$$

测定取向度的方法很多，包括声波传播法、光学双折射法、广角 X 射线衍射法、红外二向色法等。这里只简单地介绍声波传播法和光学双折射法。

#### 7.9.3.1 声波传播法

声波沿分子主链方向的传播速度比垂直于分子链方向的传播速度快得多，因为在主链方向上原子间振动的传递是通过化学键来完成的，速度较快，而在垂直于分子链方向上原子间只有弱的分子间作用力，致使原子间振动的传递很慢。如果用 $C$ 表示被测试样中声波的传播速度，用 $C_u$ 表示完全无规取向材料中声波的传播速度，则可以按下式确定试样的取向度和平均取向角：

$$F=1-(C_u/C)^2 \tag{7-44}$$

$$\overline{\cos^2\theta}=1-2/3(C_u/C)^2 \tag{7-45}$$

显然，当被测试样是无规取向时，$C_u=C$，则 $F=0$，$\overline{\cos^2\theta}=1/3$，$\theta=54°44'$；当被测试样是完全取向时，$C_u<<C$，$(C_u/C)^2$ 趋于 0，$F$ 趋于 1，因而$\overline{\cos^2\theta}$趋于 1，平均取向角$\bar{\theta}$趋于0。

#### 7.9.3.2 光学双折射法

该方法利用光线在取向高分子材料中传播时产生的双折射现象来测定取向度 $F$。用 $n_{/\!/}$ 表示平行于取向方向的折射率，用 $n_{\perp}$ 表示垂直于取向方向上的折射率；$n_{/\!/}$ 和 $n_{\perp}$ 可以通过偏光显微镜测得。两个方向上折射率之差（$\Delta n=n_{/\!/}-n_{\perp}$）随取向程度增加而加大，因此，

可以直接用 $\Delta n$ 作为纤维取向程度大小的量度。而取向度 $F$ 定义为：

$$F=\frac{n_{/\!/}-n_{\perp}}{n_{/\!/}^{0}-n_{\perp}^{0}}\times\frac{\rho_{c}}{\rho} \tag{7-46}$$

$n_{/\!/}^{0}$ 和 $n_{\perp}^{0}$ 分别是理想取向时平行或垂直于纤维方向的折射率，$\rho_c$ 和 $\rho$ 分别是晶态的密度和实际试样的密度。

### 7.9.4 取向的应用

#### 7.9.4.1 合成纤维纺丝

纤维需要有较高的径向强度，所以在合成纤维的生产过程中广泛采用了牵伸工艺，使分子链沿纤维方向取向，以提高其拉伸强度。这种取向要在熔融状态下进行，获得整链取向后再迅速地冷却，将取向状态固定下来。

牵伸取向后纤维的强度成倍上升，但同时带来了一些新的问题，包括断裂伸长率下降，弹性变差。另外，纤维在使用过程中一旦受热会发生链段的解取向而导致热收缩，这些问题对纤维的使用都是不利的。在实际使用中，一般要求纤维具有10%～20%的弹性伸长，既有高强度又有适当的弹性，同时还要有较好的尺寸稳定性。

为了解决这些问题，人们利用了链段的取向比大分子链取向容易进行，解取向也比大分子链解取向更快、更容易的特点，在纤维生产工艺中加入了“热定型”工序。在很短的时间内用热空气或水蒸气对牵伸取向纤维进行吹扫，温度控制在 $T_g \sim T_f$ 之间，使链段解取向，发生卷曲，从而使纤维获得必要的弹性，并且消除其尺寸收缩变形。由于大分子链并未发生解取向，纤维仍然具有较高的径向强度。

一般用作合成纤维的高分子都是结晶性的，较少使用非晶高分子，这里有两方面的原因。

(1) 由纤维纺丝对流动性的要求和对纤维径向强度的要求所决定　纤维纺丝时要使高分子溶液或者熔体从很细的喷丝口流出，需要高分子具有很好的流动性，因此高分子的分子量不能高。但分子量低了以后又很难达到纤维强度的要求。采用分子量较低的结晶高分子，一方面可以满足纤维纺丝对高分子流动性的要求，另一方面可以利用取向和结晶来满足纤维径向强度的要求。

(2) 由稳定取向态结构和纤维的弹性要求所决定　要想获得高强度的纤维，必须使分子链取向，而且取向态结构要能够稳定，纤维还要有一定的弹性，这对于非晶高分子来说很难同时满足。因为如果非晶高分子是柔性链，分子运动能力较强，可以保证纤维具有一定的弹性，但是分子运动能力大不利于稳定取向态结构，当温度稍有上升，自发的解取向就会发生。如果非晶高分子是刚性链，分子运动能力减弱对稳定取向态结构有利，但却使纤维失去了必要的弹性。所以很难找到一种刚柔共济的非晶高分子来同时满足这两方面的要求。但对于结晶高分子来说，其取向态依靠结晶结构来稳定，不容易发生解取向；而且结晶高分子内部的非晶区为纤维提供了必要的弹性。因此，结晶高分子用作纤维可以同时满足稳定取向态和保持适当弹性的要求。所以绝大多数的合成纤维都是结晶高分子。

#### 7.9.4.2 双向拉伸薄膜

单轴拉伸只在一维方向上获得强度，仅适用于纤维的生产。对薄膜来说，在两个方向上都需要有强度，所以要进行双轴拉伸。当挤出机挤出熔融高分子薄片后，在适当的温度条件下沿相互垂直的两个方向先后对高分子薄片进行拉伸，使薄片的厚度减少而面积增大，最后形成双向拉伸薄膜。在这种薄膜中，分子链倾向于与薄膜平面相平行的方向排列，在平面上分子链的取向则是无规的，所以在薄膜平面上具有各向同性，在两个方向上都具有强度。

取向在塑料制品生产中也会带来一些危害，例如制品表现出各向异性、尺寸收缩率不同、制品内部形成内应力等。

## 7.10 高分子的液晶态结构

### 7.10.1 液晶态结构

某些结晶物质在加热到熔点以上或者被溶剂溶解后，虽然失去了固体物质的刚性，成为具有流动性的液体，但内部结构仍然保持一维或二维的有序排列，物理性质上表现出各向异性。这种兼有晶体和液体的部分性质的状态称为液晶态，处于这种状态下的物质称为液晶。

液晶包括小分子液晶和高分子液晶。对各种液晶物质的分子结构研究发现，它们具有以下结构特征。

① 形成液晶的物质通常具有刚性的分子结构（例如对位亚苯基），而且长径比≫1，整个分子呈棒状或近似棒状的构象。

② 分子间具有强大的分子间力，在液态下仍能维持分子的某种有序排列。所以液晶分子结构中含有强极性基团、高度可极化基团，或者能够形成氢键的基团。

③ 在刚性结构的两端一般带有一定的柔性部分（如烷烃链），以利于液晶的流动。

例如，4,4′-二甲氧基氧化偶氮苯是一种典型的小分子液晶：

$$H_3C—O—C_6H_4—N{=}N(\rightarrow O)—C_6H_4—O—CH_3$$

其分子长宽比为 2.6，长厚比为 5.2，依靠分子间两个极性端基的相互作用形成线型结构：

$$—C_6H_4—O—CH_3 \cdots H_3C—O—C_6H_4—N{=}N(\rightarrow O)—C_6H_4—O—CH_3 \cdots H_3C—O—C_6H_4—N{=}N(\rightarrow O)—C_6H_4—O—CH_3 \cdots H_3C—O—C_6H_4—$$

这种结构有利于液晶有序态的稳定。4,4′-二甲氧基氧化偶氮苯在其熔点（116℃）与清晰点（134℃）之间的温度范围内呈液晶态，具有与水相近的流动性和光学双折射现象。

不同液晶物质呈现液晶态的方式不同。通过加热使物质熔融后在一定的温度范围内呈现液晶态称为热致性液晶；通过加入溶剂使物质在溶剂中溶解，在一定的浓度范围内形成液晶态称为溶致性液晶。最近有研究表明，对于一些柔性链高分子（如聚乙烯），在足够高的压力下也会出现液晶态，这种情况可以称之为“压致性液晶”。

根据液晶态内部分子排列的形式和有序性的不同，可以把液晶分成如图 7-40 所示的三种类型。

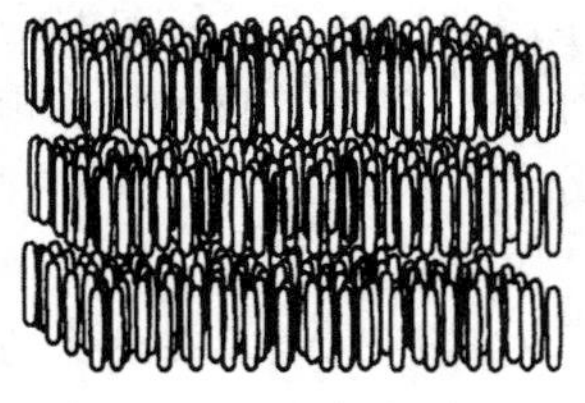
(a) 近晶型结构

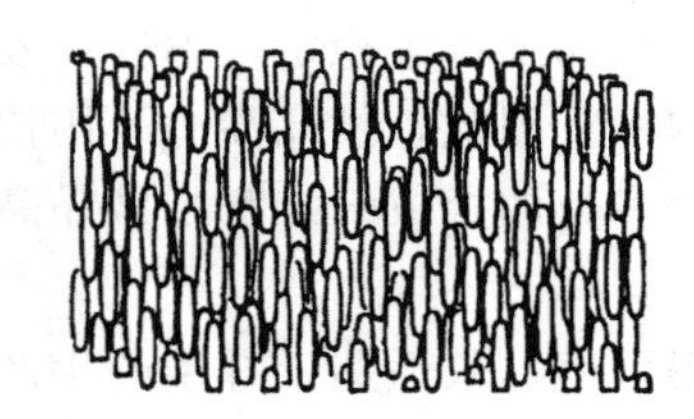
(b) 向列型结构

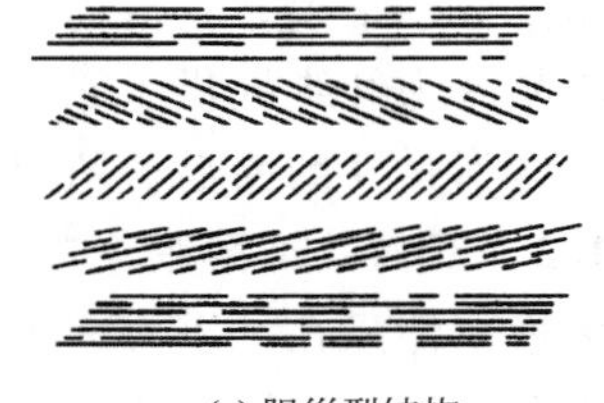
(c) 胆甾型结构

图 7-40 三种液晶的结构

（1）向列型液晶 在向列型液晶中棒状分子相互平行排列，但它们的重心则是无序的，因此只保持了固体的一维有序性，实际上是由取向分子组成。当向列型液晶中的棒状分子在外力作用下流动时，棒状分子很容易沿流动方向取向，并且在流动取向中相互穿越，因此这类液晶具有很大的流动性。

（2）近晶型液晶　在所有液晶中该类液晶的结构与结晶结构最接近，所以称为近晶型。近晶型液晶中，棒状分子依靠所含官能团所提供的垂直于分子长轴方向上的强烈的相互作用力互相平行排列，形成层状结构。分子的长轴垂直于层片平面，每个层片内分子的排列保持着大量的二维固体有序性，棒状分子可以在本层片内活动，但不能穿越各层之间。所以，层片与层片之间可以相互滑移，但垂直于层片方向上的流动则相当困难。因此这种类型的液晶表现出黏度的各向异性。

（3）胆甾型或手征性液晶　胆甾型液晶的分子都具有不对称碳原子，这类分子所形成的液晶往往带有螺旋结构，具有极强的旋光性。在胆甾型液晶中，分子间依靠端基的相互作用平行排列形成层状结构。层内分子的长轴与层平面平行，排列方式与向列型液晶相似；但在相邻两层间，由于伸出层片平面的光学活性基团的作用，分子长轴的取向依次规则地扭转了一定角度，经过多层扭转就形成了螺旋面结构。分子长轴方向在旋转了360°后回复到原来的方向，这两个取向相同的层间距就称为胆甾型液晶的螺距。对于胆甾型液晶，由于扭转的分子层的作用，造成反射的白光发生色散，而透射光发生偏振旋转，从而使胆甾型液晶具有彩虹般的颜色。

### 7.10.2　高分子液晶的结构与性能

高分子液晶是指具有液晶性的高分子。如果能够满足形成液晶相要求的棒状小分子成为高分子结构单元的一部分，它与其他分子链段组成高分子链后，这种高分子也可以呈现液晶状态。

通常把分子链上能够满足形成液晶相要求的、具有一定长径比的刚性结构单元称为“液晶原”。在高分子液晶的大分子链上带有许多液晶原，根据液晶原在大分子链中所处的位置，可以将高分子液晶分为两类（图7-41）：一类是液晶原连接在主链上的主链型液晶；第二类是液晶原连接在侧链上的侧链型液晶。无论是何种类型的高分子液晶，在形成液晶态的方式上，都有热致型和溶致型两类，也都可能呈现向列型、近晶型和胆甾型结构。

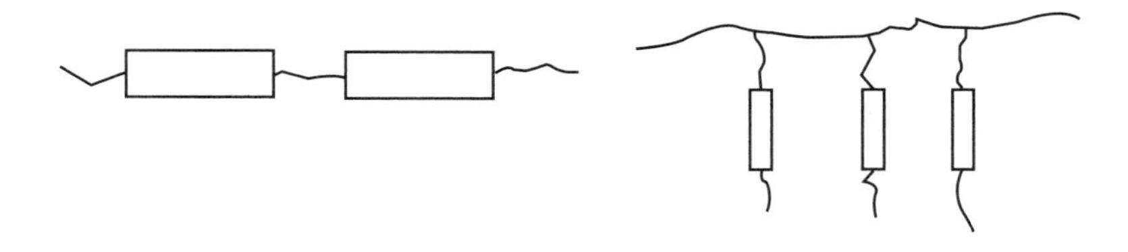

(a) 主链型高分子液晶　　(b) 侧链型高分子液晶

图7-41　高分子液晶的结构

聚对苯二甲酰对苯二胺（PPTA）是一种完全刚性的主链型高分子液晶，由于分子链的刚性，它只能以溶液的形式形成液晶态，在室温下，当浓度达临界值时，刚性分子平行排列成一维有序结构，成为各向异性的向列型结构高分子液晶。通过升高温度，向列型结构可以转变为胆甾型。在主链型液晶中，更常见的是主链上同时具有柔性链段（将刚性结构单元分隔开来）的高分子液晶。这类高分子液晶包括芳香族聚酯、芳香族聚酰胺、聚苯并噻唑等。

链柔性是影响主链型液晶行为的主要因素。对于完全刚性主链高分子，由于高分子熔点很高，一般不会出现热致液晶行为，但可以在适当溶剂中形成溶致液晶。而对于含柔性链段的主链型液晶，由于在刚性液晶原之间引入了柔性链段，主链柔性增大，高分子熔点下降，可以出现热致液晶行为。但如果柔性链段含量太大，高分子有可能不形成液晶。

侧链型高分子液晶可以是刚性的液晶原与柔性的大分子主链直接连接，也可以是刚性液晶原通过柔性连接链段与柔性主链相连。主链结构包括聚丙烯酸酯、聚甲基丙烯酸酯、聚硅氧烷、聚苯乙烯，而液晶原包括联苯类、对苯二甲酸类等。由于柔性连接链段使刚性液晶原的几何形状各向异性和高极化性几乎完全保留在其高分子液晶中，所以，侧链型液晶比主链型液晶呈现出更为突出的光电性能。

影响侧链型高分子液晶行为的因素较多，例如主链柔性会影响液晶的稳定性，一般随主链柔性增加，液晶的转变温度降低；柔性的连接链段可以降低高分子主链对刚性液晶原的排列与取向的限制，更加有利于液晶相的形成与稳定；此外，液晶原长径比的增加可以使液晶相（区域）温度变宽，稳定性提高。

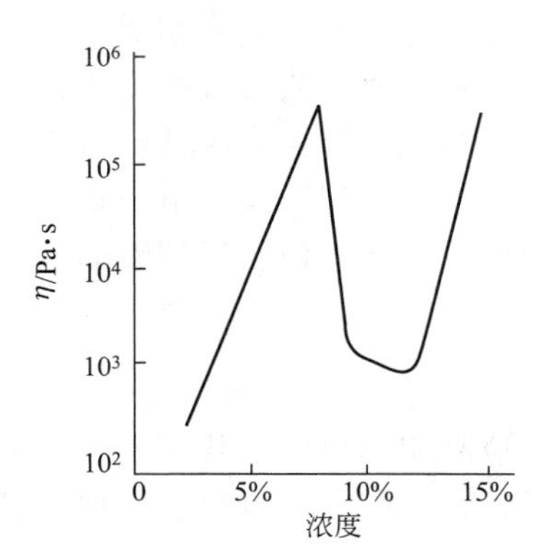


图 7-42 聚对苯二甲酰对苯二胺浓硫酸溶液的黏度-浓度曲线

高分子液晶溶液具有独特的流变性能。图 7-42 给出了聚对苯二甲酰对苯二胺浓硫酸溶液的黏度-浓度关系曲线。可以看出，这种液晶态溶液的黏度随浓度的变化规律与一般高分子溶液体系完全不同。

一般的高分子溶液体系，黏度总是随溶液浓度的增加而单调增大。但是在这个液晶溶液体系中，溶液的黏度随浓度的增加先急剧上升，出现一个极大值，然后随浓度的增加，溶液黏度反而急剧下降，出现一个极小值；最后，黏度又随浓度的增加而上升。这种复杂的黏度-浓度关系是溶液体系中结构变化的反映。当溶液浓度很低时，刚性高分子在溶液中均匀分散、无规取向，成为均匀的各向同性溶液，这时溶液的黏度-浓度关系与一般的溶液体系相同，随浓度增加，黏度迅速增大，出现一极大值。此后，溶液体系内分子开始有序排列，形成一定的有序结构，即形成了向列型液晶，使黏度急剧下降。随浓度进一步增大，溶液体系中各向异性相所占比例不断增加，使黏度持续下降，直至溶液体系全部成为均匀的各向异性相时，溶液的黏度达到最小值。在该点以后，浓度因素开始占主导地位，溶液的黏度随浓度的增加又开始上升。

### 7.10.3 高分子液晶的应用

高分子液晶与小分子液晶相比，具有高分子量和高分子化合物的特征。与普通高分子相比，又具有液晶态所特有的取向性和有序性。高分子液晶的这些特点，使它们获得了一些独特的应用。

#### 7.10.3.1 液晶显示

利用高分子液晶对电的灵敏响应特性和光学特性，可以将液晶用于显示技术方面。将透明的向列型液晶薄膜夹在两块导电玻璃之间，在施加适当电压的点上液晶薄膜迅速地失去透明性，如果把电压以图形的方式加到液晶薄膜上，就会产生相应的图像。目前，液晶显示已广泛应用于数码显示、电视屏幕、广告牌等。另外，利用胆甾型液晶的颜色对温度变化的高度敏感性，可以将它用于测温用途。

#### 7.10.3.2 液晶纺丝

向列型高分子液晶溶液具有在高浓度下的低黏度以及在低剪切速率下的高取向度的特性。如果使用这类液晶高分子进行纺丝，一方面可以解决使用通常高分子溶液纺丝时高浓度带来的高黏度问题，另一方面液晶的易取向性和高取向度保证了采用较低的牵伸倍数就可以取得满意的取向效果，从而避免了高倍牵伸时纤维产生的应力和受到的损伤。例如，由液晶纺丝工艺获得的 PPTA 纤维（又称为 Kevlar 纤维）具有极高的强度和模量，可以用来制造防弹衣和高强度缆绳。

#### 7.10.3.3　高性能材料

液晶高分子的刚性链结构使其具有高强度、高模量，因此可以使用液晶高分子制造强度要求很高的军事和宇航制品，例如航天航空器上的大型结构部件等。由于液晶材料的热膨胀系数低，适合用于光导纤维的包覆。利用其微波吸收系数小、耐热性好的特点，可用来制造微波炉具。

#### 7.10.3.4　高分子材料改性

利用液晶高分子低黏度、流动中易取向的特性，可用其对一些高分子材料进行改性。一方面增加高分子的加工流动性，同时还可以利用液晶的高强度来对高分子材料进行增强和提高耐热性。其中一项改性技术称为“原位复合”，它是将热致性液晶与热塑性高分子进行共混，就地形成微纤结构，从而大幅度地提高材料的力学性能。例如，聚碳酸酯是一种性能优异的工程塑料，但由于大分子链的刚性很大，熔体黏度相当高，加工流动性很差。如果用少量的聚酯型液晶与它进行共混改性，熔体黏度可以得到明显的降低，成型加工性能得到改善；与此同时，由于刚性的液晶大分子流动取向后以棒状的形态分散在聚碳酸酯基体中，形成了微纤结构，提高了材料的强度和耐热性。

## 7.11　高分子共混体系的聚集态结构

在生产实际中，经常可以见到将两种或两种以上的高分子共混后做成制品使用。共混物的制备方法分为两类：一类称为物理共混，包括机械共混、溶液共混和乳液共混等；另一类称为化学共混，包括接枝共聚、嵌段共聚、互穿高分子网络等。共混的目的是为了改善和提高高分子的物理性能（如机械强度、耐热性、加工流动性等），另一方面，共混后可获得纯组分没有的综合性能，使材料增加新的特性，满足一些特殊的使用要求。由于高分子共混具有这些优势，从 20 世纪 70 年代后高分子共混受到人们的重视，有关共混结构与形态的研究得到了迅速发展。许多重要的高分子材料都是通过共混方法得到的，共混已经成为开发新型高分子材料的一个重要途径。

高分子共混体系又称为多组分高分子体系，有人根据它与合金的相似性称其为高分子合金。在高子共混体系的聚集态内部，除了分子链通过分子间力相互排列堆砌之外，还存在着高分子相态之间的分散与聚集、相界面内两种高分子的相互作用，这属于高分子结构中更高层次的结构——织态结构。织态结构对高分子共混体系的性能具有决定性的影响，但是由于织态结构的复杂性，人们目前对其知之甚少。随着高分子共混体系结构与性能的关系成为高分子物理研究的一项重要内容，对高分子共混织态结构的认识和了解将会不断地加深。

### 7.11.1　共混相容性

两种不同高分子能否共混以及共混后两种组分的分散程度如何，主要取决于两种高分子共混时的相容性。根据热力学，如果两种高分子混合过程的自由能变化 $\Delta G=\Delta H-T\Delta S\leqslant 0$，则二者热力学相容；而 $\Delta G>0$，则为热力学不相容。两种高分子混合后导致混乱度增大，$\Delta S$ 大于零，但由于高分子的分子量很高，$\Delta S$ 的数值很小；另一方面，高分子的共混一般是吸热的，$\Delta H>0$。所以对于绝大多数的高分子共混体系，$\Delta G>0$，即绝大多数的高分子共混体系都属于热力学不相容共混体系，只有极少数的高分子共混体系能够形成热力学相容。

对于热力学相容共混体系，两种高分子充分混合后可以实现分子（或链段）水平的混合，即共混后形成均相体系。这种共混聚集态结构与纯组分高分子的聚集态结构相似，共混物的性能取决于共混组分的性能以及它们在共混物中的相对含量，一般表现为两种共混组分性能的简单加和。所以，热力学相容共混体系的性能介于两种共混组分的性能之间，而且随共混比例表现出连续、均匀的变化（例如密度、黏度、玻璃化转变温度、弹性模量等）。在极少情况下，有可能出现所谓的“协同效应”，即共混物的某些性能比两个共混组分的性能都好。热力学相容共混体系的一个典型实例是聚苯醚（PPO）与聚苯乙烯（PS）的共混，二者共混后形成了均相体系，共混物中聚苯乙烯组分大大地降低了 PPO 的熔体黏度和流动温度，使其加工性能得到明显的改善。

对于热力学不相容共混体系，尽管共混过程不能自发进行，但是通过升高温度和强烈的机械剪切作用仍然可以将两种高分子组分混合在一起。不过共混体系不能达到分子（或链段）水平的混合，而是形成了具有两相结构的非均相共混体系。此时共混体系的聚集态结构与两组分的力学混溶性（compatibility）有关。如果两组分力学混溶性很差，共混物中两个组分的分散状况非常差，从而会出现宏观相分离（如分层现象）。这种共混形态下材料的物理机械性能极差，几乎没有任何使用价值。如果两种组分具有较好的力学混溶性，共混物中两个组分可以形成较好的分散，相界面也具有一定的结合力，从而形成微观相分离形态。这种分散程度均匀、具有微相分离形态和共混体系通常会表现出一些突出的性能，具有较大的实用价值，成为高分子共混所希望获得的共混形态。

为了形成分散程度均匀、具有微相分离形态的共混体系，一般需要在共混时加入第三组分——相容剂。相容剂一般为具有与两种共混组分相同或相似链段的接枝或嵌段共聚物。加入相容剂是改善两共混组分之间相容性的有效途径，在工业上已有大量的成功应用。例如，在聚乙烯与聚苯乙烯的共混体系中，加入乙烯与苯乙烯的嵌段或接枝共聚物为相容剂。在尼龙与聚烯烃共混时，加入马来酸酐接枝聚烯烃，通过熔融共混过程中酸酐基团与尼龙分子链端氨基的化学作用，形成聚烯烃与尼龙的接枝共聚物，在共混体系中起到就地相容的作用。

有许多判别高分子相容性的方法，其中以共混体系的玻璃化转变温度判断相容性的方法较为通用和有效。完全相容的高分子共混体系形成了均相，所以只有一个玻璃化转变温度；对于完全不相容共混体系，由于宏观相分离结构，共混物会出现两个玻璃化转变温度，它们分别与两共混组分原有的玻璃化转变温度对应；而对于部分相容共混体系，尽管也会出现两个玻璃化转变温度，但是温度值与共混组分原有的玻璃化转变温度不同，出现相互靠拢的趋势。其变化幅度随相容性的大小而改变，相容性越好，两个 $T_g$ 越相互靠近。另外，高倍的光学显微镜和电子显微镜提供了直接观察不相容共混体系两相结构的途径。

### 7.11.2 非均相共混体系的结构形态

对于由热力学不相容的高分子 A 和 B 组成的非均相共混体系，按照紧密堆砌原理，可以得到如图 7-43 所示的非均相共混体系聚集态结构模型。

非均相共混体系中，一般含量多的组分形成连续相，含量少的组分形成分散相。开始时，含量少的 A 组分以球粒形态分散在 B 组分的连续相基体中。随着 A 组分含量逐渐增加，分散相从球状转变为棒状。当两个组分含量相近时，体系形成了层状结构，此时两个共混组分都成为连续相。随着 A 组分含量继续增加，B 组分从连续相转变为分散相。

尽管这个模型只是一种理想模式，但是它已为一些物理共混体系和嵌段共聚物的形态分析所证实。对苯乙烯与丁二烯嵌段共聚物进行的电子显微镜分析表明，随着嵌段共聚物中丁

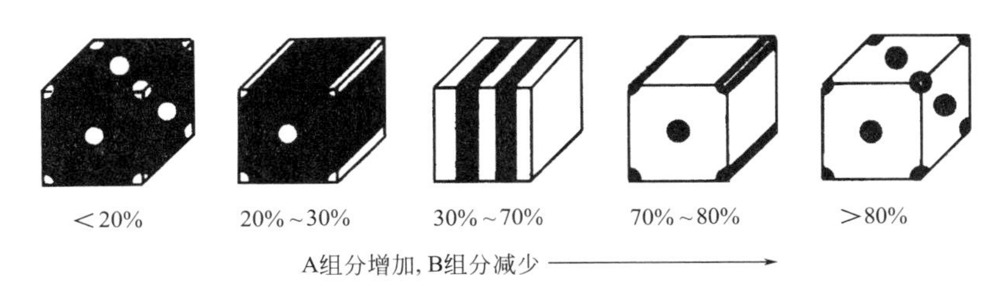


图7-43 非均相双组分高分子共混体系聚集态结构模型

二烯含量从低到高变化，聚丁二烯链段的分散形态逐渐以球状颗粒转变成小圆棒状分散，最后形成层状形态的连续相。但是必须注意，大多数实际非均相共混体系的形态结构要比该模型复杂得多，可能会出现过渡态或者几种形态同时存在。

### 7.11.3 共混形态与性能

高分子共混体系的性能强烈地依赖于共混结构形态。对于不同的共混改性目的，希望得到的共混形态是不同的。例如要改善塑料的韧性，一般需要将橡胶弹性体作为分散相对脆性的塑料基体进行增韧；如果要提高橡胶的强度和硬度，可以将少量的塑料作为分散相分散到橡胶连续相中；如果要提高塑料的阻透性能，则要将阻隔树脂以层片状形态分散在基体树脂中。因此，讨论共混形态与性能的关系需要结合具体的情况。

#### 7.11.3.1 力学性能

共混用于改进高分子的力学性能，比较典型的是使用橡胶弹性体与硬质塑料共混来提高塑料的冲击韧性——橡胶增韧塑料。共混后的形态是以塑料为连续相、橡胶为分散相的海-岛结构，相界面还形成了一定的化学或物理结合。这种共混形态在受到冲击载荷作用时，分散在塑料基体中的橡胶微粒结构可以分散和吸收大量的冲击能，使塑料的冲击强度大大提高；另外，塑料基体保持了材料原有的刚性，模量和拉伸强度不因橡胶的混入而显著下降；同时，塑料基体的玻璃化转变温度没有变化，塑料的耐热性得以维持。像这种既大幅度地提高了材料的韧性，又不过多牺牲材料的刚性和耐热性的增韧效果，只能通过塑料与橡胶共混所形成的微相分离形态才能实现。

#### 7.11.3.2 光学性能

要使非均相共混体系具有较好的透明性，必须满足下列两个条件之一：①共混组分具有相同的折射率；②分散相的尺寸小于可见光的波长。否则，光线在相界面上就会发生折射和漫反射，使共混材料失去透明性。例如，ABS塑料是由AS树脂作为连续相、丁苯橡胶作为分散相共混而成的工程塑料，AS树脂本身是透明的，丁苯橡胶也是透明的，但是由于两相的折射率不同，共混后ABS塑料成为乳白色的不透明材料。

SBS热塑性弹性体是苯乙烯与丁二烯的嵌段共聚物，由于聚丁二烯链段与聚苯乙烯链段的热力学不相容性，它也是一种非均相材料——聚丁二烯链段组成的连续相，聚苯乙烯链段形成分散相。由于相分离时聚苯乙烯微区的尺寸很小，约为10nm，远小于可见光波长，光线可以自由通过而不会发生反射和折射，所以SBS是透明的材料。

## 习　　题

1. 分子结构可以分为哪些结构层次？各结构层次包括哪些内容？它们对高分子的性能会产生什么影响？

2. 写出线型聚异戊二烯的各种可能构型。

3. 名词解释

（1）构型；（2）构象；（3）链柔性；（4）内聚能密度；（5）均方末端距；（6）均方回转半径；（7）晶型；（8）结晶度；（9）结晶形态；（10）取向；（11）半结晶时间；（12）Avrami 指数；（13）液晶；（14）相容性；（15）同质多晶现象。

4. 高分子的构型和构象有何区别？假若聚丙烯的等规度不高，能否通过旋转化学键的方式来提高其等规度？全同立构聚丙烯有无旋光性？

5. 从结构的角度出发，比较下列各组中高分子的性能差异。

（1）高密度聚乙烯与低密度聚乙烯。

（2）无规立构聚丙烯与全同立构聚丙烯。

（3）聚丙烯腈与碳纤维。

6. 高分子在晶态下的构象有几种？各举一例。高分子在非晶态和溶液中的构象状态如何？

7. 高分子链柔性是如何产生的？讨论化学结构对链柔性的影响。

8. 计算聚合度为 $10^3$ 的线型聚苯乙烯分子链的均方根末端距。

（1）假定化学键自由旋转、无规取向（即自由结合链）；

（2）假定化学键以碳-碳单键的键角作自由旋转。

9. 哪些参数可以表征高分子的链柔性？某聚 $\alpha$-烯烃的平均聚合度为 500，均方末端距为 25nm，根据 C—C 键长为 0.154nm，键角为 109.5°，试求：

（1）表征大分子链柔性的刚性因子；

（2）大分子链的统计链段长度；

（3）每个大分子链平均包含的统计链段数。

10. 可以用哪些参数来描述晶胞结构？已知全同立构聚丙烯的晶型为单斜晶系，12 个单体单元构成一个晶胞，其晶胞尺寸见表 7-5。试计算聚丙烯晶体的比容和密度。

11. 在不同条件下结晶时高分子可以形成哪些结晶形态？各种结晶形态的特征是什么？

12. 简述两种主要晶态结构模型和两种主要非晶态结构模型，这些模型之间争论的焦点是什么？

13. 测量高分子结晶度的方法有哪些？各自的原理是什么？用密度梯度管测得聚对苯二甲酸乙二酯试样的密度为 $\rho=1.40\text{g/cm}^3$，计算该试样的质量结晶度和体积结晶度。

14. 结晶对高分子的力学、光学和热性能有何影响？如何改善结晶高分子的透明性？

15. 高分子结晶的充分必要条件是什么？将下列三组高分子按结晶难易程度排列成序：

（1）PE，PP，PVC，PS（无规）；

（2）聚对苯二甲酸乙二酯，聚间苯二甲酸乙二酯，聚己二酸乙二酯；

（3）尼龙 6，尼龙 66，尼龙 1010。

16. 用示差扫描量热法研究聚对苯二甲酸乙二酯在 232.4℃下的等温结晶过程，由 DSC 曲线得到下列数据：

| 结晶时间/min | 7.6 | 11.4 | 17.4 | 21.6 | 25.6 | 27.6 | 31.6 | 35.6 | 36.6 | 38.1 |
|---|---|---|---|---|---|---|---|---|---|---|
| $f_c(t)/f_c(\infty)$ | 3.41 | 11.5 | 34.7 | 54.9 | 72.7 | 80.0 | 91.0 | 97.3 | 98.2 | 99.3 |

其中 $f_c(t)/f_c(\infty)$ 表示 $t$ 时间的结晶程度。试以 Avrami 方程求出 Avrami 指数 $n$，结晶速率常数 $K$ 和半结晶时间 $t_{1/2}$。

17. 解释结晶速度随结晶温度呈单峰形变化的原因，各给出一种测定球晶径向生长速率和测定结晶总速率的实验方法。

18. 为何对聚对苯二甲酸乙二酯进行淬火处理时得到透明材料，而对等规聚甲基丙烯酸甲酯进行同样处理时试样是不透明的？

19. 用注塑成型方法将三种热塑性塑料加工成长条状试样，试分析每种试样在厚度方向上可能的聚集态结构，并比较三者在聚集态结构上的主要差别。

| 高分子种类 | $T_g$/℃ | $T_m$/℃ | 料温/℃ | 模温/℃ |
|---|---|---|---|---|
| 聚乙烯 | −80 | 137 | 190 | 20 |
| 聚对苯二甲酸乙二酯 | 50 | 265 | 280 | 20 |
| 聚苯乙烯 | 100 | — | 190 | 20 |

20. 拉伸可以提高高分子结晶能力、加快结晶速度，它的热力学依据是什么？

21. 取向结构与结晶结构的区别是什么？如何稳定取向态结构？

22. 取向对高分子的性能有何影响？给出1～2个取向在高分子成型加工中应用的例子。解释合成纤维生产过程中为何要进行牵伸和热定型。

23. 液晶分子具有什么结构特征？高分子液晶根据制备方法可分为哪些类型？根据结构又可分为哪几种类型？高分子液晶有哪些应用？

# 第8章　高分子的分子运动、力学状态及其转变

分子运动是连接高分子微观结构与宏观性能之间关系的纽带。不同高分子之间性能的差异来自于它们在链结构和聚集态结构上的差异，而且高分子在微观结构上的差异需要通过分子运动才能在材料的宏观性能上体现出来。例如，室温下丁苯橡胶是柔软的弹性体，聚甲基丙烯酸甲酯是硬塑料，这是因为室温下丁苯橡胶主链上的链段可以运动而聚甲基丙烯酸甲酯主链上的链段不能运动。但是另一方面，高分子的分子运动方式与外界条件也有关系。例如，丁苯橡胶随温度降低可以从柔软的弹性材料转变成脆硬材料，而聚甲基丙烯酸甲酯随温度升高可以从硬塑料转变成柔软的弹性体。在这两种情况下，高分子的分子结构没有发生变化，但是因为所处的温度范围不同，分子运动的方式不同，材料所表现出来的宏观性能就大不相同。

所以，要建立高分子结构与性能之间的关系，除了需要对高分子的微观结构和宏观性能有清楚的了解外，还应该研究聚合物分子运动的规律，研究高分子在不同条件下的力学状态和相应的转变。本章将对高分子的分子运动、力学状态和转变展开讨论，同时还要简单地介绍高分子的流动行为和热性能。

## 8.1　高分子运动的特点

高分子不仅具有长链结构和多变的空间形态，而且具有强大的分子间作用力和各种复杂的聚集结构，所以高分子的分子运动与小分子化合物相比有明显的不同，存在着运动单元的多重性以及对温度和时间的依赖性。

### 8.1.1　运动单元的多重性

从分子链结构的角度来看，除了整个分子链可以运动，分子链内部的各个部分也都可以运动，例如链段、链节、侧基、支链等。按照运动单元从大到小的顺序，可以将高分子的运动方式划分为四类。

(1) 分子链整体运动　涉及分子链的平移、转动等运动方式，这种运动导致了分子链质量中心的相对位移，在宏观上表现为高分子熔体或溶液的流动，或者高分子制品的永久变形。

(2) 链段运动　在整个大分子链的质量中心不变的情况下，分子链中的部分链段通过单键的内旋转作相对于另一部分链段的运动，使得大分子链可以伸展或者卷曲。这种运动方式为高分子所独有，是高分子区别于小分子的特殊运动方式，高分子的许多独特性能都与链段运动有关。

(3) 链节、侧基和支链的运动　这种运动方式包括碳链高分子主链的曲柄运动、杂链高分子中官能团化学键的运动，以及一些侧甲基、侧苯基的运动。与链段相比，它们都属于小尺寸单元，但是这类运动对高分子性能也有影响。

(4) 晶区内的分子运动　结晶高分子晶区内的分子运动包括晶型的转变、晶片的滑移、折叠链的变形等运动方式。

运动单元的大小对运动所需的空间和能量的要求不同。运动单元越大，所需要的空间和

热运动的能量就越大；反之亦然。所以在较低的温度下，高分子主要发生小尺寸运动单元的运动，例如链节、侧基、支链等，在较高温度下，大尺寸运动单元可以发生运动。

### 8.1.2　分子运动的时间依赖性——松弛过程

小分子物质受到某种外界作用后，它的状态可以立即作出响应，而高分子由于链结构庞大，对外界作用的响应相对比较缓慢。当受到某种外界作用后（如外加力场、磁场、电场等），高分子从原来的平衡状态通过分子运动转变到与施加的外界条件相适应的新的平衡状态，需要克服内摩擦阻力，因此需要一定的时间。这种现象即为高分子的分子运动的时间依赖性。完成该过程所需要的时间称为松弛时间，而对时间有依赖性的变化过程称为松弛过程。

通过施加外力将一块橡胶试样拉长 $\Delta X$，然后除去外力，由于橡胶高分子松弛，$\Delta X$ 不能立即恢复到零。开始时形变恢复较快，然后越来越慢，形变恢复曲线如图 8-1 所示。对于该恢复过程，通过统计力学方法可以推导出

$$\Delta X(t)=\Delta X_0 \mathrm{e}^{-t/\tau} \tag{8-1}$$

式中，$\Delta X_0$ 为外力作用下橡胶长度的增量；$\Delta X(t)$ 为外力除去后 $t$ 时间橡胶长度的增量；$\tau$ 为松弛时间。

由式（8-1）可知，当 $t=\tau$ 时，$\Delta X=\Delta X_0/\mathrm{e}$，即松弛时间 $\tau$ 是橡胶由 $\Delta X(t)$ 变到 $\Delta X_0$ 的 $1/e$ 倍时所需的时间。显然，它是表征松弛过程快慢的物理量。如果 $\tau$ 趋于零，在极短的时间内形变得到恢复，由于过程进行得如此迅速，可以看做是瞬时过程，不是松弛过程。

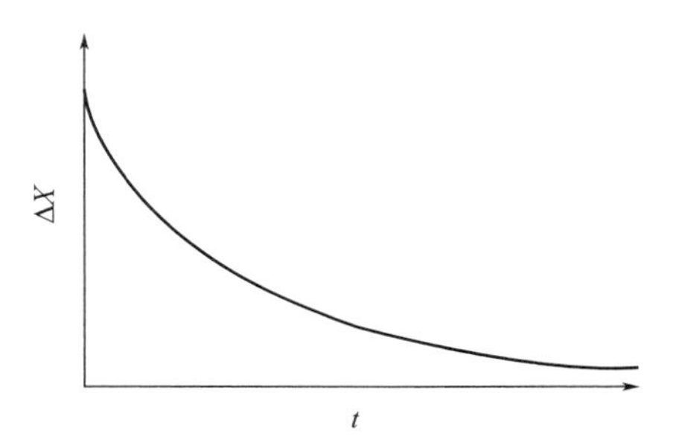

图 8-1　拉伸橡胶的恢复曲线

事实上，一个过程能否被看做是松弛过程与观察时间尺度有很大关系。例如，小分子的松弛时间 $\tau$ 一般为 $10^{-8}\sim10^{-10}$ s，如果使用通常的时间尺度（s）来观察，小分子的运动不是松弛过程，而是一个瞬时过程，因为过程在一瞬间就完成了；但是如果用 $10^{-8}\sim10^{-10}$ s 的时间尺度去观察，完成过程也需要一定的时间，小分子的运动也应该属于松弛过程。所以，判断一个过程是否为松弛过程既与松弛时间有关，也与实验观察时间尺度（或外界作用时间）有关。

① 当松弛时间 $\tau$ 远小于实验观察时间尺度（外界作用时间），过程可以看做是瞬时过程；

② 当松弛时间 $\tau$ 与实验观察时间尺度（外界作用时间）接近时，过程可以看做是松弛过程；

③ 当松弛时间 $\tau$ 远大于实验观察时间尺度（外界作用时间），则可以认为在有限的观察时间内，过程没有发生。

高分子的松弛时间一般要比小分子的松弛时间长得多，在通常的时间尺度下，高分子的分子运动可以看做是松弛过程。有人甚至认为松弛现象是高分子特有的。

### 8.1.3　分子运动的温度依赖性

要使高分子的运动单元发生运动必须具备能量和空间两个条件，温度可以为运动单元的运动提供这两项条件，温度升高后分子热运动的能量和活动的空间都增加。

不同的运动单元在开始运动时都要克服一定的位垒（活化能）。运动单元小，开始运动所需的活化能和运动空间就小；运动单元大，运动所需的活化能和运动空间也就大。在很低

的温度下只能发生分子链上原子的振动；随着温度的逐渐升高，活化能比较低的链节、侧基、支链的运动可以发生；温度进一步升高后，链段可以克服单键内旋转的位垒开始运动；最后当温度升高到整个大分子链都可以发生运动的程度时，各种运动单元的运动就都可以发生了。也就是说，随着温度由低到高，运动单元按照从小到大的顺序开始运动。

另一方面，随着温度上升，分子运动能力增大，内摩擦阻力下降，导致松弛过程加速，松弛时间 $\tau$ 减小。一般情况下，松弛时间与温度的关系符合速度过程理论（Arrhenius 公式）。

$$\tau=\tau_0\exp(\Delta E/RT) \tag{8-2}$$

式中，$\tau_0$ 是常数；$\Delta E$ 是松弛过程的活化能。式（8-2）表明，随温度的升高，松弛时间呈指数形式减小。但是，由链段运动所引起的松弛过程不符合速度过程理论，而符合一个半经验公式：

$$\ln\frac{\tau}{\tau_0}=\frac{-C_1(T-T_0)}{C_2+(T-T_0)} \tag{8-3}$$

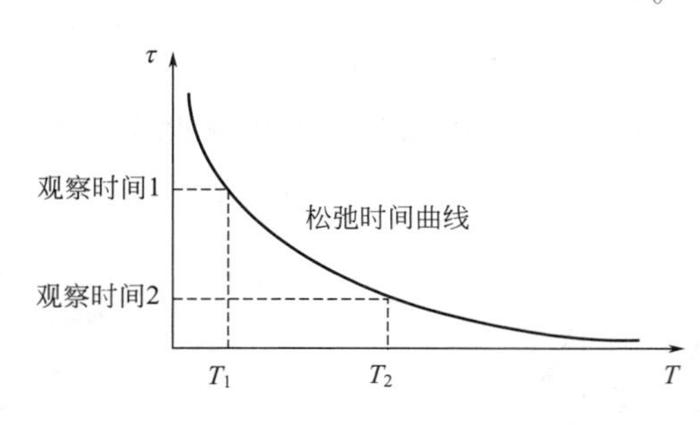

图 8-2 松弛时间与温度的关系

式中，$\tau_0$ 为某一参考温度（$T_0$）下的松弛时间；$C_1$、$C_2$ 分别为经验常数。该式是由 M. L. Williams，R. F. Landel 和 J. D. Ferry 三个人提出来的，所以称为 WLF 方程，它专门用来描述与链段运动有关的松弛过程参数与温度的关系。该式也表明，随温度升高，松弛时间 $\tau$ 减小。

松弛时间和温度的关系如图 8-2 所示。根据对分子运动的时间依赖性的讨论，若想观察到松弛过程，观察时间与松弛时间应该非常相近或至少在同一数量级。当在较低温度（$T_1$）下观察时，由于松弛时间较长，需要较长的时间（或外力作用时间）才可以观察到；通过升高温度，缩短分子运动的松弛时间，在较短的时间也可以观察到松弛过程。这就是说，升高温度和延长观察时间，对于观察同一个松弛过程来说是等效的。

## 8.2 高分子的力学状态与转变

高分子在不同温度范围所具有的不同分子运动方式，决定了其对外界作用会有不同的力学响应，即表现为不同的力学状态。通过改变温度，能够观察到高分子的不同力学状态以及它们之间的转变。

### 8.2.1 非晶态高分子的温度-形变曲线

对一个非晶高分子试样施加一个恒定的应力，然后以一定的升温速率对该试样进行加热，并且观察随温度升高试样形状和尺寸的变化，可以得到如图 8-3 所示的温度-形变曲线。

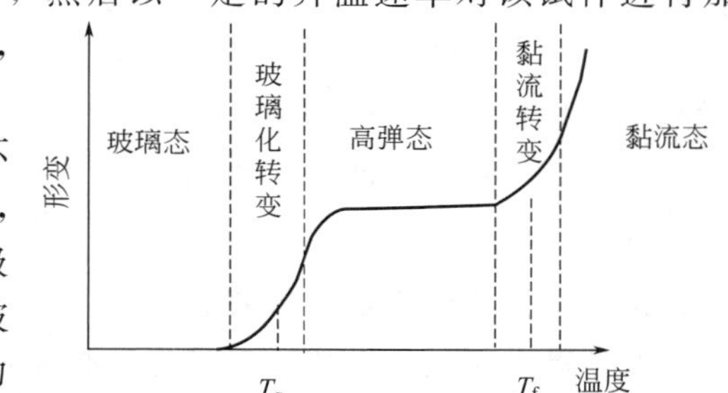

图 8-3 非晶态高分子的温度-形变曲线

根据曲线的形状可以看出，非晶态高分子在不同的温度范围呈现出三种力学状态。温度较低时，试样表现出刚性固体性能，在外力作用下只发生极小的形变，具有较高的模量。这种力学状态称为玻璃态；当温度升高至某一范围后，试样的形变能力明显增大，然后随温度的增加，形变基本保持不变，成为柔软的弹性体，这种力学状态称为高弹态；温度进一步升高后，高分子试样的形变又随之变大，试样转变为黏性流体，发生不可逆的黏性流动，该力学状态称为黏流态。玻璃态和高弹态之间的转变称为玻璃化转变，相应的转变温度称为玻璃化转变温度，用 $T_g$ 表示。高弹态向黏流态的转变称为黏流转变，相应的转变温度称为黏流温度，用 $T_f$ 表示。

从分子运动的角度，可以很好地理解为什么非晶态高分子随温度的变化会发生两种转变并出现三种不同的力学状态。当高分子所处的温度较低时，一方面分子热运动的能量很低，不足以克服链段运动的位垒，另一方面高分子内部的自由空间也很小，所以链段的运动处于被冻结的状态，只有键长、键角、侧基、链节等小尺寸运动单元能够运动。当高分子材料受到外力作用时，不可能通过改变构象去适应外力，而只能通过改变主链上的键长、键角或者通过侧基、链节的运动去适应外力，因此高分子表现出的宏观形变能力很小，而且形变量与外力大小成正比，外力一旦去除，形变立即恢复。由于此时高分子表现出的力学性质与小分子玻璃很相似，所以将高分子的这种力学状态称为玻璃态。非晶高分子处于玻璃态时所具有的重要特征是形变具有普弹性，模量很大，形变能力很小。

随着温度升高，分子热运动的能量和运动的空间都得到增加，链段运动可以发生，但是分子链的整体运动仍处于冻结状态。链段运动的发生意味着分子链的构象可以改变，当高分子受到外力作用时，高分子可以通过链段运动改变构象去适应外力。例如，高分子材料受到拉伸后，分子链可以从卷曲状态转变为与外力相适应的伸展状态，宏观上表现出很大的形变；外力去除后，分子链又会通过链段的运动恢复到原来的卷曲状态，表现出弹性收缩。由于高分子材料在该力学状态下表现出的大变形能力和良好的弹性，所以称之为高弹态。需要指出的是，在高弹态下，外力通过促使链段运动改变构象来产生形变，这比起在玻璃态通过改变键长和键角来产生形变所需的外力要小得多，而产生的形变量却大得多。因此非晶高分子处于高弹态时，其模量要比玻璃态的模量低 3～4 个数量级。另外，由于链段运动的松弛特性，无论形变产生还是形变恢复都需要一定的时间，是一种滞后的高弹形变。

温度进一步升高后，不但链段可以运动，分子链的整体运动也可以发生。此时高分子受到外力作用时，主要通过分子链之间相互滑移而产生形变，宏观上表现为沿外力方向发生黏性流动。这种形变随时间不断发展，除去外力后形变也不能恢复，所以称之为黏流态。

高分子的力学状态及其转变除了与温度有关，还与其本身的结构和分子量有关。如图 8-4 所示，当分子量很低时，链段运动就相当于整个分子链运动，此时，$T_g$ 和 $T_f$ 重合，高分子不出现高弹态。随分子量增大，高弹态出现，而且黏流温度 $T_f$ 随分子量增加而上升，导致高弹区的长度增大。如果对高分子进行适度交联，由于交联点限制了分子链之间的相对滑移，而链段仍可运动，此时只会出现高弹态而没有黏流态。

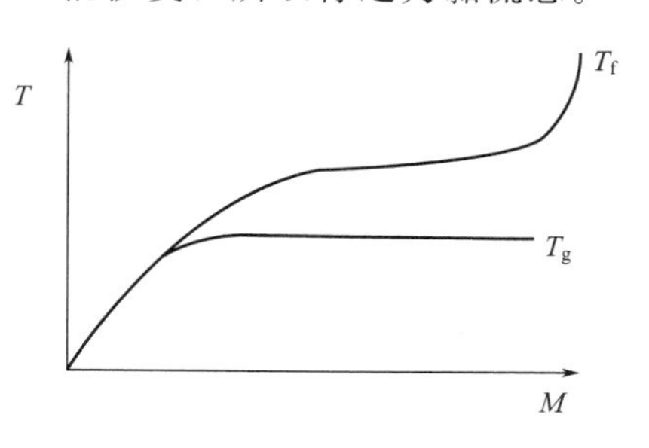

图 8-4　分子量对高分子力学状态和转变温度的影响

另外还需要说明，从热力学的角度，非晶高分子的玻璃态、高弹态和黏流态仍都属于液态。在这些力学状态下，分子链之间的排列堆砌都是无序的，它们之间的差别只是在于分子运动状态不同以及对外界的力学响应不同。因此这三种力学状态之间的转变不是热力学相转变，$T_g$ 和 $T_f$ 也不是热力学相转变温度，而是力学状态转变温度。

### 8.2.2　结晶高分子的温度-形变曲线

结晶高分子内部存在着晶区和非晶区，它们的分子运动方式以及对温度的依赖性不同，因此，结晶高分子的温度-形变曲线比较复杂，主要与结晶度大小有关。

#### 8.2.2.1 轻度结晶（$f_c<40\%$）

轻度结晶时，结晶高分子聚集态结构中非晶区是连续相，晶区是分散相，主要起物理交联点的作用。外界载荷由非晶区来承受。在这种情况下，温度-形变曲线与非晶高分子的温度-形变曲线类似，随温度改变高分子可表现出三种力学状态和两个热转变（图 8-3）。但是，当非晶区从玻璃态转变为高弹态后，由于分散在非晶区中的晶粒起到物理交联点的作用，使得高分子试样的形变量没有非晶高分子那样大（高弹平台区变低）。而且随结晶度的增加，高弹平台的高度不断减小，高分子硬度不断增大。

#### 8.2.2.2 重度结晶（$f_c>40\%$）

当结晶度大于 40%后，结晶高分子内部的晶区成为贯穿整个材料的连续相，起到承担外界载荷的作用。当温度到达非晶区的玻璃化转变温度后，尽管非晶区内链段可以运动，但是晶区内部链段的运动仍被晶格紧紧地束缚着，材料的形变很小，宏观上观察不到有明显的玻璃化转变。当温度升高到结晶熔点时，晶格被破坏，晶区消失，高分子试样才会发生明显的形变，此时曲线的变化会出现两种情况（图 8-5）：①试样分子量不太高时，非晶区的黏流温度低于结晶熔点（$T_f<T_m$），温度升高到结晶熔点以后，分子整链的运动可以发生，因此高分子直接进入黏流态；② 试样分子量较高时，$T_f>T_m$，晶区熔融后只有链段的运动，大分子链的整体运动仍然不能发生，所以，试样先进入高弹态，然后随温度的进一步升高后进入黏流态。

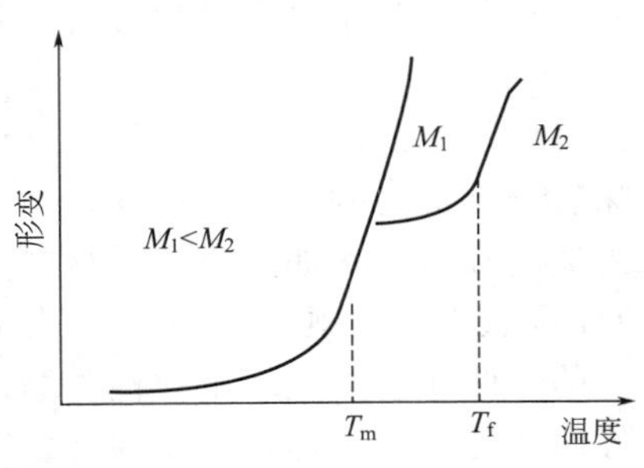

图 8-5 结晶高分子的温度-形变曲线

第二种情况的出现不利于高分子的成型加工，尤其是熔融纺丝的情况。因为，要保证高分子的良好流动性必须提高高分子的成型加工温度，这往往会引起高分子热降解等问题。同时，成型过程中出现高弹形变会造成制品尺寸精度下降等问题。所以结晶高分子的分子量不宜太高，以能够满足材料力学性能的要求为限。

## 8.3 高分子的玻璃化转变

### 8.3.1 玻璃化转变现象和玻璃化转变温度的测定

#### 8.3.1.1 玻璃化转变现象

对于非晶高分子，当高分子通过降温从高弹态转变为玻璃态，或者通过升温从玻璃态转变为高弹态的过程称之为玻璃化转变，发生玻璃化转变的温度叫玻璃化转变温度。对于结晶高分子，玻璃化转变是指其非晶部分所发生的由高弹态向玻璃态（或者玻璃态向高弹态）的转变。因此，玻璃化转变是高分子中普遍存在的现象。但是玻璃化转变现象并不局限于高分子，一些小分子化合物也存在玻璃化转变。

从分子运动的角度来看，高分子的玻璃化转变对应于链段运动的“发生”和“冻结”的临界状态。链段是分子链中独立运动的单元，它是一种统计单元，其内涵随高分子结构和外界条件而变化。已有的实验事实表明，与玻璃化转变相对应的链段运动是由 20～50 个链节（50～100 个碳原子）所组成的链段的运动。

这种链段运动的“发生”和“冻结”导致高分子的许多物理参数（比容、比热容、模量、热导率、介电常数等）在很窄的玻璃化转变温度区间发生急剧的变化。例如在玻璃化转变温度前后，高分子材料的模量会发生 3～4 个数量级的变化（图 8-6），从坚硬的固体一下变成了柔软的弹性体，完全改变了材料的使用性能。由于玻璃化转变对高分子材料的性能有如此大的影响，需要对玻璃化转变现象进行深入的研究。

### 8.3.1.2　玻璃化转变温度的测定

原则上，凡是在玻璃化转变过程中发生突变或不连续变化的物理性质都可以用来测定玻璃化转变温度。因此，有许多测定玻璃化转变温度的方法，包括依据体积或比容变化的膨胀计法、依据比热容变化的示差扫描量热法、利用力学性质变化的静态和动态力学分析法以及利用电磁效应变化的核磁共振法和介电松弛法。

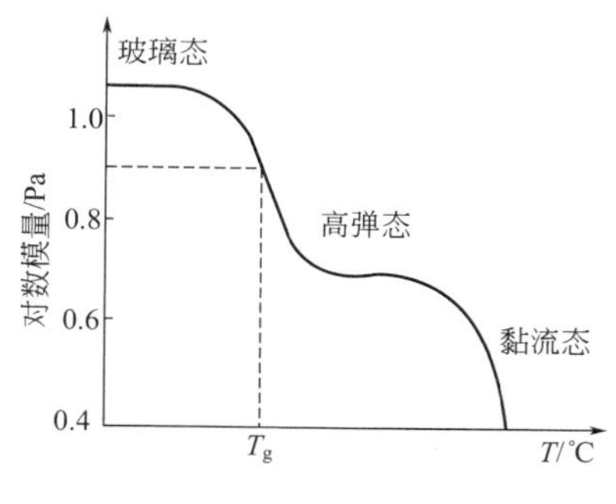


图 8-6　非晶态高分子的模量-温度曲线

（1）膨胀计方法　该方法依据高分子在玻璃态时的体积膨胀率小于高弹态时的体积膨胀率，测定高分子的比容与温度的关系。通过将比容-温度曲线发生转折时两端的直线部分外推，交点所对应的温度即为玻璃化转变温度 $T_g$。

所使用的仪器是膨胀计，实验装置如图 8-7 所示。测量时将试样装入安瓿瓶中，抽真空后将与所测高分子不相容的高沸点液体装满安瓿瓶，使液面升至毛细管的一定高度，然后在恒温油浴中以 1～2℃/min 的升温速率加热安瓿瓶，同时记录随温度升高毛细管内液面高度的变化，可得到如图 8-8 所示的比容-温度曲线。

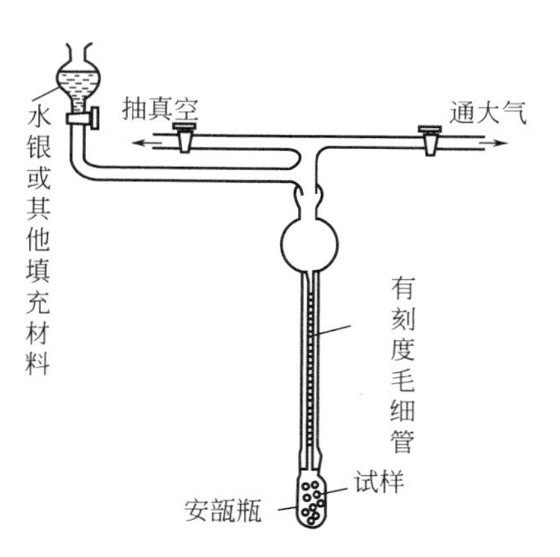


图 8-7　膨胀计法测定 $T_g$

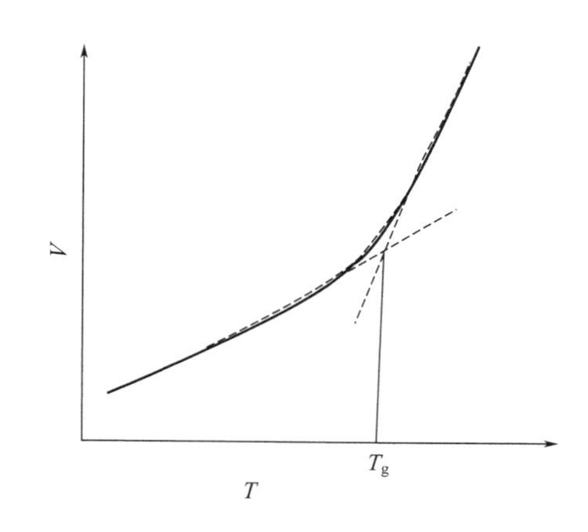


图 8-8　聚合物的比容-温度曲线

（2）差热分析或者示差扫描量热方法　高分子发生玻璃化转变时没有热效应，既不吸热也不放热，但其比热容 $C_p$ 发生了突变。因此可以使用差热分析（DTA）和示差扫描量热计（DSC）来测量高分子的玻璃化转变温度。当高分子试样在 DSC 中被加热时，其基线在发生玻璃化转变的地方由于比热容发生突变而向吸热方向偏移，从而在 DSC 基线上产生一个台阶（图 8-9）。在该曲线上作相应的切线交于一点，交点所对应的温度即为 $T_g$。

（3）静态和动态力学分析方法　高分子在发生玻璃化转变时，由于模量的突然变化，在恒应力下其形变要突然变大。给高分子试样加上一个应力载荷后再对试样进行等速升温加热，根据记录的温度-形变曲线，可以测定出 $T_g$，这就是静态力学分析方法。此外，还可以采用动态力学分析的方法来测定高分子的玻璃化转变温度，包括自由振动法（例如扭摆法和扭辫法）、强迫振动共振法（例如弹簧法）、强迫振动非共振法（例如动态黏弹谱法）。这些方法都是依据高分子的动态模量和力学损耗在玻璃态和高弹态很不相同的特点，测定高分子的动态模量或者力学损耗随温度变化的关系曲线（图 8-10），从而确定 $T_g$ 值。

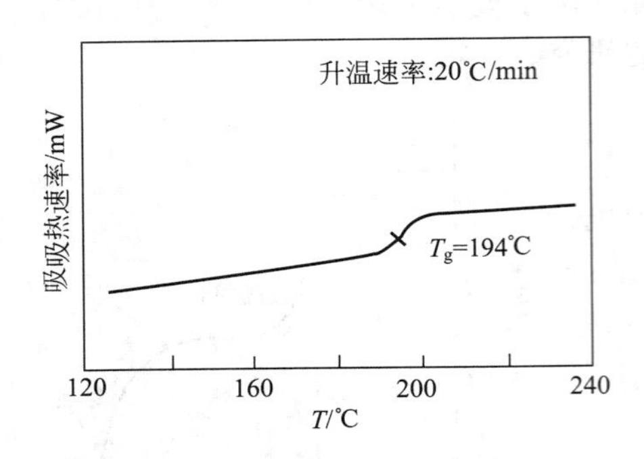


图 8-9　聚砜的 DSC 曲线

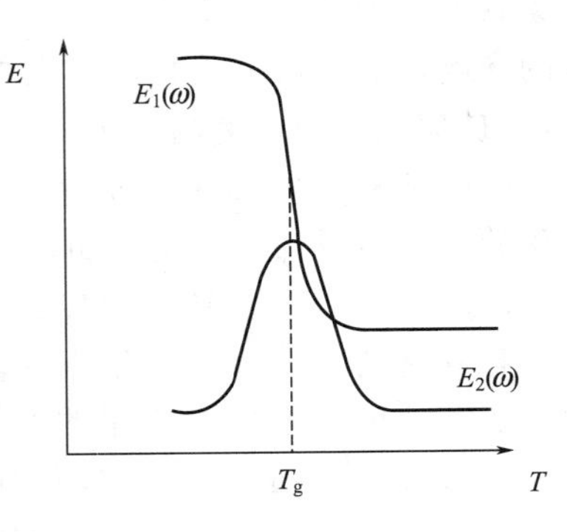


图 8-10　高分子的动态模量-温度曲线

（4）核磁共振方法　利用电磁性质的变化测定高分子玻璃化转变温度的方法有核磁共振法（NMR）。在分子运动被冻结时，分子中的各种质子处于不同的状态，因此反映质子状态的 NMR 谱线很宽；而当温度升高后，分子运动加快，质子的环境被平均化，NMR 谱线将变窄。因此，在发生玻璃化转变时，高分子试样的 NMR 谱线宽度会有很大的改变。只要以试样的 NMR 谱线宽度 $\Delta H$ 对温度作图，对应于 $\Delta H$ 急剧降低的温度即为 $T_g$（图 8-11）。

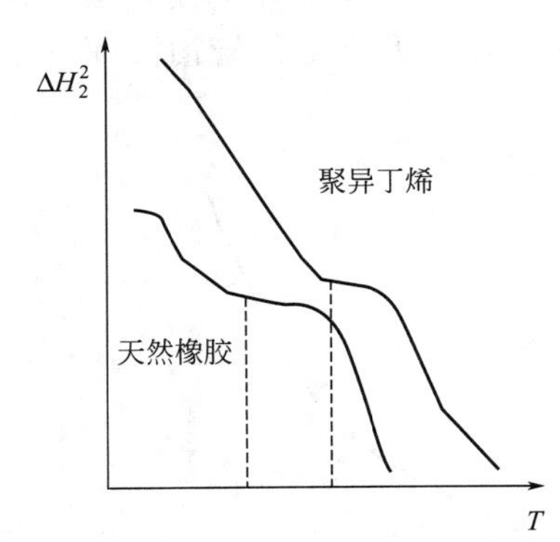


图 8-11　聚异丁烯和天然橡胶的 NMR 谱线宽度

### 8.3.2　玻璃化转变理论

至今人们已经提出了多种理论来解释玻璃化转变的本质，包括自由体积理论、热力学理论、松弛过程理论等。但是由于玻璃化转变的复杂性，目前还没有一种理论能够对玻璃化转变的本质和现象给予全面的解释。本节重点讨论较有影响的自由体积理论和热力学理论，对于其他理论也给以简单的介绍。

#### 8.3.2.1　自由体积理论

自由体积理论最初由 Fox 和 Flory 提出。他们认为高分子的体积由两部分组成，一部分为分子链本身所占据，称为占有体积；另一部分由分子链无规堆砌的缺陷和空隙形成，称为自由体积。自由体积的存在对玻璃化转变非常重要，它以大小不等的空穴分散在高分子中，为链段活动提供了空间，使得链段有可能通过转动和位移来调整构象。

对处于高弹态的高分子进行冷却时，随着温度降低，一方面分子链占有体积要减少；另一方面链段运动会调整构象，把一部分多余的自由体积排斥出去，因此自由体积也要减少。由此导致高分子的比容随温度的降低不断减少。当自由体积减少到一定值后，就没有足够的空间容纳链段运动，导致链段运动被冻结，从而发生玻璃化转变。这就是玻璃化转变的自由体积理论。

按照自由体积理论，玻璃化转变的根源来自于自由体积的减少。由于自由体积的减少导致了链段运动的冻结，进而导致了玻璃化转变的发生。因此，玻璃化转变温度是自由体积降低到某一临界值的温度，在该临界值下自由体积已经不能提供足够的空间来容纳链段运动。

链段运动的冻结也意味着自由体积的冻结，因为自由体积无法通过链段运动调整构象而排出。所以自由体积在温度降低到玻璃化转变温度时达到了最低值，而且由此固定下来，不会再随温度的下降而减少。高分子的玻璃态可以看做是等自由体积状态。但是，分子链占有体积还会随着温度的降低而减少，使得高分子的比容随温度下降继续减少，只不过减少的幅度相对于玻璃化转变温度前变小了而已。由此高分子的比容-温度曲线在玻璃化转变前后出现了明显的转折（图 8-12），转折点所对应的温度就是玻璃化转变温度 $T_g$。

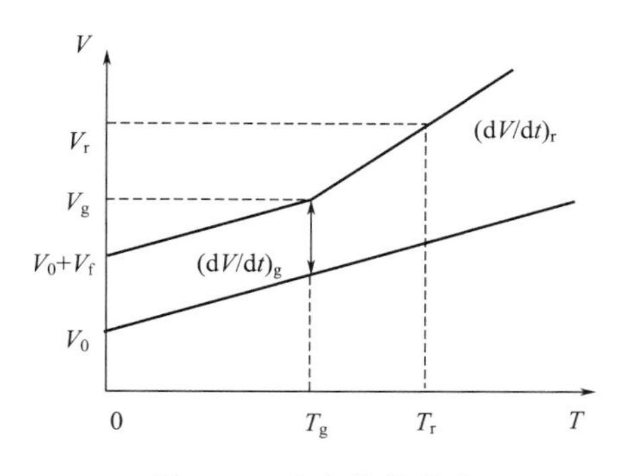

图 8-12　自由体积理论

高分子内部的自由体积究竟减小到何值时会发生玻璃化转变？我们可以根据自由体积理论进行处理，从而得到一些结论。如图 8-12 所示，定义 $V_0$ 为热力学零度时的链占有体积；$V_f$ 为玻璃态下的自由体积；$(dV/dT)_g$ 是玻璃态下高分子的体积膨胀率；$(dV/dT)_r$ 是高弹态下高分子的体积膨胀率。则热力学零度时高分子的总体积为 $V_0+V_f$。

发生玻璃化转变时高分子的总体积为：$V_g=V_p+V_f+(dV/dt)_g T_g$　　(8-4)

高弹态下高分子的总体积为：$V_r=V_g+(dV/dt)_r(T-T_g)$　　(8-5)

高弹态下高分子的体积膨胀包含了占有体积的膨胀和自由体积的膨胀，而玻璃态下高分子的体积膨胀仅有占有体积的膨胀，所以高弹态下高分子的体积膨胀率 $(dV/dT)_r$ 与玻璃态下高分子的体积膨胀率 $(dV/dT)_g$ 之差就是玻璃化转变温度以上自由体积的膨胀率。由此可以写出高弹态下的自由体积：

$$(V_f)_r=V_f+[(dV/dt)_r-(dV/dt)_g](T-T_g) \tag{8-6}$$

定义单位体积的膨胀率为膨胀系数 $\alpha$，则 $T_g$ 以上高分子的膨胀系数为 $\alpha_r=(dV/dt)_r/T_g$；$T_g$ 以下高分子的膨胀系数为 $\alpha_g=(dV/dt)_g/T_g$。那么，玻璃化转变温度附近自由体积的膨胀系数为：

$$\alpha_f=\alpha_r-\alpha_g$$

再定义自由体积与高分子总体积之比为自由体积分数，用 $f$ 表示。则 $T_g$ 以上某个温度时的自由体积分数为：

$$f_T=f_g+\alpha_f(T-T_g) \tag{8-7}$$

式中，$f_g$ 是玻璃化转变温度时高分子的自由体积分数，它就是要推导的数值。

WLF 方程是专门用来描述与链段运动相关的松弛过程的半经验方程，它给出了与链段运动相关的各种参数与温度的关系。

$$\lg\frac{\eta(T)}{\eta(T_g)}=\frac{-C_1(T-T_g)}{C_2+(T-T_g)}=\frac{-17.44(T-T_g)}{51.6+(T-T_g)} \tag{8-8}$$

另外，高分子的黏度与自由体积的关系服从 Doolittle 方程：

$$\eta=A\exp(BV_0/V_f) \tag{8-9}$$

式中，A、B 均为常数。

将式（8-9）取自然对数，在温度 $T$ 和 $T_g$ 时，可分别得到：

$$\ln\eta(T)=\ln A+BV_0(T)/V_f(T) \tag{8-10}$$

$$\ln\eta(T_g)=\ln A+BV_0(T_g)/V_f(T_g) \tag{8-11}$$

两式相减：

$$\ln\frac{\eta(T)}{\eta(T_g)}=B\left[\frac{V_0(T)}{V_f(T)}-\frac{V_0(T_g)}{V_f(T_g)}\right] \tag{8-12}$$

根据自由体积分数的定义：

$$f(T)=\frac{V_f(T)}{V_0(T)+V_f(T)}\approx\frac{V_f(T)}{V_0(T)}[\text{因为 } V_f(T)\text{ 很小}] \tag{8-13}$$

所以，式（8-12）可变为：

$$\ln\frac{\eta(T)}{\eta(T_g)}=B\left[\frac{1}{f(T)}-\frac{1}{f(T_g)}\right]=B\left(\frac{1}{f_T}-\frac{1}{f_g}\right) \tag{8-14}$$

将式（8-7）代入式（8-14），并将自然对数转变为常用对数：

$$\ln\frac{\eta(T)}{\eta(T_g)}=\frac{-B/2.303f_g(T-T_g)}{f_g/\alpha_f+(T-T_g)} \tag{8-15}$$

将 WLF 方程与式（8-15）进行比较，可有：

$$B/2.303f_g=17.44 \qquad f_g/\alpha_f=51.6$$

通常 $B$ 非常接近于 1，若取 $B=1$，则可以计算出：

$$f_g=0.025 \qquad \alpha_f=4.8\times10^{-4}\text{K}^{-1}$$

以上结果说明，按照 WLF 方程所定义的自由体积，不论何种高分子，凡是自由体积占高分子总体积的 2.5%时，高分子就要发生玻璃化转变。或者说，高分子在发生玻璃化转变时，其自由体积分数都等于 0.025。这已被多种高分子的实验结果证实。

自由体积理论简单明了，可以对玻璃化转变的许多实验现象作出合理的解释，同时也可以预测一些相关的效应，所以得到了广泛的应用。但是，自由体积理论也存在一些不足，例如它不能圆满地解释冷却速度或作用力频率变化后玻璃化转变温度改变（即自由体积分数改变）的实验事实。

#### 8.3.2.2 热力学理论

按照热力学经典理论，如果发生相转变时吉布斯自由能对温度或者压力的一阶偏导数发生不连续的变化，这个转变就是热力学一级相转变。

$$\left(\frac{\partial G_1}{\partial T}\right)_p\neq\left(\frac{\partial G_2}{\partial T}\right)_p; \qquad \left(\frac{\partial G_1}{\partial p}\right)_T\neq\left(\frac{\partial G_2}{\partial p}\right)_T$$

热力学一级相转变包括熔融、溶解、蒸发等过程。

如果吉布斯自由能对温度或者压力的二阶偏导数发生不连续的变化，这个转变属于热力学二级相转变。

$$\left(\frac{\partial^2 G_1}{\partial T^2}\right)_p\neq\left(\frac{\partial^2 G_2}{\partial T^2}\right)_p \qquad (=C_p/T) \qquad C_p\ \text{为比热容}$$

$$\left(\frac{\partial^2 G_1}{\partial p^2}\right)_T\neq\left(\frac{\partial^2 G_2}{\partial p^2}\right)_T \qquad (=-KV) \qquad K\ \text{为压缩系数}$$

$$\left[\frac{\partial}{\partial T}\left(\frac{\partial G_1}{\partial p}\right)_T\right]_p\neq\left[\frac{\partial}{\partial p}\left(\frac{\partial G_2}{\partial T}\right)_p\right]_T \qquad (=\alpha V) \qquad \alpha\ \text{为体积膨胀系数}$$

显然，在发生热力学二级相转变时，比热容 $C_p$、压缩系数 $K$ 和体积膨胀系数 $\alpha$ 都发生不连续的变化。

实验发现，高分子发生玻璃化转变时，热力学参数的变化与二级相转变过程中热力学参数的变化相同，即熵、焓和体积发生连续变化，但比热容、比容和体积膨胀系数等发生不连续变化。因此有人提出，玻璃化转变应该被看做是一个热力学二级相转变，$T_g$ 则是热力学二级转变温度。这就是玻璃化转变的热力学理论。但是有人对玻璃化转变的热力学理论提出了疑义，玻璃化转变如果是热力学二级转变，其转变温度 $T_g$ 应该仅仅取决于热力学平衡条件，而与加热（冷却）速率和测量方法无关。但实验表明，所观察到的玻璃化转变并不是热力学平衡状态。例如，将高分子从高弹态向玻璃态冷却，在温度远高于 $T_g$ 时，链段运动速度很快，使得体积收缩可以跟得上冷却速率；在温度接近玻璃化转变区域时，由于高分子的黏度变得很大，分子运动的阻力大大增加，链段运动跟不上冷却速率，导致体积收缩落后于温度变化。当膨胀系数 $\alpha$ 还未到达突变点时，比容-温度曲线就提前出现了转折。冷却速率越快，转折出现得越早，测定的 $T_g$ 就越高；而冷却速率慢，转折出现得晚，得到的 $T_g$ 就低。由于 $T_g$ 强烈地取决于加热（冷却）速率和测量条件，所以玻璃化转变并不是热力学二级相转变过程，而只是一个松弛过程。

对于高分子来说，真正的热力学二级相转变是否存在？如果存在的话，它应该出现在什么位置？

W. Kauzmann 在研究小分子液体形成玻璃态时发现，如果将它们的熵向低温外推，在温度到达热力学零度之前，熵已经变为零；外推到热力学零度时，熵变为负值。显然，这在物理上是没有意义的。J. H. Gibbs 和 E. A. DiMarzio 对构象熵随温度的变化关系进行研究后发现，在远高于热力学零度的某个温度 $T_2$ 下，高分子体系的平衡构象熵变为零，在 $T_2$ 和热力学零度之间，构象熵不再改变。他们还对构象熵随温度的变化进行了复杂的数学处理，最终证明，当温度通过 $T_2$ 时，吉布斯自由能和熵是连续变化的，内能和体积也是连续变化的，但 $C_p$ 和 $\alpha$ 发生不连续的变化，所以 $T_2$ 就是真正的热力学二级相转变温度。

对于目前观察到的玻璃化转变与热力学二级转变的不一致性，可以这样来理解。在高温时，高分子链可以实现的构象数目是很大的，每种构象具有一定的能量。随着温度的降低，高分子链发生构象重排，高能量的构象数越来越少，构象熵越来越低。当温度降至 $T_2$ 时，所有分子链都应调整到能量最低状态的某种构象。但是高分子链的构象重排需要一定的时间。随着温度降低，分子运动速度越来越慢，构象转变所需的时间也越来越长。为了保证所有的分子链都转变为最低能态的构象，实验必须进行得无限慢，这实际上是不可能的。所以，在正常的动力学条件下，观察到的只是具有松弛特征的玻璃化转变。如果能够以无限慢的速率进行实验，使构象的重排总能跟上温度的变化，就有可能观察到真正的热力学二级转变温度 $T_2$。

理论上，热力学二级转变温度 $T_2$ 可以借助于 WLF 方程求得。

取 $T_g$ 作为参考温度：

$$\lg\alpha_T=\lg\left(\frac{\tau}{\tau_g}\right)=\frac{-17.44(T-T_g)}{51.6+(T-T_g)} \tag{8-16}$$

式中，$\alpha_T$ 称为移动因子；$\tau$ 是松弛时间。根据前面的分析，当 $T=T_2$ 时，构象重排需要无限长时间，即 $\tau=\tau_2\to\infty$，或者说，必须取 $\lg\alpha_T\to\infty$。显然，为满足上述条件上，式 (8-16) 中右边的分子项维持有限值时，分母项必须为零：

$$51.6+T_2-T_g=0 \text{ 或者 } T_2=T_g-51.6 \tag{8-17}$$

式 (8-17) 表明，在一个进行得无限慢的实验中，可以在 $T_g$ 以下约 50℃的地方观察到真正的热力学二级转变温度 $T_2$。

#### 8.3.2.3 等黏态理论

等黏态理论认为，玻璃化转变是由于高分子本体的黏度增大引起的。随着温度降低，高分子本体的黏度增大，特别是在接近玻璃化转变区域时，黏度的增加幅度很大。黏度增加导致链段运动受阻，当黏度增加到使链段运动不能进行的程度时，玻璃化转变就发生了。所以等黏态理论所定义的玻璃化转变温度是使高分子的黏度增加到使链段运动不能发生的温度。

等黏态理论也是建立在一定的实验基础上的，实验发现许多高分子在发生玻璃化转变时的黏度约为 $10^{12}$ Pa·s。但是该理论的缺陷也很明显，高分子的黏度与分子量有关，随分子量增加，高分子黏度增大。因此，玻璃化转变温度也应随分子量的增加而增大。但实验发现，高分子的玻璃化转变温度在分子量达到一定值后，即与分子量无关。所以该理论比较适合于低聚物、无机玻璃。

#### 8.3.2.4 松弛过程理论

松弛过程理论将玻璃化转变看做是一个松弛过程。因此，只要当高分子链段运动的松弛时间与外界作用时间相当时，就会发生与链段运动相对应的玻璃化转变。

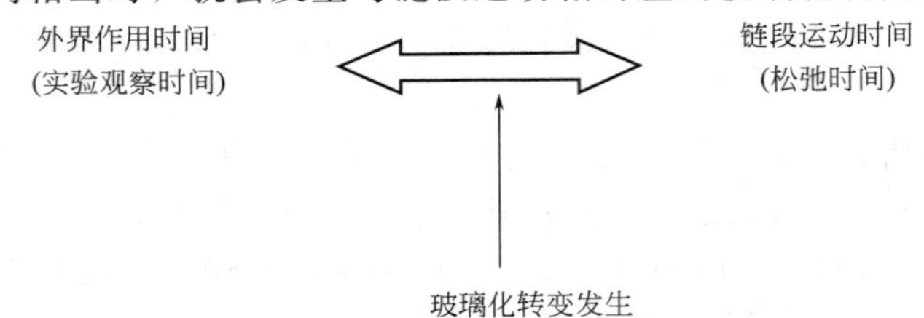


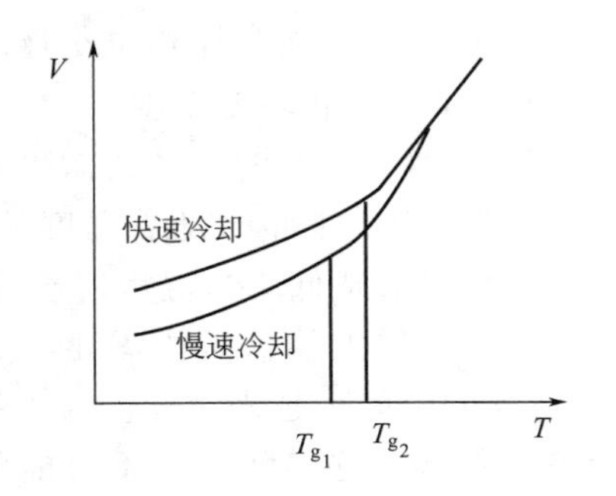


图 8-13 温度变化速率对玻璃化转变的影响

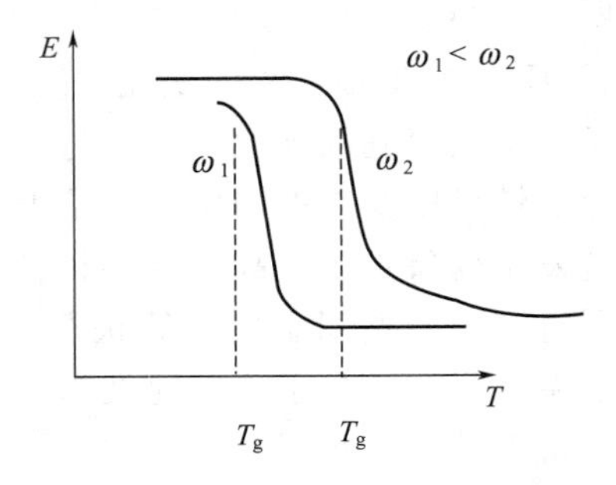


图 8-14 外力作用频率对玻璃化转变的影响

该理论可以很好地解释温度变化速率和外力作用频率与玻璃化转变的关系，图 8-13 和 8-14。按照松弛过程理论，当高分子从高弹态向玻璃态冷却时，只要冷却速率与体积收缩速率相当，就可以观察到玻璃化转变。因而较慢的冷却速率给出较低的 $T_g$，较快的冷却速率给出较高的 $T_g$。同样，当外力作用频率与链段运动时间相当时也可以观察到玻璃化转变。因而较慢的作用频率给出较低的 $T_g$，较快的作用频率给出较高的 $T_g$。

## 8.4 影响玻璃化转变温度的因素

玻璃化转变温度是决定高分子使用性能的重要参数。$T_g$ 的变化对高分子的使用性能有很大的影响。因为玻璃化转变温度是链段运动从冻结到发生的转变温度，而链段运动与分子链结构和外界条件有十分密切的联系，所以影响玻璃化转变温度的因素很多，包括化学结构、链柔性、分子间作用力、外界作用方式和大小以及实验条件等。

### 8.4.1 链结构

链结构包含主链结构、取代基和链构型。

#### 8.4.1.1 主链结构

分子链柔性是影响 $T_g$ 的最重要因素，主链柔性越好，玻璃化转变温度越低；主链刚性越大，玻璃化转变温度越高。对于主链由饱和单键组成的高分子，因为分子链可以围绕单键进行内旋转，链段的运动很容易发生，所以玻璃化转变温度都不高，而且单键的内旋转位叠越小，$T_g$ 越低。

聚二甲基硅氧烷　　$T_g = -123℃$

聚甲醛　　$T_g = -83℃$

聚乙烯　　$T_g=-68℃$

主链上含有孤立双键的高分子，虽然双键本身不能内旋转，但是由于双键两端的碳原子少了一些键合原子，使得双键两端单键的内旋转更容易发生，所以玻璃化转变温度也较低。例如，丁二烯类高分子都具有较低的玻璃化转变温度，因而可以作为橡胶使用。

顺丁橡胶　　$T_g=-95℃$
天然橡胶　　$T_g=-73℃$
丁苯橡胶　　$T_g=-61℃$

主链上具有苯杂环结构（苯基、联苯基、萘基等）的高分子，单键的内旋转受阻使分子链的刚性增加，所以 $T_g$ 都很高。

聚碳酸酯　　$T_g=150℃$
聚苯醚　　$T_g=220℃$

其实这两种高分子都是耐高温的工程塑料，类似的高分子还有聚砜、芳香聚酰胺、芳香聚酰亚胺等。依次类推，对于分子链上含有共轭双键的高分子（如聚乙炔），由于单键不能内旋转，分子链刚性极大，$T_g$ 很高。

#### 8.4.1.2　取代基

取代基对玻璃化转变温度的影响从空间位阻效应和极性效应两方面体现。从取代基的空间位阻来看，随着取代基体积增加，单键内旋转阻力增大，因此 $T_g$ 将上升。例如聚乙烯（无取代基）的 $T_g=-68℃$，聚丙烯（取代基为甲基）的 $T_g=-20℃$，聚苯乙烯（取代基为苯基）的 $T_g=100℃$。

取代基的数量对玻璃化转变温度的影响与取代基的位置有关。

(1) 不对称取代　在不对称取代的情况下，随取代基的数量增加，单键内旋转阻力增大，导致玻璃化转变温度上升。

聚苯乙烯　　$T_g=100℃$　　聚甲基苯乙烯　　$T_g=192℃$
聚丙烯酸甲酯　　$T_g=3℃$　　聚甲基丙烯酸甲酯　　$T_g=115℃$

(2) 对称取代　在对称取代的情况下，一方面分子极性会减弱，另一方面分子链排列堆砌的间距也会拉大，这将导致分子间作用力下降，从而使得内旋转位垒减小，$T_g$ 下降。

聚丙烯　　$T_g=-10℃$　　聚异丁烯　　$T_g=-70℃$
聚氯乙烯　　$T_g=87℃$　　聚偏二氯乙烯　　$T_g=-17℃$

大量的实验数据表明，对于链结构对称的高分子，其 $T_g$ 和 $T_m$ 的关系为 $T_g/T_m=1/2$；而对于链结构不对称的高分子，则有 $T_g/T_m=2/3$。

另一方面，取代基本身的柔性对分子链的内旋转以及分子间的相互作用也会产生很大的影响。当高分子链上带有柔性取代基时，取代基越大，分子间的距离就越大，这样使得分子间作用力减弱，$T_g$ 下降。也就是说，柔性取代基起到了“内增塑”作用。例如酯基是一个柔性基团，随酯基中碳原子数的增多，聚甲基丙烯酸酯的玻璃化转变温度呈下降趋势，见表 8-1。

**表 8-1　聚甲基丙烯酸酯中酯基碳原子数 $n$ 对 $T_g$ 的影响**

| n | 1 | 2 | 3 | 4 | 5 | 6 | 8 | 12 | 18 |
|---|---|---|---|---|---|---|---|---|---|
| $T_g$/℃ | 105 | 65 | 35 | 21 | 2 | −5 | −20 | −65 | −100 |

取代基极性增强，导致分子链间的相互作用力增加，内旋转阻力增大，链柔性下降。因此 $T_g$ 将会升高。一些烯烃类高分子的 $T_g$ 与取代基极性的关系见表 8-2 所示。

表 8-2 一些烯烃类高分子的 $T_g$ 与取代基极性的关系

| 高分子种类 | $T_g$/℃ | 取代基 | 取代基的偶极距/×10$^{29}$/C·m |
|---|---|---|---|
| 聚乙烯 | −68 | 无 | 0 |
| 聚丙烯 | −10(−18) | $-CH_3$ | 0 |
| 聚丙烯酸 | 106 | —COOH | 0.56 |
| 聚氯乙烯 | 87 | —Cl | 0.68 |
| 聚丙烯腈 | 104 | —CN | 1.33 |

#### 8.4.1.3 构型

构型对玻璃化转变温度的影响比较复杂，单取代的烯类高分子（如聚丙烯酸酯、聚苯乙烯等）的玻璃化转变温度几乎与它们的构型无关，而双取代的烯类高分子的玻璃化转变温度则与它们的构型有关。例如，间同立构聚甲基丙烯酸甲酯在 115℃发生玻璃转变，而全同立构聚甲基丙烯酸甲酯的玻璃化转变温度在 45℃。顺式聚 1,4-丁二烯的 $T_g$ 为−95℃，反式聚 1,4-丁二烯的 $T_g$ 为−18℃。一般来说，对于立体异构，全同立构高分子的 $T_g$ 低于相应的间同立构体；对于顺反异构，反式构型高分子的 $T_g$ 要高于顺式构型。一些常见高分子的玻璃化转变温度见表 8-3。

表 8-3 常见高分子的玻璃化转变温度

| 高分子种类 | $T_g$/℃ | 高分子种类 | $T_g$/℃ |
|---|---|---|---|
| 聚乙烯 | −68(−120) | 聚甲基丙烯酸甲酯(无规) | 105 |
| 聚丙烯(全同) | −10 | 聚甲基丙烯酸甲酯(全同) | 45(55) |
| 聚丙烯(间同) | −20 | 聚甲基丙烯酸乙酯 | 65 |
| 聚异丁烯 | −70(−73) | 聚甲基丙烯酸正丙酯 | 35 |
| 聚异戊二烯(顺式) | −73 | 聚甲基丙烯酸正丁酯 | 21 |
| 聚异戊二烯(反式) | −60 | 聚氯乙烯 | 87(81) |
| 顺式聚 1,4-丁二烯 | −108(−95) | 聚偏二氯乙烯 | −17(−19) |
| 反式聚 1,4-丁二烯 | −83(−50) | 聚氟乙烯 | 40(−20) |
| 聚 1-丁烯 | −25 | 聚偏二氟乙烯 | −40(−46) |
| 聚 1-辛烯 | −65 | 聚 1,2-二氯乙烯 | 145 |
| 聚 4-甲基-1-戊烯 | 29 | 聚氯丁二烯 | −50(−45) |
| 聚甲醛 | −83(−50) | 聚三氟氯乙烯 | 45 |
| 聚氧化乙烯 | −66(−53) | 聚四氟乙烯 | 117 |
| 聚二甲基硅氧烷 | −123 | 聚全氟丙烯 | 11 |
| 聚苯乙烯(无规) | 100 | 聚丙烯腈(间同) | 104(130) |
| 聚苯乙烯(全同) | 60 | 聚醋酸乙烯酯 | 28 |
| 聚 α-甲基苯乙烯 | 192(180) | 聚对苯二甲酸乙二酯 | 65 |
| 聚邻甲基苯乙烯 | 119(125) | 聚对苯二甲酸丁二酯 | 40 |
| 聚间甲基苯乙烯 | 72(82) | 尼龙 6 | 50 |
| 聚对氯苯乙烯 | 128 | 尼龙 10 | 42 |
| 聚丙烯酸甲酯 | 3 | 尼龙 12 | 42 |
| 聚丙烯酸乙酯 | −24 | 尼龙 66 | 57(50) |
| 聚丙烯酸 | 106(97) | 尼龙 610 | 40(44) |
| 聚丙烯酸锌 | >300 | 聚苯醚 | 220(210) |
| 聚砜 | 194 | 聚碳酸酯 | 150 |
| 聚乙烯醇 | 85 | 聚丙烯酸丁酯 | −56 |

### 8.4.2 分子量

当高分子的分子量较低时，随分子量增加，玻璃化转变温度 $T_g$ 增大。但是当分子量大于一定值后，$T_g$ 将与分子量无关，分子量与 $T_g$ 的关系可以用一个方程来表示：

$$T_g = T_{g(\infty)} - K/\overline{M}_n \tag{8-18}$$

式中，$T_{g(\infty)}$ 为分子量无穷大时的玻璃化转变温度；$K$ 为实验常数；$\overline{M}_n$ 为数均分子量。

分子量与 $T_g$ 的这种关系可以用自由体积理论来解释。大分子链末端部分比中间部分的链段受到较少的束缚，具有更大的活动能力，这部分端基的运动比链中间的链段运动贡献更多的自由体积。自由体积的增加与大分子链端基的浓度成正比。当分子量较低时，分子链端基的浓度较高，贡献的自由体积较多，因此 $T_g$ 比较低，而且随着分子量的增加，链端基所占的比例不断减少，自由体积不断下降，$T_g$ 不断升高。当分子量增加到一定程度后，链端基所占的比例已经很小，对自由体积的贡献可以忽略不计，因此 $T_g$ 开始与分子量无关。

### 8.4.3　支化、交联和结晶

支化对玻璃化转变温度的影响取决于两方面综合作用的结果：链末端数目增加导致链端活动性增加，自由体积增加，$T_g$ 下降；支化点的产生导致主链上单键内旋转受阻，$T_g$ 增大。一般来说，链末端对玻璃化转变温度的影响要大于支化点的影响，因此综合作用的结果是玻璃化转变温度随支化度增加而下降。

交联后即使链段运动受到束缚，也会导致自由体积下降。所以交联造成高分子玻璃化转变温度上升。轻度交联时 $T_g$ 变化不明显；高度交联时，由于交联点之间的链段长度小于玻璃化转变相对应的链段长度，链段运动被化学交联键冻结，高分子不会发生玻璃化转变。在适度交联情况下，交联对玻璃化转变温度的影响可以用经验公式表示：

$$T_{g_x} = T_{g_0} + K_x\rho \tag{8-19}$$

式中，$T_{g_x}$ 是交联高分子的玻璃化转变温度；$T_{g_0}$ 是未交联高分子的玻璃化转变温度；$K_x$ 为常数；$\rho$ 是交联密度。

结晶高分子的玻璃化转变温度是指结晶高分子中非晶区的 $T_g$，晶区并不存在玻璃化转变。但是，晶区的存在限制了与其邻近的非晶区部分的链段运动，降低了非晶区域的构象熵，因此提高了非晶区的玻璃化转变温度。此外还应该注意，结晶高分子有时可能会出现两个 $T_g$，其中一个与结晶度有关。这是因为在与晶区较远的非晶区，其链段的运动不受晶区的影响，形成了一个不变的 $T_g$；而在与晶区相邻的非晶区，链段的运动受到晶区的限制，形成了较高的 $T_g$，而且这个 $T_g$ 随结晶度增大而不断升高。

### 8.4.4　共聚

共聚对玻璃化转变温度的影响取决于共聚物的组成和结构。对无规共聚物来说，两种单体单元在分子链上是无规排列的，而且它们的序列长度都很短，不能形成各自的链段，所以高分子只出现一个 $T_g$。这个玻璃化转变温度与两种单体单元均聚物的玻璃化转变温度以及它们在共聚物中的相对含量有关。具体数值可通过 Gordon-Taylor 方程求得：

$$T_g = \frac{T_{g_A} + (KT_{g_B} - T_{g_A})W_B}{1+(K-1)W_B} \tag{8-20}$$

式中，$T_{g_A}$、$T_{g_B}$ 分别是 A、B 两种单体单元均聚物的玻璃化转变温度；$W_A$ 和 $W_B$ 分别是共聚物中两种单体单元的质量分数；$X_A$ 和 $X_B$ 分别是共聚物中两组分的摩尔分数。

对式（8-20）进行简化后可以得到另外几种玻璃化转变温度与共聚组成的关系：

$$T_g = T_{g_A}X_A + T_{g_B}X_B \tag{8-21}$$

或者：

$$1/T_g = W_A/T_{g_A} + W_B/T_{g_B} \tag{8-22}$$

式（8-22）又称为 Fox 方程。

对于交替共聚物，如果将两种单体单元的组合（AB）看做是分子链的重复单元，交替共聚物就可以看做是一种均聚物，因此交替共聚物也只存在一个玻璃化转变温度。但是交替

共聚物的 $T_g$ 与两共聚单体的均聚物的 $T_g$ 之间会有很大差别。

对于接枝和嵌段共聚物来说，共聚物分子链上存在两种不同的链段。到底它们具有一个 $T_g$ 还是两个 $T_g$，取决于这两种链段的相容性。如果两种组分可以达到完全的热力学相容（链段水平的混合），共聚物只会出现一个 $T_g$，其数值遵从 Gordon-Taylor 公式；而如果两组分不能相容，两种链段就各自作独立运动，从而表现出两个 $T_g$（例如 SBS）。这两个 $T_g$ 通常接近于两组分各自均聚物的 $T_g$ 温度。

### 8.4.5 共混

高分子共混后玻璃化转变温度的变化与接枝或嵌段共聚物的情况类似，如果两种共混组分是热力学相容的，共混后形成的是均相体系，那么共混物只有一个玻璃化转变温度，其数值可以通过 Gordon-Taylor 公式或者 Fox 公式来估算。但是绝大多数的共混体系都属于热力学不相容体系，共混物呈非均相体系，所以就会出现两个 $T_g$，对应于各自的纯组分高分子。如果它们之间具有一定的相容性，两个 $T_g$ 会相互靠近，相容性越好，$T_g$ 会越靠近，直至完全相容时，两个 $T_g$ 就会合并成为一个 $T_g$。

### 8.4.6 分子间作用力

分子链之间的相互作用通常会降低链的运动能力，因此分子间作用力越大，玻璃化转变温度越高。显然，高分子链之间如果能够形成氢键或者离子键，其 $T_g$ 将会得到显著的提高。例如：

| | | |
|---|---|---|
| 聚辛二酸丁二酯 | 分子链间没有氢键 | $T_g=-50℃$ |
| 聚己二酰己二胺 | 分子链间形成了氢键 | $T_g=57℃$ |
| 聚丙烯酸 | 分子链间有氢键但没有离子键 | $T_g=106℃$ |
| 聚丙烯酸钠盐 | 分子链间有强烈的离子键 | $T_g=280℃$ |

### 8.4.7 外界条件

这里所指的外界条件包括外力作用方式及大小、作用频率、温度变化速率。

#### 8.4.7.1 外界作用方式

不同的外界作用方式对高分子的 $T_g$ 会施加不同的影响。当高分子受到张应力（拉伸力）作用时，外力的作用促使链段沿张力方向运动，从而使 $T_g$ 降低。外力越大，$T_g$ 降低得越多。但如果高分子受到压力作用时，压力的增大意味着自由体积的减少，只有升高温度，链段的运动才可能发生。所以随压力的增大，高分子的 $T_g$ 将上升。许多高分子的 $T_g$ 随其周围流体静压力的增加而线性上升，例如硫化橡胶在常压下的玻璃化转变温度为 $-36℃$，当压力增加到 80MPa 时，$T_g$ 升高到 45℃。由于这个原因，将高分子材料在一些高压环境下使用时，应该考虑到压力对 $T_g$ 的影响。

#### 8.4.7.2 温度变化速率

由于玻璃化转变是松弛过程，不是热力学平衡过程。所以随着升温（或降温）速率的变化，测得的 $T_g$ 也在变化。温度变化速率快，测得的 $T_g$ 值高；温度变化速率慢，测得的 $T_g$ 值低。这种现象已经从“松弛过程理论”得到圆满解释。即玻璃化转变温度是链段运动的松弛时间与实验的观察时间相当时的温度，当快速冷却时，观察时间变短，因此，在较高的温度下链段运动的松弛时间与观察时间一致，测得的 $T_g$ 就高；慢速冷却条件下，观察时间变长，因此，冷却到更低温度时链段运动的松弛时间与观察时间一致，测得的 $T_g$ 就低。一般而言，温度变化速率提高 10 倍，测得的 $T_g$ 约上升 3℃。

#### 8.4.7.3 外力作用频率

从力学松弛的角度上讲，只有当链段运动的松弛时间与外力作用时间相当时，才会发生玻璃化转变，玻璃化转变温度 $T_g$ 实际上可以看做是链段运动的松弛时间与外力作用的时间（或者实验观察时间）相当时的温度。如果外力作用的频率比较快，这意味着只有当链段运动的松弛时间短时才会发生玻璃化转变，也就是说，只有在较高的温度下才会发生玻璃化转变，测得的 $T_g$ 就高。反之，如果外力作用的频率较慢，在较低的温度下链段运动的松弛时间才会与外力作用频率相当，测得的 $T_g$ 就低。表 8-4 给出了几种作用频率对聚氯醚玻璃化转变温度的影响。

**表 8-4　聚氯醚的玻璃化转变温度**

| 测定方法 | 介电松弛 | 动态力学 | 慢拉伸 | 膨胀计法 |
|---|---|---|---|---|
| 频率/Hz | 1000 | 89 | 3 | $10^{-2}$ |
| $T_g$/℃ | 32 | 25 | 15 | 7 |

如果以 $t$ 和 $t_s$ 分别表示不同的外力作用时间，$T_g$ 和 $T_{g_s}$ 分别表示与 $t$ 和 $t_s$ 相对应的玻璃化转变温度，它们之间的关系应该符合 WLF 方程：

$$\lg \frac{t}{t_s}=\frac{-C_1(T-T_{g_s})}{C_2+(T_g-T_{g_s})} \tag{8-23}$$

从该式可以解出：

$$T_g=T_{g_s}+\frac{C_2\lg(t_s/t)}{C_1-\lg(t_s/t)} \tag{8-24}$$

通过式 (8-24)，可以将不同外力作用频率下测得的 $T_g$ 进行换算。

讨论外界条件对玻璃化转变影响的目的在于提醒我们，在选择材料时不仅要考虑材料的静态性能，还要考虑到外界条件和环境对材料性能的影响。在一些特殊情况下，材料有可能丧失原有的性能，影响使用效果。

### 8.4.8　调节玻璃化转变温度的方法

在高分子改性和应用中，经常需要控制或改变材料的玻璃化转变温度，使其能够满足使用性能的要求。通过对玻璃化转变现象以及玻璃化转变温度影响因素的讨论，可以选择适当的方法来有效地控制高分子的玻璃化转变温度。

#### 8.4.8.1　增塑

在高分子中加入增塑剂的主要目的是为了降低高分子的 $T_g$ 温度和加工温度，因为加入增塑剂后可以使分子链之间的相互作用力减弱。例如 PVC 纯组分的 $T_g$ 为 87℃，室温下是硬质塑料。加入 45%左右的邻苯二甲酸二丁酯后，$T_g$ 降低至－30℃，在室温下表现出一定的弹性，成为软质塑料。目前在塑料生产中大量加入增塑剂的主要是 PVC 制品，增塑剂的种类包括邻苯二甲酸二丁酯、二辛酯、磷酸三苯酯、环氧大豆油等。对增塑后的高分子体系，其玻璃化转变温度可以由下式估算：

$$T_g=T_{g_p}\Phi_p+T_{g_d}\Phi_d \tag{8-25}$$

或者

$$1/T_g=W_p/T_{g_p}+W_d/T_{g_d} \tag{8-26}$$

式中，$T_{g_p}$、$T_{g_d}$ 分别是纯高分子和增塑剂的玻璃化转变温度；$\Phi_p$、$\Phi_d$ 分别是高分子和增塑剂的体积分数；$W_p$、$W_d$ 分别是高分子和增塑剂的质量分数。但是如果要较准确地计算 $T_g$，最好采用由自由体积理论推导出来 Gordon-Taylor 方程。

#### 8.4.8.2　共聚

小分子增塑剂只能降低高分子的 $T_g$，而采用共聚的方法则既可以降低也可以升高高分子的 $T_g$。当然，这取决于所选择的共聚单体种类和用量。

如果要降低高分子的 $T_g$，可选择一种具有较低 $T_g$ 的组分与其进行无规共聚，并且通过调节共聚组分的配比来控制 $T_g$ 的下降幅度。这种方法一般用来改善高分子的加工性能和柔韧性。如果要提高高分子的 $T_g$，可选择具有较高 $T_g$ 的组分与其进行共聚。该方法用于增加高分子的刚性、机械强度和耐热性。

其他一些调节高分子玻璃化转变温度的方法包括交联、共混、改变分子量等。

## 8.5　玻璃化转变温度下的次级转变

高分子的分子运动具有运动单元多重性的特征，运动单元的运动方式与温度有着密切的联系。在较高温度下，包括大分子链在内的各种运动单元都可以发生运动，而在玻璃化转变温度以下，大分子链以及链段的运动都被冻结，但是仍有一些小尺寸的运动单元可以运动，例如侧基、链节、支链的运动。这是因为小尺寸运动单元的运动所需的活化能比较低，在较低的温度下照样可以发生。可以设想，进一步降低温度，这些小尺寸运动单元也会发生由运动状态到冻结状态的转变过程。这些过程同样属于松弛过程，通常将它们称为高分子玻璃化转变温度下的“次级转变”。

仔细研究高分子的动态力学曲线，可以发现，许多高分子当温度从低温到高温连续改变时，除了在玻璃化转变区域和黏流转变区域发生模量的下跌外，在低于玻璃化转变温度的区域还存在几个模量发生细小下跌的地方，而且还对应出现了内耗峰。这些就是在玻璃化转变温度以下出现次级松弛转变的证明。

玻璃化转变对应于链段的运动，一般称之为 $\alpha$ 转变，而在玻璃化转变温度以下由于小尺寸运动单元的运动所导致的转变统称为次级转变，按照温度由高到低变化时这些次级转变发生的先后顺序，依次称之为 $\beta$ 转变、$\gamma$ 转变、$\delta$ 转变等。但是，这种标记只是为了方便起见，并不涉及转变的本质。实际上，某个次级转变有什么样的机理，与什么类型的运动单元和运动方式相对应，取决于具体的高分子链结构。换言之，某种高分子的 $\beta$ 转变可能与另一种高分子的 $\beta$ 转变有完全不同的机理，不指明什么类型的高分子，光谈 $\beta$ 转变或者 $\gamma$ 转变是没有意义的。

次级转变所涉及的分子运动机理一般包括以下几类。

（1）侧基的旋转和构象转变　例如主链所带的侧甲基、侧苯基、侧酯基等都可以发生内旋转，导致高分子发生次级转变。

（2）主链中杂原子基团的运动　分子主链中的酯键、酰胺键等杂原子链节在较低的温度下可以发生运动，激发次级转变。

（3）主链的碳-碳链节以主链为轴的转动　高分子主链上有许多亚甲基，当多个亚甲基排列成曲轴形状时，两端的单键位于同一条直线上，中间的 4～6 个亚甲基能够以该直线为轴转动而不扰动链上的其他原子（图 8-15）。这种运动又称为“曲轴运动”，曲轴运动的活化能很低，可以在较低的温度下发生。

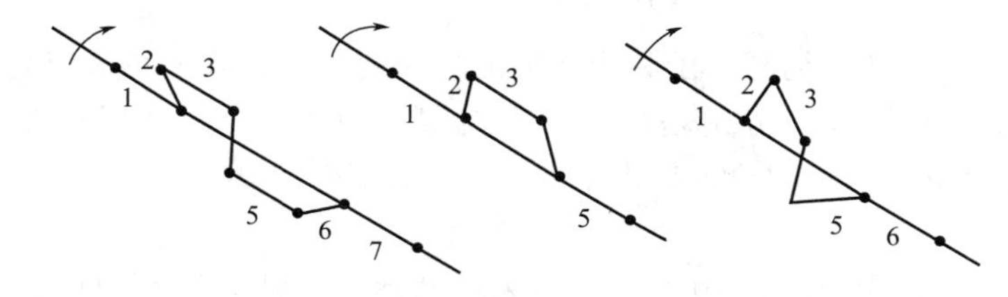


图 8-15　曲轴运动

聚乙烯是一种结晶高分子，其动态力学曲线具有 3 个转变，即在 100～120℃的 $\alpha$ 转变，在－20℃的 $\beta$ 转变和在－140～－110℃的 $\gamma$ 转变。其 $\alpha$ 转变与结晶有关，是由聚乙烯晶片中折叠链重排或链节运动所形成；$\beta$ 转变对应于非晶区的松弛，有人认为它就是支化聚乙烯或交联聚乙烯的玻璃化转变温度，但是最近有人提出，由于半结晶高分子的玻璃化转变温度是双重的，它应该属于强烈依赖于结晶度的较高的玻璃化转变温度；聚乙烯的 $\gamma$ 转变则对应于非晶区和晶区缺陷中链节的曲轴运动。

无规立构聚甲基丙烯酸甲酯的玻璃化转变温度为 105℃，对应于链段运动，侧酯基在 10～20℃的运动导致了 $\beta$ 转变的发生；而在－173℃出现的力学损耗峰则归因于 $\alpha$ 甲基的转动，称其为 $\gamma$ 转变。另外，在极低的温度（－269℃）下 PMMA 还存在一个 $\delta$ 转变，它是由于酯基中甲基的转动造成的。

无规聚苯乙烯是非晶态高分子，其玻璃化转变温度约在 100℃，此时材料模量有明显的下降。聚苯乙烯的 $\beta$ 转变发生在 53℃左右，它是由侧苯基的转动所引起的。由链节的曲轴运动所引起的 $\gamma$ 转变在聚苯乙烯中不容易发现，只有在聚合过程形成“头-头”和“尾-尾”连接结构的聚苯乙烯，才能在－143℃发现 $\gamma$ 转变。

尽管次级转变对应于小尺寸运动单元的运动，通过这些运动方式也可以对外界作用做出响应，所以伴随着次级转变的发生，高分子的某些性质会发生相应的变化。已经发现，次级转变对材料的力学性能有重要影响，低温下存在的次级转变越多，高分子材料在低温下的韧性就越好，如果高分子没有低温次级转变，它的韧性很差。例如，聚碳酸酯的 $\alpha$ 转变（玻璃化转变）发生在 149℃，在－50℃出现一个与分子主链上亚苯基碳酸酯的运动相对应的 $\beta$ 转变，在－100℃则有一个与碳酸酯基团的运动相对应的 $\gamma$ 转变，另外在－150℃还出现了与甲基运动相对应的 $\gamma$ 转变；所以聚碳酸酯在低温下的韧性非常好。而对聚苯乙烯来说，在玻璃化转变温度（100℃）以下只有一个与侧苯基运动相对应的 $\beta$ 转变（53℃），所以聚苯乙烯的低温韧性很差，即使在常温下也非常脆。

## 8.6　结晶高分子的熔融转变

结晶高分子由于其结晶的不完善性，通常包含晶区和非晶区两部分，非晶区的主转变为玻璃化转变，而晶区的主转变则是结晶熔融成为液态。熔融过程中，体系的自由能对温度和压力 $p$ 的一阶导数（即体积和熵）发生了不连续变化，因此结晶高分子的熔融转变属于热力学一级相转变。不同结晶高分子的熔融转变与分子链的柔性、分子链间的相互作用有关。

### 8.6.1　结晶熔融过程与熔点

以一定的升温速率对结晶高分子试样进行加热，到达一定的温度后试样开始熔融，最终全部转变为无定形的高分子熔体。在这个过程中，以高分子的比容（或比热容）对温度作图，即得到如图 8-16 所示的高分子结晶熔融曲线，图中也给出了小分子结晶物质的熔融曲线作为对比。

比较这两条熔融曲线可以发现，无论是结晶高分子还是小分子晶体，在熔融过程中比容、比热容等热力学参数都发生了突变，表现出一级相转变的特征。但是，差别也很明显：小分子晶体的熔融发生在很窄的温度区间，熔融过程中试样的温度几乎保持不变，存在一个固定的熔点。结晶高分子熔融时则发生在较宽的温度范围，在这个温度范围内发生边熔融边升温的现象。通常把结晶高分子完全熔融时所对应的温度作为它的熔点 $T_m$，从开始熔融到熔融完成的温度范围称为熔限。

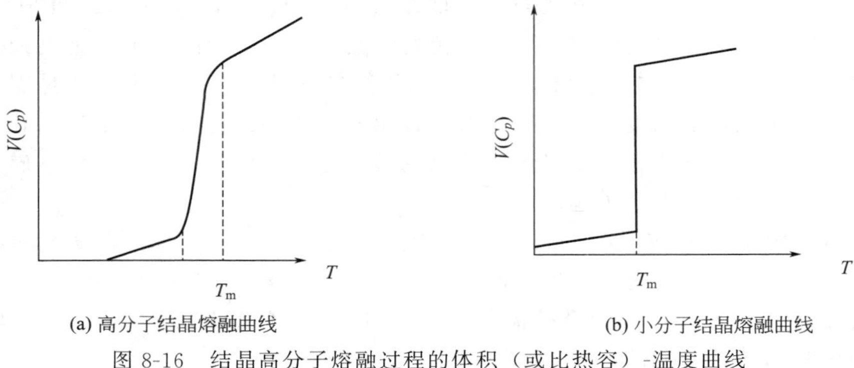

(a) 高分子结晶熔融曲线　　(b) 小分子结晶熔融曲线

图 8-16　结晶高分子熔融过程的体积（或比热容）-温度曲线

结晶高分子的熔融过程出现边熔融边升温的现象主要与结晶高分子具有大小和完善程度不同的晶粒有关。在高分子结晶过程中，随着温度降低，熔体黏度迅速增大，有些分子链还来不及做充分的位置调整以达到最稳定的状态就被冻结下来，使得高分子内部的结晶停留在不同的阶段，形成了结晶完善程度不同的结构。这种结晶完善程度不同有两种含义：①晶粒的大小不同；②晶区内部分子链的有序排列程度不同。结晶熔融过程是分子链排列的有序化向无序化转变的过程，随着温度升高，结晶不完善的晶粒由于稳定性差，在较低的温度下就会熔融，而比较完善的晶粒则要在较高的温度下才会熔融。所以在通常的升温速率下，结晶高分子不可能同时熔融，只会出现边熔融边升温的现象和一个较宽的熔限。

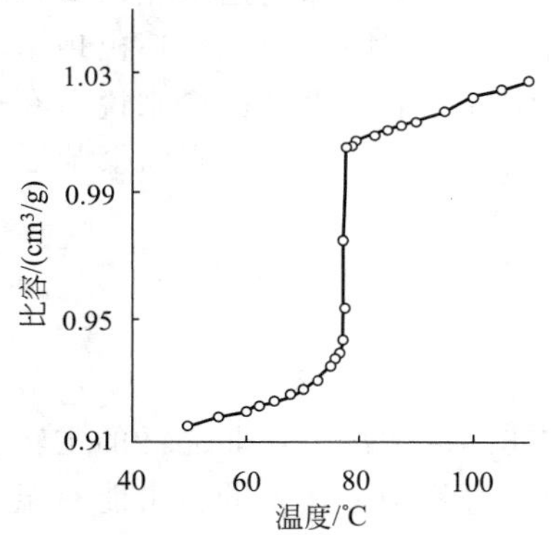

图 8-17　缓慢升温条件下聚己二酸癸二酯的比容-温度曲线

如果采用非常缓慢的升温速度对结晶高分子试样进行加热，允许结晶不完善的晶粒熔融后还有充分的时间再结晶，形成更加完善的稳定结晶结构。那么，随着缓慢升温过程的进行，不完善的晶体结构不断地向较为完善的晶体结构转变。最后，所有较完善的晶体都在较高的温度和较窄的范围内熔融。结晶高分子的熔融曲线（$V$-$T$ 曲线）也会表现出与小分子晶体熔融时一样的急剧变化和明显转折（图 8-17）。

结晶熔融时发生不连续变化的各种物理性质都可以用来测定结晶高分子的熔点。这些物理性质包括比容、比热容、折射率、热焓、双折射效应等。因此，除了观察熔融过程中比容随温度变化的膨胀计外，还可以使用 DSC 记录高分子结晶熔融过程的热焓与温度的关系，由吸热峰温度得到结晶熔点；使用偏光显微镜根据结晶熔融时双折射现象的消失得到熔点；或者由 X 射线衍射法根据晶区衍射峰消失测定结晶高分子的熔点。

以上方法测得的熔点并不是高分子的平衡熔点。从热力学的观点，在结晶熔融时晶相和非晶相达到热力学平衡，自由能变化 $\Delta G=0$，因此，高分子的平衡熔点应为：

$$T_{\mathrm{m}}^{0}=\frac{\Delta H}{\Delta S} \tag{8-27}$$

但是，由于高分子结晶时难以达到热力学平衡，结晶熔融时也难以达到两相平衡，所以平衡熔点无法通过实验直接测得，只能通过外推法得到。具体方法为：先选择不同的结晶温度（$T_{\mathrm{c}}$），将结晶高分子从熔体急冷到这些结晶温度下进行结晶，从而得到一系列在不同的结晶温度（$T_{\mathrm{c}}$）下具有不同熔点（$T_{\mathrm{m}}$）的结晶试样。然后，再将这些试样在一定的升温速度下按上面所述方法测定熔点，以 $T_{\mathrm{m}}$ 对 $T_{\mathrm{c}}$ 作图，可得一直线，将此直线向 $T_{\mathrm{m}}=T_{\mathrm{c}}$ 直线外推，即可得到所求试样的平衡熔点 $T_m^0$，见图 8-18。

### 8.6.2　结晶温度对熔点的影响

在较低的温度下结晶时，由于高分子黏度比较大，而且分子热运动的能量又比较小，链段向晶体表面迁移扩散、调整构象进行规整有序排列受到限制，造成了结晶度偏低，结晶不完善程度加重，导致熔点较低而熔限变宽。在较高温度下结晶时，链段运动能力增强，容易向晶体表面扩散并进行有序排列，形成的结晶结构比较规整，结晶度较高，完善程度较好，因此表现出较高的熔点和较窄的熔限。图 8-19 所示为天然橡胶的结晶温度与熔限的关系。

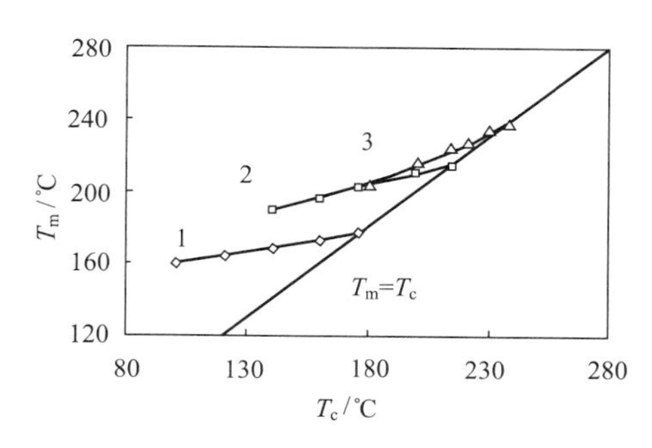


图 8-18　三种高分子的熔点与结晶温度的关系
1—等规聚丙烯；2—聚三氟氯乙烯；3—尼龙 6

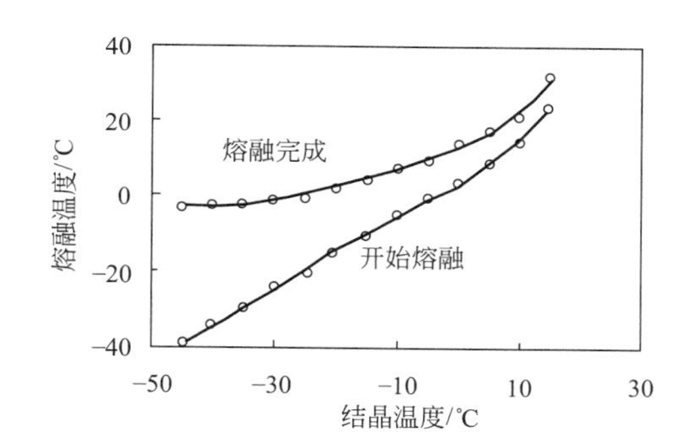


图 8-19　天然橡胶的结晶温度与熔限的关系

利用结晶温度对结晶的影响，可以在成型加工过程中对结晶高分子进行热处理，调节或控制高分子的结晶形态，使其能够满足不同的性能要求。热处理方法包括退火和淬火。

（1）退火　将高分子制品在较高温度下进行热处理，使结晶进一步完善，晶粒增大，因而使制品的结晶度增加，熔点升高。

（2）淬火　将高分子制品迅速地冷却至低温，避开快速结晶区域，从而降低结晶度和结晶熔点。

### 8.6.3　晶片厚度与熔点的关系

晶片厚度主要受结晶条件的影响，如果高分子结晶完善程度比较高，晶片厚度增大，结晶熔点会相应提高；结晶不完善会导致晶片厚度变小，结晶熔点降低。表 8-5 给出了一组聚乙烯的晶片厚度与熔点的关系。

**表 8-5　聚乙烯的晶片厚度与熔点的关系**

| $L$/nm | 28.2 | 29.2 | 30.9 | 32.3 | 33.9 | 35.1 | 36.5 | 39.8 | 44.3 | 48.3 |
|---|---|---|---|---|---|---|---|---|---|---|
| $T_m$/℃ | 131.5 | 131.9 | 132.2 | 132.7 | 134.1 | 134.4 | 134.3 | 135.5 | 136.5 | 136.7 |

晶片厚度与熔点的这种关系与晶片的表面能有关。因为晶片表面主要由不规则折叠部分组成，它们使晶片的表面能增大，结晶稳定性变差。如果晶片较小，单位体积内结晶物质的表面能就较高，稳定性下降，结晶容易被破坏，结晶熔点降低。

J. I. Lauritzen 和 J. D. Hoffman 已经推导出了熔点和晶片厚度的定量关系。

$$T_m = T_m^0\left(1-\frac{2\sigma_e}{L\Delta h}\right) \tag{8-28}$$

式中，$T_m^0$ 为平衡熔点（晶片厚度无限大时的熔点）；$\Delta h$ 为晶片单位体积熔融热；$L$ 是晶片厚度；$\sigma_e$ 是晶片表面能。

高分子在高温、高压结晶条件下生成的伸直链晶体，其晶片厚度相当于分子链伸展长度，可以认为厚度趋于无限大，所以其熔点接近于平衡熔点。

### 8.6.4 链结构对熔点的影响

高分子平衡熔点与熔融热和熔融熵的关系表明，可以从两方面来提高结晶熔点：①增加熔融热 $\Delta H$——通过在高分子链上引进极性基团或者形成氢键来增加分子链之间的相互作用力，使熔融热增加，提高结晶熔点；②降低熔融熵 $\Delta S$——降低分子链柔性，增加链刚性，从而降低熔融熵，达到提高熔点的目的。

但是更详细的研究表明，在分子链上引进极性基团或者形成氢键来增加分子链之间的相互作用并不总是能够导致熔融热 $\Delta H$ 增加。例如聚酰胺中的氢键在熔融后仍然存在，它们对熔融热并没有贡献。另外，高的熔融热也并不总是导致高的熔点。实验发现，一些低熔点的高分子有高的熔融热，而许多高熔点的高分子其熔融热却并不高。聚四氟乙烯就是一个典型的例子，聚四氟乙烯的非极性结构使其熔融热较小，但是由于氟的电负性很强，氟原子间的斥力很大，使得分子链的内旋转非常困难。其几乎接近棒状的刚性链结构导致熔融熵非常小，因而聚四氟乙烯的熔点高达 327℃。

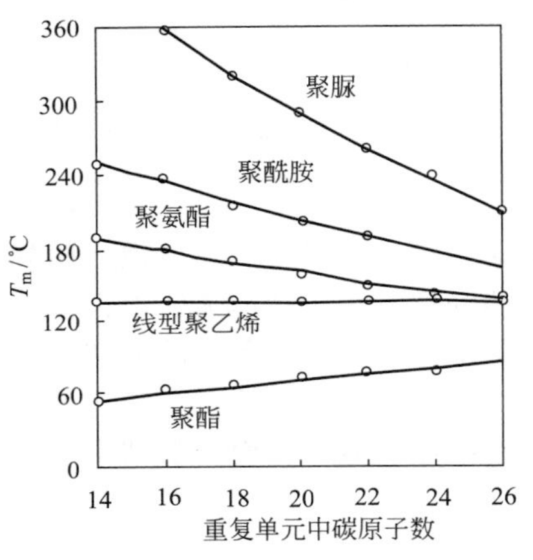


图 8-20 脂肪族高分子熔点的变化

图 8-20 给出了几种脂肪族高分子熔点的变化情况。聚酯分子链上的酯键是极性基团，从熔融热的角度考虑，聚酯的熔点应该高于聚乙烯的熔点，但实际上聚酯的熔点低于聚乙烯。其原因是酯键的存在减小了单键内旋转阻力，链柔性增大，从而使熔融熵增加，熔点下降。至于聚酰胺的熔点高于聚乙烯，也不是由于其熔融热较大的缘故，实际上聚酰胺与聚酯的熔融热很相近，但因为聚酰胺熔体中氢键的存在限制了许多可能构象的出现，导致其熔融熵减小，熔点升高。

高分子末端的官能团对熔点也产生影响，随着高分子的分子量增加，末端官能团在分子链中所占的比例不断下降，它们对熔点的影响也逐渐减弱。最终，几类高分子的熔点都趋于聚乙烯的水平。

由于熔融热与熔点之间不存在明确的对应关系，因此，在考虑链结构对结晶熔点影响时，一般不从熔融热的角度进行考虑。相反，由于熔融熵与熔点之间的关系比较明确，可以根据分子链的柔顺性来推测其熔融熵大小，进而推测出其对高分子熔点的影响。

从熔融熵的角度，可以通过下列方式来提高结晶高分子的熔点。

（1）在分子链上引进大取代基，包括苯基、对氯苯基、萘基和咔唑基。

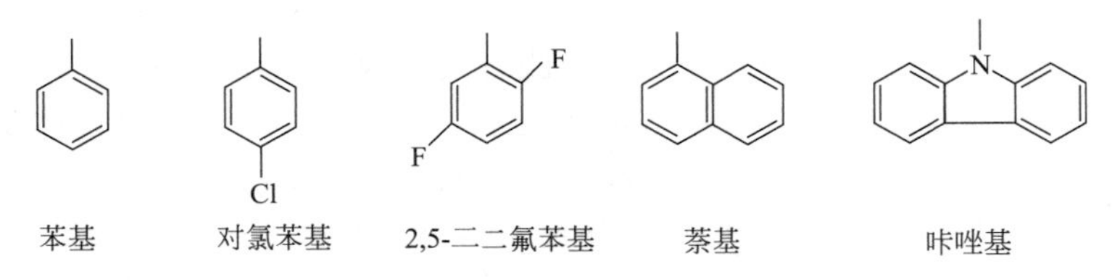


由于取代基的空间位阻效应，使分子链内旋转困难，链刚性增大，从而导致熔融熵 $\Delta S$ 减小，结晶熔点上升。

（2）在分子主链上引进芳杂环或其他刚性结构。

次苯基　　联苯基　　萘基　　均苯四酸二酰亚氨基

这些环状结构和共轭结构可以使分子链的刚性大大增加，结晶熔点明显增大。例如双酚 A 型聚碳酸酯的熔点是 295℃，而聚苯醚的熔点达到 481℃。分别比脂肪族聚碳酸酯和聚醚高得多，就是因为苯环使分子链的刚性变得很强的结果。

（3）增加分子链的对称性和规整性　增加分子链的对称性和规整性可以减少熔融过程的熵变化，同时使分子链排列更加紧密，从而提高熔点。例如，对位芳香族高分子的熔点比相应的间位和邻位的熔点要高，这是因为对称的关系，对位基团围绕其主链旋转 180°后构象几乎不变，$\Delta S$ 较小；而邻位和间位基团做相同的旋转后分子链构象变得不相同，导致 $\Delta S$ 变大，熔点降低。通常反式高分子的熔点比相应的顺式高分子的熔点高，例如反式聚异戊二烯的熔点为 74℃，而顺式聚异戊二烯的熔点为 28℃。这可以从它们在结晶中的链构象找到答案，反式高分子的分子链在晶态呈全反式构象，在晶体中可以做更加紧密的堆砌，从而获得更高的熔融热。

表 8-6 列出了部分结晶高分子的熔点。

**表 8-6　部分结晶高分子的熔点**

| 高分子的种类 | $T_m$/℃ | 高分子的种类 | $T_m$/℃ | 高分子的种类 | $T_m$/℃ |
|---|---|---|---|---|---|
| 高密度聚乙烯 | 137 | 聚甲基丙烯酸甲酯(全同) | 160 | 尼龙 1010 | 210 |
| 低密度聚乙烯 | 110 | 聚甲基丙烯酸甲酯(间同) | >200 | 聚氧化乙烯 | 66 |
| 聚丙烯 | 176 | 聚对苯二甲酸乙二酯 | 267 | 聚对二甲苯 | 375 |
| 聚 4-甲基-1-戊烯 | 250 | 聚对苯二甲酸丁二酯 | 232 | 聚氯乙烯 | 212 |
| 聚苯乙烯(间同) | 278 | 聚间苯二甲酸丁二酯 | 152 | 聚四氟乙烯 | 327 |
| 聚苯乙烯(全同) | 240 | 聚癸二酸乙二酯 | 76 | 聚三氟氯乙烯 | 220 |
| 聚异戊二烯(顺式) | 28 | 聚癸二酸癸二酯 | 80 | 聚 1,4-丁二烯(反式) | 148 |
| 聚异戊二烯(反式) | 74 | 尼龙 6 | 225 | 醋酸纤维素 | 306 |
| 聚异丁烯 | 128 | 尼龙 66 | 265 | 硝酸纤维素 | >725 |

### 8.6.5　共聚物的熔点

当结晶高分子的单体与另一种单体共聚时，如果这个共聚单体单元不能结晶，或者虽然能够结晶但不能进入原结晶高分子的晶格里与其形成共晶，则生成的共聚物的结晶行为会发生变化。从热力学相平衡理论可以推导出共聚物的结晶熔点 $T_m$ 与原结晶高分子的平衡熔点 $T_m^0$ 之间的关系：

$$\frac{1}{T_m}-\frac{1}{T_m^0}=-\frac{R}{\Delta H_u}\ln\alpha_A \tag{8-29}$$

式中，$\alpha_A$ 为共聚物中结晶单元相继增长的概率；$\Delta H_u$ 为摩尔重复单元熔融热；$R$ 是气体常数。

式（8-29）表明，共聚物的结晶熔点主要取决于共聚物分子链上单体单元的序列分布，而序列分布与共聚类型有关。

（1）无规共聚物　在无规共聚情况下，$\alpha_A$ 就等于结晶单元的摩尔分数 $X_A$，所以：

$$\frac{1}{T_m}-\frac{1}{T_m^0}=-\frac{R}{\Delta H_u}\ln X_A=-\frac{R}{\Delta H_u}\ln(1-X_B) \tag{8-30}$$

当 $X_B$ 很小时：
$$\frac{1}{T_m}-\frac{1}{T_m^0}\approx\frac{R}{\Delta H_u}X_B$$

所以随无规共聚物中共聚单体单元浓度的增大，共聚物的熔点单调下降。依次类推，如果共聚体系中两种单体单元都可以形成结晶（但不能形成共晶），随着第二单体单元的浓度增加，共聚物的熔点下降，到达某个适当共聚组成时，共聚物中两个组分的结晶熔点相同，达到低共熔点。

（2）嵌段共聚物　嵌段共聚时，$\alpha_A \gg X_A$，有时甚至趋近于 1，因此嵌段共聚物的熔点相对于均聚物来说只有轻微的降低。

（3）交替共聚物　交替共聚时两种单体单元交替排列，$\alpha_A \ll X_A$，意味着交替共聚物的熔点相对于均聚物会发生剧烈的变化。

显然，即使具有相同共聚组成的共聚物，由于序列分布不同，其熔点会有很大的差别。这为我们通过共聚反应来改变高分子熔点提供了多种选择。使用无规共聚，可以通过控制共聚组成逐步降低高分子的熔点；使用嵌段共聚，则可以在高分子熔点降低极小的情况下改善高分子的其他性能；而使用交替共聚可以大幅度地降低高分子的熔点。

### 8.6.6 杂质对高分子熔点的影响

结晶高分子中少量增塑剂、防老剂等小分子添加剂不参与结晶，但是作为杂质通常会使高分子的熔点降低。如果我们将 A 组分定义为结晶高分子，B 组分定义为含量较少的小分子杂质，也可以使用式（8-30）来计算高分子的熔点：

$$\frac{1}{T_m}-\frac{1}{T_m^0}=-\frac{R}{\Delta H_u}\ln X_A\approx\frac{R}{\Delta H_u}X_B$$

式中，$T_m^0$ 是不含杂质时高分子的熔点；$\Delta H_u$ 是高分子物质的量重复单元熔融热；$X_B$ 则是小分子杂质的摩尔分数。显然，杂质总是使结晶高分子熔点下降的。

高分子链的末端在结晶时不能进入晶区，它们通常留在非晶区，因此可以将它们看作杂质来处理。如果高分子的平均聚合度为 $\overline{X}_n$ 则链末端的摩尔分数为 $2/\overline{X}_n$，代入上式后可以得到结晶熔点和聚合度的关系式。

$$\frac{1}{T_m}-\frac{1}{T_m^0}=\frac{R}{\Delta H_u}\times\frac{2}{\overline{X}_n} \tag{8-31}$$

式中，$T_m^0$ 是分子量无穷大时的结晶熔点。显然，随分子量增加，高分子的熔点上升。

## 8.7 高分子的黏流转变和流动行为

当温度升高到黏流温度以上，线型非晶高分子就从高弹态转变为黏流态。此时固态高分子变成了黏性流体，在外力作用下可以发生流动。黏流态下高分子的流动行为对其成型加工具有实际意义，塑料的挤出和注射、纤维纺丝等高分子的成型过程都必须通过黏性流动才能够实现。因此研究高分子的黏流转变以及流动行为十分重要。

### 8.7.1 高分子黏性流动的机理

小分子液体的流动是分子沿一定方向跃迁的结果。在小分子液体内部存在着许多与分子尺寸相当的孔穴，在外力作用下，分子不断沿外力方向跃迁填补前面的空穴，分子原来占有的位置成为新的空穴后，又让后面的分子跃入，从而形成了液体的宏观流动。随着温度升高，分子热运动的能量增大，孔穴的数量和体积也增大，这些因素促成流动更容易进行。小分子液体的黏度与温度的关系符合 Arrhenius 关系式：

$$\eta = A\exp\left(\frac{\Delta E}{RT}\right) \tag{8-32}$$

式中，$\Delta E$ 是流动活化能，表示 1mol 分子向孔穴跃迁时克服周围分子作用所需要的能量。

如果高分子熔体的流动与小分子液体的流动机理相同，以分子链作为跃迁单位，高分子熔体中需要形成许多能够容纳大分子链的孔穴，才能通过分子链的跃迁来实现高分子的流动。事实上，由于分子链的体积庞大，要在熔体中形成这样的空穴是不可能的。另一方面，若以整个分子链作为跃迁单位，依照小分子的流动活化能推算，对于含有 1000 个亚甲基的聚乙烯分子链，流动所需的活化能高达 2093kJ/mol，而 C—C 单键的键能约为 350kJ/mol，即在高分子没有流动之前就早已分解了，可事实并非如此。所以高分子具有与小分子液体不同的流动机理，不可能以整个分子链作为跃迁单元。大量实验事实表明，高分子流动时是以 20～30 个碳原子组成的链段作为运动单元，通过链段的相继跃迁实现大分子链的相对位移，从而发生高分子的宏观流动。

当高分子熔体或溶液受到外力作用时，链段沿外力方向跃迁，使分子链之间产生了相对位移，形成黏性流动。与此同时，链段沿外力方向的定向运动不可避免地使整个分子链沿外力方向伸展取向，产生一部分的弹性形变。所以，高分子熔体或溶液的流动包含有两种形变。

$$\varepsilon_{\text{总形变}} = \varepsilon_{\text{黏性形变}} + \varepsilon_{\text{弹性形变}}$$

其中，黏性形变部分是不可逆形变，外力消除后不能恢复；弹性形变部分是可逆形变，外力去除后可以通过链段运动得到恢复。当然该恢复过程是一个松弛过程，链的柔顺性越好，恢复越快，升高温度也有利于弹性形变恢复。

### 8.7.2 黏流温度

高弹态与黏流态之间的转变温度称为黏流温度，用 $T_f$ 表示。黏流温度是决定高分子成型工艺条件的重要参数，如果成型温度低于黏流温度，高分子无法流动，而如果成型温度太高，高分子又要发生分解，塑料制品的收缩率也加大。所以塑料的成型加工温度一般在流动温度和分解温度之间（$T_f < T < T_d$），而且 $T_f$ 和 $T_d$ 之间的差距越大，越有利于塑料的成型加工。

高分子的黏流温度主要取决于分子链的结构，特别是链柔性具有重要的影响。对于柔性链高分子，由于单键内旋转的位垒比较低，链段长度（跃迁单元的体积）较小，因此流动所需的孔穴体积很小，在较低的温度下即可流动。分子链的柔顺性越好，黏流温度越低。反之，分子链的刚性越大，黏流温度越高。例如，聚碳酸酯、聚苯醚、聚砜等刚性高分子的 $T_f$ 远高于聚乙烯、聚苯乙烯、聚甲醛等柔性高分子的 $T_f$。对于极性高分子或者分子链之间形成氢键或离子键的高分子，由于分子间的相互作用力很大，只有在较高的温度下才能够克服这种作用力使分子链发生相对位移。因此它们的黏流温度都比较高。

由于黏流温度是整个大分子链开始运动的临界温度，所以它不但与高分子的结构有关，与分子链的长短（分子量的大小）也有关系。分子量越高，链段数目就越多，分子运动所需要克服的内摩擦阻力就越大，因此 $T_f$ 越高。图 8-21 给出了聚醋酸乙烯酯的黏流温度与分子量的关系。

黏流温度太高不利于高分子的成型加工。因此，在制备高分子时不要一味追求高分子量。在能够满足使用性能的前提下，适当地降低高分子的分子量是必要的。另外，由于高分子的分子量的多分散性，实际上高分子并不存在一个非常明确的黏流温度，而是具有一个较宽的转变区域，在此区域内，高分子的流动可以发生。

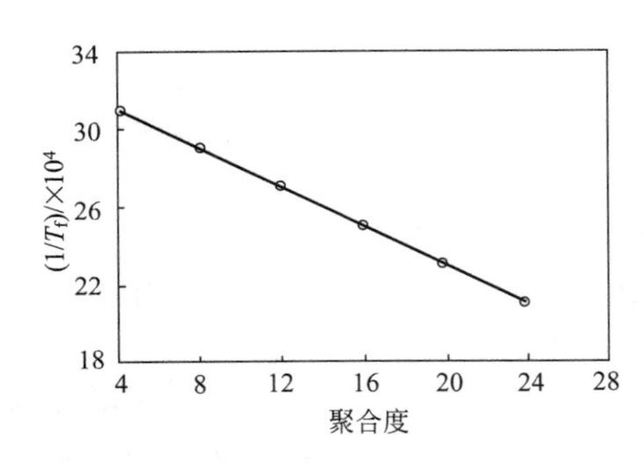


图 8-21　聚醋酸乙烯酯的黏流温度与分子量的关系

黏流温度与外界条件也有一定的关系，增大外力有利于强化链段在外力作用方向上的运动，促进分子链之间的相对位移，从而可以降低 $T_f$。同样，延长外力作用时间也有利于分子链间的相对位移，降低 $T_f$。所以在塑料的挤出、注塑、吹塑等成型加工过程中，都对高分子熔体施加了较大的外力。特别是聚碳酸酯、聚砜等工程塑料，它们的黏流温度非常高，通过升高温度促使高分子流动又容易造成高分子分解，所以这类塑料的成型一般采用较大的压力来降低流动温度，改善成型加工性能。

### 8.7.3　高分子的流变行为

高分子熔体或溶液的流动行为比小分子液体的流动行为复杂得多。由于分子量很高，分子间相互作用力很大，而且大分子链之间很容易形成缠结)，这种缠结类似于在分子链间形成了物理交联，使得分子链在相对位移时比较困难。所以高分子熔体或溶液的流动阻力很大，其黏度比小分子液体的黏度高得多。此外，高分子熔体或溶液在流动过程中产生的弹性形变对其流动以及制品的性能都会产生影响。所以有必要研究高分子的流变行为。

大多数小分子液体和高分子稀溶液可以看做是牛顿流体。牛顿流体的流动行为可以用牛顿流动定律来表示：

$$\sigma_s = \eta\dot{\gamma} \tag{8-33}$$

式中，$\sigma_s$ 是剪切应力（单位面积上的黏滞阻力）；$\dot{\gamma}$是剪切速率（垂直于流动方向上的速度梯度）；$\eta$ 称为流体的黏度，它不随剪切应力或剪切速率而变化，单位是 Pa・s。

实际生活中存在着大量的不符合牛顿流动定律的流体——非牛顿流体。非牛顿流体的流动行为可以由它们的流动曲线反映出来，图 8-22 为各种类型流体的流动曲线。

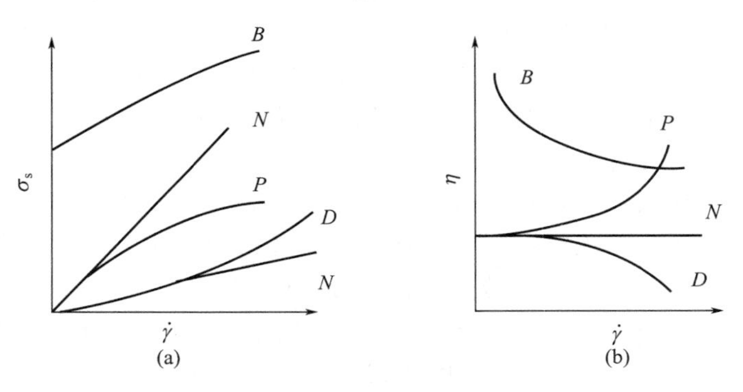


图 8-22　各种类型流体的流动曲线

图 8-22 中的曲线 $N$ 反映了牛顿流体的流动行为，它的 $\sigma_s$-$\dot{\gamma}$曲线呈直线，直线的斜率就是黏度 $\eta$，它不随剪切应力或剪切速率而变化。曲线 $P$ 在低剪切速率下符合牛顿流动定律，表现出牛顿流体的行为；但是随剪切速率的增大，剪切应力的增加速率放慢，显示出黏度随剪切速率增大而降低。具有这种流动行为的流体称为假塑性流体。曲线 $D$ 所描述的流动行为与曲线 $P$ 相反，尽管在低剪切速率下也表现出牛顿流体的行为，但是随剪切速率增加，流体的黏度增大。这类流体称为胀塑性流体。曲线 $B$ 的特点是具有一个屈服值，当剪切应力小于临界值时（$\sigma_s<\sigma_y$）不发生流动，剪切速率为零；当 $\sigma_s<\sigma_y$ 后，流体表现出或像牛顿

流体或像假塑性流体一样的行为，它称为宾汉流体。

除了以上提到的几种非牛顿流体外，还有一些特殊类型的非牛顿流体，它们的黏度变化不但与剪切应力（速率）有关，而且与时间也有关系。

① 触变性流体　在恒定的剪切速率下，其黏度随时间的增加而降低。

② 流凝性流体　在恒定的剪切速率下，其黏度随时间增加而增大。

这两类流体黏度变化的时间效应可能来自于持续剪切过程中流体内部的某些物理或化学结构变化。发生结构破坏会导致触变性，而促使某种结构形成则出现流凝性。

大多数高分子熔体和浓溶液属于假塑性流体，黏度随剪切速率的增大而下降，导致出现所谓的“剪切变稀”现象。高分子熔体和浓溶液的假塑性现象与分子链在流动过程中沿流动方向的取向有关。高分子流体在流动时各液层之间总是存在着一定的速度梯度，开始时，细而长的大分子链可能同时穿过几个流速不等的液层，同一个大分子的各个部分要以不同的速度前进，这种互助牵制使得最初的流动阻力比较大，黏度较高。但是这种状况并不能维持长久，因为在流动中每个大分子链都力图使自己全部进入同一流速的液层中，这样导致了大分子链沿流动方向上进行取向。取向使得流动阻力减小，黏度下降，剪切速率或者剪切应力越大，大分子链的取向越快，取向程度越高，黏度降低也就越明显。

对于假塑性流体和胀塑性流体，它们的流动行为一般由幂律方程来描述，即

$$\sigma_s = K\dot{\gamma}^n \tag{8-34}$$

式中，$K$ 称为稠度系数；$n$ 为非牛顿指数。

以 $\lg\sigma_s$ 对 $\lg\dot{\gamma}$ 作图，从曲线的斜率可得到 $n$ 值，它表示流动行为偏离牛顿流动定律的程度，$n=1$ 时为牛顿流体；当 $n<1$ 时为假塑性流体；而 $n>1$ 时则为胀塑性流体。

### 8.7.4　高分子流动曲线

对幂律方程两边取对数，式（8-34）变为：

$$\lg\sigma_s = \lg K + n\lg\dot{\gamma} \tag{8-35}$$

由 $\lg\sigma_s$ 对 $\lg\dot{\gamma}$ 作图所得到的曲线称为高分子的流动曲线。图 8-23 为高分子熔体或溶液的普适流动曲线，它反映了在很宽剪切速率范围内高分子的流动行为。

从图 8-23 可以看出，高分子的普适流动曲线可以分为三个区域。

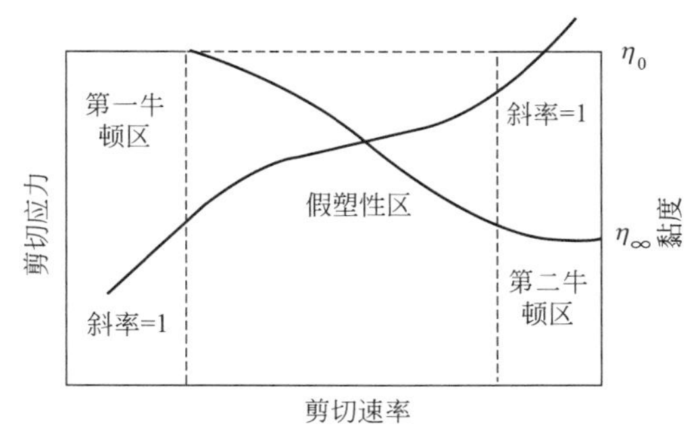

图 8-23　高分子熔体或溶液的普适流动曲线

（1）第一牛顿区　在低剪切速率下，流动曲线的斜率为 1，符合牛顿流动定律，所以将该区称为第一牛顿区。该区的黏度通常为零剪切黏度，用 $\eta_0$ 表示。

（2）假塑性区　剪切速率增大后，流动曲线的斜率 $n<1$，熔体开始表现出假塑性，即随剪切速率增加，黏度减小。所以将该区域称为假塑性区，这个区域内高分子的黏度称为表观黏度，用 $\eta_a$ 表示，其定义为：

$$\eta_a = \sigma_s/\dot{\gamma} = K\dot{\gamma}^{n-1} \tag{8-36}$$

通常高分子熔体在成型加工时受到的剪切速率处于该区域，即在成型加工过程中高分子熔体的流动行为呈假塑性。

（3）第二牛顿区　进入高剪切速率范围后，流动曲线又变成了斜率为 1 的直线，即又开始符合牛顿流动定律。所以该区域称为第二牛顿区，该区的黏度称为极限黏度，用 $\eta_\infty$ 表示。

$$\eta_\infty=(\sigma_s/\dot{\gamma})_{\dot{\gamma}\to\infty}$$

实际上，一般的实验达不到这一区域，因为在没有到达如此高的剪切速率之前，高分子流体已经出现了不稳定流动。

三个区域的黏度大小顺序为 $\eta_0>\eta_a>\eta_\infty$。

对于以上高分子流动曲线的变化，可以用“链缠结”理论给予解释。在非常小的剪切应力（或剪切速率）下，大分子链处于高度缠结状态，这种缠结类似于物理交联，在熔体内形成了拟网状结构，从而使流动阻力很大。在低剪切速率区，剪切作用可以破坏一部分的缠结，但是破坏的速度等于重建的速度，所以拟网状结构的密度不变，因此在低剪切速率下高分子的黏度保持恒定且为最高值，表现出牛顿流体的流动行为；当剪切速率增加到一定值后，缠结被破坏的速度大于重建的速度，拟网状结构的密度下降，导致黏度随剪切速率增加而减小，熔体开始表现出假塑性行为；当剪切速率进一步增大并达到强剪切状态时，缠结结构几乎完全被破坏，而且来不及重建，大分子链的取向达到了极限状态，熔体的黏度也降低到了最低值并保持恒定。此时黏度与拟网状结构不再有关系，只与分子结构有关，所以熔体再一次表现出牛顿流体的流动行为。

通常的实验仪器难以测出如此宽剪切速率范围下高分子的流变数据，因此，实验得到的高分子流动曲线只是普适曲线中的一部分。

### 8.7.5 高分子流动行为的表征

尽管流动曲线本身就比较完美地表征了高分子的流动行为，但是在实际生产中，人们还采用了其他一些参数来表征高分子的流动性。

#### 8.7.5.1 零剪切黏度

根据零剪切黏度的定义：

$$\eta_0=(\sigma_s/\dot{\gamma})_{\dot{\gamma}\to 0} \tag{8-37}$$

零剪切黏度是牛顿黏度，它不随剪切应力（或剪切速率）而变化。因此，在研究高分子结构与流动行为的关系时，零剪切黏度具有重要的价值。求取零剪切黏度的方法很简单，因为在第一牛顿区，$n=1$，$\lg\eta_0=\lg K$，所以只要把第一牛顿区的直线外推到 $\lg\dot{\gamma}=0$，由截距可以得到 $\lg K$，从而得到 $\eta_0$。另外，在极低剪切速率下测定的黏度，可视为零剪切黏度。

#### 8.7.5.2 表观黏度

按式（8-36）定义的表观黏度 $\eta_a=\sigma_s/\dot{\gamma}=K\dot{\gamma}^{n-1}$ 与剪切速率有关，随剪切速率增加，表观黏度减小。由于高分子在成型加工过程中的流动行为呈假塑性，表观黏度作为衡量高分子在成型加工过程中的流动性能好坏的指标，是非常有用的。

表观黏度与牛顿黏度不同。在高分子的流动过程中同时形成了不可逆的黏性形变和可逆的弹性形变，牛顿黏度对应于其中的不可逆形变部分，而表观黏度既包含了不可逆的黏性形变部分，又包含了可逆的弹性形变部分，所以，高分子的表观黏度要低于牛顿黏度。

#### 8.7.5.3 熔融指数

熔融指数定义为：在一定的温度和负荷下，高分子熔体在10min流经一个规定直径和长度的标准毛细管的质量（g）。对于不同的高分子，统一规定了若干个适当的温度和负荷条件。显然，在相同的条件下，熔融指数越大，高分子的流动性越好。

熔融指数在表征高分子流动性时，一般只能在相同的测试条件下做相对比较，对于不同的高分子，由于测试条件不同，不能用熔融指数大小来比较它们的流动性。

由于熔融指数的概念和测定方法简单，工业上普遍将它作为选择成型加工方法和确定成型工艺条件的依据。例如，注塑成型要求高分子的流动性好，需要使用高熔融指数的树脂；挤出成型用的树脂，其熔融指数以较低为宜；而吹塑成型用树脂的熔融指数介于二者之间。

按照熔融指数的定义，它实际测定的是给定剪切速率下的流度（黏度的倒数）。以仪器的载荷为 2.16kg 和毛细管的直径为 2.095mm 计算，其剪切应力为 200kPa，剪切速率值在 $10^{-2}\sim10s^{-1}$，因此熔融指数反映的是高分子在低剪切速率下的流动行为。

#### 8.7.5.4　门尼黏度

门尼黏度是在一定温度（通常为 100℃）和一定的转子转速下，未硫化橡胶对转子转动的阻力。通常表示为 $MI_{3+4}^{100}$，即试样在 100℃下预热 3min 转动 4min 时的测定值。它主要用来表征橡胶的加工性能。门尼黏度值越小，橡胶的流动性越好。

## 8.8　高分子熔体黏度的测定

测定高分子熔体黏度的方法主要有毛细管黏度计、旋转式黏度计、落球式黏度计等。不同的测定方法涉及的剪切速率范围不同，所适用的测试对象也不同。

### 8.8.1　毛细管黏度法

典型的毛细管黏度计如图 8-24 所示。

长度为 $L$ 内径为 $D$ 的毛细管位于料筒的底部。高分子样品加入料筒后即被加热成熔融状态，然后活塞杆以一定的速度将高分子熔体挤压出毛细管。当熔体从毛细管口被挤出时，其产生的黏性阻力作用在活塞杆上，由连接在活塞杆上部的一个测力装置（传感器）将其转换成电信号而记录下来。对应于一组不同的活塞杆压下速度 $V$，可以测出一组相应的黏性阻力值 $F$。从活塞杆压下速度 $V$ 和测出的黏性阻力值 $F$ 即可计算出剪切应力 $\sigma_s$ 和剪切速率 $\dot{\gamma}$，进而得到 $\sigma_s$-$\dot{\gamma}$ 以及 $\eta_a$-$\dot{\gamma}$ 的关系曲线。

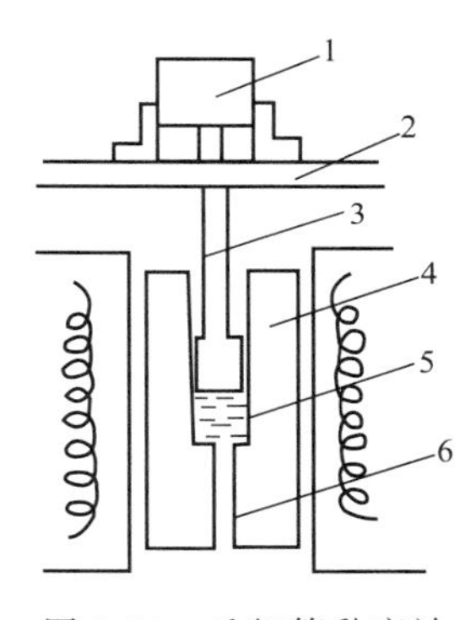


图 8-24　毛细管黏度计
1—测力装置；2—十字头；3—活塞杆；4—料筒；5—熔体；6—毛细管

#### 8.8.1.1　剪切应力表达式

在毛细管中取一个长度为 $L$、半径为 $r$、两端压差为 $\Delta p$ 的小圆柱体，如图 8-25 所示。在圆柱面上，阻碍熔体流动的黏性阻力为 $2\pi rL\sigma_s$，而推动液柱流动的推动力为 $\Delta p\pi r^2$。在稳定流动时，阻碍流动的黏性阻力与促使流体流动的推动力相等，即

$$\Delta p\pi r^2=2\pi rL\sigma_s$$

则剪切应力为

$$\sigma_s=\Delta pr/2L \tag{8-38}$$

在毛细管壁处，$r=R$；另外，由所加负荷可以求出毛细管两端的压差。

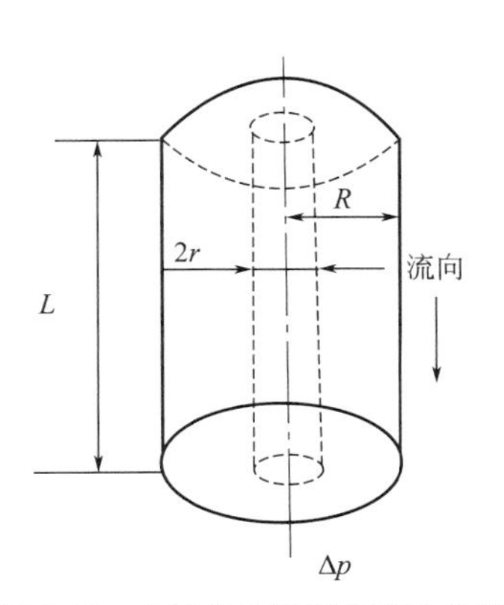


图 8-25　流体在毛细管中流动分析

$$\Delta p=\frac{4F}{\pi d_p^2}$$

式中，$d_p$ 为活塞杆的直径。

则可以得到

$$\sigma_{sw}=\frac{\Delta pr}{2L}=\frac{2RF}{\pi d_p^2L} \tag{8-39}$$

#### 8.8.1.2　剪切速率表达式

由牛顿流动定律得：

$$\dot{\gamma}'_w=\frac{\sigma_{sw}}{\eta}=\frac{\Delta pR}{2\eta L} \tag{8-40}$$

当牛顿流体经过毛细管流动时，其体积流率 $Q$ 与黏度的关系已由 Hagen-Poiseuille 方程给出：

$$Q=\frac{\pi R^4\Delta p}{8\eta L} \tag{8-41}$$

由此
$$2\eta L=\frac{\pi R^4\Delta p}{4Q}$$

将此式代入式（8-40），可以得到：

$$\dot{\gamma}'_{\mathrm{w}}=\frac{\sigma_{\mathrm{sw}}}{\eta}=\frac{\Delta pR}{2\eta L}=\frac{4Q}{\pi R^3} \tag{8-42}$$

另外，体积流速 $Q$ 与活塞杆下降速度 $V$ 的关系为：

$$Q=\frac{\pi d_{\mathrm{p}}^2 v}{4}$$

所以，毛细管壁处的剪切速率为：

$$\dot{\gamma}'_{\mathrm{w}}=\frac{4Q}{\pi R^3}=\frac{d_{\mathrm{p}}^2}{R^3}v \tag{8-43}$$

#### 8.8.1.3 非牛顿修正和入口校正

因为剪切速率的公式是按照牛顿黏性定律推导出来的，而实际高分子流体为非牛顿流体，所以必须对剪切速率进行非牛顿修正。经过修正后的剪切速率为：

$$\dot{\gamma}_{\mathrm{w}}=\frac{3n+1}{4n}\dot{\gamma}'_{\mathrm{w}} \tag{8-44}$$

式中，$n$ 是非牛顿指数。

因为
$$\sigma_{\mathrm{s}}=K\dot{\gamma}_{\mathrm{w}}^n=K\left[\left(\frac{3n+1}{4n}\right)\dot{\gamma}'_{\mathrm{w}}\right]^n$$

$$\lg\sigma_{\mathrm{s}}=\lg K'+n\lg\dot{\gamma}'_{\mathrm{w}}$$

以 $\lg\sigma_{\mathrm{s}}$ 对 $\lg\dot{\gamma}'_{\mathrm{w}}$ 作图，所得的曲线上各点的斜率即为 $n$，即 $n=\mathrm{dlg}\sigma_{\mathrm{s}}/\mathrm{dlg}\,\dot{\gamma}'_{\mathrm{w}}$。通常，在 $\dot{\gamma}'_{\mathrm{w}}$ 变化 1～2 个数量级的范围内，$n$ 近似为常数，因此可以分段按对应的 $\dot{\gamma}'_{\mathrm{w}}$ 值计算 $n$ 值。

除了需要对剪切速率进行非牛顿校正外，有时还需要对剪切应力进行“入口校正”。因为当流体从料筒被挤压进毛细管时，流速和流线都发生了变化，引起了黏性的摩擦损耗和弹性变形。这两项能量损耗使得作用在毛细管壁上的实际剪切应力小于按毛细管两端压差计算出的剪切应力，所以应该考虑修正。但是实验表明，当毛细管的长径比较大时（一般为 $L/D>40$），入口压力降和用于使毛细管内流体流动的压力降相比微不足道，可以忽略不计。在这种情况下可以不进行“入口校正”。

#### 8.8.1.4 表观黏度的计算

得到了剪切应力和剪切速率后，可以很方便地按照式（8-36）计算出高分子的表观黏度（$\eta_{\mathrm{a}}=\sigma_{\mathrm{sw}}/\dot{\gamma}_{\mathrm{w}}$），并且作出高分子的各种流动曲线：$\lg\sigma_{\mathrm{sw}}$-$\lg\dot{\gamma}_{\mathrm{w}}$、$\lg\eta_{\mathrm{a}}$-$\lg\dot{\gamma}_{\mathrm{w}}$、$\lg\eta_{\mathrm{a}}$-$\lg\sigma_{\mathrm{sw}}$。另外，在一定的剪切速率或剪切应力下，还可以作出 $\eta_{\mathrm{a}}$-$T$ 曲线，并由此得到高分子在一定剪切速率或剪切应力下的流动活化能。

使用毛细管黏度计测定高分子熔体黏度具有许多优点，例如可以在较宽范围内调节剪切速率和温度，得到与挤出、注塑等成型加工条件很接近的流变参数。其常用的剪切速率范围为 $10\sim10^6\,\mathrm{s}^{-1}$，剪切应力为 $10^4\sim10^6\,\mathrm{Pa}$。但是，毛细管黏度计在低剪切速率下应用时受到限制，而且不适宜测量低黏度流体。

### 8.8.2 旋转黏度法

旋转黏度计分为同轴圆筒式、锥板式和平板式三种。图 8-26 所示为同轴圆筒式和锥板式旋转黏度计。将被测液体置于两同轴圆筒之间的环形空间（同轴圆筒式黏度计）或平板与锥体间的间隙内（锥板式黏度计），通过两圆筒或锥板的旋转，使试样受到剪切，测定转矩值 $M$ 和角频率 $\omega$，便可以得到流体的剪切应力和剪切速率，进而计算出黏度。

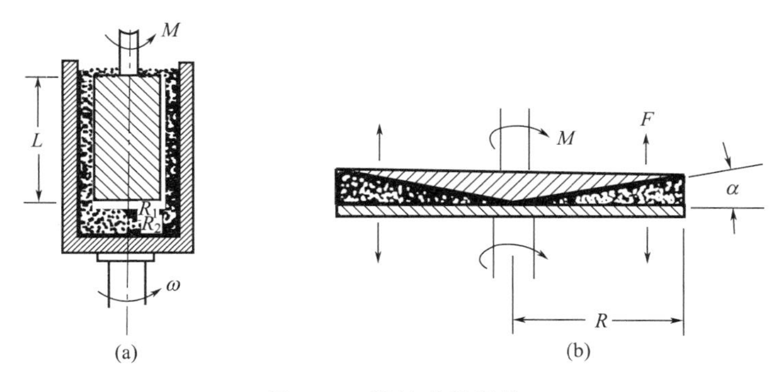


图 8-26　旋转式黏度计

同轴圆筒黏度计计算剪切应力和剪切速率的公式分别为：

$$\sigma(r)=\frac{M}{2\pi r^2 L} \tag{8-45}$$

$$\dot{\gamma}(r)=\frac{A\omega}{r^2} \tag{8-46}$$

流体黏度为：

$$\eta=\frac{BM}{\omega}$$

式中，$A$、$B$ 为仪器常数，可由一已知黏度的液体标定出其值；$M$ 为转矩；$\omega$ 为外筒旋转角速度；$r$ 是圆柱状液层距轴线的距离；$L$ 是内筒浸入被测液体中的深度。

锥板式黏度计依据下式计算黏度。

$$\eta=\frac{M}{b\omega} \tag{8-47}$$

式中，$b$ 为仪器常数；$M$ 为锥体所受到的转矩；$\omega$ 为平板旋转角速度。

同轴圆筒黏度计主要用于测量高分子溶液的流动曲线和黏度。锥板式黏度计和平板式黏度计则适合于测量高分子熔体的流动曲线和黏度，但是它们只限于较低的剪切速率，适用的剪切速率范围为 $10^{-3}\sim10^{2}\,s^{-1}$。

## 8.9　影响高分子熔体黏度和流动性的因素

### 8.9.1　链结构的影响

#### 8.9.1.1　分子量

高分子的分子量越高，分子间相互作用力就越大，链缠结越严重，导致熔体黏度增大。在低剪切速率下高分子熔体的零剪切黏度 $\eta_0$ 与重均分子量 $\overline{M}_w$ 的关系见图 8-27。

由图 8-27 可见，当 $\overline{M}_w<\overline{M}_c$ 时，高分子熔体零剪切黏度与重均分子量成 1～1.6 次方的指数关系。该指数的大小取决于高分子的化学结构和温度。

$$\eta_0=K_1\,\overline{M}_w^{1\sim1.6} \tag{8-48}$$

当 $\overline{M}_w>\overline{M}_c$ 后，零剪切黏度随分子量的增加急剧增大，与重均分子量的 3.4 次方成正比。

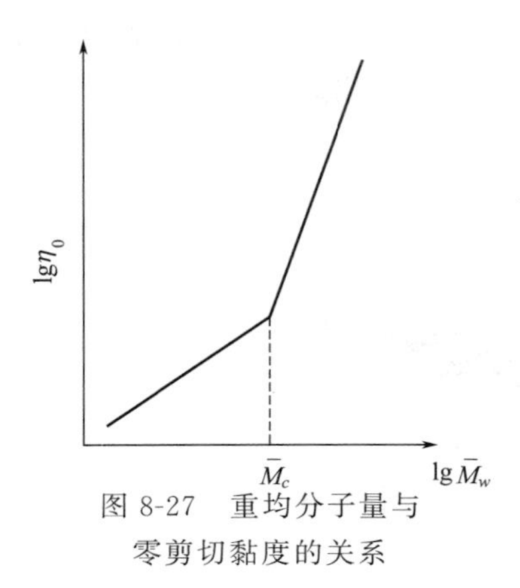

图 8-27 重均分子量与零剪切黏度的关系

$$\eta_0 = K_2\,\overline{M}_w^{3.4} \tag{8-49}$$

图中$\overline{M}_c$是临界重均分子量，它与高分子的种类和温度有关。

高分子的分子量与零剪切黏度对应关系的变化主要是由链缠结作用引起的。当分子量较低时（$\overline{M}_w < M_c$），分子链比较短，不发生缠结。随分子量的增加，主要是分子间作用力增大导致$\eta_0$增大；但是当$\overline{M}_w > \overline{M}_c$后，分子链长度的增加使得链与链之间发生了缠结，这种缠结类似于物理交联，造成流动阻力大大增大，所以零剪切黏度随分子量的增加而迅速增大。临界分子量$\overline{M}_c$可以看做是分子链发生缠结的最低分子量。

从高分子的分子量与零剪切黏度的关系，可以得出两个推论。

（1）随着剪切速率的增大，链缠结结构逐渐被破坏，链缠结对黏度的影响会不断减弱。当剪切速率非常大时，链缠结的影响消失，高分子黏度与分子量的关系将如图 8-28 所示。

（2）对于分子量较低的高分子，由于链缠结程度很小，剪切所引起的黏度降低将不明显；而对于分子量较高、链缠结严重的试样，剪切造成的解缠结将会引起黏度大幅度地下降。即分子量越高，黏度对剪切速率的依赖性越大（图 8-29）。

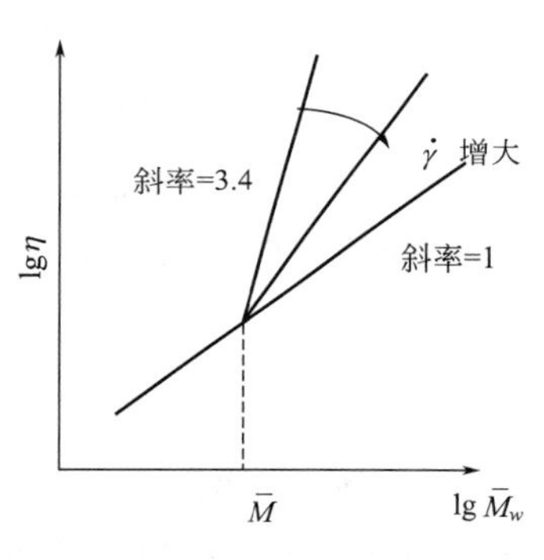

图 8-28 剪切速率对分子量-黏度关系的影响

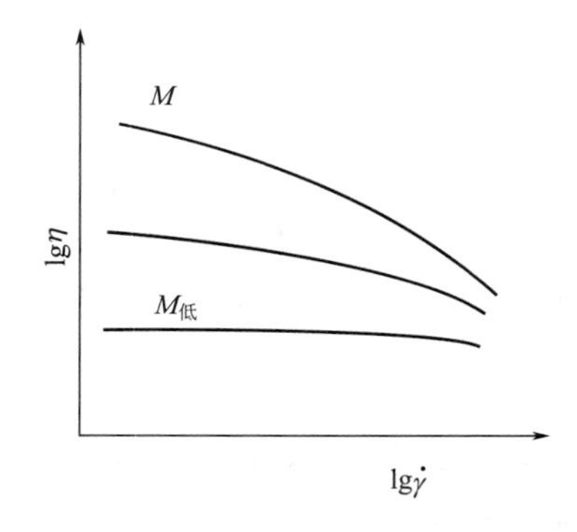

图 8-29 分子量对黏度的剪切速率敏感性的影响

从成型加工的角度考虑，总是希望高分子的流动性好一些，这样可以使高分子熔体与其他加工助剂的混合更均匀，还可以使物料的充模性和制品表面的光洁度都得到改善。降低分子量可以达到这个目的，但过多地降低分子量又会对制品的力学性能造成不利的影响。所以要选择合适的分子量来满足加工流动性和制品力学性能两方面的要求。通常合成橡胶的分子量控制在 20 万左右，分子量高可以保证材料具有更好的高弹性；合成纤维的分子量一般控制在 2 万～10 万，否则高分子熔体在通过直径很细的喷丝孔时就会有困难；塑料的分子量一般控制在纤维和橡胶分子量之间。此外，不同的成型加工方法对分子量也会有不同要求。

#### 8.9.1.2 分子量分布

平均分子量相同但分子量分布不同的高分子往往表现出不同的流动行为，如图 8-30 所示，在较低的剪切速率下，分子量分布较宽的试样黏度略高于分子量分布较窄的试样；但是随着剪切速率的增加，具有较宽分子量分布的试样其黏度较早地出现下降，下降幅度也略大于分子量分布较窄试样，导致在高剪切速率下分子量分布宽的试样黏度反而比分子量分布窄的试样低。即分子量分布宽的高分子其黏度对剪切速率的变化更敏感。

出现这种情况的原因与两种试样中形成的缠结结构多少有关。在平均分子量相同时，分子量分布较宽的试样中含有相对较多的特长分子链，它们所形成的缠结结构也比较多，因此在低剪切速率下的黏度也较高。当剪切速率增加后，分子量分布宽的试样中，由于具有较多的缠结结构，表现出更明显的“剪切变稀”行为，黏度较早地出现下降，而且特长分子链随剪切速率的增加对黏度下降的贡献更大。相反，分子量分布窄的试样由于缠结作用不如分子量分布宽的试样大，剪切对解缠结的效果也就不太明显，表现出开始“剪切变稀”的 $\dot{\gamma}$ 值较高，随 $\dot{\gamma}$ 增加黏度的下降幅度也较小。另一方面，分子量分布较宽的试样中含有的低分子量部分也比较多，在剪切力作用下，这些低分子量部分取向且对高分子量部分又起到了增塑的作用，导致在高剪切速率下黏度进一步地降低。

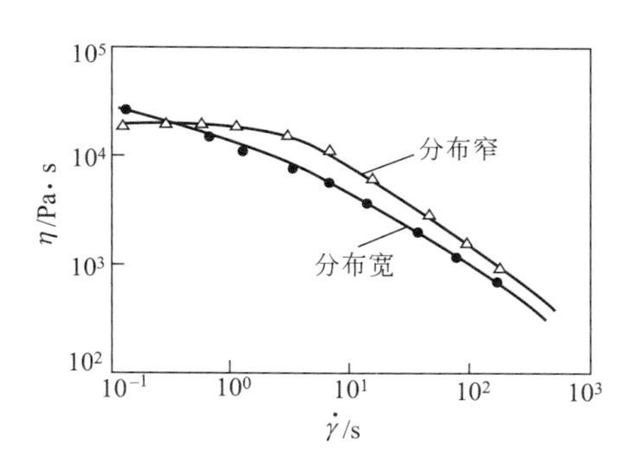

图 8-30　分子量分布对高分子流动性的影响

高剪切速率下分子量分布宽的试样具有更好的流动性能，对高分子的成型加工具有实际意义。例如在橡胶加工中，通过塑炼使分子量分布变宽，低分子量部分不但本身流动性好，而且对高分子量部分还起到增塑作用，可以明显地改善橡胶的加工性能。但是对于塑料和纤维，分子量分布不宜过宽，因为塑料和纤维的平均分子量相对于橡胶来说都比较低，分子量分布过宽势必含有相当数量的低分子量部分，它们对制品的力学性能会带来不良的影响。例如聚碳酸酯的低分子量部分会导致制品的应力开裂，聚氯乙烯树脂中的低分子量部分会使材料的耐动态疲劳性明显变差。

#### 8.9.1.3　支化

支化对流动性的影响与支化链的长短和支化程度有关。对于短链支化高分子，支化一方面降低了链缠结的可能性，另一方面使分子链间的距离加大，分子间作用力减小。所以短链支化高分子的零剪切黏度比同等分子量的线型高分子的黏度要低，而且支化链数目越多，长度越短，黏度就越低，流动性越好。

对于长链支化高分子，当支链的长度大于临界分子量 $\overline{M}_c$ 的 2～4 倍以后，主链和支链都可以形成缠结结构。由于长支化链的存在促进了链缠结，所以长链支化高分子的黏度要高于线型高分子。

### 8.9.2　外界条件的影响

这里所讨论的外界条件主要包括温度、剪切速率和剪切应力。

#### 8.9.2.1　温度

随温度的升高，高分子黏度下降。当温度在高分子的黏流温度以上时，高分子熔体黏度与温度的关系符合 Arrhenius 公式：

$$\eta = A\exp(\Delta E_\eta / RT) \tag{8-50}$$

式中，$\Delta E_\eta$ 是流动活化能；$A$ 是与高分子结构有关的常数。

对式（8-50）取自然对数后：

$$\ln\eta = \ln A + \Delta E_\eta / RT \tag{8-51}$$

以 $\ln\eta$ 对 $1/T$ 作图，从直线的斜率和截距可得到流动活化能 $\Delta E_\eta$ 和 $A$。图 8-31 和表 8-7

分别给出了一些高分子的熔体黏度与温度的关系以及它们的流动活化能数值。

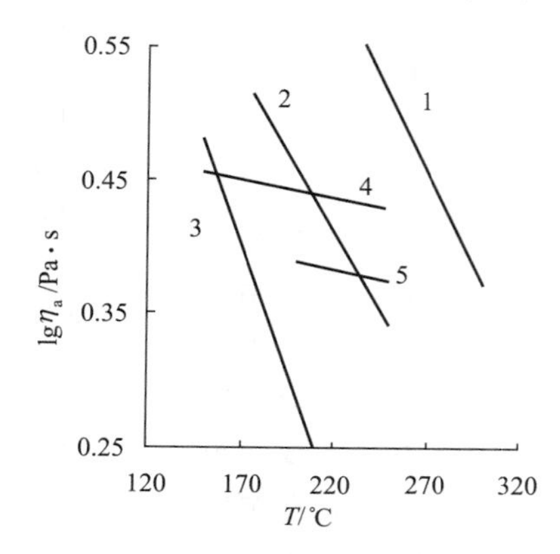


图 8-31　温度对高分子熔体黏度的影响

1—聚碳酸酯（4MPa）；2—聚甲基丙烯酸甲酯；3—醋酸纤维素（4MPa）；4—聚乙烯（4MPa）；5—聚甲醛

**表 8-7　一些常见高分子的流动活化能数值**

| 高分子的种类 | 流动活化能 $\Delta E_\eta$/(kJ/mol) | 高分子的种类 | 流动活化能 $\Delta E_\eta$/(kJ/mol) |
|---|---|---|---|
| 高密度聚乙烯 | 26.4～29.3 | ABS(30%橡胶) | 100.5 |
| 低密度聚乙烯 | 46.1～71.2 | 聚氯乙烯 | 94.6 |
| 聚丙烯 | 37.7～41.9 | 聚碳酸酯 | 108.8～125.6 |
| 聚苯乙烯 | 96.4～104.7 | 聚酰胺 | 62.8 |
| 聚 1-丁烯 | 49.8 | 聚二甲基硅氧烷 | 16.7 |
| 顺式 1,4-聚丁二烯 | 19.7～33.5 | 聚醋酸乙烯酯 | 251.2 |
| 聚异丁烯 | 50.2～62.8 | 醋酸纤维素 | 293 |
| 天然橡胶 | 33.5～37.7 | 聚对苯二甲酸乙二酯 | 79.5 |

黏度随温度升高而下降的幅度与流动活化能的大小有关。对刚性链高分子，流动活化能一般都比较大，温度对黏度的影响就比较明显。随温度的升高，黏度明显下降。例如，聚碳酸酯和聚甲基丙烯酸甲酯的熔体，温度升高 50℃，表观黏度减小一个数量级。由于刚性链高分子的表观黏度对温度表现出较大的敏感性，可以将它们称之为温敏性高分子。对于这类高分子，在成型加工过程中采用改变温度的方法来调节高分子的黏度和流动性比较有效。柔性链高分子的流动活化能比较小，尽管表观黏度随温度升高呈下降趋势，但下降幅度较小。所以，对于像聚乙烯和聚甲醛这类的柔性链高分子，仅靠改变温度的方法来调节加工流动性是不够的，还需要借助于剪切速率的影响。

在高分子黏流温度以下，流动活化能 $\Delta E_\eta$ 不再是常数，而是随温度降低而急剧增大。例如聚苯乙烯在 217℃ 时的流动活化能 $\Delta E_\eta$ 为 104.7kJ/mol，在 80℃ 时，$\Delta E_\eta$ 增加到 335kJ/mol。而且温度与黏度的关系也不再符合 Arrhenius 公式。这主要是因为在 $T_f$ 以下的温度范围高分子的自由体积变得比较小，链段的跃迁不但取决于本身热运动的能量，而且还与自由体积的大小有关，因此，链段的跃迁已不再是一般的活化过程，出现了对自由体积的依赖性。

人们发现，在 $T_g$～$T_g$+100℃这段温度范围，高分子黏度与温度的关系可以用 WLF 方程来描述：

$$\lg \frac{\eta(T)}{\eta(T_g)} = \frac{-17.44(T-T_g)}{51.6+(T-T_g)} \tag{8-52}$$

对于大多数非晶态高分子，在 $T_g$ 时的黏度 $\eta(T_g)$ 等于 $10^{12}$ Pa·s，由此可以计算出在

$T_g < T < T_g + 100℃$这段温度范围内的黏度。

#### 8.9.2.2　剪切速率和剪切应力

在极低（第一牛顿区）和极高（第二牛顿区）剪切速率下，高分子熔体的黏度不随剪切速率变化，表现出牛顿流体的流动行为。只有在中等剪切速率范围内（假塑性区），剪切速率的变化才会对熔体黏度产生影响。此时，随剪切速率的增加，分子链解缠结不断发生，缠结结构的破坏和分子链沿流动方向的取向，导致黏度不断下降。不同高分子其黏度下降的程度并不相同，图 8-32 给出了剪切速率对几种高分子熔体黏度的影响。

从图 8-32 可以看出，对于柔性链高分子，由于很容易通过链段的运动实现分子链的取向，所以其黏度随剪切速率的增加下降明显；但是，由于刚性链高分子中运动单元（链段）较长，链构象的改变比较困难，分子链不容易取向，所以随剪切速率的增加，黏度下降的幅度很小，图中聚碳酸酯的曲线几乎为水平直线，近似于牛顿流体的行为。

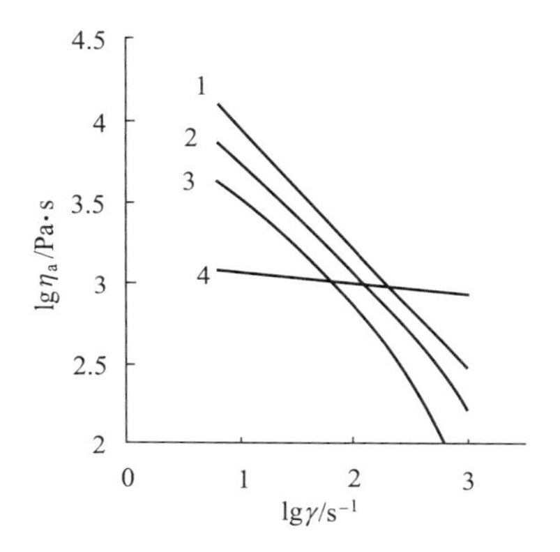


图 8-32　剪切速率对高分子熔体黏度的影响

1—氯化聚醚（200℃）；2—聚乙烯（180℃）；3—聚苯乙烯（200℃）；4—聚碳酸酯（302℃）

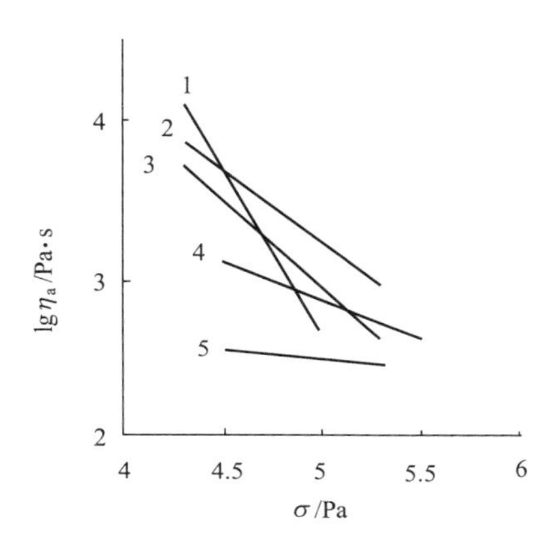


图 8-33　剪切应力对高分子熔体黏度的影响

1—聚甲醛（200℃）；2—聚碳酸酯（280℃）；3—聚乙烯（200℃）；4—聚甲基丙烯酸甲酯（200℃）；5—尼龙 6（230℃）

剪切应力对高分子熔体黏度的影响与剪切速率的影响相似。如图 8-33 所示，随剪切应力增加，分子链解缠结和取向程度增加，导致熔体黏度下降；刚性链高分子黏度下降的幅度较小，而柔性链高分子黏度下降更加明显。

由于柔性链高分子的表观黏度对剪切应力和剪切速率表现出更大的敏感性，所以将它们称为切敏性高分子。根据高分子的黏度对温度和剪切的敏感性不同，可以分别采用改变温度或者剪切速率的方法来改变高分子的流动性。例如，对聚乙烯和聚甲醛这些柔性链高分子，由于它们表现出切敏性，可以通过提高螺杆转速来降低熔体黏度，提高流动性；而对于聚碳酸酯、聚甲基丙烯酸甲酯等温敏性的刚性链高分子，则可以用提高物料温度的方法来改善其加工流动性。但是，大幅度地提高温度有时会引起高分子降解，降低制品质量，因此单纯用升高温度的方法来改善流动性受到一定限制，有时增加剪切作用可以作为一种辅助手段。例如，尽管聚碳酸酯的黏度对剪切速率不敏感，但是对剪切应力却表现出一定的敏感性（图 8-34），所以在聚碳酸酯成型加工时，可以采用适当地提高注射压力的方法来改善其流动性。

## 8.10　熔体流动中的弹性效应

高分子的流动不是单纯的黏性流动，流动过程中分子链沿外力方向的伸展取向还产生了一部分可逆的弹性形变。这部分弹性形变如果不能够迅速回复，就会对高分子的成型加工过程和制品的性能带来不利影响。因此，研究高分子熔体流动过程中的弹性效应，找出它们产生的原因并提出解决问题的对策，对于高分子的加工应用十分有益。

### 8.10.1 法向应力效应

法向应力效应又称 Weissenberg 效应。其现象如图 8-34 所示。如果用一转轴在液体中快速旋转，高分子熔体（或浓溶液）与小分子液体的液面变化明显不同。小分子液体受到的是离心力作用，中间部分液面下降，器壁处液面上升；而高分子熔体（浓溶液）受到的则是向心力作用，在转轴处液面上升。

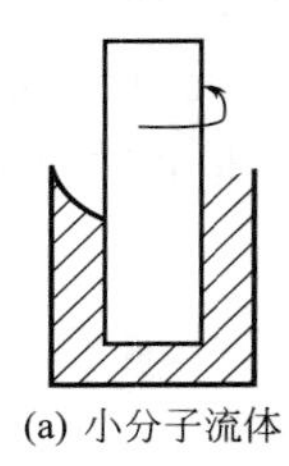

(a) 小分子流体

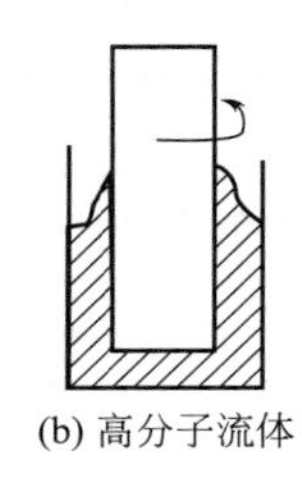

(b) 高分子流体

图 8-34 高分子熔体或浓溶液的法向应力效应

这种现象是由于高分子熔体中的弹性回复引起的，由于在靠近转轴表面的线速度比较快，分子链容易被拉伸取向，距转轴越近的大分子拉伸取向的程度越大。对这些取向了的大分子而言，具有自发地回复到原来的卷曲构象的倾向，但是这种弹性回复受到了不断旋转的转轴的限制，从而将这部分弹性能转变为一种包轴的向心力，把熔体分子向轴向挤压形成包轴层。

通过对弹性流体在外力作用下的内部应力分布状态的分析，可以发现：当流体作圆环流动时，沿流动方向的法向应力 $\sigma_{11}$ 在封闭圆环上产生拉力，对流体的运动产生限制作用，迫使流体在垂直于流层（同心圆环形）的方向上的法向应力 $\sigma_{22}$ 的作用下，沿半径方向反抗离心力的作用向轴心运动直至平衡；同时在与轴平行方向上的法向应力 $\sigma_{33}$ 作用下反抗重力，垂直向上运动直至平衡。这三个法向应力的共同作用，使得外层流体向内层流体挤压并向上运动，从而形成了 Weissenberg 效应。

### 8.10.2 挤出膨胀效应

将高分子熔体从毛细管、狭缝或者小孔中挤出时，挤出物的直径（厚度）会明显大于口模的尺寸，这种现象即为挤出膨胀现象，又称 Barus 效应。当口模是圆形时，可以定义膨胀比 $B$ 来表征这种挤出膨胀效应的强弱。

$$B = D_{\max}/D_0 \tag{8-53}$$

式中，$D_{\max}$ 为挤出物最大直径；$D_0$ 为口模直径。

挤出膨胀效应也是由于高分子熔体中的弹性回复引起的，而弹性变形主要来自于两个方面：①高分子熔体在外力的作用下进入口模时，在入口处流线要开始收敛，由此在流动方向上产生速度梯度。该速度梯度对分子链施加了拉伸作用，使其发生弹性变形；② 熔体在口模中流动时，由于剪切应力的作用会产生法向应力效应。法向应力差沿流动方向对大分子链施加拉伸作用，使其产生弹性变形。当熔体流出口模后，外力对分子链的作用解除，分子链从口模内的伸展状态迅速回复到原来的卷曲状态，从而导致挤出物直径扩大。该过程见图 8-35。

图 8-35 挤出膨胀效应中弹性回复

当口模的长径比（$L/D$）比较小时，由入口拉伸作用所导致的弹性变形在口模内来不及松弛掉，所以对挤出膨胀起主要作用；而当 $L/D$ 比较大时，是由法向应力差产生的弹性变形对挤出膨胀起主要作用，因为此时由入口拉伸作用引起的弹性变形在口模内已经充分松弛掉了。

通常，随剪切速率的增加挤出膨胀现象显著增大；在同一剪切速率下，挤出膨胀随 $L/D$ 的增加而减小，并逐渐趋于稳定。升高温度有利于高分子熔体弹性的回复，所以挤出膨胀减轻。另外，分子量的增大和长链支化会使出口膨胀现象更加严重。

### 8.10.3　不稳定流动和熔体破裂

在挤出过程中，当剪切速率不太高时，挤出物的表面是光洁的。但是当剪切速率超过某个临界值以后，随剪切速率的增加，挤出物的外观会变粗糙，像鲨鱼皮一样，然后出现周期性的起伏，呈现波纹状、竹节状、螺旋状，最后破裂成碎片（图 8-36）。这些现象就称为不稳定流动。

熔体中的弹性形变储能变化是造成不稳定流动的重要原因。发生高分子弹性形变储能剧烈变化的主要流动区域通常是口模入口处、口模流道管壁处以及口模出口处。例如，当熔体从较宽的流道进入较窄的口模时，在入口处周围形成较大的环流或涡流，而且随流动速率的增加，环流部分增大。在高剪切速率下，熔体所受到的拉伸应力增加，当超过极限值后会发生拉伸破裂，此时，中心流线断开，环流部分的熔体进入口模，当环流区物料压力降低后，中心流线又恢复流动。由于两种不同剪切历史的熔体轮流进入口模，造成产生不稳定流动。

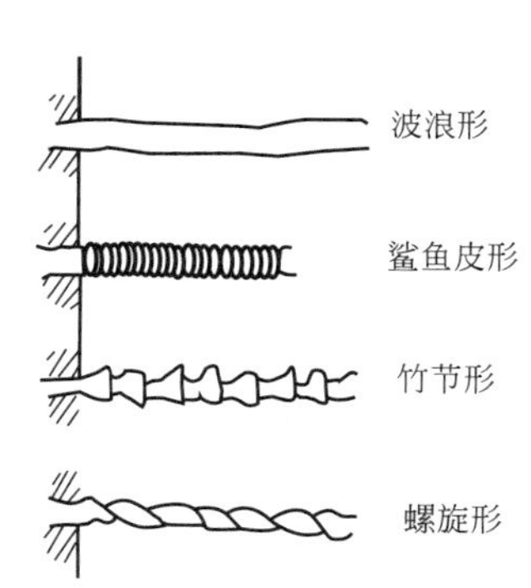

图 8-36　不稳定流动的挤出物外观

另外，当熔体从较宽的流道进入口模后，熔体受到的剪切速率会突然增加，导致熔体与毛细管壁之间产生滑移现象，熔体滑移的同时会释放出过量的弹性储能，而能量释放后熔体又黏在管壁上。这种黏-滑过程使具有不同形变历史的熔体段交替组成挤出物，导致挤出物表面产生不规则，形成破裂。

高分子在较高剪切速率下的不稳定流动类似于小分子流体在较高雷诺数下的湍流，所以又可以将高分子的不稳定流动称为高弹湍流。有几种方法可用来确定高弹湍流出现的临界条件。

（1）弹性雷诺数 $N_w$　弹性雷诺数的定义为：

$$N_w = \tau \dot{\gamma} \tag{8-54}$$

式中，$\dot{\gamma}$是剪切速率；$\tau$ 是链段运动松弛时间（$\tau = \eta/G$）；而 $G$ 是高分子熔体的剪切模量。

当 $N_w < 1$ 时，熔体表现为纯黏性流动，几乎没有弹性变形；

当 $N_w = 1 \sim 7$ 时，熔体为稳定的黏弹性流动；

当 $N_w > 7$ 时，熔体表现出不稳定流动或称高弹湍流。

（2）临界切应力 $\tau_{mf}$　实验发现，当剪切应力接近 $10^5$ Pa 时，挤出物会出现熔体破坏现象。所以人们将不同的高分子熔体出现不稳定流动时的切应力取平均值后，定义出一个临界切应力值 $\tau_{mf}$。

$$\tau_{mf} = 1.25 \times 10^5 \, N/m^2 \tag{8-55}$$

（3）临界黏度降　随剪切速率的增加，熔体的黏度下降，当熔体黏度下降到零剪切黏度的 0.025 倍，一般会发生熔体破坏。所以，将该值定义为判断高分子出现不稳定流动的临界条件。

$$\frac{\eta_{mf}}{\eta_0} = 0.025 \tag{8-56}$$

式中，$\eta_{mf}$是熔体破裂时的黏度。对于任何高分子，只要知道了零剪切黏度，就可以求出 $\eta_{mf}$。

高分子熔体的弹性效应对高分子的成型加工和性能带来十分不利的影响，包括制品外观变差、尺寸稳定性下降、内应力等。例如，生产厚薄不均匀的塑料制品时，壁薄部分由于冷却比较快，链段的运动很快被冻结，弹性形变部分来不及回复，分子链之间的位置来不及作充分的调整；厚壁部分由于冷却较慢，链段的运动冻结较晚，所以弹性形变部分恢复得较彻底，分子链间的调整也比较完全。因此导致了制品壁厚和壁薄部分的内在结构不一致，在交界处形成内应力。内应力的产生轻者使制品变形、扭曲，重者则使制品断裂。所以在高分子成型加工过程中，应该尽量避免在流动中产生过多的弹性，充分地利用黏性流动来成型。一般可以采取以下措施，例如适当升高温度，使松弛时间缩短，以利于熔体中的弹性的恢复；加入适当的增塑剂也可以起到同样作用；在设计模具时，更好地考虑流道的几何形状和尺寸，避免管径的突然变化，减轻拉伸流动；适当地增加流道的长径比，也有利于弹性形变的松弛。此外可以采用热处理方法来消除制品的内应力，在接近于 $T_g$ 温度的条件下将制品放置一段时间，以促使各部分的弹性形变能够尽可能回复。

## 习　题

1. 名词解释

（1）玻璃化转变；（2）黏流转变；（3）次级转变；（4）结晶熔融；（5）平衡熔点；（6）熔限；（7）松弛过程；（8）表观黏度；（9）零剪切黏度；（10）牛顿流体和非牛顿流体；（11）假塑性流体；（12）出口膨胀效应；（13）不稳定流动；（14）WLF 方程；（15）非牛顿指数。

2. 高分子的分子运动有何特点？为什么高分子的分子运动是一个松弛过程？松弛时间与温度之间的关系如何？

3. 从分子运动观点解释非晶态高分子三种力学状态及其转变，并且讨论：

（1）分子量对高分子温度-形变曲线形状的影响；

（2）交联对高分子温度-形变曲线的影响规律；

（3）结晶对高分子温度-形变曲线的影响规律。

4. 简述四种测定高分子玻璃化转变温度的实验方法及基本原理。温度变化速率和外力作用频率时间对 $T_g$ 值有何影响？

5. 玻璃化转变的理论有哪些？这些理论的要点是什么？

6. 用自由体积理论解释玻璃化转变现象。根据 WLF 方程估计外力作用频率提高一个数量级，测得的 $T_g$ 值将变化多少？

7. 玻璃化转变是否为热力学相转变？为什么？

8. 比较下列各组中高分子在分子量大致相同的情况下 $T_g$ 的高低顺序，并简要说明理由。

（1）聚丙烯、聚氯乙烯、聚丙烯腈、聚异丁烯。

（2）聚二甲基硅氧烷、聚 1,4-丁二烯、聚乙烯、聚乙炔。

（3）聚丙烯、聚苯乙烯、聚对氯苯乙烯、聚对氰基苯乙烯。

（4）聚己二酸己二酯、聚己二酰己二胺、聚对苯二甲酰己二胺。

9. 为什么在玻璃化转变温度以下会发生次级转变？高分子次级转变的机理有哪些？次

级转变对高分子的力学性能有什么影响？

10. 为什么结晶高分子熔融时有一个较宽的熔限？测定高分子结晶熔点的方法有哪些？各种方法中 $T_m$ 是如何定义的？

11. 决定高分子结晶熔点的主要因素有哪些？试讨论链结构如何影响结晶高分子的熔点。

12. 已知聚丙烯的平衡熔点为 176℃，其物质的量重复单元熔融热为 8.36kJ/mol。试计算：

（1）在平均聚合度分别为 10、100、1000 时，聚丙烯的熔点下降了多少。

（2）若用第二单体与其共聚，且该单体单元不进入晶格，当第二单体占 10%（摩尔分数）时，共聚物的熔点是多少？

13. 有两种乙烯和丙烯的共聚物，其组成相同，但其中一种在室温时是橡胶状物质，一直到 −70℃ 以下时才变硬，另一种在室温下却是硬而韧又不透明的材料。试解释它们内在结构的差别。

14. 比较下列各组中高分子在分子量大致相同的情况下 $T_m$ 的高低顺序，并说明理由。

（1）尼龙 6、尼龙 66、聚对苯二甲酰对苯二胺。

（2）聚丙烯、聚丁烯、聚氯乙烯、聚 4-甲基-1-戊烯。

（3）聚乙烯、聚丙烯、聚四氟乙烯、聚对苯二甲酸乙二酯。

15. 将某种线型高分子从熔体急冷到不同温度进行等温结晶，结晶温度范围从 270～330K，用 DSC 测定每个结晶试样的熔点，得到以下结晶温度与熔点的关系。用图解法计算该高分子的平衡熔点。

| $T_c$/K | 270 | 280 | 290 | 300 | 310 | 320 | 330 |
|---|---|---|---|---|---|---|---|
| $T_m$/K | 300.0 | 306.5 | 312.5 | 319.0 | 325.0 | 331.0 | 337.5 |

16. 高分子熔体的流动机理是什么？其黏性流动具有什么特征？

17. 用链缠结理论解释为什么绝大多数高分子熔体和浓溶液在通常条件下都表现出假塑性流动行为。

18. 假塑性流体的流动性可以通过哪些方法表征？如何获得高分子的流动曲线？

19. 用毛细管流变仪测定某种高分子试样，得到在不同活塞杆压下速度 $v$ 时的黏滞阻力值 $F$ 如下：

| $v$/(mm/min) | 0.6 | 2 | 6 | 20 | 60 | 200 |
|---|---|---|---|---|---|---|
| $F$/(N/m$^2$) | 2068 | 3332 | 4606 | 5831 | 6919 | 7781 |

已知活塞杆直径为 0.9525cm，毛细管直径 $D=0.127$cm，毛细管长径比 $L/D=40$。忽略入口校正，试作出该高分子的 $\lg\sigma_{sw}$-$\lg\dot{\gamma}_w$ 曲线和 $\lg\eta_a$-$\lg\dot{\gamma}_w$ 曲线。

20. 从结构观点讨论温度和剪切速率对高分子熔体黏度的影响。在高分子成型加工过程中如何利用黏度对温度和剪切速率的不同敏感性来改善高分子的加工流动性？

21. 某聚苯乙烯试样在 160℃时的黏度为 $8.0\times10^{12}$ Pa·s，试估算其在玻璃化转变温度 100℃和在 120℃时的黏度分别是多少？

22. 某高分子试样在 0℃时的黏度为 $8.0\times10^{13}$ Pa·s，如果其黏度与温度的关系服从 WLF 方程，并假定在玻璃化转变温度 $T_g$ 时的黏度为 $1.0\times10^{12}$ Pa·s，试求其在 25℃时的黏度。

23. 某高分子在加工过程中发生了降解，其重均分子量由 $1.0\times10^6$ 降至 $8.0\times10^5$，问该高分子在加工前后熔融黏度之比为多少？

24. 已知聚乙烯与聚甲基丙烯酸甲酯的流动活化能分别为42kJ/mol和193kJ/mol，聚乙烯在200℃时的黏度为91Pa·s，聚甲基丙烯酸甲酯在240℃时的黏度为200Pa·s。

(1) 计算聚乙烯在210℃和190℃时的黏度。

(2) 计算聚甲基丙烯酸甲酯在250℃和230℃时的黏度。

(3) 讨论温度对不同链结构高分子黏度的影响。

25. 高分子流动过程中会产生哪些弹性效应，分析它们产生的原因，并简述如何减轻这些弹性效应对高分子成型加工带来的不利影响。

# 第 9 章　高分子固体的基本力学性质

高分子的力学性能是指高分子材料在受到外部应力作用后的响应特性。当高分子材料作为形状和结构材料使用时，力学性能显得尤其重要。与其他材料比较，高分子材料具有容易加工的特性，而且它们还拥有许多独特、适应范围很宽的力学特性。例如，橡胶具有低分子化合物没有的高弹性，在不太大的外力作用下可以被成倍地拉伸。释放外力后，大形变又能自动回复。此外，高分子材料在表现出弹性的同时，还会表现出黏性流体的一些特性，即兼有固体弹性和液体黏性的特殊力学行为——黏弹性。黏弹性实际上是材料的力学行为对外力作用时间有很大的依赖性所产生的。由于高分子的长链结构，其分子响应需要一定的时间才能与外力平衡，是一个松弛过程。另外，高分子材料的力学行为对温度也有很大的依赖性。所以，描述高分子材料的力学行为必须同时考虑应力、应变、时间和温度四个参数。

研究高分子材料力学性能的一般规律以及力学性能与高分子结构及分子运动之间的关系，对于改进和提高高分子材料的力学性能、优化高分子制品的设计、选择合适的成型加工条件、合理使用高分子材料都有很重要的意义。

## 9.1　玻璃态和晶态高分子的力学性质

### 9.1.1　描述力学性质的基本物理量

当材料受到外力作用，它的几何形状和尺寸会发生变化。这种变化称为形变。材料发生形变时，由于分子和原子间的距离发生变化，分子和原子间产生附加内力来抵抗外力，力图使材料恢复到形变前的状态。达到平衡时，附加内力与外力相等。定义单位面积上的附加内力或者单位面积上受的外力为应力，其单位为 Pa。

当物体受到外力作用时，随受力方式的不同，发生形变的方式也不同。基本的形变类型包括简单拉伸、简单剪切和本体压缩三种基本类型，如图 9-1 所示。

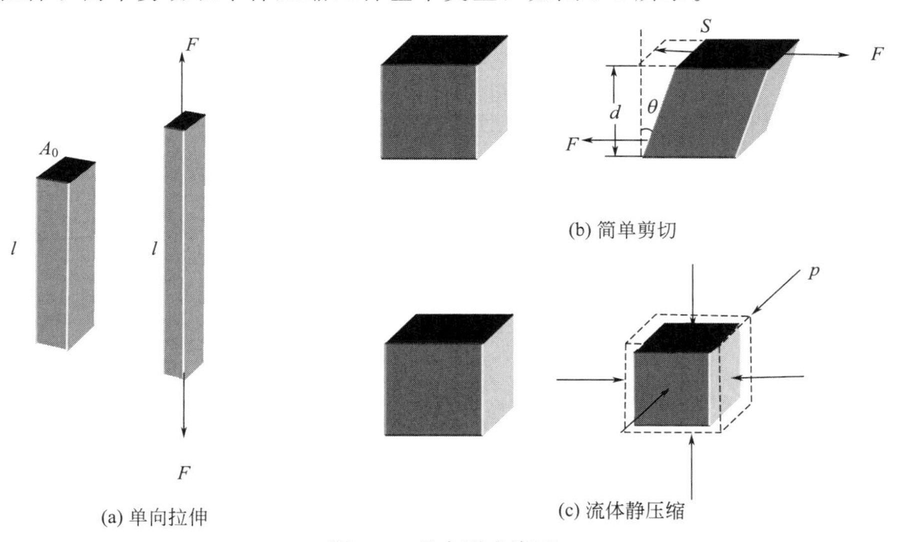


图 9-1　基本形变类型

#### 9.1.1.1 简单拉伸

图 9-1(a) 是长方形材料的单向拉伸。拉伸应力 $\sigma$ 和拉伸应变 $\varepsilon$ 的定义如下：

$$\sigma=\frac{F}{A_0} \tag{9-1}$$

$$\varepsilon_1=\frac{l-l_0}{l_0}=\frac{\Delta l}{l_0} \tag{9-2}$$

此外，将应力与应变之比定义为材料的杨氏模量。它反映了材料抵抗形变能力的大小，模量越大，则材料的刚度越大。

$$E=\frac{\sigma}{\varepsilon_1} \tag{9-3}$$

式 (9-3) 就是大家所熟知的虎克定律。高分子材料有很宽的杨氏模量分布范围，橡胶的杨氏模量约为 $10^5$ Pa，而硬塑料的杨氏模量达到 $10^9$ Pa。有时采用模量的倒数比使用模量更方便，因此将杨氏模量的倒数定义为拉伸柔量，用 $D$ 表示。

材料被单向拉伸时，在拉伸方向伸长的同时，还伴有横向的收缩。如果定义材料横截面积上两个边长分别为 $b_0$ 和 $d_0$，则横向应变为：

$$\varepsilon_2=\frac{b-b_0}{b_0} \text{和} \varepsilon_2=\frac{d-d_0}{d_0} \tag{9-4}$$

通常将横向收缩对轴向伸长之比定义为泊松比 $\nu$：

$$\nu=-\frac{\varepsilon_2}{\varepsilon_1}=-\frac{\varepsilon_3}{\varepsilon_1} \tag{9-5}$$

由此可见，材料受拉伸时，外形尺寸改变的同时，它的体积也发生了变化。然而对高分子材料来说，拉伸时的体积变化相对于其形状来说改变是很小的。特别是橡胶，拉伸时类似液体的行为，体积几乎不变，泊松比接近于 0.5。

#### 9.1.1.2 简单剪切

如图 9-1(b) 所示为矩形物体的简单剪切。当受到剪切力作用时，材料以偏斜一个角度 $\theta$ 的方式形变。此时，剪切应力为剪切力与剪切面积之比，而剪切应变定义为：

$$\gamma=\frac{S}{D}=\tan\theta \tag{9-6}$$

剪切应力与剪切应变之比则为剪切模量：

$$G=\frac{\frac{F}{A}}{\tan\theta}=\frac{\sigma}{\gamma} \tag{9-7}$$

#### 9.1.1.3 流体静压缩

当物体受到流体静压力时产生均匀的本体压缩如图 9-1(c) 所示，物体在各处均为 $p$ 的压缩应力下发生体积形变，从起始体积 $V_0$ 缩小 $V-V_0$。本体模量定义为：

$$B=\frac{P}{-\frac{\Delta V}{V_0}}=-\frac{PV_0}{\Delta V} \tag{9-8}$$

式中，$B$ 是物体可压缩性的度量，$B$ 越大，物体越不易被压缩。

在上述 3 种形变类型中，得到了描述材料力学性质的四个参数，即 $E$、$\nu$、$G$ 和 $B$。对于各向同性的理想弹性体，四个参数之间具有如下关系。

$$E=2G(1+\nu)=3B(1-2\nu) \tag{9-9}$$

### 9.1.2 高分子材料的应力-应变曲线

#### 9.1.2.1 非晶态高分子材料的应力-应变曲线

典型的非晶态高分子材料在单轴拉伸时的应力-应变曲线如图 9-2 所示。具体应力应变行为描述如下。

(1) 当温度很低时（$T \ll T_g$），应力随应变成正比增加，应变不到 10%时就发生了断裂，如曲线①所示。

(2) 温度稍微升高但仍在 $T_g$ 以下时，高分子材料在断裂之前发生屈服现象（曲线②），应力应变曲线上出现转折点，称为屈服点，应力在屈服点达到最大值——屈服应力。材料屈服之后，应变继续增大而应力反而降低，但由于温度还比较低，继续拉伸在总应变不大（不超过 20%）的时候高分子材料发生断裂。

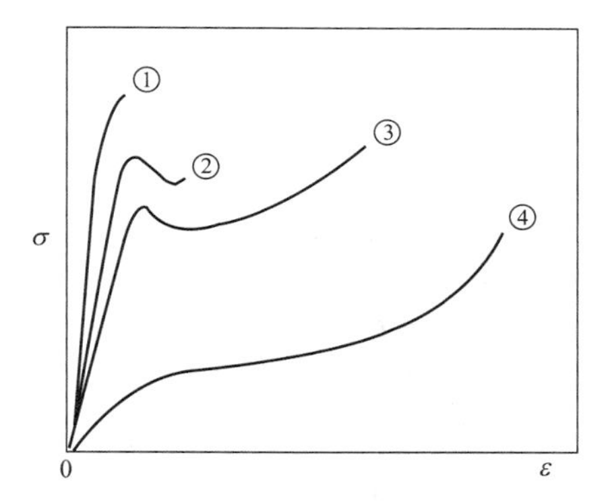

图 9-2　非晶态高分子在不同温度下的应力-应变曲线

(3) 如果温度继续升高，但仍然处于 $T_g$ 以下几十摄氏度的范围内时，高分子材料呈现典型的塑性行为，在发生屈服之后，试样在不增加外力的情况下能发生很大的应变（甚至可达百分之几百）（曲线③）。在应变发展的后期，使高分子材料发生应变所需的应力继续上升，直至断裂。断裂点的应力称为断裂应力，对应的应变称为断裂伸长率。

(4) 当温度上升到 $T_g$ 以上时，高分子材料处于高弹态，在不大的应力下发生高弹形变，材料不再出现屈服现象，应力-应变曲线上出现一段较长的平台，如曲线④所示，之后应力会随应变发展而缓慢升高直至断裂，材料表现出较大的应变。

当非晶态高分子处于玻璃态区时，应力-应变曲线的起始阶段是一段直线，应力与应变成正比，试样表现出虎克弹性体的行为。在此阶段除去外力，则试样会完全回复原状。这种高模量、小形变的弹性行为是由于应力作用时应变完全由高分子分子的键长、键角变化引起的。温度较低的时候，高分子材料在屈服前发生断裂，也称为脆性断裂（曲线①）。温度稍高，高分子材料在屈服之后继续形变直至断裂，在断裂之前可以出现较大的应变，称为韧性断裂（曲线②、③），如果这时除去应力，试样的大形变无法完全回复。但是如果试样的拉伸不进行到断裂，则变形后的试样在温度升高至 $T_g$ 或以上温度时，形变仍可以回复至原状。如此说明，虽然通常非晶态高分子在 $T_g$ 温度以下分子链不能发生运动，但在外力作用下，链段的短程扩散运动活化，沿外力作用方向取向，在高本体黏度阻力下不能回缩，形变不能回复。这从力学角度看是塑性流动，而从分子运动机理上看本质上是一种类似于橡胶弹性的高弹形变，而不是黏流形变。所以，屈服点之后材料的大形变主要是由高分子链段运动引起的，称为“强迫高弹形变”。

由图 9-2 可以看出，温度对强迫高弹性有很大的影响。如果温度太低如曲线①和②中的情况，在发生强迫高弹形变之前试样就已经被拉断了。因此存在一个特征温度 $T_b$，在 $T_b$ 以下的温度范围内，高分子材料不能发生强迫高弹形变而只能发生脆性断裂，因此称 $T_b$ 为脆化温度。只有处于 $T_b \sim T_g$ 之间的温度范围内，非晶态高分子才能在外力的作用下实现强迫高弹形变。强迫高弹形变也是使塑料具有韧性的原因，$T_b$ 也是塑料使用的最低温度，$T_b$ 以下塑料在冲击力作用下易碎，失去了使用价值。

#### 9.1.2.2 晶态高分子材料的应力-应变曲线

典型的晶态高分子材料在拉伸时的应力-应变曲线与非晶态高分子的拉伸曲线相比具有更明显的转折，拉伸过程可以分为三个发展阶段，如图 9-3 所示。

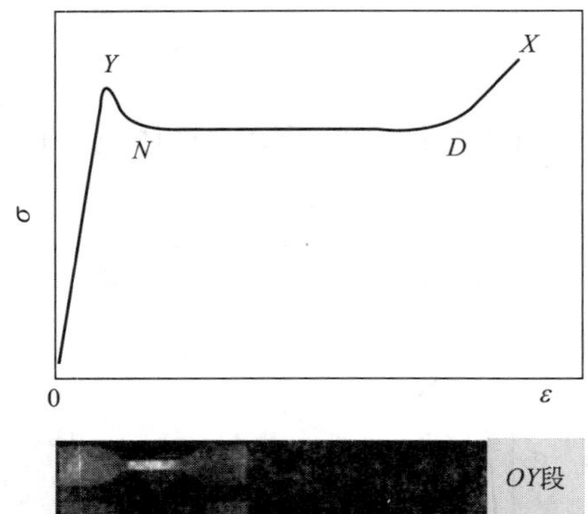


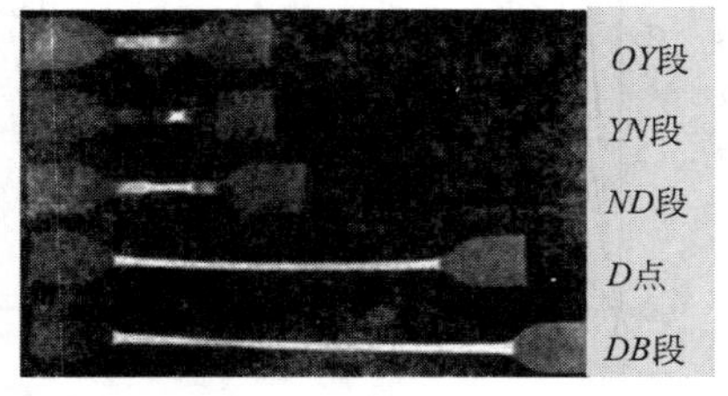


图 9-3 晶态高分子拉伸过程的应力-应变曲线及试样外形变化

第一阶段应力随应变线性增加，试样被均匀拉长，伸长率约百分之几到百分之十几，到达屈服点（*Y*）后，试样出现一个或几个“细颈”（图 9-3 中 *YN* 段），截面变得不均匀，由此开始了拉伸形变发展的第二阶段——细颈发展阶段（*ND* 段）。此阶段的特点是伸长不断增加而应力几乎不变或增大不多，细颈与非细颈部分的截面积分别维持不变，而细颈部分不断扩展，非细颈部分逐渐缩短，直至整个试样完全变细为止（图 9-3 中 *D* 点）。最终的总应变与高分子的种类有关，聚酰胺、聚酯、支链聚乙烯达 500%，而线型聚乙烯可达 1000%。第三阶段是成颈高分子试样被均匀拉伸（*DB* 段），应力随应变增加而增大，直至试样断裂。在晶态高分子材料拉伸曲线上的转折点均与细颈的出现、发展有关。

晶态高分子中包含晶区和非晶区两个部分，其细颈的形成包括了晶区和非晶区两部分的形变。晶态高分子在 $T_g \sim T_m$ 的温度范围内可以成颈。去除拉力后只要加热至接近 $T_m$ 的温度，也能部分回复到未拉伸时的状态。晶态高分子的拉伸成颈与球晶中的片晶变形有关。

图 9-4 是 Peterlin 针对聚乙烯提出的拉伸过程中片晶结构的变化过程。*A* 区域对应的阶段为未变形高分子晶体；发展到 *B* 阶段时产生相转变即双晶化；处于 *C* 阶段时片晶倾斜、滑移和扭曲；在 *D* 阶段一些分子链从晶体内脱出，发生进一步的倾斜、滑移和扭曲；在 *E* 阶段形成沿外力方向取向的原纤结构。

#### 9.1.2.3 取向态高分子的应力-应变曲线

高分子在取向方向上的强度随取向程度的增大而很快增大，如图 9-5 所示 LDPE 在与取向方向成不同角度的方向上的拉伸模量分布，分子量和结晶度对强度的影响相对较少，性能主要由取向状况决定。在平行于取向方向上，材料的模量通常增大很多，而在垂直方向上模量与未取向时差别不大。高度取向时，在垂直于取向方向上材料的强度减小，容易开裂。双轴取向时，在该双轴构成的平面内，性能不像单轴取向那样有薄弱的方向，因此采用双轴取向可以改进材料的性能。

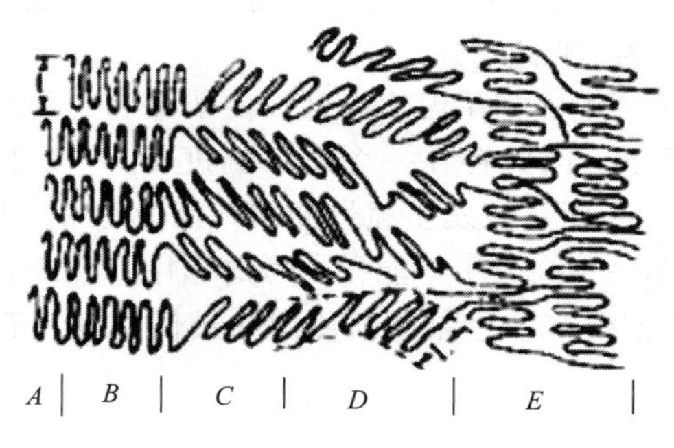


图 9-4 晶态高分子拉伸过程的片晶结构变化

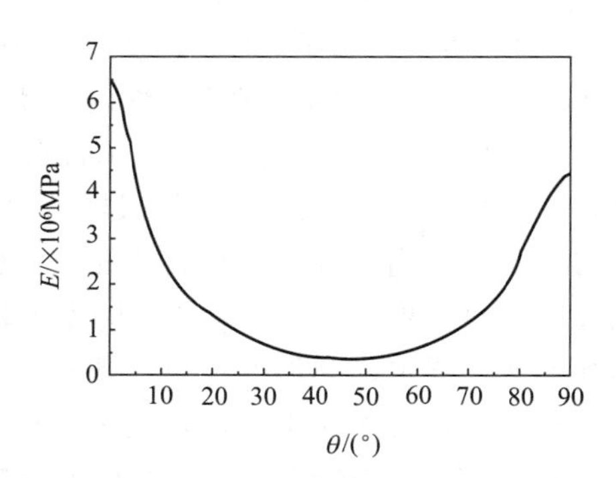


图 9-5 拉伸比为 4.65 的 LDPE 薄片在不同方向上的拉伸模量

### 9.1.3　高分子材料应力-应变曲线类型

由高分子材料的应力-应变曲线可以获得关于其力学性质的许多信息，如从图 9-6 中可获得反映破坏过程的力学性能：断裂强度 $\sigma_B$、断裂伸长 $\varepsilon_B$、屈服应力 $\sigma_Y$、屈服伸长 $\varepsilon_Y$ 和断裂能 $S$ 等，它们主要和大形变特性有关。

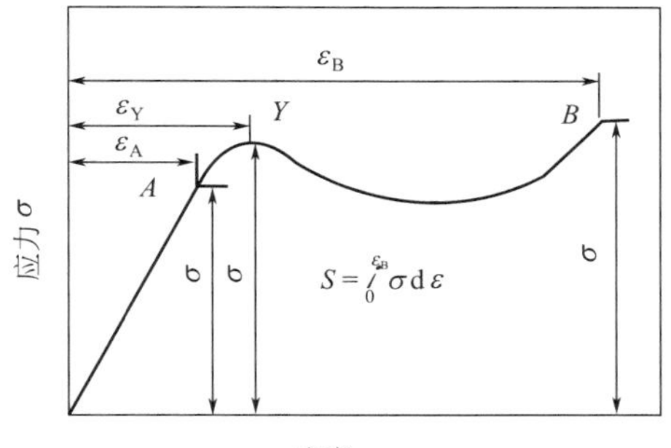


图 9-6　拉伸应力-应变曲线

A—弹性极限；Y—屈服点；B—断裂点；S—应力-应变曲线下部的面积

材料的破坏有两种方式：脆性破坏和韧性破坏。通常可以从拉伸应力-应变曲线的形状和破坏断面的形貌来区分。试样在出现屈服点之前发生断裂，断面光滑，为脆性破坏；拉伸过程中有明显的屈服点、成颈现象及断面粗糙，为韧性破坏。

由于高分子材料的种类众多，它们在室温和通常拉伸速度下的应力-应变曲线呈现复杂的情况。按照拉伸过程中屈服的表现、伸长率大小以及断裂情况，Carswell 和 Nason 将其大致分为五种类型，即硬而脆、硬而强、硬而韧、软而韧、软而弱。如表 9-1 所示为高分子的五种类型应力-应变曲线。

**表 9-1　高分子五种类型的应力-应变曲线**

| 材料力学类型 | 典型高分子材料 | 应力-应变特点 | 应力-应变曲线 |
|---|---|---|---|
| 硬而脆 | PS、PMMA、酚醛树脂等 | 模量高、拉伸强度大、无屈服点，断裂伸长率一般小于2% | |
| 硬而强 | 硬质 PVC 等 | 高的杨氏模量，高的拉伸强度，断裂伸长率约为 5% | |
| 硬而韧 | 尼龙 66、聚酰胺、PC 和 POM 等 | 强度高，断裂伸长率大，拉伸过程中产生细颈 | |
| 软而韧 | 橡胶、增塑 PVC、聚乙烯、聚四氟乙烯等 | 模量低，屈服点低或没有明显屈服点，伸长率大(20%～100%)，断裂强度高 | |
| 软而弱 | 柔弱的凝胶等 | 模量低，屈服应力低，断裂伸长中等 | |

## 9.2 高分子材料的屈服及判据

高分子材料的屈服行为既取决于材料本身的性质又与拉伸时的温度、拉伸速率等条件有关。是否出现屈服可以从应力-应变曲线是否出现最大值作出判断。但是在前面关于高分子材料拉伸过程的讨论中，所谈到的应力实际上均指表观应力，即拉伸应力-应变曲线实际上是荷重-伸长曲线。但是在材料屈服的时候，随着形变的加大，试样的截面积会缩小很多，材料实际受到的真应力与表观应力会出现较大的差别，采用真应力更能体现材料实际的受力大小。那么这时材料的屈服判据又是什么呢?

假定拉伸时材料体积不变，定义伸长比 $\lambda=l/l_0=1+\varepsilon$，则试样的截面积 $A$ 与原始面积 $A_0$ 有如下关系：

$$A=\frac{A_0 l_0}{l}=\frac{A_0}{\lambda}=\frac{A_0}{1+\varepsilon} \tag{9-10}$$

真应力可表示为：

$$\sigma_{真}=\frac{F}{A}=(1+\varepsilon)\sigma \tag{9-11}$$

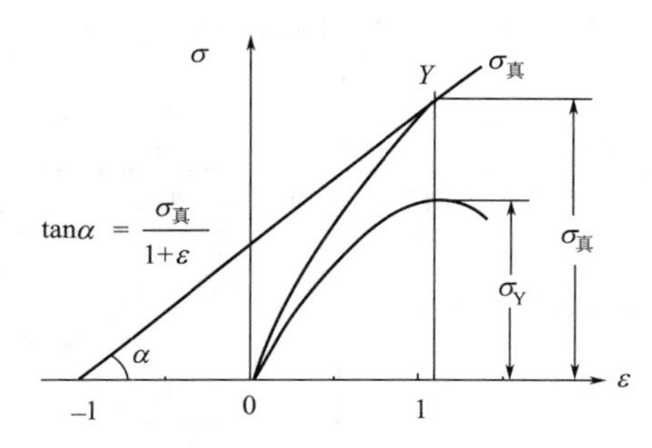

图 9-7 真应力-应变曲线与屈服点

可由式（9-11）根据荷重-伸长曲线绘制出真应力-应变曲线（图 9-7）。屈服点 $Y$ 处是表观应力-应变曲线的极值点，所以此处：

$$\left(\frac{d\sigma}{d\varepsilon}\right)_Y=\left[\frac{d}{d\varepsilon}\left(\frac{\sigma_{真}}{1+\varepsilon}\right)\right]_Y=0 \tag{9-12}$$

$$\frac{d\sigma_{真}}{d\varepsilon}=\frac{\sigma_{真}}{1+\varepsilon}=\frac{\sigma_{真}}{\lambda} \tag{9-13}$$

式（9-13）说明，与表观应力-应变曲线上屈服点相应的点是真应力-应变曲线上由应变轴上 $\varepsilon=-1$ 处向曲线作切线的切点。这种图解称为 Considère 作图法，可以作为材料屈服和出现强迫高弹形变（冷拉）的判据。

高分子材料的真应力-应变曲线可以归纳为三种类型，如图 9-8 所示。第一种情况，曲线上为凹（或直线）形（例如一些橡胶或脆性材料属于这种情况），这时$\frac{d\sigma_{真}}{d\lambda}$恒大于$\frac{\sigma_{真}}{\lambda}$，由 $\lambda=0$ 点出发不可能向曲线做切线，这类材料在断裂前随应力的增加而均匀伸长，不能屈服成颈。第二种情况，曲线上有一个点满足$\frac{d\sigma_{真}}{d\lambda}=\frac{\sigma_{真}}{\lambda}$，材料在该点屈服成颈，此后细颈逐渐变细直至断裂，不能形成强迫高弹（冷拉）。第三种情况，真应力-应变曲线上有两个点 $A$ 和 $B$ 满足上式的条件，即真应力-应变曲线具有第二个极值——极小值，此时细颈能保持恒定，直至全部试样都变成细颈，可以得到稳定的细颈。

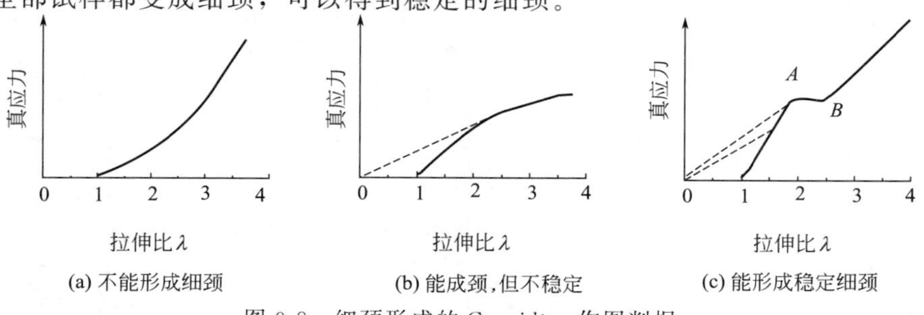

图 9-8 细颈形成的 Considère 作图判据

实际上，材料的屈服行为与受力状态也有关系。在应用中材料可能并不受到单一的作用力。应力一般由包括三个方向上的正应力和三个面的切应力的 6 个分量组成。各种受力状态对应于不同的应力分量组合，在屈服点它将达到某一临界值，在组合应力条件下材料的屈服条件成为屈服判据（yield criterion）。

将高分子材料单向拉伸至屈服，常可以看到如图 9-9 所示试样上出现与拉伸方向成约 45°角的剪切滑移变形带，或者在材料内部形成与拉伸方向倾斜一定角度的剪切带。说明在材料屈服的过程中剪切应力分量起到重要的作用。

较简明的屈服判据是 Tresca 针对金属材料提出的。该判据指出，剪切作用最大方向上的剪切应力达到某一临界值 $\sigma_{sy}$ 时，材料呈现屈服现象。即

$$\sigma_s = \sigma_{sy} = \text{常数} \tag{9-14}$$

常数的数值只同材料本身的性质有关，与受力状态无关。

以单向拉伸为例（图 9-10），考虑一个横截面积为 $A_0$ 的试样，受到单轴拉伸力 $F$ 的作用后，横截面上的应力为 $\sigma_0 = F/A_0$。

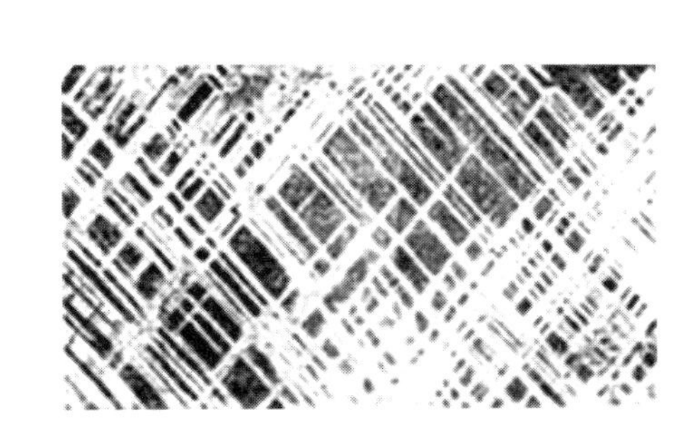

图 9-9　聚对苯二甲酸乙二酯的剪切带

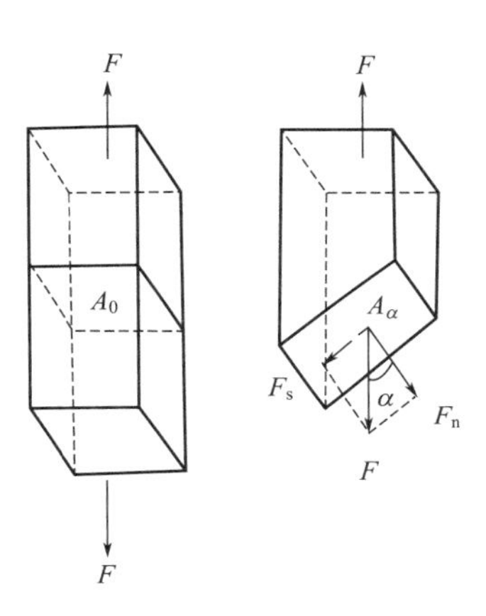


图 9-10　单轴拉伸应力分析

如果在试样上任取一个倾斜的截面，其与横截面的夹角为 $\alpha$，则它的面积为 $A_\alpha = A_0/\cos\alpha$。作用在这个倾斜截面上的拉力可以分解为两个相互垂直的分力：沿平面切线方向的分力 $F_s = F\sin\alpha$；沿平面法线方向的分力 $F_n = F\cos\alpha$。因此，斜截面上的切向应力和法向应力分别为：

$$\sigma_{\alpha s} = \frac{F_s}{A_0} = \frac{\sigma_0}{2}\sin 2\alpha \tag{9-15}$$

$$\sigma_{\alpha n} = \frac{F_n}{A_0} = \sigma_0 \cos^2\alpha \tag{9-16}$$

这就是说，在拉伸应力 $\sigma_0$ 一定的情况下，斜截面的切应力和法应力只与截面的倾角有关。分别以 $\sigma_{\alpha s}$ 和 $\sigma_{\alpha n}$ 对 $\alpha$ 作图可以发现（图 9-11）：当 $\alpha = 0°$ 时，$\sigma_{\alpha n} = \sigma_0$，$\sigma_{\alpha s} = 0$；而当 $\alpha = 45°$ 时，$\sigma_{\alpha n} = \sigma_0/2$，$\sigma_{\alpha s} = \sigma_0/2$；当 $\alpha = 90°$ 时，$\sigma_{\alpha n} = 0$，$\sigma_{\alpha s} = 0$。这说明对切应力 $\sigma_{\alpha s}$ 而言，当截面倾角为 45°时达到最大值；而对法应力 $\sigma_{\alpha n}$ 而言，则以 $\alpha = 0$ 时为最大。

对于试样中倾角为 $\beta = \alpha + \pi/2$ 的斜截面（它与第一个斜截面相互垂直）进行同样处理，也可以得到：

$$\sigma_{\beta n} = \sigma_0 \cos 2\beta = \sigma_0 \sin^2\alpha$$

$$\sigma_{\beta s} = \frac{\sigma_0}{2}\sin 2\beta = -\frac{\sigma_0}{2}\sin 2\alpha$$

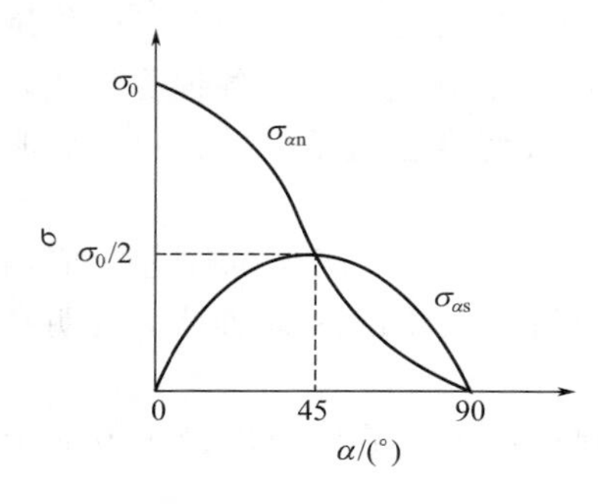

图 9-11 任意截面上的正应力和法应力与截面倾角的关系

显然，$\sigma_{\beta s}=-\sigma_{\alpha s}$。这说明两个互相垂直的斜截面上的切应力大小相等、方向相反，而且它们总是同时出现。

按照 Tresca 屈服判据，当对韧性材料进行拉伸时，倾角为 45°和 135°的两个斜截面上的切应力 $\sigma_{\beta s}$、$\sigma_{\alpha s}$ 最先达到材料的临界常数，材料在与拉伸方向成 45°和 135°的方向上出现剪切滑移变形带，发生剪切屈服。进一步拉伸后，由于变形带中分子链高度取向，强度增高，因此变形不会进一步发展。但是变形带的边缘部分则进一步剪切变形，在试样上产生对称的细颈，然后细颈逐渐扩展至整个试样。

对于脆性材料而言，在最大切应力还未达到材料的临界常数时正应力就已经超过了材料的拉伸强度，因此材料还来不及产生剪切屈服就断裂了。所以脆性材料拉伸时，试样不会发生屈服，而是在垂直于拉伸的方向上断裂。

一般单向拉伸或压缩试验产生的剪切带倾角很少恰为 45°的，这是因为材料形变时体积变化、塑性流动和普弹形变恢复等原因造成的。如果材料受组合应力作用，则截面倾角与试样的受力状态也有关系。

银纹（crazing）现象是高分子材料在使用和储存过程中，受张应力或环境的作用在材料表面产生微裂纹的现象。这些微裂纹通常长度为 100μm、宽度为 10μm 左右，厚度约为 1μm。裂纹区的折射率低于高分子本体。因此在银纹和本体高分子之间的界面上会对光线产生全反射现象，很容易在全反射角度下观察到银色的反光。

银纹是高分子材料特有的现象，通常出现在非晶态高分子中，如 PMMA、PS、PC、聚砜等，但在一些结晶高分子中也有发现。引起银纹的基本因素是张应力，纯压缩力不产生银纹。一些环境因素对银纹的形成有促进作用。

银纹类似于裂缝，但不同于裂缝。裂缝是空的，但银纹并未全空，在银纹中除空穴外还含有取向的高分子，占体积的 40%～60%。联系两银纹面的束或片状高分子也称为银纹质。银纹具有一定的强度，其力学性质也有黏弹性现象。例如银纹扩展到整个横截面的 PS 样品仍然可以承受高达 $2\times10^4$ Pa 的负荷。图 9-12 是银纹的产生及其结构。

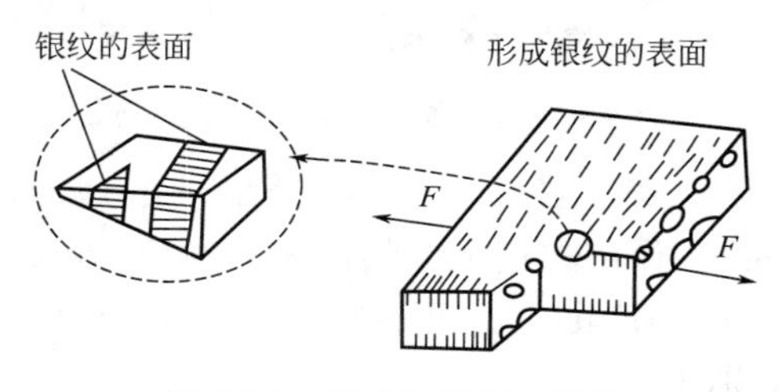

图 9-12 银纹的形成与结构

银纹的形成是由于在张应力作用下发生在高分子材料局部的塑性形变。在应力集中部分的分子链受到较大的作用力，产生局部冷拉，沿应力方向高度取向。局部的高度拉伸形变造成的大的横向收缩导致空穴的形成，从而形成银纹。因为链束的取向方向与拉伸方向平行，所以银纹产生的方向与拉伸方向垂直。在一定温度下，高分子存在一个临界应力，只有在临界应力以上，银纹才会产生。临界应力与分子量无关，但银纹的发展和破坏有分子量依赖性。

除了拉伸之外，环境因素也可引起银纹的产生。许多高分子材料在一些溶剂的作用下会产生银纹，进一步会发展为裂缝以致断裂。可能是由于溶剂造成高分子材料区域性的玻璃化转变温度下降或结晶引起。溶剂银纹化是非晶态高分子的一个弱点，在应用上需避免其出现。

银纹具有可逆性，在压力或 $T_g$ 以上退火时，可以回缩或愈合，再拉伸时会重新出现。但是已经形成银纹的材料继续受到拉伸作用的时候，银纹会发展成裂缝导致整个材料断裂。

银纹的产生能吸收破坏材料的能量，如果能在材料断裂的过程中产生大量的银纹，那么将吸收大量的能量，从而使得材料具有很高的冲击强度。高抗冲聚苯乙烯等橡胶增韧塑料材料就是利用了这一原理提高了它的抗冲击强度，分散于塑料基体中的橡胶微粒在应力作用下产生形变，作为应力集中物，使周围的塑料相产生大量的银纹，同时消耗大量的冲击能量，而且由一个橡胶微区边缘产生的银纹可被另一微区终止，起到控制和终止银纹发展的作用，使其不至于形成破坏性的裂纹。

## 9.3　高分子材料的破坏和理论强度

高分子材料在各种使用条件下所表现出的强度和对抗破坏的能力是其力学性能的重要方面。在应用上，人们对高分子材料的强度要求越来越高，因此研究它们的断裂类型、断裂形态、断裂机理和影响强度的因素是进一步提高高分子材料力学性能的基础。

### 9.3.1　脆性断裂和韧性断裂

从力学性能的角度考虑，高分子材料的显著优点之一是它们的韧性，即在断裂前能够吸收大量的能量。这一特性是非金属材料难以达到的。但是材料内在的韧性并不一定总是能表现出来，还与使用条件等方面的环境因素有关，例如应力加载方式、温度、应变速率、制件形状和尺寸等都会影响高分子材料的韧性。各种高分子材料具有不同的结构特征，在一定的温度和受力状态下能表现出韧性，在另外的一些条件下就有可能表现出脆性。如何提高和发挥高分子材料的韧性而避免脆性断裂，是应用工程中的重要课题。

材料的断裂是韧性的还是脆性的可以从下面三个方面加以判别。

（1）应力-应变曲线　如果材料只发生了普弹小形变，并且在屈服之前就发生了断裂，那么可以判别为材料发生了脆性断裂，相应的应力-应变曲线通常较符合线性关系；如果材料是在发生屈服或高弹形变之后才断裂，则发生的是韧性断裂，韧性断裂通常伴随有较大的形变，应力-应变关系是非线性的。

（2）断裂能　将冲击强度为 $2\mathrm{kJ/m^2}$ 作为临界指标，试样的冲击强度小于该数值为脆性断裂，否则为韧性断裂。

（3）断裂面形状　脆性断裂通常断裂面光滑，而韧性断裂则试样断面粗糙并且有外延的形变。

高分子材料是否发生韧性或脆性断裂与分子结构和凝聚态有关：①分子量，脆性断裂应力随高分子分子量的增加而增大，有利于韧性断裂，但分子量对屈服应力没有直接的影响；②侧基，柔性侧基降低屈服应力和脆性断裂应力，而刚性侧基使屈服应力和脆性断裂应力都提高；③交联，提高屈服应力，但对脆性断裂应力增加不大。随着交联密度的增加，高分子材料的脆性也增加；④分子取向，高分子在各种加工条件下发生取向之后，产生了力学性能的各向异性，在取向方向，脆性断裂应力提高，韧性提高，但在垂直于取向的方向上比不取向的高分子更容易发生脆性断裂；⑤增塑可提高高分子材料的韧性。

高分子材料是否发生韧性或脆性断裂还与使用条件有关。材料在低温下容易发生脆性断裂，升高温度则可转变为韧性断裂。形变速率也会影响材料的断裂方式，一定温度下，低形变速率下发生韧性断裂，提高形变速率则转变为脆性断裂。提高应变速率与降低温度对材料断裂行为的影响等效；另一方面，断裂方式与应力作用方式也有关系，例如在剪切和压缩力作用下材料更易呈现韧性断裂。

### 9.3.2 高分子材料的理论强度

从分子结构的角度来看，高分子材料之所以具有抵抗外力破坏的能力，主要靠分子内的化学键力和分子间的范德华力和氢键。在理想状态下，可以从微观角度对高分子材料可能达到的理论强度作出估计。高分子断裂时内部结构的破坏可归结为图 9-13 所示的三种情况：化学键破坏、分子间滑脱和范德华力或氢键破坏。

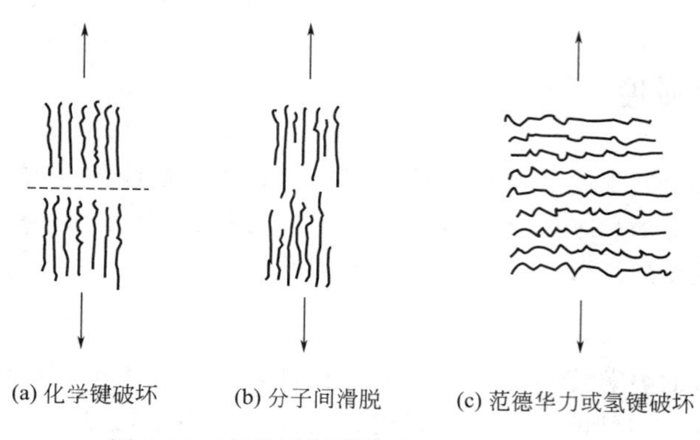

(a) 化学键破坏　(b) 分子间滑脱　(c) 范德华力或氢键破坏

图 9-13　高分子断裂微观过程的三种模型

如果高分子材料中分子链取向与受力方向一致并假设分子链的长度无限长，材料的断裂完全由分子链上化学键的断裂所导致，则由化学键破坏所需的功可以估算出材料的理论强度。C—C 键的键能约为 350kJ/mol，键能 $E$ 可以看做是将成键原子从平衡位置移开一段距离 $d$ 需要克服其相互吸引力 $f$ 所做的功。共价键破坏时 $d$ 约为 0.15nm，根据聚乙烯的晶胞数据估算，每根分子链的截面积为 0.2nm$^2$，即每平方米截面上有 $5\times10^{18}$ 根高分子链。因此高分子材料的理论拉伸强度应为：

$$\sigma=\frac{350\times10^3\times5\times10^{18}}{6.023\times10^{23}\times1.5\times10^{-10}}\approx1.9\times10^{10}\ (\text{Pa}) \tag{9-17}$$

该值远远高于高分子材料的实际拉伸强度，即使是高度取向结晶的高分子材料，其拉伸强度也达不到这一理论值。

如果材料的断裂完全是由图 9-13 中所示的分子间滑脱造成的，那么断裂时必须使分子间的氢键或范德华力全部破坏。1mol 氢键大约产生 20kJ 的内聚能，假定高分子链上每 0.5nm 的链段就有一个分子间氢键并且高分子链总长 100nm 的话，则总的摩尔内聚能约为 4000kJ/mol，远高于共价键的键能。即使没有氢键，只有范德华力，每 0.5nm 链段的摩尔内聚能以 5kJ/mol 计算，假定高分子链长 100nm，总的摩尔内聚能为 1000kJ/mol，也比共价键的键能大好几倍。由于使分子间完全滑脱比使化学键断裂所需的拉伸力更大，所以断裂完全由分子间滑脱造成也是不可能的。

如果是如图 9-13(c) 所示的情况，所有分子链都垂直于受力方向排列，断裂时只需克服断面部分的分子间力。氢键的解离能以 20kJ/mol 计算，作用范围约为 0.3nm，则拉断一个氢键或范德华力所需要的力分别约为 $1\times10^{-10}$N 和 $3\times10^{-11}$N。假定每 0.2nm$^2$ 的面积上有一个氢键或范德华力，可以计算出拉伸强度分别为 $4\times10^8$Pa 和 $1.2\times10^8$Pa。这个数值仍比一般高分子材料的实际强度要高，但与实验测定的高度取向纤维的拉伸强度基本属于同一个数量级。

根据以上分析，理论上高分子材料的强度能达到 15～20GPa，而目前一般高分子材料的强度仅为 0.03GPa 左右。导致高分子材料理论强度和实际强度之间有巨大差别的原因一方面是由于高分子分子链不可能完全取向，达不到理论假设的那么规整排列的水平。另一方面分子链的断裂也不可能发生在同一平面上，断裂过程可能首先发生在未取向部分，随后应力集中到取向的主链上，最后扩展到整个材料。同时，制品内部应力分布不均匀也会对材料的强度带来不利的影响。

高分子实际强度和理论强度的巨大差距表明，合理设计高分子材料的微观结构以提高高分子材料强度的潜力是巨大的。多年来人们为提高高分子材料的实际强度作了很多努力，主要思路是将具有足够高分子量的分子链平行伸展排列，以达到最高的强度和模量。比如将超高分子量的聚乙烯进行凝胶纺丝，先在稀溶液中纺丝，尽量降低分子链缠结，然后将纺制出的纤维拉伸至理论极限，强度可达 2～6GPa，比普通聚乙烯的强度提高约 200 倍。

为了提高材料的强度，还必须进一步理解材料发生断裂的必要和充分条件。格里菲思（Griffith）从能量平衡的观点研究了断裂过程。格里菲思理论认为，材料断裂因为新表面的产生而需要一定的表面能，这一能量要由材料内部弹性储能的减少来提供，而材料的弹性储能分布不均匀，裂缝附近集中了大量的弹性储能。断裂从这一集中区开始，致使材料在裂缝处先行断裂。断裂的临界条件可以表示为：

$$-\frac{\mathrm{d}U}{\mathrm{d}C}\geqslant\gamma\frac{\mathrm{d}A}{\mathrm{d}C} \tag{9-18}$$

这里 $-\mathrm{d}U$ 是裂缝扩张 $\mathrm{d}C$ 时引起的弹性储能减少，当它的减少量大于或等于由于裂缝扩张 $\mathrm{d}C$ 而形成新表面 $\mathrm{d}A$ 的表面能增量 $\gamma\mathrm{d}A$ 时，材料就发生断裂。$\gamma$ 为单位面积的表面能。把裂缝附近的应力分布近似看作一个椭圆形小孔在垂直于长轴方向上受力时的应力分布，可以从式（9-18）得到临界条件下材料的拉伸强度 $\sigma_\mathrm{B}$：

$$\sigma_\mathrm{B}=\left(\frac{2E\gamma}{\pi C}\right)^{\frac{1}{2}} \tag{9-19}$$

式中，$E$ 为材料的弹性模量；$C$ 为初始裂缝长度的 1/2。

它说明材料的模量和表面能的增高将使其断裂强度上升，而裂缝长度的增加使其断裂强度下降。由式（9-19）可以得出在一定的裂缝长度下材料能承受的应力上限，或者在一定的应力情况下材料所能承受的裂缝长度，超过临界值后材料就会发生断裂。

### 9.3.3　影响断裂强度的因素

由格里菲思理论可知，凡是有利于提高材料弹性模量、有利于增加断裂过程的表面功的因素都能提高材料的强度，而使材料形成缺陷增加应力分布不均匀性的因素都会使材料的强度下降。影响高分子断裂强度的有材料内部（化学和物理结构）和外部（温度和拉伸速率）的因素。下面分别进行详细讨论。

#### 9.3.3.1　高分子结构的影响

（1）主链结构　含芳杂环的高分子，分子链呈刚性，其强度和模量都比较高，因此新型工程塑料主链大都含芳杂环。比如聚芳酰胺、聚苯醚、芳香尼龙都比对应的脂肪族聚酰胺、聚醚和尼龙的强度和模量高。但冲击性能有所下降。

增加高分子的极性或产生氢键可以增加主链的化学键力和分子间作用力，可使强度提高。但是如果极性基团过密或取代基过大，阻碍链段运动，则不能实现强迫高弹性，材料呈现脆性。

提高高分子链的结构规整性有利于分子链的紧密堆砌，增大分子间的相互作用，有利于结晶的形成，从而导致高分子拉伸强度提高而冲击强度下降。比如高压聚乙烯具有许多支化结构，所以低压聚乙烯的规整性比高压聚乙烯高，拉伸强度高于高压聚乙烯，但冲击强度较低。

（2）分子量　分子量的增加使分子运动困难，因而提高表面能，有利于提高材料的拉伸强度和冲击强度。但当分子量超过一定数值后，拉伸强度的变化不大而冲击强度则继续增大。超高分子量聚乙烯（$>10^6$）的冲击强度比普通低压聚乙烯提高 3 倍多，在 $-40$°C 时可提高达 18 倍之多。

（3）交联　适度交联能有效地增加分子链间的联系，使弹性模量提高。比如聚乙烯经辐射交联后，拉伸强度提高 1 倍，冲击强度提高 3～4 倍。但过分交联会使高分子的结晶度下降，取向困难，材料变脆。

（4）结晶和取向　结晶度的增加，对提高拉伸强度、弯曲强度和弹性模量有好处。如聚乙烯由于结晶的存在而呈现韧性塑料的行为。但结晶度太高，反而导致冲击强度和断裂伸长率的降低，材料变脆。高分子球晶结构对强度的影响超过结晶度所产生的影响，其大小对高分子的力学和光学性能起到重要的作用。大球晶通常使高分子的断裂伸长和韧性降低，而小球晶聚丙烯的拉伸强度、模量、断裂伸长率和韧性都比较高。

分子链合适的取向可以使拉伸强度提高几倍甚至几十倍。在与分子取向平行的方向上拉伸强度和模量都增加，断裂伸长率也增加，取向的材料可从脆性转为韧性材料，具有屈服点。但在与取向垂直的方向，拉伸强度和弹性模量反而降低。双轴取向能克服单轴取向在垂直方向上强度降低的缺点，在长度和宽度两个方向上都具有优良的力学性能。

（5）增塑剂的影响　增塑剂的加入降低了分子链间的作用力，起到稀释的作用，因而强度降低，降低的值与增塑剂用量成正比。但是由于增塑剂同时也提高了高分子的链段运动能力，所以随其用量的增加，材料的冲击强度和断裂伸长率提高。

（6）填料的影响　人们发现若在高分子基体中加入第二相物质构成所谓的“复合材料”，在一些情况下能使力学性能得到改善。能显著地提高力学强度的作用称为“增强作用”。增强方面的实例很多，比如玻璃纤维、碳纤维、纳米蒙脱土、单晶纤维增强塑料具有高的弹性模量、耐热、耐磨、绝缘等特性，已用于航空航天、电信、化工等各个领域的增强材料的制造。

加入高分子材料中的填料可以分为活性填料和惰性填料两种，前者对特定的高分子起增强作用而后者没有这一作用。在多数情况下，惰性填料是为了改进材料的加工性能、降低材料成本而加入的。有时为了赋予材料以特殊的性能（如导电性、润滑性），还可以加入一些特殊的填料。

（7）共混的影响　共混可以综合两种以上高分子的性能，比如 ABS 树脂就结合了聚苯乙烯、聚丙烯腈和聚丁二烯橡胶的特点，既具有较好的刚性又具有很好的冲击强度。共混中常用的是橡胶增韧塑料。高抗冲聚苯乙烯提高冲击强度的原理就是其中的橡胶相起到引发银纹、吸收冲击能量的作用。其他一些比较成功的共混改性的例子有：聚丙烯塑料与乙丙橡胶共混、聚碳酸酯与 ABS 的共混等。

#### 9.3.3.2　受力环境的影响

受力环境对材料强度的影响主要体现在外力作用速率和温度上。由于高分子的破坏过程是一种松弛过程，对时间和温度都具有一定的依赖性。在较低的温度或较高的形变速率下，高分子的链段运动缓慢，跟不上外力作用的速率，因此材料往往表现出脆性断裂行为。而在较高的温度和较低的形变速率下，链段运动能跟上外力作用的速率，材料容易屈服而不是发生脆性断裂，尽管断裂强度要低一些，但材料表现出韧性。图 9-14 是对高分子在不同温度和拉伸速率下进行试验，将得到的应力-应变曲线的断裂点连接起来，所得到的就是材料破坏轨迹。从中可以看出，提高拉伸速率和降低温度的效果是等效的。

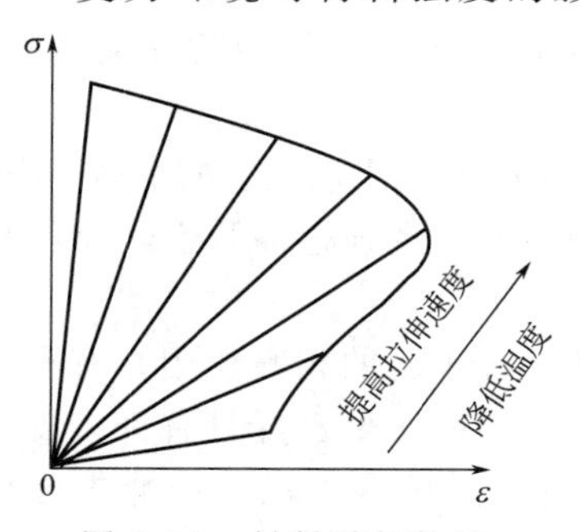

图 9-14　材料破坏轨迹

## 9.4　高分子弹性体的力学性能

高分子所具有的长链结构和链段运动赋予了高分子的链柔性。而链柔性又赋予了高分子材料独特的力学性质——高弹性。在室温附近能够表现出高弹性的高分子材料称为高分子弹性体，又称为橡胶。橡胶弹性体在不大的外力作用下就可以产生很大的形变，去除外力后形变几乎完全回复。由于其所具有的特殊性质，弹性体被应用于从航空航天、车辆运载工具、密封材料到日常生活用品等的各个领域，研究其弹性产生的机理和提高弹性体性能在应用上具有很重要的意义。

### 9.4.1 高弹体的分子结构特点

高分子弹性体通常都具有柔性的长链结构，其卷曲的分子链在外力作用下通过链段的内旋转运动改变构象而舒展开来，去除外力又恢复到卷曲状态而表现出大形变和回弹性。橡胶的玻璃化转变温度都远低于室温，在室温下具有不结晶的柔性分子链是对橡胶分子的基本结构要求。表 9-2 给出了几种常用橡胶的玻璃化转变温度及其使用温度。为了克服线型橡胶形变时不能完全回复的塑性形变，橡胶等高分子弹性体必须经过交联才能在实际中应用。

表 9-2　几种常用弹性体的玻璃化转变温度和使用温度

| 弹性体 | 结构单元 | $T_g$/℃ | 使用温度范围/℃ |
| --- | --- | --- | --- |
| 天然橡胶 | $—CH_2—C(CH_3)=CH—CH_2$ | −70 | −50～+120 |
| 顺丁橡胶 | $—CH_2—CH=CH—CH_2—$ | −105 | −70～+140 |
| 氯丁橡胶 | $—CH_2—C(Cl)=CH—CH_2$ | −45 | −35～+130 |
| 乙丙橡胶 | $—CH(CH)—CH_2—CH_2—CH_2—$ | −60 | −40～+150 |
| 硅橡胶 | $—Si(CH_3)_2—O—$ | −120 | −70～+275 |

高分子弹性体的物理性能兼有类似固体、液体、气体的特点。类似固体的方面是具有稳定的尺寸，小形变情况下弹性响应符合虎克定律。它被拉伸时表现出类似液体的行为，体积几乎不变，泊松比接近于 0.5，其热膨胀系数和等温压缩系数与液体处于相同的数量级。类似气体是指橡胶形变时内应力随温度增加而升高的行为，导致橡胶的弹性模量随温度的升高而增大。

同其他固体材料相比，橡胶材料具有以下特点。

（1）小应力下产生大形变并且弹性模量小　弹性形变可高达 1000%且在去除外力后又几乎能完全回复，而一般材料小于 1%；橡胶的高弹性模量约为 $10^5$ Pa，而通常固体材料的弹性模量约为 $10^9 \sim 10^{11}$ Pa。

（2）具有热弹性效应　在橡胶弹性体被拉伸时放出热量，温度升高；回缩的时候吸收热量，温度降低。

（3）弹性体的高弹形变是一个松弛过程（具有时间依赖性）　高弹形变和回复是通过链段运动实现的，需克服分子间的作用力，因此其应力-应变行为与温度和时间都有密切的关系。

### 9.4.2 高弹形变的热力学分析

在恒温情况下对橡胶的受力形变过程做热力学分析。当把长度为 $l$ 的试样在外力 $f$ 作用下伸长 $dl$ 时，根据热力学第一定律，体系的内能 $dU$ 变化等于体系吸收的热量 $dQ$ 减去体系

对外所做的功 $dW$：

$$dU=dQ-dW \tag{9-20}$$

假设过程是可逆的，则由热力学第二定律可得：

$$dQ=TdS \tag{9-21}$$

橡胶被拉伸时，体系对外所做的功包括膨胀功 $PdV$ 和拉伸功 $fdl$ 两方面：

$$dW=PdV-fdl \tag{9-22}$$

综合以上三式可得：

$$dU=TdS-PdV+fdl \tag{9-23}$$

由于橡胶在拉伸过程中泊松比 $\nu\approx0.5$，体积几乎不变，$dV\approx0$，所以可将 $PdV$ 项忽略不计，得到：

$$dU=TdS+fdl \tag{9-24}$$

由上式推得等温等容条件下的热力学方程：

$$f=\left(\frac{\partial U}{\partial l}\right)_{T,V}-T\left(\frac{\partial S}{\partial l}\right)_{T,V} \tag{9-25}$$

$$f=\left(\frac{\partial U}{\partial l}\right)_{T,V}+T\left(\frac{\partial f}{\partial T}\right)_{l,V} \tag{9-26}$$

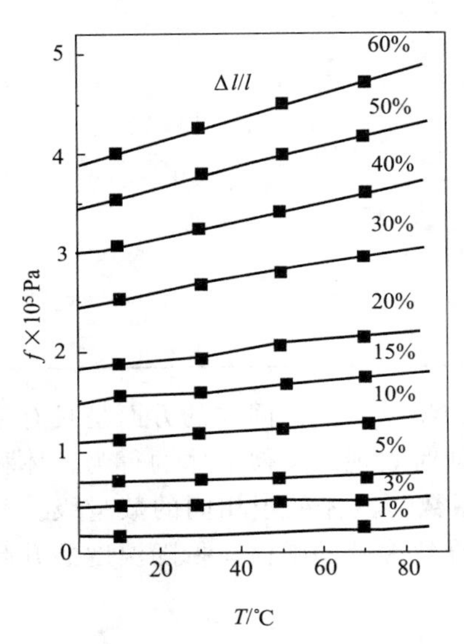


图 9-15 固定拉伸比时天然橡胶的应力-温度关系

式中，$(\partial f/\partial T)_{l,V}$ 是可以通过实验测定的，意义是橡胶的长度和体积维持不变时，张力 $f$ 随温度的变化情况。图 9-15 为经过实验测得的天然橡胶恒定拉伸比（$\lambda=l/l_0$）时的应力-温度关系，图中在伸长率小于 10% 的时候，在很宽的温度范围内，各直线外推到 $T=0$K 时，几乎都通过坐标原点。由式（9-25）和式（9-26）可知方程式在横坐标温度轴上的截距项 $(\partial U/\partial l)_{T,V}\approx0$，所以可以得到：

$$f=-T\left(\frac{\partial S}{\partial l}\right)_{l,V} \tag{9-27}$$

式（9-27）说明，橡胶拉伸时内能几乎不变，外界所做的功主要引起熵的变化。橡胶的回弹性也主要由熵的变化产生。这种只有熵的变化对弹性体的弹性有贡献的性质称为“熵弹性”。它揭示了橡胶高弹性的本质。在受到拉伸时，橡胶弹性体的分子链从蜷曲状态变为伸展状态，熵值减小；当去除应力的时候，体系会向熵值增大的方向发展，高分子链就从伸展状态自发回到初始状态。进一步的研究表明，内能在橡胶的高弹性中的贡献并不为零，它约为 10%，剩余主要来自熵的变化。

### 9.4.3 橡胶状态方程式

根据橡胶高弹性的热力学分析可知，橡胶高弹性的本质是熵弹性。即橡胶发生形变时其回缩力完全是由熵的变化引起的，而熵值变化的大小又与形变量的大小有关。因此，通过对橡胶弹性体受到外力作用的拉伸过程中熵变化的统计计算，可以建立橡胶弹性体的应力-应变关系。

在进行统计分析之前，需要作如下假定：

① 橡胶具有体型交联网络结构，单位体积橡胶交联网络由 $N$ 个交联点之间的分子链（网链）构成，这些网链为高斯链，其末端距分布可用高斯分布函数描述；

② 网链的构象变化是彼此独立的，都对弹性有贡献，网络构象总数是各网链构象数的乘积，而网络的构象熵则是各网链构象熵之和；

③ 各交联点固定在其平均位置上，形变时，这些交联点以相同的比率变形，称为“仿射”变形，形变过程中体积不变。

在温度 $T$ 下对单位体积的橡胶弹性体进行单轴拉伸，拉伸比为 $\lambda$，可以推导出拉伸应力 $\sigma$ 与拉伸比 $\lambda$ 之间的关系式：

$$\sigma=NKT\left(\lambda-\frac{1}{\lambda^2}\right) \tag{9-28}$$

式中，$\sigma$ 为拉伸应力；$\lambda$ 为拉伸比；$N$ 为单位体积交联网络中的网链数目；$K$ 为 Boltzmann 常数；$T$ 为热力学温度。式（9-28）也称为橡胶状态方程式。

按照虎克定律，固体物质受到拉伸时：

$$\sigma=E\varepsilon=E\frac{l-l_0}{l_0}=E(\lambda-1) \tag{9-29}$$

显然式（9-28）所描述的橡胶应力-应变关系与一般固体符合的虎克定律是不同的。但是根据 $\lambda=1+\varepsilon$，$\frac{1}{\lambda^2}=\frac{1}{(1+\varepsilon)^2}=1-2\varepsilon+3\varepsilon^2-4\varepsilon^3+\cdots$，当形变 $\varepsilon$ 很小时，略去高次方项，$\frac{1}{\lambda^2}=1-2\varepsilon$，式（9-28）可以改写为：

$$\sigma=3NkT\varepsilon=3NkT\ (\lambda-1) \tag{9-30}$$

将式（9-30）与式（9-29）比较可知，在形变很小时，交联橡胶的应力-应变关系符合虎克定律，拉伸模量 $E=3NkT$。由拉伸模量与剪切模量的关系 $E=3G$，可得剪切模量 $G=NkT$。即对交联橡胶进行单轴拉伸，在小形变时以拉伸应力 $\sigma$ 对（$\lambda-1/\lambda^2$）作图可得一直线，该直线的斜率就是剪切模量。橡胶状态方程式一方面给出了通过应力-应变关系求橡胶剪切模量和拉伸模量的方法，也说明了橡胶的弹性模量随温度的升高和网链密度增大而增大的实验事实。

将实验测定的结果与按照橡胶状态方程式计算得出的结果进行比较可以发现，橡胶状态方程式描述的应力-应变关系在小形变时与实验结果较吻合，当拉伸比大于 6 时，实验的应力值很快上升，大大地超过了理论值。如图 9-16 所示。造成偏差的主要原因是由于理论中使用的一些简化假设，使之与实验结果发生偏差，在大形变下，网链接近极限伸长比，不再符合高斯分布；另外，在分子链高度取向的时候，高分子会产生结晶现象。由于以上两个原因导致实验值在大拉伸比的时候，与理论产生偏离。

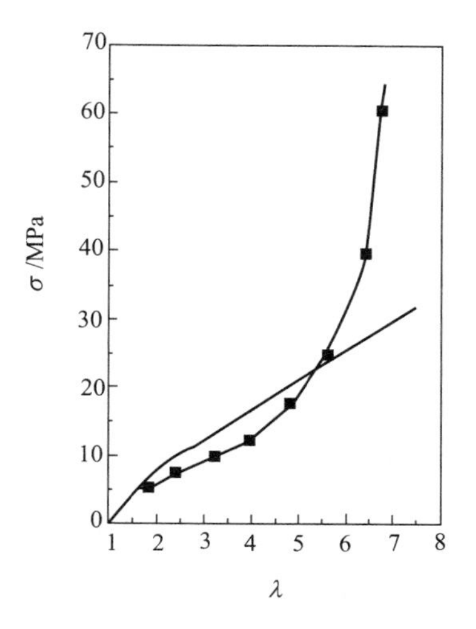

图 9-16　天然橡胶的应力-应变曲线

除了化学交联作用之外，还有另外的因素会对橡胶弹性模量产生影响。通常认为分子网链之间的物理缠结会产生附加的交联作用，因为橡胶分子在硫化前分子链间的彼此缠结会造成化学交联后的永久性缠结点。为了消除和减少交联网络中的永久链缠结点，可在交联前用拉伸使链取向或溶解的方法使高分子链解缠结，交联之后去除应力或溶剂，则可得到具有简单拓扑结构的交联网络，实测表明它们具有比较简单的弹性行为。

## 9.5 交联橡胶的溶胀

交联橡胶与溶剂接触后，溶剂分子会进入橡胶交联网络使其体积增大——溶胀。溶胀后交联橡胶内部网链密度降低，模量下降。

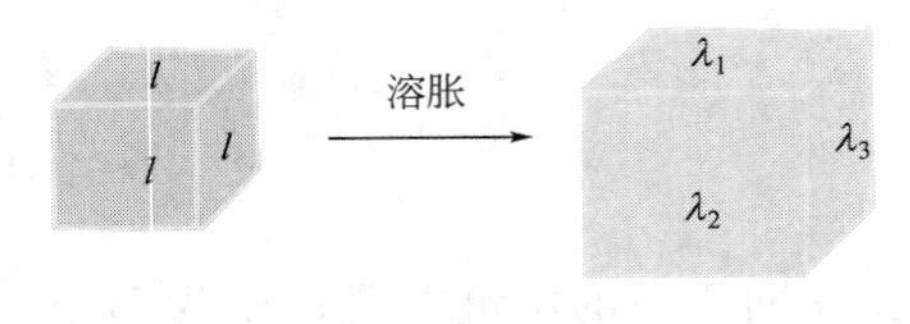


图 9-17 单位立方体橡胶溶胀

交联高分子的溶胀过程存在两个相反方向的作用：①溶剂通过化学位渗透、扩散进入交联网络使体积膨胀；②交联网络体积膨胀后导致网链向三维空间伸展，使分子网链受到应力而产生弹性收缩。当这两个方向的作用相互抵消时，就达到了溶胀平衡。溶胀平衡实际上是溶剂扩散进入交联网络的力和交联网络的弹性收缩力之间的一种动态平衡状态。交联高分子在达到溶胀平衡时的体积与溶胀前体积之比称为平衡溶胀比（$Q$），它与交联程度、溶剂、温度、压力有关。通过对溶胀过程进行热力学处理可以推导出平衡溶胀比与交联程度和温度之间的关系。图 9-17 为单位立方体橡胶溶胀。

交联高分子溶胀过程自由能的变化由两部分组成：

$$\Delta G = \Delta G_m(\text{溶剂与链段混合自由能}) + \Delta G_{el}(\text{交联网络弹性自由能}) \tag{9-31}$$

溶剂与交联链段的混合自由能 $\Delta G_m$ 已由 Flory-Huggins 高分子溶液晶格模型推导出来：

$$\Delta G_m = RT(n_1 \ln\Phi_1 + n_2 \ln\Phi_2 + \chi_1 n_1 \Phi_2) \tag{9-32}$$

交联橡胶的弹性自由能 $\Delta G_{el}$ 可由橡胶弹性统计理论推导出来：

$$\Delta G_{el} = \frac{1}{2}NKT(\lambda_1^2 + \lambda_2^2 + \lambda_3^2 - 3) \tag{9-33}$$

式中，$N$ 是单位体积交联高分子的网链数；$\lambda$ 则是溶胀前后交联橡胶立方体各边长之比。

由于交联高分子的各向同性：

$$\lambda = \lambda_1 = \lambda_2 = \lambda_3, \tag{9-34}$$

$$\lambda^3 = 1 + n_1\overline{V}_1 \tag{9-35}$$

这样高分子在溶胀体内的体积分数为：

$$\Phi_2 = \frac{1}{1 + n_1\overline{V}_1} \tag{9-36}$$

平衡溶胀比

$$Q = 1 + n_1\overline{V}_1 = 1/\Phi_2 \tag{9-37}$$

式中，$n_1$ 为溶胀体内溶剂的物质的量；$\overline{V}_1$ 为溶剂的摩尔体积。

$$\lambda = (1 + \Phi_2)^{1/3} \tag{9-38}$$

由此，交联网络弹性自由能 $\Delta G_{el}$ 变为：

$$\Delta G_{el} = \frac{1}{2}NKT(3\lambda^2 - 3) = \frac{3}{2}NKT\left[\left(\frac{1}{\Phi_2}\right)^{2/3} - 1\right] \tag{9-39}$$

单位体积内交联高分子的网链数 $N = N_0\rho_2/M_c$；$M_c$ 是交联点之间平均分子量；$N_0$ 是阿伏伽德罗常数。则上式变为：

$$\Delta G_{el} = \frac{3KTN_0\rho_2}{2\overline{M}_c}(\Phi_2^{-2/3} - 1) = \frac{3RT\rho_2}{2\overline{M}_c}(\Phi_2^{-2/3} - 1) \tag{9-40}$$

达到溶胀平衡时，两边的化学位相等：$\Delta\mu = 0$

$$\Delta\mu = \left[\frac{\partial(\Delta G)}{\partial n_1}\right]_{T,p,n_2} = \frac{\partial(\Delta G_m)}{\partial n_1} + \frac{\partial(\Delta G_{el})}{\partial n_1} = 0 \tag{9-41}$$

$$RT[\ln\Phi_1 + (1 - 1/x)\Phi_2 + \chi_1\Phi_2^2] + \frac{3\rho_2 RT}{2\overline{M}_c}\left(-\frac{2}{3}\Phi_2^{-5/3}\right)\frac{\partial\Phi_2}{\partial n_1} = 0 \tag{9-42}$$

$$\ln(1-\Phi_2)+\Phi_2+\chi_1\Phi_2^2+\frac{\rho_2\bar{v}_1\Phi_2^{1/3}}{\overline{M}_c}=0 \tag{9-43}$$

对交联高分子，可以认为聚合度 $X_n \to \infty$，则：

$$\frac{\partial\Phi_2}{\partial n_1}=\frac{-\bar{v}_1}{(1+n_1\bar{v}_1)^2}\approx-\bar{v}_1\Phi_2^2 \tag{9-44}$$

式 (9-44) 即为溶胀平衡方程式。这个式子比较复杂，需要对它进行一些简化。对于交联度不太高的高分子，交联点之间的平均分子量比较大，而且在良溶剂中的溶胀情况也很好，平衡溶胀比远大于 10，因此 $\Phi_2$ 很小。将 $\ln(1-\Phi_2)$ 展开并略去高次项后可以得到：

$$\frac{\overline{M}_c}{\rho_2\bar{v}_1}\left(\frac{1}{2}-\chi_1\right)=Q^{5/3} \tag{9-45}$$

显然，如果已知溶胀体系的 Flory-Huggins 参数 $\chi_1$，从平衡溶胀比就可以得到交联点之间的平均分子量；反之，若已知交联点之间的平均分子量 $\overline{M}_c$，则可以从上式求得 Flory-Huggins 参数 $\chi_1$。

## 9.6　高分子的黏弹性

### 9.6.1　黏弹现象

材料在外力作用下产生应变。理想弹性固体（虎克弹性体）服从虎克定律，应力与应变呈线性关系，当受到应力作用时，应变瞬时达到平衡值，应力与应变成正比关系，当外力除去时，应变立即回复到零。而理想的黏性液体（牛顿流体）服从牛顿定律，应力正比于应变速率，在恒定的外力作用下，应变随时间延续而线性持续增加，外力去除应变不能回复。这是两种理想的材料力学行为。有些实际材料会同时显示弹性和黏性，这称为黏弹性。高分子材料的黏弹性行为一般表现得更为突出，因为高分子材料的力学响应是其分子运动的宏观反映，它们强烈地依赖于温度和外力的作用时间。如果这种黏弹性可以用服从虎克定律的线性弹性行为和服从牛顿定律的线性黏性行为的组合来描述，则可称之为线性黏弹性，否则就称之为非线性黏弹性。本节的讨论仅限于线性黏弹性的范围。

力学行为上表现为黏弹性的高分子材料，它的力学性能与应力、应变、温度和时间四个因素都有密切的关系。在高分子材料的设计和加工过程中，需要同时考虑这四个因素对制品成型和材料性能的影响。典型的高分子黏弹性通常表现为以下现象：

① 一定的温度和恒定的应力作用下，试样应变随时间的增长而逐渐增大的蠕变现象；

② 一定的温度和恒定的应变条件下，试样的应力随时间的增长而逐渐衰减的应力松弛现象；

③ 一定的温度和循环应力下，试样的应变落后于应力变化的滞后现象。

蠕变和应力松弛属于静态黏弹性，滞后现象属于动态黏弹性。对黏弹性的研究不仅可以为高分子材料的加工和应用提供力学方面的理论指导，而且还可以从中获得分子结构和分子运动方面的信息，如平均分子量、交联和支化、结晶和结晶形态、共聚结构、增塑等。

#### 9.6.1.1　蠕变

所谓蠕变就是指在一定的温度和较小的恒定外力作用下，材料的形变随时间的推移而逐渐发展的现象。例如，软质 PVC 丝挂着一定质量的砝码，就会慢慢地伸长，取下砝码后，丝会慢慢回缩。这就是软质 PVC 的蠕变和回复过程，描述这种关系的应变-时间曲线称为蠕变曲线。如图 9-18 所示为线型非晶高分子在单轴拉伸时的蠕变曲线，其中 $t_1$ 是加荷时间，

$t_2$ 为载荷去除时间。

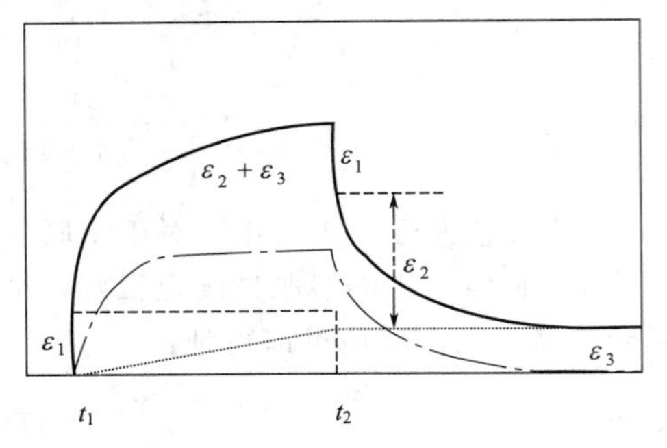


图 9-18 线型非晶高分子的蠕变及回复曲线
----------瞬时弹性响应；
—·—-推迟弹性响应；
············黏性流动

通常，蠕变曲线是三种力学行为的叠加。

瞬时弹性响应为普弹形变，在外力作用下瞬时产生，它是由分子键长和键角变化引起的，形变量很小。用 $\varepsilon_1$ 表示：

$$\varepsilon_1=\frac{\sigma}{E_1} \tag{9-46}$$

式中，$\sigma$ 是应力；$E_1$ 是普弹形变模量。外力去除时，普弹形变瞬时回复。

推迟弹性响应为滞后弹性形变，是分子链通过链段运动逐渐伸展的过程，形变较大。其形变与时间的关系可由实验测定或理论推导得到。

$$\varepsilon_2=\frac{\sigma}{E_2}(1-e^{-t/\tau}) \tag{9-47}$$

式中，$\varepsilon_2$ 是高弹形变；$E_2$ 为高弹模量；$\tau$ 为松弛时间。$\varepsilon_2$ 与链段运动的黏度和高弹模量有关。外力除去后，高弹形变逐渐回复。

黏性流动为高分子间的相对滑移，也称为黏性流动。以 $\varepsilon_3$ 表示：

$$\varepsilon_3=\frac{\sigma}{\eta}t \tag{9-48}$$

式中，$\eta$ 为本体黏度。

高分子材料受到外力作用时，三种力学行为的叠加导致材料的总应变为：

$$\varepsilon(t)=\varepsilon_1+\varepsilon_2+\varepsilon_3=\frac{\sigma}{E_1}+\frac{\sigma}{E_2}(1-e^{-t/\tau})+\frac{\sigma}{\eta}t \tag{9-49}$$

在应力加载很短的时间内，仅有理想的弹性形变 $\varepsilon_1$，形变量很小。随着时间的推移，蠕变速率开始较快地增长，然后逐渐变慢，最后基本达到平衡。这一阶段的形变发展主要是由推迟弹性形变引起的，也包括随时间的增加而增大的极少量的黏流形变 $\varepsilon_3$。在加载时间很长的情况下，推迟弹性形变已经充分发展，达到了平衡后，最后的形变发展只有纯粹的黏流形变 $\varepsilon_3$。总形变由 $\varepsilon_1$、$\varepsilon_2$ 和 $\varepsilon_3$ 共同贡献。在去掉载荷后，蠕变的回复过程中理想弹性形变 $\varepsilon_1$ 瞬时回复，推迟弹性形变 $\varepsilon_2$ 逐渐回复，而黏流形变 $\varepsilon_3$ 不能回复。因此对线型高分子来说，外力除去后总是留下一部分不能回复的形变，称为永久形变。

蠕变现象和温度高低及外力大小有关。温度太低、外力太小时蠕变很小，变化过程很慢，在短时间内不易观察到蠕变现象。一般温度在 $T_g$ 附近，链段在外力作用下可以运动。有较大的运动阻力而只能缓慢运动时，可以观察到较明显的蠕变现象。

高分子材料的蠕变性能反映了材料的尺寸稳定性和长期负载能力，对于材料的实际应用有很大的影响。例如精密的机械零件不能采用易蠕变的材料，而主链含芳杂环的刚性链高分子拥有较好的抗蠕变性能，成为广泛应用的工程塑料，可以代替金属材料加工成机械零件。聚四氟乙烯具有良好的自润滑性能，但是由于蠕变现象严重，不能用于齿轮或精密机械元件的制造，但是可以用作很好的密封材料。橡胶材料要求有很好的弹性，但对形变回复能力的要求也很高，通常要采用硫化交联的方法阻止不可逆黏性流动的发生。

#### 9.6.1.2 应力松弛

所谓应力松弛，指的是在恒定温度和形变保持不变的情况下，高分子材料内部的应力随时间的增长而逐渐衰减的现象。例如拉伸一根未交联的橡胶条到一定的长度，并保持长度不变。随时间的增长，橡胶的回弹力会逐渐减小到零。如图 9-19 所示为线型高分子在固定伸长时典型的应力松弛曲线。在应力松弛过程中，应力的衰减与时间成指数关系：

$$\sigma(t)=\sigma_0 e^{-t/\tau} \tag{9-50}$$

式中，$\sigma_0$ 为起始应力；$\tau$ 为松弛时间。

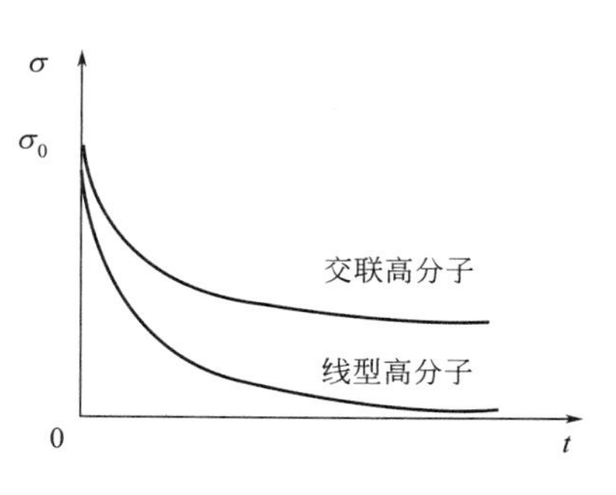

图 9-19 高分子的应力松弛曲线

应力松弛和蠕变是一个问题的两个方面，都是在外界的作用下高分子内部分子运动在宏观上的体现。当高分子材料在应力作用下形变时，高分子不得不沿外力方向舒展，处于不平衡的构象。在链段热运动的过程中，高分子链会逐渐地过渡到平衡构象，即链段沿外力作用方向运动以消除内应力。

高分子的分子运动具有很强的温度依赖性，如果温度很低，比 $T_g$ 还低很多，比如常温下的塑料，即使链段受到很大的应力，但是由于内摩擦力很大，应力松弛极慢，短时间内不易观察到应力松弛现象；温度较高，远远高于 $T_g$，比如常温下的橡胶，链段运动受到的内摩擦力很小，应力很快就松弛，甚至可以快到难以觉察的程度。只有在 $T_g$ 附近几十摄氏度的范围内，应力松弛现象比较明显。

应力松弛可以用来估测塑料制品的残余应力和某些工程塑料机械零件（如塑料螺母、垫片）的应力等。此外，因为蠕变和应力松弛对温度的依赖性都反映了高分子内部分子运动的情况，因此可以用于高分子分子运动和转变的研究。

**9.6.1.3 滞后现象与内耗**

高分子材料在实际应用中，常受到周期性变化交变应力的作用。例如汽车以 60km/h 的速度行驶时，相当于轮胎某处受到 300 次/min 周期性的外力作用；塑料机械零件如齿轮、凸轮等和橡胶传动带等在工作中也受到交变应力的作用。高分子材料在这样交变应力下的力学行为称为动态力学性能。

对于理想的虎克弹性体，在受到周期性正弦变化应力 $\sigma(t)=\sigma_0\sin\omega t$ 作用时，其应变正比于应力，也是相应的正弦应变 $\varepsilon(t)=\varepsilon_0\sin\omega t$。其中，$\varepsilon_0$ 为应变 $\varepsilon(t)$ 的峰值。应力与应变之间没有任何相位差，外力所做的功完全以弹性能的形式储存起来，然后又全部释放变成动能，没有能量的损耗。

对于理想的黏性液体来说，受到正弦变化应力作用时，其应变 $\varepsilon(t)=\varepsilon_0\sin\left(\omega t-\frac{\pi}{2}\right)$，即应力与应变速率成正比，应变与应力之间有 $\frac{\pi}{2}$ 的相位差。以形变的方式将外力所做的功全部损耗为热。

高分子材料对周期性应力作用的响应如图 9-20 所示，既有弹性部分的响应也有黏性部分的响应。应变与应力之间存在一个相位差 $\delta$，即

$$\sigma(t)=\sigma_0\sin\omega t \tag{9-51}$$

$$\varepsilon(t)=\varepsilon_0\sin(\omega t-\delta) \tag{9-52}$$

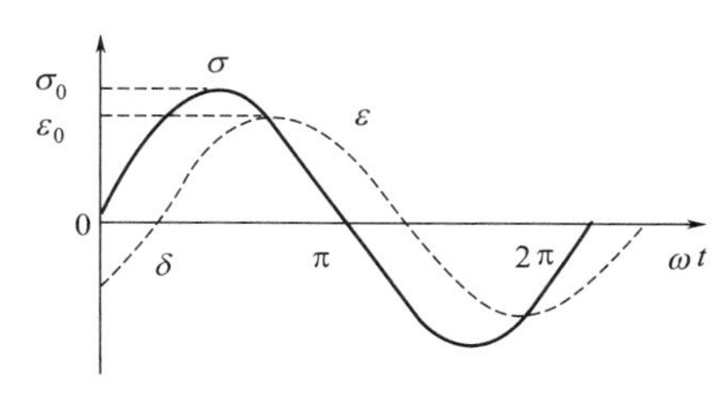

图 9-20 高分子材料对正弦应力的响应

高分子材料这种应变滞后于应力的现象称为滞后现象。在每一形变周期过程中，外力所做的功有一部分损耗成为热量，该损耗掉的能量与最大储存能量之比称为力学内耗。

滞后现象的产生是由于高分子链段在运动时受到内摩擦阻力作用的结果。外力变化时，链段的运动受内摩

擦力作用不能及时跟上外力的变化，所以形变落后于应力，有一个相位差。在链段能够运动的前提下，链段运动的阻力越大，应变落后于应力就越严重，$\delta$就越大，内耗越严重。高分子材料的滞后现象与其化学结构有关。通常刚性分子链的滞后较小，柔性链高分子滞后现象严重。

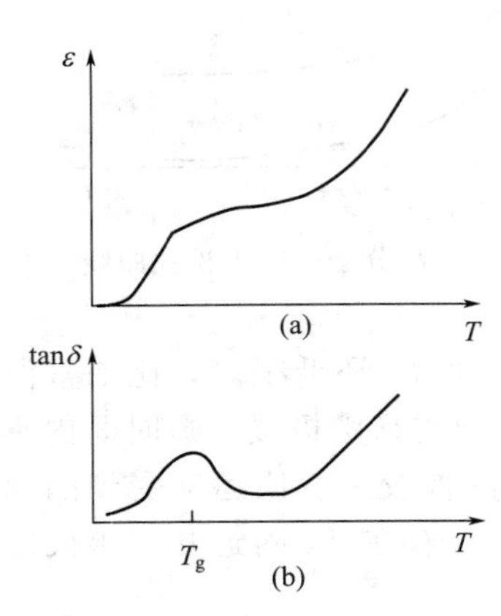

图 9-21　高分子的形变-温度（a）和内耗-温度；（b）曲线

滞后现象还与外力作用频率、温度等因素有关，外力频率很高，链段运动跟不上外力的变化，滞后现象不明显。外力作用频率太低，链段运动完全能跟上外力的变化，滞后现象也不明显。只有外力频率不太高，链段可以运动又不能同步跟上时，才会有明显的滞后现象发生。改变温度也会发生类似影响，如图 9-21 是高分子的 $\varepsilon$-$T$ 和 $\tan\delta$-$T$ 关系。在一定的外力作用频率下，温度太低（在 $T_g$ 以下时），链段运动速率很慢，完全跟不上应力的变化，应变仅为键长的改变，应变量很小且几乎与应力变化同步进行，$\tan\delta$很小；温度升高，链段开始运动，由玻璃态向橡胶平台区过渡，但由于体系黏度大，运动时受到的内摩擦阻力大，$\tan\delta$较大。温度进一步升高，虽然应变值较大，但链段运动阻力减小，$\tan\delta$减小。在 $T_g$ 附近几十摄氏度的范围内，链段能充分运动，但又不能完全跟上应力的变化，此时滞后现象明显；$T_g$ 处出现内耗极大值，也称为内耗峰。温度很高，向流动区过渡时，由于产生分子质心位移，内摩擦阻力再次升高，内耗急剧增加。由以上分析可以看出，降低温度和增加外力作用的频率对高分子材料的滞后现象有着相同的影响。

高分子材料在交变应力作用下产生内耗的原因可以从如图 9-22 所示的橡胶拉伸与回缩过程的应力-应变曲线来说明。对于应变完全跟上应力的拉伸回缩过程来说，回缩与拉伸曲线是重合的，拉伸过程可逆，整个过程能量损耗为零，如图 9-22 中曲线 $OEB$。而对于高分子材料来说，具有黏弹性，链段运动受阻于内摩擦力，所以应变跟不上应力的变化，拉伸曲线和回缩曲线并不重合。拉伸曲线上的应变达不到与应力对应的平衡应变值，拉伸曲线总是位于平衡曲线的左边，回缩曲线上的应变也达不到与应力相适应的平衡位置，回缩曲线总是位于平衡曲线的右边。对应于某一应力 $\sigma_1$ 来说，$\varepsilon_1'<\varepsilon_1<\varepsilon_1''$。在高分子材料的拉伸过程中，外力对高分子体系做的功，一方面用来改变分子链的构象，另一方面用于提供链段运动时克服链段间内摩擦阻力所需的能量。回缩时，一方面高分子体系对外做功，伸展的分子链重新蜷曲，回复到原来的状态，释放出储存的能量，另一方面克服链段间的内摩擦力。所以在一个拉伸-回缩循环过程中，所损耗的功都是由于克服内摩擦阻力而转化为热的。

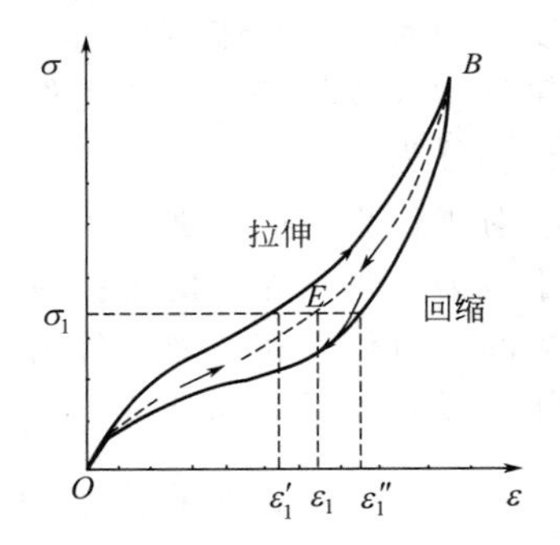

图 9-22　交联橡胶拉伸与回缩过程的应力-应变曲线

在正弦交变应力的作用下，拉伸回缩两条曲线构成的闭合曲线称为“滞后圈”，其面积等于单位体积橡胶试样在每一循环中所消耗的功，即

$$\Delta W=\int_0^{\frac{2\pi}{\omega}}\sigma(t)\,\frac{\mathrm{d}\varepsilon(t)}{\mathrm{d}t}\mathrm{d}t=\int_0^{\frac{2\pi}{\omega}}(\sigma_0\sin\omega t)[\varepsilon_0\omega\cos(\omega t-\delta)]\mathrm{d}t \tag{9-53}$$

积分后得到：

$$\Delta W=\pi\sigma_0\varepsilon_0\sin\delta \tag{9-54}$$

### 9.6.2 交变应力作用下材料的模量

当高分子材料受到正弦交变应力作用时，假设应变 $\varepsilon(t)=\varepsilon_0\sin\omega t$，因为应变变化比应力落后一个相位角 $\delta$，所以 $\sigma(t)=\sigma_0\sin(\omega t+\delta)$，展开此式可得到：

$$\sigma(t)=\sigma_0\sin\omega t\cos\delta+\sigma_0\cos\omega t\sin\delta \tag{9-55}$$

说明应力由两部分组成，一部分与应变同相位，幅值为 $\sigma_0\cos\delta$，是弹性形变的主动力；另一部分应变相差 90°的相位，幅值为 $\sigma_0\sin\delta$，后一部分应力对应的是黏性形变，消耗于克服内摩擦阻力上。考虑体系模量的计算，定义 $E'$ 为同相应力与应变幅值的比值，$E''$ 为相差 90°的应力与应变幅值的比值，可得到：

$$E'=\frac{\sigma_0\cos\delta}{\varepsilon_0} \tag{9-56}$$

$$E''=\frac{\sigma_0\sin\delta}{\varepsilon_0} \tag{9-57}$$

应力的表达式可改写为：

$$\sigma(t)=\varepsilon_0E'\sin\omega t+\varepsilon_0E''\cos\omega t \tag{9-58}$$

模量可用复数形式表达为：

$$E^*=E'+iE'' \tag{9-59}$$

式中，$E'$ 为实数模量或称储能模量，对应于形变过程中由于构象变化而储存的能量；$E''$ 称为虚数模量或损耗模量，对应于滞后过程中以热的方式损耗的能量。

损耗模量与储存模量的比值称为损耗角正切，反映了力学损耗的大小。

$$\tan\delta=\frac{E''}{E'} \tag{9-60}$$

内耗的大小与分子运动的内摩擦力大小有关。许多橡胶的内耗性质与其分子结构都有一定的联系。例如因为分子链上没有取代基，链段运动内摩擦阻力较小，顺丁橡胶的内耗较小；丁苯橡胶有较大的内耗，因为其庞大的侧苯基；丁腈橡胶有极性强的氰基，链段运动内摩擦力大，所以内耗也较大。研究高分子材料的内耗有很强的实用意义，对于橡胶和传动带等制品来说，在交变应力下使用，希望所使用的材料内耗越小越好，可以延长使用寿命；而防震和隔声材料则需要使用内耗大的材料，以吸收尽可能多的能量。

## 9.7 黏弹性数学模型

借助于一些简单的数学模型，可以对聚合物的黏弹性行为进行定性描述。

### 9.7.1 Maxwell 模型

Maxwell 模型是由一个理想弹簧和一个理想黏壶串联而构成的假想模型（图 9-23），可用于模拟高分子材料的应力松弛过程。快速施加外力 $\sigma_0$ 将本来处于平衡状态的系统拉伸到一定伸长 $\varepsilon_0$，将两端固定。由于黏壶的运动需要时间，开始的瞬间弹性由理想弹簧提供，随着时间的推移，理想黏壶被慢慢地拉开，弹簧逐渐放松而体系应力减小，最后应力完全消除达到新的平衡状态，完成应力松弛过程。

模型受力时，两元件的应力与总应力相等 $\sigma=\sigma_1=\sigma_2$，总应变等于两元件的应变之和 $\varepsilon=\varepsilon_1+\varepsilon_2$，对理想弹簧有 $\sigma_1=E\varepsilon_1$，对于理想黏壶 $\sigma_2=\eta\frac{d\varepsilon_2}{dt}$，则总应变速率为：

$$\frac{d\varepsilon}{dt}=\frac{1}{E}\times\frac{d\sigma}{dt}+\frac{\sigma}{\eta} \tag{9-61}$$

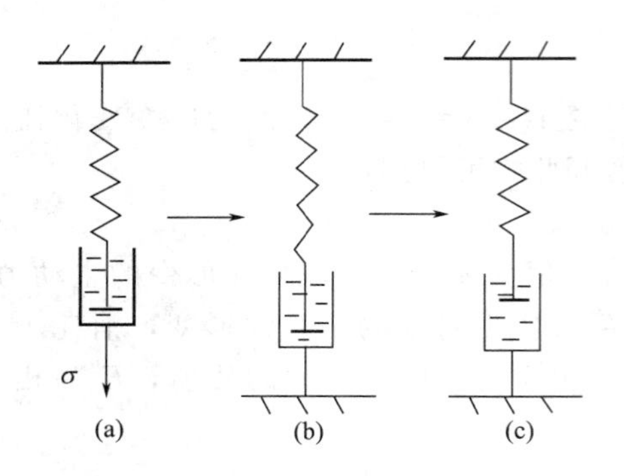

图 9-23 Maxwell 模型模拟的蠕变过程

式（9-61）就是 Maxwell 模型的运动方程。考虑在应力松弛过程中总的形变固定不变，$\frac{d\varepsilon}{dt}=0$，代入式（9-61）。并求解得到：

$$\sigma(t)=\sigma_0 e^{-Et/\eta} \tag{9-62}$$

定义$\frac{\eta}{E}$为松弛时间$\tau$，式（9-62）变为：

$$\sigma(t)=\sigma_0 e^{-t/\tau} \tag{9-63}$$

由式（9-63）可以看出，在应力松弛过程中应力是按指数函数的方式衰减的。松弛时间$\tau$的单位是时间，其宏观意义为应力减小到起始应力$\sigma_0$的$e^{-1}$倍（0.368 倍）时所需的时间。松弛时间既与黏性系数有关，又与弹性模量有关，说明松弛过程是弹性和黏性力学行为共同表现的结果。而松弛时间越长，则该模型越接近于理想弹性体。

应力松弛过程也可用模量表示，将式（9-63）除以$\varepsilon_0$可得：

$$E(t)=E(0)e^{-t/\tau} \tag{9-64}$$

从中可看出，Maxwell 模型模拟出的线型高分子的黏弹性行为不仅与材料本身的$\tau$有关，与外力作用时间$t$也有关系。若外力作用时间极短，黏性部分来不及响应，则材料表现为弹性形变。而应力作用时间极长，弹性形变已经回复，材料表现的仅是黏流形变。只有在与适当的应力作用时间相近的情况下——材料内部的松弛时间$\tau$，材料的黏弹性才能很好地呈现出来。

当 Maxwell 模型受到交变应力$\sigma(t)=\sigma_0 e^{i\omega t}$作用时，其运动方程为：

$$\frac{d\varepsilon(t)}{dt}=\frac{\sigma_0}{E}i\omega e^{i\omega t}+\frac{\sigma_0}{\eta}e^{i\omega t} \tag{9-65}$$

对式（9-65）积分得到：

$$\varepsilon(t)=\frac{1}{i\omega}\left(\frac{1}{\eta}+\frac{i\omega}{E}\right)\sigma_0 e^{i\omega t}=\frac{1}{E}\left(1-\frac{i}{\omega\tau}\right)\sigma_0 e^{i\omega t} \tag{9-66}$$

令$\tau=\frac{\eta}{E}$，则复数模量$E^*$为：

$$E^*=\frac{\sigma(t)}{\varepsilon(t)}=E\frac{\omega^2\tau^2}{1+\omega^2\tau^2}+iE\frac{\omega\tau}{1+\omega^2\tau^2}=E'+iE'' \tag{9-67}$$

式中，储能模量$E'=E\frac{\omega^2\tau^2}{1+\omega^2\tau^2}$；损耗模量$E''=E\frac{\omega\tau}{1+\omega^2\tau^2}$；$\tan\delta=\frac{E''}{E'}=\frac{1}{\omega\tau}$，它们都是频率的函数。

将由 Maxwell 模型推导出来的储能模量、损耗模量以及力学损耗与高分子材料的实际动态力学行为进行比较，发现$E'$和$E''$与$\omega$的关系与实际符合，而$\tan\delta$与$\omega$的关系与实际情况不符合。此外，Maxwell 模型不能描述聚合物的蠕变，也不能模拟交联聚合物的应力松弛过程。

### 9.7.2 Kelvin 模型

Kelvin 模型是将弹簧和黏壶并联得到的假想模型（图 9-24），可用来模拟交联高分子的蠕变过程。当拉伸力作用于模型上时，由于黏壶的存在，弹簧不能立即被拉开，只能随黏壶一起慢慢被拉开，形变是逐渐发展的。除去外力，在弹簧的回复力和黏壶的黏性作用下，整个模型的形变也是慢慢回复的。这与高分子蠕变过程的情形是一致的。

在模型拉伸的情况下，总形变为 $\varepsilon=\varepsilon_1=\varepsilon_2$。由于模型的并联，总应力由两元件共同承受，$\sigma=\sigma_1+\sigma_2$，并且弹簧和黏壶的应力应变关系分别满足 $\sigma_1=E\varepsilon_1$，$\sigma_2=\eta\frac{d\varepsilon_2}{dt}$。

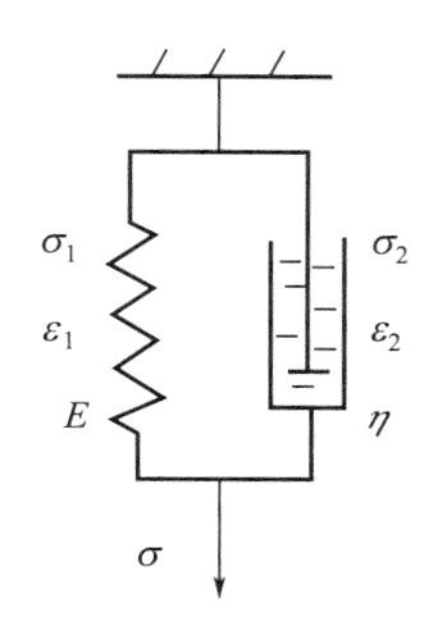


图 9-24　Kelvin 模型

则总的应力表达式可写为：

$$\sigma(t)=E\varepsilon+\eta\frac{d\varepsilon}{dt} \tag{9-68}$$

这就是 Kelvin 模型的运动方程。

对于蠕变过程来说，应力保持不变，$\sigma(t)=\sigma_0$，式（9-68）改写为：

$$\frac{d\varepsilon}{\sigma_0-E\varepsilon}=\frac{dt}{\eta} \tag{9-69}$$

当 $t=0$ 时，$\varepsilon=0$，上式积分得：

$$\varepsilon(t)=\frac{\sigma_0}{E}(1-e^{\frac{-t}{\tau}})=\varepsilon(\infty)(1-e^{\frac{-t}{\tau}}) \tag{9-70}$$

式中，$\tau=\frac{\eta}{E}$，称为推迟时间，表示形变的推迟发生，其宏观意义指当应变发展到可能达到的最大值的$\left(1-\frac{1}{e}\right)$倍（0.632 倍）时所需的时间。与松弛时间相同的是，两者都是表征模型黏弹现象的内部时间尺度；不同点在于，推迟时间越短，试样的力学行为越接近于理想弹性体。

当应力去除时，$\sigma=0$，则：

$$E\varepsilon+\eta\frac{d\varepsilon}{dt}=0 \tag{9-71}$$

当 $t=0$ 时，$\varepsilon=\varepsilon(\infty)$，对上式进行积分得到：

$$\varepsilon(t)=\varepsilon(\infty)e^{\frac{-t}{\tau}} \tag{9-72}$$

式（9-72）是蠕变回复方程，表明当去除应力后，应变是从 $\varepsilon(\infty)$ 按指数函数的形式逐渐回复的。

尽管 Kelvin 模型可以模拟交联高分子的蠕变行为，但是没有反映出在拉伸瞬间产生的普弹形变。此外，Kelvin 模型也不能描述高分子的应力松弛过程。如果对 Kelvin 模型施加正弦应力，可以得到储能柔量 $D'$、损耗柔量 $D''$以及力学损耗 $\tan\delta$ 和 $\omega$ 的关系式，将其与高分子材料的实际动态力学行为进行比较，发现储能柔量、损耗柔量与频率的关系与实际符合，而力学损耗与频率的关系不符合实际情况。

从以上分析可以看出，无论 Maxwell 模型还是 Kelvin 模型都不能较全面地反映实际高分子的黏弹性行为，前者仅适用于描述应力松弛，后者仅适用于表征交联高分子的蠕变。如果将这两种模型进行组合，有可能会比较完整地描述高分子的静态和动态黏弹性行为。

### 9.7.3　四元件模型

考虑到高分子的总形变由三部分组成：第一部分为高分子内部键长键角改变引起的普弹形变，该形变在瞬间完成，因此用一个理想弹簧 $E_1$ 模拟；第二部分为链段运动引起的高弹形变，与时间有密切的联系，可以用一个 Kelvin 模型（理想弹簧 $E_2$ 和黏壶 $\eta_2$ 并联）来模拟；第三部分是分子间滑移引起的黏性形变，该形变随时间线性发展，可以用一个黏壶 $\eta_3$ 模拟。将这三部分元件串联就构成了四元件模型（图 9-25）。这个模型能更确切地模拟实际高分子材料的蠕变和回复过程。

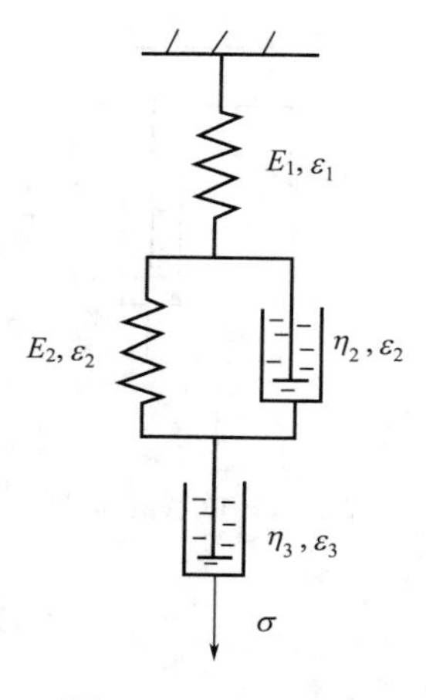

图 9-25 四元件模型

在恒定拉伸应力 $\sigma=\sigma_0$ 的作用下，四元件模型的蠕变方程为：

$$\varepsilon(t)=\varepsilon_1+\varepsilon_2+\varepsilon_3=\frac{\sigma_0}{E_1}+\frac{\sigma_0}{E_2}(1-e^{-\frac{t}{\tau}})+\frac{\sigma_0}{\eta_3}t \tag{9-73}$$

方程中的各个分项分别表示了在受力时瞬间产生的普弹形变、与时间有指数关系的高弹形变和与时间有线性关系的黏性形变。与实际高分子的蠕变曲线比较的结果说明这个模型是比较成功的。

### 9.7.4 Boltsmann 叠加原理

在实际应用中发现，高分子材料受到的外力作用历史都会对其力学性能产生影响。据此，Boltsmann 提出了有关高分子黏弹性的一个简单但又非常重要的原理：高分子材料的力学松弛行为是其整个受力历史上各个松弛过程线性加和的结果。这里的历史效应包括了两种情况：①高分子材料所受到的先前载荷历史对其形变的影响；②多个载荷共同作用于高分子材料时，高分子材料的形变是各载荷分别引起形变的加和。

在高分子蠕变实验中，在 $t=0$ 时，加载应力 $\sigma_0$ 以及应力、应变和蠕变柔量之间的关系为：

$$\varepsilon(t)=\sigma_0 D(t) \tag{9-74}$$

如果在 $t=\mu_1$ 时加载应力 $\sigma_1$，则它引起的形变为：

$$\varepsilon(t)=\sigma_1 D(t-\mu_1) \tag{9-75}$$

根据 Boltsmann 叠加原理，总的应变是二者的线性加和（图 9-26）。

$$\varepsilon(t)=\sigma_0 D(t)+\sigma_1 D(t-\mu_1) \tag{9-76}$$

假如考虑一个如图 9-27 所示的多步骤加载负荷的过程，设在时间 $\mu_1$，$\mu_2$，$\mu_3$，…，$\mu_n$ 时，分别加载应力 $\Delta\sigma_1$，$\Delta\sigma_2$，$\Delta\sigma_3$，…，$\Delta\sigma_n$，则总的形变为：

$$\varepsilon(t)=\Delta\sigma_1 D(t-\mu_1)+\Delta\sigma_2 D(t-\mu_2)+\Delta\sigma_3 D(t-\mu_3)+\cdots+\Delta\sigma_n D(t-\mu_n)=\sum_{i=1}^{n}\Delta\sigma_i D(t-\mu_i) \tag{9-77}$$

假如应力是连续变化的，式（9-77）可写成积分形式：

$$\varepsilon(t)=\int_{-\infty}^{i} D(t-\mu)\mathrm{d}\sigma(\mu)=\int_{-\infty}^{i} D(t-\mu)\frac{\partial\sigma(\mu)}{\partial\mu}\mathrm{d}\mu \tag{9-78}$$

积分上下限是在 $t$ 时刻观察到的应变，与过去的全部应力历史有关，包括在实验开始 $t=0$之前的应力历史，所以用$-\infty$表示。

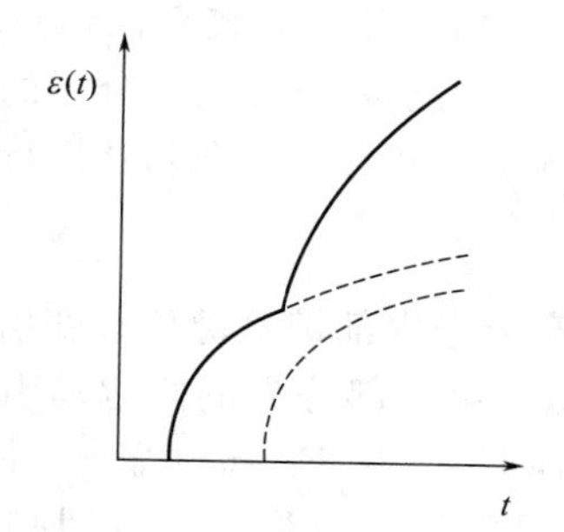

图 9-26 相继作用在试样上的两个应力所引起的应变线性加和

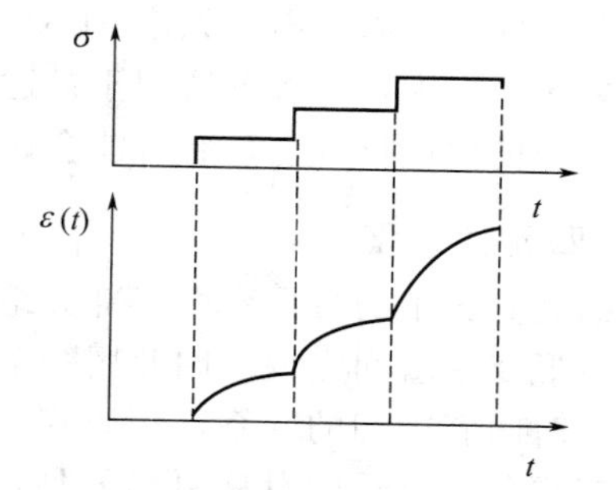

图 9-27 多步骤加载负荷引起的蠕变叠加

### 9.7.5 黏弹性的时温等效原理

由应力作用引起的高分子运动具有松弛特性，其黏弹性行为显示出强烈的时间和温度依赖性。同一个力学松弛现象，既可以在较高温度、较短的时间内观察到，也可以在较低的温度、较长的时间内观察到；因此升高温度与延长时间对高分子运动和黏弹性行为是等效的，据此可以借助一个时温转换因子 $a_T$ 将在某一温度下测定的力学数据转换成另一温度下的力学数据，这就是时温等效原理。

实验发现，对于非晶态高分子，在不同温度下获得的黏弹性数据，包括蠕变、应力松弛、动态力学实验，均可沿着时间轴平移叠合在一起。比如图 9-28 中的（a），两条曲线分别是在参考温度 $T_0$ 和 $T$ 两个温度下一个高分子的蠕变柔量对时间对数的曲线，只要将两曲线之一沿横坐标平移 $\lg a_T$，就可将两曲线完全重叠。其中位移因子的定义为 $a_T=\dfrac{\tau}{\tau_0}$，式中 $\tau$、$\tau_0$ 分别是温度 $T$ 和参考温度 $T_0$ 时的松弛时间。同样用移动因子 $\lg a_T$ 也可以将动态力学试验测得到的两条 $\tan\delta$-$\lg\omega$ 曲线叠合，如图 9-28 中的（b）。

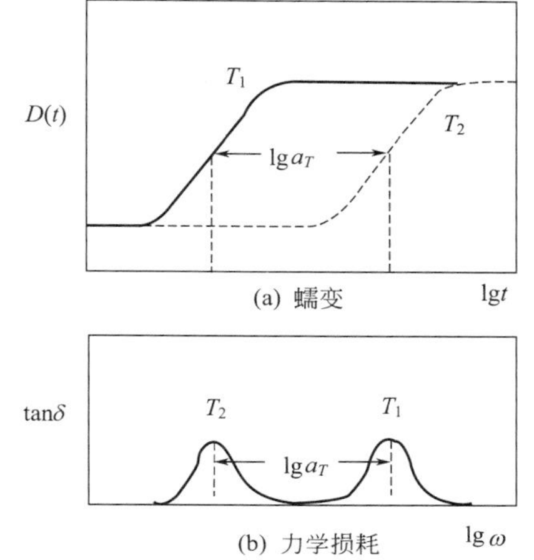

图 9-28　时温等效原理

位移因子是温度的函数，对于非晶态高分子，位移因子与温度的关系可以用 WLF 方程表示：

$$\lg a_T=\frac{-17.44(T-T_g)}{51.6+(T-T_g)} \tag{9-79}$$

WLF 方程有重要的实际意义，利用时间和温度的对应关系可以对不同温度或频率下测定的高分子力学性质进行换算。由此得到一些实际上无法从实验中直接测量得到的结果，比如有的在室温条件下几年甚至上百年完成的应力松弛实验，可以根据时温等效原理在高温下短期完成进行换算；在室温条件下几十万分之一秒中完成的应力松弛实验，可以在低温条件下几小时甚至几天内完成。

图 9-29 是由不同温度下实验测定得到的聚异丁烯的应力松弛模量-时间曲线通过时温等效原理转换后得到的 $T=25℃$ 时的叠合曲线。转换及叠合步骤如下：选定 25℃ 为参考温度，25℃ 时测得的实验曲线在时间坐标轴上不需要移动。对于其他温度下的实验曲线，先经过计算求得不同温度下的位移因子，根据位移因子的数值，将这些温度下的实验曲线分别在时间

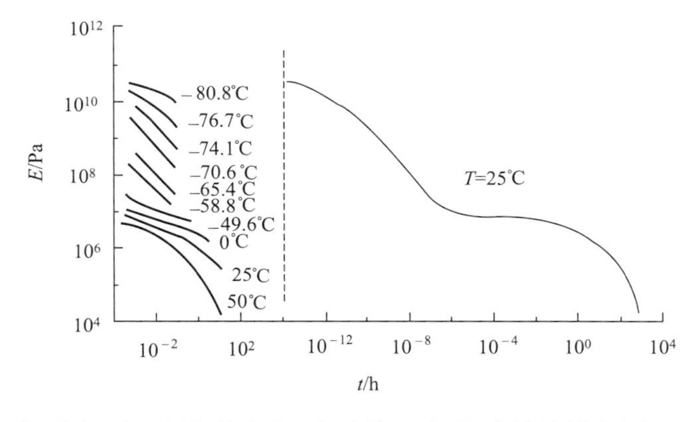

图 9-29　由不同温度下测得的高分子松弛模量对时间曲线绘制应力松弛叠合曲线

坐标轴上水平移动，最终连接成光滑的叠合曲线。显然，通过这种方法，可以将不同温度下短时间测定的应力松弛数据转换成25℃下跨越 $10^{-12}$ ～ $10^4$ h 时间尺度的应力松弛模量-时间曲线。

## 习 题

1. 298K 时聚苯乙烯的剪切模量为 $1.25\times10^9$ N/m²，泊松比为 0.35，求其拉伸模量和本体模量是多少？

2. 试比较非晶态高分子的强迫高弹性、结晶高分子的冷拉、硬弹性高分子的拉伸行为和某些嵌段共聚物的应力诱发塑料-橡胶转变，从微观结构加以分析，并指出它们的异同点。

3. 图（a）～（d）为四种不同高分子材料拉伸时的应力-应变曲线，试分析这四种高分子力学性能的特征、结构特点和使用范围。

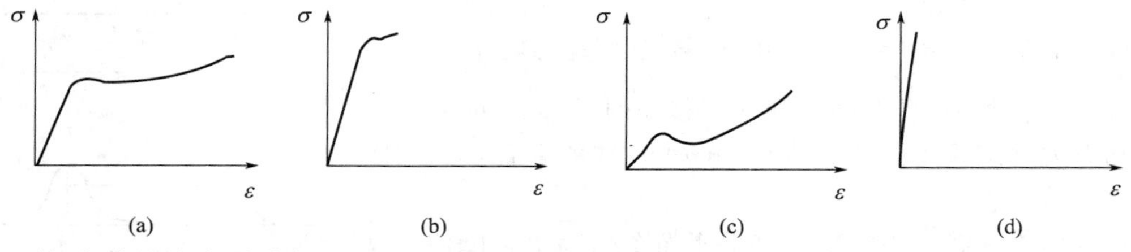


4. 橡胶弹性热力学分析的根据和所得结果的物理意义是什么？

5. 由橡胶弹性热力学和状态方程解释下列问题：①挂有一个砝码的拉伸的橡胶条，温度升高时其长度减小；②同样一种橡胶，随交联程度不同而模量、拉伸强度、断裂伸长率也不相同。

6. 采用怎样的力学试验可以区别下列结构的高分子：①高分子量的线型高分子与高分子量低交联度的高分子；②结晶高分子与低交联度高分子。

7. 提出改善高分子材料下列力学性能的方案：①提高结构材料的抗蠕变性能；②减小橡胶材料的滞后损失；③提高材料的拉伸强度；④提高材料的抗冲击强度。

8. 某一黏弹性高分子，已知其 $\eta$ 和 $E$ 分别为 $5\times10^8$ Pa·s 和 $10^8$ N·m$^{-2}$，当原始应力为 10N·m$^{-2}$时，求：①达到松弛时间时的残余应力为多少？松弛 10s 时的残余应力为多少？②当起始应力为 $10^9$ N·m$^{-2}$ 时，到达松弛时间的形变率为多少？最大平衡形变率为多少？

9. 已知聚苯乙烯的玻璃化转变温度为 358K，对聚苯乙烯试样施加一定的应力，求在 393K 时的蠕变速率比在 343K 时的蠕变速率快多少？

# 第 10 章　高分子溶液的基本性质

高分子以分子状态分散在溶剂中所形成的均相体系称为高分子溶液。溶液浓度在 1%以下的为稀溶液，其黏度低而且比较稳定，溶液热力学性质不随时间而变化。溶液浓度在 15%以上的一般属于浓溶液范畴，其黏度大，稳定性也差。高分子溶液的性质涉及许多内容，溶解过程中的焓、熵、体积的变化、溶液渗透压、高分子在溶液中的分子形态、高分子的亚浓溶液等。高分子与溶剂的相互作用及高分子溶液的相分离等称为溶液的热力学性质。高分子溶液的黏度及大分子在溶液中的扩散和沉降等则称为溶液的流体力学性质。

本章将着重讨论高分子稀溶液的热力学性质以及分子量大小和分子量分布的测定。这些内容一方面可以加深对于高分子结构的认识，同时也为进一步理解高分子亚浓溶液、浓溶液和高分子电解质溶液的性质奠定基础。

## 10.1　高分子的溶解过程

高分子化合物的分子量比低分子化合物大得多而且具有多分散性，大分子的形态也比较复杂，有线型、支化和交联之分。此外高分子凝聚态结构还包含了晶态和非晶态。所以高分子的溶解现象比小分子物质的溶解要复杂得多。

### 10.1.1　溶解过程的热力学

溶解过程是溶质分子和溶剂分子互相混合的过程，在等温等压条件下，溶解过程能够自发进行的必要条件是 Gibbs 自由能变化（$\Delta G_m$）小于零。即

$$\Delta G_m = \Delta H_m - T\Delta S_m < 0 \tag{10-1}$$

式中，$T$ 是溶解时的温度，$\Delta S_m$ 是混合熵，即高分子和溶剂在混合时熵的变化。

由于溶解是分子排列趋于混乱的过程，即 $\Delta S_m > 0$，因此 $\Delta G_m$ 的正负取决于混合热 $\Delta H_m$ 的正负及大小。当极性高分子在极性溶剂中溶解时，高分子与溶剂分子之间存在强烈的相互作用，导致溶解时放热，即 $\Delta H_m < 0$，使体系的自由能 $\Delta G_m < 0$，因此溶解过程能自发进行。大多数高分子特别是非极性高分子，溶解过程是吸热的，$\Delta H_m > 0$。因此，只有在 $\Delta H_m < T\Delta S_m$ 时才能满足式（10-1）的溶解条件。也就是说，升高温度或者混合热 $\Delta H_m$ 足够小才能使溶解自发进行。

#### 10.1.1.1　非晶态线型及支化高分子的溶解

小分子溶剂和溶质能很快混合均相形成溶液。但是长链大分子与溶剂小分子的尺寸相差悬殊，两者的分子运动速度也差别很大，溶剂分子能比较快地渗透进入高分子，而大分子向溶剂的扩散却非常慢。导致高分子的溶解过程需要经过两个阶段：首先是溶剂分子渗入高分子内部，即溶剂分子和大分子的某部分链段混合，使高分子体积膨胀，该阶段称为“溶胀”；随着溶胀的逐渐进行，大分子的所有链段完成溶剂化，从而进入溶剂，形成均匀分散的高分子溶液。

交联高分子在溶剂中只能发生溶胀，由于大分子链之间形成了化学交联，溶剂无法将大分子溶解下来，只能向高分子交联网络中渗透和扩散，当溶胀到一定程度后即达到溶胀平衡。交联高分子的溶胀程度取决于交联程度。交联度大，溶胀度小；交联度小，溶胀度大。

#### 10.1.1.2　晶态高分子的溶解

结晶高分子的内部分子排列规整，堆砌紧密，分子间相互作用力很强，以致溶剂分子渗入高分子内部非常困难。要使结晶高分子溶解，首先要将其结晶结构破坏掉，转变为非晶结构，然后再经过溶胀步骤发生溶解。

极性结晶高分子在常温下可以溶于极性溶剂。这是因为结晶高分子中无定形部分与溶剂混合时，两者产生强烈的相互作用（如生成氢键），放出大量的热量。这些热量足以破坏晶格，使结晶结构消失。例如，尼龙在常温下能溶于甲酚、40%硫酸、90%甲酸或者苯酚-冰醋酸的混合溶剂中，涤纶可溶于间甲苯酚、邻氯代苯酚以及质量比为1∶1的苯酚-四氯乙烷混合溶剂中。

对于非极性高结晶度的高分子，在常温下无法溶解。只能通过加热的方法将温度升高至熔点附近，使结晶结构破坏，随后小分子溶剂才能渗入高分子内部发生溶胀，进而溶解。例如，高密度聚乙烯的熔点是137℃，需要加热到120℃以上才开始溶于四氢萘。

### 10.1.2　溶度参数

假定两种物质在混合过程中没有体积的变化（$\Delta V_m=0$），其混合热可用经典的Hildebrand溶度公式描述：

$$\Delta H_m=\Delta V_m\varphi_1\varphi_2[(\Delta E_1/V_1)^{1/2}-(\Delta E_2/V_2)^{1/2}]^2 \tag{10-2}$$

式中，$\varphi_1$、$\varphi_2$分别是溶剂和溶质的体积分数；$\Delta V_m$是混合后溶液的总体积；$\Delta E_1/V_1$、$\Delta E_2/V_2$分别是溶剂和溶质的内聚能密度。

从式（10-2）可以看出，混合热$\Delta H_m$是由两种物质的内聚能密度不等而引起的。尽管Hildebrand公式来源于两种低分子液体的混合过程，但研究表明其规律能够很好地应用于大多数非极性高分子的溶解过程。

若内聚能密度的平方根用$\delta$来表示，$\delta=(\Delta E/V)^{1/2}$称作溶度参数。则Hildebrand公式可写成：

$$\Delta H_m=\Delta V_m\varphi_1\varphi_2(\delta_1-\delta_2)^2 \tag{10-3}$$

等式的左面表示单位体积溶液的混合热，其大小取决于溶剂和高分子溶度参数的差值，$\delta$的单位是$(\mathrm{cal/cm^3})^{1/2}$（其中，1cal=4.18J）。显然，如果$\delta_1$和$\delta_2$越接近，$\Delta H_m$就越小，高分子就越容易溶解。

对小分子物质来说，$\delta$值可以从某些物理常数中求得，例如利用液体的摩尔汽化热$\Delta H$，通过$\Delta E=\Delta H-RT$的关系式可求出$\Delta E$和$\delta$。如果文献中找不到指定温度的$\Delta H$值，还可利用克劳修斯-克拉贝龙方程或或者$\Delta H_{25℃}=23.7T_b+0.02T_b^2-2950$求得。式中$T_b$是以热力学温标表示的液体沸点。如果能够查出液体的范德华气体方程常数$\alpha$($\mathrm{L^2\cdot atm}$，1atm=101325Pa）或者临界压力$P_c$等物理常数，还可通过下式来计算估算$\delta$值。

$$\delta\approx\frac{1.2\alpha^{1/2}}{V} \tag{10-4}$$

$$\delta\approx1.25P_c{}^{1/2} \tag{10-5}$$

利用液体的热膨胀系数$\alpha_1$和压缩系数$\beta$也能求得$\delta$：

$$\delta\approx\left(\frac{\alpha_1 T}{\beta}\right)^{1/2} \tag{10-6}$$

此式对高分子很有用，因为高分子不能汽化，无法得到汽化热，也没有$\alpha$和$P_c$等物理常数。如果把非晶态高分子看作液体，则可以从手册中查到高分子的$\alpha_1$和$\beta$。

对高分子来说，如果能找到某种溶剂，它与高分子能以任何比例互溶，互相不发生反应或缔合，而且溶解过程没有体积和热焓的变化（即$\Delta V_m=0$，$\Delta H_m=0$），根据式（10-3），

这种溶剂的 $\delta$ 值就可作为该高分子的溶度参数。当然，这种考虑只适用于非极性体系，因为这是式（10-3）成立的条件。

通过实验测定高分子的溶度参数常采用稀溶液黏度法或溶胀法。当溶剂与高分子的溶度参数十分接近时，其 $\Delta H_m$ 值趋于零，表明其自发溶解的倾向很大。这时不仅可使大分子链均匀地分散在溶剂中，而且每个分子链在溶剂中还充分伸展，使流体力学体积增大，导致溶液黏度增大。如果用若干种已知溶度参数的小分子液体作为溶剂，分别测定某高分子在相同浓度下溶解在这些溶剂中的极限黏度，把其中极限黏度最大值所对应的那个溶剂的溶度参数就作为该高分子的溶度参数。溶胀法适用的对象是交联高分子，原理与稀溶液黏度法相似，只是测量对象变成了平衡溶胀度。表 10-1 和表 10-2 分别列出了常用溶剂和高分子的溶度参数（有些参考书的量纲与此不同，所以数值有差异）。

高分子的溶度参数还可由重复单元中各基团的摩尔引力常数 $F$ 直接计算得到。只要将重复单元中所有基团的摩尔引力常数加起来，除以重复单元的摩尔体积，就可算出高分子的溶度参数 $\delta$。表 10-3 是各种基团的摩尔引力常数。

$$\delta_2=\frac{\sum F}{\overline{V}}=\frac{\rho\sum F}{M_0} \tag{10-7}$$

以聚甲基丙烯酸甲酯为例，每个重复单元中有一个—$CH_2$—，两个—$CH_3$，一个—C—和一个—COO—，从表中查得每种基团的 $F$ 值进行加和得到：

$$\sum F=131.5+2\times148.3+32.0+326.6=786.7$$

重复单元的分子量为 100.1，高分子的密度为 1.19，则：

$$\delta_2=\frac{\sum F}{\overline{V}}=786.7\times\frac{1.19}{100.1}=9.35$$

该值与实验值 9.0～9.5$cal^{0.5}/cm^{1.5}$（表 10-2）相比十分接近。

**表 10-1　常用溶剂的沸点、摩尔体积、溶度参数和极性分数**

| 溶剂 | 沸点/℃ | $V$/(mL/mol) | $\delta$/($cal^{0.5}/cm^{1.5}$) | $P$ |
|---|---|---|---|---|
| 二异丙醚 | 68.5 | 141 | 7.0 | — |
| 正戊烷 | 36.1 | 116 | 7.05 | 0 |
| 异戊烷 | 27.9 | 117 | 7.05 | 0 |
| 正己烷 | 69.0 | 132 | 7.3 | 0 |
| 正庚烷 | 98.4 | 147 | 7.45 | 0 |
| 二乙醚 | 34.5 | 105 | 7.4 | 0.033 |
| 正辛烷 | 125.7 | 164 | 7.55 | 0 |
| 环己烷 | 80.7 | 109 | 8.2 | 0 |
| 氯乙烷 | 12.3 | 73 | 8.5 | 0.319 |
| 1,1,1-三氯乙烷 | 74.1 | 100 | 8.5 | 0.069 |
| 乙酸戊酯 | 149.3 | 148 | 8.5 | 0.070 |
| 乙酸丁酯 | 126.5 | 132 | 8.55 | 0.167 |
| 四氯化碳 | 76.5 | 97 | 8.6 | 0 |
| 正丙苯 | 157.5 | 140 | 8.65 | 0 |
| 苯乙烯 | 143.8 | 115 | 8.66 | 0 |
| 甲基丙烯酸甲酯 | 102.0 | 106 | 8.7 | 0.149 |
| 醋酸乙烯酯 | 72.9 | 92 | 8.7 | 0.052 |
| 对二甲苯 | 138.4 | 124 | 8.75 | 0 |
| 间二甲苯 | 139.1 | 123 | 8.8 | 0.001 |
| 乙苯 | 136.2 | 123 | 8.8 | 0.001 |
| 异丙苯 | 152.4 | 140 | 8.86 | 0.002 |
| 甲苯 | 110.6 | 107 | 8.9 | 0.001 |

续表

| 溶剂 | 沸点/℃ | V/(mL/mol) | δ/(cal$^{0.5}$/cm$^{1.5}$) | P |
|---|---|---|---|---|
| 丙烯酸甲酯 | 80.3 | 90 | 8.9 | — |
| 邻二甲苯 | 144.4 | 121 | 9.0 | 0.001 |
| 乙酸乙酯 | 77.1 | 99 | 9.1 | 0.167 |
| 1,1-二氯乙酯 | 57.3 | 85 | 9.1 | 0.215 |
| 甲基丙烯腈 | 90.3 | 83.5 | 9.1 | 0.746 |
| 苯 | 80.1 | 89 | 9.15 | 0 |
| 三氯甲烷 | 61.7 | 81 | 9.3 | 0.017 |
| 丁酮 | 79.6 | 89.5 | 9.3 | 0.510 |
| 四氯乙烯 | 121.1 | 101 | 9.4 | 0.010 |
| 甲酸乙酯 | 54.5 | 80 | 9.4 | 0.131 |
| 氯苯 | 125.9 | 107 | 9.5 | 0.058 |
| 苯甲酸乙酯 | 212.7 | 143 | 9.7 | 0.057 |
| 二氯甲烷 | 39.7 | 65 | 9.7 | 0.120 |
| 1,2-二氯乙烯 | 83.5 | 79 | 9.8 | 0.043 |
| 乙醛 | 20.8 | 57 | 9.8 | 0.715 |
| 萘 | 218 | 123 | 9.9 | 0 |
| 环己酮 | 155.8 | 109 | 9.9 | 0.380 |
| 四氢呋喃 | 64～65 | 81 | 9.9 | — |
| 二硫化碳 | 46.2 | 61.5 | 10.0 | 0 |
| 二氧六环 | 101.3 | 86 | 10.0 | 0.006 |
| 溴苯 | 156 | 105 | 10.0 | 0.029 |
| 丙酮 | 56.1 | 74 | 10.0 | 0.695 |
| 硝基苯 | 210.8 | 103 | 10.0 | 0.625 |
| 四氯乙烷 | 93 | 101 | 10.4 | 0.092 |
| 丙烯腈 | 77.4 | 66.5 | 10.45 | 0.802 |
| 丙腈 | 97.4 | 71 | 10.7 | 0.753 |
| 吡啶 | 115.3 | 81 | 10.7 | 0.174 |
| 苯胺 | 184.1 | 91 | 10.8 | 0.063 |
| 二甲基乙酰胺 | 165 | 92.5 | 11.1 | 0.682 |
| 硝基乙烷 | 16.5 | 76 | 11.1 | 0.710 |
| 环己醇 | 161.1 | 104 | 11.4 | 0.075 |
| 正丁醇 | 117.3 | 91 | 11.4 | 0.096 |
| 异丁醇 | 107.8 | 91 | 11.7 | 0.111 |
| 正丙醇 | 97.4 | 76 | 11.9 | 0.152 |
| 乙腈 | 81.1 | 53 | 11.9 | 0.852 |
| 二甲基甲酰胺 | 153.0 | 77 | 12.1 | 0.772 |
| 乙酸 | 117.9 | 57 | 12.6 | 0.296 |
| 硝基甲烷 | −12 | 54 | 12.6 | 0.780 |
| 乙醇 | 78.3 | 57.6 | 12.7 | 0.268 |
| 二甲基亚砜 | 189 | 71 | 13.4 | 0.813 |
| 甲酸 | 100.7 | 37.9 | 13.5 | — |
| 苯酚 | 181.8 | 87.5 | 14.5 | 0.057 |
| 甲醇 | 65 | 41 | 14.5 | 0.388 |
| 碳酸乙烯酯 | 248 | 66 | 14.5 | 0.924 |
| 二甲基砜 | 238 | 75 | 14.6 | 0.782 |
| 丙二腈 | 218～219 | 63 | 15.1 | 0.798 |
| 乙二醇 | 198 | 56 | 15.7 | 0.476 |
| 丙三醇 | 290.1 | 73 | 16.5 | 0.468 |
| 水 | 100 | 18 | 23.2 | 0.819 |

**表 10-2　高分子的溶度参数**　　单位：$cal^{0.5}/cm^{1.5}$

| 高分子种类 | $\delta$ | 高分子种类 | $\delta$ |
|---|---|---|---|
| 聚甲基丙烯酸甲酯 | 9.0～9.5 | 聚三氟氯乙烯 | 7.2 |
| 聚丙烯酸甲酯 | 9.8～10.1 | 聚氯乙烯 | 9.5～10.0 |
| 聚醋酸乙烯酯 | 9.4 | 聚偏氯乙烯 | 12.2 |
| 聚乙烯 | 7.9～8.1 | 聚氯丁二烯 | 8.2～9.4 |
| 聚苯乙烯 | 8.7～9.1 | 聚丙烯腈 | 12.7～15.4 |
| 聚异丁烯 | 7.7～8.0 | 聚甲基丙烯腈 | 10.7 |
| 聚异戊二烯 | 7.9～8.3 | 硝酸纤维素 | 8.5～11.5 |
| 聚对苯二甲酸乙二酯 | 10.7 | 聚丁二烯/丙烯腈 | |
| 聚己二酰己二胺 | 13.6 | 82/18 | 8.7 |
| 聚氨酯 | 10.0 | (75/25)～(70/30) | 9.25～9.9 |
| 环氧树脂 | 9.7～10.9 | 61/39 | 10.3 |
| 聚硫橡胶 | 9.0～9.4 | 乙丙橡胶 | 7.9 |
| 聚二甲基硅氧烷 | 7.3～7.6 | 聚丁二烯/苯乙烯 | |
| 聚苯基甲基硅氧烷 | 9.0 | (85/15)～(87/13) | 8.1～8.5 |
| 聚丁二烯 | 8.1～8.6 | (85/25)～(72/28) | 8.1～8.6 |
| 聚四氟乙烯 | 6.2 | 60/40 | 8.7 |

**表 10-3　摩尔引力常数 *F***　　单位：$(cal \cdot cm^3)^{0.5}/mol$

| 基团 | $F$ | 基团 | $F$ | 基团 | $F$ | 基团 | $F$ |
|---|---|---|---|---|---|---|---|
| —$CH_3$ | 148.3 | —O—醚,乙缩醛 | 115.0 | —$NH_2$ | 226.6 | —Cl 芳香族 | 161.0 |
| —$CH_2$— | 131.5 | —O—环氧化物 | 176.2 | —NH— | 180.0 | —F | 41.3 |
| >CH— | 86.0 | —COO— | 326.6 | —N═ | 61.1 | 共轭 | 23.3 |
| >C< | 32.0 | >C═O | 263.0 | —C═N | 354.6 | 顺 | −7.1 |
| $CH_2$═ | 126.5 | —CH | 292.6 | —NCO | 358.7 | 反 | −13.5 |
| —CH═ | 121.5 | $(CO)_2O$ | 567.6 | —S— | 209.4 | 六元环 | −23.4 |
| >C═ | 84.5 | —OH→ | 225.8 | $Cl_2$ | 342.7 | 邻位取代 | 9.7 |
| —CH═芳香族 | 117.1 | —H 芳香族 | 171.0 | —Cl 第一 | 205.1 | 间位取代 | 6.6 |
| —C═芳香族 | 98.1 | ＋H 聚酸 | −50.5 | —Cl 第二 | 208.3 | 对位取代 | 40.3 |

### 10.1.3　溶剂的选择

#### 10.1.3.1　溶度参数相近原则

根据 Hildebrand 公式，只要选择与高分子的溶度参数相同或者相近的溶剂，就可以溶解该高分子。但是由于 Hildebrand 公式只适用于非极性的溶质和溶剂体系，所以溶度参数相近原则仅适用于非极性或弱极性高分子和溶剂体系。对于极性高分子体系，需要对溶度参数相近原则进行修正。此外，高分子溶度参数与溶剂溶度参数的相近程度也有一定的要求，只有当 $|\delta_1-\delta_2|<1.5cal^{0.5}/cm^{1.5}$ 时，溶解才可以进行；大于 $1.5cal^{0.5}/cm^{1.5}$ 则不溶。

#### 10.1.3.2　极性相近原则

高分子可以溶解在极性与其相近的溶剂中。也就是说极性高分子溶于极性溶剂中，非极性高分子溶于非极性溶剂中，两者的极性越相近，其溶解性越好。例如聚苯乙烯是弱极性的，$\delta_2=9.1$，因此溶度参数 $\delta_1$ 在 8.9～10.8 的甲苯、苯、氯仿、二氯乙烯、苯胺等极性不大的液体都是它的溶剂，而丙酮（$\delta_1=10.0$）却不能溶解聚苯乙烯，这是由于丙酮的极性太强所致。又如极性很强的聚丙烯腈不能溶解在溶度参数与它接近的乙醇、甲醇、苯酚、乙二醇等溶剂中，这是因为这些溶剂的极性太弱了。而只有极性较大的二甲基甲酰、二甲基乙酰胺、乙腈、二甲基亚砜、丙二腈和碳酸乙烯酯等才能使其溶解。如果溶质与溶剂间能生成氢键，则将大大有利于溶质的溶解。

### 10.1.3.3 溶剂化原则

所谓溶剂化作用，就是溶质与溶剂接触时彼此产生了相互作用力，该作用力大于溶质之间的内聚力，使溶质分子彼此分离而溶解于溶剂的作用。溶剂化原则实质上也就是广义酸（电子的接受体）与广义碱（电子的给予体）之间的相互作用。例如，聚氯乙烯（$\delta=9.7$）和聚碳酸酯（$\delta=9.5$）的溶度参数很接近，但聚氯乙烯只溶于环己酮（$\delta=9.9$），聚碳酸酯可溶于二氯甲烷（$\delta=9.7$）和氯仿（$\delta=9.3$）。这是由于聚氯乙烯是一种弱的电子受体（弱亲电试剂），易溶于电子给予体（亲核试剂）环己酮中。而聚碳酸酯是一种弱的电子给体（弱亲核试剂），易溶于电子受体（亲电试剂）二氯甲烷中。

常见的与高分子和溶剂相关的亲电、亲核基团依强弱次序列举如下：

亲电子基：$-SO_2OH > -COOH > -C_6H_4OH > =CHCN > =CHNO_2 > -CHONO_2 > -CH_2Cl > =CHCl$

亲核基团：$-CH_2NH_2 > -C_6H_4NH_2 > -CON(CH_3)_2 > -CONH- > \equiv PO_4 > -CH_2COCH_2- > -CH_2OCOCH_2- > -CH_2OCH_2-$

### 10.1.3.4 Huggins 参数原则

高分子与溶剂之间的相互作用参数称为 Huggins 参数 $\chi_1$（见 10.2 节），其数值是判断溶剂优劣的一个半定量依据。对于某个高分子/溶剂体系，若 $\chi_1<1/2$，则高分子能够溶解，$\chi_1$ 比 1/2 小得越多，高分子的溶解越好；若 $\chi_1>1/2$，高分子一般不能溶解。所以 $\chi_1$ 值偏离 1/2 的大小可作为溶剂溶解能力的判别依据。

在选择高分子的溶剂时，除了使用单一溶剂外，还经常使用混合溶剂。混合溶剂的溶度参数 $\delta$ 可由下式调节。

$$\delta_{混}=\varphi_1\delta_1+\varphi_2\delta_2 \tag{10-8}$$

式中，$\varphi_1$ 和 $\varphi_2$ 分别表示两种溶剂的体积分数；$\delta_1$ 和 $\delta_2$ 是两种溶剂的溶度参数。

如表 10-4 所示，聚苯乙烯的 $\delta=9.1$，可以选用一定组成的丙酮（$\delta=10.0$）和环己烷（$\delta=8.2$）的混合溶剂，使其溶度参数接近聚苯乙烯的溶度参数，从而使它具有良好的溶解性能。

**表 10-4 可溶解高分子的非溶剂混合物**

| 高分子种类 | $\delta$ | 高分子种类 | $\delta_1$ | 高分子种类 | $\delta_2$ |
|---|---|---|---|---|---|
| 无规聚苯乙烯 | 9.1 | 丙酮 | 10.0 | 环己烷 | 8.2 |
| 无规聚丙烯腈 | 12.8 | 硝基甲烷 | 12.6 | 水 | 23.2 |
| 聚氯乙烯 | 9.5 | 丙酮 | 10.0 | 二硫化碳 | 10.0 |
| 聚氯丁二烯 | 8.2 | 二乙醚 | 7.4 | 乙酸乙酯 | 9.1 |
| 丁苯橡胶 | 8.3 | 戊烷 | 7.05 | 乙酸乙酯 | 9.1 |
| 丁腈橡胶 | 9.4 | 甲苯 | 8.9 | 丙二酸二甲酯 | 10.3 |
| 硝化纤维 | 10.6 | 乙醇 | 12.7 | 二乙醚 | 7.4 |

# 10.2 高分子稀溶液热力学理论与特点

## 10.2.1 高分子溶液与理想溶液的偏差

高分子稀溶液是分子分散体系，属于热力学稳定体系，溶液性质不随时间而变化。高分子的溶解过程具有可逆性，一般说来，温度降低时，高分子在溶剂中的溶解度减小而使溶液分成两相，温度上升后又能相互溶解成为均相。鉴于高分子稀溶液的稳定性和溶解过程的可逆性，可以用热力学函数来描述高分子溶液的性质。为了叙述问题方便起见，在讨论高分子溶液热力学性质之前，先讨论理想溶液的热力学性质。

理想溶液是指组成溶液的溶剂分子之间、溶质分子之间以及溶质与溶剂分子之间的相互作用能都相等，混合前后焓不发生变化 $\Delta H_m^i=0$，也没有体积的变化，$\Delta V_m^i=0$。

根据统计热力学中的玻耳兹曼定律可知体系的熵 $S$ 为：

$$S=k\ln\Omega_{溶液} \tag{10-9}$$

式中，$k$ 为玻耳兹曼常数（$k$ 与气体常数 $R$ 和阿伏伽德罗常数 $N_A$ 之间的关系为 $k=R/N_A$）；$\Omega_{溶液}$ 为混合体系的微观状态数。

对于理想溶液，可以推导出溶解过程的混合熵为：

$$\Delta S_m^i=-k(N_1\ln X_1+N_2\ln X_2)=-R(n_1\ln X_1+n_2\ln X_2) \tag{10-10}$$

式中，$N_1$ 和 $N_2$ 分别为溶剂和溶质的分子数；$X_1$ 和 $X_2$ 分别为溶剂和溶质的摩尔分数；$n_1$ 和 $n_2$ 分别为溶剂和溶质的物质的量。

因为理想溶液的混合热 $\Delta H_m=0$，因此理想溶液的混合自由能 $\Delta G_m$ 为：

$$\begin{aligned}\Delta G_m=\Delta H_m-T\Delta S_m &=kT\left[N_1\ln X_1+N_2\ln X_2\right]\\ &=RT\left[n_1\ln X_1+n_2\ln X_2\right]\end{aligned} \tag{10-11}$$

理想溶液对溶剂的偏摩尔混合自由能为：

$$\Delta\overline{G}_1=\left[\frac{\partial\Delta G_m}{\partial n_1}\right]_{T,p,n_2}=\mu-\mu_1^0=\Delta\mu_1=RT\ln X \tag{10-12}$$

式中，$\mu$、$\mu_1^0$ 分别为溶液中溶剂和纯溶剂的化学位。

求出 $\Delta\mu_1$ 之后，可把理想溶液的依数性写成与 $\Delta\mu_1$ 有关的表达式。例如理想溶液的蒸气压为：

$$\ln\frac{p_1}{p_1^0}=\frac{\Delta\mu_1}{RT} \tag{10-13}$$

将式（10-12）代入得到：

$$p_1=p_1^0X_1 \tag{10-14}$$

$p_1$ 和 $p_1^0$ 分别为溶液中溶剂的蒸气压和纯溶剂在相同温度下的蒸气压。

理想溶液的渗透压 $\pi$ 为：

$$\pi=\frac{-\Delta\mu}{\overline{V}}$$

式中，$\overline{V}$ 为溶剂的偏摩尔体积，将式（10-12）代入，得到：

$$\pi=\frac{-\Delta\mu_1}{\overline{V}_1}=-\frac{RT}{\overline{V}}\ln X_1=\frac{RT}{\overline{V}}X_2 \tag{10-15}$$

由以上讨论可知，理想溶液的蒸气压和渗透压均只与溶液中溶质的摩尔分数有关。

实际上，理想溶液并不存在，只有当溶剂分子和溶质分子极为相似（如光学异构体混合物、同位素化合物的混合物等）才可算做理想溶液。实际溶液与理想溶液在热力学性质上存在偏差，根据不同的偏差情况，实际溶液可归纳为四类：理想溶液、无热溶液、规则溶液和不规则溶液。四类实际溶液的热力学性质列于表 10-5。

**表 10-5　实际溶液的热力学性质**

| 溶液类型 | 理想溶液 | 无热溶液 | 规则溶液 | 不规则溶液 |
|---|---|---|---|---|
| $\Delta H_m$ | $\Delta H_m=\Delta H_m^i=0$ | $\Delta H_m=\Delta H_m^i=0$ | $\Delta H_m\neq\Delta H_m^i$ | $\Delta H_m\neq\Delta H_m^i$ |
| $\Delta S_m$ | $\Delta S_m=\Delta S_m^i$ | $\Delta S_m\neq\Delta S_m^i$ | $\Delta S_m\neq\Delta S_m^i$ | $\Delta S_m\neq\Delta S_m^i$ |

高分子溶液属于不规则溶液，高分子溶液的热力学性质与理想溶液的偏差主要表现在两个方面：①在理想溶液中把小分子溶质看作刚性球，只有一种构象；而在高分子溶液中柔性链高分子可以有许多种构象，因此高分子溶液的微观状态数要比同样分子数目的理想溶液的微观状态数多，使得 $\Delta S_m>\Delta S_m^i$。②柔性链高分子比溶剂分子大得多，溶剂分子之间、溶质高分子的链段与链段之间以及高分子链段与溶剂分子间的相互作用能不完全相同，所以 $\Delta H_m\neq0$。

### 10.2.2　Flory-Huggins 高分子稀溶液理论

高分子溶液的混合熵、混合热、混合自由能等一系列热力学性质的表达式可以借助于 Flory 和 Huggins 的“拟晶格模型”（图 10-1），并运用统计热力学方法推导出来。

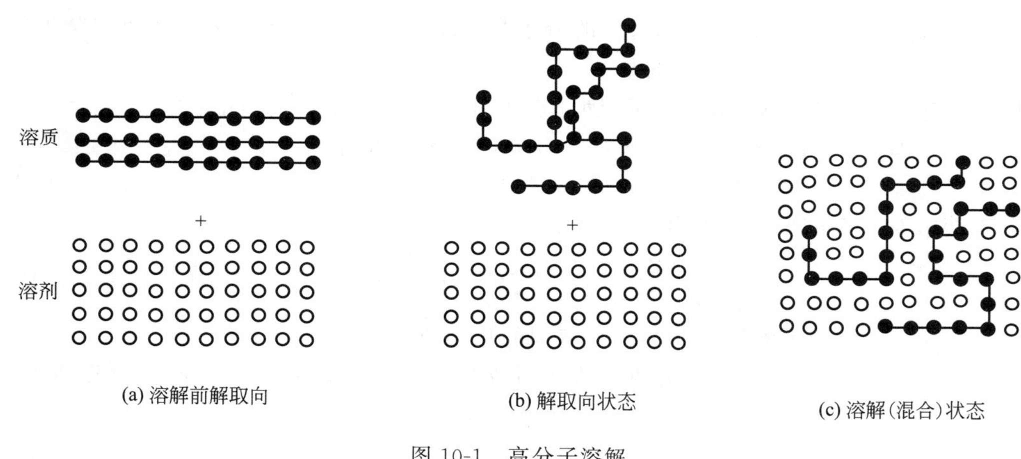


图 10-1　高分子溶解

推导过程的几点假定如下。

① 溶液中溶剂和溶质分子的排列为一种晶格排列。在晶格中每个溶剂分子占有一个格子，每个高分子由 $x$ 个“链段”所组成，每个“链段”占有一个格子，每个高分子链占有 $x$ 个相连的格子，$x$ 也可看做是高分子与溶剂分子的体积比。

② 高分子链是柔性的，在晶格中可自由采取各种构象，所有构象具有相同的能量。

③ 高分子“链段”在晶格中均匀地分布，即“链段”占据任一格子的概率相等。

④ 具有相同链长的高分子链在混合前处于解取向状态［图 10-1 中（b）状态］。

#### 10.2.2.1　高分子溶液的混合熵 $\Delta S_m$

$N_2$ 个链段数为 $x$ 的大分子在 $N_1$ 个溶剂分子中溶解所形成的高分子溶液，可以被看做是在 $N$（$=N_1+xN_2$）个晶格中放置有 $N_2$ 个大分子和 $N_1$ 个溶剂分子。因此，该高分子溶液的微观状态数可以看做是 $N_1$ 个溶剂分子和 $N_2$ 个高分子链在 $N=N_1+xN_2$ 个格子内可能的排列方式总数。根据玻耳兹曼定律，可以推导出高分子溶液的熵为：

$$S_{液}=k\ln\Omega_{液}$$

此外，从混合前溶剂的微观状态数和高分子溶质的微观状态数，可分别得到混合前纯溶剂的熵和溶质的熵 $S_{溶液}=k\ln\Omega_{溶剂}$，$S_{高分子}=k\ln\Omega_{高分子}$。由此可以推导出高分子溶解过程的混合熵 $\Delta S_m$（推导过程略），即

$$\begin{aligned}\Delta S_m &=S_{液}-(S_{溶剂}+S_{高分子})\\ &=-k[N_1\ln\phi_1+N_2\ln\phi_2]\\ &=-R[n_1\ln\phi_1+n_2\ln\phi_2]\end{aligned} \tag{10-16}$$

式中，$\phi_1$ 和 $\phi_2$ 分别表示溶剂和高分子在溶液中的体积分数。

$$\phi_1=\frac{N_1}{N_1+xN_2}\qquad \phi_1=\frac{xN_2}{N_1+xN_2}$$

式（10-16）与理想溶液的混合熵式（10-10）相比，只是分子分数 $X$ 换成了体积分数 $\phi$。进一步比较可知，由式（10-16）计算得到的 $\Delta S_m^{高分子}$ 要比通过式（10-10）得到的理想溶液的 $\Delta S_m^i$ 大得多。这是因为由 $x$ 个"链段"构成一个高分子链，在溶液中不止起一个小分子的作用；但是高分子中每个链段是相互连结的，一个高分子又起不到 $x$ 个小分子的作用，所以式（10-16）计算得到的 $\Delta S_m^{高分子}$ 又比 $xN_2$ 个小分子与 $N_1$ 个溶剂分子混合时的熵变 $\Delta S_m^{x个小分子}$ 来得小，即

$$\Delta S_m^i<\Delta S_m^{高分子}<\Delta S_m^{x个小分子} \tag{10-17}$$

对于具有多分散性的高分子：

$$\Delta S_m=-k\left[N_1\ln\phi_1+\sum_i N_i\ln\phi_2\right] \tag{10-18}$$

#### 10.2.2.2　高分子溶液的混合热 $\Delta H_m$

根据 Flory-Huggins 拟晶格模型可推导高分子溶液的混合热 $\Delta H_m$。由于分子间作用力随距离增加迅速下降，所以只考虑最邻近一对分子间的相互作用。当溶质与溶剂混合时，用符号 1 表示溶剂分子，符号 2 表示高分子的链段，[1-1] 表示相邻的一对溶剂分子，[2-2] 表示相邻的一对链段。[1-2] 表示相邻的一对溶剂与链段对。每形成 2 对 [1-2] 溶剂与链段对需要拆散 1 对 [1-1] 和 1 对 [2-2]，若形成 1 对 [1-2] 则有：

$$\frac{1}{2}[1-1]+\frac{1}{2}[2-2]=[1-2] \tag{10-19}$$

用 $\varepsilon_{11}$、$\varepsilon_{22}$ 和 $\varepsilon_{12}$ 分别表示它们的结合能，生成一对 [1-2] 溶剂与链段对时能量的变化为：

$$\Delta\varepsilon_{11}=\Delta\varepsilon_{12}-\frac{1}{2}(\varepsilon_{11}+\varepsilon_{22}) \tag{10-20}$$

假定溶液中有 $P_{12}$ 对 [1-2]，混合时没有体积的变化，则高分子溶液的混合热为：

$$\Delta H_m=P_{12}\Delta\varepsilon_{12} \tag{10-21}$$

根据拟晶格模型，一个高分子链周围有 $(Z-2)x+2$ 个空格，其中 $Z$ 为被高分子链段占据的一个格子相邻的能排列另一高分子链段或溶剂分子的格子数（也称为晶格配位数）。当 $x$ 很大时可近似等于 $(Z-2)x$。每个空格被溶剂分子所占的概率为 $\phi_1$，因此一个高分子链可以生成 $(Z-2)x\phi_1$ 个溶剂与链段 [1-2]，在溶液中共有 $N_2$ 个高分子，则溶液的混合热为：

$$\Delta H_m=(Z-2)xN_2\phi_1\Delta\varepsilon_{12} \tag{10-22}$$

令 $\chi_1=(Z-2)\Delta\varepsilon_{12}/KT$，称为 Huggins 参数。上式变为：

$$\Delta H_m=KT\chi_1x\phi_1N_2=KT\chi_1N_1\phi_2=RT\chi_1n_1\phi_2 \tag{10-23}$$

式中，$\chi_1$ 称为高分子与溶剂的相互作用参数，或称为 Huggins 参数，它反映了高分子

与溶剂混合中相互作用能的变化。$RT\chi_1$ 的物理意义是指当一个溶剂分子放入高分子中所产生的能量变化。

#### 10.2.2.3 高分子溶液的混合自由能及溶剂的化学位

高分子溶液的混合自由能为：

$$\Delta G_m = \Delta H_m - T\Delta S_m$$

将式（10-16）和式（10-23）代入后可得：

$$\Delta G_m = RT\left[\chi_1 n_1 \phi_2 + n_1 \ln\phi_1 + n_2 \ln\phi_2\right] \tag{10-24}$$

溶液中溶剂的化学位变化 $\Delta\mu_1$ 为：

$$\Delta\mu_1 = \left[\frac{\partial \Delta G_m}{\partial n_1}\right]_{T,p,n_2} = RT\left[\ln\phi_1 + \left(1 - \frac{1}{x}\right)\phi_2 + \chi_1 \phi_2^2\right] \tag{10-25}$$

#### 10.2.2.4 高分子溶液的 θ 状态

对于高分子稀溶液，$\phi_2 \ll 1$，则有：

$$\ln\phi_1 = \ln(1-\phi_2) = -\phi_2 + \frac{1}{2}\phi_2^2 \cdots \tag{10-26}$$

将其代入式（10-25）可得到：

$$\Delta\mu_1 = RT\left[-\frac{1}{x}\phi_2 + \left(\chi_1 - \frac{1}{2}\right)\phi_2^2\right] \tag{10-27}$$

对于很稀的理想溶液，$X_2 \ll 1$，其化学位［式（10-12）］也可变为：

$$\Delta\mu_1 = \left[\frac{\partial \Delta G_m}{\partial n_1}\right]_{T,p,n_2} = RT\ln X_1 \approx RTX_2 \tag{10-28}$$

将式（10-28）与式（10-25）比较可知，式（10-25）右边的第一项相当于理想溶液中溶剂的化学位变化，第二项相当于非理想部分。非理想部分的化学位用符号 $\Delta\mu_1^E$ 表示（上标“E”表示过量），所以称为过量化学位：

$$\Delta\mu_1^E = RT\left(\chi_1 - \frac{1}{2}\right)\phi_2^2 \tag{10-29}$$

显然，高分子溶液即使浓度很稀也不能看作是理想溶液，只有当 $\chi_1 = \frac{1}{2}$ 时，才能使 $\Delta\mu_1^E = 0$，从而使高分子溶液符合理想溶液的条件。当 $\chi_1 < 1/2$ 时，$\Delta\mu_1^E < 0$，溶解过程的自发趋势更强，此时的溶剂称为该高分子的良溶剂；当 $\chi_1 > 1/2$ 时，$\Delta\mu_1^E > 0$，高分子溶解过程趋于困难，相应的溶剂称为该高分子的劣溶剂。

Flory 认为高分子溶解在良溶剂中，高分子链段与溶剂小分子之间的相互作用能远大于高分子链段与链段之间的相互作用能，即 $\varepsilon_{12} \gg \varepsilon_{22}$，这使得高分子链在溶液中扩张，导致高分子链的许多构象不能实现。因此，除了由于相互作用能不等所引起的溶液性质的非理想部分外，还有构象数减少所引起的溶液性质的非理想部分，这样，溶液的过量化学位 $\Delta\mu_1^E$ 应该由两部分组成，一部分是热变，另一部分是熵变，由此引入了两个参数 $K_1$ 和 $\Psi_1$，前者称为热参数，后者称为熵参数。

过量偏摩尔混合热为
$$\Delta \overline{H}_1^E = RTK_1\phi_2^2 \tag{10-30}$$

过量偏摩尔混合熵为
$$\Delta \overline{S}_1^E \equiv R\Psi_1\phi_2^2 \tag{10-31}$$

过量化学位变化为
$$\Delta\mu_1^E = \Delta \overline{H}_1^E - T\Delta \overline{S}_1^E = RT(K_1 - \Psi_1)\phi_2^2 \tag{10-32}$$

比较式（10-32）和式（10-29）可以得到：

$$\chi_1 - \frac{1}{2} = K_1 - \Psi_1 \tag{10-33}$$

为了方便实际应用，Flory 将两种非理想部分定义一个新参数 $\theta$，定义为：

$$\theta \equiv \frac{K_1 T}{\Psi_1} \tag{10-34}$$

$\theta$ 被称为“$\theta$ 温度”或者“Flory 温度”。

将 $K_1 = \Psi_1 \theta / T$ 代入式（10-32），过量化学位可写成：

$$\Delta\mu_1^E = RT\Psi_1 \left(\frac{\theta}{T} - 1\right)\phi_2^2 \tag{10-35}$$

当 $T=\theta$ 时，$\Delta\mu_1^E=0$，即高分子溶液的温度到达 $\theta$ 温度时，其热力学性质与理想溶液没有偏差。此条件下，溶剂分子之间、高分子链段之间以及高分子链段和溶剂分子间的相互作用能相等，即 $\varepsilon_{11}=\varepsilon_{22}=\varepsilon_{12}$，高分子链可互相贯穿并处于无扰状态。无扰状态又称 $\theta$ 状态。通常可以通过选择溶剂和温度以满足 $\Delta\mu_1^E=0$ 的条件，$\theta$ 状态下所用的溶剂称为 $\theta$ 溶剂，$\theta$ 状态下所处的温度称为 $\theta$ 温度，它们两者是密切相关并相互依存的。对于某种高分子，当溶剂选定以后，可以改度温度以满足 $\theta$ 条件，也可选定某一温度，然后改变溶剂的品种或利用混合溶剂，通过调节溶剂的成分以达到 $\theta$ 状态。

真正的理想溶液在任何温度下都呈现理想行为，而 $\theta$ 温度下的高分子稀溶液只是 $\Delta\mu_1^E=0$ 而已，其 $\Delta\overline{S}_1$ 和 $\Delta\overline{H}_1$ 都不是理想值，只是两者的效应刚巧相互抵消，$K_1=\Psi_1\neq 0$。所以在高分子科学中，$\theta$ 溶液是一种假的理想溶液。

当 $T>\theta$ 时，$\Delta\mu_1^E<0$。此条件下，溶剂为高分子的良溶剂，高分子链段与溶剂分子间的相互作用能大于高分子链段与高分子链段间的相互作用能，从而使高分子链被溶剂化而舒展，相当于在高分子链的外面套了一层由溶剂组成的套管，它使卷曲着的高分子链伸展。当 $T<\theta$ 时，$\Delta\mu_1^E>0$。此条件下，溶剂为高分子的劣溶剂，高分子链段与高分子链段之间的相互作用能大于高分子链段与溶剂分子间的相互作用能，高分子因为链段间相互吸引而卷曲。

溶液中的高分子，由于高分子链被溶剂化而舒展，其程度可由高分子链在温度 $T$ 时的均方末端距 $\overline{h}^2$ 或均方旋转半径 $\overline{s}^2$ 与 $\theta$ 状态下的无扰均方末端距 $\overline{h}_0^2$ 或无扰均方旋转半径 $\overline{s}_0^2$ 之比的平方根来表征，此比值称为扩张因子 $\alpha$。

$$\alpha \equiv \left(\frac{\overline{h}^2}{\overline{h}_0^2}\right)^{1/2} \equiv \left(\frac{\overline{S}^2}{\overline{S}_0^2}\right)^{1/2} \tag{10-36}$$

$\alpha$ 与温度、溶剂性质和高分子的分子量之间的关系由 Flory 和 Krigbaum 推导的式子表示。

$$\alpha^5 - \alpha^3 = 2C_m \Psi_1 \left(1 - \frac{\theta}{T}\right) M^{1/2} \tag{10-37}$$

式中，$C_m$ 为常数。

由式（10-37）可知，$T=\theta$ 时，$\alpha=1$，高分子链的尺寸为无扰尺寸。$T>\theta$ 时，$\alpha>1$，高分子链的尺寸大于无扰尺寸，高分子处在良溶剂中。

### 10.2.3　Flory-Krigbaum 高分子稀溶液理论简介

Flory-Huggins 拟晶格模型理论假定高分子链段在溶液中均匀分布，这在稀溶液中不合理。Flory 和 Krigbaum 在晶格模型理论的基础上进行了修正，提出了稀溶液理论，该理论的基本假定是：

① 在高分子稀溶液中高分子链段分布不均匀，溶剂化的高分子链以“链段云”的形式分散在溶剂中，如图 10-2 所示。并假定以链段云质心为中心，中心部位的密度较大，链段的径向分布符合高斯分布。

② 在稀溶液中，一个高分子很难进入另一个高分子所占的区域，也就是说，每个高分子都有一个排斥体积 $u$。排斥体积的大小与高分子相互接近时的自由能变化有关。如果高分

图 10-2 高分子稀溶液中的链段云

子链段与溶剂分子的相互作用能大于高分子的链段与链段之间的相互作用能，即 $\varepsilon_{12}>\varepsilon_{22}$，则高分子被溶剂化而扩张，使高分子不能彼此接近，高分子的排斥体积 $u$ 就很大。如果 $\varepsilon_{12}=\varepsilon_{22}$，那么高分子与高分子可以与溶剂分子一样彼此接近，互相贯穿，这样排斥体积为零，相当于高分子处于无扰的状态。

推导出排斥体积 $u$ 与高分子的分子量和溶液的温度之间的关系为：

$$u=2\psi_1\left(1-\frac{\theta}{T}\right)\frac{\bar{\nu}}{V_1}m_1F(X) \qquad (10\text{-}38)$$

式中，$\bar{\nu}_1$ 为高分子的偏微比容；$V_1$ 为溶剂分子的体积；$m_1$ 为一个高分子的质量；$F$（$X$）为一个很复杂的函数。

把稀溶液中的高分子线团看做体积为 $u$ 的刚性球，对于非极性的高分子溶液，溶解过程的热效应很小，可看作为零，即 $\Delta H_m\approx0$，可以推导出溶液的混合自由能：

$$\Delta G_m=-kT\left[N_2\ln V+\sum_{i=0}^{N_2-1}\ln\left(1-\frac{iu}{V}\right)\right]+\text{常数} \qquad (10\text{-}39)$$

同时还可以推导出溶剂的过量化学位以及高分子溶液的渗透压：

$$\Pi=RT\left[\frac{c}{M}+\frac{\overline{N}u}{2M^2}c^2\right] \qquad (10\text{-}40)$$

式中，$R$、$c$ 及 $M$ 分别为气体常数、溶液浓度以及溶质的分子量。

通过实验可以测定出高分子溶液的渗透压，它与溶液浓度的关系可用维利展开式表示：

$$\frac{\Pi}{c}=RT(A_1+A_2C+\cdots) \qquad (10\text{-}41)$$

式中，$A_1$ 与 $A_2$ 分别为第一维利系数与第二维利系数。由式（10-40）与式（3-41）相比可知：

$$A_2=\frac{\overline{N}u}{2M^2} \qquad (10\text{-}42)$$

将式（10-38）代入式（10-42），则得：

$$A_2=\frac{\bar{\nu}^2}{\overline{V}_1}\Psi_1\left(1-\frac{\theta}{T}\right)F(X) \qquad (10\text{-}43)$$

式中，$\overline{V}_1$ 为溶剂的物质的量与偏摩尔体积，在 $\theta$ 状态下，$u=0$，$A_2=0$。这些结果在理论和实践中很有用。

## 10.3 高分子的分子量和分子量分布

高分子的分子量（即相对分子质量）和分子量分布是表征高分子的重要参数，通过测定高分子的分子量和分子量分布可以了解聚合反应的机理及动力学的情况，同时高分子的分子量大小和分布与其成型加工性能和力学性能也有十分密切的联系。因此研究高分子的分子量及其分布情况对高分子材料的合成、加工与应用具有重要的意义。

### 10.3.1 高分子的分子量的统计意义

除了极少数生物高分子（核酸、蛋白质）外，几乎所有高分子的分子量都是不均一的，组成高分子的分子链长短不一，分子量大小不等，存在着多分散性。造成分子量多分散性的原因与聚合反应的复杂性和随机性有关，更确切地说，是由于聚合反应过程中存在的链转移反应和链终止反应所造成的。由于高分子的分子量的不均一性，高分子的分子量只能是一个统计平均值，而且使用的统计平均方法不同，所得到的平均分子量数值也不相同。

对于一个高分子试样，其总质量为 $W$，含有 $N$ 个大分子链。对该试样进行分级，得到 $n$ 个级分，测量出各级分的分子量、分子数和质量，并且列于表 10-6 中。表中各级分的分子分数定义为 $\not{N}=N_i/\sum N_i$；质量分数定义为 $\not{W}_i=W_i/\sum W_i$。由此可定义出 4 种统计平均分子量。

**表 10-6　高分子试样各级分的分子量**

| 级分 | 各级分分子量 | 各级分分子数 | 各级分质量 | 分子分数 | 质量分数 |
|---|---|---|---|---|---|
| 1 | $M_1$ | $N_1$ | $W_1$ | $\not{N}_1$ | $\not{W}_1$ |
| 2 | $M_2$ | $N_2$ | $W_2$ | $\not{N}_2$ | $\not{W}_2$ |
| 3 | $M_3$ | $N_3$ | $W_3$ | $\not{N}_3$ | $\not{W}_3$ |
| $i$ | $M_i$ | $N_i$ | $W_i$ | $\not{N}_i$ | $\not{W}_i$ |
| $n$ | $M_n$ | $N_n$ | $W_n$ | $\not{N}_n$ | $\not{W}_n$ |

#### 10.3.1.1　数均分子量 $\overline{M}_n$

对各级分大分子的数量进行统计平均所得到的平均分子量，其定义为：

$$\overline{M}_n=\frac{M_1N_1+M_2N_2+\cdots+M_iN_i+\cdots+M_nN_n}{N_1+N_2+\cdots+N_i+\cdots+N_n}=\frac{\sum_{i=1}^{n}M_iN_i}{\sum_{i=1}^{n}N_i}=\sum_{i=1}^{n}\frac{N_i}{\sum_{i=1}^{n}N}M_i \quad (10\text{-}44)$$

用端基分析、冰点下降和渗透法测得的都是数均分子量，范围小于 $2\times10^6$。数均分子量对高分子流动性能的影响比较大，是高分子成型加工需要考虑的一个指标。

#### 10.3.1.2　重均分子量 $\overline{M}_w$

以各级分的质量进行统计平均所得到的平均分子量，其定义为：

$$\overline{M}_w=\frac{M_1^2N_1+M_2^2N_2+\cdots+M_i^2N_i+\cdots+M_n^2N_n}{M_1N_1+M_2N_2+\cdots+M_iN_i+\cdots+M_nN_n}=\frac{\sum_{i=1}^{n}M_i^2N_i}{\sum_{i=1}^{n}M_iN_i}=\sum_{i=1}^{n}\frac{W_i}{\sum_{i=1}^{n}W_i}M_i \quad (10\text{-}45)$$

用光散射法、超离心沉降测得的是重均分子量（即相对分子质量），范围在 $10^4\sim10^7$。重均分子量对高分子的力学性能影响较大，是高分子机械强度需要考虑的一个指标。

#### 10.3.1.3　黏均分子量 $\overline{M}_\eta$

用溶液黏度法测得的平均分子量称为黏均分子量，它可定义为：

$$\overline{M}_\eta=\left(\frac{M_1^{1+\alpha}N_1+M_i^{1+\alpha}N_2+\cdots+M_i^{1+\alpha}N_1+\cdots+M_n^{1+\alpha}N_n}{M_1N_1+M_2N_2+\cdots+M_iN_i+\cdots+M_nN_n}\right)^{\frac{1}{\alpha}}=\left(\frac{\sum_{i=1}^{n}M_i^{1+\alpha}N_i}{\sum_{i=1}^{n}M_iN_i}\right)^{\frac{1}{\alpha}} \quad (10\text{-}46)$$

式中，$\alpha$ 是和溶液中分子链形状有关的参数，可由特性黏度 $[\eta]$ 与 $\overline{M}_\eta$ 之间的关系式 $[\eta]=K\overline{M}_\eta$ 求得，一般在 0.5～1。黏度法测得的是黏均分子量，范围在 $3\times(10^4\sim10^6)$。

#### 10.3.1.4 $Z$ 均分子量 $\overline{M}_z$

这是按 $Z$ 量统计的平均分子量，其定义为

$$\overline{M}_w = \overline{M}_z = \frac{M_1^3 N_1 + M_2^3 N_2 + \cdots + M_i^3 N_i + \cdots + M_n^3 N_n}{M_1^2 N_1 + M_2^2 N_2 + \cdots + M_i^2 N_i + \cdots + M_n^2 N_n} = \frac{\sum_{i=1}^{n} M_i^3 N_i}{\sum_{i=1}^{n} M_i^2 N_i} \tag{10-47}$$

用超离心沉降法测和的是 $Z$ 均分子量，范围在 $10^4 \sim 10^7$。

设某高分子试样中有 10 个相对分子质量为 10000 的分子，有 5 个相对分子质量为 100000 的分子。计算出的各种平均分子量为：

$$\overline{M}_n = \frac{10^5 \times 5 + 10^4 \times 10}{5+10} = 4.0 \times 10^4$$

$$\overline{M}_w = \frac{(10^5)^2 \times 5 + 10^4 \times 10}{10^5 \times 5 + 10^4 \times 10} = 8.3 \times 10^4$$

$$\overline{M}_\eta = \left[\frac{(10^5)^{1.6} \times 5 + (10^4)^{1.6} \times 10}{10^5 \times 5 + 10^4 \times 10}\right]^{1/0.6} = 8.0 \times 10^4 (\alpha = 0.6)$$

$$\overline{M}_z = \left[\frac{(10^5)^3 \times 5 + (10^4)^3 \times 10}{(10^5)^2 \times 5 + (10^4)^2 \times 10}\right]^{1/0.6} = 2.1 \times 10^8$$

从上面的计算结果可见，对同一种高分子试样来说，各种平均分子量的大小顺序是：$\overline{M}_z > \overline{M}_w > \overline{M}_\eta > \overline{M}_n$。若高分子的分子量是单分散性或均一的，计算出的各种平均分子量应该相等，即 $\overline{M}_z = \overline{M}_w = \overline{M}_\eta = \overline{M}_n$。

### 10.3.2 分子量分布

分子量分布对高分子的性能会有较大的影响，因此即使平均分子量相同的高分子样品其表现出的性能可能会有很大差异。一般来说，高分子的分子量分布对材料性能的影响主要表现在两个方面：①高分子的加工成型性能（流动性、成膜性、纺丝性都与分子量分布有密切关系）；②机械强度（拉伸强度、冲击强度、耐疲劳强度）。因此，除了需要测定高分子的平均分子量，还需要了解高分子的分子量分布的详细情况。

表示分子量分布宽度的简单方法是多分散性指数，其定义为：

$$D = \overline{M}_w / \overline{M}_n \text{ 或者 } D = \overline{M}_z / \overline{M}_w \tag{10-48}$$

对单分散性试样，$D=1$；对多分散性试样，$D>1$；$D$ 越大，分子量分布越宽。

用分子量分布宽度表征高分子的分子量分布的情况比较粗糙，要详细表征高分子的分子量分布，可以使用分子量分布曲线。对于表 10-6 所示的高分子样品，首先假定：①每个级分仍存在分子量分布，而且以该级分的平均分子量为中心呈中值分布；②每个级分的分子量不超过相邻级分的平均分子量。然后引进累积质量分数的概念。对于某个级分来说，分子量小于和等于该级分平均分子量的所有试样的质量分数之和为该级分的累积质量分数，其数学表达式为：

$$I = \frac{1}{2} W_i + \sum W_j \tag{10-49}$$

由此可以计算出各级分的累积质量分数。

| 级　分 | 各级分平均分子量 | 各级分质量分数 | 累积质量分数 |
|---|---|---|---|
| 1 | $M_1$ | $\overline{W}_1$ | $I_1=\frac{1}{2}\overline{W}_1$ |
| 2 | $M_2$ | $\overline{W}_2$ | $I_2=\overline{W}_1+\frac{1}{2}\overline{W}_2$ |
| 3 | $M_3$ | $\overline{W}_3$ | $I_3=\overline{W}_1+\overline{W}_2+\frac{1}{2}\overline{W}_3$ |
| $i$ | $M_i$ | $\overline{W}_i$ | $I_i=\frac{1}{2}\overline{W}_i+\sum\overline{W}_j$ |

以各级分的累积质量分数对分子量作图，得到一阶梯曲线。然后通过各阶梯垂线的中点连接成一条光滑的曲线，它就是分子量质量积分的分布曲线（图 10-3）。其物理意义是分子量从 0 到 $M_i$ 的所有级分的质量占样品总质量的分数。曲线的函数形式为：

$$I(M)=\int_0^M \overline{W}(M)\mathrm{d}M \tag{10-50}$$

式（10-50）称为分子量质量积分分布函数。显然：

$$I(M)=\int_0^\infty \overline{W}(M)\mathrm{d}M=1 \tag{10-51}$$

如果对得到的分子量质量积分分布曲线进行微分，然后以曲线上每一点处切线的斜率 $[\mathrm{d}I(M)/\mathrm{d}M=\overline{W}(M)]$ 对相应的 $M$ 作图，又可以得到另一种分子量分布曲线——分子量质量微分分布曲线（图 10-4）。其物理意义为分子量在 $M\sim M+\mathrm{d}M$ 之间的级分质量占样品总质量的分数。

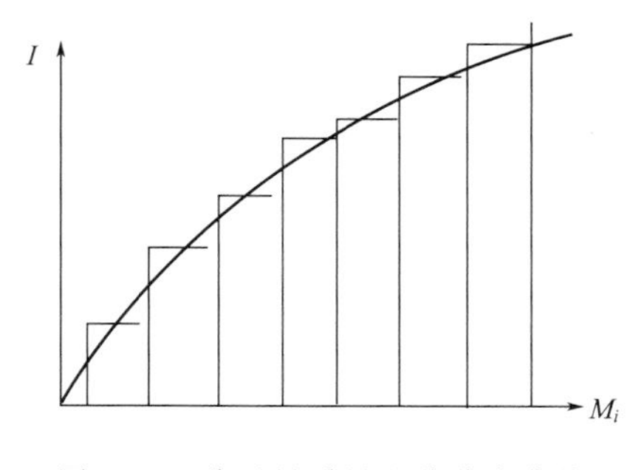

图 10-3　分子量质量积分分布曲线

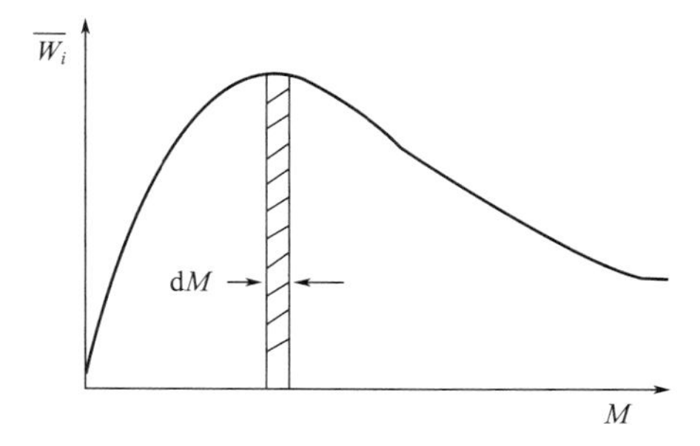

图 10-4　分子量质量微分分布曲线

## 10.4　高分子的分子量的测定

准确测定高分子的分子量对在高分子合成中控制分子量并得到预定性能的材料具有重要的意义。在高分子链结构和高分子溶液性质研究的基础上，人们已经建立了多种测量高分子的分子量的方法。测定数均分子量的常用方法有端基分析、沸点升高、冰点降低、气相渗透压和膜渗透压等；测定重均分子量的常用方法有光散射、小角激光光散射和超速离心沉降等；测定 $z$ 均分子量的常用方法有超速离心沉降等；测定黏均分子量的方法为稀溶液黏度法。表 10-7 列出了各种方法及其适用范围。这些方法在实际工作中并不局限于分子量的测定，也可用于测定分子量分布、分子结构参数或其他运动参数。

表 10-7 测定高分子分子量的方法及适用范围

| 方法 | 平均分子量 | 分子量范围 | 方法 | 平均分子量 | 分子量范围 |
|---|---|---|---|---|---|
| 端基分析 | $\overline{M}_n$ | $<3\times10^4$ | 光散射法 | $\overline{M}_w$ | $10^3\sim10^7$ |
| 膜渗透压 | $\overline{M}_n$ | $2\times(10^4\sim10^6)$ | 黏度法 | $\overline{M}_\eta$ | $10^3\sim10^8$ |
| 蒸气压渗透法(VPO) | $\overline{M}_n$ | $<3\times10^4$ | 超速离心沉降平衡法 | $\overline{M}_g$ | $10^2\sim10^6$ |
| 沸点上升法 | $\overline{M}_n$ | $<10^4$ | GPC 法 | $\overline{M}_w$、$\overline{M}_z$、$\overline{M}_\eta$ | $10^2\sim10^7$ |
| 冰点下降法 | $\overline{M}_n$ | $<10^4$ | | | |

### 10.4.1 数均分子量的测定

#### 10.4.1.1 端基分析法

如果某一线型高分子的化学结构是已知的，且高分子链端带有可以用化学分析方法来定量的端基，那么在已知质量的试样中，链端基团的数目就等于分子链的数目或分子链的倍数。例如聚己内酰胺分子链的一端是氨基，另一端是羧基，用酸碱滴定法求出氨基或羧基的物质的量，就可以知道试样中高分子链的物质的量，从而可以按数均分子量的定义计算出此高分子的数均分子量：

$$\overline{M}_n=\frac{\sum N_iM_i}{\sum N_i}=\frac{\sum W_i}{\sum N_i}=\frac{W}{n}=\frac{W}{n_g/x_g} \tag{10-52}$$

式中，$W$ 为高分子试样的质量；$n$ 为高分子试样的物质的量；$n_g$ 为高分子试样中被分析的末端基团的物质的量；$x_g$ 为高分子试样中每个高分子所含被分析的末端基团数目。

在进行端基分析时，需要将高分子纯化，除去杂质、单体等。如果用化学滴定法，则需找到合适的溶剂，在许多情况下往往要进行空白滴定，对分析结果加以修正。一般缩聚型的高分子均由具有反应性官能团的单体经缩合反应而成，每个高分子的链端仍有反应性基团存在，且分子量一般不大，因此端基分析对缩聚物的分子量测定应用很广。例如聚酰胺的羧基和氨基、聚酯的羧基都可以用最简单的酸碱滴定法来求得其数均分子量。烯类加聚物的相对分子质量一般在 $10^5\sim10^6$，且无可供化学分析的端基，不能用端基分析法测定分子量。只有在特殊情况下，设法用一种带有可分析的基团引发剂或终止剂参加聚合反应，使生成的烯烃类高分子的链端也带上可分析的基团，才可以用端基分析法。

端基分析法还有另外一种功用，就是可以用来鉴定高分子的支链。如果已知每个侧链上带有一个可分析的端基，那么只要用其他依数性方法测出其分子量，再用端基分析法测出每个高分子中所含端基的数目，就可计算出每个高分子上的侧链数目。不过，对侧链数目相等，而侧链的长短和侧链排列情况还无法知道，这只有配合其他方法来鉴定。

此法的灵敏度较低，试样的分子量愈大，则分子数愈少，分析时实验误差就愈大。用一般的质量法或容量法，当相对分子质量在 $2\times10^4\sim3\times10^4$ 时，实验误差已达 20%。如试样不纯，含有支链的分子链，使每个分子的端基数有变化或部分端基由于种种原因发生化学变化而不能检测时，则测定结果的可靠性更差。

#### 10.4.1.2 沸点升高和冰点降低法

利用稀溶液的依数性测定溶质分子量的方法是经典的物理化学方法。在溶剂中加入不挥发的溶质后，溶液的蒸气压下降，导致溶液的沸点比纯溶剂的高，溶液的冰点比纯溶剂的低。图 10-5 是纯溶剂和溶液的蒸气压随温度变化的曲线。溶液沸点升高 $\Delta T_b$ 或冰点降低 $\Delta T_f$ 的数值都正比于溶质的摩尔分数，即正比于溶液的浓度 $c$，与溶质的分子量 $M(\overline{M}_n)$ 成反比。

$$\Delta T_b = K_b \frac{C}{M} \tag{10-53}$$

$$\Delta T_f = K_f \frac{C}{M} \tag{10-54}$$

溶液浓度 $c$ 常以每千克溶剂中所含溶质的质量（g）表示：$K_b$ 和 $K_f$ 分别是溶剂的沸点升高常数和冰点降低常数（表 10-7）。溶剂的 $K_b$ 和 $K_f$ 值可用已知分子量的化合物来测定，也可用热力学关系式进行计算。

$$K_b = \frac{RT_b^2}{1000\Delta H_v} \qquad K_f = \frac{RT_b^2}{1000\Delta H_f}$$

式中，$T_b$ 和 $T_f$ 分别为溶剂的沸点和冰点；$\Delta H_v$ 和 $\Delta H_f$ 分别是每克溶剂的蒸发热和熔融热。如果溶液的浓度 $c$ 的单位用 g/mL 表示，则表 10-8 中的 $K_b$ 和 $K_f$ 值需乘以 $1000/\rho$，$\rho$ 是溶剂的密度。

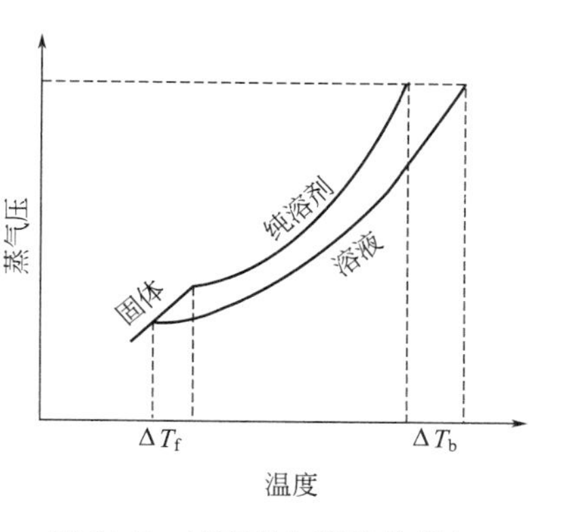


图 10-5　纯溶剂和溶液的蒸气压随温度的变化曲线

**表 10-8　溶剂的沸点 $T_b$ 和沸点升高常数 $K_b$**

| 溶剂 | $T_b$/℃ | $K_b$ | 溶剂 | $T_b$/℃ | $K_b$ | 溶剂 | $T_b$/℃ | $K_b$ |
|---|---|---|---|---|---|---|---|---|
| 水 | 100 | 0.51 | 二氯乙烷 | 83 | 1.90 | 乙酸 | 16.5 | 3.7 |
| 乙酸 | 118 | 3.07 | 苯 | 80 | 2.53 | 二氧六环 | 11.8 | 4.6 |
| 乙醇 | 78 | 1.19 | 甲苯 | 110 | 3.33 | 硝基苯 | 5.6 | 6.8 |
| 丁酮 | 80 | 2.56 | 环己烷 | 81 | 2.79 | 二苯胺 | 53.2 | 7.7 |
| 四氢呋喃 | 63 | 2.50 | 水 | 0 | 1.86 | 苯 | 5.5 | 5.06 |

高分子溶液的热力学性质与理想溶液偏差很大，只有在无限稀释的情况下才符合理想溶液的规律，因此必须在各种浓度下测定 $\Delta T_b$ 或 $\Delta T_f$，然后以 $\Delta T/c$ 对 $c$ 作图并外推，根据 $\Delta T/c$ 在 $c \to 0$ 时的外推值计算分子量（$M$）：

$$\left(\frac{\Delta T}{c}\right)_{c \to 0} = \frac{K}{\overline{M}_n} \tag{10-55}$$

从表 10-8 中可看出 $K_b$ 值一般在 0.1～10 的数量级，而高分子的分子量很大，测定用的溶液浓度又很稀，因此 $\Delta T$ 的数值很小。如果高分子的分子量为 $10^4$，则温差测定必须精确至 $10^{-4}$～$10^{-5}$℃。

采用沸点升高法时，对溶剂的要求不但具有较大的 $K_b$ 值，而且沸点不能太高，以防止高分子的降解。采用冰点降低法时，同样希望溶剂的 $K_f$ 值要大，而且高分子不能在溶剂的凝固温度以上先行析出。在测定时还要等待足够的时间，以达到热力学平衡。

#### 10.4.1.3　渗透压法

测量数均分子量 $\overline{M}_n$ 最重要的方法是渗透压法。图 10-6 为渗透压基本原理，测量装置由两根毛细管和渗透池组成，中间用半渗透膜隔开，渗透池一边盛高分子溶液，一边盛溶剂，渗透膜可以允许溶剂分子透过，而高分子的体积大，不能透过渗透膜。当溶剂和溶液分别装入渗透池的两边以后，由于溶液和溶剂两边的化学位不相同，溶剂分子会透过渗透膜进入溶液，使溶液的液柱上升，产生液柱高差。随着溶液被稀释和液柱上升，最终溶液和溶剂的化学位会相等，系统达到热力学平衡。此后溶液与溶剂的液柱高差达一定值，这个液柱的压力差称为溶液的渗透压。

理想溶液的渗透压用范特霍夫（Vant Hoff）定律表示：

$$\pi = \frac{NRT}{V} = \frac{RT}{M}c \tag{10-56}$$

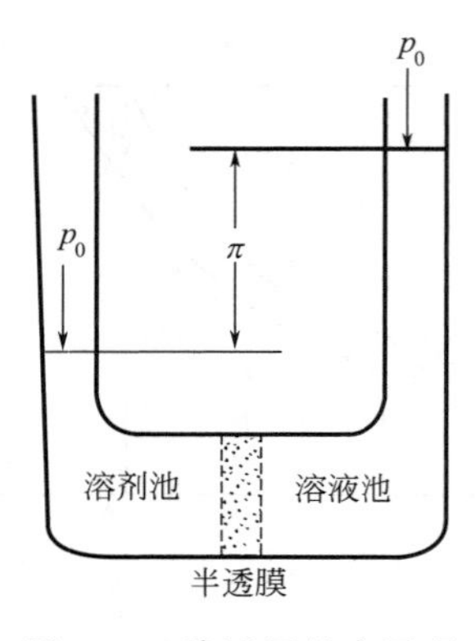

图 10-6 渗透压基本原理

式中，$M$ 表示溶质的分子量；$N$ 表示溶质的分子分数；$R$ 表示气体常数；$T$ 表示测定时的温度；$V$ 表示溶剂的偏摩尔体积；$c$ 表示溶液的浓度。

此法在测定低分子化合物分子量时用处不大，因为难于找到一种合适的半渗透膜。但是要找到能使溶剂分子自由通过，对高分子不能通过的半渗透膜比较容易，因此，渗透压法广泛用来测定高分子的分子量。可是由于高分子与溶剂分子的大小相差比较悬殊，且高分子链段间和高分子与溶剂分子间相互作用能不同，使高分子溶液成为非理想溶液，因此不符合范特霍夫定律。

$$\frac{\pi}{c}>\frac{RT}{M} \tag{10-57}$$

式中，$\pi/c$ 为比浓渗透压。从实验结果得知，$\pi/c$ 随 $c$ 而变化，因此可将渗透压与浓度的关系用维利展开式来表示：

$$\frac{\pi}{c}=RT\left(\frac{1}{M}+A_2c+A_3c^2+\cdots\right) \tag{10-58}$$

式中，$A_2$ 和 $A_3$ 称为第二维利系数和第三维利系数，它们表示高分子溶液与理想溶液的偏离。第三维利系数 $A_3$ 很小，一般可以忽略不计。第二维利系数与 Huggins 参数的关系为：

$$A_2=\left(\frac{1}{2}-\chi_1\right)\frac{1}{V_1\rho^2} \tag{10-59}$$

式中，$\chi_1$ 是 Huggins 参数；$V_1$ 是纯溶剂的摩尔体积；$\rho$ 是高分子的密度。

从第二维利系数可以计算出 Huggins 参数 $\chi_1$，所以 $A_2$ 的数值也可以看做是高分子链段间和高分子与溶剂分子之间相互作用的一种量度，它和高分子在溶液里的形态有密切关系。在良溶液中，高分子线团受溶剂化作用力的影响，呈现舒张松散状况，$A_2$ 是正值，即 $\chi_1<1/2$。如果加入不良溶剂，线团会紧缩，使链段间吸引力增加，$A_2$ 数值减小。当 $A_2$ 减小到 0 时，链段间的吸引力和链段与溶剂分子间的引力相抵消，这时的溶液近似理想溶液，这时的溶剂称为 $\theta$ 溶剂，这时的温度称为 $\theta$ 温度，$\chi_1=1/2$。当 $A_2$ 减小到负值，$\chi_1>1/2$ 后，高分子在这种溶剂中不能溶解。

当 $A_3$ 忽略不计时，维利展开式可以写成：

$$\frac{\pi}{c}=RT\left(\frac{1}{M}+A_2c\right) \tag{10-60}$$

如果以 $\pi/c$ 对 $c$ 作图，应该是一条直线，从直线的截距可求得分子量 $M$，从直线的斜率可求得第二维利系数 $A_2$。用这种方法测定分子量时，需要测定 4～6 个不同浓度的渗透压 $\pi$，然后做 $\pi/c$ 对 $c$ 的图，外推到 $c\to0$，$\lim\limits_{c\to0}\pi/c=RT/M_0$。

### 10.4.2 重均分子量 $\overline{M}_w$ 的测定

测定重均分子量的常用方法有光散射、小角激光光散射和超速离心沉降等，其中光散射法最重要。光散射法测定分子量的范围较宽，约为 $5\times10^4\sim100\times10^4$。此法准确性较高，测定费时少；缺点是设备较复杂，对被测溶液要求较高，必须无色透明、不含尘埃等。

当光束通过一介质时，由于介质的分子都是由带电的电子和原子核所组成，光波-电磁波的电场将使分子中的电子发生强迫振动，成为二次波源，从而向各个方向发射电磁波。这样，在入射光方向以外的各个方向上也都能观察到一定的光，这就是光散射。

光散射法的简单原理如图 10-7 所示。设入射光的强度为 $I_0$，光在散射介质中经过某一距离 $l$ 后，光的强度为 $I$，两者有如下关系：

$$I=I_0 e^{-\tau_1} \tag{10-61}$$

式中，$\tau$ 称为浊度，是光通过介质时由于散射而产生的单位光程的能量衰减率。

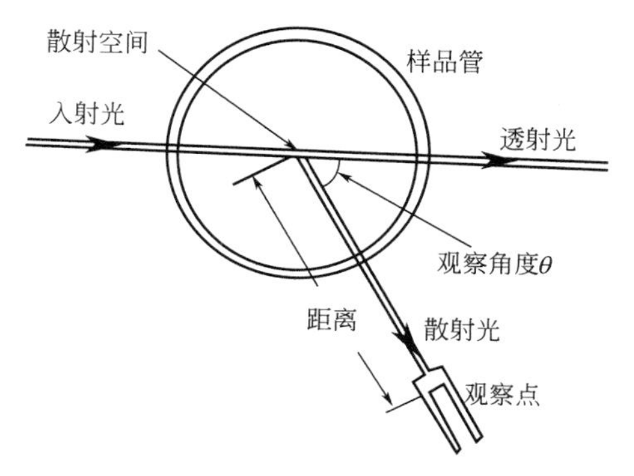

图 10-7　光散射

浊度的大小或光散射的强弱与介质的性质有关。对于溶质分子的尺寸小于入射光波长的 1/20 的稀溶液，主要与溶质在与光波波长同一数量级体积内的浓度涨落有关。所谓浓度涨落是指在溶液的一个与光波波长立方可比较的小体积中，不时有许多溶质分子因分子运动而进入，同时也有不少分子跑出。由于进入和跑出是无规则的，所以这一小体积中的溶质浓度是经常变化的。若溶剂与溶质的折射率有差别，则无数小体积的这一变化就造成溶液的浑浊。其浊度为：

$$\tau=\frac{32\pi^3}{3}\times\frac{1}{\lambda^4}\times\frac{KT}{c\left(\frac{\partial\pi}{\partial c}\right)}\ (\gamma\mu c)^2 \tag{10-62}$$

式中，$\lambda$ 为入射光的波长；$K$ 为玻耳兹曼常数；$T$ 为热力学温度；$c$ 为溶质的浓度；$\pi$ 为渗透压；$\mu$ 为溶剂的折射率；$\gamma$ 为溶液折射率随浓度的变化率，$\gamma=\frac{\mu_s-\mu}{c}$，其中 $\mu_s$ 为溶液的折射率；$KT$ 表示体系具有的平均热能；$c\left(\frac{\partial\pi}{\partial c}\right)$表示浓度变化所需的功，两者之比$KT/c\left(\frac{\partial\pi}{\partial c}\right)$可表征溶质浓度涨落程度的大小；$(\gamma\mu c)^2=(\mu_s-\mu)^2$ 表示涨落的光学效率，即体系浑浊的能力。

将溶液渗透压与溶质分子量的关系（范特霍夫定律）代入式（10-62），可得：

$$\tau=\frac{32\pi^3}{3}\times\frac{\gamma_2\mu_2}{\lambda^4}\times\frac{M_2 c}{N_A} \tag{10-63}$$

式中，$N_A$ 为阿伏伽德罗（Avogadro）常数。

令 $H=\frac{32\pi^3\gamma_2\mu_2}{3N_A\lambda^4}$，将其代入式（10-63），浊度 $\tau$ 便为：

$$\tau=HM_2 c \tag{10-64}$$

此式表明溶质的分子量愈大，溶液的浊度愈大。

对于真实的高分子溶液，渗透压与溶液浓度的关系如式（10-60）所示，将其代入式（10-62）并经整理，则可得到适用于高分子溶液的公式：

$$\frac{Hc}{\tau}=\frac{1}{M_2}+2A_2 c \tag{10-65}$$

可以看出，测定时只需变化溶液的几个浓度（<1%）来测定其浊度及折射率。从入射光的波长及溶剂的折射率等数据就可计算 $\gamma$、$H$ 及 $Hc/\tau$。然后以 $Hc/\tau$ 对 $c$ 作图，应得到一条直线。由直线在纵轴上的截距可得分子量 $M_2$，由直线的斜率可计算 $A_2$ 值。值得指出，实际测定中通常并不是测定 $I$、$I_0$ 的绝对值以计算浊度，而是测定它们的相对比——“瑞利比”$R_\theta$，其定义为：

$$R_\theta=\gamma^2 I(\gamma,\theta)/I_0 \tag{10-66}$$

$I(\gamma, \theta)$ 为在距散射光源 $r$ 处，与入射光方向成 $\theta$ 角方向的散射光强度（图 10-7）。采用瑞利比代替浊度以后，式（10-66）和式（10-65）相应变为如下形式：

$$R_\theta = KcM_2 \tag{10-67}$$

$$\frac{Kc}{R_\theta} = \frac{1}{M_2} + 2A_2c \tag{10-68}$$

式中，$K$ 为与 $H$ 内容相似的常数。这些公式目前在光散射法中更为常用。

以上讨论的是光散射在各方向上都相差不大的情况，这只有对散射质点较之光的波长甚小时才是如此。一般质点大小在 1/20 波长以下。当散射质点的尺寸与波长相近时，散射光将产生内干涉作用。在此不做讨论。

### 10.4.3 黏均分子量 $\overline{M}_\eta$ 的测定

在高分子的分子量测定中，黏度法是最常用的方法之一。它是通过测定高分子稀溶液的黏度，并根据黏度与分子量的关系式来求取分子量的，因为必须用其他方法事先测定黏度与分子量的关系，所以黏度法是一种测定高分子分子量的相对方法。此外，黏度法还能研究高分子在溶液中的尺寸、形态、高分子溶度参数和高分子支化程度等，因此，黏度法在高分子结构表征和实际生产中都有广泛的应用。此外，黏度法具有仪器设备简单、操作便利、测定和数据处理周期短、实验精确度好等优点。所以，它已成为高分子的分子量测定中最常用的实验技术。

#### 10.4.3.1 溶液黏度的表示方法

使用黏度法测定高分子的分子量时，需要了解高分子稀溶液相对于纯溶剂的黏度变化，以及这种黏度变化的浓度依赖性。为此定义以下几种溶液的黏度。

（1）相对黏度 $\eta_r$　溶液的黏度 $\eta$ 与同温度下纯溶剂的黏度 $\eta_0$ 之比。

$$\eta_r = \frac{\eta}{\eta_0} \tag{10-69}$$

（2）增比黏度 $\eta_{sp}$　溶液黏度 $\eta$ 相对于溶剂黏度 $\eta_0$ 的增量与纯溶剂黏度之比。

$$\eta_{sp} = \frac{\eta - \eta_0}{\eta_0} = \eta_r - 1 \tag{10-70}$$

（3）比浓黏度 $\eta_{sp}/c$　溶液的增比黏度 $\eta_{sp}$ 与溶液的浓度 $c$ 之比。

$$\frac{\eta_{sp}}{c} = \frac{\eta_r - 1}{c} \tag{10-71}$$

比浓黏度的量纲是浓度的倒数，一般用 $cm^3/g$ 表示。

（4）比浓对数黏度 $\ln\eta_r/c$　相对黏度 $\eta_r$ 的自然对数与溶液浓度 $c$ 之比。

$$\frac{\ln\eta_r}{c} = \frac{\ln(1+\eta_{sp})}{c} \tag{10-72}$$

其量纲与比浓黏度相同。

（5）特性黏度 $[\eta]$　溶液浓度无限稀释时的比浓黏度或比浓对数黏度。

$$[\eta] = \lim_{c\to 0}\frac{\eta_{sp}}{c} = \lim_{c\to 0}\frac{\ln\eta_r}{c} \tag{10-73}$$

$[\eta]$ 值与浓度无关，其量纲是浓度的倒数 $cm^3/g$。

#### 10.4.3.2 MHS 方程

大量实验证明，当高分子、溶剂和温度确定以后，仅由高分子的分子量 $M$ 决定 $[\eta]$ 的大小。$[\eta]$ 与分子量 $M$ 有如下经验关系：

$$[\eta] = KM^\alpha \tag{10-74}$$

此式称为 Mark-Houwink-Sakurada 方程（简称 MHS 方程）。当高分子-溶剂体系和温度确定后，在一定的分子量范围内，$K$、$\alpha$ 为常数。$K$ 的数值一般在 $10^{-4}\sim10^{-6}$ 之间。$\alpha$ 的数值与高分子链的柔性和高分子链在溶液中的形态有关。对于柔性高分子链，$\alpha$ 值一般在 0.5～1.0 之间，柔性高分子链在良溶剂中，高分子链因溶剂化而扩张，$\alpha$ 值接近 0.8；当溶剂变劣，溶剂化程度降低时，$\alpha$ 值减小；在 $\theta$ 溶剂中，$\alpha$ 值为 0.5。对于刚性高分子链，$\alpha$ 值一般在1.8～2.0 之间。支化使高分子链的流体力学体积比相同分子量的线型高分子链的流体力学体积要小，$\alpha$ 值也小。对于一定的高分子-溶剂体系，在恒定温度下，只要有 $K$、$\alpha$ 值，就可由黏度法测得高分子稀溶液的特性黏度，进而求出高分子试样的分子量。$K$、$\alpha$ 的确定通常是用一组不同分子量的窄分布的高分子样品，在确定的溶剂和温度条件下，分别用分子量测定的绝对方法测定高分子样品的分子量，用黏度法测定这些样品的特性黏度。对 MHS 方程两边取对数可得一条直线，由直线截距（$\lg K$）和斜率分别可求得 $K$、$\alpha$。表 10-9 为常见高分子 MHS 方程的 $K$、$\alpha$ 值。

**表 10-9　常见高分子 MHS 方程中的 $K$、$\alpha$ 值**

| 高分子种类 | 溶剂 | 温度/℃ | $K/\times10^2$(mL/g) | $\alpha$ |
|---|---|---|---|---|
| 聚乙烯 | 十氢萘 | 135 | 6.0 | 0.7 |
| 聚丙烯 | 十氢萘 | 135 | 1.00 | 0.80 |
| 聚异丁烯 | 环己烷 | 30 | 2.76 | 0.69 |
| 聚苯乙烯 | 苯 | 25 | 0.2 | 0.74 |
| | 环己烷 | 35 | 7.6 | 0.50 |
| | 四氢呋喃 | 25 | 1.4 | 0.70 |
| | 甲苯 | 25 | 1.7 | 0.69 |
| 聚甲基丙烯酸甲酯 | 丙酮 | 25 | 0.75 | 0.70 |
| | 苯 | 25 | 0.55 | 0.76 |
| | 氯仿 | 20 | 0.60 | 0.79 |
| 聚氯乙烯 | 环己酮 | 25 | 0.20 | 0.56 |
| | 四氢呋喃 | 25 | 4.98 | 0.69 |
| 聚丙烯腈 | 二甲基甲酰胺 | 25 | 2.4 | 0.75 |
| 聚醋酸乙烯 | 丙酮 | 25 | 2.1 | 0.68 |
| 聚乙烯醇 | 水 | 30 | 4.3 | 0.64 |
| 聚丙烯酰胺 | 水 | 30 | 0.65 | 0.820 |
| 聚 4-甲基-1-戊烯 | 甲基环己酮 | 60 | 0.189 | 0.852 |
| 聚对苯二甲酸乙二酯 | 间甲酚 | 25 | 0.077 | 0.95 |
| 聚对苯二甲酸丁二酯 | 苯酚/四氯乙烷(60/40) | 30 | 1.166 | 0.871 |
| 尼龙 6 | 间甲酚 | 25 | 32 | 0.62 |
| 尼龙 66 | 间甲酚 | 25 | 3.93 | 0.79 |
| 聚甲醛 | 二甲基甲酰胺 | 150 | 4.4 | 0.66 |
| 聚氧化乙烯 | 0.1mol/L HCl 溶液 | 25 | 2.84 | 0.683 |
| 聚碳酸酯 | 四氢呋喃 | 20 | 3.55 | 0.71 |
| 聚砜 | 二甲亚砜 | 105.5 | 14.5 | 0.50 |
| | 四氢呋喃 | 25 | 7.9 | 0.58 |
| 聚异戊二烯 | 甲苯 | 25 | 5.02 | 0.66 |
| 聚丁二烯 | 甲苯 | 30 | 3.05 | 0.725 |
| 丁苯橡胶 | 甲苯 | 30 | 1.65 | 0.78 |
| 三醋酸纤维素 | 丙酮 | 20 | 2.38 | 1.0 |
| 硝酸纤维素 | 丙酮 | 25 | 2.53 | 0.795 |
| 乙基纤维素 | 乙酸乙酯 | 25 | 1.07 | 0.89 |
| 聚二甲基硅氧烷 | 苯 | 20 | 2.00 | 0.78 |

对于多分散性体系，黏度法测得的分子量是一种统计平均值，称为黏均分子量（$\overline{M}_\eta$）。

$$[\eta]=\left(\frac{\eta_{sp}}{c}\right)_{c\to 0}=K\,\overline{M}_\eta^\alpha$$

或

$$(\eta_{sp})_{c\to 0}=Kc\,\overline{M}_\eta^\alpha \tag{10-75}$$

由于 $\eta_{sp}$ 实际上是不同分子共同贡献的，所以：

$$(\eta_{sp})_{c\to 0}=K\sum_i c_iM_i^\alpha=Kc\sum_i\frac{c_i}{\sum_i c_i}M_i^\alpha$$

$$=Kc\sum_i W_iM_i^\alpha=Kc\frac{\sum_i N_iM_i^{\alpha+1}}{\sum_i N_iM_i} \tag{10-76}$$

比较以上两式得到：

$$\overline{M}_\eta^\alpha=\sum W_iM_i^\alpha=\frac{\sum_i N_iM_i^{\alpha+1}}{\sum_i N_iM_i} \tag{10-77}$$

所以

$$\overline{M}_\eta=\left(\sum W_iM_i^\alpha\right)^{1/\alpha}=\left[\frac{\sum_i N_iM_i^{\alpha+1}}{\sum_i N_iM_i}\right]^{1/\alpha}$$

#### 10.4.3.3　高分子稀溶液的黏度对浓度的依赖性

由式（10-73）可知，特性黏度 $[\eta]$ 是 $\eta_{sp}/c$（或 $\ln\eta_1/c$）在 $c\to 0$ 时的外推值。$\eta_{sp}/c$ 和 $\ln\eta_1/c$ 与溶液浓度的关系由 Huggins 方程和 Kraemer 方程给出。

Huggins 方程：

$$\frac{\eta_{sp}}{c}=[\eta]+K'[\eta]^2c \tag{10-78}$$

Kraemer 方程：

$$\frac{\ln\eta_r}{c}=[\eta]-\beta[\eta]^2c \tag{10-79}$$

式中，$K'$ 和 $\beta$ 分别为 Huggins 方程常数和 Kraemer 方程常数。大多数高分子稀溶液的溶液黏度与浓度的关系均符合上述方程，且 $K'+\beta=1/2$，两方程有共同的截距 $[\eta]$。

根据 Huggins 方程和 Kraemer 方程可知，要测定高分子的特性黏度 $[\eta]$，只要分别测定不同浓度的高分子稀溶液的黏度，并以 $\eta_{sp}/c$（或 $\ln\eta_r/c$）对 $c$ 作图，得两直线，如图 10-8 所示，外推至 $c=0$ 处的截距为 $[\eta]$。从两直线的斜率分别求得 $K'$ 和 $\beta$。

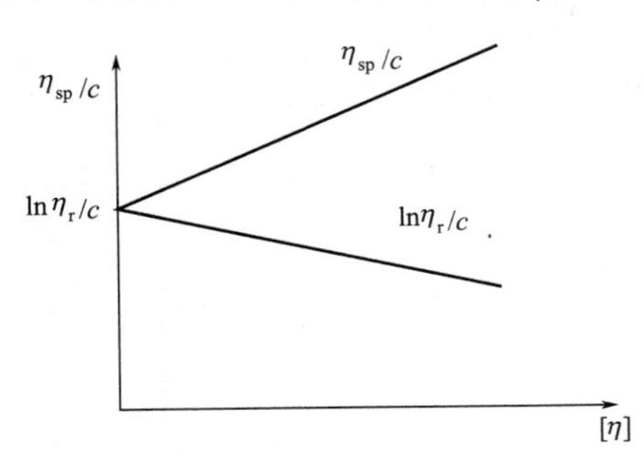


图 10-8　高分子稀溶液黏度-浓度关系

测定液体黏度的方法主要分为三类：①液体在毛细管里的流出速度；②圆球在液体中落下的速度；③液体在向轴圆柱体间相对转动的阻碍。相应的仪器分别称为毛细管黏度计、落球式黏度计和旋转式黏度计。在测定高分子特性黏度时通常使用毛细管黏度计。毛细管黏度计有两种。如图 10-9 所示，图 10-9(a) 由两个支管组成，称为奥氏黏度计；图 10-9(b) 由三个支管组成，称为乌氏黏度计。黏度计 B 管内都具有一根内径为 $R$、长度为 $l$ 的毛细管，毛细管上端有一个上下带有 $a$ 和 $b$ 刻线、体积为 $V$ 的小球，待测液体自 A 管加入，经 B 管将液体吸至 $a$ 线以上，使 B 管通大气，任其自然流下，记录液面流经 $a$ 及 $b$ 线的时间。两种黏度计的性能是不相同的。在奥氏黏度计中，液柱高与大球中的液面高度有关，如果溶液量改变，液柱高必定随之改变，因此，每次测定所用溶液的体积必须固定。而对于乌氏黏度计，则不受这个限制。当液体自 A 管的大球吸至 B 管时，C 管是关闭的，D 球与大气相通，毛细管的液面下降。在毛细管内流下的液体，形成一个气承悬液柱，出毛细管下端时，将沿管壁流下。这样可以避免出口处产生湍流的可能，而且液柱高同 A 管内液面的高低无关，因此在测定中仪器常数不变。在稀释法测定特性黏度的实验中，这种黏度计特别方便。

假定液体在毛细管中以层流方式流动，则液体流动的相对黏度 $\eta$ 符合下式：

$$\eta=\frac{\pi hgR^4\rho t}{8lV}-m\frac{\rho V}{8\pi lt} \tag{10-80}$$

式中，$h$ 为等效平均液柱高度；$g$ 为重力加速度；$R$ 为毛细管半径；$l$ 为毛细管长度；$V$ 为乌氏黏度计刻度 $a$ 与 $b$ 之间的液体体积，称为流出体积；$t$ 为乌氏黏度计刻度 $a$ 与 $b$ 之间液体流经毛细管的时间，称为流出时间；$\rho$ 为液体密度；$m$ 为一个与乌氏黏度计的几何形状有关的常数，其值接近于 1。

上式中右边第一项是指液体受到重力，用于克服液体流动时所需克服的黏滞阻力部分，第二项则是指液体受到重力转化为流出毛细管液体的动能部分，为动能修正项。

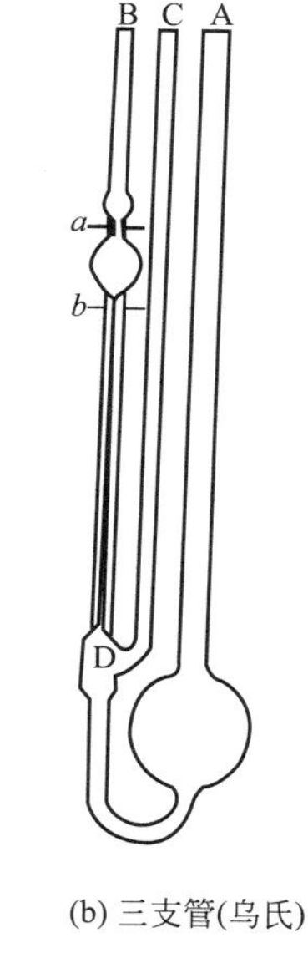


(a) 二支管(奥氏)　(b) 三支管(乌氏)

图 10-9　毛细管黏度计

令 $A=\frac{\pi hgR^4}{8lV}$，$B=\frac{m\rho V}{8\pi lt}$，称为仪器常数；对于同一支乌氏黏度计，$A$、$B$ 是固定的常数，可用两个已知黏度的液体进行标定。

式（10-80）可改写为：

$$\eta=A\rho t-B\rho/t \tag{10-81}$$

根据相对黏度 $\eta_r$ 的定义：

$$\eta_r=\frac{\rho_0(At-B/t)}{\rho_0(At_0-B/t_0)} \tag{10-82}$$

式中，$\rho_0$ 和 $\rho$ 分别为溶剂的密度和高分子溶液的密度；$t_0$ 和 $t$ 分别为溶剂的流出时间和溶液的流出时间。

为了实验的简便，往往选择使液体流出时间较长的毛细管，这样式（10-80）中的动能修正项极小，可以忽略。一般以溶剂流出时间 $t_0>100\text{s}$ 为准来选择黏度计的毛细管半径。又因为高分子稀溶液的密度与溶剂的密度近似相等，即 $\rho\approx\rho_0$，则式（10-82）可简化为：

$$\eta_r=\frac{\eta}{\eta_0}\approx\frac{\rho At}{\rho_0 At_0}\approx\frac{t}{t_0} \tag{10-83}$$

于是增比黏度 $\eta_{sp}$ 为：

$$\eta_{p_0}=\eta_r-1=\frac{t-t_0}{t_0} \tag{10-84}$$

由以上两式可知，测定高分子溶液的黏度，可用乌氏黏度计分别测出溶剂的流出时间 $t_0$ 以及通过在黏度计中加溶剂稀释的方法测出不同浓度高分子溶液的流出时间 $t$，并分别计算得到不同浓度的高分子溶液的 $\eta_r$ 和 $\eta_{sp}$。然后再由 Huggins 方程和 Kraemer 方程分别以 $\eta_{sp}/c$ 对 $c$ 作图和以 $\ln\eta_r/c$ 对 $c$ 作图，得两直线，由两直线的截距求得 $[\eta]$。

上述测定高分子特性黏度的方法称为稀释法，需测定多个浓度的高分子溶液的黏度才能得到高分子的特性黏度，其实验工作量较大。有时测定一个浓度的高分子溶液的黏度即可求得高分子的特性黏度，此法称为“一点法”。一点法的原理是：对于确定的高分子-溶剂体系，若 Huggins 方程和 Kraemer 方程的常数 $K'$ 和 $\beta$ 已知，令 $r=K'/\beta$，则联立式（10-78）和式（10-79）可得：

$$[\eta]=\frac{\eta_{sp}+r\ln\eta_r}{(1+r)c} \tag{10-85}$$

对于确定的线型柔性高分子-良溶剂体系，$K'$ 在 0.3～0.4 之间，且 $K'+\beta=0.5$，合并式（10-78）和式（10-79）可得：

$$[\eta]=\frac{\sqrt{2(\eta_{sp}-\ln\eta_r)}}{c} \tag{10-86}$$

由上面两式就可用一点法来测得高分子溶液的黏度，从而求得高分子的特性黏度，进而可根据 MHS 方程即可求得高分子的分子量。

## 10.5 凝胶渗透色谱

高分子的分子量具有多分散性，而高分子的分子量分布与高分子的性能密切相关，高分子的拉伸强度、冲击强度、加工流动性、成膜和纺丝性能都受到高分子的分子量分布的影响。因此，了解高分子的分子量分布对改进高分子材料的性能具有重要的意义。

测定高分子的分子量分布的方法可分为以下三类。

① 利用高分子溶解度对分子量的依赖性，将试样分成分子量不同的级分，从而得到分子量分布。例如沉淀分级、柱上溶解分级和梯度淋洗分级。

② 利用不同分子量的分子链在溶液中运动性质的差异得到高分子的分子量分布。例如超速离心沉降速度法。

③ 利用不同分子量的高分子流体力学体积的不同得到高分子的分子量分布。例如凝胶渗透色谱法。

凝胶渗透色谱（gel permeation chromatography，GPC）是目前最常用的分子量分布测定方法。使用 GPC 测定高分子的分子量及其分布具有快速、可靠、方便以及重现性好的特点。加上在线分子量检测器和计算机数据处理系统，可使得数据处理更快速、精确、信息量更大。因此从 20 世纪 60 年代诞生以来，GPC 技术得到了迅速发展，已成为非常有效的高分子分子量分布的测定手段。

### 10.5.1 凝胶渗透色谱工作原理

凝胶渗透色谱是一种液相色谱。一般认为，它根据高分子溶质的分子体积不同进而在凝胶色谱柱中形成体积排除效应来进行分离。分离的核心部件是一根装有多孔性载体的色谱柱。最先采用的载体是苯乙烯和二乙烯基苯共聚的交联聚苯乙烯凝胶，凝胶的外观为球形，球的表面和内部含有大量彼此贯穿的孔，孔的内径大小不等。后来又发展了许多其他类型的凝胶以及各种无机多孔材料，如多孔硅球和多孔玻璃等。进行实验时，以待测试样的某种溶剂充满色谱柱，使之占据载体颗粒之间的全部空隙和颗粒内部的孔洞，然后将以同样溶剂配成的试样溶液自柱头加入，再以一定量的这种溶剂自头至尾淋洗，同时从色谱柱的尾端接收淋出液，计算淋出液的体积，并测定淋出液中溶质的浓度。

假定色谱柱的总体积为 $V_t$，它包括载体的载体颗粒的粒间体积 $V_0$，载体内部的孔洞体积 $V_i$ 和载体颗粒的骨架体积 $V_g$，即

$$V_t = V_0 + V_i + V_g \tag{10-87}$$

$V_0$ 和 $V_i$ 之和构成柱内的空间。$V_0$ 中的溶剂称为流动相，$V_i$ 中的溶剂称为固定相。对于溶剂分子来说，因它的分子体积很小，可以充满柱内的全部空间。对于高分子来说，情况有所不同。如果高分子的分子体积比孔洞的尺寸大，任何孔洞它都不能进入，那么它只能在流动相内，并从载体的粒间流过，其淋出体积即是 $V_0$；假若高分子的分子体积很小，小于所有的孔洞尺寸，它在柱中活动的空间与溶剂分子相同，不仅充满了流动相也充满了固定相，淋出体积应当是 $V_0+V_i$；假如高分子的分子体积是中等大小，则高分子可进入较大的孔，而不能进入较小的孔，这样，它除了可以扩散至所有流动相，还可以部分地进入固定相，它在柱中活动的空间增大了，因此其淋出体积必然在 $V_0$～（$V_0+V_i$）之间。

用 $V_e$ 表示溶质的淋出体积，则以 $K$ 表示溶质高分子进入固定相（$V_i$）的程度，称为分配系数，则有：

$$K = \frac{V_e - V_0}{V_i} \tag{10-88}$$

$$V_e = V_0 + KV_i \tag{10-89}$$

从上述分析可知，对于特别大的溶质分子，$K=0$，$V_e=V_0$；对于特别小的溶质分子，$K=1$，$V_e=V_0+V_i$，对于中等的溶质分子，$0<K<1$；$V_e$ 在 $V_0$ 和 $V_0+V_i$ 之间。溶质分子的体积愈小，分子量愈小，$K$ 愈大，其淋出体积愈大；反之，溶质分子的体积愈大，分子量愈大，$K$ 愈小，其淋出体积愈小。这种解释不考虑溶质和载体之间的吸附效应，其淋出体积仅仅由溶质分子尺寸和载体的孔尺寸决定，分离完全是由于体积排除效应所致，故称为体积排除机理。由图 10-10 可见，分子量由大到小被分离成为各种级分。

为了测定高分子的分子量分布，不仅要把它按照分子量的大小分离开来，还需测定各种级分的含量以及各级分的分子量。

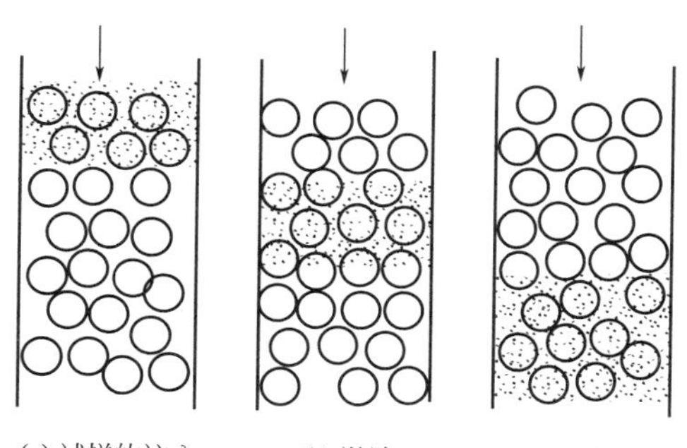


图 10-10　凝胶渗透色谱分离过程
圆球表示载体颗粒，黑点表示溶质分子

对于凝胶色谱来说，级分的含量即为淋出液的浓度，只要选择与溶液浓度有线性关系的某种物理量，即可通过这种物理量的测量得到溶液的浓度。常用的方法是用示差折光仪测出各级分溶液的折射率与纯溶剂的折射率的差 $\Delta n$ 来表征溶液的浓度，这是因为在稀溶液范围，$\Delta n$ 与溶液浓度 $c$ 成正比。此外还有紫外吸收、红外吸收等各种类型的浓度检测器。图 10-11 是典型的凝胶渗透色谱淋洗曲线谱图，纵坐标是淋出液与纯溶剂的折射率差 $\Delta n$，它正比于淋出液的浓度。横坐标是淋出体积 $V_e$，它反比于分子量。所以 GPC 谱图反映了试样的分子量分布。如果把谱图中的横坐标 $V_e$ 换算成分子量 $M$，就成为分子量分布曲线了。

关于级分分子量的测定，有直接法和间接法。直接法是在测定淋出液浓度的同时测定其黏度或光散射，从而求出其分子量。间接法是用一组分子量不等的、单分散的试样作为标准样品（简称标样），分别测定它们的分子量 $M$ 和淋出体积 $V_e$，则可确定二者之间的关系。以 $\lg M$ 对 $V_e$ 作图，如图 10-12 所示，图中的直线称为分子量-淋出体积标定曲线，其方程为：

$$\lg M = A' - B'V_e \quad 或 \quad \ln M = A - BV_e \tag{10-90}$$

式中，$A'$、$A$、$B'$、$B$ 为常数。它们与溶质、溶剂、温度、载体及仪器结构有关，可由

图 10-12 中直线的截距和斜率求得。有了分子量-淋出体积标定曲线，即可根据 $V_e$ 之值求出溶质的分子量 $M$。

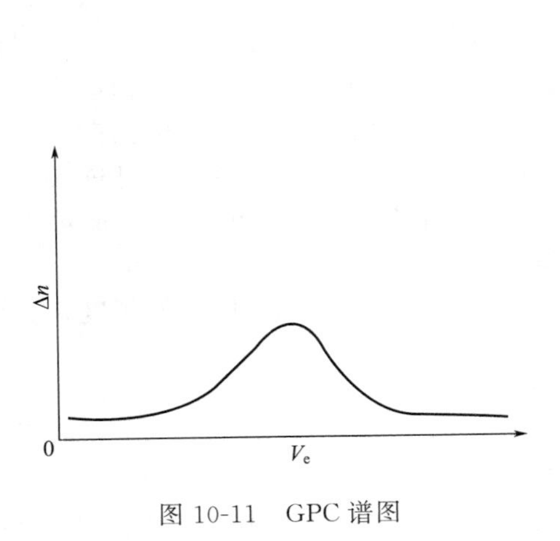


图 10-11　GPC 谱图

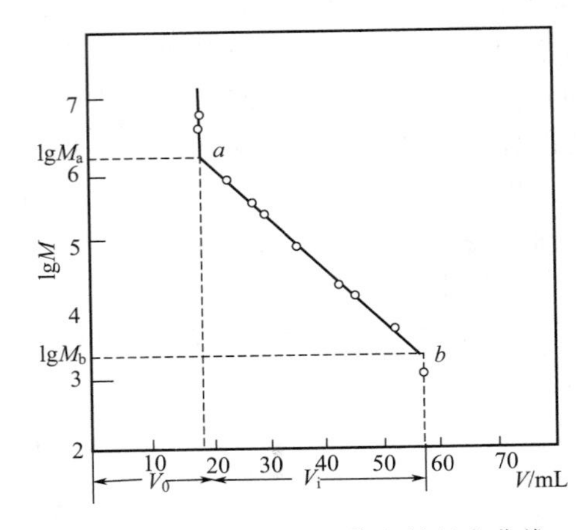


图 10-12　分子量-淋出体积的标定曲线

从图 10-12 还可见，$\lg M$-$V_e$ 关系只在一段范围内呈直线，当 $M>M_a$ 时，直线向上翘，变得与纵轴相平行。这就是说，此时淋出体积与溶质的分子量无关。实际上，这时的淋出体积就是载体的粒间溶剂的流动相之体积 $V_0$。因为分子量比 $M_a$ 大的溶质全都不能进入孔洞中，而只能从粒间流过，故它们具有相同的淋出体积。这意味着此种载体对于分子量比 $M_a$ 大的溶质没有分离作用，$M_a$ 称为该载体的渗透极限，$V_0$ 值即是根据这一原理测定的。另外，当 $M<M_b$ 时，直线下弯，也就是说，当溶质的分子量小于 $M_b$ 时，其淋出体积与分子量的关系变得很不敏感。说明这种溶质分子的体积已经相当小，其淋出体积已经接近流动相与固定相之和 $V_0+V_i$。用一种小分子液体作为溶质，其淋出体积可看作是 $V_0+V_i$，由此可测得 $V_i$ 值。显然，标定曲线只对分子量在 $M_a$ 和 $M_b$ 之间的溶质适用，这种载体不能测定分子量大于 $M_a$ 和小于 $M_b$ 的试样的分子量。故 $M_b$～$M_a$ 称为载体的分离范围，其值决定于载体的孔径及其分布。

### 10.5.2　GPC 仪器

凝胶渗透色谱仪主要配置有输液泵、进样器、色谱柱、浓度检测器和计算机数据处理系统。其流程如图 10-13 所示。淋洗剂用输液泵以恒定的流量输入紧密装填凝胶微粒的色谱柱中，通过进样器将预先配制的高分子溶液注入，淋洗剂推动高分子溶液进入色谱柱并开始分离，随着淋洗剂的连续淋洗，高分子在色谱柱中不断分离，分离后的溶质高分子按分子的体积从大到小被连续地淋洗出色谱柱并进入浓度检测器，浓度检测器不断地检测淋洗液中高分子级分的浓度响应，对于示差折射率检测器的浓度响应是样品池中淋洗液的折射率与参比池

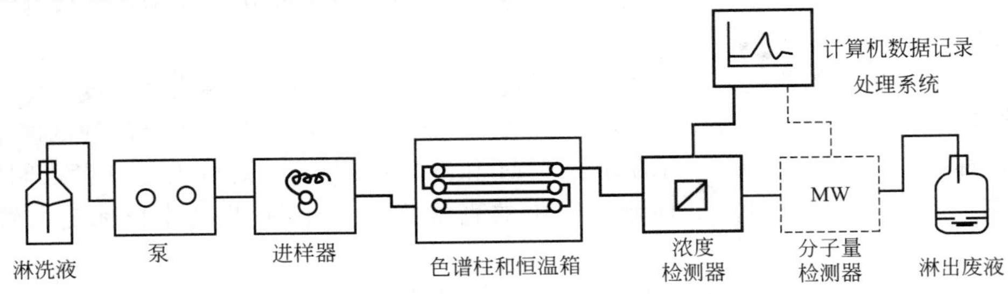


图 10-13　凝胶色谱仪流程

中纯溶剂的折射率之差 $\Delta n$。

由于试样在柱中流动时会受各种因素的影响，以致使它沿着流动方向发生扩散，即使是分子量完全均一的试样，淋出液的浓度对淋出体积的 GPC 谱图中也会有一个分布。这一现象称为色谱柱的加宽效应，效应的大小与载体及仪器结构有关。通常把如图 10-14 所示的峰所对应的体积（简称峰体积）作为单分散试样的淋出体积。对于单分散试样，谱图总是对称的，可用正态分布函数处理。峰的两侧各有一个拐点，通过拐点作谱线的切线，两切线交于 $O$ 点，$O$ 点相对应的体积为峰体积，用 $V_e$ 表示。两切线分别与 $V$ 轴交于 $V_a$ 和 $V_b$ 两点，两点间的距离称为峰宽，用 $w$ 表示，即为：

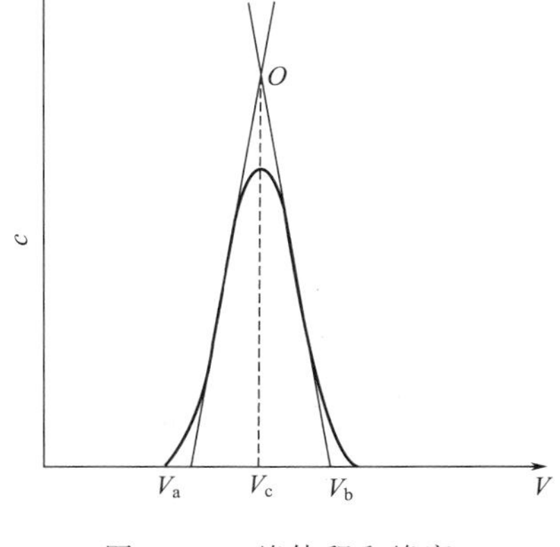

图 10-14　峰体积和峰宽

$$w=V_b-V_a$$

### 10.5.3　普适关系

通常借用阴离子聚合得到的聚苯乙烯作为标准试样，以此作出分子量-淋出体积标定曲线，即可用来测定其他高分子的分子量。但是由于各种分子量相同的高分子其柔顺性以及在溶液中的体积不一定相同，因此，聚苯乙烯标定曲线只适合为数不多的高分子，不合适所有高分子。所以人们试图寻找一个分子结构参数，希望用这一参数求出的标定关系对所有高分子都普遍适用，称这一参数为普适标定参数。围绕这一目的，曾有人建议用分子的伸直链长、均方末端距和无扰均方末端距做普适标定参数。但实验证明，这些参数的普适性并不好。比较成功的一个参数是分子的流体力学体积。从体积排除的分离机理考虑，分离过程的控制因素应当与分子在溶液中的体积有关，即用 Einstein 黏度方程：

$$[\eta]=2.5\,\overline{N}\frac{V_h}{M} \tag{10-91}$$

式中，$V_h$ 是溶质分子的流体力学体积。

此式表明，$[\eta]M$ 与 $V_h$ 成正比，说明 $[\eta]M$ 是一个表征高分子的分子流体力学体积大小的量，而凝胶渗透色谱是按高分子的分子流体力学体积进行分离的，因此 $[\eta]M$ 对 $V_e$ 的标定曲线就成了普适标定曲线了。

假定在一定温度下，用某种载体和溶剂，高分子 A 和 B 符合普适标定关系。所以对于给定的淋洗体积 $V_e$ 有下列关系：

$$[\eta]_A M_A=[\eta]_B M_B \tag{10-92}$$

根据 MHS 方程有：

$$K_A M_A^{\alpha+1}=K_B M_B^{\alpha+1} \tag{10-93}$$

或
$$M_B=\left(\frac{M_A^{1+\alpha_A}K_A}{K_B}\right)^{1/(1+\alpha_B)} \tag{10-94}$$

或
$$\lg M_B=\frac{1+\alpha_A}{1+\alpha_B}\lg M_A+\frac{1}{1+\alpha_B}\lg\frac{K_A}{K_B} \tag{10-95}$$

式中，$K$、$\alpha$ 为在所用溶剂和温度条件下的 MHS 方程的参数。假如 $\alpha_B=\alpha_A$，那么：

$$M_B=\left(\frac{K_A}{K_B}\right)^{1/(1+\alpha_B)}M_A=\overline{K}M_A \tag{10-96}$$

式中，$\overline{K}=(K_A/K_B)^{1/(1+\alpha_B)}$，称为位移因子。

上述表明，A 与 B 两种高分子的流体力学体积标定曲线相互重合，而分子量标定曲线

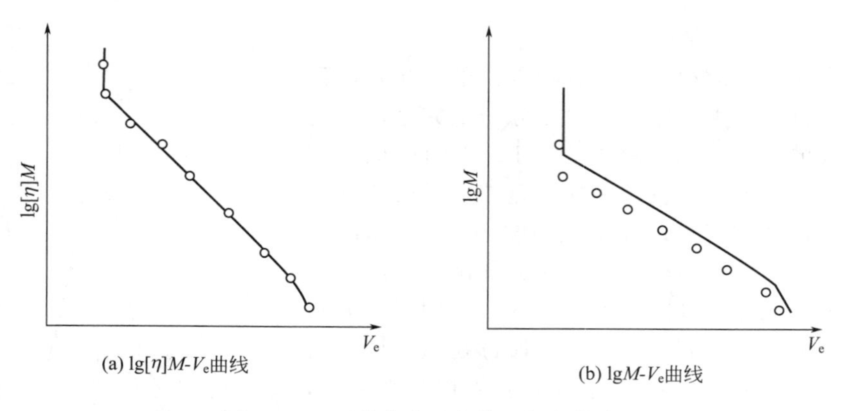


图 10-15 两种高分子的普适标定曲线

线代表聚合物 A，点代表聚合物 B

不重合，只是相互平行。因此只要用一个位移因子 $\overline{K}$ 就可由一种分子量换算成另一种分子量。假定 $K_A$、$\alpha_A$ 和 $K_B$、$\alpha_B$ 之值已知，利用式（10-96），由高分子 A 的分子量-淋出体积标定曲线求得高分子 B 的分子量-淋出体积标定曲线，见图 10-15。

lg［$\eta$］$M$-$V_e$ 标定曲线应该适用于各种不同的高分子，大量的实验支持这一结论。由图 10-16 可见，许多高分子包括线型和支化结构的实验结果都落在同一条 lg［$\eta$］$M$-$V_e$ 标定曲线上。所以目前流体力学体积是被广泛采用的普适标定参数。

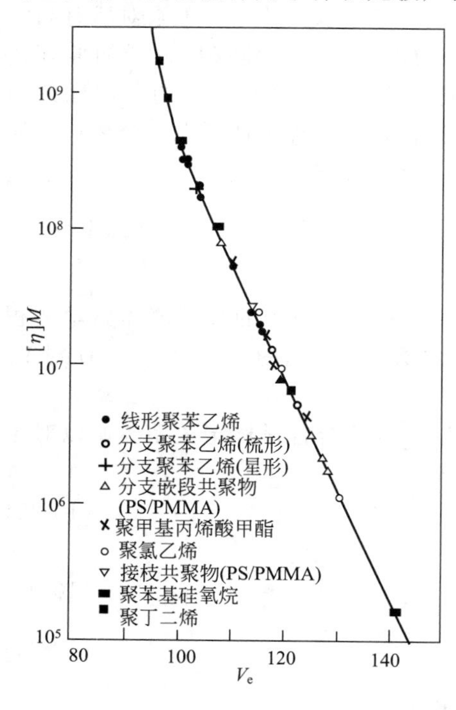


图 10-16 普适校正曲线

但是，这一参数的普适性并非全如所料，尚有不少实验得到意外的结果。这主要是因为：①若所用溶剂是溶质的不良溶剂，致使溶质与溶剂之间的亲和力小于溶质与载体之间的亲和力，则将导致溶质的实际淋出体积大于由体积排除效应决定的淋出体积。②若溶剂的极性小于载体的极性，则可能导致载体对溶质的吸附效应，即使吸附很弱，也会使淋出体积增大。③若溶质和载体的相容性不好，则可产生载体对溶质的部分排除效应，使淋出体积减小。这三种效应都会严重地干扰凝胶色谱的分离机理，以致普适标定关系被破坏。

### 10.5.4 GPC 实验技术

实验的首要工作是选择合适的溶剂。这种溶剂最好能够溶解多种高分子，避免改变分析对象时更换溶剂。其次，因为仪器中接触溶剂的部件大多是用不锈钢制成的，因此凡是能腐蚀不锈钢的溶剂均不宜使用。第三，为了保证有比较高的检测灵敏度，溶剂还应与检测器相匹配。如果用示差折光仪检测，要求溶剂的折射率与被测试样的折射率有尽可能大的差别。而如果用紫外吸收检测器的话，则要求在溶质的特征吸收波长附近溶剂没有强烈的吸收。对溶剂的其他物理常数的要求还包括：

① 熔点要在室温以下，沸点要高于实验温度 30℃以上；

② 黏度要尽可能的小，以减小流动阻力；

③ 要求溶剂毒性低，容易纯化，化学性质稳定。

色谱柱是凝胶色谱分离的关键，其中载体的结构是影响分离性能的主要因素。因此对载体要有一定的指标，除了要求有良好的化学稳定性和热稳定性、有一定的机械强度、不易变形、流动阻力小和对试样没有吸附作用外，要求载体的分离范围愈大愈好。分离范围是指图 10-12 中 $M_a$ 与 $M_b$ 之间的范围，它取决于载体的孔径分布，孔径分布愈宽则分离范围也愈宽。为了加宽分离范围，有时可选用几种不同孔径分布的载体混合装柱，或将装有不同规格载体的色谱柱串联起来使用。

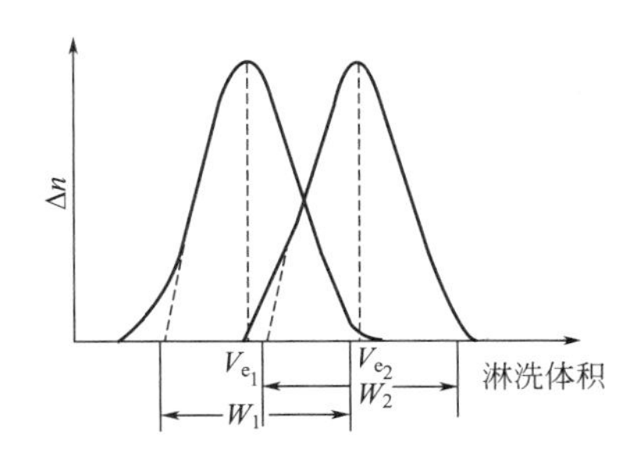


图 10-17　GPC 分离效率测定

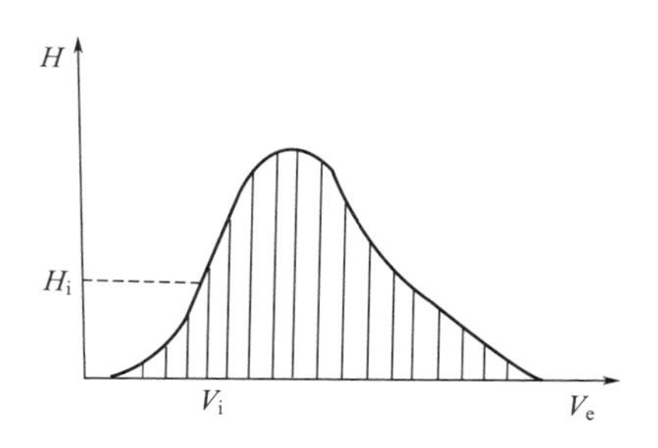


图 10-18　GPC 淋洗曲线

衡量色谱柱的性能还要考虑它的分辨率，分辨率是色谱柱的柱效与分离能力的综合量度。若将分子量为 $M_1$ 与 $M_2$ 的两个单分散试样混合，测定其 GPC 谱图，如图 10-17 所示。设两试样的淋出体积分别为 $V_{e_1}$ 与 $V_{e_2}$，峰宽分别为 $W_1$ 与 $W_2$，则色谱柱的分辨率为：

$$R=2\times\left(\frac{V_{e_2}-V_{e_1}}{W_1+W_2}\right)\Big/\lg\frac{M_1}{M_2} \tag{10-97}$$

由式（10-97）可见，分辨率决定于两个因素，一个是分离能力，由 $V_{e_2}$ 和 $V_{e_1}$ 之差来量度；另一个是柱效，由 $W_1$ 和 $W_2$ 之值量度，其值愈小，柱效愈高。只有同时具有较高的分离能力和较高的柱效时，才能具有较高的分辨率。

为了提高色谱柱的分离能力，须设法提高其分离容量，固流相比 $V_i/V_0$ 即是分离容量的量度。这样，就要求孔内容积 $V_i$ 尽可能的大而粒间体积 $V_0$ 尽可能的小。表征 $V_i$ 的大小的一个参数称为孔容，即单位质量的载体所具有的孔体积。为减小 $V_0$，要求载体具有规则的外形（球形）、均匀的粒度、细小的尺寸，而且在柱中紧密堆积。$V_0$ 减小的结果不仅对提高分离能力有利，同时也有利于提高柱效。分离能力的大小可由标定曲线的斜率判断，$b$ 值愈小，分离能力愈大。在选择色谱柱时要注意这个问题。另外应考虑的另一个问题是所选柱子的分离范围不必太大，只要满足应用即可。因为分离范围增大将导致分离能力降低。

GPC 的数据处理一般采用"切线法"。在 GPC 淋洗曲线基线确定后，将淋洗曲线切割成与纵坐标平行的等宽长条，如图 10-18 所示，这样相当于把整个高分子试样分成若干个不同淋洗体积的级分，根据预先测定的分子量-淋洗体积标定曲线（或普适标定曲线）可求出每一级分的分子量 $M_i$。$H_i$ 为其浓度响应，因为各级分的溶液体积相等，故级分的质量 $W_i$ 与其浓度成正比，而浓度又与检测器的响应 $H_i$ 成比例，所以，$W_i=kH_i$，$k$ 为比例常数，那么，高分子级分的质量分数和数量分数分别为：

$$W_i=\frac{W_i}{\sum\limits_{i=1}^{n}W_i}=\frac{H_i}{\sum\limits_{i=1}^{n}H_i} \tag{10-98}$$

$$N_i=\frac{W_i/M_i}{\sum\limits_{i=1}^{n}W_i/M_i}=\frac{H_i/M_i}{\sum\limits_{i=1}^{n}H_i/M_i} \tag{10-99}$$

则高分子级分的数均分子量 $\overline{M}_n$、重均分子量分别为：

$$\overline{M}_n = \sum_i N_i M_i = \frac{\sum_i H_i}{\sum_i H_i / M_i} \tag{10-100}$$

$$\overline{M}_w = \sum_i W_i M_i = \frac{\sum_i H_i M_i}{\sum_i H_i} \tag{10-101}$$

分子量多分散性指数为：$d=\overline{M}_w/\overline{M}_n$

计算各级分的质量分数 $W_i$，并以每个级分的累积质量分数 $I(M_i)$ 对 $M$ 作图，可得高分子试样的分子量质量积分分布曲线和分子量质量微分分布曲线。

## 习　　题

1. 试述高分子的溶解特点。

2. 什么是溶度参数？如何测定高分子的溶度参数？为什么非极性高分子能溶解在与其溶度参数相近的溶剂中？

3. 什么是溶解？什么是溶胀？说明线型高分子和交联高分子在良溶剂中的最终状态。

4. 根据似晶模型推导高分子溶液的混合熵。

5. Huggins 参数的物理意义是什么？它与高分子溶液的溶剂性质和温度有什么关系？

6. 试由高分子溶液的混合自由能导出其中溶剂的化学位变化，并说明在什么条件下高分子溶液中溶剂的化学位变化等于理想溶液中溶剂的化学位变化。

7. 什么是 $\theta$ 温度，有哪些实验方法可以测定 $\theta$ 温度。

8. 什么是扩张因子？扩张因子与高分子的哪些结构参数有关？如何测定？

9. 在 25℃时将 $10^{-5}$mol 的聚甲基丙烯酸甲酯（$M_n=10^5$，$\rho=1.20\text{g/cm}^3$）溶于 150g 氯仿（$\rho=1.49\text{g/cm}^3$）中，试计算混合熵 $\Delta H_m$ 和混合自由能 $\Delta G_m$。已知 $\chi_1=0.377$。

10. 测定数均分子量和重均分子量分别有哪些主要方法？它们测量的分子量范围通常是多少？

11. 用光散射法测定某高分子试样的分子量和第二维利系数。已知，该高分子在 25℃的丁酮溶液中无内干涉效应，测得的散射光强数据如下：

| $c/(\times10^3\text{g/cm}^3)$ | 0.7 | 1.4 | 2.2 | 2.9 |
|---|---|---|---|---|
| $I_{90}$(相对标度) | 24 | 37 | 46 | 52 |

用苯作标准，$I_{90}$(苯) =15，$R_{90}$(苯) =$4.85\times10^{-5}\text{cm}^{-1}$，$n$(苯) =1.4979，$n$(丁酮) =1.3761，$dn/dc=0.230\text{mL/g}$，波长 $\lambda=436\text{nm}$，计算此试样的重均分子量和第二维利系数。

12. 用稀溶液黏度法测定聚苯乙烯试样的分子量，温度为 30℃，溶剂为苯。溶液浓度为 $2.75\times10^{-5}$g/mL，纯溶剂的流出时间 $t$ 为 106s，溶液流出时间 $t$ 为 166s，已知该条件下的 $K$ 为 $0.99\times10^{-2}$，$\alpha$ 为 0.74，式子 Huggins 方程常数 $K'$ 和 Kraemer 方程常数 $\beta$ 之和为 1/2，计算此试样的黏均分子量。

13. 用凝胶渗透色谱测定高分子的分子量为什么要用标样进行标定？若进行普适标定，需知道标样和试样的哪些参数？

# 第11章　高分子电学、热学和光学的基本性质

高分子材料在特定的外部环境下还会表现出各种特殊的物理性能，利用高分子材料的这些特殊物理性能可以将其应用于许多专门化领域。例如，高分子材料优良的电学性质使其在电子和电工技术中已成为不可缺少的材料。大多数高分子固有的电绝缘性长期被用来隔离与保护电流，但是随着导电高分子的开发，一些特殊结构的高分子材料已被用做半导体甚至导体。另一方面，高分子材料的热稳定性较差、易于高温降解的问题越来越受到关注，围绕高分子结构与其耐热性能关系的研究一直是高分子科学研究的一项重要课题。此外，高分子材料的光学性能也是决定材料用途的一个主要影响因素。本章将对高分子材料的电学、热学和光学性能展开讨论。

## 11.1　高分子的电学性质

高分子的电学性质是指高分子在外加电压或电场作用下的行为及其所表现出来的各种物理现象，包括在交变电场中的介电性质，在弱电场中的导电性质，在强电场中的击穿现象以及发生在高分子表面的静电现象。

### 11.1.1　高分子的极化和介电性

#### 11.1.1.1　高分子的极化

分子极性或者化学键极性的大小通常用偶极矩（$\mu$）来表示，它等于正负电荷中心（极）之间的距离（$r$）和极上电荷（$q$）的乘积，即$\mu=rq$。偶极矩是一个矢量，其方向规定为从正到负。分子中每个化学键都有其偶极矩，称为键矩；而分子的偶极矩等于分子中所有键矩的矢量和，这就是偶极矩的加和性。高分子的分子偶极矩，不仅取决于链节的组成和结构，而且还取决于高分子链的构象。偶极矩是一个统计量，它反映了分子极化的总和。非极性分子的偶极矩矢量和为零，其结构特点是有对称性，如聚乙烯等非极性高分子的偶极矩都为零。极性分子由于结构的不对称性，其偶极矩的矢量和不为零，如聚甲基丙烯酸甲酯等。根据高分子的分子极性的大小，可以把高分子分为以下四类：

① 非极性高分子，如聚乙烯、聚丙烯等；

② 弱极性高分子，如聚苯乙烯、天然橡胶等；

③ 极性高分子，如聚氯乙烯、聚酰胺、聚甲基丙烯酸甲酯等；

④ 强极性高分子，如聚乙烯醇、聚酯、酚醛树脂等。

不管是非极性高分子还是极性高分子，在平常情况下都表现为电中性。而在电场作用下，分子内束缚电荷产生的弹性位移或偶极子沿电场的从优取向，在电场方向上分子两端会呈现异种电荷，这称为极化现象。

高分子处在电场下，按照极化机理的不同可分为以下几种极化方式。

（1）电子极化　在外电场中每个原子的价电子云相对于原子核发生位移，即电子云的变形，称为电子极化。由于电子运动速度很快，极化过程所需时间极短，大约只有$10^{-15}\sim10^{-13}$s，没有能量损耗，不依赖温度和频率。因此，所有的高分子都能发生。

（2）原子极化　在外电场中不同的原子核之间发生相对位移，称为原子极化。原子的质

量较大，极化时间要比电子极化长，约在 $10^{-13}$s 以上。

电子极化和原子极化统称为诱导极化（或变形极化）。

(3) 偶极极化　极性分子（或偶极子）沿电场方向转动，从优取向，这种现象称为偶极极化（或取向极化）。完成这种极化所需的时间较长，约在 $10^{-9}$s 以上，其特点是有偶极子的分子才能发生，且对时间（频率）和温度有依赖性。并伴随着有较大的能量损耗。

除了以上极化方式外，还有界面极化。它与高分子的分子结构无直接关系，一般发生在非均相高分子材料中，例如共混高分子、加填充物的高分子材料等。由于多相体系所形成的界面，在电场作用下，载流子在界面处聚集而导致极化现象。这种极化涉及比偶极子更大的质点，因此所需的时间很长，从几分之一秒到几分钟，甚至几小时，故发生于低的频率区域。

极化率 $\alpha$ 是表征极化程度的微观物理量。在电场作用下，如果每个分子产生的平均偶极矩为 $\mu$，在一般情况下，偶极矩与有效电场强度（$E_{有效}$）成正比。

$$\mu=\alpha E_{有效}$$

式中，极化率 $\alpha$ 与分子结构有关而与电场无关。

不同的极化方式有不同的极化率，而分子的总极化率等于各种极化率之和。若不考虑界面极化，则极性分子的总极化率是电子极化率、原子极化率和取向极化率的总和；而由于非极性分子的取向极化率为零，所以其总极化率则仅为电子极化率和原子极化率之和，其大小主要依赖于电子云的分布情况。一般原子极化约为电子极化的 10%～15%。

设单位体积内有 $n$ 个分子，则极化后单位体积内的偶极矩 $P$ 为：

$$P=n\mu=n\alpha E_{有效} \tag{11-1}$$

$P$ 可以表示高分子材料的极化强度，显然，单位体积内的偶极矩越大，极化强度越高。

**11.1.1.2　高分子的介电性**

若在真空平行板电容器上加以直流电压 $U$，则两极板上将产生电荷 $Q_0$，则电容器的电容为 $C_0=Q_0/U$。

若电容器中两极板间充满电介质时，由于电介质分子的极化，在两极板上将产生感应电荷 $Q'$，从而使极板上的电荷量增加到 $Q_0+Q'$，此时电容器的电容也相应增加到 $C$。

$$C=Q/U=(Q_0+Q')/U \tag{11-2}$$

定义含有电介质的电容器的电容与真空电容器的电容之比为该电容器的介电常数，即

$$\varepsilon=C/C_0=Q/Q_0 \tag{11-3}$$

$\varepsilon$ 为一个无量纲量，它反映了电介质储存电能的能力。从式（11-3）可以看到电容器极板上感应电荷 $Q'$越多，介电系数就越大。当要求电容器单位体积内有较大的储电能力时，这就需要使用介电常数大的电介质。这说明极板上感应生成的电荷数是至关重要的，它的大小又完全决定于电介质的极化程度，下面即讨论一下分子的极化率对 $Q$ 值的影响。

通过以上分析可以看出电介质在电场中的极化程度愈大，它在电容器极板上产生的感应电荷 $Q'$愈多，介电常数 $\varepsilon$ 就越大。对非极性电介质介电常数与分子极化率之间的关系为 Clausius-Mosotti 方程：

$$\frac{(\varepsilon-1)M}{(\varepsilon+2)\rho}=\frac{N_A}{3}\alpha \tag{11-4}$$

式中，$M$ 为电介质的分子量；$\rho$ 为密度；$N_A$ 为阿伏伽德罗常数；$\alpha$ 为极化率。注意，此方程对于极性分子被非极性溶剂稀释的体系也近似适用。

以上讨论的都是在静电场作用下的情况。而在交变电场作用下，会引起电介质发热而损

失一部分的电能，这部分电能就称为介电损耗。产生介电损耗的主要原因是电介质中含有极少量的能导电的极性物质（载流子），如水分、催化剂、杂质等。它们所带的电荷在外加电压下，取向流动时产生漏导电流，此漏导电流受到介质内部摩擦阻抗而做功，功转变为热而消耗掉，此称为电导损耗。对于非极性高分子来说，电导损耗是其介电损耗的主要部分。另一原因是电介质中固有偶极在电场中进行取向极化时，因交变电场中需往复多次取向，这必然要消耗电能克服电介质内部的黏滞阻力，从而转化成热而释放，发生了松弛损耗即偶极损耗，这是极性高分子介电损耗的主要部分。

若电场频率很低，偶极子的转向完全跟得上电场的变化，电介质将不产生损耗。只有当电场频率等于原子或电子的固有振动频率时，因发生共振效应就会出现最大的介电损耗。若对电容器为 $C_0$ 的理想（真空）电容器施加交流电压 $U=U_0e^{i\omega t}$ 时，则流过真空电容器的电流为 $I_0=C_0\mathrm{d}v/\mathrm{d}t=i\omega C_0U$，可以看出电流 $I_0$ 总是超前电压相位 90°。上式中 $U_0$ 为电压的峰值；$\omega$ 为交变电压的角频率。此式说明真空电容器只有无功的电容电流，它的电功功率为 $P_0=I_0U\cos 90°=0$，因此真空电容器不损耗能量。

如若对电容量为 $C$ 的充满电介质的电容器施加交流电场，电容器在每一周期内所放出的能量就不等于所储存的能量。因为电介质的取向极化跟不上外电场的变化，需要克服分子间的作用力而消耗了部分电能，形成了介电损耗。这时通过电介质电容器的电流 $I$ 与外加电压的相位差不再是 90°，而是 $90°-\delta=\varphi$，其电流 $I$ 与电压 $U$ 的关系为：

$$I=C\frac{\mathrm{d}U}{\mathrm{d}t} \tag{11-5}$$

由于动态介电性能如同应力-应变关系一样，所以可用复数表示，并将 $C=\varepsilon' C_0$ 代入式（11-5），即得：

$$I=i\omega\varepsilon' C_0U \tag{11-6}$$

$$\varepsilon^*=\varepsilon'-i\varepsilon'' \tag{11-7}$$

式中，$\varepsilon^*$ 为复数介电常数；$\varepsilon'$ 为复数介电常数的实数部分，即实际测得的介电常数；$\varepsilon''$ 为复数介电常数的虚数部分，称为损耗因子。将式（11-7）代入式（11-6），得到：

$$I=(i\omega\varepsilon' C_0+\omega\varepsilon'' C_0)U=I_r+iI_c \tag{11-8}$$

式中，$I_c$ 与电压的相位差为 90°，相当流过“纯电容”的电流；$I_r$ 与电压同相位；相当流过“纯电阻”的电流，即损耗电流，所以有：

$$\tan\delta=\frac{I_r}{I_c}=\frac{\omega\varepsilon'' C_0U}{\omega\varepsilon' C_0U}=\frac{\varepsilon''}{\varepsilon'} \tag{11-9}$$

式中，$\delta$ 为介电损耗角，$\tan\delta$ 为损耗角正切，是表征电介质介电损耗的物理量。在理想真空电容器中 $\tan\delta=0$。$\tan\delta$ 的大小可反映材料的能量损耗，$\tan\delta$ 值越小，能量损耗就越小；反之，电能损失越大，在交变电场中的材料越易发热，这样会加速材料的老化。

高分子之所以是好的绝缘材料和电容器材料，是因为它的介电损耗基本上小于1，大多数在 $10^{-2}\sim10^{-4}$ 之间。

#### 11.1.1.3　影响高分子介电性的因素

（1）分子结构　高分子的分子极性愈大，极性基团密度越高，介电损耗越大。极性高分子的介电常数通常为 3～7，$\tan\delta$ 在 $10^{-2}$ 左右，而非极性高分子的介电常数则约为 2，$\tan\delta$ 在 $10^{-4}$。分子结构的对称性同样影响介电常数，对称性越高，介电常数越小。分子对称性越高，偶极矩越小，完全对称偶极矩等于零，所以全同立构的高分子介电常数高，间同的高分子介电常数低，无规的高分子介电常数则介于其间。

分子的活动性对偶极取向也有很大影响，从而影响介电性能。支化高分子由于分子堆砌密度低，分子间作用力下降，分子活动性上升，导致介电常数上升。交联会显著地影响极性基团的取向，导致介电常数下降。例如酚醛树脂，分子的极性虽高，但介电常数及介电损耗都不甚高。

（2）电场频率及温度　高分子的介电常数与介电损耗是电场频率 $\omega$ 的函数，并且与测试温度有关。在低频区，$\omega$ 趋近于零，所有的极化有充分的时间，完全跟得上电场的变化，从而使介电常数达到最大值，且能量损耗很小。在高频区，$\omega$ 趋近于无穷大，则只发生电子极化，而偶极极化不能进行，所以能量损耗也很小。在反常“色散”区，即介电常数发生变化的区域，介电常数 $\varepsilon'$ 变化非常迅速，$\varepsilon''$ 出现极大值。

温度很低时，体系黏度大，偶极的转动取向完全跟不上电场变化，极化速度太慢。随着温度升高，分子热运动使分子作用力减小，体系黏度下降，偶极可随电场变化而转向，但又不能完全跟上，因此 $\varepsilon'$ 和 $\varepsilon''$ 有所增大。当温度进一步升高，偶极子转向已完全跟得上电场的变化，$\varepsilon'$ 变成最大，$\varepsilon''$ 变得很小。此后在 $\varepsilon'$ 通过一个峰值后又随温度的升高而下降了，这一现象说明了温度升高对取向极化还有一种相反作用，即偶极子运动能力增强，对偶极取向干扰增大，反而不利于取向极化，使极化减弱。因此温度对介电性能的影响要看哪种作用占主导。另一方面，由于电子与原子的极化不依赖于温度，因此非极性高分子的介电常数随温度的变化通常可忽略不计。

（3）增塑剂与杂质　增塑剂的加入可降低高分子的黏度，提高分子运动的能力和空间，促进偶极取向，因此具有与升高温度同样的效果。

杂质对高分子的介电性影响很大，因为导电杂质和极性杂质会明显地增加高分子的电导电流和极化度，使介电损耗加大，对非极性高分子，杂质是造成介电损耗的主要原因。例如高密度聚乙烯，残留的催化剂使其介电损耗增大，若体系中有质量浓度约 10mg/kg 的极性杂质存在，其 $\tan\delta$ 可达 $10^{-4}$ 左右。通常认为非极性高分子不应存在介电损耗，但实际上几乎所有高分子的 $\tan\delta$ 都高于 $10^{-4}$，这充分说明了杂质存在的严重性，因此必须在生产中避免杂质，尤其是对介电性要求高的特殊材料更是如此。值得特别注意的是，水的存在能极大地增加介电损耗，因为水在低频下就能够以离子电导的形式增加电导电流，引起介电损耗；在微波频率范围，水分子会发生偶极松弛，出现损耗峰；水与高分子界面也会发生界面极化，出现损耗峰。

### 11.1.2 高分子的导电性

高分子是由许多原子以共价键连接起来的，在高分子中没有自由电子，也没有可流动的自由离子（高分子电解质除外），所以一般的高分子都是优良的绝缘材料。在高分子中混入少量杂质可以提高其导电性。

#### 11.1.2.1 导电性的表征

所谓的导电性是载流子在电场影响下通过介质进行的迁移。载流子是物质内部存在的传递电流的自由电荷，它们可以是空穴、电子、正离子、负离子。载流子在外电场作用下在物质内部做定向运动，便产生电流。

材料的导电性是用电导率 $\sigma$ 或电阻率 $\rho$ 来表示的。当对试样施加直流电压 $U$ 时，如果流过试样的电流为 $I$，则其电阻 $R$ 为：

$$R=U/I \tag{11-10}$$

试样的电导 $G$ 为电阻的倒数：

$$G=1/R=I/U \tag{11-11}$$

电阻与电导的大小都与试样的几何尺寸有关。若 $D$ 为试样厚度，$S$ 为试样面积，$\rho$ 为电阻率（单位为 Ω・m），$\sigma$ 为电导率（单位为 $\Omega^{-1}\cdot m^{-1}$），则有：

$$R=\rho D/S \tag{11-12}$$

$$G=\sigma S/D \tag{11-13}$$

式中的电阻率与电导率与试样的尺寸无关，只取决于材料自身的本质。

电阻率又可分为体积电阻率 $\rho_v$ 和表面电阻率 $\rho_s$，体积电阻率是指直流电通过 $1cm^3$ 介质的体积电阻值，表面电阻率是指直流电流通过 $1cm^2$ 介质的表面电阻值。若电阻间距离为 $b$，电极长为 $l$，则表面电阻率为：

$$\rho_s=R_s\frac{l}{b} \tag{11-14}$$

若试样是一平板，电极面积为 $S$，厚度为 $D$，则体积电阻率为：

$$\rho_v=R_v\frac{S}{D} \tag{11-15}$$

不同材料的导电性跨越范围很宽，最好的绝缘体如石英、聚苯乙烯等电导率极小，约为 $10^{-18}\Omega^{-1}\cdot m^{-1}$；而金属在低温下的超导体如铅在 4K 下，电导率在 $10^{26}\Omega^{-1}\cdot m^{-1}$ 以上。体积电阻率是衡量材料电学性质的最重要参数之一，一般按 $\rho_v$ 的大小，可以将材料划分成不同类型的导体，通常有以下四类：绝缘体、半导体、导体和超导体。表 11-1 列出了它们的电导率范围。

**表 11-1　各种材料的电导率范围**

| 材料 | 电阻率/Ω・m | 电导率/$\Omega^{-1}\cdot m^{-1}$ | 材料 | 电阻率/Ω・m | 电导率/$\Omega^{-1}\cdot m^{-1}$ |
|---|---|---|---|---|---|
| 超导体 | $\leqslant 10^{-8}$ | $\geqslant 10^{8}$ | 半导体 | $10^{-5}\sim 10^{7}$ | $10^{-7}\sim 10^{5}$ |
| 导体 | $10^{-8}\sim 10^{-5}$ | $10^{5}\sim 10^{8}$ | 绝缘体 | $10^{7}\sim 10^{18}$ | $10^{-18}\sim 10^{-7}$ |

#### 11.1.2.2　高分子绝缘体的导电机理及影响因素

金属是优良导体，其载流子是自由电子。高分子结构中原子的最外层电子都是以其价键的形式与其他原子结合的，形成的是完整的外层价键结构，理论上在弱电场中应该无电流通过，但实际上高分子或多或少具有微量的电导率，其载流子是混入高分子材料中的各种杂质，如引发剂、催化剂和各种助剂、未反应单体以及材料吸附的水分等。其中水分影响程度最大，因为它在电场中直接电离，形成了离子型的载流子。这对于一些极性高分子，如聚乙烯醇微孔高分子、酚醛层压板等是至关重要的，随着材料的亲水率加大，材料的电导率可以提高几个数量级。

在一些特殊条件下，也可以形成高分子的非离子型电导，例如当电场电压高时，电极中可以发射出电子注入材料中形成载流子。

高分子导电性受分子结构、温度及杂质的影响。

(1) 分子结构的影响　从分子结构角度，显然非极性高分子的电绝缘性好，极性的次之。具有长共轭双键结构的高分子，由于共轭双键中的 $\pi$ 电子能在整个分子中运动，形成了载流子的电子流，所以导电性显著升高。

如果高分子材料具有取向、结晶、交联结构，由于它们的分子排列紧密，自由体积缩小，分子的运动受到限制，使离子的迁移率下降，会导致绝缘高分子的电导率下降。如聚三氟氯乙烯结晶度从 10%升至 50%时，电导率下降 10～1000 倍。

(2) 温度与湿度的影响　高分子的导电性随温度的升高和湿度的升高而加大，因为体积电阻对温度特别敏感，温度升高后，其所含的杂质会随着温度升高而加速离解，所以绝缘性下降。表面电阻对湿度较敏感，因为材料表面吸水后，会立即电离形成离子，所以材料的保存和使用要非常注意温度和湿度。

(3) 杂质的影响 凡属电导杂质，尤其是水都会使绝缘性下降。如烟片胶的电阻率为$6\times10^{14}\Omega\cdot cm$，电导率为$17\times10^{-12}\Omega^{-1}\cdot m^{-1}$，去除蛋白质和树脂胶乳后其电阻率为$45\times10^{15}\Omega\cdot cm$，电导率为（1.6～3.3）$\times10^{-17}\Omega^{-1}\cdot m^{-1}$。

#### 11.1.2.3 导电高分子

通常高分子材料都为绝缘体，然而某些具有特殊结构的高分子往往会具备导体、半导体、超导体的性质。导电高分子主要分结构型和复合型两大类。前者是依靠分子本身的导电载流子导电，后者则是以高分子材料与各种导电物质进行均匀分散复合、层叠复合后制得的导电高分子复合材料。

(1) 结构型导电高分子 结构型导电高分子是不需要加入另外的导电物质而是靠自身结构特征导电的材料。这种材料的特征是分子内或分子间电子云有一定的重叠，如在一维和二维的大共轭体系高分子中$\pi$电子云在分子内交叠；或是共轭分子的$\pi$电子云在分子间进行交叠。在晶体结构中，当一维分子堆砌成分子柱后，只要分子间的距离足够小，就能达到一定程度的$\pi$电子云的交叠，由此呈现出显著的导电性。

结构型导电高分子又可分以下三种类型。

① 具有共轭双键的高分子 这类高分子多为半导体，它的典型代表是聚乙炔、聚对亚苯基、聚吡咯、聚噻吩、聚苯胺、聚对亚苯乙烯等，其电导率可达$1\sim10^{3}$S/cm数量级。又如经过牵伸的聚丙烯腈纤维裂解环化，脱氢形成的双键含氮芳香结构，称为Black Orlon，电导率为$10^{-1}\Omega^{-1}\cdot m^{-1}$，进一步裂解可得电导率为$10^{5}\Omega^{-1}\cdot m^{-1}$的高强度碳纤维。更好的一例是聚氮化硫$(SN)_n$的单晶体，结构式为：

$$=\overset{+}{\underset{\cdot\cdot}{S}}-\dot{N}=\underset{\cdot\cdot}{\ddot{S}}-\dot{N}=\overset{+}{S}-\dot{N}=\underset{\cdot\cdot}{\ddot{S}}-\dot{N}=$$

它们在分子链方向具有金属电导性，室温时电导率即为$2\times10^{3}\Omega^{-1}\cdot m^{-1}$。

共轭双键结构高分子的半导电性能与$\pi$电子的非定域化有关，双键由一对$\sigma$电子和一对$\pi$电子构成，在共轭双键的高分子中，$\sigma$电子定域于C—C键上，2个$\pi$电子并没有定域在该C—C键上，它们可以从一个C—C键转移到另一个C—C键，分子内$\pi$电子云的重叠产生了为整个分子共有的能带，相当于金属导体中的自由电子。其中$\pi$电子沿分子链的迁移率与增高的电导是一致的。

② 电荷转移型复合物 电荷转移复合物是一种分子复合物，它是由电子的给予体和电子的接受体之间靠电子的部分或完全转移而形成的，其表达式为：

$$D+A\longrightarrow D^{\delta-}A^{\delta+} \qquad (11\text{-}16)$$

它们在晶相中以电子给予体与电子接受体交替紧密堆砌的—DADADADA—形式存在，依靠电子给予体与电子接受体的电荷转移传递电子而形成导电性。这类电荷转移相互作用是电性质的，它比范德华力强，比通常离子或共价键弱。此类材料中作为受体的典型代表是7,7′,8,8′-四氰基对醌二甲烷（TCNQ）。若高分子给体和小分子受体都是共轭的平面分子，它们在晶体中堆砌成分子柱，$\pi$电子云相互作用于其中，电子运动呈一维周期性位能，形成能带。其带宽视相邻平面分子间$\pi$电子云的交叠程度而异，当柱中平面分子堆砌间隔均一且有最小面间距，说明$\pi$电子云交叠最大，能带最宽，最有利于导电性。这类材料还可在常压下于临界温度为5K时发生超导，如TCNQ的高分子盐类——聚乙烯吡啶体系。

③ 有机金属高分子 此种材料是将金属原子引入到高分子主链上来，由于有金属原子的存在，使高分子的电导性增加。如聚酞菁铜，其电导率高达$5\Omega^{-1}\cdot m^{-1}$，这主要是因为金属原子的d电子轨道与高分子结构的$\pi$电子轨道交叠，从而延伸了分子内的电子通道，加上d轨道较弥散、更有利于分子间轨道的交叠。

(2) 复合型导电高分子 复合型导电高分子是在高分子基体中加入各种不同的导电性物

质，再经过分散复合或层状复合所形成的导电复合材料。复合型导电高分子基材有热固性和热塑性树脂，也有合成橡胶，常用的导电物质有金属粉末、金属化玻璃纤维、石墨、炭墨、碳纤维等。

这类导电材料的成型过程简单，工艺比较成熟，品种也很多，如导电橡胶、导电涂料、导电黏合剂都已得到了广泛的应用，现已制成了石墨夹层化合物与铜组成的复合型导电化合物，电导率达 $10^5\Omega^{-1}\cdot m^{-1}$，而复合物的密度只有铜的一半。

复合型导电材料的导电机理比较复杂，但研究显示，当复合材料中导电物质增加到一个临界值时，体系的电阻率突然下降，变化幅度可达 10 个数量级，导电物质继续增加，对电阻率变化则几乎无影响，这说明在突变点附近导电物质的分布已形成了网络，电子通过此网络移动而导电。

### 11.1.3　高分子的击穿

高分子作为绝缘材料使用时，能耐多大的电压，能使用多长时间，这些都关系到电气设备的可靠性和安全性问题，在实际应用中极为重要。对于抵抗绝缘破坏的能力，通常采用击穿电压强度以及耐电压和耐电弧等指标来评价。这些指标受高分子材料本身缺陷、杂质、成型加工的历史、试样的厚度、环境条件和测试条件等因素的影响，所以，它只是在一定条件下的测定值，仅作为相对比较，在运用数据时，必须注意这些。

#### 11.1.3.1　击穿电压强度

高分子在一定电压下是绝缘体，但当电压增加超过某一临界值时，会出现电阻率降低至极小、电流增大、产生局部导电而使高分子材料丧失绝缘性能的现象，这称为电击穿。电击穿还会在击穿点上产生电弧，使材料熔穿、焦化、烧毁。导致高分子击穿的临界电压，称为击穿电压，它表示高分子材料可耐受的电压极限。其数值与高分子材料的分子结构和试样的厚度等有关，在均匀电场中，材料越厚，击穿时所需的电压越高；在不均匀电场中，击穿电压会大大降低，并随厚度的增加而缓慢增大。电场的频率、温度、湿度、电极的大小及形状等条件也会影响击穿电压值。因此，为了便于比较，通常不是用击穿电压，而是用击穿电压强度来表征高分子材料耐受的电压极限。

以连续升压的方式对高分子试样施加电压（交流或直流的均匀电场），试样被击穿时的电压和试样厚度之比，定义为击穿电压强度（亦称为击穿强度或绝缘强度）。

$$E=V/D \tag{11-17}$$

式中，$V$ 为击穿电压，V；$D$ 为试样的厚度，即两电极间的距离，cm。

击穿电压强度表示每单位厚度的高分子材料被击穿时所需的电压。它与温度和湿度有关，但在某临界温度以下，与温度无关，而当超过临界温度达到高温区域时，随温度升高而迅速降低；随着湿度增大，击穿电压强度降低。此外，试样的大小、厚度、电极尺寸和形状、媒质以及升电压的速度等条件都影响击穿电压强度的大小。

#### 11.1.3.2　击穿机理

高分子材料在电场作用下，如何导致内部结构变化而产生击穿现象呢？由于击穿现象极为复杂，至今还没有一个完善的理论。目前主要有下面几种机理解释。

（1）热击穿破坏　热击穿破坏的主要特征是：

① 击穿电压强度随温度的升高而迅速下降，通常发生在高温区域；

② 这种击穿破坏与加电压时间长短（或升电压的速度）有关；

③ 试样的厚度增加导致散热条件变坏，因而击穿电压强度降低，热击穿一般发生在散热最难的地方；

④ 这种击穿与电场畸变及媒质的电性指标无关。

高分子材料加上电场后，因有介质损耗而产生热量，其中一部分热量使材料的温度升高。随着温度的升高，体积电阻减小，则通过材料的电流增大，导致温度继续升高；而温度升高又会导致电流增大，形成循环。随温度升高，一部分热量会向周围散失。如果在加热的某个阶段，散失的热量与产生的热量相平衡，则材料维持在一定的温度。在高分子材料所能耐受的温度下，就不会发生热击穿。如果产生的热量大于散失的热量，则材料的温度会继续升高，导致材料的聚集态发生变化，失去耐电压强度而被击穿破坏。

（2）电击穿破坏　电击穿破坏的特征为：

① 击穿电压强度受温度的影响不大，通常发生在低温区域；

② 所加电压的时间、波形和材料本身的介电损耗角对击穿电压强度的影响不大；

③ 击穿电压与周围介质的电性指标有关，因为介质直接影响电极边缘处的电场分布，电场强的地方最先被击穿。

一般用撞击游离过程来解释电击穿。在高分子材料中，多少总有一些载流子存在，它们在外电场的作用下开始作加速运动。当电场较弱时，这些载流子从电场中获得的能量在与周围大分子链的碰撞中失去了。当电场足够大时，这些载流子将从电场中获得足够大的能量，在运动中撞击到大分子链，能使之发生电离，产生新的电子或离子，这些新的载流子又再撞击产生更多的载流子，这种加速作用被继续下去，电子像雪崩似的产生，致使电流急剧增大，最后达到击穿破坏。

（3）电化学击穿破坏　电化学击穿破坏一般是高分子材料在高电压下长期工作后出现的。其特征是材料发生了化学变化，结果使击穿电压强度随电压作用时间的增长而逐渐降低。

发生化学变化主要表现为两方面，其一是高电场的作用会在高分子表面和电极的接触处的空气隙与高分子材料内部的气隙处引起的局部放电现象。局部放电产生的电荷粒子（电子、正离子、负离子）撞击材料的界面，可能产生电离或断裂主键；放电的热量可以使材料局部的温度升高，由此产生热熔融或化学分解；同时放电所产生的激发分子以及这些二次生成物再和高分子材料进行反应，可使其受到侵蚀。其二是在直流电场下，具有离子电导的材料发生电解，在电极附近析出新的物质，它不是形成紧密的一层，而是成网络状。总之，多种因素的综合作用使高分子材料老化，性能变坏，局部地区的电导或介电损耗角增大，从而损坏了材料的绝缘能力，降低了击穿电压强度。在电压的长时间作用下，击穿电压强度可能完全丧失，即发生击穿破坏。

此外，还有电力学击穿破坏的解释。认为在电场作用下，由于试样两端蓄积电荷的引力，使试样发生形变，厚度变小，从而引起破坏。理论上这种击穿电压强度与高分子的杨氏模量的平方根成正比。但是实验结果仅对聚乙烯和聚异丁烯比较吻合。

必须注意，实际高分子材料的击穿破坏，往往不只是一种作用，而是多种作用的综合结果。

**11.1.3.3　耐电压性和耐电弧性**

耐电压性表示高分子制品的耐电压能力。通常是迅速将电压升高到由制品标准规定的电压，停留 1min（或按制品标准规定的时间），观察制品是否被击穿。若未被击穿，就称此电压为该制品的耐电压值。

击穿强度试验是破坏性的，而耐电压试验是一种非破坏性试验，因此这种试验适用于已成型的高分子制品，以代替击穿电压强度试验。它是鉴定高分子制品绝缘能力的最有效和最直接的方法。它可以判断电气设备能否继续运行，也是保证电气设备的绝缘水平，避免发生事故的重要手段。

对于有缺陷的制品或交付使用发生了老化的制品，绝缘性下降，耐电压试验则可能导致制品破坏。因此在进行耐电压试验之前，必须对制品的绝缘电阻、漏导等各项参数进行测定，以判断制品是否能够承受耐电压试验的电压，若不能承受的话，应先进行适当的处理之后再做耐电压试验。

耐电弧性表示高分子材料对电弧、电火花的抵抗能力。通常是测定在一定的高电场下，两电极间的气体被击穿产生电弧、火花的作用，致使高分子材料表面形成导电层所需的时间，以此时间的长短来判断高分子材料的耐电弧性。

### 11.1.4 静电现象

高分子在一些成型加工过程中经常会产生静电。所谓静电，就是任何两种物体不管其组成与否，只要内部结构中电荷载体能量分布不同，在它们相互接触或摩擦时，其各自的表面电荷就会重新分配，一旦分开后，每一物体都将带有比接触前过量的正（或负）电荷。因此在加工生产中，由于材料间的接触与摩擦，会使高分子带有相当大的电荷量。如纤维纺丝牵伸过程中因摩擦产生很高的静电压，使其在纺丝、加捻等后续生产中造成很大麻烦。据统计，在化学工业中发生事故的 1/10 都是由静电所引起的。所以防静电技术是相当重要的。

静电产生的原因有接触起电和摩擦起电两种。接触起电与物质的功函数有关。功函数也称逸出功，是指电子克服原子核的吸引作用从物质表面逸出所需的最小能量。不同物质的功函数不同，当它们接触时，在界面形成电场，电荷将从功函数小的一方向功函数大的一方转移，结果功函数高的物质带负电，功函数低的物质带正电。

摩擦起电的情况较为复杂。轻度摩擦类似接触起电，但在强摩擦下，局部接触面以较高的速度相对运动。引起材料发热、软化，甚至有质量交换。

金属与高分子摩擦起电，所带电荷的正负取决于其功函数。高分子与高分子摩擦时，介电系数大的材料带正电，介电系数小的带负电。归纳起来，高分子的摩擦起电顺序基本与功函数一致。

摩擦起电是一个动态过程，材料不断产生电荷，又不断泄漏电荷。由于高分子的绝缘特性导致电荷泄漏较慢，有的静电存在可达几个月。可以采用起始静电量衰减至一半所需的时间表征材料消除静电荷的能力，称为高分子的静电半衰期。

消除静电的方法主要依靠提高材料的表面电导率，及时耗散聚集在表面的电荷。具体做法是：①增加制品表面湿度，在材料表面形成水膜，并通过溶入其他杂质电离来形成导电通道，从而提高表面电导率；②利用高压电晕处理，让带电粒子获得动能而分散；③在材料表面涂以抗静电剂，因为它们大都为阳离子型或非离子型表面活性剂，它们中的亲水基团可吸附空气中的水分，形成表面导电水膜，而使静电荷从中消散。另外在材料中填充少量的导电纤维或粉末也可以达到消除静电的目的。

### 11.1.5 新的电学性质

某些高分子在力、热、光等作用下，也会反映出各种不同的电学性质。因此，高分子除了大量作为绝缘材料和介电材料之外，现正研究和利用其新的电学性质，把力、热、光等能量转变成电信号，从而作为功能材料使用。

#### 11.1.5.1 力（形变）电性

将高分子试样置于两电极间，在机械力作用下，试样会因发生形变（伸长或缩短）而发生极化，同时产生电场，这种现象称为（正）压电效应。反之，在高分子试样上加上电场，试样发生相应的形变，同时产生应力，这个现象称为逆压电效应。压电效应产生的原因，主要是高分子的偶极子或空间电荷分布的各向异性。沿对称的光学轴向并不产生压电效应，在32种点阵中，只有20种点阵晶体（电解质）才可能具有压电性。呈现压电效应的高分子，主要是单轴取向的结晶高分子和高分子驻极体等。

#### 11.1.5.2 热电性

在热的作用下，高分子材料可以反映出热电性和热释电性。

（1）热电性　某些高分子，如经驻极化的聚偏二氯乙烯放在两个电极之间，若使其电极间有温度差，则在两电极间产生电位差，这个现象称为热电性（效应），也就是半导体物性中重要的塞贝克（Secbeck）效应。

如果我们测出温度的高低和电压的正、负方向，就能知道试样中载流子的符号。这样通过热电性的研究，可提供电子和空穴的移动度等有关的参数。作为红外线敏感元件的材料，就是利用这个性质。

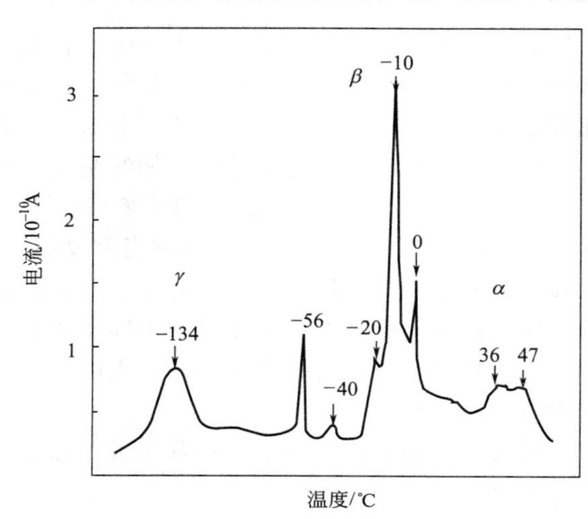


图 11-1　驻极化的低密度聚乙烯的热释电流与温度的关系

（2）热释电性　将某些高分子试样置于两个电极间，一同升高温度，则在两电极间有电流流过，这个电流称为热释电流，这个现象称为热释电性。热释电流的产生，是因为在热的作用下，高分子材料中存在的离子杂质向电极的移动和偶极子的解取向极化的结果。在一定的温度下，经过一定时间，随着偶极子的完全无序混乱和离子到达电极，热释电流也随之消失。

在一定温度下驻极化的高分子板材，从低温开始，等速升温测定其热释电流时，在温度坐标上将出现多重峰。如图 11-1 所示，驻极化的低密度聚乙烯的热释电流，其中的α、β、γ峰和动态力学谱上的α、β、γ峰的温度相对应。同时，可用热释电流来研究高分子驻极体的稳定性。

热释电性可用于传感器的研制，也可为研究高分子中某载流子的捕获中心提供资料。

#### 11.1.5.3 光电性

某些高分子材料因光照射而反映出电性能的变化。例如，由于光照射而使高分子的导电性发生变化的现象，称为光电导性。对于电子传导的高分子，例如聚乙烯基咔唑、聚萘酯等，因吸收了光能而释放出光电子，使传导电荷的电子或空穴的浓度增加，所以电导率增大，即电导率在光照射时比在暗室时大。对于离子性传导的高分子，虽然认为没有光电导性，但是若在高分子中加入富于光传导性的物质，往往也表现出光电导性。

除了光电导性外，还存在光介电性，即由于光照射而产生介电常数变化的现象。但现在该方向的研究还非常少。

## 11.2 高分子的热学性质

高分子的耐热性有两种含意，其一是在一定温度下维持其使用性能的能力，通常用玻璃化转变温度或熔点来表征；其二是维持高分子链结构稳定性的能力，通常用热分解温度来表征。这里主要讨论维持高分子链结构稳定性的问题。

### 11.2.1　高分子的热稳定性

在高温下高分子容易发生热化学反应，其主要反应为降解和交联。降解是指高分子主链的断裂，导致分子量下降，材料的物理机械性能劣化。而交联则是使高分子链之间形成化学键，过度交联使高分子发硬变脆。究竟高分子热分解时是以形成降解产物为主还是以形成交联产物为主，主要取决于高分子的链结构。例如聚乙烯的热分解是以形成交联为主，而聚丙烯则是以热降解为主。

研究表明，高分子的热稳定性与高分子链结构密切相关。组成高分子的化学键的键能越高，材料就越稳定，耐热分解能力也就越强。提高高分子热稳定性的主要途径如下。

（1）在高分子链中避免弱键　主链中靠近叔碳原子和季碳原子的键较易断裂，故高分子分解温度的高低顺序为：聚乙烯、支化聚乙烯、聚异丁烯、聚甲基丙烯酸甲酯。又如，聚氯乙烯中含有 C—Cl 弱键，受热容易脱出 HCl，因此热稳定性大大地降低。在聚四氟乙烯中，由于 C—F 健的键能非常高，故热稳定性很好。

（2）在高分子主链中引入芳环状结构　例如聚酰亚胺的热分解温度高于 500℃。

（3）形成梯形、螺旋形和片状结构的高分子　梯形、螺旋形结构的高分子链不容易发生断裂。因为这类高分子中，一个化学键的断裂并不会降低分子量。即使几个键同时断裂，但只要不是断在同一个梯格或螺圈里，也不会降低分子量。至于片状结构，即相当于石墨结构，当然具有很好的热稳定性。这类高分子的主要缺点是难于加工成型。

热重分析（TGA）是研究高分子热稳定性的重要方法。该法采用灵敏的热天平来跟踪试样在程序控温条件下由于热分解所产生的质量变化。

### 11.2.2　高分子的导热性

热量从物体的一个部分传到另一个部分或者从一个物体传到另一个相接触的物体，从而使系统内各处的温度相等，叫做热传导。热导率 $\lambda$ 是表征材料热传导能力大小的参数，可由热传导的基本定律——傅里叶定律给出：

$$Q=-\lambda\frac{\mathrm{d}T}{\mathrm{d}X} \tag{11-18}$$

式中，$Q$ 是单位面积的热量传导速率；$\mathrm{d}T/\mathrm{d}X$ 为温度 $T$ 沿热传导方向上的梯度。

高分子材料的热导率很小，是优良的绝热保温材料。表 11-2 列出几种典型非晶高分子的热导率，并与几种其他材料的数据进行比较。

**表 11-2　典型高分子的热导率**

| 高分子的种类 | 热导率 λ/(W/m・K) | 高分子的种类 | 热导率 λ/(W/m・K) |
|---|---|---|---|
| 聚丙烯(无规立构) | 0.172 | 聚碳酸酯 | 0.193 |
| 聚异丁烯 | 0.130 | 环氧树脂 | 0.180 |
| 聚苯乙烯 | 0.142 | 铜 | 385 |
| 聚氯乙烯 | 0.168 | 铝 | 240 |
| 聚甲基丙烯酸甲酯 | 0.193 | 软钢 | 50 |
| 聚对苯二甲酸乙二酯 | 0.218 | 玻璃 | 约 0.9 |
| 聚氨酯 | 0.147 | | |

### 11.2.3　高分子的热膨胀

热膨胀是由于温度变化而引起的材料尺寸和外形的变化。材料受热时一般都会发生膨胀，包括线膨胀、面膨胀和体膨胀。膨胀系数即试样单位尺寸的膨胀率。对于各向同性材料，体膨胀系数 $\beta$ 和线膨胀系数 $\alpha$ 之间具有如下关系：

$$\beta=\frac{1}{V}\left(\frac{\partial V}{\partial T}\right)_p=3\alpha \tag{11-19}$$

对于结晶高分子和取向高分子，热膨胀具有很大的各向异性。在各向同性的高分子中，热膨胀在很大程度上取决于微弱的链间相互作用。与金属相比，高分子的热膨胀系数较大，见表11-3。

**表11-3 典型高分子的热膨胀系数（20℃）**

| 高分子的种类 | 线膨胀系数/($\times10^{-5}K^{-1}$) | 高分子的种类 | 线膨胀系数/($\times10^{-5}K^{-1}$) |
|---|---|---|---|
| 聚氯乙烯 | 6.6 | 聚甲基丙烯酸甲酯 | 7.6 |
| 聚苯乙烯 | 6.0～8.0 | 缩醛共聚物 | 8.0 |
| 聚丙烯 | 11.0 | 天然橡胶 | 22.0 |
| 低密度聚乙烯 | 20.0～22.0 | 尼龙66+30%玻纤 | 3.0～7.0 |
| 高密度聚乙烯 | 11.0～13.0 | 软钢 | 1.1 |
| 尼龙66 | 9.0 | 黄铜 | 1.9 |
| 聚碳酸酯 | 6.3 | | |

热膨胀系数大这一特性对塑料的使用性能产生不良影响。例如，用高分子材料对其他材料进行表面涂覆或制备塑料和金属的复合材料时，由于两者膨胀系数不同会产生弯曲、开裂和脱层问题，必须引起注意。

## 11.3 高分子的光学性质

材料的光学性能主要包括光线的透过、吸收、折射、反射、偏振等性能。有时也要求对光的某波段有最高的透过，而对另外的波段却要求有最大的吸收。一般而言，无色的光学材料在可见光波段里是没有吸收的。在这一节里仅对高分子作为光学材料的基本光学性质进行简单介绍。

### 11.3.1 光的折射和非线性光学性质

当光线由空气入射到透明介质中时，由于在两种介质中的传播速率不同而发生了光路的变化，这种现象称为光的折射，若光的入射角为 $i$，折射角为 $r$，则物质的折射率 $n=\sin i/\sin r$。$n$ 与两种介质的性质及光的波长有关。通常将各种物质对真空的折射率简称为该物质的折射率。大多数碳-碳高分子的折射率大约为1.5，当碳链上带有较大侧基时，折射率变大，带有氟原子和甲基时，折射率变小。表11-4列出一些高分子的折射率。

**表11-4 高分子的折射率**

| 高分子的种类 | 折射率(25℃,$\lambda$=589.3nm) | 高分子的种类 | 折射率(25℃,$\lambda$=589.3nm) |
|---|---|---|---|
| 聚四氟乙烯 | 1.3～1.4 | 顺式聚1,4-异戊二烯 | 1.519 |
| 聚二甲基硅氧烷 | 1.404 | 聚丙烯腈 | 1.518 |
| 聚4-甲基-1-戊烯 | 1.46 | 聚己二酰己二胺 | 1.53 |
| 聚醋酸乙烯 | 1.467 | 聚氯乙烯 | 1.544 |
| 聚甲醛 | 1.48 | 聚碳酸酯 | 1.585 |
| 聚甲基丙烯酸甲酯 | 1.488 | 聚苯乙烯 | 1.59 |
| 聚异丁烯 | 1.509 | 聚对苯二甲酸乙二酯 | 1.64 |
| 聚乙烯 | 1.51～1.54 | 聚二甲基对苯醌 | 1.661 |
| 聚丙烯 | 1.495～1.510 | 聚偏二氯乙烯 | 1.63 |
| 聚丁二烯 | 1.515 | | |

光波是一种电磁波，它对介质的极化过程一般是一种谐振过程。在较低的电场强度下，

极化偶极或极化强度正比于电场强度；在很高的电场强度下，极化强度与电场强度之间呈现非线性关系。

对于微观的原子或分子，其极化强度 $P$ 与电场强度 $E$ 的表达式为：

$$P=(\alpha E+\beta E^2+\gamma E^3) \tag{11-20}$$

对于宏观材料，其极化强度 $P$ 与电场强度 $E$ 的关系为：

$$P=\varepsilon_0\ [\chi^{(1)}E+\chi^{(2)}E^2+\chi^{(3)}E^3+\cdots] \tag{11-21}$$

式中，$\alpha$ 和 $\chi^{(1)}$ 分别是微观和宏观的线性极化率；$\beta$、$\gamma$ 等分别是宏观的高阶极化系数或非线性系数；$\chi^{(2)}$、$\chi^{(3)}$ 等分别是微观的高阶极化系数或非线性系数；$\varepsilon_0$ 为真空的介电常数。

普通光波的场强很弱，高次项很小，极化强度与场强呈线性关系。当场强很大时，物质将表现为非线性光学（NLO）行为。例如，激光通过石英晶体时，除了透过原频率的光线之外，还可观察到倍频光线。这就是二阶极化系数不为零、产生非线性光学效应的缘故。

非线性极化系数的大小与分子结构有关。凡是有利于极化过程进行和极化程度提高的结构因素均可使非线性系数增大。同时，偶次项系数不为零必须满足电重心不对称的结构条件。

高分子二阶非线性光学材料的制备方法通常是将本身具有较大的 $\beta$ 值的不对称性共轭结构单元连接到高分子链侧旁，或者直接与高分子材料复合。例如：

$(CH_3CH_2)_2N$—⟨苯环⟩—N═N—⟨苯环⟩—CH═C(CN)$_2$

与高分子键接或复合，通过直流电场将其制成驻极体，致使整个材料具有宏观不对称性，即为二阶非线性光学材料。

### 11.3.2　光的反射和吸收

照射到透明材料上的光线，除有部分折射进入物体内部之外，还有一部分在物体表面发生反射。反射角与入射角相等，如图 11-2 所示。令反射光强为 $I_r$，则：

$$I_c=\frac{I_0}{2}\left[\frac{\sin^2(i-r)}{\sin^2(i-r)}+\frac{\tan^2(i-r)}{\tan^2(i-r)}\right] \tag{11-22}$$

式中，$I_0$ 为入射光强，$i$ 为入射角，$r$ 为折射角。

因为折射角 $r$ 可表示为折射率的函数：

$$r=\arcsin\left(\sin\frac{i}{n}\right) \tag{11-23}$$

则反射光强 $I_r$ 与折射率 $n$ 和入射角 $i$ 有关。对于确定的材料，$n$ 是一定的，$I_r$ 随 $i$ 的增大而增加。图 11-2 中，对于第一个表面，光线由光疏介质进入光密介质，$r$ 恒小于 $i$。但对于第二个表面，光线由光密介质进入光疏介质，$r'$ 恒大于 $i'$，当 $i'=i'_c$ 时，有可能使 $r'=90°$，此时，折射光沿着两种介质的界面掠过且强度非常弱，反射光的强度接近入射光的强度。当 $i'>i'_c$ 时，折射光消失，入射光全部反射，称作全反射。令 $r'=90°$，由折射率的定义可以得到全反射的临界条件为：

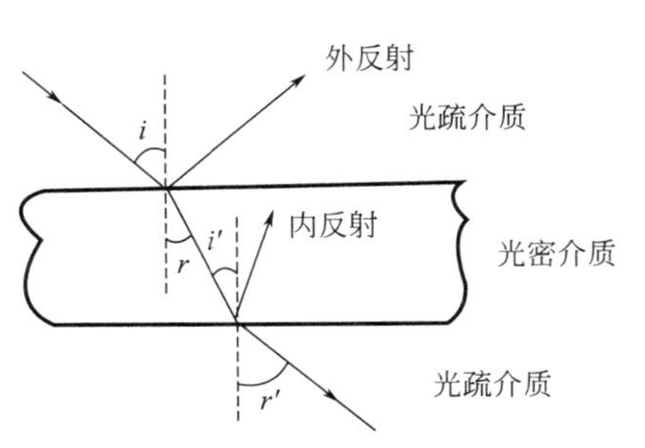

图 11-2　光在不同物质界面的反射

$$\sin i'_c=1/n \tag{11-24}$$

根据全反射原理，在吸光性极小的光学纤维中，只要使 $i'>i'_c$，光线就不能穿过纤维表面进入空气中，故可实现在纤维的弯曲处不会产生光的透射，这也就是光导纤维应用的基础。

当光从物质中透过时，透射光强 $I$ 与入射光强 $I_0$ 之间的关系可由朗伯-比尔定律描述：

$$I=I_0\exp(-\alpha b) \tag{11-25}$$

式中，$b$ 为试样的厚度；$\alpha$ 是物质的吸收系数，它是材料的特征量，通常与波长有关。

高分子的颜色由其本身结构、表面特征以及所含其他物质所决定。玻璃态高分子在可见光范围内没有特征的选择吸收，吸收系数 $\alpha$ 值很小，通常为无色透明的。部分结晶高分子含有晶相和非晶相，由于光的散射，透明性降低，呈现乳白色。高分子中加入染料、颜料或者含有杂质，均会产生颜色变化。

## 习　题

1. 比较高分子介电松弛和力学松弛的异同点。
2. 讨论影响高分子介电常数和介电损耗的因素。
3. 什么叫高分子的耐热性和热稳定性？如何提高高分子的耐热性和热稳定性？
4. 讨论提高高分子材料透明性的方法。

# 参 考 文 献


[1] 施良和，胡汉杰．高分子科学的今天与明天．北京：化学工业出版社，1994.
[2] 王槐三，寇晓康．高分子化学教程．北京：科学出版社，2002.
[3] 肖超渤，胡运华．高分子化学．武汉：武汉大学出版社，1998.
[4] 何曼君等．高分子物理．上海：复旦大学出版社，1990.
[5] [美] 奥迪安 G. 聚合反应原理．李弘等译．北京：科学出版社，1987.
[6] 冯新德著．高分子合成化学．北京：科学出版社，1981.
[7] 潘祖仁．高分子化学．北京：化学工业出版社，1986.
[8] 潘祖仁，于在璋．自由基聚合．北京：化学工业出版社，1983.
[9] 潘才元．高分子化学．合肥：中国科学技术大学出版社，1997.
[10] 韩哲文．高分子科学教程．上海：华东理工大学出版社，2001.
[11] 复旦大学高分子系高分子教研室．高分子化学．上海：复旦大学出版社，1995.
[12] 张兴英．高分子化学．北京：中国轻工业出版社，2000.
[13] 赵德仁，张慰盛．高聚物合成工艺学．北京：化学工业出版社，1981.
[14] 余木火．高分子化学．北京：中国纺织出版社，1995.
[15] 何天白，胡汉杰．海外高分子化学的新进展．北京：化学工业出版社，1997.
[16] 林尚安．高分子化学．北京：科学出版社，1982.
[17] 王善琦．高分子化学原理．北京：北京航空航天大学出版社，1993.
[18] 应圣康，余丰年．共聚合原理．北京：化学工业出版社，1984.
[19] Odian G. Principles of Polymerization. 2nd Edition. New York：Wiley，1981.
[20] [日] 鹤田祯二．高分子合成反应．东京：日刊工业新闻社，1978.
[21] [日] 大津隆行．高分子合成化学．陈九顺，方向东译．哈尔滨：黑龙江科学技术出版社，1982.
[22] 赵振河．高分子化学和物理．北京：中国纺织出版社，2003.
[23] 夏炎．高分子科学简明教程．北京：科学出版社，1987.
[24] 何曼君，陈维孝，董西侠．高分子物理．上海：复旦大学出版社，1990.
[25] 马德柱，徐种德，何平笙，周漪琴．高聚物的结构与性能．第二版．北京：科学出版社，1995.
[26] 金日光，华幼卿．高分子物理．第二版．北京：化学工业出版社，2000.
[27] 刘凤歧，汤心颐．高分子物理．北京：高等教育出版社，1995.
[28] 顾雪蓉，陆云．高分子科学基础．北京：化学工业出版社，2003.
[29] 江明．高分子合金的物理化学．成都：四川教育出版社，1988.
[30] 周其凤，王新文．液晶高分子．北京：科学出版社，1994.
[31] 吴培熙，张留成．聚合物共混改性．北京：中国轻工业出版社，1996.
[32] 朱善农．高分子链结构．北京：科学出版社，1996.
[33] 殷敬华，莫志深．现代高分子物理学．北京：科学出版社，2001.
[34] Flory P J. Principles of Polymer Chemistry. New York：Cornell University Press，1953.
[35] Sperling L H. Introduction To Physical Polymer Science. Second Edition. New York：John wiley & Sons，Inc.，1992.
[36] Gedde W. Polymer Physics. Chapman. Hall，1995.
[37] Mark J E，et al. Physical Properties of Polymers. Second Edition. New York：United Book Press，1993.
[38] Fried J R. Polymer Science and Technology. Prentice Hall PTR，1995.
[39] Emst-Joachim Donth. Relaxation and Thermodynamics in Polymers. Glass Transition. Akademie Verlag，1992.
[40] 伦克 R S. 聚合物流变学．宋家琪等译．北京：国防工业出版社，1983.
[41] 徐佩弦．高聚物流变学及其应用．北京：化学工业出版社，2003.
[42] 钱人元等．无规与有序——高分子凝聚态的基本物理问题研究．长沙：湖南科学技术出版社，2000.
[43] Aklonis J J，Macknight W J. Introduction to Polymer Viscosity. 2nd Ed. New York：John Wiley and Sons，1983.
[44] Strobl Gert R. The Physics of Polymers，Springer，1996.
[45] 朱永群．高分子物理基本概念与问题．北京：科学出版社，1988.
[46] 郝立新，潘炯玺．高分子化学与物理教程．北京：化学工业出版社，1997.
[47] 武军，李和平．高分子物理及化学．北京：中国轻工业出版社，2001.
[48] 成都科学技术大学，天津轻工业学院，北京化工学院．高分子化学及物理学．北京：轻工业出版社，1981.
[49] 吴和融，王彬芳．高分子物理学．上海：华东化工学院出版社，1990.